"十二五"普通高等教育本科国家级规划教材

首届全国教材建设奖
全国优秀教材
二等奖

Mechanics
力 学（第四版）

LIXUE

主编 张汉壮
参编 王文全 张 涵 王 磊 倪牟翠

中国教育出版传媒集团
高等教育出版社·北京

内容提要

本书是根据《高等学校物理学本科指导性专业规范》（2010 年版）以及《普通高等学校物理学类教学质量国家标准》的要求，参考国内外多部优秀教材，经多版次修改而完成的。本书知识体系的逻辑性、历史性、实用性的有机结合是编写本教材的主线。全书由绪论和第一至第四篇组成。绪论部分介绍了物理学基本知识研究领域与课程体系分类以及机械运动规律发展简史。第一篇和第二篇分别介绍了质点的基本运动规律和运动定理（原理）与守恒定律，是全书的理论基础。第三篇介绍了两种特殊质点系（刚体、流体）的运动与两种较为普遍的运动形式（振动、波动）等典型力学问题的处理方法。第四篇简介了现代时空结构的基本知识（狭义相对论、广义相对论和宇宙学与天体物理）。

本书除了有配套的《力学习题解答》（张汉壮主编，高等教育出版社出版）参考书，通过扫描书上的二维码，还可浏览配套的授课录像、AR 录屏演示（55 个）、动画演示（60 个）、实物演示（51 个）和机械运动领域科学巨匠传记配音（25 个）等多种信息化资源。通过 email（zhanghz@jlu.edu.cn）联系作者，可获得配套的授课 PPT 课件，为教师的授课提供信息化资源保障。

本书可作为理工科类与师范类本科院校物理学类专业的教材，亦可作为其他专业读者的辅助参考书。

图书在版编目(CIP)数据

力学/张汉壮主编. --4 版. --北京:高等教育出版社,2019.10(2025.4 重印)

ISBN 978-7-04-052538-0

Ⅰ.①力… Ⅱ.①张… Ⅲ.①力学-高等学校-教材 Ⅳ.①O3

中国版本图书馆 CIP 数据核字(2019)第 181583 号

LIXUE

策划编辑 程福平　责任编辑 程福平　封面设计 张 楠　版式设计 杜微言
插图绘制 于 博　责任校对 刘丽娴　责任印制 张益豪

出版发行	高等教育出版社	网　　址	http://www.hep.edu.cn
社　　址	北京市西城区德外大街 4 号		http://www.hep.com.cn
邮政编码	100120	网上订购	http://www.hepmall.com.cn
印　　刷	河北鹏盛贤印刷有限公司		http://www.hepmall.com
开　　本	787mm×1092mm 1/16		http://www.hepmall.cn
印　　张	25	版　　次	2009 年 12 月第 1 版
字　　数	580 千字		2019 年 10 月第 4 版
购书热线	010-58581118	印　　次	2025 年 4 月第 12 次印刷
咨询电话	400-810-0598	定　　价	49.80 元

物 料 号 52538-B0

力 学

（第四版）

主编 张汉壮

1 计算机访问http://abook.hep.com.cn/1249553，或手机扫描二维码、下载并安装Abook应用。

2 注册并登录，进入“我的课程”。

3 输入封底数字课程账号（20位密码，刮开涂层可见），或通过Abook应用扫描封底数字课程账号二维码，完成课程绑定。

4 单击“进入课程”按钮，开始本数字课程的学习。

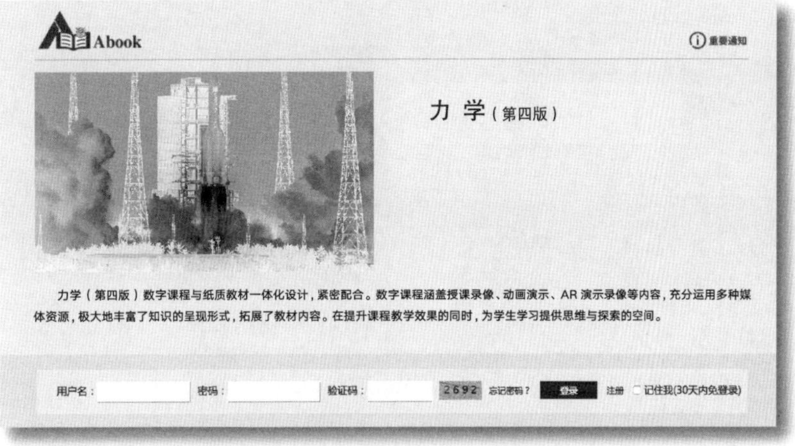

课程绑定后一年为数字课程使用有效期。受硬件限制，部分内容无法在手机端显示，请按提示通过计算机访问学习。

如有使用问题，请发邮件至abook@hep.com.cn。

扫描二维码
下载Abook应用

授课录像

演示集锦

传记录音

AR交互软件下载

http://abook.hep.com.cn/1249553

前 言

笔者自1990年以来一直主讲吉林大学物理学院本科生的力学课程，在多年主讲力学课程所用讲义基础上，完成了《力学》以及配合课堂讲授的《力学习题解答》的编写工作，并于2006年在吉林人民出版社首次出版发行。本书试用三年后，分别于2009年、2012年、2015年、2019年由高等教育出版社出版发行《力学》第一、第二、第三版、第四版。本书的第二版于2014年入选“十二五”普通高等教育本科国家级规划教材，第四版于2021年获首届全国教材建设奖优秀教材二等奖. 对应的“力学”课程入选国家级精品课程、国家级精品资源共享课、国家级精品在线开放课程、国家级线上一流课程、首批国家课程思政示范课。

授课录像： 三观引领概述

一、编写的指导思想

一般来讲，教材的编写可以从两个角度来考虑，一是从获得规律的历史角度，另一是从已有规律的逻辑角度。有些获得物理规律的历史与已有知识的逻辑性是一致的，而有些是不完全一致的。因此，从历史的角度和逻辑的角度编写的教材就体现了不同风格。前者可以体现获得规律的过程和解决问题的思想，但需要较大篇幅编写，而且对于初学者来讲需要花费较大精力仔细揣摩和总结。后者可以用较少的篇幅编写，使读者循序渐进地、高效地掌握知识，但缺少对获得规律的过程和解决问题的原始思考。由于经典力学本身已经十分成熟，无论是从历史的角度还是从逻辑的角度，其内容都大同小异。体现知识体系的逻辑性与历史性的有机结合，更方便于高中生与大学生学习力学的衔接性过渡，更方便于配合课堂讲授是编写本书的指导思想。

二、编写的侧重点

1. 知识的逻辑性与历史性的有机结合

本书的主体内容按照质点的基本运动规律、质点与质点系的运动定理与守恒定律、典型的力学问题、近代时空结构等逻辑体系编写，体现循序渐进的认知过程。以绪论部分的物理学发展简史、每章开始的知识内容历史性简介、相关章后面的阅读资料等形式体现知识内容的历史性，实现了知识体系的逻辑性与历史性的有机结合。

2. 物理基本规律实用性的体现

在相关知识点处，利用力学的基本原理解释日常生活现象，如台风的形成、潮水的涨落、运动员转动速度的变化、“香蕉球”的形成、机翼的升力等90余个应用实例，激发学生的学习兴趣。

3. 分类习题，夯实对物理规律的理解和应用

每章的习题分为三类，一是书中的例题（全书99道），二是课后的作业题（全书128道），三是课后自检练习题（全书208道）。其中的课后作业题部分尽可能覆盖了相关章节的最基本知识点内容，是学生课后需要完成的最基本练习内容。自检练习题部分是在课后作业题的基础上，针对学有余力的学生而设立的。学生可根据自身的情况，自选自检练习题内容作进一步自我检查练习。如此安排的目的是简化教师在众多的书后习题中挑选作业题的过程。

4. 近代时空结构物理思想的体现

本书所介绍的狭义相对论、广义相对论、宇宙学与天体物理等内容，重在其物理思想的系统性与逻辑性的阐述，目的是培养学生接受新事物的能力，为后继课程的学习打下思想基础。

5. 辅助内容体现的系统性

在组织介绍基本知识内容的同时，适当地引入部分扩展内容，以 * 号的形式标注，体现知识内容的系统性。

三、对本书内容选取的说明

笔者是教育部高等学校物理学类专业教学指导委员会副主任委员，参与了《高等学校物理学本科指导性专业规范》（2010年版）以及《普通高等学校物理学类教学质量国家标准》的起草工作。依据“规范”和“国标”的要求，以及全国百余所学校的调研结果，建议本书中非 * 号部分作为物理学类专业的本科生学习的基本参考内容，各学校根据学时自行选定相关的教学内容。* 号部分是为了本书知识内容的系统性而编写的，对希望进一步获得相关知识的读者能够起到一定的帮助作用。

四、配套的演示资源的说明

本书除了有配套的《力学习题解答》（张汉壮，高等教育出版社）参考书外，通过扫描书上的二维码，可浏览配套的授课录像，以及55个AR演示录屏，60个动画演示，51个实物演示，25位机械运动领域科学巨匠传记录音等多种信息化资源。通过email联系作者，可获得配套的授课电子教案（PPT），从而为教师的授课提供信息化资源保障。

演示集锦：AR与实物演示

五、致谢

感谢吉林大学物理学院陆国会、刘国强、薛燕、金立平、王英惠、李险峰、康智慧等多位老师，以及李玲、姜丽、隋宁、张晓军、王福因、邹璐等多位研究生在图文编辑、排版、校正等方面给予的大力帮助。

感谢吉林大学物理学院孙敬姝老师、梁浩老师、周洪雷老师、杨辉老师等在实物演示录制方面给予的大力支持。

感谢吉林大学物理学院迟晓春老师、关心、王文岩、陈莹、陈博艾等研究生同学在 AR 演示、科学家传记录音等资源建设方面给予的大力合作。

感谢吉林大学物理学院、吉林大学教务处、吉林大学教育技术中心等单位在资源建设和课程录像各方面给予的大力支持和帮助。

感谢高等教育出版社理工事业部物理分社等本书的出版单位部门，在参考资料、查阅文献、编辑加工等方面给予的大力支持和帮助。

书中不足之处，还望读者谅解，并提出宝贵的指导意见，以使本书得以不断完善。

张汉壮（zhanghz@ jlu. edu. cn）

吉林大学物理学院

2021 年 8 月（重排）

目 录

第四篇 时空结构

绪　论

千年构建物理山

一、物理学的研究内容、研究方法及其实用性概述

全书电子教案

授课录像：三观引领概述

授课录像：物理学的研究内容概述

1. 物理学的研究内容概述

物理学是研究物质的结构、性质、基本运动以及相互作用规律的科学. 其研究内容可以从不同的角度来划分. 从含时空结构的宏观和微观角度，物理学可分为经典物理学(宏观物体或速度远小于光速)和近代物理学(微观粒子或速度接近光速或引力与时空几何). 从物质的运动形式角度，物理学研究内容可分为机械运动、热运动、电磁和光现象以及微观粒子运动，并形成了与之对应的力学、热学、电磁学、光学、量子理论等分支学科. 各分支学科之间既相对独立又互相渗透，形成了彼此密切联系的统一的物理学整体. 从研究对象的不同尺度的角度，物理学也划分为天体物理学、凝聚态物理学、原子分子物理学、核物理学和粒子物理学等. 从物理学最基本知识领域角度，在教育部物理学类专业教学指导委员会所制定的《高等学校物理学本科指导性专业规范》中，将其概括成如表 0-1 所示的六大知识领域，也是物理学类本科生所需掌握的基本知识内容. 而课程体系是完成这些知识领域规律总结的载体.

表 0-1 中课程体系中的力学、热学、电磁学、光学、原子物理学课程俗称为“普通物理”课程，对应的理论力学、热力学与统计物理、电动力学、量子力学这些后继的理论物理课程俗称为“四大力学”课程.

表 0-1

知识领域	研究的对象和内容	课程体系	
		基本课程	后续课程
机械运动现象与规律	研究大到天体、小到颗粒等宏观物体的空间运动规律	力学	理论力学
热运动现象与规律	研究大量微观粒子的宏观统计规律	热学	热力学与统计物理
电磁现象	研究电磁场的产生、传播、粒子在电磁场中的运动等规律	电磁学	电动力学

续表

知识领域	研究的对象和内容	课程体系	
		基本课程	后续课程
光现象	研究光的传播、与物质相互作用等规律	光学	信息光学
微观世界	研究物质的微观结构以及微观粒子的个体运动规律	原子物理	量子力学
时空结构	研究时间和空间以及引力场性质，宇宙的形成、结构及演化等的规律	力学	电动力学、量子力学

如果将表 0-1 所示的物理学每个基本知识领域按照其规律内容比例和建立的时间比喻成一座如图 0-1 所示的“山”的话，更能形象地展现物理学的大致基本研究内容以及发展历程.

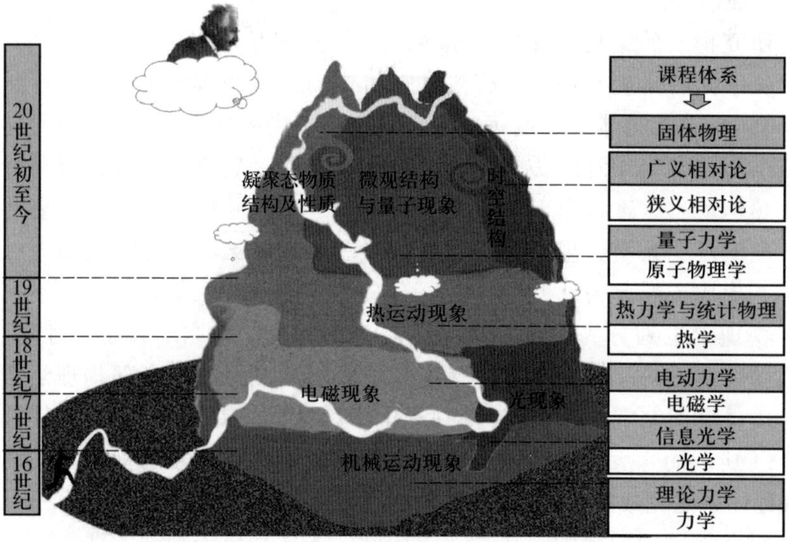

图 0-1

2. 物理学的研究方法概述

物理学现象与规律的研究可以用不同的方法来进行. 一种是以实验为基础，通过观测总结上升至理论，称为实验物理学研究方法. 19 世纪中叶以前的物理学研究大都属于这类. 另一种是从已知的原理出发，理论上预测规律，再被实验所验证，称为理论物理学研究方法. 20 世纪以后，实验物理学和理论物理学两大分支并存，相辅相成地推动着物理学的发展. 随着计算机技术的进步和发展，人们将数学和计算机应用到理论物理学的研究中，以解决复杂体系的物理问题，这称为计算物理学. 因此，物理学的研究包含实验、理论与计算，所得结论的正确性必须由实验测量与观察来验证.

授课录像： 物理学的研究方法概述

3. 物理学的实用性概述

在科学长期的发展中，物理学是自然科学中最成熟的基础性学科. 物理学在探索未知的物质结构和运动基本规律中的每一次重大突破，都带来了物理学新领域、新方向的发展，并产生了新的分支学科、交叉学科和新技术学科. 物理学又是科学技术进步的源泉，极大地推动着人类文明的进步. 自 17 世纪经典力学的体系建立以来，物理学的三次重大突破都引起了重大的技术进步和生产力的巨大飞跃. 第一次，在力学基础上的热学和热力学的研究促进了蒸汽机的发明和广泛应用，为工业生产和交通运输提供了动力，形成了人类历史上的第一次工业革命. 第二次，电磁感应的研究和电磁学理论的建立推动了发电机、电动机的发明和无线电通信的发展，引发了第二次工业革命. 第三次，相对论、量子力学的建立为近代物理的发展奠定了理论基础，使物理学进入高速、微观的领域，在原子能、电子计算机、微电子技术、航天技术、分子生物学和遗传工程等领域取得了重大突破. 物理学不仅是一门基础性的自然科学，也是现代技术的重要基础，已成为人类文化的重要组成部分.

授课录像： 物理学的实用性概述

物理学可以帮助我们了解自然和宇宙，可以指导人类的生活和生产，也是培养科学素质最为有效的学科. 以人类居住的地球为例，在地球上生存的生命离不开阳光，而阳光当然离不开太阳. 太阳距地球的距离大约是地球直径的 1.2 万倍，也就是约 1.5×10^{8} km，由于光的速度是 3×10^{8} m/s，依据这样一个数据可以估算，从太阳发出的光传到地球上所需要的时间大约是 8 min 20 s. 在这样一个巨大的空间距离内，有很多的自然现象在时刻发生着. 例如，我们从离太阳最近的距离说起，有日冕层、电离层、极光、臭氧层、雨、雷、电等，产生这些自然现象的原因可由物理学规律解释. 因此，从这个层面来说，学习物理学可以使我们了解自然和宇宙，树立正确的唯物主义观.

物理学可以科学地指导人类的生活和生产. 在体育比赛中，我们经常会发现，跳水运动员、芭蕾舞演员、滑冰运动员等会通过改变身体质量分布(改变运动姿态)的方式实现转体时角速度的变化. 在球类比赛中，乒乓球选手、网球选手等通过击打球的不同位置，可以打出上旋球、下旋球；足球运动员踢击球的不同部位，可以踢出神奇的“香蕉球”等. 植物从土壤中汲取的水分是靠毛细现象的作用实现的，有时我们需要破坏毛细现象的发生. 例如，庄稼收割完之后，土壤中的水分还会通过毛细现象蒸发，使土地变干枯. 在这种情况下，我们就要防止毛细现象的发生，其办法就是松土，把毛细管破坏掉，由此就起到了土地保墒的作用，即水分保留到土壤里面. 这些体育运动中的技术以及土地保墒反映的都是物理学原理.

物理学是培养学生良好科学素质最为有效的学科. 大学教育的目的不仅仅是知识的传授，更重要的是在传授知识的过程中，培养学生的综合素质能力和价值引领. 随着时代的发展，知识内容本身或许不是学科前沿的内容，而所培养的良好能力会使人受益终生. 由于不同学科的特点不同，各学科所培养学生的能力侧重面会有所不同. 由于物理学研究内容和研究手段的特殊性，可以更好地培养学习者的逻辑思维能力、创新与探索能力、接受新事物能力等.

授课录像： 机械运动规律的逻辑概述

二、机械运动规律的逻辑概述

机械运动研究的是大到天体、小到尘埃的宏观物体的机械运动规律. 所形成的理论包括牛顿力学和分析力学，对应的课程体系分别为力学和理论力学. 力学与分析力学是可以互为导出的等价规律，其知识体系之间的基本逻辑关系如图 0-2 所示.

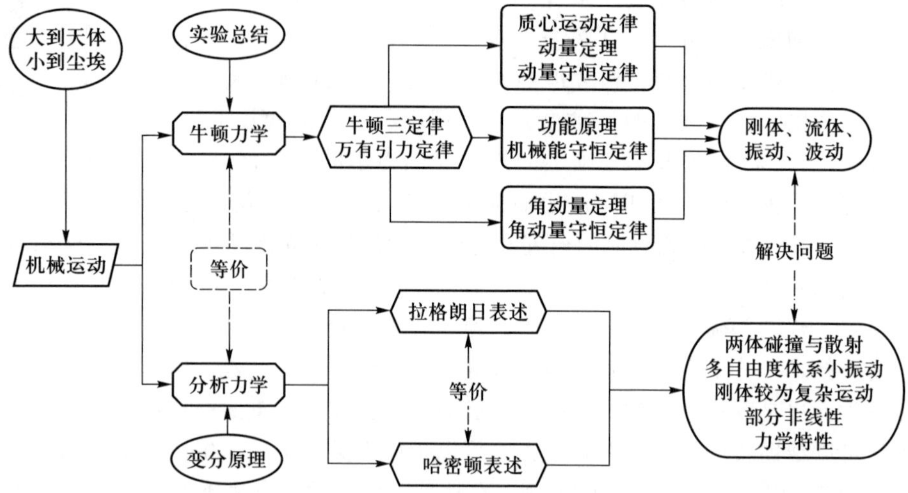

图 0-2

牛顿力学是由实验总结的规律，其最基本的规律是万有引力定律和牛顿三定律. 以此为基础，利用数学手段可以进一步获得质心、动量、机械能、角动量等运动定理与守恒定律等导出规律. 由此构成的牛顿力学的理论体系，用以处理刚体、流体等特殊的质点系以及振动和波动等典型运动形式的力学问题.

分析力学可以由两种途径来获得，一种途径是以牛顿力学为基础，从数学的角度作进一步的处理，得到分析力学的拉格朗日表述. 由拉格朗日表述还可以进一步得到哈密顿表述. 另外一种途径是完全独立于牛顿力学，从变分原理获得. 由哈密顿变分原理出发，既可以获得拉格朗日表述的分析力学，也可以获得哈密顿表述的分析力学，二者构成了分析力学的理论体系，用以处理两体碰撞与散射、多自由度体系小振动、刚体较为复杂的运动以及部分非线性力学特性等一些较为复杂的力学问题.

虽然牛顿力学与分析力学是一种等价的规律描述，不过，与牛顿力学物理图像清晰的特征相比，分析力学的表现形式显得更抽象化，两者渐行渐远. 即便如此，由于从变分原理获得分析力学的途径是解决普遍性、复杂性的机械运动问题更为有效的方法，更为重要的是，这种方法为其他非机械运动领域问题的研究提供了基础. 因此，分析力学是处理机械运动问题的更为普遍的理论和方法.

三、机械运动规律的发展历程概述

由牛顿力学和分析力学所构成的机械运动规律的理论体系是在 16 至 19 世纪建立完成的. 历史上首先形成的是牛顿力学，其后形成的分别是拉格朗日表述的分析力学和哈密顿表述的分析力学. 在机械运动领域作出重要贡献的科学家的出生年代顺序、人物之间的关系及对机械运动规律的贡献如图 0-3 的思维导图所示. 机械运动规律的重要历史发展阶段如表 0-2 所示.

授课录像： 机械运动规律的发展历程概述

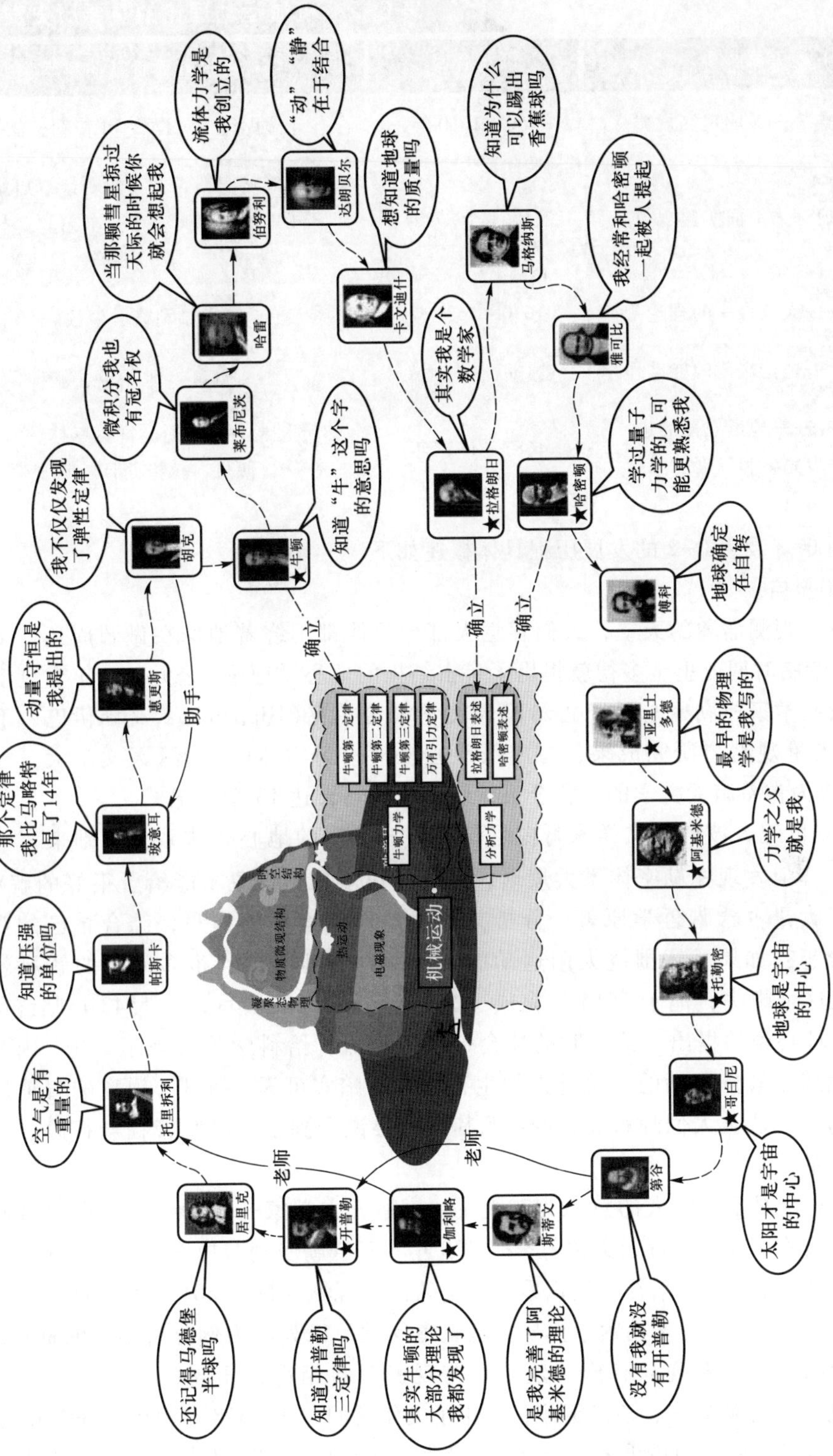
机械运动
热运动
电磁现象
物质微观结构
时空结构
微观物理
牛顿力学
分析力学
牛顿第一定律
牛顿第二定律
牛顿第三定律
万有引力定律
拉格朗日表述
哈密顿表述
确立
确立
确立
老师
老师
助手
居里克
还记得马德堡半球吗
★开普勒
知道开普勒三定律吗
★伽利略
其实牛顿的大部分理论我都发现了
斯蒂文
是我完善了阿基米德的理论
第谷
没有我就没有开普勒
★哥白尼
太阳才是宇宙的中心
★托勒密
地球是宇宙的中心
★阿基米德
力学之父就是我
★亚里士多德
最早的物理学是我写的
傅科
地球确定在自转
★哈密顿
学过量子力学的人可能更熟悉我
雅可比
我经常和哈密顿一起被人提起
马格纳斯
知道为什么可以踢出香蕉球吗
★拉格朗日
其实我是个数学家
卡文迪什
想知道地球的质量吗
达朗贝尔
“动”“静”在于结合
伯努利
流体力学是我创立的
哈雷
当那颗彗星掠过天际的时候你就会想起我
莱布尼茨
微积分我也有冠名权
★牛顿
知道“牛”这个字的意思吗
胡克
我不仅仅发现了弹性定律
惠更斯
动量守恒是我提出的
玻意耳
那个定律我比马略特早了14年
帕斯卡
知道压强的单位吗
托里拆利
空气是有重量的

图 0-3

表 0-2　机械运动理论的重要历史发展阶段

力学发展阶段	年代	做出重要贡献的科学家
仰望天空——天体观测规律	150—1610 年	托勒密、哥白尼、开普勒、伽利略
俯瞰大地——地面实验规律	1586—1687 年	伽利略、斯蒂文、惠更斯、居里克、托里拆利、帕斯卡、玻意耳、胡克、莱布尼茨
天地合一——天地合一的理论规律	1610—1687 年	伽利略、牛顿
理论指导——理论规律的能动作用	1687 年以后	哈雷、列维耶、伽列
完善发展——理论规律的进一步完善和发展	1687—1834 年	伯努利、马格纳斯、富兰克林、卡文迪什、傅科、拉格朗日、哈密顿

针对图 0-3 及表 0-2 的发展历程具体概述如下.

1. 仰望星空

授课录像：仰望星空

从地球上观测浩瀚的天空，人们感觉大部分星体都围绕着地球在做圆周运动. 早在古希腊时期亚里士多德就提出了宇宙结构的地心说理论. 公元 150 年左右，希腊天文学家托勒密总结了古希腊天文学家希帕克(Hipparchus，又译伊巴谷)等人的大量观测与研究成果，写成以地心说理论为主体的巨著《天文学大成》. 该书成为古希腊天文学的百科全书，统治天文学长达 13 个世纪.

公元 16 世纪，波兰天文学家哥白尼打算以托勒密的地心说体系为基础来修订天文学，但发现托勒密体系太烦琐，而且对很多自然现象不能给予很好的解释. 他搜寻并攻读了大量古希腊哲学原著，分析其中关于地球运动的描写，结合自己的观测和计算，提出设想：如果星体围绕太阳运动的话，即日心地动说，很多问题的解释就变得简单了. 依据这个想法，他于 1514 年完成了《天体运行论》的撰写，于 1543 年临终前公开发表. 哥白尼日心说的提出，给当时的社会带来了恐慌，给科学界带来了争论. 因为，地心说意味着地球是巍然不动的，感觉人们生存的地球踏实可靠. 而日心说意味着地球是飘荡在宇宙中的，无法被人们理解和接受. 尤其是日心说受到了当时掌管社会行政、文化大权的天主教会的反对.

但是，科学是不会以人的意志为改变的. 德国天文学家开普勒受到哥白尼日心说的影响，进一步阅读研究了大量天文学著作. 1600 年，开普勒受到布拉格天文台的第谷的资助和邀请，成为第谷的助手. 第谷一生积累了大量的天文观测资料. 1601 年第谷逝世前把所有的资料赠送给了开普勒. 开普勒紧紧抓住行星轨道问题，以火星为例分析第谷的资料. 尝试了十九种可能的路径，发现只有椭圆轨道才与观测资料相符，开普勒前后用了八年时间于 1609 年得到了开普勒第一、第二定律，又用了九年时间，于 1618 年得到了开普勒第三定律. 这是开普勒对科学做出的最重要的贡献. 开普勒三定律的建立，也打破了自古以来人们所信奉的星体做完美圆周轨道运动的信念.

哥白尼的日心体系经过布鲁诺、开普勒等人的推动已经有了很大的发展，但这一学说要得到广泛的认可还需要更明确的观测事实. 而真正的决定性证据来源于伽利略天文望远镜的观测. 1609 年伽利略听说荷兰有人制作并展出了能把远处景物放大约 3 倍的望远镜，他立即利用自己的光学知识制造出了类似的装置. 他在很短的时间内不断改进技艺，最后将放大率提高到 33 倍并用来观测天体，获得了很多人们前所未知的星体现象. 这些现象包括：月球表面是凹凸不平的而并非像亚里士多德认为的那样光滑完美；木星有四个卫星(现称伽利略卫星)；土星有两个卫星(实际上是土星光环)；太阳黑子和太阳的自转以及银河由无数恒星组成等. 1610 年伽利略发表《星空信使》一书，报告了他的观测发现，引起了轰动. 尤其是，1610 年伽利略对金星进行了长达三个月的观测，发现金星的相位现象，即有类似月亮的盈亏现象. 这一发现是日心说理论的一个决定性证据. 因为按照地心说理论，金星不会有盈亏现象出现，而日心说可以预言盈亏现象的出现.

至此，天体观测规律得以形成. 从公元 150 年左右的托勒密地心说到 1610 年伽利略证明日心说的观测证据，时间长达 1400 余年. 天体观测规律给人们带来的下一个问题是，什么样的力会使星体做椭圆轨道运动？此即后人所称的开普勒问题. 直到 1687 年牛顿的万有引力定律公开发表，这个问题才得以圆满解决.

2. 俯瞰大地

为了回答上述的开普勒问题，我们需要首先从地面的实验规律谈起.

关于地面上物体运动的描述最早始于古希腊的亚里士多德，他的主要著作之一《物理学》被称为古代世界学术的百科全书，对其后近千年的历史都有很大的影响. “物体越重，下落越快”，以及“只有力才能使物体运动”是亚里士多德著作中关于物体运动规律的描述. 古希腊另一位颇富传奇色彩的科学家阿基米德在物理现象的研究中也作出了很多贡献，例如，中学生就都熟知的浮力定律、杠杆及滑轮的作用原理，都是阿基米德提出的.

授课录像：
俯瞰大地

意大利物理学家伽利略除了前述的利用自制的望远镜观测天体的工作外，也在研究亚里士多德的理论. 针对亚里士多德的“物体越重，下落越快”的规律，伽利略从逻辑推理角度提出，如果将一个重物和一个轻物绑在一起，下落的时间会如何？从物体重量的角度，按照亚里士多德的理论，下落的时间应该更短. 但从时间的角度，应该是重物和轻物各自下落时间的平均值. 二者是矛盾的. 因此，伽利略认为亚里士多德的理论是存在问题的. 从实验的角度，1586 年荷兰天文学家斯蒂文在他所出版的《静力学原理》一书描述，“将两个轻重相差 10 倍的铅球从 30 英尺的高度同时释放，结果发现铅球落地发出的声音像一个声音一样，说明两球同时落地的”，证明亚里士多德理论存在着问题. 而广为流传的伽利略在意大利比萨塔上做落体实验只是一种传说而已. 他是通过人工设计的斜面物体运动实验，推理获得自由落体定律和惯性定律. 伽利略是首个通过人工设计实验寻求物理规律之人，也是首个利用实验和数学相结合的方法寻求物理规律之人. 爱因斯坦对其的评价是：伽利略是现代物理学之父.

在伽利略和牛顿时代里，还有荷兰的斯蒂文、惠更斯、德国的居里克、意大利的托里拆利、法国的帕斯卡、英国的玻意耳、胡克等物理学家以及德国的莱布尼茨等数学家，他们在天文学、物理学、数学等方面进行了重要的研究工作，为牛顿的集大成工作奠定了基础.

3. 天地合一

前述为天体和地面的观测规律总结. 我们重新回到天体观测规律留给人们的“什么样的力使星体做椭圆轨道运动”问题上来.

授课录像： 天地合一

开普勒本人曾试图引入太阳磁力来探求星体运行规律的原因，但没有成功. 到1673年胡克、哈雷、雷恩等人结合各自的研究工作，认定星体所受太阳的向心力与其距离的平方成反比，但是他们无法说明引力的本质，也不能证明在平方反比引力作用下的行星轨道是椭圆或更广泛的圆锥曲线. 而真正圆满解决这一问题的是英国物理学家牛顿.

1661年，牛顿进入英国剑桥大学学习数学，后来从事物理学研究. 1665—1666年期间，因为流行瘟疫，剑桥大学被迫关门，牛顿回到了家乡，在那里他完成了万有引力定律、牛顿运动定律、微积分、光的色散性质等科学发现. 其中的微积分是他在研究物体运动学时所创立的，后人将牛顿和德国数学家莱布尼茨并列为微积分的创始人. 光的色散性质是牛顿通过自然光照射三棱镜后发生的折射现象而总结出的. 万有引力定律真正回答了什么样的力使星体做椭圆轨道运动的问题.

“苹果落地”的故事广为流传，这是牛顿思考引力过程的一个传说. 苹果落地引发牛顿的一个思考问题是，苹果落地和月球围绕地球运动是否是具有相同性质的力引起的？在此之前，伽利略已经发现抛体的运动相当于一个匀速的水平运动和一个落体的加速运动的叠加. 牛顿进一步设想，从高山上水平抛出一个物体，当抛出的水平速度不断增大时，抛体会越射越远，若速度达到一定程度，在忽略大气阻力的情况下，该抛体就会做圆周运动而永远不会到达地面. 牛顿接下来设想，既然抛体可以做这样的运动，为什么不能把月球也当成这样一个抛射体来考虑呢？由此牛顿认为苹果与地球之间、月球和地球之间的力是同一性质的力. 他把月球的轨道运动分解为两种简单的直线运动：一种是由于惯性引起的、沿月球轨道切线方向的匀速直线运动；另一种是把月球拉向地球的落体运动，是由地球的引力引起的. 以此思想为基础，牛顿基于惯性定律和牛顿第二定律，利用几何的方法获得了圆周运动半径与受力成平方反比的关系.

反过来，利用月球和地球、苹果和地球都具有相同的平方反比的受力关系来计算地球重力加速度与月球重力加速度的关系以及月球围绕地球的运行周期，结果相当完善. 证明了牛顿的猜想，即苹果落地和月球围绕地球运动是由具有相同性质的力引起的，其轨道的差别仅在于初始条件不同而已.

牛顿设想，既然月球绕地球公转可以这样来解释，那么地球和其他行星绕太阳的公转为什么不能类似地来说明呢？所以牛顿又把思路推广到行星绕日的运动上，利用平方反比的受力关系圆满地解释了行星轨道问题.

牛顿进一步将平方反比的受力关系推广至任何星体，以及任何物体之间，建立了万有引力定律. 直到约20年后，他才在出版的《自然哲学的数学原理》中公开发布这些研究成果. 其原因是早年他无法精确地确定巨大星体之间的距离. 这期间他发明了“流数术”，即现代的微积分方法，并且从数学上证明了球体对外部物体的作用恰如球体的质量全部集中在球心点一样，即现代的“质点”概念. 只有在此基础上，牛顿才能够得出万有引力定律的数学验证.

牛顿运动定律、万有引力定律等牛顿在力学领域的重要研究成果集中体现在 1687 年出版的《自然哲学的数学原理》一书中. 在该书中，牛顿运动定律只是用了较少篇幅的语言描述，而大部分内容是关于引力与轨道关系的几何推导过程和应用的描述，可见牛顿在获得万有引力定律方面所花费的精力.

万有引力定律和牛顿运动定律的建立，使天上、地下物体的运动规律有了统一的描述，奠定了物理学的力学基础，使力学有了精练完美的表达，成为系统完整的科学. 正如恩格斯所说，“牛顿完成了人类科学史上的第一次总结.”

从 1610 年伽利略证明日心说的观测证据到 1687 年牛顿的《自然哲学的数学原理》问世，历时近 80 年.

4. 理论指导

牛顿第二定律和万有引力定律使人们理解了自然界为什么如此井然有序地运转，它可以使人们追踪过去，预测未来，充分体现了科学的能动作用.

授课录像：
理论指导

万有引力定律是由轨道问题出发而得到的. 万有引力定律建立之后，人们可以探讨反问题，即由万有引力定律和牛顿第二定律研究更为广泛的轨道问题. 其研究的结果是，星体不仅具有类似围绕太阳运动的一般椭圆轨道，还可以有长椭圆、双曲线、抛物线等各种轨道(由星体形成过程中的初始能量所决定)，相应的计算结果被哈雷彗星的发现所证实. 人们在 1531 年、1607 年和 1682 年分别观测到三颗未知的星体. 英国天文学家哈雷用牛顿运动定律论证，这三颗星体是同一颗星体，以约 75.5 年为一个周期绕太阳运动，并预言此星体将于 1758 年再现. 临近 1758 年，人们纷纷打赌预言是否灵验，成为世界性趣闻. 1758 年 12 月 25 日，一个天文爱好者观察到了这颗彗星，证实了哈雷的预言. 1759 年，这颗星体被命名为哈雷彗星(其远日点已超过海王星轨道). 以此类推，哈雷彗星再次光临地球的时间是 1986 年、2061 年等. 1986 年哈雷彗星也已被观测到.

1781 年，人们发现了天王星，不久发现它的轨道有偏差. 法国的列维耶根据轨道偏差利用牛顿力学进行了计算，预测天王星外应该有另外一颗星体. 1846 年 9 月，他写信给柏林天文台的伽列，告之预测星体的位置，伽列果然在预测的偏差 52 分处发现了该星体，并命名为海王星. 后来用类似的办法，人们发现了冥王星.

5. 完善发展

经过 16、17 世纪世界科学大飞跃，物理学家开始用伽利略、牛顿的成果和科学方法，用力学的观点去认识流体、热、电磁、光等物理现象，相关的科学实验开始兴起. 例如，1738 年瑞士物理学家伯努利出版了《流体动力学》，提出了“伯努利方程”等流体动力学的基础理论；之后德国科学家马格纳斯在伯努利方程基础上研究并解释的由他发现的“马格纳斯效应”；1752 年美国科学家富兰克林通过对雷电的实验研究验证了“天电”“地电”的统一；英国的物理学家卡文迪什，在万有引力定律建立的 111 年后，设计扭秤实验，测量了地球的密度，继

授课录像：
完善发展

而可以推知引力常量“G”. 利用所测得的密度可以计算地球的重量，所以卡文迪什被称为是第一个称量地球重量的人；1851 年法国物理学家傅科设计著名的“傅科摆”，首次验证了地球的自转. 到 19 世纪中期，相继出现了刚体力学、流体力学、天体力学、声学等衍生学科.

1788 年意大利科学家拉格朗日发表著作《分析力学》，建立了拉格朗日表述的分析力学. 1827 年，英国科学家哈密顿提出哈密顿函数，1834 年发表了《动力学的一种普遍方法》的论文，成为建立哈密顿表述分析力学的里程碑.

从 1687 年牛顿的《自然哲学的数学原理》问世到 1834 年哈密顿的《动力学的一种普遍方法》的论文发表，历时近 150 年.

四、力学在物理学中的地位及力学的知识体系

从物理学各学科的关系来看，力学是其他学科的基础，称为物理学的力学基础. 从研究规律来看，力学所研究的机械运动规律应用广泛，无论是精密仪器、大型工程，还是火箭发射、人造地球卫星等方面都有直接应用. 从学习过程来看，学好力学是学好物理学的重要开端. 美国伯克利《物理学教程》中的一段话是对力学作用的很好阐述：

授课录像： 力学在物理学中的地位及力学的知识体系

“……大学物理学的头一年一向是最困难的，在第一年里，学生要接受新思想、新概念、新方法，要比在高年级或研究院的课程还要多得多，一个学生如果清楚地理解了力学中所阐述的基本物理内容，即使他(她)还不能在复杂的情形下运用自如，他(她)也克服了学习物理学的大部分真正的困难了……”

我们用如图 0-4 所示的框图来表示力学知识体系的逻辑关系.

对如图 0-4 所示的力学知识体系逻辑关系的进一步解释如下：

力学的知识体系可以分为基本理论和解决实际问题两个部分. 基本理论部分可以分为质点的运动规律(包括质点运动学和质点动力学)和以此为基础的导出规律(包括动量定理与动量守恒定律、功能原理与机械能守恒定律、角动量定理与角动量守恒定律). 后者不但适用于质点也适用于质点系，其优势是可以在不必求解每个质点运动的情况下，获得关于质点系的许多重要信息. 因此，由质点的基本运动规律导出的运动定理与守恒定律更具有实际的应用意义. 在已有上述理论的基础之上，介绍两种特殊质点系运动以及两种普遍运动形式的处理方法和运动规律. 两种特殊质点系的运动包括刚体和流体；两种普遍的运动形式包括振动和波动.

上述介绍的知识内容均是以牛顿运动定律为基础的实验规律，也是几个世纪以来对运动较慢物体运动规律的总结. 19 世纪末，当涉及高速运动物体以及微观粒子时，牛顿力学的时空观念对观察到的部分现象无法解释，迫使人们对牛顿力学的时空结构基础重新进行考察，于是，出现了相对论与量子力学等近代物理学内容. 为了使学习力学的读者能够意识到以经典时空观为基础的牛顿力学有它的局限性，进而培养读者接受新事物的能力，为近代物理课程的学习打下思想基础，本书也简单介绍了狭义和广义相对论的产生背景和物理思想.

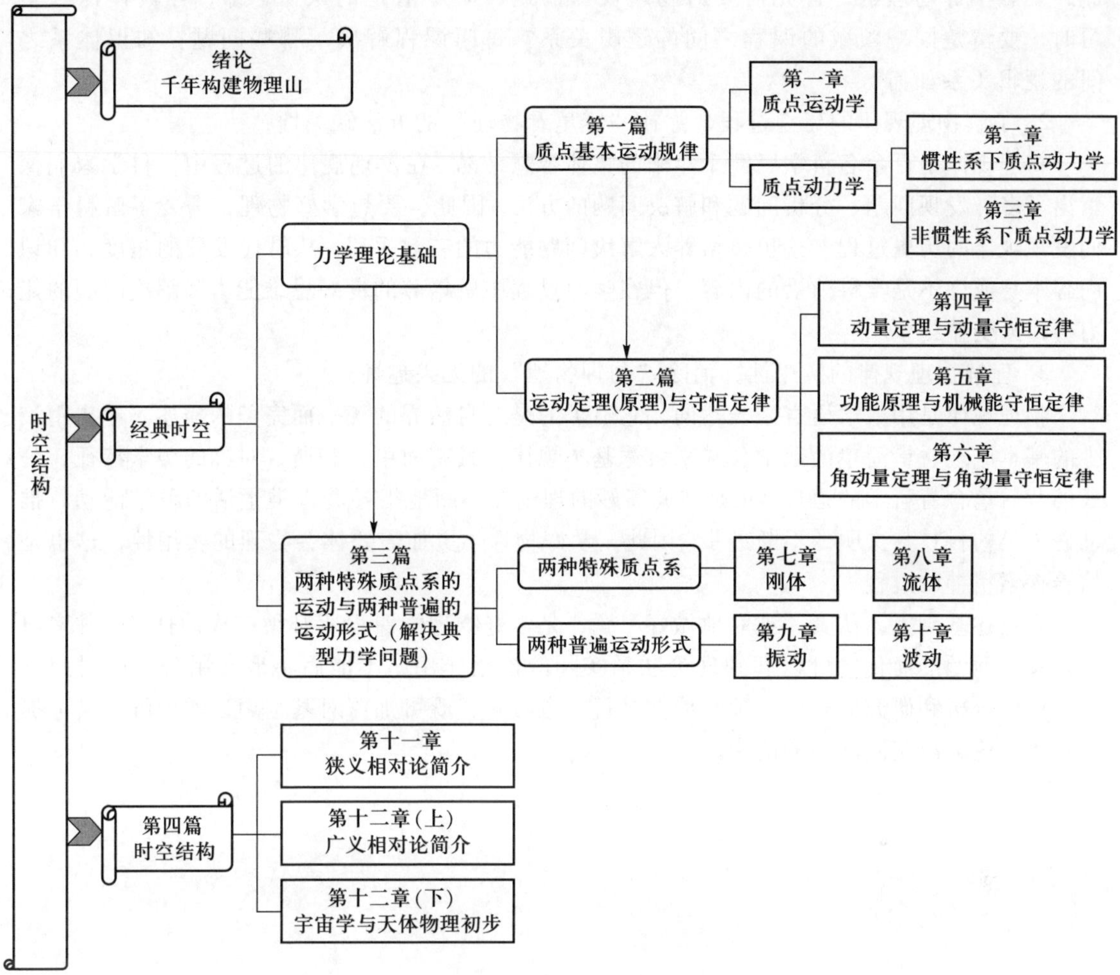

图 0-4　力学知识体系

五、如何学好物理学的建议

初唐书法家虞世南的“居高声自远，非是藉秋风”以及唐朝诗人王之涣在《登鹳雀楼》中的“欲穷千里目，更上一层楼”的诗句脍炙人口，从表面看，虽然两首诗分别描述的是声音的传播和景物与观察者所处角度的关系，但其深刻的内涵告诉我们高屋建瓴的重要性．对于任何一门学科的学习来讲，初学者往往是在推导公式、演算做题等方面所下的工夫有余，而对于学科的逻辑性、历史性以及实用性方面重视程度不足．如下几点具体的建议供读者学习物理学时参考．

授课录像：如何学好物理学的建议

1. 掌握物理规律的逻辑关系，消除“学物理，如雾里”的盲目性

物理规律在形成的过程中，会经历现象的自然观测、科学实验、总结理论、指导实践、理论与新实验的矛盾、理论再次升华等过程，最终形成了目前的物理知识理论体系．因

此，要想学好物理学，首先需要对物理规律的逻辑有个清楚的认识，即，在具体深入学习时，要清楚同一领域的课程之间的逻辑关系？每门课程解决了哪些问题？知识体系之间的逻辑关系如何？

2. 了解物理规律的建立过程，弥补“雾里看物理”的方法缺失性

物理规律是百余名科学巨匠千年来的集体智慧结晶. 在发现规律的过程中，科学家们探索出了多种发现问题、分析问题和解决问题的方法. 因此，要想学好物理，需要了解科学家们发现规律的历史过程，这也是培养人解决问题能力的有效手段. 从时代发展的角度，知识内容本身或许不是学科前沿的内容，但在学习过程中所培养的良好思维能力和解决问题的能力会使人受益终生.

3. 理解物理规律的实用性，消除“勿理物理”的无兴趣性

物理规律是用数学语言来表达的，它追求的是对自然界的统一而完美的描述，希望用最少的基本原理、最简单的数学公式来表达基本规律，具有简单、和谐、对称的美学特征，公式的背后蕴含着科学的道理. 正是如此美妙的理论在不断地指导着人类生活的科学活动，推动着人类的科技与文明的不断进步. 因此，学好物理学更加需要体会物理的实用性，这也是培养探索精神的过程.

在上述基础上，认真、独立地做好习题，是学好物理学课程所必须完成的任务. 许多习题是实际问题的简化，可以起到理论联系实际的桥梁作用，不能简单地套用公式或对照答案，应以分析和研究的态度，独立地做好每一道习题，既可加深对基本理论的理解，又可提高运用理论解决实际问题的能力.

第一篇 质点基本运动规律

力学研究的是大到天体、小到尘埃的宏观物体的机械运动规律，亦即物体空间位置的变化规律. 研究对象是宏观物体. 在自然界中，任何宏观的实际物体都有一定的大小和形状. 当研究宏观物体的机械运动规律时，如果将其大小、形状及其他方面的因素都考虑在内，它的运动情况可能很复杂，导致研究无从下手. 但是在有些情况下，根据研究的主要问题，可以把物体理想化成无体积、无形状，而只是具有质量的点，即当成质点来处理. 力学中最简单的研究对象就是质点，经过大量实验观察总结出来的规律，即质点的基本运动规律，其内容包括质点运动学和质点动力学. 质点运动学和质点动力学二者的结合可确定质点在已知力作用下的机械运动规律. 质点基本运动规律既是本篇研究的内容，也是全书的基础.

质点运动学研究的核心内容是用哪些参量描述质点运动以及这些参量之间的相互关系，而不追究质点运动的原因. 这些内容将在第一章专门论述. 质点动力学研究的是质点运动的原因和运动规律. 实验发现，惯性系下的质点动力学方程与非惯性系下的质点动力学方程是不同的，这些内容将在第二章和第三章分别予以介绍.

质点基本运动规律知识体系导图

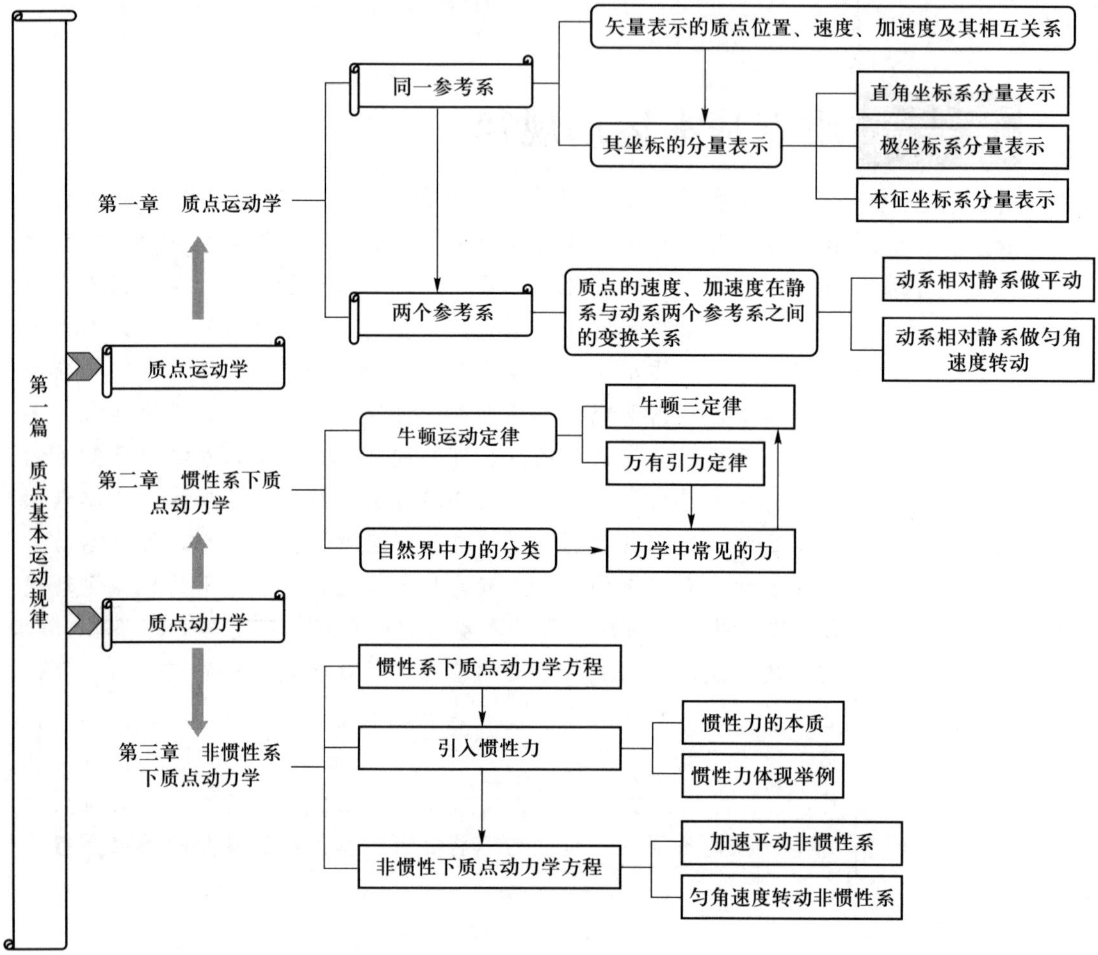

第一章

质点运动学

关于质点运动学问题的研究，最早可以追溯到几千年前. 当时人们通过对地面物体和天体运动的观察，逐渐形成了物体在空间中位置的变化和时间的概念. 中国战国时期的《墨经》中已有关于运动和时间先后的描述. 亚里士多德的《物理学》中已有了速度的概念. 伽利略在研究加速直线运动时建立了加速度的概念. 牛顿采用数学的微元法系统地研究了质点运动学问题，并在研究过程中创立了微积分.

授课录像： 质点运动学概述

本章依据牛顿的思想总结了质点运动学的规律，主要包括：质点的位置矢量、速度、加速度之间的矢量关系及其在坐标系下的表示，相对运动等内容.

§1.1　位置矢量、速度、加速度及其相互关系

质点运动学研究的是用哪些参量描述质点运动以及这些参量之间的相互关系. 本节针对这一问题，首先将研究对象简化，引入质点概念. 为了定量描述质点在空间所处的位置，引入参考系、坐标系和位置矢量等概念. 为了描述质点在空间位置的变化以及变化的快慢，引入位移、速度和加速度等概念. 通过微元法给出描述质点的位置矢量、速度、加速度等参量之间的相互关系.

1.1.1　质点、参考系、坐标系

1. 质点

如本篇引言部分所述，由于作为实际研究对象的宏观物体都有一定的大小和形状，因此当研究它的机械运动规律时，如果考虑各方面的因素，运动情况会变得很复杂，导致研究无从下手. 例如，在研究地球围绕太阳公转时，如果把所有的因素都考虑进去，如地球的自转、地球本身形状大小的变化、地球表面的火山喷发、潮汐等，则会使地球围绕太阳公转这一问题复杂化，无法获得其主要的运动规律. 实际上，当我们研究地球围绕太阳公转这一问题时，研究的目标是地球整体的运动，而地球与太阳之间的距离是地球直径的一万多倍，

授课录像： 质点、参考系、坐标系

因此，在这种情况下，就可以忽略地球的自转、地球本身形状大小的变化、地球表面的火山喷发、潮汐等这些次要因素，把地球看成是无体积、无形状，只是具有质量的点，从而可以获得关于地球绕太阳公转的一些有用的信息. 研究对象被抽象为无体积、无形状，只是具有质量的点，把这种点称为**质点**.

质点是为了简化问题而引入的理想化模型，以突出对研究对象有根本影响的主要因素，因此真实的质点是不存在的. 理想化模型在物理学研究中起着重要作用，如刚体、理想气体、卡诺循环、理想化的热机、理想流体、点电荷等，都是理想化模型.

理想化模型的建立需要根据实际研究的问题而定. 例如，一颗极大的恒星，在研究其运行轨道时，可以把它看成质点，而研究其自转时，就不能当成质点. 再如，研究原子的结构时，极小的原子也不能看成质点. 随着研究的深入，理想模型也随着认识的深化而不断被修正和完善，甚至另建模型. 因此，理想化模型的建立是相对的，而且具有一定的适用范围.

2. 参考系

研究物体的机械运动，也就是研究物体间相对位置的变化. 当研究这种位置变化时，总得选择另一个物体或几个互相保持静止的物体系作为参考. 例如，两列同向、同速行驶的甲、乙火车，甲车上的人说乙车是静止的，而地面上的人说乙车是运动的. 两人的说法都对，因为甲车上的人是以甲车为参照物，而地面上的人是以地面为参照物. 又如，匀速行驶的火车，当物体从货架上掉落时，车上的人以车为参照物，认为物体在做自由落体运动，而地面上的人以地面为参照物，认为下落的物体做抛体运动. 可见，同一物理过程，由于选取的参照物不同，就会表现出“小小竹排江中游，巍巍青山两岸走”的不同运动现象. 所以，在描述和讨论物体的运动时，必须指明参照物，这种**被选作参考的物体或物体系叫做参考系**.

在运动学中，参考系的选取是任意的，根据具体问题的研究方便而定. 在动力学中，有两种参考系，即**惯性参考系和非惯性参考系**. 这两类不同的参考系所表现出的动力学规律是有差别的.

3. 坐标系

参考系确定后，要定量地描述质点在各个时刻相对参考系的位置，就需要在参考系上建立合适的坐标系. 力学中常用的坐标系有直角坐标系、平面极坐标系. 在描述质点的速度和加速度时，有时还会用到本征坐标系.

（1）直角坐标系

如图 1.1.1-1 所示，三个相互垂直的坐标轴不随时间变化，三个坐标轴方向的单位矢量分别用 $\boldsymbol{i}$、$\boldsymbol{j}$、$\boldsymbol{k}$ 来表示. 质点在任一时刻 t 的位置 P 都可由坐标表示出来，即

$$x=x(t),\quad y=y(t),\quad z=z(t) \qquad (1.1.1\text{-}1)$$

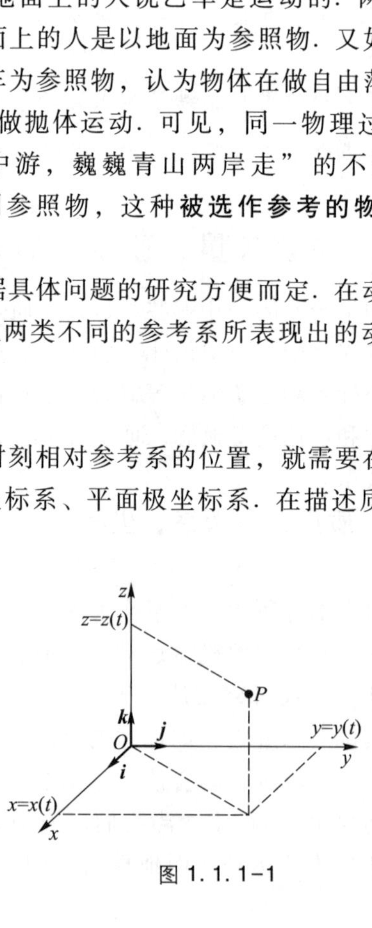

图 1.1.1-1

动画演示：直角坐标系

(1.1.1-1)式称为质点在直角坐标系中的运动

方程. 当把这组方程中的时间 t 消去时，便得到质点的运动轨迹（轨道）方程，即 $z=f(x,y)$. 如果质点在平面上的运动，其运动轨迹方程为 $y=f(x)$.

（2）平面极坐标系

如果质点做平面运动，其 t 时刻位于 P 点的位置除了可以用二维直角坐标表示外，也可用如图 1.1.1-2 所示的 r、θ 来表示. 其中 r 是 P 点到原点 O 的距离，称为极径，θ 为极径与 x 轴（极轴,不随时间变化）的夹角，称为极角. 那么，t 时刻质点的位置可表示为

$$r=r(t),\quad \theta=\theta(t) \tag{1.1.1-2}$$

动画演示：平面极坐标系

当把这组方程中的时间 t 消去时，其运动轨迹方程为 $r=f(\theta)$.

同一质点的位置在不同的坐标系下有不同种类的表示，但它们相互之间具有一定的变换关系. 例如，由图 1.1.1-2 的几何关系可得直角坐标系和平面极坐标系之间的变换关系：

$$x=r\cos\theta,\quad y=r\sin\theta \tag{1.1.1-3}$$

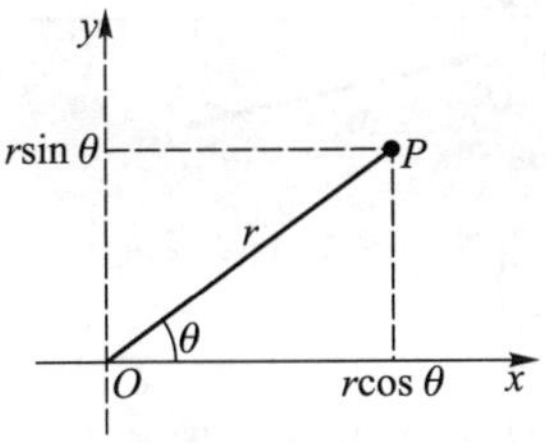

图 1.1.1-2

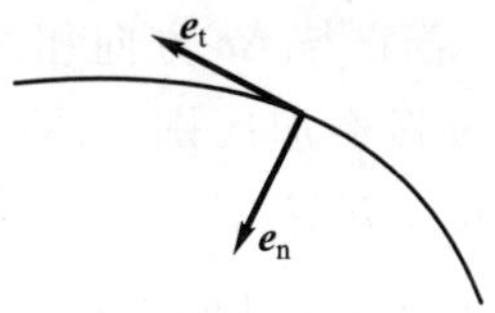

图 1.1.1-3

（3）本征坐标系

设质点在空间运动的轨迹是如图 1.1.1-3 所示的曲线，用单位矢量 $\boldsymbol{e}_t$ 来表示质点的运动方向，即轨迹的切线方向，用单位矢量 $\boldsymbol{e}_n$ 表示垂直于 $\boldsymbol{e}_t$，并指向曲线凹向一侧的法线方向. 始终以质点本身为原点，$\boldsymbol{e}_t$ 和 $\boldsymbol{e}_n$ 就构成一个随时间变动的坐标系，称为本征坐标系.

动画演示：本征坐标系

由于坐标原点选在质点，所以本征坐标系不能用来描述质点在空间所处的位置，但适合在某些情况下表示质点的速度和加速度.

1.1.2 位置矢量、位移、速度、加速度及其相互关系

1. 位置矢量

质点在某一时刻的位置可以用直角坐标系或极坐标系下质点所在处的坐标表示. 例如，图 1.1.2-1 所示的 P 点可用 (x,y,z) 三个坐标定出，这是用标量表示质点位置的方法. 质点的位置也可以用矢量的方式表示. 如图 1.1.2-1 所示，选定一固定的参考点（如 $Oxyz$ 坐标系的坐标原点 O），从参考点出发作引向 P 点的一矢量 $\boldsymbol{r}$，这一矢量

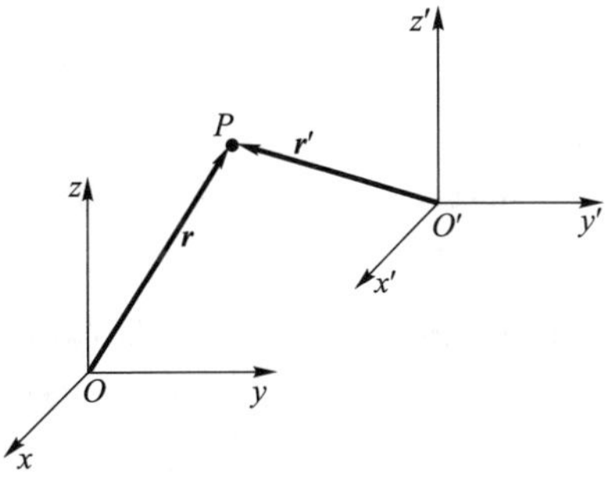

图 1.1.2-1

授课录像：位置矢量、位移、速度、加速度及其相互关系

称为位置矢量(简称位矢). 对描述同一质点的位置矢量来说，它依赖于参考点的选取. 如图1.1.2-1所示，选取 $Oxyz$ 坐标系的原点 O 为参考点，其 P 点位置矢量为 $\boldsymbol{r}$，而选取$O'x'y'z'$坐标系的原点 O'为参考点，其 P 点位置矢量则用 $\boldsymbol{r}'$来表示.

动画演示：位置矢量

值得注意的是，上述是以坐标系的原点为参考点引入的位置矢量，而实际上位置矢量的定义并不需要一定有坐标系的存在.

2. 位移

动画演示：位移与平均速度

为了描述质点在空间位置的变化，引入位移矢量. 如图 1.1.2-2 所示，设一质点 t 时刻的位置在 $P_1(x_1,y_1,z_1)$ 或 $\boldsymbol{r}(t)$ 处，经过 Δt 时间后，即 $t+\Delta t$ 时刻移动到新的位置 $P_2(x_2,y_2,z_2)$ 或 $\boldsymbol{r}(t+\Delta t)$ 处. 以 P_1 点为初始点，P_2 点为端点的矢量 $\Delta\boldsymbol{r}$ 称为质点的位移.

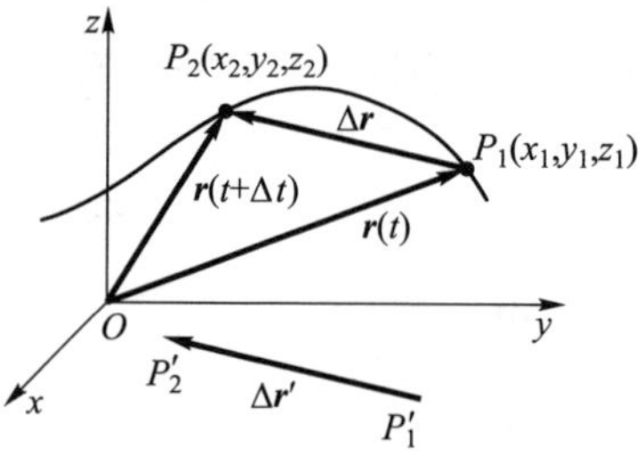

图 1.1.2-2

如果质点从图 1.1.2-2 所示的 P_1'移动到 P_2'，位移为 $\Delta\boldsymbol{r}'$，若它与 $\Delta\boldsymbol{r}$ 方向相同、长度相等，则对这两位移不加区别，即两矢量相等，$\Delta\boldsymbol{r}=\Delta\boldsymbol{r}'=\overrightarrow{P_1P_2}=\overrightarrow{P_1'P_2'}$.

位移与质点的实际运动路程是不同的概念. 位移是表征质点位置变化的矢量，而质点的路程是指质点实际运动的距离，是标量. 由图 1.1.2-2 可知，当质点做曲线运动时，有限位移的数值，即 $\Delta\boldsymbol{r}$ 的大小，并不代表质点运动的实际路程 $|\widehat{P_1P_2}|$. 只有当质点做曲线运动时的无限小位移，或质点做单向直线运动时的位移大小才与质点的路程相等.

3. 速度

质点从一个位置移到另一个位置的变化可以用如上所定义的位移来描述. 如何描述该质点从一个位置移动到另外一个位置的快慢？如图 1.1.2-2 所示，在选定的参考系中，设质点在 Δt 时间内的位移为

$$\Delta\boldsymbol{r}=\boldsymbol{r}(t+\Delta t)-\boldsymbol{r}(t) \tag{1.1.2-1}$$

显然，用 $\Delta\boldsymbol{r}$ 与 Δt 的比值可以描述质点从 P_1运动到 P_2位移的平均变化快慢，即

$$\bar{\boldsymbol{v}}=\frac{\Delta\boldsymbol{r}}{\Delta t} \tag{1.1.2-2}$$

称为质点的平均速度.

如何描述质点在某个位置附近的变化快慢？如图 1.1.2-2 所示，当质点从 P_1运动到 P_2，而且，P_2无限接近 P_1时，质点从 P_1运动到 P_2所用的时间 Δt 也将趋向无限小，因此，(1.1.2-2)式的比值极限可以表示质点在 P_1位置附近的变化快慢，即

$$\boldsymbol{v}=\lim_{\Delta t\to 0}\frac{\Delta\boldsymbol{r}}{\Delta t}=\lim_{\Delta t\to 0}\frac{\boldsymbol{r}(t+\Delta t)-\boldsymbol{r}(t)}{\Delta t}=\frac{\mathrm{d}\boldsymbol{r}}{\mathrm{d}t} \tag{1.1.2-3}$$

称为质点的瞬时速度，简称速度. 由图 1.1.2-2 可以看出，当 $\Delta t\to 0$ 时，$\Delta\boldsymbol{r}$ 的方向趋向于

曲线的切线方向，因此，质点速度的方向为质点轨道的切向方向，其大小称为质点的速率，即

$$v=|\boldsymbol{v}|=\left|\frac{\mathrm{d}\boldsymbol{r}}{\mathrm{d}t}\right|=\frac{\mathrm{d}s}{\mathrm{d}t} \tag{1.1.2-4}$$

其中的 ds 表示质点的无限小路程. 显然，质点的平均速度只能表示质点在空间两个位置变化的平均快慢，而瞬时速度却能够表示质点在某个位置或某个时刻的变化快慢.

4. 加速度

如何定量描述质点从一个位置移动到另外一个位置时速度变化的快慢？其处理思想同上节引入的质点的平均速度和瞬时速度相同.

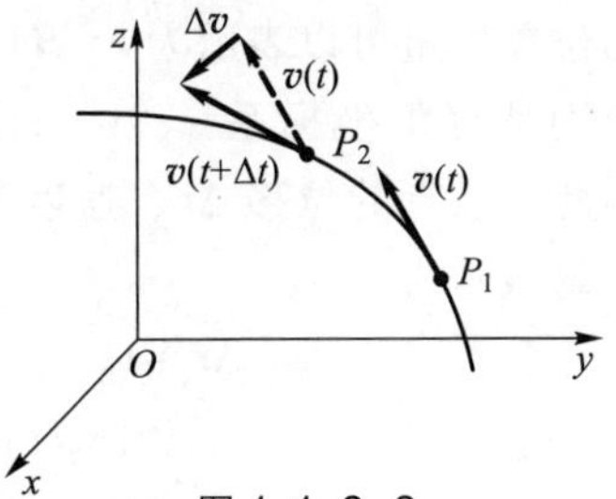

图 1.1.2-3

如图 1.1.2-3 所示，假如质点从 P_1 运动到 P_2 的时间间隔为 Δt，对应的速度分别为$\boldsymbol{v}(t)$和$\boldsymbol{v}(t+\Delta t)$，定义：

$$\overline{\boldsymbol{a}}=\frac{\Delta\boldsymbol{v}}{\Delta t}=\frac{\boldsymbol{v}_2-\boldsymbol{v}_1}{\Delta t}=\frac{\boldsymbol{v}(t+\Delta t)-\boldsymbol{v}(t)}{\Delta t} \tag{1.1.2-5}$$

(1.1.2-5)式称为 P_1、P_2两点间的平均加速度. 为了描述质点某时刻的速度变化情况，引进瞬时加速度(简称加速度)为

$$\boldsymbol{a}=\lim_{\Delta t\to 0}\frac{\Delta\boldsymbol{v}}{\Delta t}=\lim_{\Delta t\to 0}\frac{\boldsymbol{v}(t+\Delta t)-\boldsymbol{v}(t)}{\Delta t}=\frac{\mathrm{d}\boldsymbol{v}}{\mathrm{d}t}=\frac{\mathrm{d}^2\boldsymbol{r}}{\mathrm{d}t^2} \tag{1.1.2-6}$$

动画演示：平均加速度

由图 1.1.2-3 可以看出，当 $\Delta t\to 0$ 时，$\Delta\boldsymbol{v}$ 的方向并不一定趋向质点运动轨迹的法线方向或切线方向，因此，一般情况下，质点的加速度同时有切线方向和法线方向上的分量.

综合上述，描述质点的位置矢量、速度、加速度三者之间的一般关系可总结为

微分形式：
$$\boldsymbol{v}=\frac{\mathrm{d}\boldsymbol{r}}{\mathrm{d}t},\qquad \boldsymbol{a}=\frac{\mathrm{d}\boldsymbol{v}}{\mathrm{d}t}=\frac{\mathrm{d}^2\boldsymbol{r}}{\mathrm{d}t^2} \tag{1.1.2-7a}$$

积分形式：
$$\boldsymbol{r}=\int\boldsymbol{v}\mathrm{d}t,\qquad \boldsymbol{v}=\int\boldsymbol{a}\mathrm{d}t \tag{1.1.2-7b}$$

(1.1.2-7a)式和(1.1.2-7b)式是质点运动学的重要关系式. 已知质点的位置矢量、速度、加速度中的任何一个量随时间的变化关系，辅以运动的初始条件，就可通过上述关系确定其他量随时间的变化关系，从而可以处理质点任何运动形式的运动学问题.

§1.2 位置矢量、速度、加速度相互关系的坐标表示

动画演示：位置矢量、速度、加速度相互关系的坐标表示

(1.1.2-7a)式和(1.1.2-7b)式所表示的质点的速度、加速度和位移之间的关系是矢量关系. 其优点是表达相互关系简洁明了，但在实际运算过程中就显得复杂了. 因此，有时针对具体问题，需要在合适的坐标系下，将矢量关系分解为标量表示，以方便进一步的计算. 本节所要介绍的是(1.1.2-7)式所示的质点的速度、加速度和位移之间的矢量关系在直角坐标系、平面极坐标系、本征

坐标系下的表示.

1.2.1 直角坐标系下的表示

质点的速度、加速度和位移之间的矢量关系式在直角坐标系下的表示可以应用于质点的一维、二维以及三维运动.

在如图 1.2.1-1 所示的直角坐标系中，质点的位置矢量可以表示为 $\boldsymbol{r}=x\boldsymbol{i}+y\boldsymbol{j}+z\boldsymbol{k}$，其中 $\boldsymbol{i}$、$\boldsymbol{j}$、$\boldsymbol{k}$ 分别是直角坐标系 x、y、z 方向上的单位矢量. 因此，质点的位移 $\Delta\boldsymbol{r}$、速度 $\boldsymbol{v}$、加速度 $\boldsymbol{a}$ 可用分矢量表示为

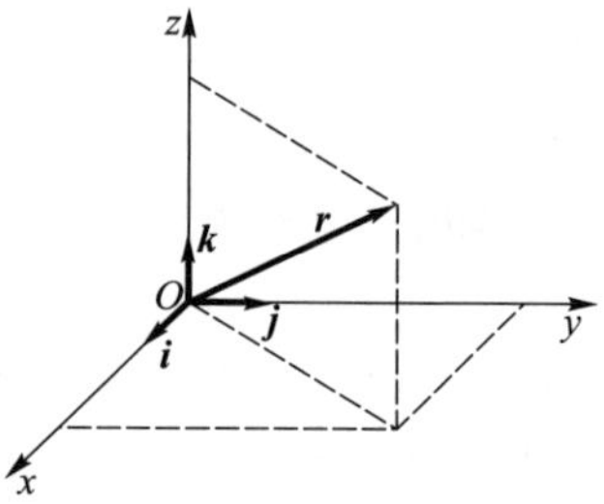

图 1.2.1-1

授课录像： 直角坐标系下的表示

$$\begin{aligned}\Delta\boldsymbol{r}&=\boldsymbol{r}_2-\boldsymbol{r}_1\\&=(x_2\boldsymbol{i}+y_2\boldsymbol{j}+z_2\boldsymbol{k})-(x_1\boldsymbol{i}+y_1\boldsymbol{j}+z_1\boldsymbol{k})\\&=\Delta x\boldsymbol{i}+\Delta y\boldsymbol{j}+\Delta z\boldsymbol{k}\end{aligned}\tag{1.2.1-1a}$$

$$\begin{aligned}\boldsymbol{v}&=\frac{\mathrm{d}\boldsymbol{r}}{\mathrm{d}t}=\frac{\mathrm{d}}{\mathrm{d}t}(x\boldsymbol{i}+y\boldsymbol{j}+z\boldsymbol{k})\\&=\frac{\mathrm{d}x}{\mathrm{d}t}\boldsymbol{i}+\frac{\mathrm{d}y}{\mathrm{d}t}\boldsymbol{j}+\frac{\mathrm{d}z}{\mathrm{d}t}\boldsymbol{k}=v_x\boldsymbol{i}+v_y\boldsymbol{j}+v_z\boldsymbol{k}\end{aligned}\tag{1.2.1-1b}$$

$$\begin{aligned}\boldsymbol{a}&=\frac{\mathrm{d}\boldsymbol{v}}{\mathrm{d}t}=\frac{\mathrm{d}}{\mathrm{d}t}(v_x\boldsymbol{i}+v_y\boldsymbol{j}+v_z\boldsymbol{k})\\&=\frac{\mathrm{d}v_x}{\mathrm{d}t}\boldsymbol{i}+\frac{\mathrm{d}v_y}{\mathrm{d}t}\boldsymbol{j}+\frac{\mathrm{d}v_z}{\mathrm{d}t}\boldsymbol{k}=a_x\boldsymbol{i}+a_y\boldsymbol{j}+a_z\boldsymbol{k}\end{aligned}\tag{1.2.1-1c}$$

因此，位移、速度和加速度相互关系的矢量运算可以表示为(1.2.1-1a)式、(1.2.1-1b)式和(1.2.1-1c)式所示的三个相互垂直方向上的标量运算.

一维运动应用举例：

如果质点做一维运动，只需选取 x 轴方向的坐标系，质点的位移、速度、加速度都可在一维坐标系下用标量表示出来，此时，(1.2.1-1)式的三维标量表示可简化为一维标量表示，即

$$v=\frac{\mathrm{d}x}{\mathrm{d}t},\qquad a=\frac{\mathrm{d}v}{\mathrm{d}t}\tag{1.2.1-2a}$$

$$x=\int v\mathrm{d}t,\qquad v=\int a\mathrm{d}t\tag{1.2.1-2b}$$

结合(1.2.1-2)式和微积分的几何意义可以看出：位移相对时间曲线的斜率对应速度；速度相对时间曲线的斜率对应加速度；速度相对时间曲线下的面积对应位移的变化量；加速度相对时间曲线下的面积对应速度的变化量.

例 1.2.1-1 求质点做匀速直线运动的方程.

解： 对于质点的匀速直线运动，v 是一常量，所以

$$a=\frac{\mathrm{d}v}{\mathrm{d}t}=0$$

$$x=\int v\mathrm{d}t=vt+C$$

当 $t=0$ 时，$x=x_0=C$，则

$$x-x_0=vt$$

例 1.2.1-2 求质点做匀加速直线运动的方程.

解：对于质点做匀加速直线运动，a 是一常量，所以

$$v=\int a\mathrm{d}t=at+C_1$$

当 $t=0$ 时，$v=v_0=C_1$，那么

$$v=v_0+at$$

进而

$$x=\int v\mathrm{d}t=\int(v_0+at)\mathrm{d}t=v_0t+\frac{1}{2}at^2+C_2$$

当 $t=0$ 时，$x=x_0=C_2$，那么

$$x-x_0=v_0t+\frac{1}{2}at^2$$

上述两例的结果就是高中课本中常用的匀速和匀加速直线运动的公式，在此给出了证明.

例 1.2.1-3 一物体做直线运动，它的运动学方程为 $x(t)=at+bt^2+ct^3$，其中 a、b、c 均为常量，$t_1=1\ \mathrm{s}$，$t_2=2\ \mathrm{s}$，求：（1）$\Delta t=t_2-t_1$ 期间的位移、平均速度和平均加速度；（2）t_2 时的速度和加速度.（本题采用 SI 单位.）

解：根据题意

$$x(t)=at+bt^2+ct^3$$

对 $x(t)$ 微分得速度表达式：

$$v(t)=\frac{\mathrm{d}x(t)}{\mathrm{d}t}=a+2bt+3ct^2$$

对上式微分得加速度表达式：

$$a(t)=\frac{\mathrm{d}v(t)}{\mathrm{d}t}=2b+6ct$$

（1）$\Delta t=t_2-t_1$ 期间的位移为

$$\Delta x=x(t_2)-x(t_1)=a+3b+7c$$

平均速度为

$$\bar{v}=\frac{\Delta x}{\Delta t}=a+3b+7c$$

平均加速度为

$$\bar{a}=\frac{v(t_2)-v(t_1)}{\Delta t}=2b+9c$$

（2）将 $t_2=2\ \mathrm{s}$ 代入上述速度和加速度表达式，得

$$v(t_2)=a+4b+12c,\qquad a(t_2)=2b+12c$$

例 1.2.1-4 沿 x 轴运动的质点，其速度和时间的关系 $v=3t+2\pi\sin\frac{\pi}{6}t$. 在 $t_0=0$ 时，质点的位置 $x_0=-2\ \mathrm{m}$. 试求：（1）$t_1=2\ \mathrm{s}$ 时质点的位置；（2）$t_0=0$ 和 $t_1=2\ \mathrm{s}$ 两时刻质点的加速度.（本题采用 SI 单位.）

解：根据题意

$$v=3t+2\pi\sin\frac{\pi}{6}t$$

对速度积分得位移：

$$x=\int v\mathrm{d}t=\frac{3}{2}t^2-12\cos\frac{\pi}{6}t+C$$

对速度微分得加速度：

$$a=\frac{\mathrm{d}v}{\mathrm{d}t}=3+\frac{\pi^2}{3}\cos\frac{\pi}{6}t$$

由 $t=t_0=0$ 时，$x=x_0=-2$ m，确定 $C=10$ m.

根据题中给出的条件得：(1) $t_1=2$ s 时质点的位置为 $x=10$ m；(2) $t_0=0$ 和 $t_1=2$ s 两时刻质点的加速度为

$$a(t_0)=\left(3+\frac{1}{3}\pi^2\right)\ \mathrm{m/s^2},\qquad a(t_1)=\left(3+\frac{1}{6}\pi^2\right)\ \mathrm{m/s^2}$$

例 1.2.1-5 一质点沿 x 轴运动，其加速度与位置的关系为 $a=3+4x$，已知质点在 $x=0$ m 处的速度为 3 m/s，试求质点在 $x=5$ m 处的速度.（本题采用 SI 单位.）

解： 根据题意

$$a=\frac{\mathrm{d}v}{\mathrm{d}t}=3+4x$$

等式两边同乘无限小位移 $\mathrm{d}x$ 有

$$\mathrm{d}x\frac{\mathrm{d}v}{\mathrm{d}t}=(3+4x)\mathrm{d}x$$

由 $v=\frac{\mathrm{d}x}{\mathrm{d}t}$，上式化为

$$v\mathrm{d}v=(3+4x)\mathrm{d}x$$

对上式两边积分得到

$$\frac{v^2}{2}=3x+2x^2+C$$

由 $x=0$ m，$v=3$ m/s，确定 C 的数值为$\frac{9}{2}$.

当 $x=5$ m 时，解得 $v=11.8$ m/s.

二维平面运动应用举例：

例 1.2.1-6 从地面以与水平方向成 θ 角的初速度 v_0 抛出一个质点，当不计空气阻力时，质点加速度的水平分量为零，竖直分量为重力加速度 g，如例 1.2.1-6 图所示.

(1) 求质点所达到的最大高度 H 和最远射程 s；

(2) 问抛射角 θ 为多大时，s 最大？

解： 建立如例 1.2.1-6 图所示的二维坐标系，质点在 x 方向和 y 方向的速度分量分别为

$$v_x=v_0\cos\theta;\qquad v_y=v_0\sin\theta-gt$$

由此得出沿 x 和 y 方向的运动方程为

$$x=\int_0^t v_x\mathrm{d}t=v_0(\cos\theta)t;\qquad y=\int_0^t v_y\mathrm{d}t=v_0(\sin\theta)t-\frac{1}{2}gt^2$$

(1) 达到最大高度时，$v_y=0$，可得

$$T=\frac{v_0}{g}\sin\theta$$

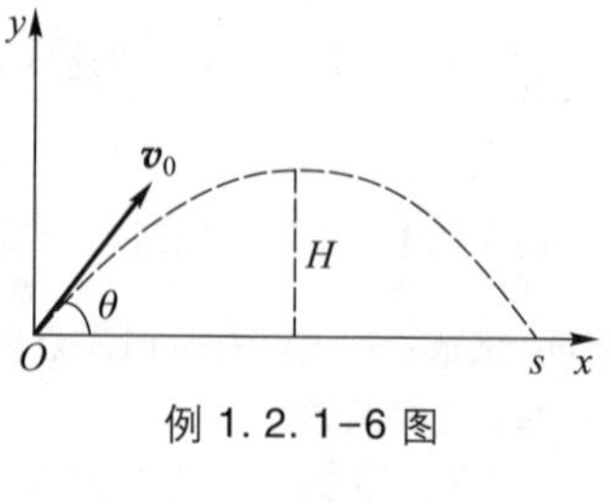

例 1.2.1-6 图

$$H=\frac{(v_0\sin\theta)^2}{2g}$$

由运动轨迹对称性可知，最大射程为 $2T$ 时间的 x 方向位移：

$$s=v_0(\cos\theta)(2T)=\frac{v_0^2}{g}\sin 2\theta$$

(2) 由 s 表达式可知，当 $\theta=\frac{\pi}{4}$ 时，质点射程最大，为 $s_{\max}=\frac{v_0^2}{g}$.

此例中质点的运动称为抛体运动. 当 $\theta=0°$ 时称为平抛；当 $\theta=90°$ 时称为竖直上抛；当 θ 为其他角度时一般称为斜抛. 抛体运动是常见的典型运动形式.

例 1.2.1-7 一质点从位矢为 $\boldsymbol{r}(0)=4\boldsymbol{j}$ m 的位置以初速度 $\boldsymbol{v}(0)=4\boldsymbol{i}$ m/s 开始运动，其加速度与时间的关系为 $\boldsymbol{a}=3t\boldsymbol{i}-2\boldsymbol{j}$(SI 单位). 求：(1) 经过多长时间质点到达 x 轴；(2) 到达 x 轴时的位置.

解：根据题意

$$\boldsymbol{a}=3t\boldsymbol{i}-2\boldsymbol{j}$$

积分得

$$\boldsymbol{v}(t)=\int \boldsymbol{a}(t)\,\mathrm{d}t=\boldsymbol{v}(0)+\frac{3}{2}t^2\boldsymbol{i}-2t\boldsymbol{j}$$

利用初始条件 $\boldsymbol{v}(0)=4\boldsymbol{i}$ m/s 得

$$\boldsymbol{v}(t)=\left(4+\frac{3}{2}t^2\right)\boldsymbol{i}-2t\boldsymbol{j}$$

对上式进一步积分得

$$\boldsymbol{r}(t)-\boldsymbol{r}(0)=\int_0^t \boldsymbol{v}(t)\,\mathrm{d}t=\left(4t+\frac{1}{2}t^3\right)\boldsymbol{i}-t^2\boldsymbol{j}$$

利用初始条件 $\boldsymbol{r}(0)=4\boldsymbol{j}$ m 得

$$\boldsymbol{r}(t)=\left(4t+\frac{1}{2}t^3\right)\boldsymbol{i}+(4-t^2)\boldsymbol{j}$$

(1) 当 $4-t^2=0$，即 $t=2$ s 时，质点到达 x 轴.

(2) $t=2$ s 到达 x 轴时，位矢为 $\boldsymbol{r}(2)=12\boldsymbol{i}$ m，即质点到达 x 轴($y=0$)时的位置为 $x=12$ m.

1.2.2 平面极坐标系下的表示

在本书各公式的表达式中，其相关的标记为

$$\dot{r}\equiv\frac{\mathrm{d}r}{\mathrm{d}t},\quad \ddot{r}\equiv\frac{\mathrm{d}^2r}{\mathrm{d}t^2},\quad \dot{\theta}\equiv\frac{\mathrm{d}\theta}{\mathrm{d}t},\quad \ddot{\theta}\equiv\frac{\mathrm{d}^2\theta}{\mathrm{d}t^2}$$

这种对导数的标记方法源于牛顿在研究质点运动学过程中创立微积分时的标记，当时牛顿称其为“流数”. 目前，高等数学上的因变量 y 对自变量 x 的导数经常标记为 $y'\equiv\frac{\mathrm{d}y}{\mathrm{d}x}$. 作为物理学上的习惯表述，如果自变量是时间 t 的话，因变量 y 对时间自变量 t 的导数即可标记为 $y'\equiv\frac{\mathrm{d}y}{\mathrm{d}t}$，有时也可标记为 $\dot{y}$，对高阶导数亦如此.

授课录像：
平面极坐标系下的表示

原则上，利用质点的速度、加速度和位移之间的矢量关系式在直角坐标系下的表示可以处理质点的任何运动. 但在处理质点的二维圆周运动、椭圆或抛物线运动等运动时，有时利用平面极坐标表示更为方便.

为了实现质点的速度、加速度和位移之间的矢量关系式在平面极坐标系的表示，需要在1.1.1节介绍的平面极坐标系基础上引入两个相互垂直的单位矢量. 如图1.2.2-1所示的平面极坐标系，规定单位矢量$\boldsymbol{e}_r$表示质点位置矢量$\boldsymbol{r}$的径向方向，称为径向单位矢量. 单位矢量$\boldsymbol{e}_\theta$垂直于$\boldsymbol{e}_r$，并指向θ的增加方向，称为横向单位矢量. 规定$\boldsymbol{e}_r$和$\boldsymbol{e}_\theta$的初始点始终与运动的质点重合，因此，与直角坐标系下的单位矢量不同的是，$\boldsymbol{e}_r$和$\boldsymbol{e}_\theta$是随时间变化的. 从而有

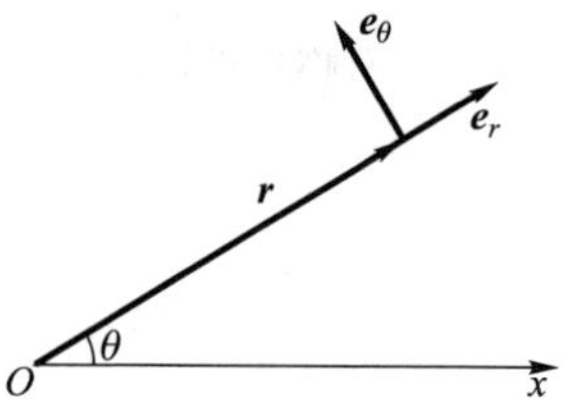

图 1.2.2-1

$$\boldsymbol{r}=r\boldsymbol{e}_r,\qquad \boldsymbol{v}=\frac{\mathrm{d}\boldsymbol{r}}{\mathrm{d}t}=\frac{\mathrm{d}r}{\mathrm{d}t}\boldsymbol{e}_r+r\frac{\mathrm{d}\boldsymbol{e}_r}{\mathrm{d}t}\tag{1.2.2-1}$$

其中$\frac{\mathrm{d}\boldsymbol{e}_r}{\mathrm{d}t}=\lim\limits_{\Delta t\to 0}\frac{\Delta\boldsymbol{e}_r}{\Delta t}$，其进一步表达式推导如下：

如图1.2.2-2所示，当$\Delta t\to 0$时，$\Delta\theta\to\mathrm{d}\theta$，$\Delta\boldsymbol{e}_r$的方向趋向$\boldsymbol{e}_\theta$的方向，$\Delta\boldsymbol{e}_r$的大小趋向$1\cdot\Delta\theta$，于是

$$\frac{\mathrm{d}\boldsymbol{e}_r}{\mathrm{d}t}=\lim_{\Delta t\to 0}\frac{\Delta\boldsymbol{e}_r}{\Delta t}=\frac{\mathrm{d}\theta}{\mathrm{d}t}\boldsymbol{e}_\theta=\dot{\theta}\,\boldsymbol{e}_\theta\tag{1.2.2-2}$$

结合(1.2.2-1)式和(1.2.2-2)式整理得

$$\boldsymbol{v}=\frac{\mathrm{d}\boldsymbol{r}}{\mathrm{d}t}=\frac{\mathrm{d}r}{\mathrm{d}t}\boldsymbol{e}_r+r\frac{\mathrm{d}\theta}{\mathrm{d}t}\boldsymbol{e}_\theta=\dot{r}\,\boldsymbol{e}_r+r\dot{\theta}\,\boldsymbol{e}_\theta\tag{1.2.2-3a}$$

加速度在平面极坐标系下的表示为

$$\begin{aligned}\boldsymbol{a}&=\frac{\mathrm{d}\boldsymbol{v}}{\mathrm{d}t}=\frac{\mathrm{d}}{\mathrm{d}t}(\dot{r}\,\boldsymbol{e}_r+r\dot{\theta}\,\boldsymbol{e}_\theta)=\ddot{r}\boldsymbol{e}_r+\dot{r}\,\frac{\mathrm{d}\boldsymbol{e}_r}{\mathrm{d}t}+\dot{r}\dot{\theta}\boldsymbol{e}_\theta+r\ddot{\theta}\boldsymbol{e}_\theta+r\dot{\theta}\,\frac{\mathrm{d}\boldsymbol{e}_\theta}{\mathrm{d}t}\\&=\ddot{r}\boldsymbol{e}_r+2\dot{r}\dot{\theta}\boldsymbol{e}_\theta+r\ddot{\theta}\boldsymbol{e}_\theta+r\dot{\theta}\,\frac{\mathrm{d}\boldsymbol{e}_\theta}{\mathrm{d}t}\end{aligned}\tag{1.2.2-3b}$$

(1.2.2-3b)式中的$\frac{\mathrm{d}\boldsymbol{e}_\theta}{\mathrm{d}t}=\lim\limits_{\Delta t\to 0}\frac{\Delta\boldsymbol{e}_\theta}{\Delta t}$，其进一步表达式推导如下：

如图1.2.2-3所示，当$\Delta t\to 0$时，$\Delta\theta\to\mathrm{d}\theta$，$\Delta\boldsymbol{e}_\theta$的方向趋向$-\boldsymbol{e}_r$的方向，$\Delta\boldsymbol{e}_\theta$的大小趋向于$1\cdot\Delta\theta$，于是

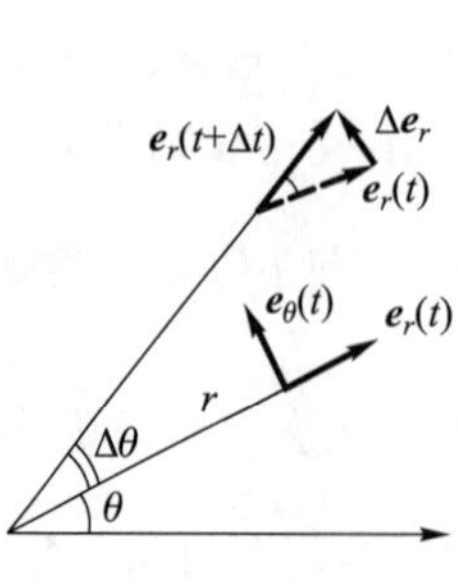

图 1.2.2-2

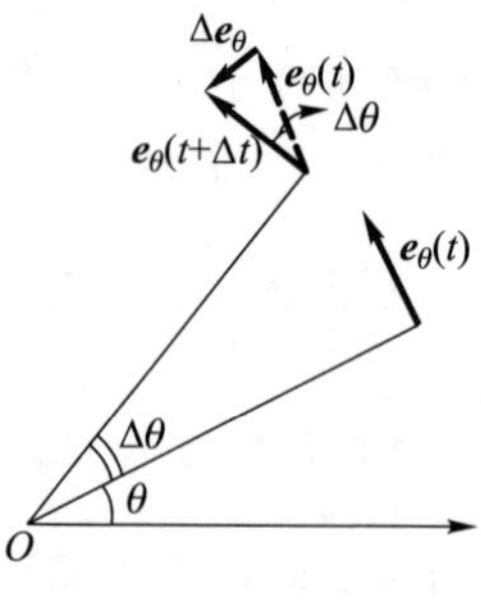

图 1.2.2-3

$$\frac{\mathrm{d}\boldsymbol{e}_{\theta}}{\mathrm{d}t}=\frac{\mathrm{d}\theta}{\mathrm{d}t}(-\boldsymbol{e}_{r})=-\dot{\theta}\,\boldsymbol{e}_{r} \tag{1.2.2-4}$$

由(1.2.2-4)式、(1.2.2-3b)式可整理为

$$\boldsymbol{a}=(\ddot{r}-r\dot{\theta}^{2})\boldsymbol{e}_{r}+(2\dot{r}\dot{\theta}+r\ddot{\theta})\boldsymbol{e}_{\theta} \tag{1.2.2-5}$$

综上所述，质点的速度、加速度在极坐标下的表示为

$$\boldsymbol{v}=\frac{\mathrm{d}\boldsymbol{r}}{\mathrm{d}t}=v_{r}\boldsymbol{e}_{r}+v_{\theta}\boldsymbol{e}_{\theta}=\dot{r}\,\boldsymbol{e}_{r}+r\dot{\theta}\,\boldsymbol{e}_{\theta} \tag{1.2.2-6a}$$

$$\boldsymbol{a}=a_{r}\boldsymbol{e}_{r}+a_{\theta}\boldsymbol{e}_{\theta}=(\ddot{r}-r\dot{\theta}^{2})\boldsymbol{e}_{r}+(2\dot{r}\dot{\theta}+r\ddot{\theta})\boldsymbol{e}_{\theta} \tag{1.2.2-6b}$$

其中，v_r、a_r、v_θ、a_θ分别表示在极坐标系下质点的径向速度、径向加速度、横向速度和横向加速度的大小.

(1.2.2-6) 式的结果适用质点的任何运动，其结果较为复杂. 作为经验提醒读者，理解和掌握质点运动在极坐标系下表示的处理方法比记住(1.2.2-6)式的结果更重要. 因为，根据质点的实际运动情况，按照上述方法，配合(1.2.2-2)式及(1.2.2-4)式所示的径向和横向单位矢量对时间导数的表达式，不但可以获得其极坐标系下的表示结果，而且可以更加了解质点运动的物理过程. 这一点在第三章的 3.2.2 节将有所体现.

例 1.2.2-1 求质点的圆周运动的速度与加速度的表达式.

解：在某时刻，设质点运动到如例 1.2.2-1 图所示位置，选取极坐标系，对于固定的圆，r 是常量，于是有

$$\boldsymbol{r}=r\boldsymbol{e}_{r}$$

$$\boldsymbol{v}=\frac{\mathrm{d}\boldsymbol{r}}{\mathrm{d}t}=\dot{r}\boldsymbol{e}_{r}+r\dot{\boldsymbol{e}}_{r}=0+r\dot{\theta}\boldsymbol{e}_{\theta}$$

$$\boldsymbol{a}=\frac{\mathrm{d}\boldsymbol{v}}{\mathrm{d}t}=r\ddot{\theta}\boldsymbol{e}_{\theta}+r\dot{\theta}\,\dot{\boldsymbol{e}}_{\theta}=r\ddot{\theta}\boldsymbol{e}_{\theta}-r\dot{\theta}^{2}\boldsymbol{e}_{r}$$

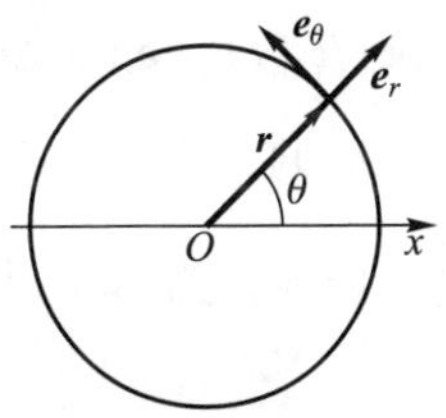

例 1.2.2-1 图

对于匀速圆周运动 $\dot{\theta}=\omega$(常量)，$\ddot{\theta}=0$. 于是

$\boldsymbol{v}=r\omega\boldsymbol{e}_{\theta}$(切线方向)，　$\boldsymbol{a}=-r\omega^{2}\boldsymbol{e}_{r}$(向心方向)

如果将该圆周运动问题在直角坐标系下处理，会发现比在极坐标系下处理要复杂.

1.2.3　本征坐标系下的表示

设质点在二维平面上做曲线运动，当侧重质点的速度、加速度沿着曲线的切线方向和法线方向变化时，直角坐标系以及平面极坐标系的表示都不方便，其本征坐标系下的表示更为简洁.

由 1.1.1 节所定义的本征坐标系以及速度方向是质点运动轨迹即切线方向的特征，质点的速度在本征坐标系中可表示为 $\boldsymbol{v}=v\boldsymbol{e}_{\mathrm{t}}$，其中 v 表示质点速度的大小，与规定的 $\boldsymbol{e}_{\mathrm{t}}$ 方向一致时为正，反之为负. 因此，加速度可表示为

授课录像： 本征坐标系下的表示

$$\boldsymbol{a}=\frac{\mathrm{d}\boldsymbol{v}}{\mathrm{d}t}=\frac{\mathrm{d}v}{\mathrm{d}t}\boldsymbol{e}_{\mathrm{t}}+v\frac{\mathrm{d}\boldsymbol{e}_{\mathrm{t}}}{\mathrm{d}t} \tag{1.2.3-1a}$$

其中

$$\frac{\mathrm{d}\boldsymbol{e}_{\mathrm{t}}}{\mathrm{d}t}=\lim_{\Delta t\to 0}\frac{\Delta\boldsymbol{e}_{\mathrm{t}}}{\Delta t}=\lim_{\Delta t\to 0}\frac{\boldsymbol{e}_{\mathrm{t}}(t+\Delta t)-\boldsymbol{e}_{\mathrm{t}}(t)}{\Delta t} \tag{1.2.3-1b}$$

如何将(1.2.3-1b)式进一步化简？设质点由图 1.2.3-1 所示的 P_1 点运动至 P_2 点，当 $\Delta t\to0$ 时，$\Delta\theta\to\mathrm{d}\theta$，$\Delta\boldsymbol{e}_\mathrm{t}$ 的方向趋向 $\boldsymbol{e}_\mathrm{n}$ 方向，$\Delta\boldsymbol{e}_\mathrm{t}$ 的大小趋向于 $1\cdot\Delta\theta$，因此

$$\frac{\mathrm{d}\boldsymbol{e}_\mathrm{t}}{\mathrm{d}t}=\frac{\mathrm{d}\theta}{\mathrm{d}t}\cdot\boldsymbol{e}_\mathrm{n}=\frac{\mathrm{d}s}{\mathrm{d}t}\cdot\frac{\mathrm{d}\theta}{\mathrm{d}s}\cdot\boldsymbol{e}_\mathrm{n}=v\cdot\frac{\mathrm{d}\theta}{\mathrm{d}s}\cdot\boldsymbol{e}_\mathrm{n} \qquad (1.2.3-2)$$

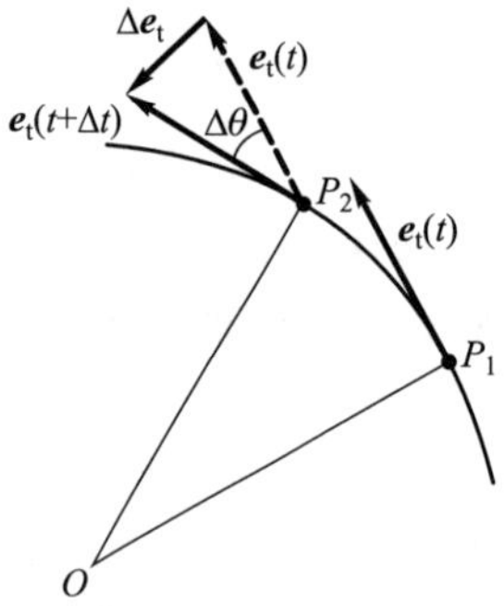

图 1.2.3-1

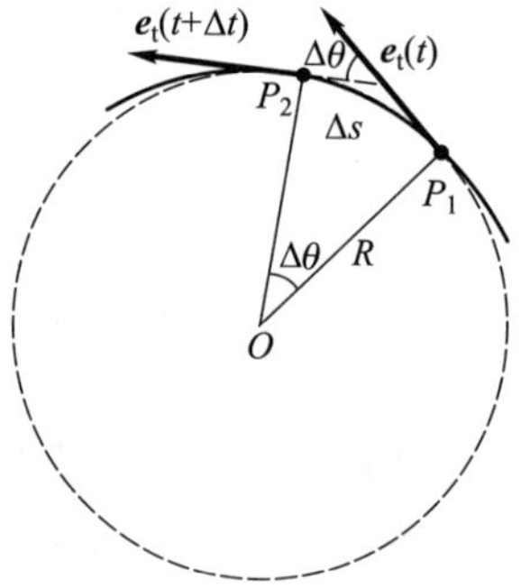

图 1.2.3-2

其中，$\mathrm{d}s$ 为当 $\Delta t\to0$ 时质点从 P_1 运动到 P_2 时所对应的无限小路程，$v=\dfrac{\mathrm{d}s}{\mathrm{d}t}$ 为质点在 P_1 点的速率. 为了求得(1.2.3-2)式中的 $\dfrac{\mathrm{d}\theta}{\mathrm{d}s}$ 的表达式，作图 1.2.3-2，过 P_1、P_2 两临近点在曲线的凹侧画一圆. $\boldsymbol{e}_\mathrm{t}(t)$，$\boldsymbol{e}_\mathrm{t}(t+\Delta t)$ 分别代表该圆在 P_1 和 P_2 两点的切线方向. 当 P_2 点逐渐靠近 P_1 点时，该圆的圆心、半径在不断变化，P_1 和 P_2 两点切线的夹角 $\Delta\theta$ 即为 $\overset{\frown}{P_1P_2}$ 所对应的圆心角，$\overset{\frown}{P_1P_2}$ 的弧长为 Δs，当 $\Delta t\to0$ 时，$\Delta\theta\to\mathrm{d}\theta$，$\Delta s\to\mathrm{d}s$，因此

$$\frac{\mathrm{d}s}{\mathrm{d}\theta}=R \qquad (1.2.3-3)$$

称为 P_1 点处的曲率半径. 结合(1.2.3-2)式和(1.2.3-3)式，(1.2.3-1a)式可整理为

$$\boldsymbol{a}=\frac{\mathrm{d}v}{\mathrm{d}t}\boldsymbol{e}_\mathrm{t}+\frac{v^2}{R}\boldsymbol{e}_\mathrm{n} \qquad (1.2.3-4)$$

当质点做一般的曲线运动时，质点在各处的内切圆的曲率半径 R 并不相同. 只有当质点做圆周运动时，各处的曲率半径才相同.

从如上的推导过程可以看出，在本征坐标系中，由于坐标原点选在质点上，所以本征坐标系无法表示质点的空间位置，而只能表示质点的速度和加速度在切线和法线方向上的变化.

综合上述，质点的速度和加速度在本征坐标系下的表示为

$$\boldsymbol{v}=v\boldsymbol{e}_\mathrm{t} \qquad (1.2.3-5a)$$

$$\boldsymbol{a}=a_\mathrm{t}\boldsymbol{e}_\mathrm{t}+a_\mathrm{n}\boldsymbol{e}_\mathrm{n}=\frac{\mathrm{d}v}{\mathrm{d}t}\boldsymbol{e}_\mathrm{t}+\frac{v^2}{R}\boldsymbol{e}_\mathrm{n} \qquad (1.2.3-5b)$$

$$a=\sqrt{a_\mathrm{t}^2+a_\mathrm{n}^2} \qquad (1.2.3-5c)$$

例 1.2.3-1 有一只狐狸，以不变的速率 v_1 沿直线 AB 逃跑. 有一只猎犬以不变速率 v_2 追捕，其运动方向始终对准狐狸. 某时刻，狐狸在 F 处，猎犬在 D 处，$FD\perp AB$，且 $FD=L$，如例1.2.3-1图所示. 试求，此时猎犬的加速度大小.

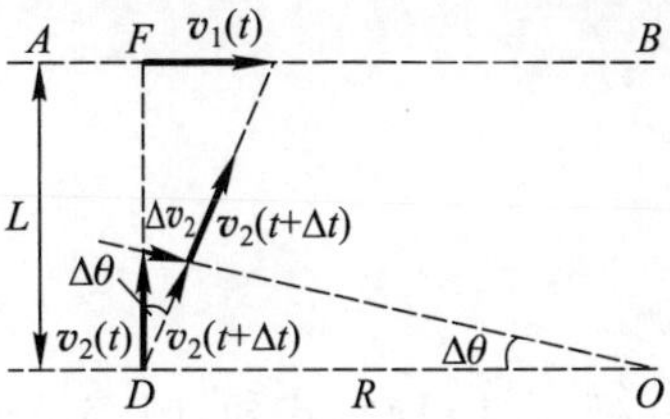

例 1.2.3-1 图

解：以猎犬为研究对象，由加速度定义有

$$\boldsymbol{a}=\lim_{\Delta t\to 0}\frac{\Delta \boldsymbol{v}_2}{\Delta t}$$

由例 1.2.3-1 图分析得知，$\Delta t\to 0$ 时，猎犬的加速度方向与速度 $\boldsymbol{v}_2$ 方向垂直. 由于猎犬做匀速率曲线运动，由加速度在本征坐标系下的表示可知，其加速度只有法线方向的加速度，大小为

$$a=\frac{v_2^2}{R}$$

由例 1.2.3-1 图几何关系可得

$$\Delta\theta=\frac{v_2\Delta t}{R}=\frac{v_1\Delta t}{L}$$

联立各式解得

$$a=\frac{v_1v_2}{L}$$

授课录像：相对运动概述

§1.3 相对运动

描述质点的机械运动，首先要选择参考系，选择什么样的参考系视处理问题的方便而定. 但有时必须在特定参考系下观察，而转到另一参考系下计算，因此，两参考系之间的参量如何转换显得尤为重要.

动画演示：相对运动

定义相对某个观察者静止的参考系为静系(S 系)，相对静系运动的参考系为动系(S′系). 质点相对静系和动系的运动称为绝对运动和相对运动，对应的速度分别称为绝对速度和相对速度，对应的加速度分别称为绝对加速度和相对加速度. 动系本身相对静系的运动（即，质点相对动系静止时）称为牵连运动，对应的速度和加速度分别称为牵连速度和牵连加速度.

本节讨论平动动系(动系与静系的坐标轴始终保持平行)和匀角速转动动系两种情况下的绝对速度、相对速度和牵连速度，以及绝对加速度、相对加速度和牵连加速度之间的关系.

1.3.1 速度和加速度在平动与静止参考系间的变换

授课录像：质点速度和加速度在平动与静止参考系之间的变换

如图 1.3.1-1 所示，定义 $O-xyz$ 为静系 S，$O'-x'y'z'$为动系 S′. 设动系相对静系以速度 $\boldsymbol{v}_0$、加速度 $\boldsymbol{a}_0$ 平动（S 系与 S′系的坐标轴始终保持平行），质点相对 S 系的速度和加速度分别为 $\boldsymbol{v}$，$\boldsymbol{a}$，相对 S′系的速度和加速度分别为 $\boldsymbol{v}'$，$\boldsymbol{a}'$，由力 1.3.1-1 的几何关系可知，$\boldsymbol{r}=\boldsymbol{r}_0+\boldsymbol{r}'$. 由此关系以及位置矢量、速度、加速度之间的关系，可以导出质点的绝

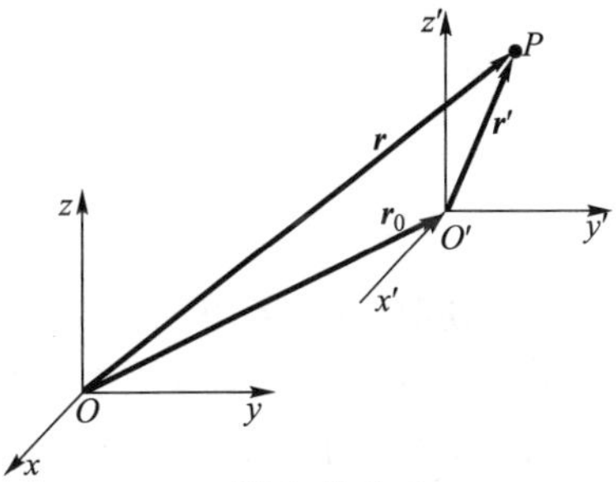

图 1.3.1-1

对速度、相对速度、牵连速度，以及绝对加速度、相对加速度、牵连加速度之间的关系表达式. 推导过程如下：

$$\boldsymbol{v}=\frac{\mathrm{d}\boldsymbol{r}}{\mathrm{d}t}=\frac{\mathrm{d}}{\mathrm{d}t}(\boldsymbol{r}_0+\boldsymbol{r}')=\frac{\mathrm{d}\boldsymbol{r}_0}{\mathrm{d}t}+\frac{\mathrm{d}\boldsymbol{r}'}{\mathrm{d}t} \tag{1.3.1-1a}$$

$$\boldsymbol{a}=\frac{\mathrm{d}\boldsymbol{v}}{\mathrm{d}t}=\frac{\mathrm{d}^2\boldsymbol{r}_0}{\mathrm{d}t^2}+\frac{\mathrm{d}^2\boldsymbol{r}'}{\mathrm{d}t^2} \tag{1.3.1-1b}$$

将（1.3.1-1a）式和（1.3.1-1b）式在 S 坐标系（单位矢量：$\boldsymbol{i}$, $\boldsymbol{j}$, $\boldsymbol{k}$）下展开，

$$\boldsymbol{v}=\frac{\mathrm{d}}{\mathrm{d}t}(x_0\boldsymbol{i}+y_0\boldsymbol{j}+z_0\boldsymbol{k})+\frac{\mathrm{d}}{\mathrm{d}t}(x'\boldsymbol{i}+y'\boldsymbol{j}+z'\boldsymbol{k}) \tag{1.3.1-2a}$$

$$\boldsymbol{a}=\frac{\mathrm{d}^2}{\mathrm{d}t^2}(x_0\boldsymbol{i}+y_0\boldsymbol{j}+z_0\boldsymbol{k})+\frac{\mathrm{d}^2}{\mathrm{d}t^2}(x'\boldsymbol{i}+y'\boldsymbol{j}+z'\boldsymbol{k}) \tag{1.3.1-2b}$$

当 S′相对 S 只做平动时，$\boldsymbol{i}'=\boldsymbol{i}$，$\boldsymbol{j}'=\boldsymbol{j}$，$\boldsymbol{k}'=\boldsymbol{k}$，将其分别代入（1.3.1-2a）式和（1.3.1-2b）式中右侧第二项有，

$$\boldsymbol{v}=\frac{\mathrm{d}}{\mathrm{d}t}(x_0\boldsymbol{i}+y_0\boldsymbol{j}+z_0\boldsymbol{k})+\frac{\mathrm{d}}{\mathrm{d}t}(x'\boldsymbol{i}'+y'\boldsymbol{j}'+z'\boldsymbol{k}') \tag{1.3.1-3a}$$

$$\boldsymbol{a}=\frac{\mathrm{d}^2}{\mathrm{d}t^2}(x_0\boldsymbol{i}+y_0\boldsymbol{j}+z_0\boldsymbol{k})+\frac{\mathrm{d}^2}{\mathrm{d}t^2}(x'\boldsymbol{i}'+y'\boldsymbol{j}'+z'\boldsymbol{k}') \tag{1.3.1-3b}$$

由相对速度（加速度）、牵连速度（加速度）的定义可知：

$$\boldsymbol{v}_{\text{牵连}}=\frac{\mathrm{d}\boldsymbol{r}_0}{\mathrm{d}t}=\frac{\mathrm{d}}{\mathrm{d}t}(x_0\boldsymbol{i}+y_0\boldsymbol{j}+z_0\boldsymbol{k})=\boldsymbol{v}_0 \tag{1.3.1-4a}$$

$$\boldsymbol{v}_{\text{相对}}=\frac{\mathrm{d}}{\mathrm{d}t}(x'\boldsymbol{i}'+y'\boldsymbol{j}'+z'\boldsymbol{k}') \tag{1.3.1-4b}$$

$$\boldsymbol{a}_{\text{牵连}}=\frac{\mathrm{d}^2\boldsymbol{r}_0}{\mathrm{d}t^2}=\frac{\mathrm{d}^2}{\mathrm{d}t^2}(x_0\boldsymbol{i}+y_0\boldsymbol{j}+z_0\boldsymbol{k})=\boldsymbol{a}_0 \tag{1.3.1-4c}$$

$$\boldsymbol{a}_{\text{相对}}=\frac{\mathrm{d}^2}{\mathrm{d}t^2}(x'\boldsymbol{i}'+y'\boldsymbol{j}'+z'\boldsymbol{k}') \tag{1.3.1-4d}$$

比较(1.3.1-3)式和(1.3.1-4)式得出结论，当动系相对静系只做平动时，质点的绝对速度、相对速度和牵连速度，以及绝对加速度、相对加速度和牵连加速度之间的关系可以表示为

$$\boldsymbol{v}=\boldsymbol{v}_{\text{相对}}+\boldsymbol{v}_{\text{牵连}},\qquad \boldsymbol{a}=\boldsymbol{a}_{\text{相对}}+\boldsymbol{a}_{\text{牵连}} \tag{1.3.1-5}$$

其中

$$\boldsymbol{v}_{\text{牵连}}=\boldsymbol{v}_0,\qquad \boldsymbol{a}_{\text{牵连}}=\boldsymbol{a}_0 \tag{1.3.1-6}$$

当 S′相对 S 有转动时，$\boldsymbol{i}'\neq\boldsymbol{i}$，$\boldsymbol{j}'\neq\boldsymbol{j}$，$\boldsymbol{k}'\neq\boldsymbol{k}$，此种情况下的绝对速度（加速度）与相对速度（加速度）的关系推导过程参见 1.3.2 节.

例 1.3.1-1 一小船运载木料逆水而行，经过某桥下时，一块木料落入水中，经过半小时后被人发觉，立即回程追赶，在桥下游 5.0 km 处赶上木料. 设小船顺流和逆流时相对水的航行速率相等，求小船回程追

上木料所需时间和水流速率.

解：分别以木料和小船为研究对象，设静系为河岸，动系为水流，则水流相对河岸的速率即为牵连速率 v_0，船相对水的速率即为相对速率 u. 以木料开始掉下处为坐标原点 O，水流的顺流方向为 x 坐标的正方向，并设从发现木料掉下到追赶上木料所用的时间为 t[小船从例 1.3.1-1 图中的 A 到 C 点所用时间单位为 h(小时)]，依据题意可得

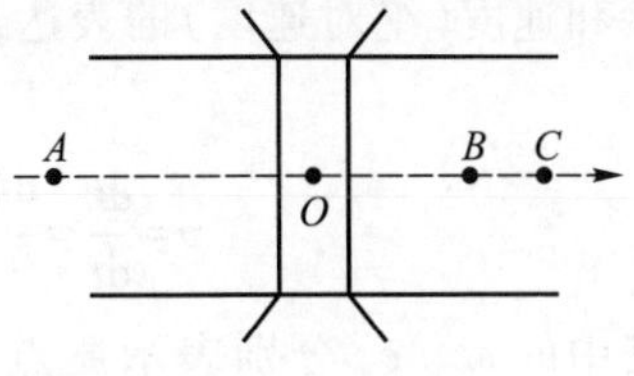

例 1.3.1-1 图

木料的运动学方程：$v_0(0.5\ \text{h}+t)=5.0\ \text{km}$

小船的运动学方程：$(v_0-u)0.5\ \text{h}+(v_0+u)t=5.0\ \text{km}$

由上式联立求解得：$t=0.5\ \text{h}$，与水流无关；$v_0=5.0\ \text{km/h}$.

此题的借鉴作用：对有些问题的处理，建立好坐标系尤为重要.

例 1.3.1-2 某人在静水中游泳的速度为 3 km/h，此人现在在流速为 2 km/h 的河水中游泳. 问：

(1) 若此人想与河岸垂直地游到对岸，他应向什么方向游？

(2) 他向什么方向游时，到达对岸历时最短？

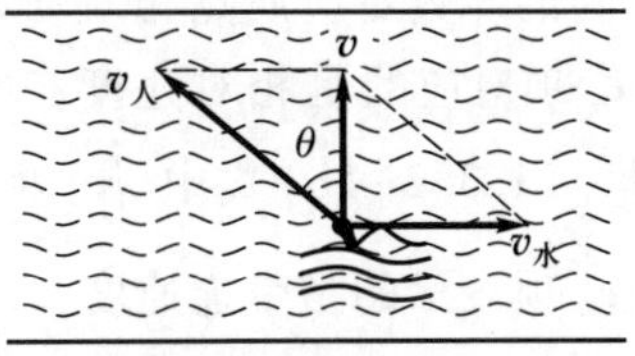

例 1.3.1-2 图

解：河岸为静系，水流为动系，以人为研究对象.

人对水的相对速度为：$v_{相对}=v_{人}=3\ \text{km/h}$，方向待求.

水对河岸的牵连速度为：$v_{牵连}=v_{水}=2\ \text{km/h}$，方向沿河岸向东.

依据(1.3.1-1a)式的相互关系式 $\boldsymbol{v}=\boldsymbol{v}_{牵连}+\boldsymbol{v}_{相对}$ 可得例 1.3.1-2 图所示的几何关系，由此可得

(1) $\boldsymbol{v}=\boldsymbol{v}_{人}+\boldsymbol{v}_{水}$，$\sin\theta=\dfrac{v_{水}}{v_{人}}=\dfrac{2}{3}$

(2) 以人为参考系，人游到对岸的时间为：$t=\dfrac{l}{v_{人}\cos\theta}$（其中 l 表示河宽）

当 $\theta=0$ 时，即人始终向着对岸方向游，到达对岸历时最短.

例 1.3.1-3 某人以速度 v_0 向正西方向跑时，感到风来自正北. 若他将速度增加一倍，则感到风从正西北方向吹来. 求风速和风向.

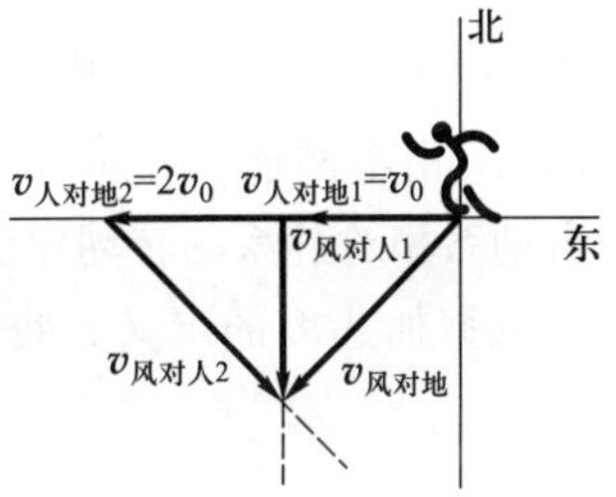

例 1.3.1-3 图

解：地面为静系，人为动系，风为研究对象. 风对地面的绝对速度为 $\boldsymbol{v}=\boldsymbol{v}_{风对地}$，方向、大小待求. 风相对人的相对速度为 $\boldsymbol{v}_{相对}=\boldsymbol{v}_{风对人}$，方向分别来自正北和正西北. 人对地的牵连速度为 $\boldsymbol{v}_{牵连}=\boldsymbol{v}_{人对地}$，方向向西. 依据(1.3.1-1a)式的相互关系式 $\boldsymbol{v}=\boldsymbol{v}_{牵连}+\boldsymbol{v}_{相对}$ 得例 1.3.1-3 图所示的几何关系，由此得 $v_{风对地}=\sqrt{2}v_0$，风向偏西 45°，指向西南方向.

由例 1.3.1-2 和例 1.3.1-3 可以看出：选哪个物体为研究对象，哪个物体作为动系，要视具体情况而定. 例如，例 1.3.1-2 中，人作为研究对象，水作为动系；而在例 1.3.1-3 中，人作为动系，而风则作为研究对象. 如此确定的研究对象和动系就使问题变得清晰明了.

授课录像：速度和加速度在匀角速转动与静止参考系之间的变换

1.3.2 速度和加速度在匀角速转动与静止参考系间的变换

为了讨论方便，我们首先以一特殊例子讨论质点的速度和加速度在静系和匀角速转动的动系之间的变换关系. 然后再将其推广至一般情况.

设水平圆盘(动系 S′)绕圆心相对地面(静系 S)以角速度为 ω(其矢量的定义

参见本书 7.1.2 节内容）转动. 设一质点在 S′系中相对 S′系沿极径方向运动，建立如图 1.3.2-1 所示的、相对 S 系静止的极坐标系，参照 1.2.2 的推导过程，可以得出质点在 S 系下的位置矢量和速度（绝对速度）的表达式，

$$\boldsymbol{r}=r\boldsymbol{e}_r \tag{1.3.2-1a}$$

$$\boldsymbol{v}=\frac{\mathrm{d}\boldsymbol{r}}{\mathrm{d}t}=\frac{\mathrm{d}(r\boldsymbol{e}_r)}{\mathrm{d}t}=\dot{r}\boldsymbol{e}_r+r\dot{\theta}\boldsymbol{e}_\theta \tag{1.3.2-1b}$$

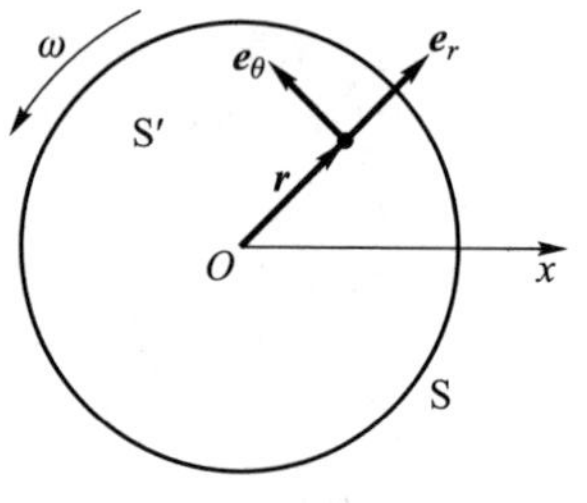

图 1.3.2-1

其中的 $\boldsymbol{e}_r$、$\boldsymbol{e}_\theta$ 分别表示质点所在位置的径向和横向单位矢量，r、θ 分别表示质点相对转轴的距离和相对极轴的角度. 进一步分析（1.3.2-1b）式，当质点相对动系沿极径方向运动时，r 对时间的导数对应质点相对动系的速度，因此，（1.3.2-1b）式中 $\dot{r}\boldsymbol{e}_r$ 项对应的是相对速度，即 $\boldsymbol{v}_{相对}=\dot{r}\boldsymbol{e}_r$. 当质点相对动系静止时，（1.3.2-1b）式中 $\dot{r}\boldsymbol{e}_r$ 项为零，因此，（1.3.2-1b）式中的 $r\dot{\theta}\boldsymbol{e}_\theta$ 项表示的是牵连速度，即 $\boldsymbol{v}_{牵连}=r\dot{\theta}\boldsymbol{e}_\theta$. 因此，（1.3.2-1b）式可以表示为

$$\boldsymbol{v}=\boldsymbol{v}_{相对}+\boldsymbol{v}_{牵连} \tag{1.3.2-2}$$

其中

$$\boldsymbol{v}_{相对}=\dot{r}\boldsymbol{e}_r,\quad \boldsymbol{v}_{牵连}=r\dot{\theta}\boldsymbol{e}_\theta \tag{1.3.2-3}$$

分析（1.3.2-3）式的相对速度和牵连速度产生的物理过程. 由于动系相对静系的转动，（1.3.2-1a）式所示的 S 系下质点的位置矢量将发生变化，从而就会产生速度. 其速度来源于位置矢量 $r\boldsymbol{e}_r$ 中的两部分，一部分是由于 r 的变化引起，另一部分是 $\boldsymbol{e}_r$ 的方向改变引起的. 由本例描述可知，r 的变化对应质点相对动系的速度，即 $\boldsymbol{v}_{相对}=\dot{r}\boldsymbol{e}_r$，而 $\boldsymbol{e}_r$ 的变化完全是由动系相对静系的转动而引起的，因此，牵连速度是由于动系方向的改变而引起的.

依据加速度的定义，我们可以进一步分析质点在 S 系下的加速度（绝对加速度）表达式，即

$$\boldsymbol{a}=\frac{\mathrm{d}\boldsymbol{v}}{\mathrm{d}t}=\frac{\mathrm{d}\boldsymbol{v}_{相对}}{\mathrm{d}t}+\frac{\mathrm{d}\boldsymbol{v}_{牵连}}{\mathrm{d}t} \tag{1.3.2-4}$$

值得注意的是，（1.3.2-4）式中 $\frac{\mathrm{d}\boldsymbol{v}_{相对}}{\mathrm{d}t}$、$\frac{\mathrm{d}\boldsymbol{v}_{牵连}}{\mathrm{d}t}$ 并不分别对应相对加速度和牵连加速度. 我们需要进一步给出（1.3.2-4）式的具体表达式，然后根据本例子的情况，才能得出绝对加速度、相对加速度和牵连加速度的关系. 同样参照 1.2.2 节的推导过程，进一步推导（1.3.2-4）式，所得具体表达式如下：

$$\frac{\mathrm{d}\boldsymbol{v}_{相对}}{\mathrm{d}t}=\frac{\mathrm{d}(\dot{r}\boldsymbol{e}_r)}{\mathrm{d}t}=\ddot{r}\boldsymbol{e}_r+\dot{r}\dot{\theta}\boldsymbol{e}_\theta \tag{1.3.2-5a}$$

$$\frac{\mathrm{d}\boldsymbol{v}_{牵连}}{\mathrm{d}t}=\frac{\mathrm{d}(r\dot{\theta}\boldsymbol{e}_\theta)}{\mathrm{d}t}=\dot{r}\dot{\theta}\boldsymbol{e}_\theta+r\dot{\theta}^2(-\boldsymbol{e}_r) \tag{1.3.2-5b}$$

由于本例讨论的是匀角速转动的动系，因此，$\ddot{\theta}=0$，即在（1.3.2-5b）式的推导过程中，

忽略了 $r\ddot{\theta}\boldsymbol{e}_\theta$ 项. 进一步分析(1.3.2-5)式，对各项加速度分类如下：

相对加速度的产生： 当质点相对动系沿着径向方向运动时，(1.3.2-5a)式中的 $\ddot{r}\boldsymbol{e}_r$ 对应质点相对动系的加速度，即 $\boldsymbol{a}_{相对}=\ddot{r}\boldsymbol{e}_r$.

牵连加速度的产生： 当质点相对动系静止，即 $\dot{r}=0$ 时，(1.3.2-5a、b)式只有 $r\dot{\theta}^2(-\boldsymbol{e}_r)$ 一项，根据牵连加速度的规定，此项对应的就是牵连加速度，即 $\boldsymbol{a}_{牵连}=r\dot{\theta}^2(-\boldsymbol{e}_r)$. 通过上述的推导过程可以看出，此项是由牵连速度 $r\dot{\theta}\boldsymbol{e}_\theta$ 中的 $\boldsymbol{e}_\theta$ 对时间的导数产生的，意味着牵连加速度是由于动系的转动引起牵连速度方向的改变而引起的，方向指向转动中心，也称向心牵连加速度.

科里奥利加速度的产生： (1.3.2-5a)式中的 $\dot{r}\dot{\theta}\boldsymbol{e}_\theta$ 项是由相对速度 $\dot{r}\boldsymbol{e}_r$ 中 $\boldsymbol{e}_r$ 的方向改变引起的，即是由于相对运动速度方向受转动的影响而产生的附加加速度；(1.3.2-5b)式中的 $\dot{r}\dot{\theta}\boldsymbol{e}_\theta$ 项是由牵连速度 $r\dot{\theta}\boldsymbol{e}_\theta$ 中的 r 的变化引起的，即是由于不同位置牵连速度的大小不同而产生的附加加速度. 由于(1.3.2-5a,b)式中的 $\dot{r}\dot{\theta}\boldsymbol{e}_\theta$ 既与质点相对动系运动的速度有关，又与动系相对静系的转动有关，将其合并为一项，记为 $\boldsymbol{a}_{科氏}=2\dot{r}\dot{\theta}\boldsymbol{e}_\theta$，称为科里奥利加速度(简称科氏加速度).

由(1.3.2-4)式和(1.3.2-5)式并综合上述分析可得

$$\boldsymbol{a}=\boldsymbol{a}_{相对}+\boldsymbol{a}_{牵连}+\boldsymbol{a}_{科氏} \tag{1.3.2-6a}$$

其中

$$\boldsymbol{a}_{牵连}=r\dot{\theta}^2(-\boldsymbol{e}_r),\quad \boldsymbol{a}_{科氏}=2\dot{r}\dot{\theta}\boldsymbol{e}_\theta \tag{1.3.2-6b}$$

由本特例描述可知，质点相对动系沿径向运动，因此，上述各公式中的 θ 既是质点相对极轴转动的角度，也是圆盘相对极轴转动的角度，由本书第七章 §7.1关于角速度的定义可知，(1.3.2-6)式中的 $\dot{\theta}$ 对应的是圆盘转动的角速度大小，即 $\omega=\dot{\theta}$. 由矢量叉乘的规定，可将(1.3.2-3a)式的牵连速度以及(1.3.2-6b)式的牵连和科氏加速度以矢量的方式写成更为一般的表达形式，即

$$\boldsymbol{v}_{牵连}=r\dot{\theta}\boldsymbol{e}_\theta=r\omega\boldsymbol{e}_\theta=\boldsymbol{\omega}\times\boldsymbol{r} \tag{1.3.2-7a}$$

$$\boldsymbol{a}_{牵连}=r\dot{\theta}^2(-\boldsymbol{e}_r)=r\omega^2(-\boldsymbol{e}_r)=\boldsymbol{\omega}\times(\boldsymbol{\omega}\times\boldsymbol{r}) \tag{1.3.2-7b}$$

$$\boldsymbol{a}_{科氏}=2\dot{r}\dot{\theta}\boldsymbol{e}_\theta=2v_{相对}\omega\boldsymbol{e}_\theta=2\boldsymbol{\omega}\times\boldsymbol{v}_{相对} \tag{1.3.2-7c}$$

上述由特例得出的结果可以推广证明，得出结论，当动系相对静系只做匀角速转动时，对质点的任何运动，其绝对速度、相对速度和牵连速度，绝对加速度、相对加速度和牵连加速度之间的关系可以表示为

$$\boldsymbol{v}=\boldsymbol{v}_{相对}+\boldsymbol{v}_{牵连} \tag{1.3.2-8a}$$

$$\boldsymbol{a}=\boldsymbol{a}_{相对}+\boldsymbol{a}_{牵连}+\boldsymbol{a}_{科氏} \tag{1.3.2-8b}$$

其中

$$\boldsymbol{v}_{牵连}=\boldsymbol{\omega}\times\boldsymbol{r},\quad \boldsymbol{a}_{牵连}=\boldsymbol{\omega}\times(\boldsymbol{\omega}\times\boldsymbol{r}),\quad \boldsymbol{a}_{科氏}=2\boldsymbol{\omega}\times\boldsymbol{v}_{相对} \tag{1.3.2-9}$$

上述分析的是动系相对静系做加速平动和匀角速转动两种特殊情况下的速度和加速度在两个参考系之间的变换关系. 当动系相对静系既做平动又做转动(包括非匀加速转动)时，其速度和加速度在两个参考系之间的变换关系可以参照上述的分析过程给出，本书从略.

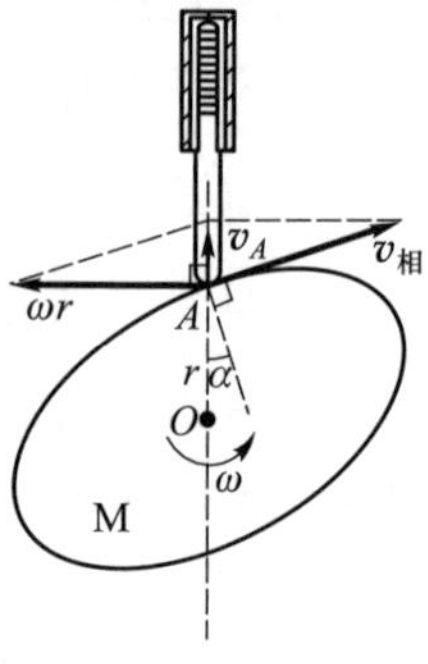

例 1.3.2-1 图

例 1.3.2-1 如例 1.3.2-1 图所示，顶杆可在竖直滑槽内滑动，其下端 A 点由凸轮 M 推动，凸轮绕 O 轴以匀角速 ω 转动，在例 1.3.2-1 图示的瞬间，$OA=r$，凸轮与 A 接触，法线与 OA 之间的夹角为 α，求此瞬时顶杆的速度.

解：地面为静系，M 为动系，顶杆的 A 点为研究对象. A 点的绝对速度大小为 $v=v_A$，方向竖直向上；A 点的相对速度大小为 $v_{相对}$，方向沿 M 轮边缘的切向方向；A 点的牵连速度大小为 $v_{牵连}=\omega r$，方向垂直 OA. 依据(1.3.2-1a)式的相互关系式 $\boldsymbol{v}=\boldsymbol{v}_{牵连}+\boldsymbol{v}_{相对}$ 得例 1.3.2-1 图所示的几何关系，由此得 $v_A=\omega r\tan\alpha$.

本章知识单元和知识点小结

知识单元	知识点		
$\boldsymbol{r}$、$\boldsymbol{v}$、$\boldsymbol{a}$ 相互关系	$\boldsymbol{v}=\dfrac{\mathrm{d}\boldsymbol{r}}{\mathrm{d}t}$，$\boldsymbol{a}=\dfrac{\mathrm{d}\boldsymbol{v}}{\mathrm{d}t}=\dfrac{\mathrm{d}^2\boldsymbol{r}}{\mathrm{d}t^2}$，$\boldsymbol{r}=\int\boldsymbol{v}\mathrm{d}t$，$\boldsymbol{v}=\int\boldsymbol{a}\mathrm{d}t$		
$\boldsymbol{r}$、$\boldsymbol{v}$、$\boldsymbol{a}$ 相互关系的坐标表示	直角坐标系表示	极坐标系表示	本征坐标系表示
	$\boldsymbol{v}=\dfrac{\mathrm{d}x}{\mathrm{d}t}\boldsymbol{i}+\dfrac{\mathrm{d}y}{\mathrm{d}t}\boldsymbol{j}+\dfrac{\mathrm{d}z}{\mathrm{d}t}\boldsymbol{k}$ $\boldsymbol{a}=\dfrac{\mathrm{d}v_x}{\mathrm{d}t}\boldsymbol{i}+\dfrac{\mathrm{d}v_y}{\mathrm{d}t}\boldsymbol{j}+\dfrac{\mathrm{d}v_z}{\mathrm{d}t}\boldsymbol{k}$	$\boldsymbol{v}=\dot{r}\boldsymbol{e}_r+r\dot{\theta}\boldsymbol{e}_\theta$ $\boldsymbol{a}=(\ddot{r}-r\dot{\theta}^2)\boldsymbol{e}_r$ $+(2\dot{r}\dot{\theta}+r\ddot{\theta})\boldsymbol{e}_\theta$	$\boldsymbol{v}=v\boldsymbol{e}_t$ $\boldsymbol{a}=\dfrac{\mathrm{d}v}{\mathrm{d}t}\boldsymbol{e}_t+\dfrac{v^2}{R}\boldsymbol{e}_n$
相对运动	$\boldsymbol{v}=\boldsymbol{v}_{相对}+\boldsymbol{v}_{牵连}$		$\boldsymbol{a}=\boldsymbol{a}_{相对}+\boldsymbol{a}_{牵连}+\boldsymbol{a}_{科氏}$
	平动动系	$\boldsymbol{v}_{牵连}=\dfrac{\mathrm{d}\boldsymbol{r}_0}{\mathrm{d}t}=\boldsymbol{v}_0$	$\boldsymbol{a}_{牵连}=\dfrac{\mathrm{d}^2\boldsymbol{r}_0}{\mathrm{d}t^2}=\boldsymbol{a}_0$，$\boldsymbol{a}_{科氏}=0$
	匀角速转动动系	$\boldsymbol{v}_{牵连}=\boldsymbol{\omega}\times\boldsymbol{r}$	$\boldsymbol{a}_{牵连}=\boldsymbol{\omega}\times(\boldsymbol{\omega}\times\boldsymbol{r})$ $\boldsymbol{a}_{科氏}=2\boldsymbol{\omega}\times\boldsymbol{v}_{相对}$

授课录像： 第一章知识单元小结

习　　题

课后作业题

1-1. 一质点沿 x 方向做直线运动，t 时刻的坐标为 $x(t)=5t^2-t^3$(SI 单位). 求：(1) 第 3 s 至第 4 s 内质点的位移和平均速度；(2) 第 3 s 至第 4 s 内质点所走过的路程.

1-2. 沿 x 轴运动的质点，其速度和时间的关系 $v(t)=t^2+\pi\cos\dfrac{\pi}{6}t$(SI 单位). 在 $t=0$ 时，质点的位置 $x_0=-2$ m. 试求：$t_1=3$ s 时，(1) 质点的位置；(2) 质点的加速度.

1-3. 一质点沿 x 轴运动，其加速度与位置的关系为 $a(x)=2x+4x^2$(SI 单位)，已知质点

第一章参考答案

在 $x=0$ 处的速度为 2 m/s，试求质点在 $x=3$ m 处的速度.

1-4. 一质点沿 x 轴做直线运动，其速度 v 随时间 t 的变化关系如习题 1-4 图所示. 设 $t=0$ 时，质点位于坐标原点. 试根据习题 1-4 图分别尽可能准确地画出，(1) 表示质点运动的加速度 a 随时间 t 变化关系的 $a-t$ 图；(2) 表示质点运动的位移 x 随时间 t 变化关系的 $x-t$ 图.

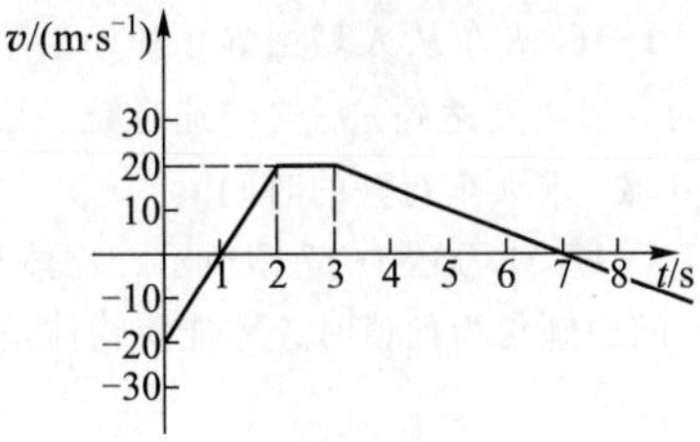

习题 1-4 图

1-5. 质点的运动学方程为 $\boldsymbol{r}(t)=3t\boldsymbol{i}+(2t^3+1)\boldsymbol{j}$(SI 单位). 求：(1) 自 $t_0=0$ 至 $t_1=1$ s 质点的位移；(2) $t_0=0$ 和 $t_1=1$ s 两时刻质点的速度和加速度.

1-6. 一质点从 $\boldsymbol{r}_0=-5\boldsymbol{j}$ m 位置开始运动，其速度与时间的关系为 $\boldsymbol{v}=2t\boldsymbol{i}+5\boldsymbol{j}$(SI 单位). 试问：(1) 经过多少时间质点到达 x 轴？(2) 此时质点位于 x 轴上哪一点？

1-7. 质点运动学方程为 $\boldsymbol{r}=a\cos\omega t\boldsymbol{i}+a\sin\omega t\boldsymbol{j}+bt\boldsymbol{k}$(SI 单位)，其中 a、b、ω 均为正常量. (1) 求质点速度和加速度与时间的关系式；(2) 问质点做什么运动？

1-8. 离水面高度为 h 的岸上有人用绳索拉船靠岸. 人以恒定速率 v_0 拉绳，求当船离岸的距离为 s 时，船的速度和加速度.

1-9. 如习题 1-9 图所示，在桌面的一边，一小球做斜抛运动. 已知桌面高 $h=1.0$ m，宽 $a=2.0$ m.若欲使小球能从桌面的另一边切过，并掉在离该边水平距离 $b=0.50$ m 处，求小球的初速 v_0 和抛射角 θ.

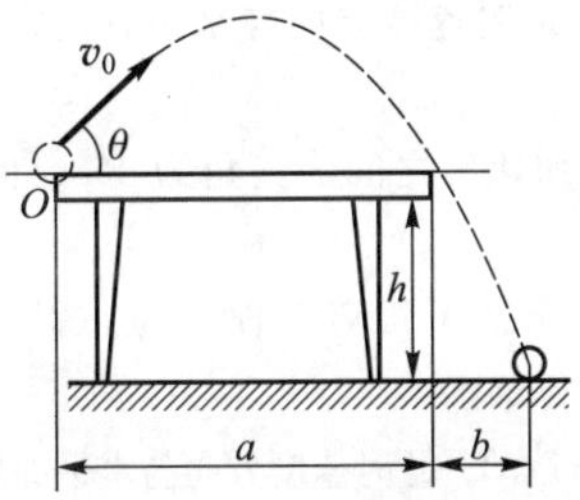

习题 1-9 图

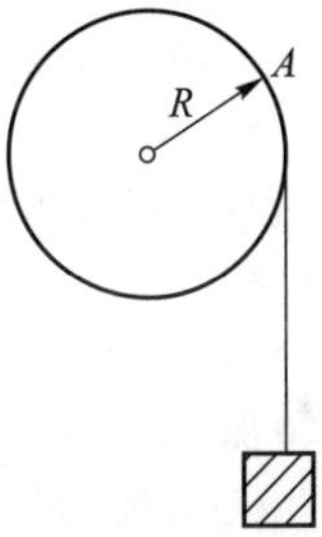

习题 1-11 图

1-10. 杆以匀角速 ω_0 绕过其固定端 O 且垂直于杆的轴转动. 在 $t=0$ 时，位于点 O 的小珠从相对于杆静止开始沿杆做加速度为 a_0 的匀加速运动. 求小珠在 t 时刻的速度和加速度.

1-11. 有一半径为 R 的定滑轮，沿轮周绕着一根绳子，悬在绳子一端的物体按 $s=\frac{1}{2}bt^2$ 的规律向下运动，如习题 1-11 图所示. 若绳子与轮周间没有相对滑动，试求轮周上一点 A 在任一时刻 t 的速度、切向加速度、法向加速度和总加速度.

1-12. 当蒸汽船以 15 km/h 的速度向正北方向航行时，船上的人观察到船上的烟囱里冒出的烟飘向正东方向. 过一会儿，船以 24 km/h 的速度向正东方向航行，船上的人则观察到烟飘向正西北方向. 若在这两次航行期间风速不变，求风速及方向.

自检练习题

1-13. 一自由落体在它运动的最后 1 s 内所通过的路程等于全程的 $\frac{1}{3}$. 求：(1) 物体下落的高度；(2) 通过全程所需的时间.

1-14. 一小球做竖直上抛运动，测得小球两次经过 A 点和两次经过 B 点的时间间隔分别为 Δt_A、Δt_B，如习题 1-14 图所示. 求 A、B 两点间的高度差 h.

1-15. 汽车沿平直公路匀加速行驶，它通过某一段距离 s 所需的时间为 t_1，而通过下一段相同距离 s 所需的时间为 t_2. 求汽车的加速度.

1-16. 火车从 A 城由静止开始沿平直轨道驶向 B 城，A、B 两城相距为 s. 火车先以加速度 a_1 做匀加速运动，当速度达到 v 后再匀速行驶一段时间，然后刹车，并以加速度大小为 a_2 做匀减速行驶，使之正好停在 B 城. 求火车行驶的时间 t.

1-17. 如习题 1-17 图所示，物体从具有共同底边，但倾角不同的若干光滑斜面顶端由静止开始自由滑下. 问当倾角为何值时，才能使物体滑至底端所需的时间最短？

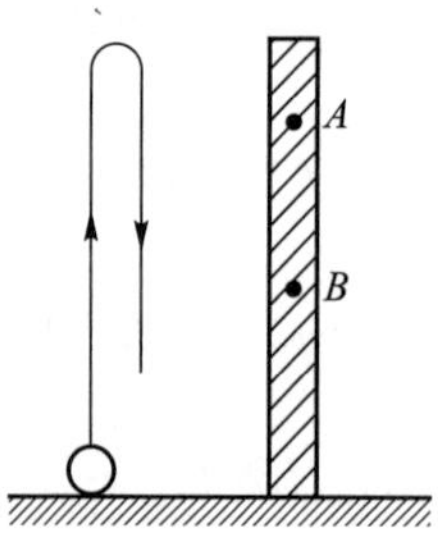

习题 1-14 图

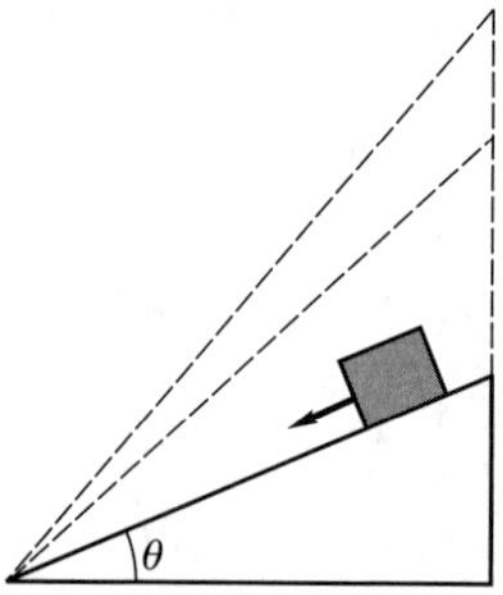

习题 1-17 图

1-18. 石块从楼顶以 $v_0 = 10$ m/s 的速度被水平抛出，落地时速度方向与水平方向之间成 60°角，求楼房的高度.

1-19. 一物体被水平抛出，经过 2.5 s 后，它的速度与加速度之间的夹角为 45°，问又经过多少秒，它的速度与加速度之间的夹角变为 30°.

1-20. 一小球从离地面高为 h 的 A 点处自由下落. 当它下落了距离 h_0时，与一斜面发生碰撞，并以原速水平弹出，如习题 1-20 图所示. 问 h_0为多大时，小球弹得最远？

1-21. 斜向上抛出一物体，经过一段时间物体仍然向斜上方运动，此时速度方向与水平面成 45°角，又过了相同的时间，物体已向斜下方运动，但速度方向与水平面仍成 45°角. 求物体的抛射角.

1-22. 在与水平面成 θ 角的山坡上，一石块以 v_0的初速度做斜抛运动，如习题 1-22 图所示. (1) 若抛射角为 ϕ(抛出速度与水平面夹角)，求石块沿山坡方向的射程 s；(2) 问抛射角 ϕ 为多大时，s 最大？

1-23. 从原点在竖直平面内以相同的初速度 v_0向各个方向投出许多质点. 试证明：(1) 任何时刻这些质点都处在同一圆周上；(2) 它们的最高点位于同一椭圆上.

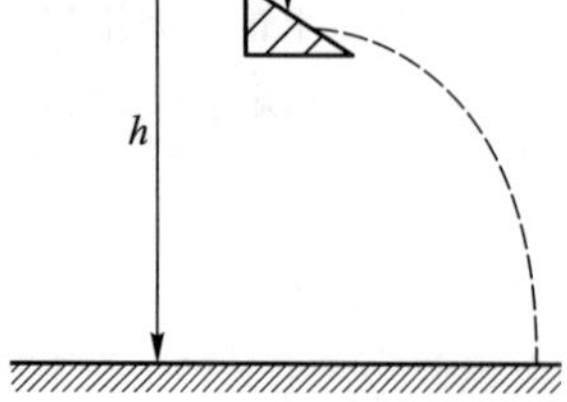

习题 1-20 图

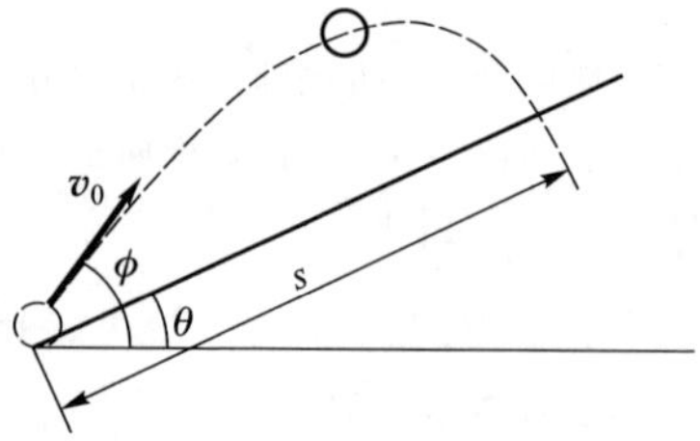

习题 1-22 图

1-24. 汽车沿一圆周以 $v_0 = 7.0\ \mathrm{m/s}$ 的初速度匀减速行驶. 经过 $t_1 = 5\ \mathrm{s}$ 后，汽车的加速度与速度之间的夹角 $\theta_1 = 135°$. 又经过 $t_2 = 3\ \mathrm{s}$ 后，其加速度与速度之间的夹角 $\theta_2 = 150°$. 求：(1) 圆的半径 R；(2) 切向加速度 a_t；(3) 这两时刻的法向加速度 a_{n1} 和 a_{n2}.

1-25. 一摩托车沿着半径 $R = 64\ \mathrm{m}$ 的圆周以 $v_0 = 1\ \mathrm{m/s}$ 的初速行驶，其切向加速度与时间的数值关系为 $a_t = \dfrac{1}{2\sqrt{t+1}}$，问 t 为多少秒时，总加速度最小？

1-26. A 船以 30 km/h 的速度向东航行，B 船以 45 km/h 的速度向正北航行. 求 A 船上的人观察到的 B 船的航速和航向.

1-27. 一溜冰者在冰面上以 $v_0 = 7\ \mathrm{m/s}$ 的速度沿半径 $R = 35\ \mathrm{m}$ 的圆周溜冰. 某时刻他平抛出一小球，为使小球能击中冰面的圆心处，他应以多大的相对于他的速度抛球，并求出该速度的方向(用与他溜冰速度之间的夹角 θ 表示). 已知人抛球时手的高度 $h = 1.5\ \mathrm{m}$.

1-28. 在宽为 l 的河的两岸停着两艘小船，它们的连线与河岸线成 α 角. 已知两艘小船在静水中最大的划行速度分别为 u_1 和 u_2，河水流速为 v. 若它们同时出发，则各应向什么方向划行才能在最短的时间内相遇？并求出此时间.

1-29. 一架飞机在无风时以匀速 v 相对地面飞行，能飞出的最远距离为 R. 现在风速为 u，方向为北偏东、角度为 α 的风中飞行，而飞行的实际航向为北偏东、角度为 β. 求证：在这种情况下，飞机能飞出的最远距离为

$$\frac{R(v^2-u^2)}{v\sqrt{v^2-u^2\sin^2(\beta-\alpha)}}$$

第二章

惯性系下质点动力学

机械运动研究的是质点以及由此所组成的质点系等宏观物体的空间运动规律，其最基本的研究对象是质点．由第一章质点的位置矢量、速度、加速度之间的相互关系可知，要想清楚质点的空间运动规律，就需要掌握质点速度或者加速度的时间演化规律．这一演化规律涉及的是运动的原因，不是运动学所能解决的，需要进一步用质点动力学方程来解决．因此，只有质点动力学与运动学的结合才能获得质点的机械运动规律，并推广至质点系．

授课录像： 惯性系下质点动力学概述

关于物体动力学研究，最早可以追溯到古代的亚里士多德理论，认为力是使物体获得速度的原因．从表面上看，这种理论似乎正确，并被认可长达二千年之久．但是人们通过长期深入研究，最终确定了力是使物体获得加速度原因，从而建立牛顿力学理论．这是对原有理论的澄清、变革和修正．

研究质点或质点系的机械运动需要选定参考系，有惯性系和非惯性系之分．质点运动学的关系式与参考系的种类无关，而质点动力学方程在两类不同参考系下所遵从的动力学方程是有差别的．本章依据牛顿思想总结惯性系下质点动力学规律，第三章介绍非惯性系下质点动力学规律．

§2.1　牛顿三定律

质点运动学解决了用哪些参量描述质点的机械运动以及这些参量之间的相互关系．质点动力学则是要找出质点机械运动的原因．牛顿在他的《自然哲学的数学原理》里给出了宇宙中关于机械运动的最基本的法则——牛顿三定律和万有引力定律．这四条定律构成了一个统一的力学体系，被认为是“人类智慧史上最伟大的一个成就”．牛顿第一、第二定律是通过几个世纪以来对运动速率较小的物体（如行星、斜面上滚下的小球、落体等）的大量观察建立起来的，分别回答了质点在不受外力和受外力作用下的运动规律．牛顿第三定律是描述一对相互作用力特点的规律．万有引力定律则是通过寻求天体之间的相互作用力，而最后推广至任何两个物质之间的相互作用力的规律．本节介绍牛顿三定律，下节介绍万有引力定律．

2.1.1 牛顿第一定律

质点动力学研究的是物体空间位置变化的原因. 作为一种极限情况，当物体不受任何外力作用时(如宇宙飞船远离诸星体时就是不受任何外力作用的孤立体系)，物体运动所遵从的规律如何？早在17世纪，伽利略通过实验观察就得出了初步结论，后经大量的实验观测验证，牛顿将其总结为：**每个物体都保持其静止或匀速直线运动的状态，除非有外力作用于它，迫使它改变这种状态.** 这一规律称为牛顿第一定律. 物体在不受外力作用时保持静止或匀速直线运动状态不变的属性称为惯性. 因此，牛顿第一定律有时也称为惯性定律. 对于牛顿第一定律，需要说明的有以下几点：

授课录像： 牛顿第一定律

实物演示： 气垫导轨

(1) 牛顿第一定律中，物体不受外力作用时将一直保持匀速直线运动状态的属性是由实验总结的推论. 由于自然界中不存在完全光滑的理想平面，因此，物体保持匀速直线运动状态的属性不可能由完全严格的实验所验证，而只能是一种极限情况下的推论. 如绪论中所述，有关该定律的思想实验最早是伽利略得到的. 他设想让黄铜球以一定的速度沿着光滑的斜面向上运动. 实验证明，无论斜面的倾角如何，黄铜球在斜面上的上升高度都是相同的(现代的能量守恒定律)，由此可推知，当倾角趋向无穷小时，即可推论出惯性定律.

(2) 第一定律确立了惯性参考系. 牛顿第一定律需要对应一个特定的参考系才成立，这个参考系称为惯性参考系. 如相对地面静止或做匀速直线运动的参考系可近似为惯性参考系，而对于相对地面做加速运动的系统，则是非惯性参考系. 非惯性系中牛顿第一定律不成立，例如在相对地面做加速运动的汽车中的小球，当小球不受力时，小球相对汽车并不保持静止或匀速直线运动，而是做加速运动.

如何寻找惯性参考系？这是一个只能通过实验来解决的问题. 实验发现，如果我们能够判定一个物体不受其他物体的作用(如远离任何星体的宇宙飞船)，则以该物体为参考系就会有第一定律现象的发生，这个参考系就是惯性参考系. 同时，相对该惯性参考系呈现静止或匀速直线运动的其他参考系也可被验证是惯性参考系. 实际上，地球表面以及相对地球表面静止或匀速直线运动的参考系并非是严格的惯性参考系，因为地球既围绕太阳公转，也有本身的自转，所以并非孤立的系统. 但在大多数情况下，地球的公转和自转对研究对象的影响是很小的. 在地球表面小范围内，相对地球表面静止或匀速运动的参考系而言，牛顿第一定律依然近似成立，因此，在这种情况下，地球表面可近似视为惯性系. 对太阳围绕银河系中心转动的情况亦是如此.

(3) 绝对的惯性系是不存在的. 实验证明，相对于某一惯性参考系做匀速直线运动的参考系都是惯性系. 在不同的惯性系中，质点的速度不同，但加速度相同，所遵从的物理规律也相同. 历史上人们曾试图找到一个优于其他惯性系的静止惯性系——“以太”，但是经过一番努力后，证明“以太”是不存在的，即绝对的惯性系是不存在的，亦即所有的惯性参考系都是等价的.

2.1.2 牛顿第二定律

牛顿第一定律的表述中首次出现了“力”“惯性”等概念. 其定义可以理解为：“力”是表示物体之间的相互作用，“质量”表示为物体惯性的大小. 虽然第一定律的表述不需要给出这些概念以确切的度量方法(操作性定义)，但却蕴含着引发物理问题的思考？如果有力作用于物体，其作用力与物体的惯性以及物体的状态改变之间会有怎样的关系？而要获得这样的关系，首先就需要给力、惯性等概念以确切的度量方法，即操作性定义. 而牛顿第二定律在完成实验规律总结的同时，也给出了力和质量的确切度量方法. 因此，可以说，牛顿第二定律既扮演了定律，又扮演了力和质量定义的双重身份. 为了能够让读者对这一过程有所理解，我们还是将度量和定律加以区分描述.

授课录像： 牛顿第二定律

1. 力的度量

人们对力的认识最初是与举、拉、推等动作中的肌肉紧张相联系的. 如何给出力的定量定义？实验表明：当一物体受到其他物体作用时，则可获得加速度，力成比例增加时，加速度成同比例增加，亦即作用力与加速度成正比. 而加速度可以通过对长度和时间的测量来确定，这就有可能用物体的加速度来度量作用在物体上的力. 具体做法：选取一个标准物体，规定标准物体获得加速度 $a_{标}$ 时所作用在物体上的力为一个单位力，即 $F_{标}=1\ \mathrm{N}$. 依据上述实验规律，标准物体获得加速度 a 时所对应的作用力就可定义为 $F=\dfrac{a}{a_{标}}F_{标}$.

上述通过测量标准物体的加速度来规定任何力大小的做法原则上是可行的，但却无法度量作用于其他物体上的力. 为了解决这个问题，可以利用力能使弹簧发生形变这个事实来定义力的大小. 具体做法：让标准物体在弹簧形变力的作用下获得加速度为 a_1，$2a_1$，$3a_1$，$\cdots$，na_1，以此来标定弹簧，制成测力计. 弹簧测力计所度量的力只依赖于弹簧的相对形变和弹簧的自身性质，能够满足测力计所要求的条件.

2. 质量的度量

用大小一定的力作用在不同的物体上，实验表明：不同物体所获得的加速度不同. 加速度大的物体，表示该物体的运动状态容易改变，即物体的惯性小；加速度小的物体，表示该物体的运动状态不容易改变，即物体的惯性大. 为了定量描述物体惯性的大小，引入物理量 m 作为物体惯性大小的度量，称为惯性质量，通常简称质量. 进一步实验表明：在相同力作用下，物体的质量成比例增加时，其加速度成同比例减小，亦即质量与加速度成反比. 根据这样的实验规律，我们就可以定义质量的数值. 规定方法如下：选取一个标准物体 $m_{标}$(规定为单位质量，即 $m_{标}=1\ \mathrm{kg}$)和另外待测物体 m. 当以相同的力作用在这些物体上时，测得加速度分别为 $a_{标}$ 和 a. 依据上述实验规律，获得加速度为 a 的物体的质量就可定义为 $m=\dfrac{a_{标}}{a}m_{标}$. 这样就规定了任意物体质量的大小.

上述定义的质量是为了定量描述一个物体惯性的大小而引入的，也称为惯性质量. 除此之外，任何物体都有被其他物体吸引的属性，可以用另外一物理量来描述其被吸引的强弱，称为引力质量. 因此，对于同一物体而言，它既具

AR 演示： 厄特沃什实验

有由惯性质量所表征的惯性属性，同时还具有由引力质量所表征的被其他物体所吸引的属性. 二者之间的关系参见本书第三章 3.4.1 节的讨论.

3. 惯性参考系下牛顿第二定律的数学表示

在惯性参考系下，上述实验结果可总结为

$$\boldsymbol{F}=km\boldsymbol{a} \tag{2.1.2-1}$$

其中 $\boldsymbol{F}=\sum_{i}^{n}\boldsymbol{F}_i$ 表示作用在质量为 m 的质点上的合力，k 为比例系数. (2.1.2-1)式表明：物体在合力的作用下所获得的加速度与合力成正比，与自身的质量成反比，这就是牛顿第二定律的表述，它揭示了物体在力作用下的运动规律.

值得注意的是，(2.1.2-1)式并非是牛顿第二定律的原始表述. 在牛顿的《自然哲学的数学原理》中，第二定律的文字表述为“运动的变化正比于外力，变化的方向沿外力作用的直线方向”. 牛顿当初将物体的质量与速度的乘积定义为“物质的量”（和现代“物质的量”的定义是不同的概念），“运动的变化”指的是“物质的量”的变化.从现代的角度，可以将牛顿的文字表述定量地表示为(2.1.2-2)的形式.

$$\boldsymbol{F}=\frac{\mathrm{d}(m\boldsymbol{v})}{\mathrm{d}t} \tag{2.1.2-2}$$

现代研究结果表明，质量 m 是与速度有关的. 在相对论范畴，(2.1.2-1)式失效的，但(2.1.2-2)式依然有效. 当质量与速度的关系可以忽略时，(2.1.2-2)式就过渡到了(2.1.2-1)式. 因此，(2.1.2-1)式所示的牛顿第二定律只是物体在低速（远小于光速）条件下的近似结果. 由于质量 m 是和速度有关的，由(2.1.2-2)式也可看出，物体在恒定外力的作用下不可能是速度无限增大.

在国际单位制中，长度、时间、质量分别以 m、s、kg 为单位，同时，定义 1 kg 质量的物体获得 1 $\mathrm{m/s^2}$ 的加速度对应的力为 1 N，即

$$1\ \mathrm{N}=1\ \mathrm{kg}\cdot\mathrm{m}\cdot\mathrm{s}^{-2} \tag{2.1.2-3}$$

因此，在国际单位制中，(2.1.2-1)式中的 $k=1$.

在厘米-克-秒制中，力的单位称为达因(dyn)，即 1 g 的物体获得 1 $\mathrm{cm/s^2}$ 的加速度所对应的力称为 1 dyn，因此换算可得 1 dyn $=10^{-5}$ N. 日常生活中所称的千克力(kgf)或公斤力是工程单位制中力的单位，而非质量的单位. 工程单位制中对力单位的定义为：国际单位制中质量为 1 kg 的物体在地球表面所获得的引力定义为 1 kgf，由 $F=mg$ 得 1 kgf $=9.8\ \mathrm{kg}\cdot\mathrm{m}\cdot\mathrm{s}^{-2}=9.8$ N. 根据国家标准，dyn 和 kgf 这两个单位已不再使用.

对于一个具有确定初始条件的系统，即使初始条件有微小的扰动，在牛顿运动定律的支配下，物体的运动轨迹也不会有明显的偏离. 这也是 20 世纪以前人们对牛顿力学的决定论行为的理解. 随着混沌学的发展，人们发现，对于某些非线性系统，在某些特殊的条件下，即便有确定的动力学方程，初始条件的极其微小变化，理论计算得到的轨道却大相径庭，这一特性称为初值条件的敏感依赖性. 在实际过程中，外界微小的扰动不可避免，这意味着理论上的初始

AR 演示： 牛顿第二定律的内在随机性

条件无法严格地确定，由于初值条件敏感依赖性，这样的系统具有不确定的轨迹，这称为内在随机性，它所表现的是一种混沌现象. 这种现象首次出现在天气预报的研究中. 大气有时是一具有初值条件敏感性的复杂系统，自然界微小的扰动会引起不可预测的天气状况. 美国气象学家洛伦茨在他的一次演讲中说："一只蝴蝶在巴西扇动翅膀会在得克萨斯引起龙卷风吗？"这被人们称为"蝴蝶效应". 对于某些特殊的力学系统，例如三体问题，在特殊的条件下，牛顿力学同样也存着内在随机性的行为.

实物演示：抛体

例 2.1.2-1 从距地面高 h 处以初速度为 v_0 竖直向上抛出质量为 m 的物体，物体受到与 v 成正比的阻力 $F_f=kv$（k 为常量）. 求物体抛出后的速度、位置随时间如何变化？

解：以物体竖直投影在地面上的点为坐标原点，竖直向上为正方向建立坐标系. 由牛顿第二定律得

$$-mg-kv=ma=m\frac{dv}{dt}$$

整理得

$$\frac{dv}{g+\frac{kv}{m}}=-dt$$

对上述方程积分

$$\frac{m}{k}\int_{v_0}^{v}\frac{d\left(g+\frac{k}{m}v\right)}{g+\frac{k}{m}v}=-\int_0^t dt$$

积分结果为

$$v=\frac{dy}{dt}=\left(v_0+\frac{mg}{k}\right)e^{-\frac{k}{m}t}-\frac{mg}{k}$$

再次积分得

$$y=h+\frac{m}{k}\left(v_0+\frac{mg}{k}\right)\left(1-e^{-\frac{k}{m}t}\right)-\frac{mg}{k}t$$

例 2.1.2-2 如例 2.1.2-2 图所示，电子质量为 m、带电荷 $-e$. 以与 x 轴夹角为 θ、大小为 v_0 的初速度从 O 点进入垂直于 x 轴的均匀电场区域，电场强度 $\boldsymbol{E}=A\sin kt\boldsymbol{j}$，$A$、$k$ 为常量. 电子在电场中受力为 $\boldsymbol{F}=-e\boldsymbol{E}$. 不计重力. 求电子在此电场中的运动方程.

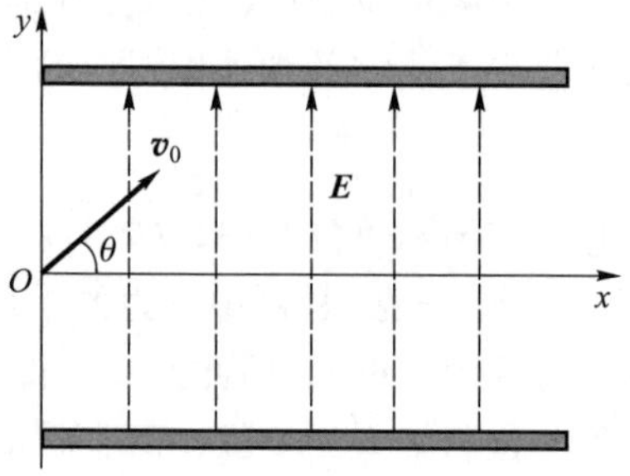

例 2.1.2-2 图

解：电子在 x、y 方向加速度分量分别为

$$a_x=0;\quad a_y=\frac{F}{m}=-\frac{eA}{m}(\sin kt)$$

积分得速度分量：

$$v_x=v_0\cos\theta;$$

$$v_y=v_0\sin\theta-\int_0^t\frac{eA}{m}(\sin kt)\,dt$$

$$=v_0\sin\theta-\frac{eA}{mk}(1-\cos kt)$$

再积分，得运动方程：

$$x=\int_0^t v_x dt=v_0t\cos\theta;\qquad y=\int_0^t v_y dt=v_0t\sin\theta-\frac{eA}{mk}\left(t-\frac{1}{k}\sin kt\right)$$

2.1.3 牛顿第三定律

牛顿第一、第二定律分别给出的是物体不受外力和物体受外力时所遵从的规律，而牛顿第三定律则是关于一对相互作用力性质的描述.

授课录像：牛顿第三定律

对于一对直接接触的相互作用物体，其相互作用力(即作用力和反作用力)关系如何？牛顿第三定律给出的原始表述为：每一种作用都有一个相等的反作用力；或者，两个物体间的相互作用总是相等的，而且指向相反. 进一步解释其特点为：① 相互作用力一定是相同性质的力；② 作用力和反作用力作用在不同物体上，产生的作用既不能相互抵消，也不能求合力；③ 力的作用是相互的，同时出现，同时消失. 对于靠场传播作用力的一对非直接接触的物体，上述的③条并不严格成立，但差别极其微小. 详见本书 3.4.2 节的进一步介绍.

动画演示：相互作用力

对牛顿三定律关系的理解：从公式角度，可以说牛顿第一定律是牛顿第二定律在特殊条件下(外力为零)的结果；牛顿第三定律是独立于第一、第二定律的力的规律. 但从物理的内涵角度，牛顿第一定律定义了惯性参考系，给出了自然界一种规律的宽泛描述. 第二定律给出了惯性参考系下作用在物体上的力与加速度的定量关系. 而第三定律为将待研究物体的周围环境以力的形式来等效提供了依据，并且导致质点系以质心为代表的整体运动以及相对质心的转动与质点系的内力无关. 因此，牛顿三定律构成了一个完整的理论体系.

实物演示：力的合成与分解

实物演示：摩擦力自锁效应

实物演示：形状记忆合金

§2.2 万有引力定律

万有引力定律的建立源于行星运行轨道问题的研究. 古希腊地理学家托勒密建立了“地心说”. 1543 年波兰天文学家哥白尼建立了日心说. 德国天文学家开普勒在已有天文观测资料基础上，紧紧抓住行星轨道问题，前后用了八年时间，于 1609 年得到了开普勒第一、第二定律(即轨道定律和面积定律)，又用了十年时间，于 1618 年得到了第三定律(周期定律). 直至伽利略利用自制的望远镜观测到了金星的“相位”现象后，最终确立了日心说体系. 其后人们对于开普勒三定律进行深入研究，研究的中心问题是什么样的力能使行星沿椭圆轨道运动(即后人所称的“开普勒问题”). 1687 年牛顿的《自然哲学的数学原理》一书问世，解决了“开普勒

授课录像：开普勒三定律

问题”.

2.2.1　开普勒三定律

第一定律(轨道定律)：太阳系所有行星沿椭圆轨道绕太阳运行，太阳位于这些椭圆轨道的一个焦点上，如图 2.2.1-1 所示(证明过程参见 6.3.2 节).

第二定律(面积定律)：任何星体，它的径矢在相等时间内扫过同样面积，如图 2.2.1-2 所示(证明过程参见本书第六章的例 6.1.4-2).

第三定律(周期定律)：行星绕太阳运行周期的二次方与其轨道长半轴的三次方成正比，即 $T^2=ca^3$，如图 2.2.1-3 所示，并且系数 c 对于太阳系的任何行星都相同(证明过程参见本书第六章的例 6.3.3-1).

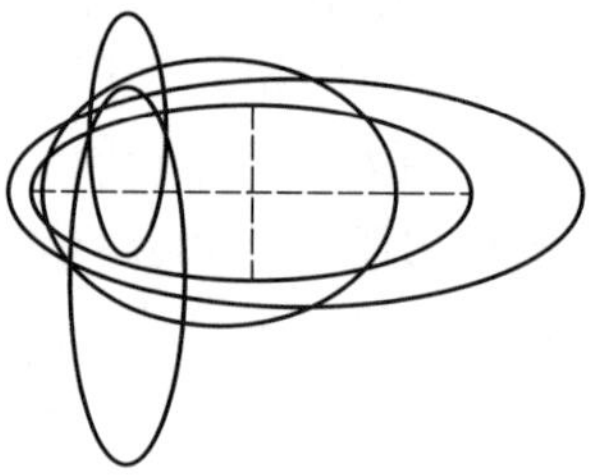

图 2.2.1-1

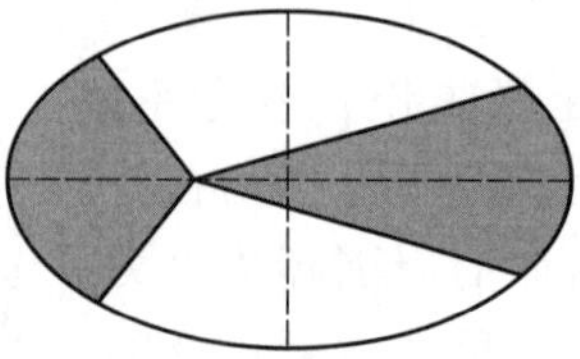

图 2.2.1-2

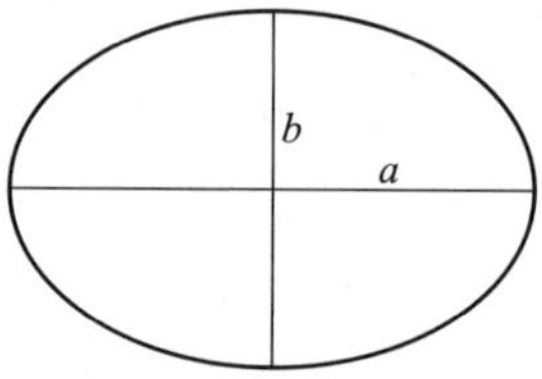

图 2.2.1-3

动画演示：开普勒第一定律

动画演示：开普勒第二定律

动画演示：开普勒第三定律

2.2.2　万有引力定律的建立过程

两个质量分别为 m_1 和 m_2，距离为 r 的两个质点之间的相互吸引作用力大小可以表示为 $F=G\dfrac{m_1m_2}{r^2}$，这称为万有引力定律. 其中的 G 称为引力常量，其数值的测量是在万有引力定律提出 111 年后，由英国的卡文迪什利用他创建的“悬丝挂”实验来完成的，详见 2.3.2 节的具体介绍.

万有引力定律和牛顿三定律的建立，使天上、地下物体的运动规律有了统一的描述. 牛顿运动定律的描述体现在牛顿在 1687 年出版的《自然哲学的数学原理》一书中. 在该书中，牛顿三定律只是用了较少篇幅的语言描述，而大部分内容是关于引力与轨道关系的几何推导过程和应用的描述. 可见获得万有引力定律是一个更为艰辛的过程.

授课录像：万有引力定律的建立过程

上节所述的开普勒定律是对天体观察的总结，是自然的实验规律. 总结出这三条规律后，自然有人会提出这样的问题：为什么行星运动遵循这三条定律呢？也就是要找出行星如此运动的原因. 开普勒三定律提出后，人们一直在探索这个科学之谜. 苹果落地引发牛顿的一个思考问题是，从高山上水平抛出一个物体，当抛出的水平速度不断增大时，抛射体会越射越远，若速度达到一定程度，该抛射体就永远不会到达地面. 为什么不可以把月球也当作这样一个抛射体来考虑呢？由此，牛顿猜想苹果与地球之间、月球和地球之间的力是同一

AR 演示：苹果落地与万有引力定律

性质的力. 他把月球的轨道运动分解为两种简单的直线运动：一种是由于惯性引起的、沿月球轨道切线方向的匀速直线运动；另一种是把月球拉向地球的落体运动，是由地球的引力引起的. 以此思想为基础，牛顿依据第一定律和第二定律，利用几何的方法获得了圆周运动与受力成平方反比的关系.

反过来，利用月球和地球、苹果和地球都具有相同的平方反比的受力关系来计算月球围绕地球的运行周期，由计算结果可以验证牛顿的猜想是否正确. 试验证如下：

设 $R_{地-月}$、$R_{地}$ 分别为月球到地球的距离和地球的半径，$m_{地}$、$m_{月}$、$m_{苹}$ 分别为地球、月球、苹果的质量，$v_{月}$、$T_{月}$ 分别表示月球围绕地球运动的速率（该运动可近似为匀速圆周运动来处理）和运行的周期，$g_{地}$ 表示苹果在地球表面的加速度，则由牛顿第二定律有

对月球：$G\dfrac{m_{地}\ m_{月}}{R_{地-月}^2}=m_{月}\dfrac{v_{月}^2}{R_{地-月}}$，$2\pi R_{地-月}=v_{月}\ T_{月}$

对地球表面的苹果：$G\dfrac{m_{地}\ m_{苹}}{R_{地}^2}=m_{苹}\ g_{地}$

将 $R_{地-月}=60R_{地}$，$R_{地}=6\ 400\ \text{km}$，$g_{苹}=9.8\ \text{m/s}^2$，代入上述各式并联立解得 $T_{月}=27$ 天 7 小时 43 分.

该计算结果恰好与月球围绕地球的公转周期相等，说明地球表面的苹果受到的重力也是与万有引力同性质的力.

牛顿进一步设想，既然月球绕地球公转可以这样来解释，那么地球和其他行星绕太阳的公转为什么不能类似地来说明呢？所以牛顿又将该思路推广到行星围绕太阳的运动上来. 概述如下：

设某一质量 m、与太阳距离为 r 的行星受太阳的作用力大小为 $F=\mu\dfrac{m}{r^2}$，其中 μ 为常量，称为太阳的高斯常量. 反之，行星吸引太阳. 由于作用与反作用，大小也为 $F=\mu'\dfrac{m_S}{r^2}$，其中 μ' 为行星的高斯常量，m_S 为太阳的质量. 因此有 $\mu\dfrac{m}{r^2}=\mu'\dfrac{m_S}{r^2}$，即 $\dfrac{\mu}{m_S}=\dfrac{\mu'}{m}=G$. 说明，任何星体的高斯常量与其自身质量相比都是同一常量——引力常量，与星体无关. 因而，太阳对行星的引力 $F=\mu\dfrac{m}{r^2}=Gm_S\dfrac{m}{r^2}=G\dfrac{mm_S}{r^2}$，用矢量表示为 $\boldsymbol{F}=-G\dfrac{mm_S}{r^2}\boldsymbol{e}_r$. 以此圆满地解决了什么样的力使星体做椭圆轨道运动的问题.

牛顿进一步将平方反比的受力关系推广至任何星体以及任何物体之间，建立了万有引力定律.

万有引力定律发表后，仍有一些尚未解决的问题困扰着大家，如物体之间并没有接触怎么会产生相互作用力呢？引力是如何传播的？万有引力定律的表达形式是否是自然界最为普遍的表述形式等，关于这些问题的回答请参考本书的 3.4.2 节和 §12.1 的讨论.

AR 演示： 卡文迪什实验

AR 演示： 太阳系

AR 演示： 星际探测器

§2.3 自然界中的基本力及力学中常见的力

由牛顿第三定律可以看出，对于所研究的对象来说，周围环境对其作用可用力来表示(隔离法). 牛顿第二定律表明，只要找到了作用在物体上的力，就可确定物体所获得的加速度，再由质点运动学即可确定物体的运动规律. 因此，了解各种力的性质就显得尤为重要.

2.3.1 自然界中的最基本力

目前，人类已发现的自然界中最基本的相互作用力共有四种. 这四种力又可以分为主动力和被动力两类. 主动力是指不受物体运动状态影响的力，具有其“独立自主”的方向和大小，如万有引力、弹簧的弹性力等. 而被动力(也称约束反作用力)的大小或方向受物体运动状态的影响，如张力、压力、摩擦力等.

授课录像：
自然界中的基本力

1. 强相互作用

原子核由带正电的质子和中子组成，每个质子均带有同样的正电荷，为什么质子正电荷之间的库仑排斥力没有使核子飞散开来呢？那是因为核子之间存在强相互作用——强力，在原子核的尺度内强力比库仑力大得多，但强力是短程力，核子间的距离太大时，强力很快下降消失.

2. 电磁相互作用

电磁相互作用是两个带电粒子或物体之间的相互作用，两个带电粒子之间的作用力满足库仑定律. 电磁相互作用是长程的，它在原子系统中起主导作用，电磁相互作用使原子、分子聚集成实物，在力学中常见的拉力、压力、扭力等弹力以及摩擦力，归根结底都是电磁力.

3. 弱相互作用

在基本粒子之间还存在另一种短程相互作用——弱相互作用，也称弱力. 弱力的作用距离比强力更短，作用力的强度也比强力小得多，弱力仅在粒子间的某些反应(如 β 衰变)中起重要作用.

4. 引力相互作用

引力相互作用是存在于任何有质量的物体之间的相互吸引力，相比其他相互作用，引力相互作用是很微弱的，但它是长程力，在宇宙的形成和天体的系统中起着决定性的作用，如太阳系、银河系的形成是万有引力作用的结果.

这四种相互作用的相对强度及作用程(即相互作用的距离,以 m 为单位)的比较：

力的种类	相对强度	作用程/m	理论解释
强相互作用	1	$<10^{-15}$	现代物理学研究表明，电磁相互作用、强相互作用、弱相互作用是可以用统一的理论来描述的
电磁相互作用	10^{-2}	$<\infty$	
弱相互作用	10^{-13}	$<10^{-17}$	
引力相互作用	10^{-38}	$<\infty$	无法和上述三种作用统一起来，理论物理研究的前沿课题之一

2.3.2　力学中常见的力

力学中所接触的力只涉及上述四种作用力中的两种，即万有引力(在地球表面表现为重力)、电磁力(表现为弹性力、张力、摩擦力)，其特性和规律分述如下.

授课录像： 力学中常见的力

1. 万有引力

概括万有引力定律，对于质量分别为 m_1、m_2，距离为 r 的任何两个质点之间的相互吸引力，其大小可以表示为

$$F=G\frac{m_1m_2}{r^2} \qquad (2.3.2-1)$$

其中的 G 称为引力常量，其数值的测量是在万有引力定律提出 111 年后，由英国的卡文迪什利用他创建的“悬丝挂”实验来完成的（注：卡文迪什并未直接得到引力常量，而是给出了地球的密度，后人根据卡文迪什的结果推导出万有引力常量）. 其实验原理如图 2.3.2-1 所示，两个质量均为 m 的小球固定在一根轻杆的两端，再用一根石英细丝将杆水平地悬挂起来，每个质量为 m 的小球附近各放置一个质量为 m_0 的大球. 根据万有引力定律，当大球在 AA' 位置时，由于小球受到吸引，悬杆因受到一个力矩而转动，使悬丝扭转. 引力力矩最后被悬丝的弹性回复力矩所平衡. 为了提高测量的灵敏度，还可将大球放在 BB' 位置，向相反方向吸引小球，这样两次悬杆平衡位置之间的夹角就增大了一倍. 悬丝扭转的角度 θ 可用如图 2.3.2-1 所示的镜尺系统来测定. 如果已知 m_0、m，固连两小球杆的长度以及悬丝的扭力系数，就可由测得的 θ 来计算 G. 卡文迪什的引力常量为

AR 演示： 卡文迪什实验

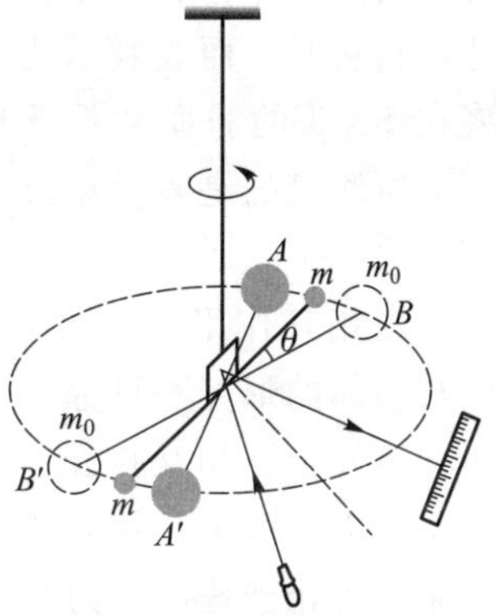

图 2.3.2-1

$$G=6.754\times10^{-11}\ \mathrm{N\cdot m^2/kg^2} \qquad (2.3.2-2a)$$

由于万有引力太弱，实验很难做. 从卡文迪什到现在的近 200 多年里，许多人用相同或不同的方法测量 G 的数值，不断改进其精度. 2018 年的国际科技数据委员会推荐的引力常量值为

$$G=(6.674\ 30\pm0.000\ 15)\times10^{-11}\ \mathrm{N\cdot m^2/kg^2} \qquad (2.3.2-2b)$$

G 测定后，可以间接测量地球的质量，即由 $mg=G\dfrac{mm_E}{R_0^2}$，可得

$$m_E=\frac{R_0^2g}{G}=5.97\times10^{24}\ \mathrm{kg} \qquad (2.3.2-3)$$

所以，卡文迪什被称为是第一个称量地球质量的人.

值得说明的是，在考虑地球对物体的引力时，总是把地球看成是质量集中于地心的质点，但这并不是说地球对物体的引力就是地球质心与物体的相互作用力，而是把地球分割成无限多个小质元，每个质元与物体之间应用万有引力定律，最终由严格的数学推导得出的结果. 严格的数学推导结果表明：对于球体、球壳等几何对称、质量均匀分布的物体，相互之间的万有引力公式中的 r

动画演示： 球体间万有引力作用

为物体几何中心间的距离．对于球体或球壳与质点间的相互作用，如果质点处于球体或球壳之外，则相互作用公式中的 r 为质点到球体或球壳质心间的距离；如果质点处于球体之内，则质点受球的引力仅由质点所在位置到球心的距离为半径之内的部分球体质量决定，而该部分球体之外的质量对它的引力为零．由此也可以推知，球壳对内部质点的引力为零．牛顿推导出万有引力定律之后，搁置长达 20 年之久没有发表，其原因之一就是由于数学手段的落后，不能确定对两个巨大星体取哪两点间的距离．

2. 表观重力与重力

在地球表面，当质点以无质量的线自由悬挂并相对地球表面静止时，悬线对质点拉力的平衡力称为表观重力．

在不考虑地球自转的情况下，表观重力即是地球对质点的万有引力，也称重力，其大小为

$$mg=G\frac{m_{\mathrm{E}}m}{R_0^2},\qquad g=G\frac{m_{\mathrm{E}}}{R_0^2}=9.8\ \mathrm{m/s^2} \tag{2.3.2-4}$$

由于地球不是严格的球体，g 在地球不同处略有差异．

当考虑地球自转时，而表观重力则是万有引力与由于地球自转引起的惯性离心力的合力，这一点将在 §3.3 的非惯性系下地球上惯性力举例中说明．显然，由于地球自转的存在，在地球表面所测量的是表观重力，而非重力．

3. 弹性力

弹性力是电磁相互作用的一种表现，此种力产生在直接接触的物体之间．弹性力的产生与物体的形变相联系，如重物挂在弹簧下边，弹簧伸长，产生弹性力；物体压在桌面上，相互挤压，发生形变，产生压力；绳子拉物体，绳子形变，产生绳中张力．可见，相互接触的物体只要发生形变，就可能出现像弹性力、压力、张力等相当普遍的力．

动画演示：势能曲线

从微观上看，弹性力是相互接触的物体的分子或原子间的相互排斥、相互吸引的结果．物质是由原子组成的，研究结果表明，两原子之间相互作用势能与距离之间的关系如图 2.3.2-2 所示．由 5.2.3 节讨论的势能曲线与保守力的关系可知，势能曲线的最低点为受力零点，即平衡位置(图 2.3.2-2 中的 r_0)．两原子间的作用力分为两类，由异性电荷之间的吸引而引起的吸引力；由同性电荷排斥而引起的排斥力．当物体没有形变时，吸引力和排斥力相互平衡，两核间的距离为 r_0，即处于平衡状态；当物体被压缩时，$r<r_0$，分子或原子之间排斥力大于吸引力，合力表现为斥力；当物体被拉伸时，$r>r_0$，分子或原子之间吸引力大于排斥力，合力表现为吸引力，至于它们的大小则与结构有关．用上述的微观机制可以定性地解释以下的法向力、弹簧的弹性力和绳中的张力．

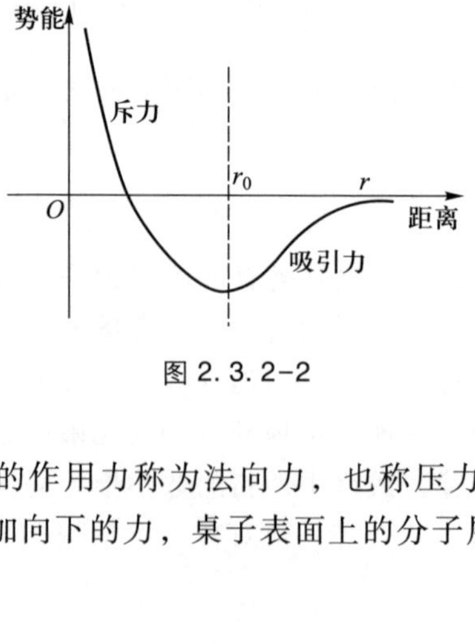

图 2.3.2-2

(1) 法向力(压力)

一物体与另一物体表面接触，两物体表面间相互垂直的作用力称为法向力，也称压力．当把一物体放在桌子上时，物体的分子对桌面上的分子施加向下的力，桌子表面上的分子层

向下运动，直到下面的分子的斥力与物体所施加的力达到平衡为止．从原子的观点来看，没有完全刚性的表面，但往往由于形变过于微小而略去，可近似当作刚性处理．桌子作用于物体的法向力为 F_N(通常称作支持力)与物体作用于桌子上的 F'_N，这是一对使物体限制在桌面上运动的**约束力**，通常我们关心的是物体的运动，所以也把 F_N 称为**约束反力**．约束反力的方向总是与曲面或曲线垂直．若接触面是粗糙的，当物体的接触面间有相对运动或运动趋势时，还要考虑切线方向的摩擦力，限制物体运动的曲面或曲线称为**约束**．

(2) 弹簧的弹性力

17 世纪中叶，英国的胡克总结出轻弹簧(无质量)的伸长与它所受的力成正比规律，对于压缩也如此，即

$$F=-k\Delta x \tag{2.3.2-5}$$

这是经验定律，其中，Δx 为相对于弹簧自然长度的伸长量．力的方向总是指向平衡位置．把遵从胡克定律的力称为弹性恢复力或线性恢复力．对于相对平衡位置足够小的形变，称为线性形变，此时胡克定律是相当准确的．对于大的形变，称为范性形变，这时胡克定律就失效了．对于质量不可忽略的弹簧，如果弹簧处于均匀形变状态（如缓慢拉伸过程），则弹簧中各点的张力是相同的．如果弹簧处于非均匀形变状态（如突然拉伸过程），则弹簧内各点的张力是不同的．具体的理论研究过程超过本书的范畴，不再赘述．

(3) 张力

拉绳时，对于绳中相邻的两个原子，原子间距大于 r_0，表现为相互的吸引．如在绳中取一小段绳作为研究对象，利用牛顿第二定律容易得出结论：对于与接触面无摩擦接触的轻绳，无论绳处于什么状态，绳中各处张力相等；而对于其他情况，绳中各点的张力的大小由绳的具体运动形式决定．

例 2.3.2-1 如例 2.3.2-1 图所示，长为 l，质量为 m 的绳以一端为轴在水平面内以匀角速 ω 旋转，求绳中张力．

解：绳中取一小质元(微元法)，质量为 $\Delta m=\dfrac{m}{l}\Delta r$，以小质元为研究对象，小质元做匀速圆周运动，由牛顿第二定律得

$$F_T(r)-F_T(r+\Delta r)=\Delta m\omega^2 r=\frac{m}{l}\Delta r\omega^2 r$$

当 $\Delta r\to 0$ 时，$\Delta r=\mathrm{d}r$

$$F_T(r)-F_T(r+\Delta r)=-\mathrm{d}F_T$$

整理得

$$-\mathrm{d}F_T=\frac{m}{l}\omega^2 r\mathrm{d}r$$

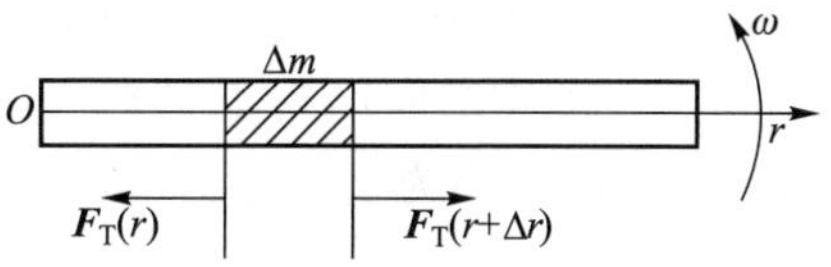

例 2.3.2-1 图

积分解得

$$-F_T(r)=\frac{m\omega^2}{2l}r^2+C$$

对于自由端，即当 $r=l$ 时，实验表明 $F_T(r)=0$，代入上式求得 C 并整理后得

$$F_T(r)=\frac{m\omega^2}{2l}(l^2-r^2)$$

例 2.3.2-2 如例 2.3.2-2 图所示，首尾相接的圆环状绳，长为 l，质量为 m，绳以圆心为中心在光滑水平面以匀角速 ω 转动，求绳中张力．

解：绳中取一小质元，以该小质元为研究对象，小质元做匀速圆周运动，对小质元法线方向应用牛顿第二定律

$$F_T(\theta+\Delta\theta)\sin\left(\frac{1}{2}\Delta\theta\right)+F_T(\theta)\sin\left(\frac{1}{2}\Delta\theta\right)=\Delta m\omega^2 r$$

当 $\Delta\theta\to0$ 时，$\sin(\Delta\theta)\to\Delta\theta$，得

$$[F_T(\theta+\Delta\theta)+F_T(\theta)]\frac{1}{2}\Delta\theta=\frac{m}{2\pi r}(r\Delta\theta)\omega^2 r$$

令 $\Delta F_T=F_T(\theta+\Delta\theta)-F_T(\theta)$，当 $\Delta\theta\to0$ 时，$\Delta\theta$ 和 ΔF_T 分别为一级小量，$\Delta\theta\cdot\Delta F_T$ 为二阶小量，忽略二级小量，整理得

$$F_T(\theta)=\frac{mr}{2\pi}\omega^2=\frac{m}{2\pi}\frac{l}{2\pi}\omega^2=\frac{ml}{4\pi^2}\omega^2$$

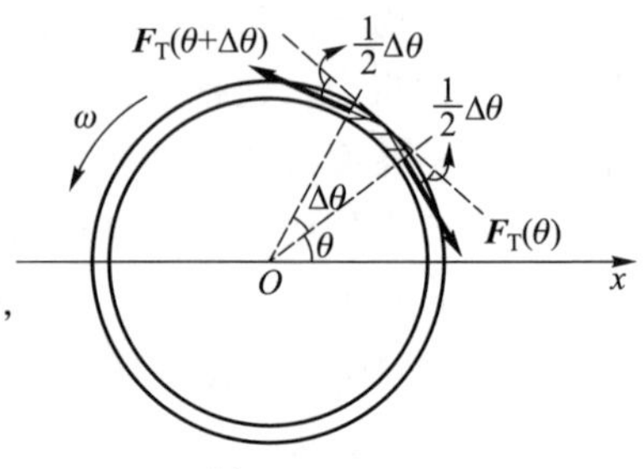

例 2.3.2-2 图

4. 摩擦力

由于原子或分子间的电磁吸引力导致摩擦力的存在．原子或分子间距离很小(几个原子半径间距离)时，它们之间会有较明显相互作用力，因此两接触面必须很接近才会有显著的摩擦力存在．一般的表面可能看似光滑，可是若以放大镜仔细观察，将发现表面凹凸不平，坑坑洞洞的大小甚至有数百个原子半径，实际上两接触面间只有凸出的部分相接触．当压力增加时，会使得表面稍微变形(更为扁平)而增加接触面积(实际的接触面积)．实际的接触面积往往只占宏观接触面积很小的比例，两个接触面间的大部分原子仍然相距 10~50 个原子半径的距离．

(1) 摩擦力的大小与宏观接触面积无关

当书本平放在桌面时，宏观接触面积大，而实际接触面积的比例较小．当书本直立时，宏观接触面积变小，而实际接触面积的比例变大．较小的面积乘以较大的接触比例与较大的面积乘以较小的接触比例基本相同(也就是说微观实际接触面积基本相同)，使得摩擦力与宏观接触面积无关．

(2) 摩擦力可分为静摩擦力和滑动摩擦力

(a) 当相互接触的物体之间没有相对运动，而只有相对运动的趋势时，其摩擦力为静摩擦力．静摩擦始终与合外力(除静摩擦外)大小相等、方向相反，即与运动趋势相反．静摩擦力有一最大值，称为最大静摩擦力：

$$F_f=\mu_0 F_N \tag{2.3.2-6}$$

其中 μ_0 称为静摩擦因数，F_N 为正压力．

(b) 当物体之间出现滑动时，表现为滑动摩擦力．实验发现它的大小为

$$F_f=\mu F_N \tag{2.3.2-7}$$

其中 μ 为滑动摩擦因数，F_N 为正压力．滑动摩擦力的方向与相对滑动方向相反．实验表明，滑动摩擦因数与物体之间相对运动速度的关系如图 2.3.2-3 所示．由图 2.3.2-3 可以看出，滑动摩擦因数是与相对运动速度有关的，当相对速度为零时对应的摩擦因数即为静摩擦因数

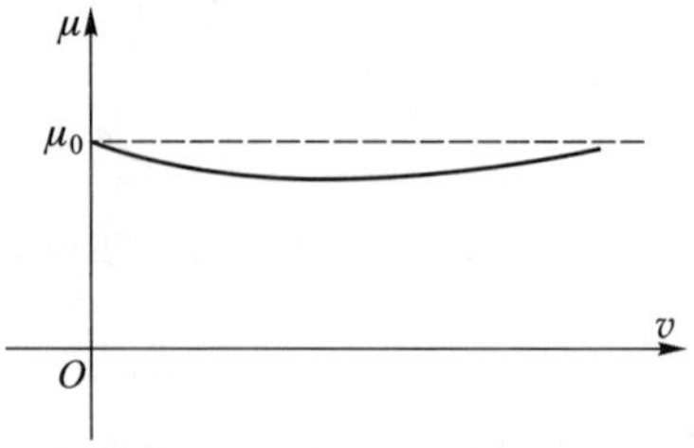

图 2.3.2-3

μ_0，因此严格来说，静摩擦因数与滑动摩擦因数并不相等，但在相对速度不是很大时，这种差别很小. 因此，在以后讨论有关摩擦力的问题中，如果没有特殊说明，都认为滑动摩擦因数与相对速度无关，并认为最大静摩擦因数与滑动摩擦因数相等，即 $\mu=\mu_0$.

动画演示：摩擦因数

(3) 摩擦力的方向问题

不能用物体是否运动来判断摩擦力是静摩擦力还是动摩擦力，而要通过判断接触的物体间是否有滑动来判断是滑动摩擦力还是静摩擦力；不能用物体的运动方向来判断摩擦力的方向，而应根据相互作用物体的接触面之间的滑动趋势或滑动方向来判断摩擦力的方向. 例如，人走路时，人的脚虽然向前运动，但摩擦力方向却是向前的静摩擦力，原因是，人的脚与地面间并没有出现滑动，而且脚相对地面的接触区域来说，滑动的趋势是向后的. 有的时候在保持最大静摩擦力大小的同时，随着运动趋势方向的改变，其静摩擦的方向也可能发生变化.

例 2.3.2-3 有重物 m，用缠绕在水平柱上的轻绳将其拉住，柱与绳间的摩擦因数为 μ，为使重物不下落，所用最小拉力为多大？

解：在例 2.3.2-3 图(a)中取一小质元(微元法)，其侧面图如例 2.3.2-3 图(b)所示，对所取微元应用牛顿第二定律，得

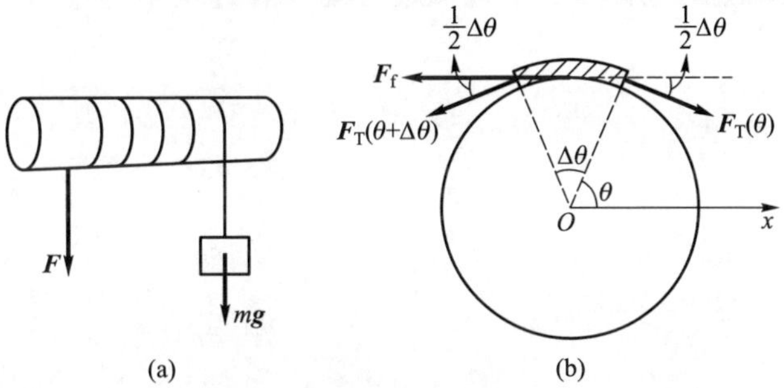

例 2.3.2-3 图

切线方向：

$$F_f+F_T(\theta+\Delta\theta)\cos\left(\frac{1}{2}\Delta\theta\right)-F_T(\theta)\cos\left(\frac{1}{2}\Delta\theta\right)=0$$

$$F_f=\mu F_N$$

法线方向：

$$F_N=F_T(\theta)\sin\left(\frac{1}{2}\Delta\theta\right)+F_T(\theta+\Delta\theta)\sin\left(\frac{1}{2}\Delta\theta\right)$$

当 $\Delta\theta\to 0$ 时

$$\Delta F_T\to \mathrm{d}F_T,\quad \Delta\theta\to\mathrm{d}\theta,\quad \sin(\Delta\theta)\to\Delta\theta,\quad \cos(\Delta\theta)\to 1$$

忽略二阶小量，整理并作定积分

$$\int_{mg}^{F}-\frac{\mathrm{d}F_T}{F_T}=\int_0^{\theta}\mu\mathrm{d}\theta$$

积分得

$$F=mg\mathrm{e}^{-\mu\theta}$$

如果绳绕两圈半，即 $\theta=5\pi$，设重物重 2 t，即 $m=2\ 000$ kg，并设 $\mu=0.48$. 经计算，$F_T\approx 10$ N.即用 10 N 的力可拉住 2 t 重的重物. 同理也可求若使物体有向上运动趋势时，所用最小拉力.

§2.4 量纲

2.4.1 基本量和导出量

物理规律的描述需要用到很多的物理量，每个物理量都需要用一定的单位作为度量. 然而大部分物理量之间有一定的联系，因此，没有必要对每个物理量都规定一个单位. 我们可以选取几个物理量作为基本量，并为每个基本量规定一个基本单位，而其他物理量的单位可以通过它们与基本量之间的关系式(通过物理规律或定义给出的方程)导出来，这些物理量为导出量，它们的单位称为导出单位. 通过这种方法制定的一套单位，就构成一定的单位制. 不同的单位制，其基本量的选取、数目和单位都可以不同. 下表为国际单位制的基本量及单位，国际单位制(简称 SI)是目前世界各国广泛采用的先进的单位制，本书采用以国际单位制为基础的我国的法定计量单位.

授课录像：量纲

国际单位制的基本量及单位

基本量的名称	量纲	单位名称	单位符号
长度	L	米	m
质量	M	千克	kg
时间	T	秒	s
电流	I	安[培]	A
热力学温度	Θ	开[尔文]	K
物质的量	N	摩[尔]	mol
发光强度	J	坎[德拉]	cd

注：方括号中的字，在不致引起混淆、误解的情况下，可以省略. 去掉方括号中的字即为该单位的简称.

2.4.2 量纲

单位制选定后，任何一个物理量都可以通过既定的物理关系式用基本量表示. 例如在力学中，国际单位制的基本量是长度、质量、时间，其他导出量都可以由这三个基本量表示. 在不考虑数字因素时，表示一个量是由基本量的几次方表示的式子称为这个量的量纲，例如面积的量纲为长度的量纲的二次方. 长度、质量、时间的量纲，按国际标准的规定分别为 L、M、T，所以其他物理量 Q 的量纲(记为 $\dim Q$)为

$$\dim Q=\mathrm{L}^{p}\mathrm{M}^{q}\mathrm{T}^{r} \tag{2.4.2-1}$$

(2.4.2-1)式称为物理量 Q 的量纲式，也简称量纲，其中的 p、q、r 称为量纲指数. 例如，速度的量纲可以表示为 $\dim v=\mathrm{L}^{1}\mathrm{T}^{-1}$，加速度的量纲可以表示为$\dim a=\mathrm{L}^{1}\mathrm{T}^{-2}$，力的量纲可以表示为 $\dim F=\mathrm{L}^{1}\mathrm{M}^{1}\mathrm{T}^{-2}$，机械能的量纲可以表示为 $\dim E=\mathrm{L}^{2}\mathrm{M}^{1}\mathrm{T}^{-2}$等.

2.4.3 量纲的意义

1. 校验公式

只有相同量纲的物理量才能相加减，这一法则称为量纲法则．要检验所列出的公式是否正确，首先要检查公式左右两边的量纲是否正确．如，

$$x-x_0=v_0t+\frac{1}{2}at^2 \tag{2.4.3-1}$$

(2.4.3-1)式左边为长度，其量纲为 L^1；(2.4.3-1)式右边为 $L^1T^{-1}T^1+L^1T^{-2}T^2=L^1+L^1$，也是长度的量纲.

2. 可确定未知单位的物理量的量纲

如已知物体受力的形式为 $F=-mg-kv$，但不知 k 的量纲．可以通过公式来确定，由

$$L^1M^1T^{-2}=M^1L^1T^{-2}+(\dim k)L^1T^{-1} \tag{2.4.3-2}$$

可得 $\dim k=M^1T^{-1}$，单位为 kg/s.

3. 寻求规律

如通过分析深海中的爆炸发现，爆炸后形成的气泡的振荡周期有以下关系：

$$T=kp^A\rho^BE^C \tag{2.4.3-3}$$

其中 T 是振动周期，k 是无量纲的比例系数，p 为静压强，ρ 为水的密度，E 为爆炸总能量，通过量纲关系式，可求得系数 A、B、C．具体过程如下：

(2.4.3-3) 式左侧的量纲式：　　$\dim T=T$

(2.4.3-3) 式右侧各量的量纲式：

$$\dim p=MLT^{-2}\cdot L^{-2}=L^{-1}MT^{-2}$$

$$\dim \rho=ML^{-3}$$

$$\dim E=MLT^{-2}\cdot L=L^2MT^{-2}$$

(2.4.3-3) 式右侧总的量纲式：

$$L^{-A-3B+2C}M^{A+B+C}T^{-2A-2C}$$

(2.4.3-3) 式两侧量纲式相等，有

$$T=L^{-A-3B+2C}M^{A+B+C}T^{-2A-2C} \tag{2.4.3-4}$$

比较(2.4.3-4)式两侧各量纲的量纲指数，有

$$-A-3B+2C=0,\quad A+B+C=0,\quad -2A-2C=1 \tag{2.4.3-5}$$

联立求解(2.4.3-5)式得　$A=-\frac{5}{6}$，　$B=\frac{1}{2}$，　$C=\frac{1}{3}$

因此，气泡的振荡周期表达式为

$$T=kp^{-\frac{5}{6}}\rho^{\frac{1}{2}}E^{\frac{1}{3}}$$

需强调的是，像本例这样利用量纲获取公式的例子是较少的。量纲的主要功能还是校验公式和确定方程中未知单位的量纲。

*2.4.4 时间、长度和质量的计量

如前所述，时间、长度和质量是力学范畴内的基本量．它们的计量是如何规定的呢？

1. 时间的计量

时间表征物质运动的连续性. 时间的计量主要是一个计数的过程. 凡已知其运动规律的物理过程，都可以用来作时间的计量. 通常用能够重复的周期现象来计量时间.

在自然界发生的许多重复的现象中，人们一向采用地球绕自己轴线的自转作为时间的计量基准. 在太阳系的各种运动中，能够观察而足以用作时钟的有：地球的自转和公转、月球绕地球的公转、木星和金星绕太阳的公转、木星的四个卫星绕木星的公转等.

授课录像： 时间、长度和质量的计量

我国最早的计时仪器有“圭表”和“日晷”，分别用太阳的影长和影的方向计时. 其后又有“刻漏”，以静水的周期性漏滴作为计时的基础. 唐、宋时期利用齿轮传动机构制造的水运浑天仪和水运仪象台，将时间精度提高到一个新的高度，堪称世界上最古老的天文钟. 古代欧洲也采用水漏和沙漏计时，直至 12—13 世纪，才有齿轮传动的钟. 经过不断改进，机械钟的精度不断提高. 至今，机械钟表仍是日常生活中常用的计时仪器之一.

动画演示： 时间、长度、质量的度量标准

20 世纪初叶，开始利用晶体的压电效应(将机械振荡转换为电振荡)制作石英钟. 到 20 世纪 40 年代，石英钟已发展为主要的计时标准. 目前，利用现代电子技术制作的石英钟的精度(测量时间误差与测量时间的比值)可达 10^{-10}(也就是经过差不多 270 年才差 1 秒).

20 世纪原子物理学的发展，使得人们对微观世界的认识不断深入，利用某些分子或原子的固有振动频率作为时间的计量基准成为现实. 近年来已制作了大量的原子钟，它们的计时精度可大幅度提高. 随着科学研究的进一步发展，冷原子钟、氢微波激射器钟以及基于射电脉冲辐射设想制作的钟，其时间精度将会进一步提高.

为了协调全世界的计量标准，1889 年成立了国际计量大会. 以后每四年召开一次大会，讨论最新研究发展出来的计量标准. 对于时间的计量，过去采用地球绕自己轴线的转动(自转)作为时间的基准，并定义 1 s 为平均太阳日的 1/86 400. 由于地球自转过程中的潮汐摩擦等原因，使得这种标准的时间计量精度仅为 10^{-7}. 为了进一步提高计时精度，1956 年起改用地球公转周期为基准的时间标准，并规定 1900 年回归年的 1/31 556 925.974 1 为 1 s，使计时精度提高到 10^{-9}. 为了进一步提高计时精度，1967 年国际计量大会决定采用原子的跃迁辐射作为计时标准，并规定 1 s 是铯-133 原子基态的两个超精细能级之间跃迁所对应的辐射的 9 192 631 770 个周期的持续时间. 这样的时间标准称为原子时. 这一计时标准使时间计量的精度达到 10^{-12} 至 10^{-13}. 目前正在发展一种利用激光使铯原子冷却的方法，这将使时间计量的精度进一步提高.

2. 长度的计量

古代测量长度常以人体的某部分作为单位和标准. 这种标准因人而异，显然不能取作统一标准. 以客观存在的不变事物作为长度的标准是一种必然的趋势. 近代的长度测量单位是在法国的米制基础上发展起来的. 米(m)已成为目前国际通用的长度单位. 米原来规定为通过巴黎的从北极到赤道的子午线长的一千万分之一. 1875 年起，决定改用米原器(截面呈“X”形的铂铱合金尺)作为长度标准. 由于这样规定的标准米精度不高，又不容易复制，自 1960 年起，改用原子辐射的波长作为长度标准，规定 1 米等于氪-86 原子橙色谱线在真空中波长的 1 650 763.73 倍，精度达 10^{-9}. 这样规定的米成为原子米. 1983 年，第十七届国际计量大会又正式通过了米的新定义：米是光在真空中(1/299 792 458)s 时间间隔内所经路径的长度. 米的新定义特点是把真空中的光速作为物理量规定下来，并令它等于 299 792 458 m/s，从而将长度标准和时间标准统一了起来，并使长度计量的精度提高到与时间计量相同的精度.

3. 质量的计量

质量的单位叫千克（kg）. 原来规定 1 kg 是在 4 ℃时 1 升纯水的质量，1901 年正式规定国际千克原器的质量作为 1 kg 的标准. 千克原器是用铂铱合金制造的、直径和高均为 3.9 cm 的圆柱体，保存在巴黎国际计量局中. 与米原器相仿，千克原器有可能被磨损或玷污，从而使质量发生变化，其最大的偏差可达到

50μg，所以人们开始寻找非实物的方式来重新定义千克. 2018 年第 26 届国际计量大会正式通过由普朗克常量的数值重新定义千克标准，此标准于 2019 年 5 月正式实施，此定义的相对精度可达到 10^{-8}. 普朗克常量的量纲为 ML^2T^{-1}，其数值取决于质量、长度和时间的标准，由于米和秒的标准已经确定，所以它们联合普朗克常量的固定值就可以重新定义千克. 目前的实现方法是基于一个被称为基布尔秤（Kibble balance）的装置，利用量子霍尔效应（quantum Hall effect）和约瑟夫森效应（Josephson effect）可以精确地给出普朗克常量和质量之间的联系.

将上述的标准既作为惯性质量的标准，也作为引力质量的标准. 在此规定下，由第三章 § 3.4 的讨论可知，任何物体的惯性质量与引力质量是相等的.

本章知识单元和知识点小结

<table>
<tr><th>知识单元</th><th colspan="5">知 识 点</th></tr>
<tr><td rowspan="2">牛顿三定律</td><td>第一定律</td><td>第二定律</td><td colspan="3">第三定律</td></tr>
<tr><td>1. 实验的推论
2. 定义了惯性系
3. 没有绝对的惯性系</td><td>$\boldsymbol{F}=m\boldsymbol{a}$</td><td colspan="3">1. 相互接触的物体之间的作用力严格满足第三定律.
2. 通过场传播的相互作用力，当场源有运动时，相互作用力并非具有同时作用的性质.</td></tr>
<tr><td rowspan="2">万有引力定律</td><td colspan="2">开普勒三定律</td><td colspan="3">万有引力定律</td></tr>
<tr><td colspan="2">第一定律：轨道定律
第二定律：面积定律
第三定律：周期定律</td><td colspan="3">$F=G\dfrac{m_1m_2}{r^2}$</td></tr>
<tr><td>四种基本相互作用力</td><td colspan="5">1. 强相互作用：核中质子、中子间的相互作用.
2. 电磁相互作用：表现为弹性力（张力、压力）、摩擦力、电场力等.
3. 弱相互作用：原子核中核子衰变过程中的相互作用.
4. 引力相互作用：任何两个有质量物体之间的相互作用.</td></tr>
<tr><td rowspan="3">力学中常见的力</td><td rowspan="2">万有引力</td><td rowspan="2">重力</td><td rowspan="2">弹性力</td><td colspan="2">摩擦力</td></tr>
<tr><td>最大静摩擦力</td><td>动摩擦力</td></tr>
<tr><td>$\boldsymbol{F}=-G\dfrac{m_1m_2}{r^2}\boldsymbol{e}_r$</td><td>$mg=G\dfrac{m_Em}{R_0^2}$</td><td>弹簧的弹性力 $F=-kx$</td><td>$F_f=\mu_0F_N$</td><td>$F_f=\mu F_N$</td></tr>
<tr><td rowspan="2">量纲</td><td colspan="2">力学基本量</td><td colspan="3">力学导出量的量纲式</td></tr>
<tr><td colspan="2">长度（L）、质量（M）、时间（T）</td><td colspan="3">$\dim Q=L^pM^qT^r$</td></tr>
</table>

授课录像：
第二章知识单元小结

习　　题

课后作业题

2-1. 在习题2-1图中，人的质量 $m_1=60\ \text{kg}$，底板的质量 $m_2=40\ \text{kg}$. 人若想站在底板上静止不动，则必须以多大的力拉住绳子？

第二章参考答案

2-2. 一根质量为 m_0 的均质绳子，两端固定在同一高度的两个钉子上，在其中点挂一质量为 m 的物体. 设 α、β 分别为在绳子中点和端点处绳子的切线方向与竖直方向的夹角，如习题2-2图所示. 求 $\dfrac{\tan\alpha}{\tan\beta}$ 与 m_0、m 的关系.

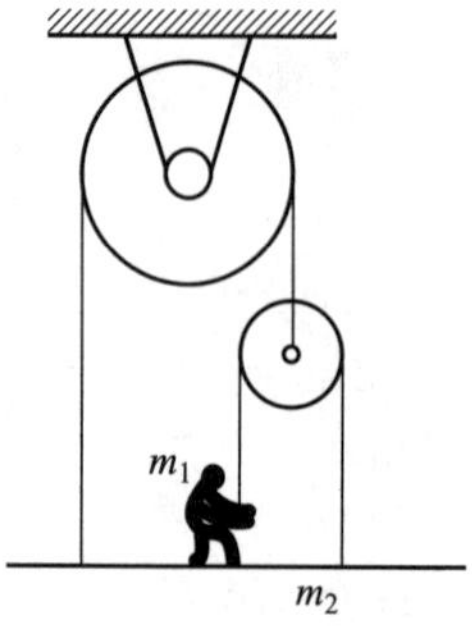

习题 2-1 图

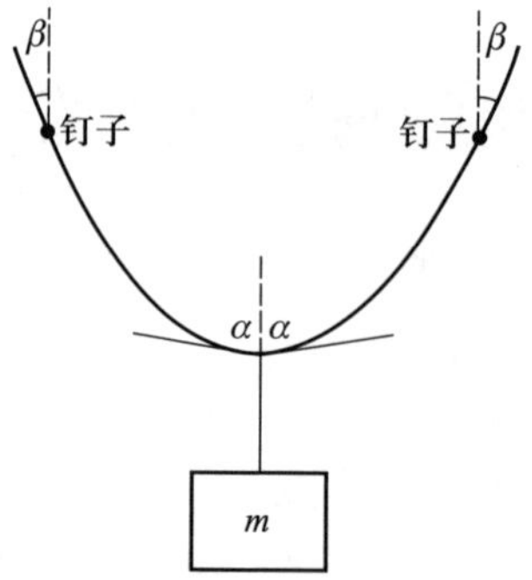

习题 2-2 图

2-3. 如习题2-3图所示，一长为 l、质量为 m 的均匀链条套在一表面光滑、顶角为 α 的圆锥上，当链条在圆锥面上静止时，求链中的张力.

2-4. 一条绳索的一端系到停泊在河中的小船上，另一端由站在岸上的人拿着. 人正欲收绳把船拉往岸边时，突然刮起了大风，风把船吹向河心. 为了不让风把船吹走，人把绳索在岸边的固定圆柱上缠绕若干圈后再拉住绳索. 若由于大风使船与圆柱间的绳索中的张力变为50 000 N，而人拉绳的最大力为500 N. 已知绳索与圆柱之间的摩擦因数为0.32，问绳索至少在圆柱上绕几圈，船才不会被吹走？

2-5. 在习题2-5图中，物体A和B的质量分别为 m_A 和 m_B，用跨过定滑轮的细线相连，静止地叠放在倾角为 θ 的斜面上，各接触面的静摩擦因数均为 μ，现有一平行于斜面的力 F 作用在物体A上，问 F 至少为多大才能使两物体运动？

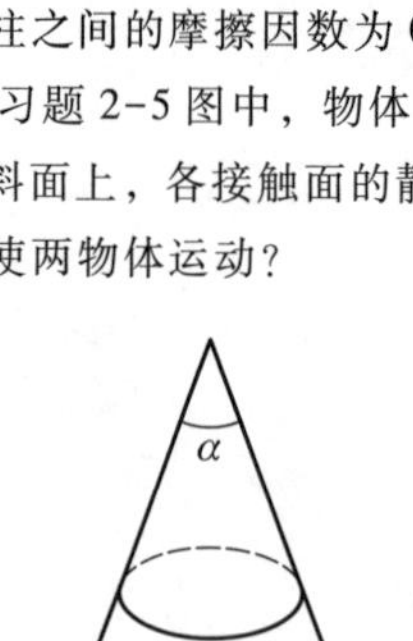

习题 2-3 图

习题 2-5 图

2-6. 质量为 m_1 的气球以加速度 a 匀加速上升，突然一只质量为 m_2 的小鸟飞到气球上，并停留在气球上. 若气球仍能向上加速，求气球的加速度减少了多少？

2-7. 一质量为 m 的汽艇在湖水中以速率 v_0 直线运动，当关闭发动机后，受水的阻力为 $F_f = kv$，求速度、位移随时间的变化关系.

2-8. 质量分别为 m_1 和 $m_2(m_2>m_1)$ 的两个人，分别拉住跨在定滑轮上的轻绳的两边往上爬. 开始时两人至定滑轮的距离都是 h. 试证明：质量为 m_1 的人经过时间 t 爬到滑轮处时，质量为 m_2 的人与滑轮的距离为 $\frac{m_2-m_1}{m_2}\left(h+\frac{1}{2}gt^2\right)$.

2-9. 一物体以 v_0 的初速度做竖直上抛运动，若受到的阻力 F_f 与其速度平方 v^2 成正比，大小可表示为 $F_f = mgk^2v^2$，其中 m 为物体的质量，k 为常量. 试证明此物体回到上抛点时的速度为 $v_1 = \sqrt{\frac{v_0^2}{1+(kv_0)^2}}$.

2-10. 一半顶角为 α 的倒立圆锥面的内表面光滑，内表面上一质点绕对称轴做半径为 r 的匀速圆周运动. 求质点的速率.

2-11. 如习题 2-11 图所示，两个物体的质量分别为 $m_1 =$ 15 kg，$m_2 = 20$ kg，作用在物体 m_1 上的水平力 $F = 280$ N. 设所有接触面都光滑. 试求：(1) m_1 的加速度的大小和方向；(2) m_2 的加速度的大小和方向；(3) 两物体间的相互作用力.

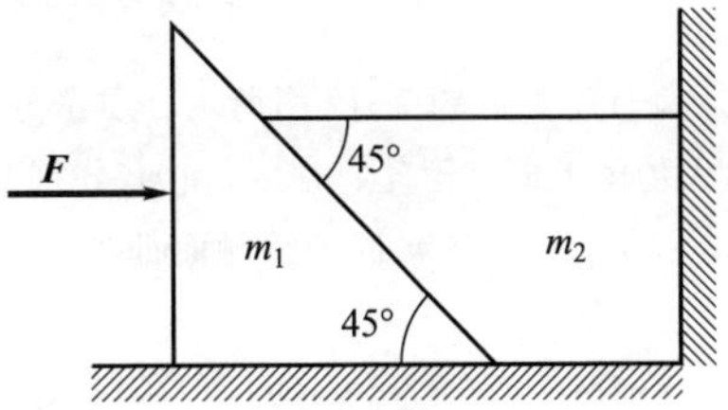

习题 2-11 图

2-12. 从地面以相对地面成 θ_0 仰角、v_0 的速度发射一质量为 m 的炮弹，炮弹在运动过程中始终受到与速度成正比的阻力 $F_f = kv$(k 为常量)作用，求炮弹的运动轨迹方程.

自检练习题

2-13. 如习题 2-13 图所示的系统，系统中人的质量 $m_1 = 60$ kg，人所站着的底板质量 $m_2 = 20$ kg，绳子和滑轮质量均可忽略不计. 人要用多大的力拉住绳子，才能保持自己和底板静止不动？

2-14. 质量为 m_1 和 m_2 的两物体，在水平力 F 的作用下紧靠在墙上，如习题 2-14 图所示. 为使两物块均不掉下，试在以下两种情况下求 F 至少应为多大？(1) 当各接触面间的静摩擦因数均为 μ 时；(2) 当 m_1、m_2 之间的静摩擦因数为 μ_1，m_2 与墙面间的静摩擦因数为 μ_2 时.

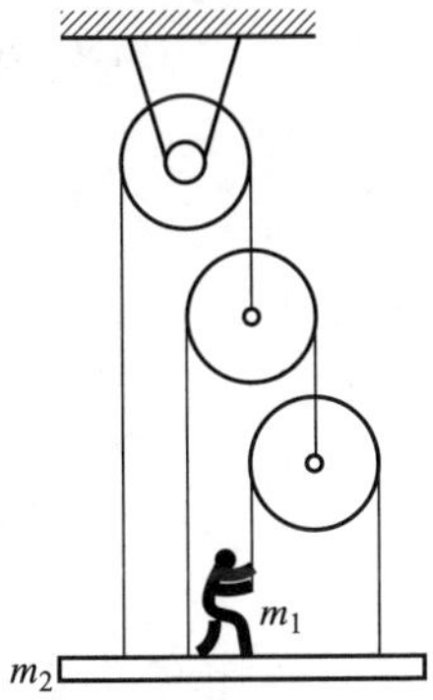

习题 2-13 图

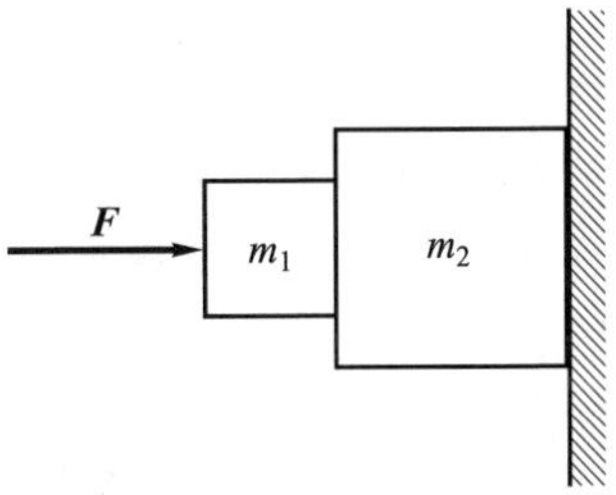

习题 2-14 图

2-15. 一个三棱柱固定在桌面上，形成两个倾角分别为 α 和 β 的斜面，一细绳跨过顶角处的滑轮与质量分别为 m_1 和 m_2 的两物体相连，如习题 2-15 图所示. 已知物体与斜面间的静摩擦因数均为 μ，求两物体在斜面上保持静止的条件.

2-16. 三块质量均为 m 的相同物块叠放在水平面上，如习题 2-16 图所示. 已知各接触面间的摩擦因数均为 μ.（1）现有一水平力 F 作用在最底下的物块上，使之从上面两物块下抽出，则 F 至少为多大？（2）若水平力 F 作用在中间的物块上，使它从上、下两物块中抽出，则 F 至少为多大？

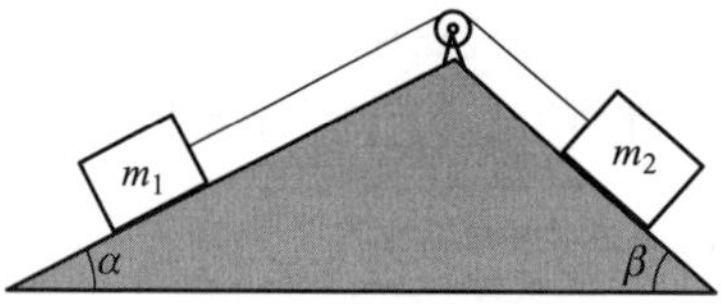

习题 2-15 图

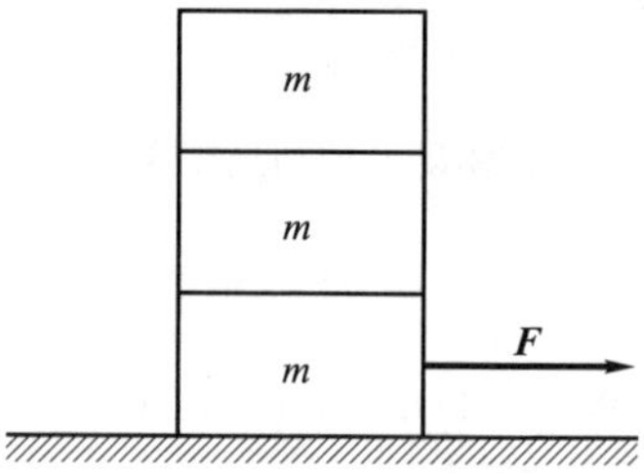

习题 2-16 图

2-17. 如习题 2-17 图所示，质量分别为 m_1 和 m_2 的两物体用一细绳相连，细绳跨过装在另一质量为 m_0 的大物体上的定滑轮，使 m_1 和 m_2 分别与 m_0 上的水平面和倾角为 θ 的斜面接触，而整个系统放在水平地面上. 设 m_1、m_2 与 m_0 间的接触面都光滑. 试问，若要 m_0 保持静止，则 m_0 与水平地面之间的摩擦因数至少为多大？

2-18. 一条质量为 m 的均匀绳索悬结于两座高度相等的山顶之间，绳索在悬结处与竖直方向的夹角均为 θ，如习题 2-18 图所示. 试求：（1）两山顶各自受到绳索的作用力的大小；（2）绳索中点处的张力.

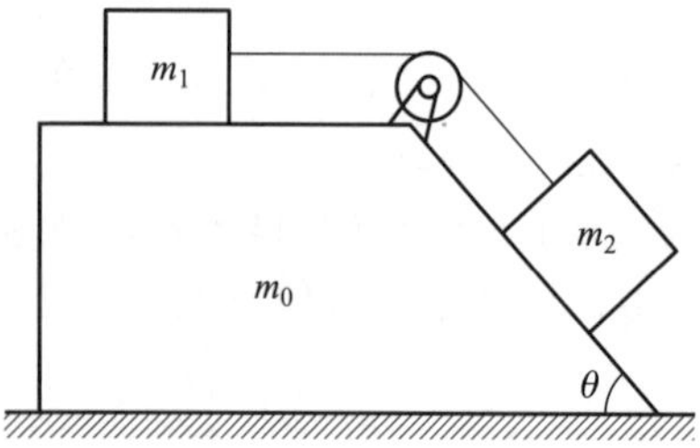

习题 2-17 图

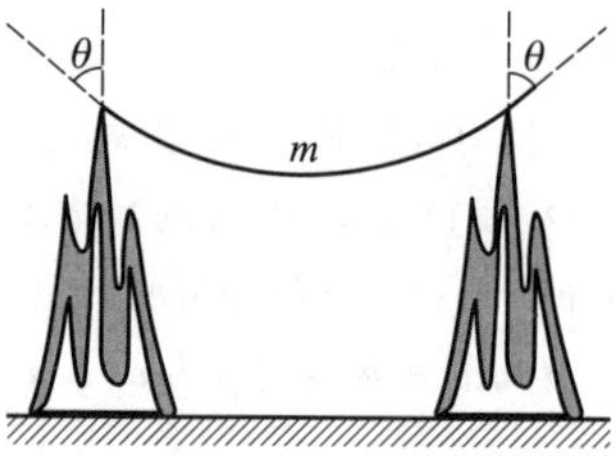

习题 2-18 图

2-19. 一个质量为 m 的物体通过一根质量可以不计的绳子绕水平棒 $1\frac{1}{4}$ 周后于另一端加一水平力 F，如习题 2-19 图所示. 若绳子和棒之间的摩擦因数为 μ，要使物体保持静止状态，应施加多大的水平拉力？

2-20. 两物体的质量分别为 m_0 和 m，用一根质量可以忽略的细绳相连，细绳跨过装置在桌面上的定滑轮，使物体 m_0 放在光滑的桌面上，而物体 m 悬在桌边，如习题 2-20 图所示. 求物体 m_0 运动的加速度. 若将物体 m 拿去，而用大小为 mg 的力向下拉绳，则物体 m_0 的加速度是否发生变化？略去滑轮的质量和滑轮轴承处的摩擦力，且细绳不能伸长.

2-21. 一质量为 50 kg 的人站在电梯里的台秤上，求：（1）当电梯以 4.9 m/s 的速度匀速上升或下降时，台秤读数各是多少？（2）当电梯以 4.9 m/s² 的加速度上升或下降时，台秤读数又各是多少？

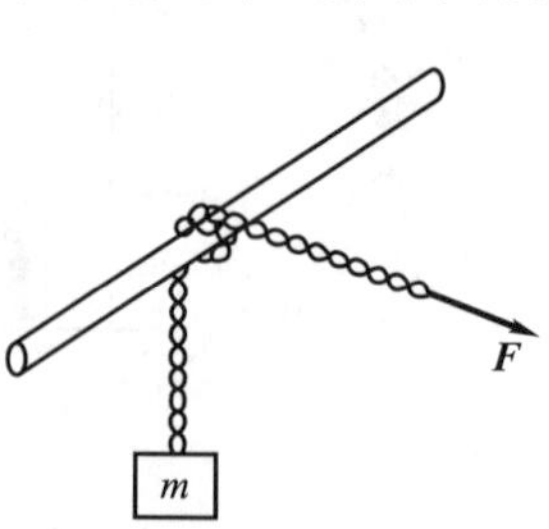

习题 2-19 图

2-22. 一飞机在竖直平面内以 540 km/h 的速度沿一圆周飞行. 为使在飞机飞行过程中，驾驶员与座椅之间的相互作用力不大于驾驶员重力的 8 倍，试求此圆周的最小半径.

2-23. 一质量为 m 的物体静止于倾角为 θ 的固定斜面上，如习题 2-23 图所示. 已知物体与斜面间的静摩擦因数为 μ，试问，至少要用多大的力作用在物体上，才能使它运动？并指出该力的方向.

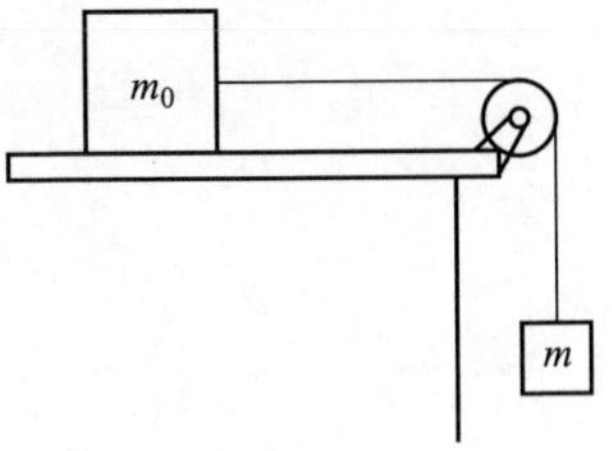

习题 2-20 图

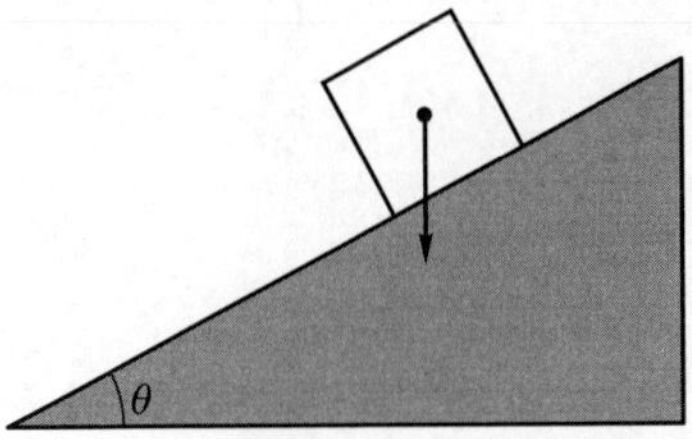

习题 2-23 图

2-24. 两个质量均为 m 的质点 A 和 B 连在一个劲度系数为 k 的弹簧的两端. 开始两质点静止在光滑的水平面上，弹簧处于原长，然后沿 AB 方向给 B 以恒力 ka. 求两质点的运动学方程.

2-25. 质量为 m_0 的木板静置在水平桌面上，其一端与桌面对齐，木板上放一质量为 m 的小花瓶，花瓶与板端相距为 l，桌面长为 L，如习题 2-25 图所示. 现有一水平恒力 F 作用于板上，将板从花瓶下抽出. 为使花瓶不至掉落地上，则 F 至少为多大？设各接触面之间的摩擦因数均为 μ.

2-26. 如习题 2-26 图所示，质量分别 m_1 和 $m_2(m_1>m_2)$ 的两物体叠放在水平桌面上，另一质量为 m_3 的物体通过细绳和滑轮组与 m_1、m_2 相连并悬在桌边.（1）若 m_1 与 m_2 之间的摩擦因数为 μ，而 m_1 与桌面之间无摩擦力，求运动时，m_1 与 m_2 之间无相对滑动的条件；（2）若各接触面之间的摩擦因数为 μ，求 m_2 与 m_3 运动，而 m_1 保持静止的条件.

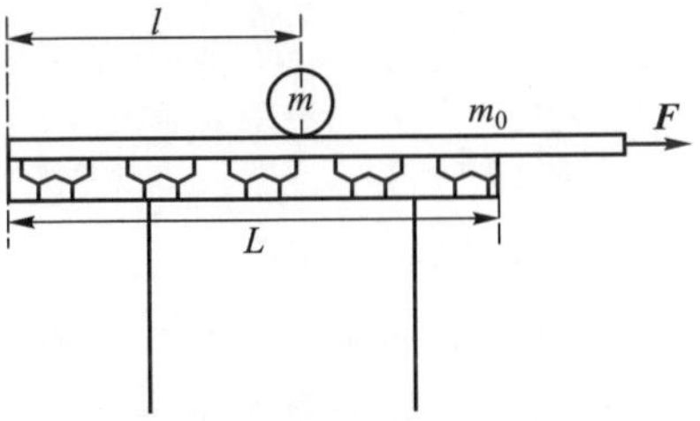

习题 2-25 图

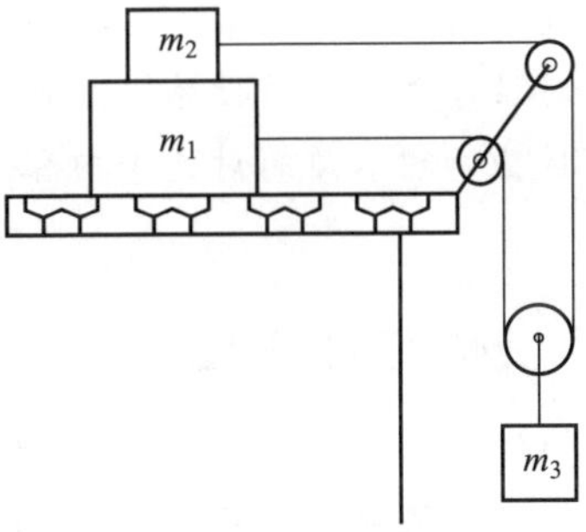

习题 2-26 图

2-27. 空中有许多大小不等的雨滴(可看成圆球形)由静止开始下落. 若受到空气阻力 F_f 与其速度 v 的一次方成正比，即 $F_f=-kv$，其中 k 为常量.（1）求任一时刻 t 雨滴的速度 $v(t)$；（2）证明雨滴的速度最终将趋于一极限值 v_f(称为终极速度)，并求出此 v_f；（3）若常量 k 正比于各雨滴的大圆面积，即 $k\propto\pi r^2$(r 为雨滴的半径)，试问，大、小雨滴中哪种雨滴获得的终极速度较大？

2-28. 一子弹以 v_0 的初速度和 θ 仰角自地面射出，子弹在飞行时受到的空气阻力为其速度的 km 倍(m 为子弹的质量,k 为常量). 试求子弹的速度与水平线成45°角时，子弹与发射点之间的水平距离 s.

第三章

非惯性系下质点动力学

第一章介绍的质点运动学解决了用哪些物理量来描述质点的机械运动，以及这些量之间的相互关系的问题，并说明这种相互关系与参考系选取无关. 第二章介绍的质点动力学解释了惯性系下质点运动的原因，其基本动力学方程是牛顿第二定律. 实验表明，在惯性和非惯性两类参考系下质点的动力学方程是有差别的，因此，非惯性系下的质点动力学规律需作进一步探讨.

授课录像：非惯性系下质点动力学概述

法国科学家科里奥利是早期研究非惯性系下质点动力学的代表性科学家. 在 19 世纪 30 年代，科里奥利对自转地球表面流体的运动进行了研究，提出了“虚拟力”的概念，后人称之为科里奥利力.

本章以惯性系下的牛顿第二定律为基础，总结非惯性系下质点所遵从的动力学规律，主要包括：相对性原理、非惯性系下质点动力学方程、利用惯性力对地球表面部分自然现象的解释以及惯性力物理本质的讨论等内容.

§3.1 相对性原理

授课录像：相对性原理

由实验总结的牛顿第一、第二定律只有在惯性系下才能成立. 一个参考系是否是惯性系，要依靠实验观测来判断. 如果由实验确立了某个参考系是惯性参考系，能否以此确定相对其运动的其他参考系是否是惯性参考系？在不同的惯性参考系下，同一研究对象的动力学规律是否相同？

早在 1632 年，伽利略就对这一问题给出了描述. 伽利略在《关于托勒密和哥白尼两大世界体系的对话》一书中，对相对于惯性系做匀速直线运动的另一参考系中所观察到的一些运动现象，作了如下极为生动的描述：

动画演示：相对性原理

“把你和一些朋友关在一条大船甲板的主舱里，再让你们带几只苍蝇、蝴蝶和其他小飞虫，舱内放一只大水碗，其中放几条鱼. 然后，挂上一个水瓶，让水一滴一滴地滴到下面的宽口罐里. 船停着不动时，你留神观察，小虫都以等速向舱内各方向飞行，鱼向各个方向随便游动，水滴滴进下面的罐子中，你把任何东西扔给你的朋友时，只要距离相等，向这一方向不必比另一方向用更大的力，你双脚齐跳，无论向哪个方向跳过的距离都相等．当你仔细观察这些事情后(虽然当船停止时，事情无疑一定是这样发生的)，再使船以任何速度前进，只要运动是匀速的、也不忽左忽右地摆动，你将发现，所有上述现象丝毫没有变化，你也无法从其中任何一个现象来确定，船是在运动还是停着不动．即使船运动的相当快，在跳跃时，你将和以前一样，在船底板上跳过相同的距离，你跳上船尾也不比跳上船头来得远，虽然你跳到空中时，脚下的船底板向着你跳的相反方向移动．你把不论什么东西扔给你的同伴时，不论他是在船头还是在船尾，只要你自己站在对面，你也不需要用更大的力．水滴像先前一样，滴进下面的罐子里，一滴也不会滴向船尾．鱼在水中游向水碗前部所用的力，不比游向水碗后部来的大．最后，蝴蝶和苍蝇将继续随便的到处飞行，它们也绝不会向船尾集中，并不因为它们可能长时间留在空中，脱离了船的运动，为赶上船的运动显出累的样子……"

上述描述揭示了一条极其重要的物理原理：一个相对于惯性系做匀速直线运动的参考系，其内部发生的一切力学过程都不受到系统做匀速直线运动的影响．这也意味着，相对于惯性系做匀速直线运动的参考系均是惯性系，一切惯性系都是等价的．这一原理被称为力学相对性原理或伽利略相对性原理．

伽利略的观察并没有只限于纯粹力学范围，有些观察还包括人类和生物的活动在内，但由于受到物理学发展水平的限制，当时还无法提出和进行电磁学和光学的实验．因此，人们把伽利略所揭示的物理原理称为力学相对性原理．其实，伽利略所揭示的相对性原理并不是只适用于力学．后来，爱因斯坦推广了这一原理，即对于描述物质的任何过程，包括力学的、电磁的、生物学的等，所有惯性系都是等价的，这一推广的原理称为爱因斯坦相对性原理，简称相对性原理．

爱因斯坦在讨论广义相对论问题时，进一步将相对性原理推广为广义协变性原理，即普适的物理规律在任意参考系下都是等价的．

这些认识不断深化的相对性原理是物理层面上对所建立规律应具有的普适性要求．如何从数学角度来判断所建立的物理规律是否满足相应的原理？物理规律是否满足力学相对性原理或者相对性原理可由是否满足伽利略变换或洛伦兹变换来判别．但是否满足广义协变性原理需要从黎曼几何的角度来判别．黎曼几何的研究结果表明，只要数学上能够将物理规律表达成张量等式的形式，则必定满足广义协变性原理．

授课录像：非惯性系中的惯性力概述

§3.2　非惯性系下质点动力学

相对性原理所揭示的是：相对于惯性系做匀速直线运动的一切参考系都是惯性系，在这些参考系中，可以用牛顿运动定律解释所发生的力学现象．那么，对于相对惯性系做非匀速直线运动（例如，加速平动或转动）的参考系中所发生的力学现象，是否还能用牛顿运动定律解释呢？如不能，与牛顿第二定律等效的规律是什么？

AR 演示：自由落体非惯性系

假设一人站在相对地面静止的电梯中，手中握一苹果，电梯顶上挂一弹簧，弹簧下挂一物体，电梯中的人所观察到的现象为：从手中放下苹果，苹果会自由下落；弹簧静止时，弹簧由于受到物体重力作用而伸长，这些现象均可用牛顿第二定律进行解释．设想电梯做自由落体运动，假设电梯里的人依然能够清醒地观察这些现象，就会发现：放手后，苹果并不下落，弹簧也不再伸长．显然，在这个系统中牛顿运动定律不适用了．又比如，在转动的圆盘边缘坐着的人，要想让手中握着的物体相对自己静止，必须对物体施加向圆盘中心的力，这样对于圆盘边缘的人，牛顿运动定律也不适用了．自由下落的电梯、转动的圆盘等这些牛顿第二定律不再适用的参考系就是非惯性参考系．

当然，这些现象对于地面上的人（惯性系的观察者）来说是可以解释的．对于断了的电梯来说，电梯、苹果和弹簧都做自由落体运动，所以苹果相对电梯静止，弹簧不伸长．圆盘上的物体要想跟随圆盘一起转动，就要施加向心力．既然质点的任何力学现象都可以在惯性系下解释，为什么还要讨论其在非惯性系下的动力学规律呢？其原因为：其一，有的情况下我们别无选择，必须在非惯性系中处理力学问题．例如，生活在航天器中的宇航员要解释一些现象，就无法以地球或太阳作为参考系．其二，有的情况下，在非惯性系下处理质点的动力学问题要比在惯性系下方便得多．

我们已有的只是在惯性系下成立的质点动力学方程，而非惯性系下质点的动力学方程又是什么形式？是否可以借助惯性系下的牛顿第二定律得出非惯性系的质点动力学方程？

AR 演示： 等效原理

由相对性原理可知，相对惯性系做非匀速直线运动的参考系都是非惯性系．显然，自然界中非惯性系的种类有很多，其中最简单的两类非惯性系是：相对惯性系做加速平动的参考系（坐标轴的方向始终与某个固定参考系的坐标轴保持平行）；相对惯性系做匀角速转动的参考系．本章探讨的是如何借助惯性系下的牛顿第二定律得出在这两类最简单的非惯性系下质点动力学方程的表达形式．

3.2.1 加速平动非惯性系中的惯性力

授课录像： 加速平动非惯性系中的惯性力

考虑如图 3.2.1-1 所示的一系统，车内支架上放一物体，物体与支架无摩擦．选取两个参考系来观察物体，一是以地面为参考系（S 系），另一是以车为参考系（S′系）．讨论 S 系和 S′系下的观察者对车内支架上物体的运动规律分析．

（1）当车静止或做匀速直线运动时，两参考系都是惯性系，物体相对支架静止，地面和车上的观察者都可用牛顿第二定律来解释，即 $\boldsymbol{F}=m\boldsymbol{a}$ 都成立．

（2）当车以加速度 $\boldsymbol{a}_0$ 相对地面做直线运动时，讨论地面和车上的观察者对物体的解释．地面（S 惯性系）的观察者观测：$\boldsymbol{F}=0$，$\boldsymbol{a}=0$，$\boldsymbol{F}=m\boldsymbol{a}$ 成立，物体相对地面保持原地不动．车上（S′非惯性系）的观察者观测：$\boldsymbol{F}'=0$，但物体却向左加速运动了，即 $\boldsymbol{a}'=-\boldsymbol{a}_0$，$\boldsymbol{F}'=m\boldsymbol{a}'$不再成立．为了能用牛顿第二定律的形式，只好人为地加上一项虚拟的力 $\boldsymbol{F}_{惯}$，使 $\boldsymbol{F}'+\boldsymbol{F}_{惯}=m\boldsymbol{a}'$成立，这种人为加上的虚拟的力称为惯性力．由本例中的 $\boldsymbol{F}'=0$，$\boldsymbol{a}'=-\boldsymbol{a}_0$，$\boldsymbol{F}'+\boldsymbol{F}_{惯}=m\boldsymbol{a}'$，可以得到 $\boldsymbol{F}_{惯}=-m\boldsymbol{a}_0$．

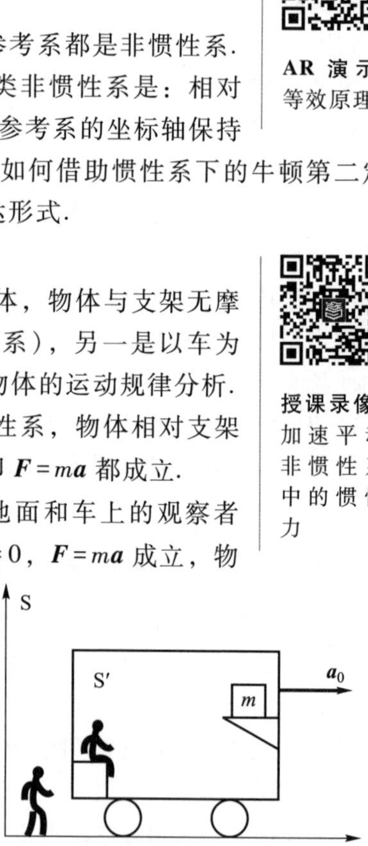

图 3.2.1-1

上述推导的惯性力是以特殊情况为例得出的，可以一般性地证明，在相对惯性系做加速平动的非惯性系中，质

点 m 的动力学方程可表示为

$$\boldsymbol{F}'+\boldsymbol{F}_{惯}=m\boldsymbol{a}' \tag{3.2.1-1a}$$

$$\boldsymbol{F}_{惯}=-m\boldsymbol{a}_0 \tag{3.2.1-1b}$$

其中 $\boldsymbol{F}'$为质点受到的真实力，$\boldsymbol{F}_{惯}=-m\boldsymbol{a}_0$ 为惯性力，$\boldsymbol{a}_0$ 为非惯性系本身相对惯性系做平动的加速度，$\boldsymbol{a}'$为质点相对非惯性系的加速度.

对于惯性力的进一步解释：

(a) 从上述推导过程来看，惯性力是在非惯性系下人为引入的概念，而不是真实力，是为了能应用牛顿第二定律而虚拟的力，因而没有反作用力，也找不出施力物体.

(b) 虽然惯性力不是真实的力，无作用力与反作用力，但其作用效果与真实力相同. 比如，地面上静止的汽车突然加速，站在车上的人突然向后倾倒的现象可以理解为惯性力的作用，其效果与站在静止的车上人突然有力向后拉他是相同的. 同样的道理，相对地面匀速行驶的车突然刹车时，站在车上的人感觉向前倾倒也是惯性力作用的效果. 对惯性力的进一步的物理解释参见 § 3.4 的讨论.

(c) 在非惯性系下讨论问题，所有描述质点的参量，如位移、速度、加速度等都是相对非惯性系而言的.

例 3.2.1-1 水平加速直线运动的车，加速度为 a，车顶部用绳吊一重物，求当绳相对于车静止时，平衡位置的夹角 θ 及绳中的张力 F_{T}.

解： 该题可在惯性系下求解，也可在非惯性系下求解. 以车为参考系(加速直线运动的非惯性系)，惯性力如例 3.2.1-1 图所示.

水平方向：$F_{\mathrm{T}}\sin\theta-ma=0$

垂直方向：$F_{\mathrm{T}}\cos\theta-mg=0$

解得

$$F_{\mathrm{T}}=\sqrt{(ma)^2+(mg)^2}=m\sqrt{a^2+g^2},\quad \tan\theta=\frac{a}{g}$$

例 3.2.1-2 如例 3.2.1-2 图所示，在光滑的水平面上放一质量为 m_0 的劈形物体，其光滑斜面上放一质量为 m 的物体，劈形物体倾角为 θ，求劈形物体对 m 物体的支持力 F_{N}、劈形物体的加速度 a 和 m 物体相对劈形物体加速度 a'.

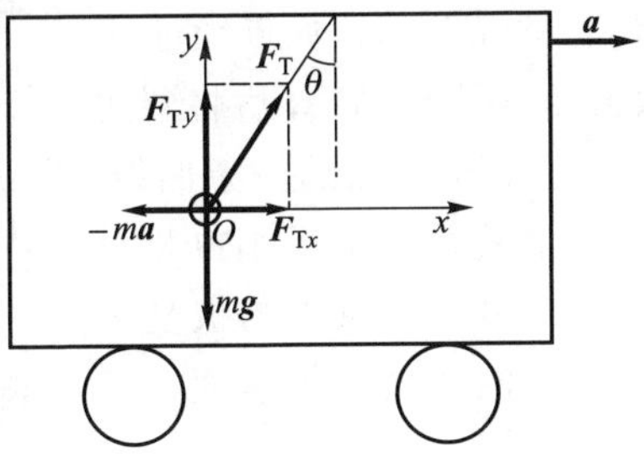

例 3.2.1-1 图

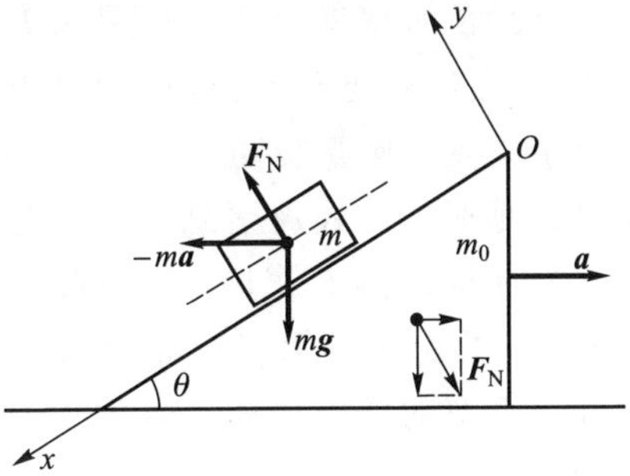

例 3.2.1-2 图

解： 以地面为参考系(惯性系)，以劈形物体为研究对象，由牛顿第二定律得

$$F_{\mathrm{N}}\sin\theta=m_0a$$

以劈形物体为参考系(加速直线运动的非惯性系)，以劈形物体上的 m 物体为研究对象，建立如例 3.2.1-2 图所示的直角坐标系，其加在 m 上的惯性力如例 3.2.1-2 图中的$-m\boldsymbol{a}$ 所示，其中 $\boldsymbol{a}$ 为劈形物体相

对地面的加速度，由非惯性系下的动力学方程有

x 方向：
$$ma\cos\theta+mg\sin\theta=ma'$$

y 方向：
$$F_{\mathrm{N}}+ma\sin\theta-mg\cos\theta=0$$

联立可解得

$$a=\frac{m\sin\theta\cos\theta}{m_0+m\sin^2\theta}g,\qquad F_{\mathrm{N}}=\frac{mm_0\cos\theta}{m_0+m\sin^2\theta}g$$

$$a'=\left(\frac{m\sin\theta\cos^2\theta}{m_0+m\sin^2\theta}+\sin\theta\right)g$$

3.2.2 匀角速转动非惯性系中的惯性力

1. 物体相对转动系统不动时的惯性力——惯性离心力

设有一水平匀角速度 ω 转动的圆盘，一人在盘边缘握一质量为 m 的物体连同圆盘一起转动，即人和物体相对圆盘静止. 分别以地面(S 惯性系)和圆盘(S′非惯性系)为参考系，研究物体的运动.

授课录像： 匀角速转动非惯性系中的惯性力

S 系(地面)观察者分析：因为物体做匀角速转动，物体相对 S 系的加速度为 $\boldsymbol{a}=\omega^2r(-\boldsymbol{e}_r)$，由牛顿第二定律可得人对物体的水平作用力应为 $\boldsymbol{F}=m\omega^2r\cdot(-\boldsymbol{e}_r)$，其中，$\boldsymbol{e}_r$是沿圆盘直径向外的单位矢量.

S′系(圆盘上)的观察者分析：物体受力仍为 $\boldsymbol{F}'=m\omega^2r(-\boldsymbol{e}_r)$，但加速度 $\boldsymbol{a}'=0$，显然牛顿第二定律已失效. 如果还想利用牛顿第二定律的形式，只好假设物体还受一个力 $\boldsymbol{F}_{\text{惯}}$ 的作用，使得 $\boldsymbol{F}'+\boldsymbol{F}_{\text{惯}}=m\boldsymbol{a}'=0$，由此得出 $\boldsymbol{F}_{\text{惯}}=m\omega^2r\boldsymbol{e}_r$. 由于这个惯性力的方向恰好远离圆心，称其为惯性离心力.

实物演示： 离心惯性力

2. 物体相对匀角速转动系统运动时的惯性力——惯性离心力和科里奥利力

为了讨论问题方便，我们举一特例，分析在匀角速转动的非惯性系下质点所受的惯性力. 设想有一小虫(视为质点)相对匀角速 ω 转动的圆盘沿径向做匀速直线爬行. 分别取地面(S 惯性系)和匀角速转动的圆盘(S′非惯性系)为参考系讨论小虫的运动.

实物演示： 匀角速转动非惯性系下物体的运动

S 系(地面)的观察者分析：如图 3.2.2-1 所示，如果圆盘不动，小虫经过 Δt 后，将由 A 点运动到 B 点；如果小虫相对圆盘不动，圆盘转动，质点经过 Δt 后将到达 A'点. 现在圆盘转动，小虫又运动，所以实际上小虫经过 Δt 后将到达 B'点，显然，地面上的人观察到小虫的运动轨迹是从 A 点到 B'点的一条曲线. 因而，小虫一定受外力 $\boldsymbol{F}$ 作用. 我们首先通过质点运动学关系式求得小虫相对 S 系的加速度，再由牛顿第二定律可求得小虫所受的力. 建立 S 系下的极坐标系，参考 1.2.2 节的分析过程，由(1.2.2-6)式可得小虫的速度、加速度在极坐标下的表示式：

$$\boldsymbol{v}=\frac{\mathrm{d}\boldsymbol{r}}{\mathrm{d}t}=\frac{\mathrm{d}(r\boldsymbol{e}_r)}{\mathrm{d}t}=\dot{r}\,\boldsymbol{e}_r+r\dot{\theta}\,\boldsymbol{e}_\theta \tag{3.2.2-1a}$$

$$\boldsymbol{a}=\frac{\mathrm{d}\boldsymbol{v}}{\mathrm{d}t}=\ddot{r}\boldsymbol{e}_r+r\ddot{\theta}\boldsymbol{e}_\theta+r\dot{\theta}^2(-\boldsymbol{e}_r)+2\dot{r}\,\dot{\theta}\,\boldsymbol{e}_\theta \tag{3.2.2-1b}$$

实物演示： 转盘式科里奥利力

(3.2.2-1)式中的 r、θ 分别表示的是小虫相对 S 系下极坐标系的极径和极角. 由于本例中的质点相对圆盘做径向匀速直线运动，因此，(3.2.2-1b)式中的 $\ddot{r}\boldsymbol{e}_r$ 是小虫相对圆盘的加速度，且 $\ddot{r}\boldsymbol{e}_r=0$；而且，小虫相对 S 系的极角与圆盘相对极轴转过的角度是相同的，因此，$\dot{\theta}$ 与圆盘的角速度相同，即 $\dot{\theta}=\omega$. 由于我们讨论的是匀角速转动的非惯性系，因此，$\ddot{\theta}=0$. 综合上述，(3.2.2-1b)式最终可简化为

$$\boldsymbol{a}=r\omega^2(-\boldsymbol{e}_r)+2v_{相对}\omega\boldsymbol{e}_\theta \tag{3.2.2-2}$$

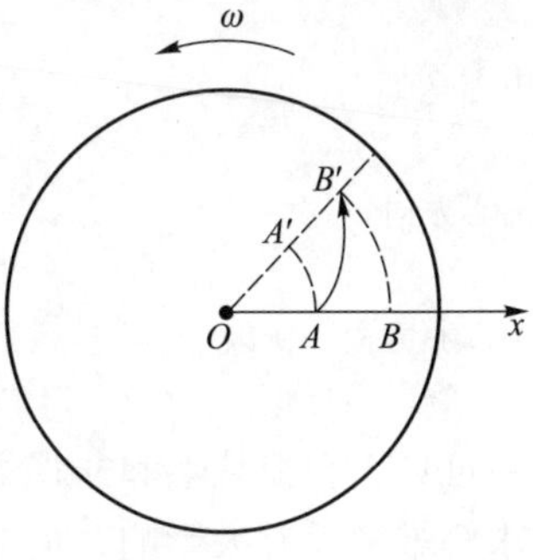

图 3.2.2-1

再由牛顿第二定律 $\boldsymbol{F}=m\boldsymbol{a}$，得小虫所受的真实力为

$$\boldsymbol{F}=m\boldsymbol{a}=-m\omega^2r\boldsymbol{e}_r+2mv_{相对}\omega\boldsymbol{e}_\theta \tag{3.2.2-3}$$

因此，从 S 系(地面)观察者分析，如果小虫相对圆盘沿径向做直线运动，它一定受上述力 $\boldsymbol{F}$ 的作用(小虫与圆盘之间的静摩擦力).

S′系(圆盘)的观察者分析：小虫所受的真实力 $\boldsymbol{F}'=\boldsymbol{F}$ 不变，但观察到的加速度 $\boldsymbol{a}'=0$. 显然，在圆盘上的观察者看来，牛顿第二定律不成立. 如果还想用牛顿第二定律形式，只好假设小虫受一力 $\boldsymbol{F}_{惯}$ 的作用，使 $\boldsymbol{F}'+\boldsymbol{F}_{惯}=m\boldsymbol{a}'=0$，由此可得

$$\boldsymbol{F}_{惯}=-\boldsymbol{F}'=m\omega^2r\boldsymbol{e}_r-2mv_{相}\omega\boldsymbol{e}_\theta \tag{3.2.2-4a}$$

将(3.2.2-4a)式的第二项以矢量叉乘的方式来表示，有

$$\boldsymbol{F}_{惯}=m\omega^2r\boldsymbol{e}_r+2m\boldsymbol{v}_{相}\times\boldsymbol{\omega} \tag{3.2.2-4b}$$

(3.2.2-4b)式就是在匀角速转动的系统中，小虫做相对运动时引进的虚拟力. 此惯性力由两项组成，其中的第一项恰好为惯性离心力，而第二项称为科里奥利力，它是以法国科学家科里奥利来命名的.

(3.2.2-4b)式所示的惯性力是以特殊情况为例推导出来的，可以一般性地证明如下：在相对惯性系做匀角速转动的非惯性系中，对于质点 m 的任何运动，其动力学方程均可表示为

$$\boldsymbol{F}'+\boldsymbol{F}_{惯}=m\boldsymbol{a}' \tag{3.2.2-5a}$$

$$\boldsymbol{F}_{惯}=\boldsymbol{F}_{离}+\boldsymbol{F}_{科} \tag{3.2.2-5b}$$

$$\boldsymbol{F}_{离}=m\omega^2r\boldsymbol{e}_r,\quad \boldsymbol{F}_{科}=2m\boldsymbol{v}_{相}\times\boldsymbol{\omega} \tag{3.2.2-5c}$$

其中 $\boldsymbol{F}'$为质点所受的真实力，ω 为匀角速转动的非惯性系本身相对惯性系转动的角速度，$r\boldsymbol{e}_r$ 为质点在非惯性系中所在的位置，$\boldsymbol{v}_{相}$ 为质点相对非惯性系的速度，$\boldsymbol{F}_{离}=m\omega^2r\boldsymbol{e}_r$ 称为惯性离心力，无论质点相对非惯性系是否运动此项都存在，$\boldsymbol{F}_{科}=2m\boldsymbol{v}_{相}\times\boldsymbol{\omega}$ 称为科里奥利力，简称科氏力，此项只有在质点相对非惯性系运动时才存在.

例 3.2.2-1 一物体在匀角速 ω 转动的圆盘上相对圆盘绕圆盘中心以角速度 ω'运动(与 ω 转动方向相同)，求物体所受的力.

解：分别用惯性系和非惯性系求解，比较结果，如例 3.2.2-1 图所示.

对于 S 系(惯性系)，物体受向心力作用，

$$\boldsymbol{F}=m\boldsymbol{a}=m\omega_{地}^2r(-\boldsymbol{e}_r)$$

$$\omega_{地}=\omega+\omega'$$

因此，向心力的大小为

$$\boldsymbol{F}=m\ (\omega+\omega')^2 r$$

对于 S′系（匀角速转动的非惯性系），物体的动力学方程为

$$\boldsymbol{F}+\boldsymbol{F}_{离}+\boldsymbol{F}_{科}=m\boldsymbol{a}'=mr\omega'^2(-\boldsymbol{e}_r)$$

其中

$$\boldsymbol{F}_{离}=m(\boldsymbol{\omega}\times\boldsymbol{r})\times\boldsymbol{\omega}=m\omega^2 r\boldsymbol{e}_r$$

为离心方向

$$\boldsymbol{F}_{科}=2m\boldsymbol{v}_{相}\times\boldsymbol{\omega}=2mv_{相}\omega\boldsymbol{e}_r=2mr\omega'\omega\boldsymbol{e}_r$$

也为离心方向，所以

$$\boldsymbol{F}=mr\omega'^2(-\boldsymbol{e}_r)\ -\boldsymbol{F}_{离}-\boldsymbol{F}_{科}=mr(\omega+\omega')^2(-\boldsymbol{e}_r)$$

可见，在惯性系和非惯性系中得到的力的表达式是一致的. 选惯性系和非惯性系对本题的求解难度没有大影响，但对于物体并不绕圆盘圆心转动的情况，惯性系就很难求解了，而在非惯性系下求解就比较容易，如例 3. 2. 2-2 和例 3. 2. 2-3 所示.

例 3. 2. 2-2 如例 3. 2. 2-2 图所示，质量为 m 的人站在轨道上的小车上（人的两脚连线沿小车运动的半径方向），小车以速度 v 沿无倾斜的、半径为 R 的圆轨道运动. 质心高度距脚底距离为 L，两脚间距为 d，求人的两只脚与车面之间的总摩擦力以及每只脚对车的压力.

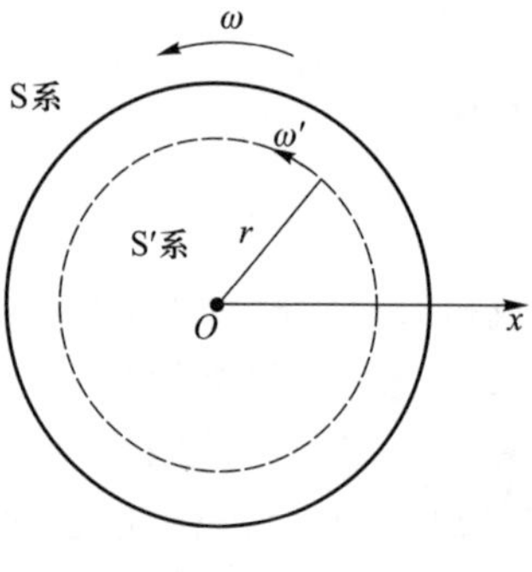

例 3. 2. 2-1 图

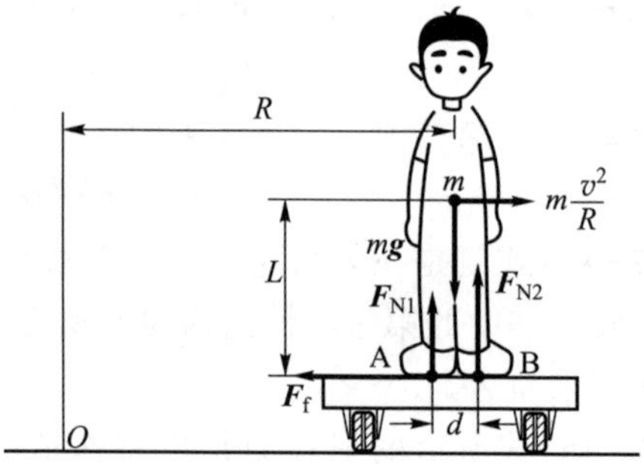

例 3. 2. 2-2 图

解： 设人的左右脚（A、B）支持力分别为 F_{N1}、F_{N2}（方向竖直向上），两脚所受的总静摩擦力为 F_f，如例 3. 2. 2-2 图所示.

以车为参考系（匀角速转动的非惯性系），对人需加一惯性离心力 $m\dfrac{v^2}{R}$，应用牛顿第二定律，得

竖直方向： $$F_{N1}+F_{N2}=mg$$

水平方向： $$F_f=m\frac{v^2}{R}$$

以 A 为参考点的力矩之和为零（参考本书 § 7. 6）

$$mg\cdot\frac{1}{2}d+m\frac{v^2}{R}L-F_{N2}d=0$$

联立解得

$$F_{N1}=\frac{1}{2}mg-\frac{mv^2L}{Rd},\qquad F_{N2}=\frac{1}{2}mg+\frac{mv^2L}{Rd}$$

由结果可以看出，当 $\dfrac{mv^2L}{Rd}>\dfrac{1}{2}mg$ 时，人会向外侧翻倒.

例 3.2.2-3 如例 3.2.2-3 图所示，质量为 m 的小虫，相对以 ω 角速度转动的、半径为 R 的圆盘，向外以匀速率 v 爬行. 如它能够爬到盘边，问小虫与圆盘间的静摩擦因数至少是多少？

解：以圆盘为参考系(匀角速转动的非惯性系)，小虫在真实力 $\boldsymbol{F}_{\mathrm{f}}$(静摩擦力)，$\boldsymbol{F}_{离}=m\omega^2 r\boldsymbol{e}_r$(离心方向)，$\boldsymbol{F}_{科}=2m\boldsymbol{v}\times\boldsymbol{\omega}$(垂直径向)三力作用下做匀速直线运动($\boldsymbol{a}'=0$)，由非惯性系下质点动力学方程

$$\boldsymbol{F}_{\mathrm{f}}+\boldsymbol{F}_{离}+\boldsymbol{F}_{科}=m\boldsymbol{a}'$$

可得

$$F_{\mathrm{f}}=m\omega\sqrt{\omega^2 r^2+4v^2}$$

当 $r=R$ 时，静摩擦力达到最大，此时应有

$$F_{\mathrm{f}最大}=m\omega\sqrt{\omega^2 R^2+4v^2}\leqslant mg\mu$$

因此，静摩擦因数至少应为

$$\mu=\frac{\omega}{g}\sqrt{\omega^2 R^2+4v^2}$$

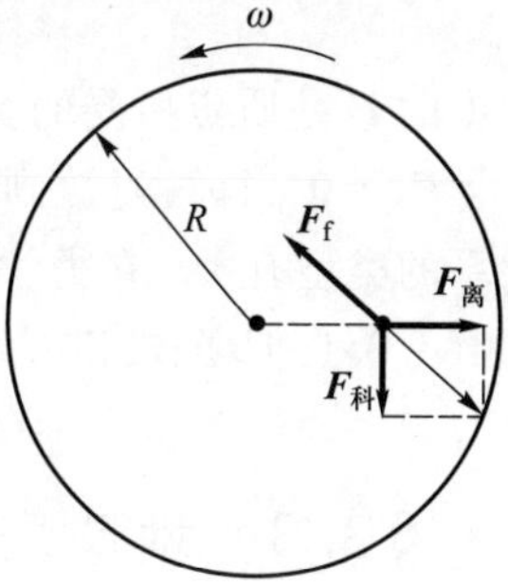

例 3.2.2-3 图

3.2.3 非惯性系与惯性系质点动力学统一性认识

在 3.2.1 节和 3.2.2 节中，我们是借助惯性系下的牛顿第二定律，从物理的特例角度给出了加速平动非惯性系，以及匀角速转动非惯性下的质点动力学方程. 实际上，非惯性下的质点动力学方程完全可以从惯性系下的牛顿定律出发，利用质点运动学的加速度变换关系给出一般性推导.

由第一章的“§1.3 相对运动”可知，同一质点的加速度在两个参考系下的变换关系为：

$$\boldsymbol{a}=\boldsymbol{a}_{相对}+\boldsymbol{a}_{牵连}+\boldsymbol{a}_{其他} \tag{3.2.3-1}$$

如果选取静系为惯性系，而动系是非惯性系的话，(3.2.3-1) 式中的 $\boldsymbol{a}$、$\boldsymbol{a}_{相对}$、$\boldsymbol{a}_{牵连}$、$\boldsymbol{a}_{其他}$分别对应质点相对惯性系的加速度、质点相对动系的加速度、动系本身相对静系的运动加速度（或者说质点相对动系处于静止状态时动系相对静系的加速度)、以及质点相对动系的运动与动系转动相关联的其他加速度.

在惯性系下，对质点可以直接应用牛顿第二定律，即

$$\boldsymbol{F}=m\boldsymbol{a}=m\boldsymbol{a}_{相对}+m\boldsymbol{a}_{牵连}+m\boldsymbol{a}_{其他} \tag{3.2.3-2a}$$

将 (3.2.3-2a) 式做移项整理得：

$$\boldsymbol{F}+(-m\boldsymbol{a}_{牵连})+(-m\boldsymbol{a}_{其他})=m\boldsymbol{a}_{相对} \tag{3.2.3-2b}$$

如果将 (3.2.3-2b) 式左侧的第二、第三项作为力来看待，并用 $\boldsymbol{F}_{惯性力}$ 来表示的话，则 (3.2.3-2b) 式可以表示为：

$$\boldsymbol{F}+\boldsymbol{F}_{惯性力}=m\boldsymbol{a}_{相对} \tag{3.2.3-2c}$$

显然，(3.2.3-2c) 式就是质点相对动系的动力学方程. 由第一章的“§1.3 相对运动”的具体关系式可知，如果动系是平动加速的非惯性系，则 $\boldsymbol{a}_{牵连}=\boldsymbol{a}_0$，$\boldsymbol{a}_{其他}=0$，由此可得 $\boldsymbol{F}_{惯性力}=\boldsymbol{F}_{平动惯性力}=-m\boldsymbol{a}_0$；如果动系是匀角速转动的非惯性系，则 $\boldsymbol{a}_{牵连}=-\omega^2 r\boldsymbol{e}_r$ $\boldsymbol{a}_{其他}=2\boldsymbol{\omega}\times\boldsymbol{v}_{相}$，由此可得两类惯性力，即 $\boldsymbol{F}_{离心惯性力}=m\omega^2 r\boldsymbol{e}_r$，$\boldsymbol{F}_{科氏惯性力}=2m\boldsymbol{v}_{相}\times\boldsymbol{\omega}$. 由 (3.2.3-2b) 式可以解释，当把牵连加速度以及其他加速度转变对应的惯性力时，为什么总是差个负号了.

综合上述，我们可以将牛顿第二定律的实用范围做进一步拓展，即，无论是惯性系还是非惯性系，可以将牛顿第二定律的表述形式统一表述为（3.2.3-3）式的形式，即，

$$\boldsymbol{F}+\boldsymbol{F}_{惯}=m\boldsymbol{a} \tag{3.2.3-3}$$

其中的 $\boldsymbol{F}$ 是质点所受的真实力，而 $\boldsymbol{F}_{惯}$ 是人为引入的一种虚拟的力，称为惯性力. 对于惯性系，$\boldsymbol{F}_{惯}=0$，即可过渡到熟知的牛顿第二定律. 对于非惯性系，$\boldsymbol{F}_{惯}\neq 0$，其具体形式与非惯性系的类型有关. 在力学中常见的加速平动和匀角速转动两类非惯性中，其 $\boldsymbol{F}_{惯}$ 的具体表示如（3.2.1-1b）式和（3.2.2-5b）式、（3.2.2-5c）式所示.

§3.3 地球表面惯性力现象分析

授课录像：源于平动惯性力的惯性的本质、超重与失重、潮汐等现象

地球既绕太阳公转，本身又有自转. 地球绕太阳的公转可以等效为地球的质心系（三个坐标轴的方向不变）围绕太阳做圆周运动的平动非惯性系，而地球本身的自转等效为绕地球质心系匀速转动的非惯性系. 因此严格来说，地球本是一既平动又转动的非惯性系. 而我们在地球表面处理物体的力学问题时，经常将地球当作惯性系，其原因是，多数情况下，惯性力与真实的力相比很小，可以忽略掉. 但有些情况却不能忽略这种惯性力，而且地球表面许多自然现象恰恰是由惯性力引起的. 本节将分析这种惯性力在地球表面引起的一些自然现象.

1. 源于平动惯性力的惯性属性的改变、超重与失重、潮汐等现象

惯性属性的改变： 加速启动或减速的汽车是一个简单平动非惯性系. 对于车上的观察者而言，即便没有外力作用，人也会出现后仰或前倾现象，即，无法保持原有状态不变的惯性属性. 这是因为，从车上的观察者的角度，需要加上与车的加速度方向相反的平动惯性力. 这个惯性力导致了人的原有状态的改变，即，惯性属性的改变.

动画演示：惯性

超重与失重： 加速上升的电梯是一平动的非惯性系. 观察者若要在电梯里测量自己的体重，对于电梯中的观察者而言，需要加上与电梯加速度方向相反，即向下的平动惯性力. 这个惯性力与重力的合力是磅秤所称量的结果，称为视重. 显然它会超过电梯静止时观察者的重量，称为超重现象. 同样的道理，当电梯加速下降时，所称量的体重会减轻. 当电梯自由下落时，重力与惯性力完全抵消，就称量不到观察者的重量了，称为失重现象. 航天器中的宇航员完全处于失重状态就是因为地球的引力与航天器绕地球运动的惯性离心力完全抵消的缘故.

AR 演示：超重与失重

潮汐现象： 潮汐是海水的周期性涨落的现象，“昼涨称潮，夜涨称汐”. 其形成的原因主要是月球、太阳对海水的万有引力和平动惯性力共同作用的结果. 下面讨论其形成的原因.

（1）月亮潮

动画演示：月亮潮

当忽略其他星体的引力时，地球和月球所构成系统的质心系（参见本书第四章关于质心及质心系的定义）是惯性系，如图 3.3-1 所示，其中的 C 表示该质心系的质心位置（计算表明：该位置与地球质心 O 的距离约为地球半径

的 0.73 倍). 为了叙述方便，我们简称该惯性系为地-月质心系. 地球的运动，它可以等效为地球质心系相对地-月质心系的平动(平动非惯性系)，以及地球相对地球质心系的匀角速转动. 因此，严格说来，地球是一平动加转动的非惯性系. 以地球为参考系，地球表面上各点海水所受的作用力包括惯性力和真实力两部分，其中的惯性力包括：地球质心系相对地-月质心系的平动惯性力，地球相对自身质心系做匀角速转动的惯性离心力和惯性科氏力；其真实力包括：地球的引力、月球的引力、地球表面对海水的支持力. 这些力的合力使海水维系在地球表面上. 对月亮潮的分析是比较地球表面各处海水的受力差异情况，因此，我们在分析某点海水受力分析时可以不考虑具有对称性质的力以及被动力. 地球的引力以及相对地球质心系匀角速转动引起的惯性离心力对地球表面各处海水的影响差别不大，可以看成具有对称性；此处不考虑海水的相对地球表面的运动，其科里奥利力为零，地球的支持力是使海水维系在地球表面上的被动力，因此，月亮潮的形成实际上是月球的引力以及地球围绕地-月质心系公转时的平动惯性力对地球表面不同地点海水作用的差异造成的.

如图 3.3-1 所示，首先定性分析地球表面赤道上的 A 点处和 B 点处相同质量(Δm)的海水受力情况. 由于其他作用力对潮汐现象没有影响，因此，只考虑 Δm 所受月球的万有引力和地球质心系相对地-月质心系平动而引起的惯性力. 设两点所受的月球引力和平动惯性力分别为 $F_{月引A}$、$F_{月引B}$、$F_{惯A}$、$F_{惯B}$. 其中 $F_{月引A}$ 和 $F_{月引B}$ 的方向均指向月球方向. 由于地球质心系相对地-月质心系的加速度 $\boldsymbol{a}_C$ 方向指向 C 点，即月球方向，由平动惯性力的定义($\boldsymbol{F}_{惯}=-m\boldsymbol{a}_C$)可知，$F_{惯A}$ 和 $F_{惯B}$ 的方向是背离月球方向的. 在本节下面的定量计算中，可以证明，地球表面相同质量 Δm 的海水所受的平动惯性力是相同的，均等于同质量的物质在地球中心处所受的月球引力，即 $F_{惯A}=F_{惯B}=F_{月引O}$. 因此，A 点和 B 点处相同质量的海水沿着地球表面向上的合力可以分别表示为：$\Delta F_A=F_{月引O}-F_{月引A}$，$\Delta F_B=F_{月引B}-F_{月引O}$. 由于地球上 B 点、O 点和 A 点距离月球中心的距离依次变大，导致 $F_{月引B}>F_{月引O}>F_{月引A}$. 因此，$\Delta F_A>0$，$\Delta F_B>0$. 此种情况说明，地球表面 A 和 B 两点处相同质量的海水将受到垂直地球表面向外的合力，称为潮汐力. 进一步定量计算表明，在地球表面，远离 A、B 两点的海水所受的合力变小，直至地球极轴处的合力最小. 正是由于地球表面各点海水所受月球的引力以及与所受惯性力合力的差异，才形成了如图 3.3-2 所示的海水分布，称为月亮潮. 由于地球的自转，地球某处的海水一日之内将发生二次涨潮现象，发生的时间随着月亮位置的变化而不同.

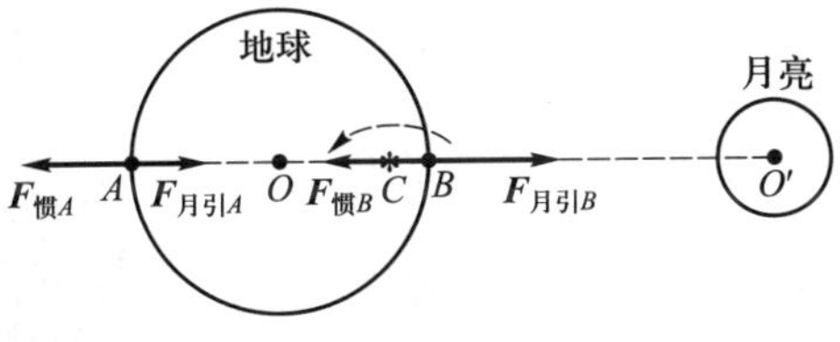

图 3.3-1

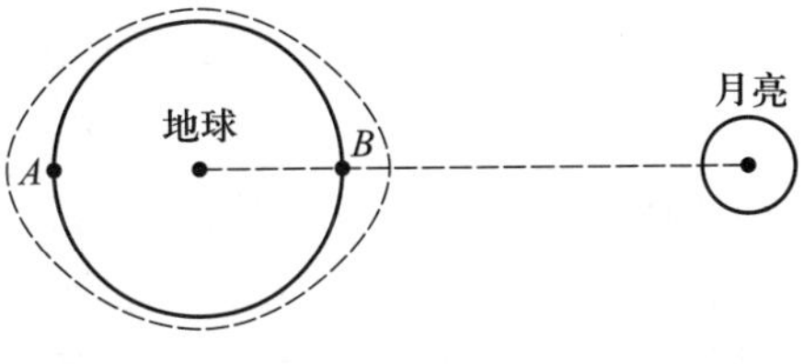

图 3.3-2

下面定量推导出 ΔF_A 和 ΔF_B 的大小表达式.

首先分析 A 点处、质量为 Δm 的海水的受力大小. 由万有引力和平动惯性力的定义可得

$$F_{\text{月引}A}=G\frac{m_{\text{月}}\ \Delta m}{(R_{\text{月地}}+r)^2} \tag{3.3-1a}$$

$$F_{\text{惯}A}=\Delta m a_C \tag{3.3-1b}$$

其中 $m_{\text{月}}$、$R_{\text{月地}}$、r、a_C 分别表示月球的质量、月球质心到地球质心的距离、地球半径以及地球质心相对地-月质心的平动加速度大小. 由于地球质心 O 相对地-月质心 C 匀角速转动，设其转动的角速度为 ω，则 a_C 可以表示为

$$a_C=\omega^2 r_{OC} \tag{3.3-1c}$$

其中 r_{OC}表示地球质心 O 相对地-月质心 C 的距离. ω 与月球围绕地-月质心转动的角速度是相同的，对地球质心和月球质心相对地-月质心分别应用牛顿第二定律有

$$G\frac{m_{\text{地}}\ m_{\text{月}}}{R^2_{\text{月地}}}=m_{\text{地}}\ \omega^2 r_{OC} \tag{3.3-1d}$$

$$G\frac{m_{\text{地}}\ m_{\text{月}}}{R^2_{\text{月地}}}=m_{\text{月}}\ \omega^2(R_{\text{月地}}-r_{OC}) \tag{3.3-1e}$$

联合(3.3-1b、c、d、e)式可得

$$F_{\text{惯}A}=G\frac{m_{\text{月}}\ \Delta m}{R^2_{\text{月地}}} \tag{3.3-2}$$

由(3.3-2)式可以看出，地球表面各点处的 Δm 所受的平动惯性力均为同质量的物质在地球中心处所受月球的万有引力.

由(3.3-1a)式和(3.3-2)式可得

$$\Delta F_A=F_{\text{惯}A}-F_{\text{月引}A}=G\frac{m_{\text{月}}\ \Delta m}{R^2_{\text{月地}}}-G\frac{m_{\text{月}}\ \Delta m}{(R_{\text{月地}}+r)^2} \tag{3.3-3}$$

对(3.3-3)式作泰勒近似展开处理，即

$$\frac{1}{(R_{\text{月地}}+r)^2}=\frac{1}{R^2_{\text{月地}}}\left(1+\frac{r}{R_{\text{月地}}}\right)^{-2}\approx\frac{1}{R^2_{\text{月地}}}\left(1-\frac{2r}{R_{\text{月地}}}\right) \tag{3.3-4}$$

由(3.3-3)式和(3.3-4)式可得

$$\Delta F_A=F_{\text{惯}A}-F_{\text{月引}A}=G\frac{m_{\text{月}}\ \Delta m}{R^3_{\text{月地}}}2r \tag{3.3-5}$$

同样的方法分析 B 点处、质量为 Δm 的海水受力大小，得到与(3.3-5) 式相同的结果.

(2) 太阳潮

当忽略其他星体的引力时，太阳和地球所构成系统的质心系是惯性系(计算表明：该位置与太阳质心的距离约为太阳半径的 0.000 64 倍). 为了叙述方便，我们简称该惯性系为太-地质心系. 地球的运动，可以看成是地球质心系相对太-地质心系的平动和相对地球质心系的匀角速转动，因此，以地球为参考系时，地球表面上各点海水所受的作用力包括惯性力和真实力两部分. 其

动画演示：
太阳潮

惯性力部分包括：地球质心系围绕太-地质心系公转时的加速平动惯性力以及地球围绕地球质心系匀角速转动的惯性离心力；其真实力部分包括：太阳的引力、地球的引力以及地球对海水的支持力. 地球的引力以及相对地球质心做匀角速转动的惯性离心力对地球表面各处海水的影响差别不大，地球的支持力是使海水维系在地球表面上的被动力，因此，太阳潮的形成实际上是太阳的引力以及地球质心系围绕太-地质心系公转时的平动惯性力对地球表面不同地点海水作用的差异造成的.

如图 3.3-3 所示，分析地球赤道表面上 A 点处和 B 点处相同质量海水的受力情况. 同上述月亮潮处理方法相同，可以得到 A 点和 B 点处相同质量(Δm)的海水受沿着地球表面向上的太阳引力和平动惯性力的合力的表达式：

$$\Delta F_A = \Delta F_B = G\frac{m_{太}\ \Delta m}{R_{太地}^3}2r \tag{3.3-6}$$

其中 $m_{太}$、$R_{太地}$ 分别表示太阳的质量和太阳质心到地球质心的距离.

进一步定量计算表明，在地球表面，远离 A、B 两点的海水所受的合外力变小，直至地球极轴处的合力最小. 正是由于地球表面各点海水所受太阳的引力以及与所受惯性力合力的差异，才形成了如图 3.3-4 所示的海水分布，称为太阳潮. 地球每自转一周，地球某处的海水都因为受到这种合力的作用而出现两次涨潮和两次落潮，它们的周期都为地球自转周期的一半，早晚各发生一次.

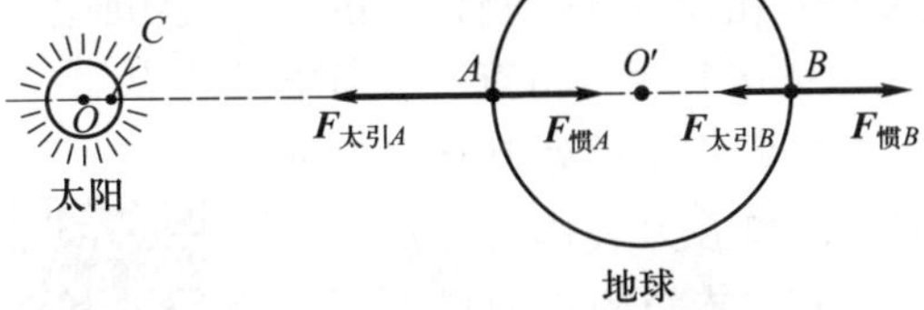

图 3.3-3

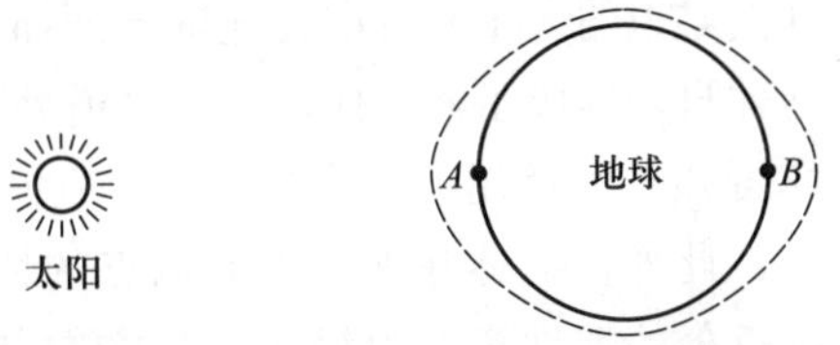

图 3.3-4

(3) 大潮和小潮

同时考虑太阳和月球对地球的潮汐力的作用. 由(3.3-5)式和(3.3-6)式可以求出月球引起的潮汐力与太阳引起的潮汐力的大小比值：

$$\frac{\Delta F_{月}}{\Delta F_{太}} = \frac{m_{月}}{m_{太}}\frac{R_{太地}^3}{R_{月地}^3} = \frac{7.347\ 7\times10^{22}}{1.989\ 1\times10^{30}}\frac{(1.496\times10^8)^3}{(3.844\times10^5)^3} \approx 2.18 \tag{3.3-7}$$

AR 演示：潮汐现象

(3.3-7)式说明，月亮潮比太阳潮大，是太阳潮的 2.18 倍.

综合上述结果分析可知：当太阳、地球、月球成一直线时，太阳潮与月亮潮叠加后达到最大，称为大潮，如图 3.3-5 所示 . 每月将出现两次大潮，分别发生在新月(农历初一左右)和满月(农历十五左右). 当太阳和地球的连线与月球和地球的连线成直角状态时，太阳潮和月亮潮将互相抵消一部分，潮汐现象减小，称为小潮. 由图 3.3-6 可知，每月将出现两次小潮，分别发生在上弦月(农历初八左右)和下弦月(农历二十二左右).

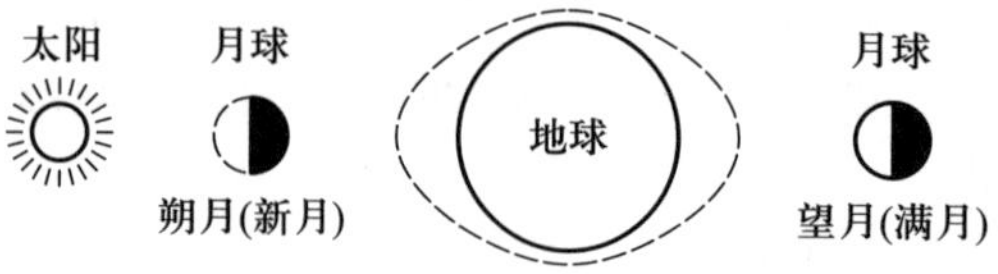

图 3.3-5

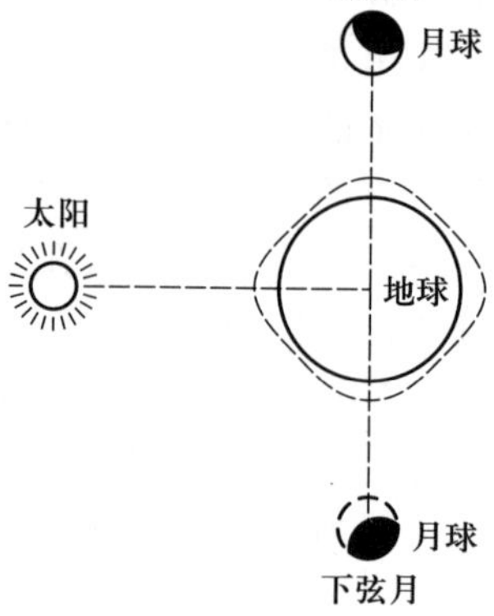

图 3.3-6

2. **源于惯性离心力的表观重力**

在第二章讨论重力时曾经提到，如果不考虑地球的自转，地球表面的重力就是万有引力，如图 3.3-7 中的 $\boldsymbol{P}_0$ 所示．考虑地球自转时，物体除了受到真实的万有引力作用外，还要受到惯性离心力 $\boldsymbol{F}_{离}$ 的作用，因此，物体在地球表面的重力(表观重力)就是如图 3.3-7 所示的 $\boldsymbol{P}_0$ 与 $\boldsymbol{F}_{离}$ 合力 $\boldsymbol{P}_\theta$．物体的表观重力在地球不同纬线处是不同的，南北极处最大，赤道处最小．这是由于万有引力和惯性离心力的大小和方向在地球不同纬度的差异而造成的．由图 3.3-7 所示，由于地球自转形成了椭球体形状，赤道处半径大，南北两极处半径小．由万有引力定律可知，半径越大引力场越小，所以极地处万有引力最大，赤道处万有引力最小；此外，物体在地球不同地点的惯性离心力不同，由离心力表达式可知极地附近处的惯性离心力最小，且方向与万有引力方向垂直，赤道附近的惯性离心力最大，且与万有引力方向相反．这两方面的原因造成了物体的表观重力在地球的南北极处最大，赤道处最小．计算结果表明，物体在极地的表观重力加速度为 9.832 m/s^2，而在赤道附近为 9.780 m/s^2.

授课录像： 源于惯性离心力的表观重力

AR 演示： 表观重力

历史上的“黄金失窃案”就是由于地球表面上不同点表观重力的差异造成的．传说，曾经有一艘装有黄金的船只，从南非开往赤道的另一个非洲国家，当卸船时发现黄金少了几十公斤．经过一番侦察，并没有发现船上谁是小偷，黄金丢失的部分就是由于表观重力在地球不同纬度的差异而造成的．

3. **源于惯性科氏力的傅科摆、落体偏东、东北信风、台风、大气环流等现象**

傅科摆： 法国科学家傅科于 1851 年在巴黎伟人祠的圆屋顶下，用摆线长 67 m、摆锤重 28 kg 的单摆演示实验．如果地球没有自转，单摆在从北极俯视地球的平面上的轨迹将是一条直线，而实际的轨迹却是如图 3.3-8 所示的花瓣形状．其形成的原因可用如图 3.3-9 所示的悬挂在地球北极特殊位置处的单摆来定性解释．从北极俯视地球表面，角速度方向向上(图 3.3-9)，运动的物体将受到 $\boldsymbol{F}_{科}=2m\boldsymbol{v}_{相}\times\boldsymbol{\omega}$ 的科氏力作用．因此，物体在运动过程中，将偏离运动方向

授课录像： 源于惯性科氏力的傅科摆、落体偏东、东北信风、台风、大气环流等现象

的右侧，多个周期之后将形成如图 3.3-8 的轨迹图像．傅科因此被称为首次验证地球自转的人．

AR 演示：
傅科摆

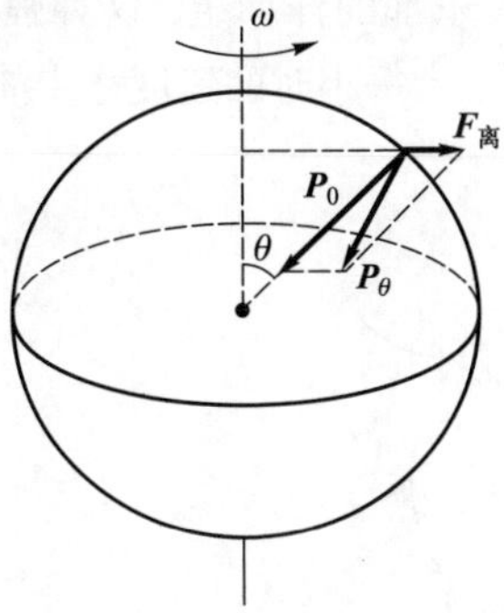

图 3.3-7

图 3.3-8

北半球落体偏东：从地球北极上方俯视地球，其平面俯视图如图 3.3-10 所示．地球的角速度方向向上，空中下落的物体在下落的过程中，由于受到 $\boldsymbol{F}_{科}=2m\boldsymbol{v}_{相}\times\boldsymbol{\omega}$ 的作用而偏向下落方向的东侧，下落至 B 点，而非 A 点．在南半球，落体同样偏向下落方向的东侧．

AR 演示：
落体偏东

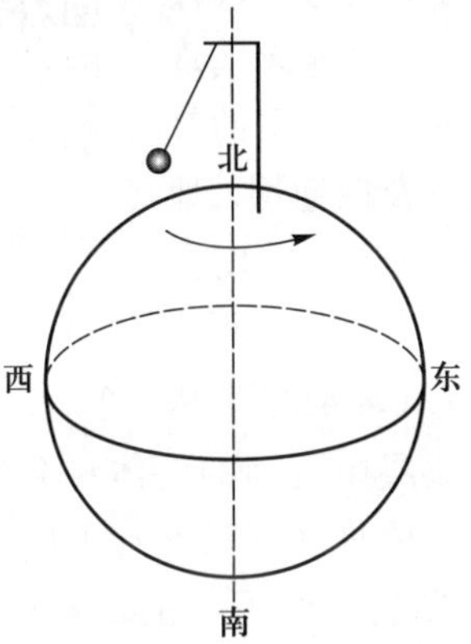

图 3.3-9

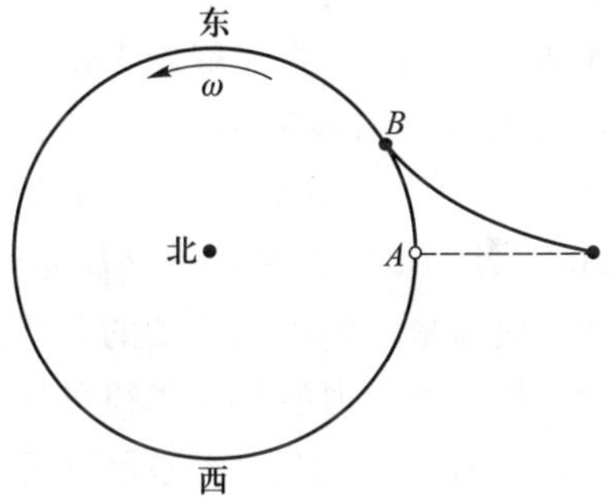

图 3.3-10

东北信风与河岸的冲刷：地球北极的气温低于赤道附近的气温，尤其是冬天差别更为明显．温度高的地方，气体受热膨胀，密度变低而上升，从而形成低压区，因此地球表面温度较低处的气体将向温度较高的地方流动，因此，如果地球没有自转，北半球就经常容易形成北风．当地球有自转时，流动的北风在运动过程中将受到 $\boldsymbol{F}_{科}=2m\boldsymbol{v}_{相}\times\boldsymbol{\omega}$ 的作用沿风的方向向右侧偏离，就会逐渐演变成如图 3.3-11 所示的东北信风．同样在北半球，河水在河岸间流动时，河岸右侧（沿流速方向观察）与河水发生相互作用，经过长年冲刷，右岸可形成悬崖峭壁，而左岸则是平坦的原野．

AR 演示：
东北信风

台风：台风是在热带洋面上形成的．那里温度高，湿度大，大气不稳定，很容易形成低气压中心，导致外界气流进入．在北半球，流动的气体微团在 $\boldsymbol{F}_{科}=2m\boldsymbol{v}_{相}\times\boldsymbol{\omega}$ 的作用下向右偏转，同时，由于气体微团相对低气压中心角动量守恒，而导致气体微团在运动过程中，相对低气压中心的角速度增大，(参见 8.2.5 节讨论)最终将形成如图 3.3-12 所示的逆时针涡流，并逐渐形成强劲的台风. 袭击我国东南部沿海的台风多发源于菲律宾东部的洋面上. 这种强劲的台风，一方面以几十米每秒的速度高速逆时针旋转，一方面以二三十千米每小时的速度稳步前进.

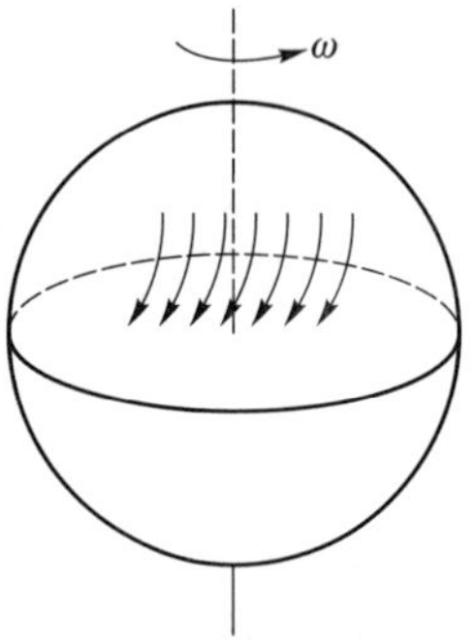

图 3.3-11

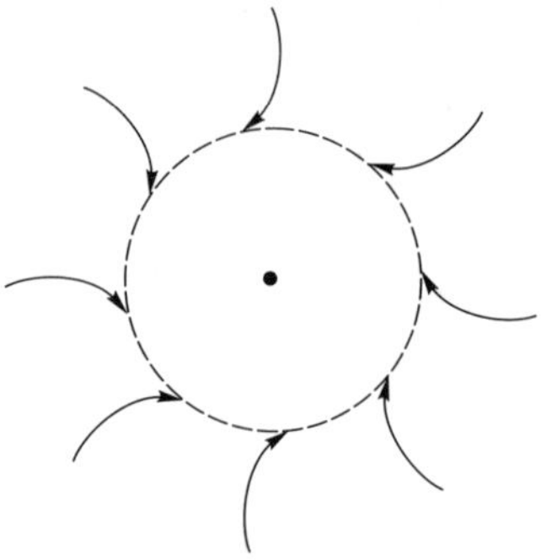

图 3.3-12

AR 演示: 台风的形成

大气环流: 垂直于地球表面的大气层结构由低到高大致可分为五层. 最接近地面的是对流层，高度为 7~11 km，各个方向的气流，云、雾、雨等天气现象都发生在这一层内. 对流层之上是平流层，距地面为 11~50 km，平流层的气流主要表现为水平方向的运动. 平流层之上依次是中间层、热层以及散逸层. 地球上不同纬度地区受到的太阳辐射不同，造成气温与气压的高低也随着纬度变化. 在赤道和南北纬 60°地区分别形成了赤道低压带和副极地低压带；在南北纬 30°地区和极地地区，分别形成了副热带高压带和极地高压带. 空气运动总是从高压带流向低压带. 地球是一匀角速转动的非惯性系，因此，对流层中流动的气体将会受到科里奥利力作用. 由科里奥利力的作用规律可知，北半球流动的气体将受到沿运动方向右的科里奥利力作用，南半球流动的气体将受到沿运动方向左的科里奥利力作用. 由此导致了地球不同纬度的气流旋转方向不同，于是在对流层形成了信风带、西风带以及东风带. 对流层中既有对流区域，又有复杂多变的天气状况，所以并不适合飞机飞行；而平流层很少有上下运动的气流，飞机在其中飞行不易出现颠簸，所以现代航班主要在平流层底部飞行. 由于平流层底部大气运动受对流层顶部风带的影响，导致了不同纬度地区平流层风向的不同. 飞机以相同的空速在平流层中飞行时，顺风时飞机的对地速度比逆风时更快，造成了飞机往返时间不同的现象. 例如，在中纬度地区，从北京向西飞往伦敦比伦敦飞往北京慢约 1 h，而在赤道附近，从新加坡向西飞往埃塞俄比亚比回程时快约 1 h.

AR 演示: 大气环流构成

*§3.4 惯性力的物理本质

§3.2 中，为了能够借助惯性系下的牛顿第二定律得出非惯性系下的质点动力学方程，于是引入了惯性力概念. 从推导过程来看，惯性力是人为引入的，具有与真实力相同作用效果的虚拟力，而不是真实力，因而没有反作用力，也找不出施力物体. 引入惯性力的做法虽然可以给出非惯性系下质点动力学方程，但其物理过程使我们有些困惑. 惯性力的本质到底是什么？这是本节所要讨论的问题.

为了阐明惯性力的物理本质，本节首先介绍惯性质量与引力质量的关系，然后用爱因斯坦关于用场的观点来解释万有引力相互作用的思想，在此基础上给出等效原理的描述，最终解释惯性力的物理本质，即等效引力.

3.4.1 惯性质量与引力质量

牛顿第一定律指出，任何物体都保持其静止或匀速直线运动状态，除非有外力作用其上，迫使它改变这种状态的属性称为惯性. 定量描述一个物体惯性的大小可用本书第二章 2.1.2 节引入的物体质量 m 来度量，用 $m_{\text{惯}}$ 标记此处的 m，称为惯性质量. 除此之外，如本书第二章 2.3.1 节所述，任何物体都有被其他物体吸引的属性，用另外物理量 $m_{\text{引}}$ 定量描述其被吸引的强弱，称为引力质量. 引力质量的定量数值规定如下：选取一个标准物体 m_{A}(规定为单位引力质量)和另外待测的物体 m_{B}. 当 m_{A} 和 m_{B} 与另外一物体 m_{C} 发生引力作用时，实验发现，只要 A、C 和 B、C 的距离相等，则不论这距离的大小如何，也不论物体 C 是什么物体，力 F_{AC} 和 F_{BC} 的比值($F_{\mathrm{AC}}/F_{\mathrm{BC}}$)是一个仅由物体 A 和 B 本身的性质所决定的常量. 依据该实验现象规定：物体 A、B 的引力质量同二者与物体 C 的引力成正比$\left(\text{即}\dfrac{m_{\mathrm{A}}}{m_{\mathrm{B}}}=\dfrac{F_{\mathrm{AC}}}{F_{\mathrm{BC}}}\right)$，因此，物体 B 的引力质量就可以定义为$m_{\mathrm{B}}=\dfrac{F_{\mathrm{BC}}}{F_{\mathrm{AC}}}m_{\mathrm{A}}$. 这样，通过测量 F_{BC} 和 F_{AC} 的作用力比值就定义了任意物体 m_{B} 的引力质量大小.

授课录像：惯性力的物理本质

综上所述，对于同一物体而言，它既具有惯性的属性(用惯性质量 $m_{\text{惯}}$ 表征)，同时还具有被其他物体所吸引的属性(用引力质量 $m_{\text{引}}$ 表征). 二者关系如何？我们从现代物理的角度，以地球表面的一个标准物体($m_{\text{标}}$)和另外一物体(m)为例，从物体的惯性属性角度和被其他物体吸引的属性角度讨论惯性质量和引力质量之间的关系.

从物体所具有的惯性属性角度看，对于上述所选取的 $m_{\text{标}}$ 和 m，由牛顿第二定律可得他们在地球表面附近所获得的加速度 g 与表观重力 $F_{\text{重}}$ 之间的关系：

$$F_{\text{标重}}=m_{\text{标惯}}g \tag{3.4.1-1a}$$

$$F_{m\text{重}}=m_{\text{惯}}\,g \tag{3.4.1-1b}$$

从物体的引力性质属性角度看，由本书第二章 2.3.1 节所讨论的万有引力定律可知，$m_{\text{标}}$ 和 m 在地球表面所受地球的引力可以表示为

$$F_{\text{标引}}=G\frac{m_{\text{标引}}m_{\text{地球}}}{R^2} \tag{3.4.1-1c}$$

$$F_{m\text{引}}=G\frac{m_{\text{引}}\,m_{\text{地球}}}{R^2} \tag{3.4.1-1d}$$

其中 G、$m_{\text{地球}}$、R 分别表示引力常量、地球的引力质量以及地球的半径. 严格地讲，物体在地球表面的表观重力 $F_{\text{重}}$ 应是万有引力与地球自转所产生的惯性离心力的合力(参见 §3.3)，但是由于惯性离心力以及空气的阻力相对表观重力而言影响很小，因此可以认为物体在地球表面的表观重力即是万有引力，即

$$F_{\text{标重}}\approx F_{\text{标引}},\qquad F_{m\text{重}}\approx F_{m\text{引}} \tag{3.4.1-1e}$$

联合(3.4.1-1)各式可得

$$\frac{m_{\text{惯}}}{m_{\text{引}}}\approx\frac{m_{\text{标惯}}}{m_{\text{标引}}} \tag{3.4.1-2}$$

由(3.4.1-2)式可知，任何物体的惯性质量与引力质量的比值是近似相等的. 如果选择相同的计量单位，例如，均以国际计量局中的国际千克原器为单位，则惯性质量与引力质量是近似相等的.

由此可见，尽管惯性质量与引力质量是从不同的定义出发，反映不同的物理性质，但数值上它们是近似相等的. 从匈牙利物理学家厄特沃什（Lorand Eotvos，其名称也翻译成厄缶，1848—1919）在 1908 年证明惯性质量与引力质量成正比的最早典型实验起，不少物理学家继续用实验来验证惯性质量与引力质量是否等价的问题. 最新的实验结果表明，在10^{-14}的精度上，没有发现各种物质的惯性质量与引力质量比值的差别. 这就从实验上向人们揭示：惯性质量等于引力质量. 下面介绍一种证明惯性质量和引力质量成正比的典型实验原理，是美国物理学家迪克（Robert Henry Dicke，1916—1997）与他的另外两个合作者在厄特沃什实验的基础上，对实验的方法和技术进行改进后的实验原理.

如图 3.4.1-1 所示，不同材料的物体 A、B 固连在一根棒的两端，并用细丝将棒水平地悬挂起来，构成一扭秤. 将此扭秤固定在地球的北极，太阳在水平方位. 在北极处，消除了由于地球自转而引起的相对地球的离心力作用，此时，地球是相对太阳做加速平动的非惯性系. 由第三章内容可知，以地球北极为参考系，A、B 不仅受到方向指向太阳的太阳引力 $\boldsymbol{F}_A$、$\boldsymbol{F}_B$ 的作用，而且还要受到地球围绕太阳转动而引起的方向背离太阳的惯性力 $\boldsymbol{F}'_A$、$\boldsymbol{F}'_B$ 的作用，其中 $\boldsymbol{F}_A$、$\boldsymbol{F}_B$ 与引力质量成正比，而 $\boldsymbol{F}'_A$、$\boldsymbol{F}'_B$ 与惯性质量成正比. 若取 A、B 两物体的引力质量相等，则 $\boldsymbol{F}_A=\boldsymbol{F}_B$，二者对扭秤悬挂点的力矩和为零. 如果引力质量与惯性质量不成正比，即 A、B 两物体的惯性质量不相等，则 $\boldsymbol{F}'_A \neq \boldsymbol{F}'_B$，二者对扭秤悬挂点产生南北极方向上的力矩. 随着地球的自转，此力矩将以 24 小时为周期而变化，从而将使扭秤以相同的周期相对地球摆动. 迪克的实验结果在10^{-11}的相对精度内未观察到扭秤的周期摆动，由此证明引力质量与惯性质量在10^{-11}的相对精度内成正比.

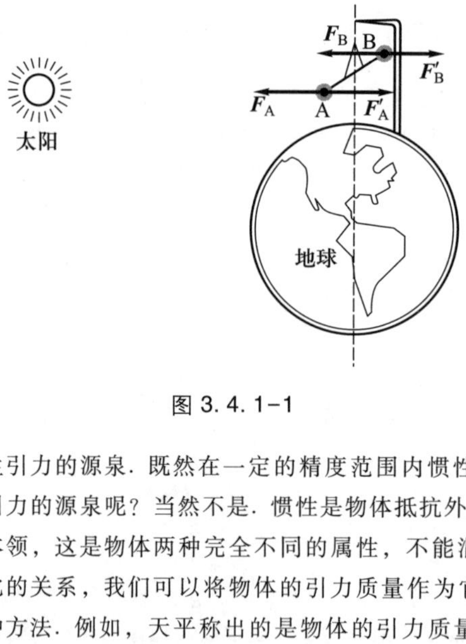

AR 演示：厄特沃什实验

图 3.4.1-1

如前所述，引力质量是产生引力的源泉. 既然在一定的精度范围内惯性质量与引力质量相等，我们能不能说，物体的惯性是否就是引力的源泉呢？当然不是. 惯性是物体抵抗外力改变其机械运动状态的本领，引力的源泉是物体产生引力的本领，这是物体两种完全不同的属性，不能混为一谈. 只是由于它们之间在一定的精度范围内存在着成正比的关系，我们可以将物体的引力质量作为它的惯性的量度，反之亦然. 在实际生活中，我们经常运用这种方法. 例如，天平称出的是物体的引力质量，但是从所称的结果，我们立刻就知道物体的惯性多大. 爱因斯坦曾非常生动地以地球和石头间的引力为例，来说明引力和惯性是完全不同的两种物理属性. 他说："地球以重力吸引石头而对其惯性质量毫无所知. 地球的'召唤'力与引力质量有关，而石头所'回答'的运动则与惯性质量有关."

上述讨论的惯性质量和引力质量是从经典的角度来引入的. 由本书第十二章广义相对论内容可以，万有引力定律并非是自然界的普适规律. 爱因斯坦将其改造成了更为普适的方程，即是引力场方程. 引力场方程改变了人们对万有引力的经典理解，即物质产生引力由物质决定时空几何所取代. 或者说，引力不是力，他对应的是物质所决定的时空几何. 因此，我们前述讨论的"引力""引力质量"等概念在广义相对论中已不复存在. 举例来讲，一行星为什么可以围绕某个恒星做圆周或椭圆轨道运动？从经典的角度，是因为行星受到了恒星的万有引力作用并按照牛顿第二定律而作如此运动. 但是，从广义相对论角度，行星的如此运动并非是由于什么万有引力作用，而是由于恒星引起了时空弯曲，行星在恒星所决定的弯曲时空“舞台”中自由运动.

3.4.2 引力场

两质点相距 r 就有相互作用力 $F=G\frac{m_1m_2}{r^2}$. 物体之间没有接触怎么会有作用力呢？当初人们对引力有几种看法：一种是以牛顿为代表的一些人认为，引力是瞬时从一个物体传到另一物体的；而有些科学家认为，这一切都是不能接受的，因为这些力是完全不可思议的，所以牛顿就不应把它引入；另一些科学家则与神学家持有相同的看法，他们认为，科学的力量是有限的，在自然界中，有许多现象都是难以理解的，对它们不可能都用合理的方式加以解释. 更多的人则试图寻找一种特殊的介质(以太)，他们认为力是借助以太来传播的. 但随着实验确定以太的不存在，这一解释更没了根据. 爱因斯坦借助场的概念对这一问题根据引力场理论进行了解释.

根据爱因斯坦提出的引力场，物质不仅可以以实体的形式存在，还可以以场的形式存在. 比如说，电磁场也是一种物质，但它是以场的形式存在的. 一个点电荷可以在它的周围发出电场，处于该场中的电荷将受到该场的作用力 $\boldsymbol{F}=q\boldsymbol{E}$，单位电荷所受的作用力称为场强，即 $\boldsymbol{E}$. 类似于电场，同样可以引进引力场的概念，即任一物体将在它周围的空间发出一种场，称为引力场(传播速度为光速)，而处于该场中的其他物体将受到该场的作用力. 如，质量为 m_E 的地球，在它周围会发出引力场. 距离地球中心 r 处、质量为 m 的其他物体在该引力场中就会受到引力作用，其大小可由万有引力和重力的表达式获得，即

$$F_{引}=G\frac{m_Em}{r^2}=mg \tag{3.4.2-1}$$

单位质量的物体所受引力场作用的大小称为引力场场强，因此，由(3.4.2-1)式可得距离地球中心 r 处的引力场的场强大小为

$$g=G\frac{m_E}{r^2} \tag{3.4.2-2}$$

因此，我们既可以称 g 为距离地球中心 r 处任一物体的重力加速度，也可以称其为地球在该处所产生的引力场的场强大小. 考虑其矢量性，可以将地球的引力场的场强写成 $\boldsymbol{g}$，方向指向地心. 显然 $\boldsymbol{g}$ 是随着 r 的不同而变化的. 但是在地球表面附近，r 可以近似为地球半径 R，此时，地球表面附近的引力场场强大小与空间位置无关，方向相同(均指向地球表面). 像这种场强的大小和方向在空间各点都相同的引力场称为均匀场.

电荷为什么会发出电场？物质为什么会发出引力场？这是一个更加深层的问题. 简单层面可以理解为场源与场是伴生并存的. 更加深层的理解请参考《量子电动力学》等教材.

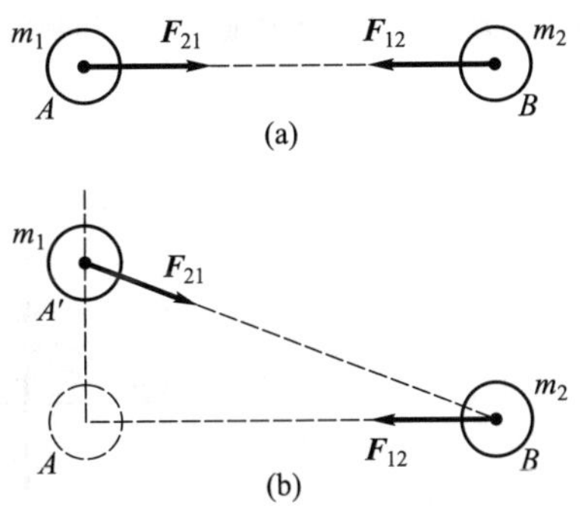

图 3.4.2-1

按照引力场的观点，我们对本书 2.1.3 节的相互作用力的非同时性作进一步解释. 通过物体直接接触挤压而产生的作用力与反作用力的性质是严格符合牛顿第三定律的. 但是对于通过场进行传播的相互作用力，在有些特殊情况下，牛顿第三定律并不严格成立. 其原因可由图 3.4.2-1(a)、(b)予以定性解释. 如图 3.4.2-1(a)所示，当处于 A、B 位置处、质量分别为 m_1、m_2 的两物体静止时，两物体发出的引力场以光速同时到达对方，因此，

两者之间的相互作用力 F_{12}、F_{21}大小相等，方向相反(沿 A、B 连线方向)，同时作用，同时消失. 此种情况符合牛顿第三定律. 如图 3.4.2-1(b)所示，当 m_2 静止，而 m_1 以速度 v 运动到 A'位置时，m_1 对 m_2 的作用力 F_{12}沿 A、B 连线方向，而 m_2 对 m_1 的作用力 F_{21}沿 A'、B 连线方向. 由于引力场的传播保持光速不变，因此，此时两物体之间的相互作用力并非同时相互作用的，大小亦不相等. 实际上，自然界中一般物体的运动速度远远小于光速，所以，这种非同时性差别极小，实验也很难观测到. 因此，对于通过场进行传播的力，在没有特殊说明的情况下，一般认为是遵循牛顿第三定律的.

3.4.3 等效原理

为了说明等效原理，我们可以做一个想象实验：

(1) 在地球北极表面的屋内，释放苹果，屋内的观察者发现苹果以加速度 $\boldsymbol{g}$ 下落. 若用弹簧挂重物，弹簧将伸长. 原因是苹果和重物都受到地球引力(重力场 $\boldsymbol{g}$)的作用.

(2) 假如把地球移走，这时屋内的观察者发现苹果不下落，弹簧也不伸长. 原因是没有引力场的作用.

(3) 在上述(2)的情况下，让屋子以加速度为$-\boldsymbol{g}$ 运动，屋内的观察者看到苹果以加速度 $\boldsymbol{g}$ 下落，弹簧将伸长，同(1)中所看到的现象一样.

AR 演示： 等效原理

上述的(1)和(3)有什么不同呢？(1)是受一引力场 $\boldsymbol{g}$ 作用的惯性系，而(3)则是无引力场，但以加速度$-\boldsymbol{g}$ 相对惯性系做加速运动的非惯性系. 由于屋内的人无法通过现象判断屋子是加速上升，还是屋子不动而受到引力场的作用. 于是，得出结论：

在惯性系 S 中有一引力场 $\boldsymbol{a}$，而另一参考系 S′无引力场，但以$-\boldsymbol{a}$ 相对 S 做加速运动. 这两个参考系在物理上是完全等效的. 即无法在一个参考系中，确定该系统是受一引力场作用，还是无引力场作用而相对惯性系做加速运动. 这一原理称为等效原理.

由上述的等效原理，我们可以推知：在一个加速度为$-\boldsymbol{a}$ 的非惯性系中，惯性质量为 $m_{惯}$ 的物体所受的惯性力为 $m_{惯}\boldsymbol{a}$，该惯性力与在一个无加速、但受到引力场 $\boldsymbol{a}$ 作用的惯性系中所产生的引力 $m_{引}\boldsymbol{a}$ 是等效的. 由于同一物体的惯性质量 $m_{惯}$ 与引力质量 $m_{引}$ 是相等的，因此，我们得出结论：**人为引入的惯性力实际上是等效的引力.**

引入等效原理后，在处理力学问题时，常常可以把加速系统，用一个与惯性力方向相同的引力场来模拟，引力场的场强为单位质量物体所受的惯性力，从而用引力场的方式将非惯性系等效为惯性系. 实质上，这种处理问题的方法同本章中引入惯性力的方法是相同的，在这里只不过是引入了引力场的概念而已.

如图 3.4.3-1 所示，容器中装入半杯水，当静止时，因 $\boldsymbol{g}$ 的方向向下，所以水平面与 $\boldsymbol{g}$ 的方向垂直. 若容器以加速度 $\boldsymbol{a}$ 向右运动，这等价于有一场强为$-\boldsymbol{a}$ 的引力场作用于系统上，该场与 $\boldsymbol{g}$ 叠加，相当于$-\boldsymbol{a}+\boldsymbol{g}$ 的引力场 $\boldsymbol{g}'$，于是水平面将与 $\boldsymbol{g}'$相垂直. 进而可以算出该系统平衡时的液面与原平衡液面之间的夹角.

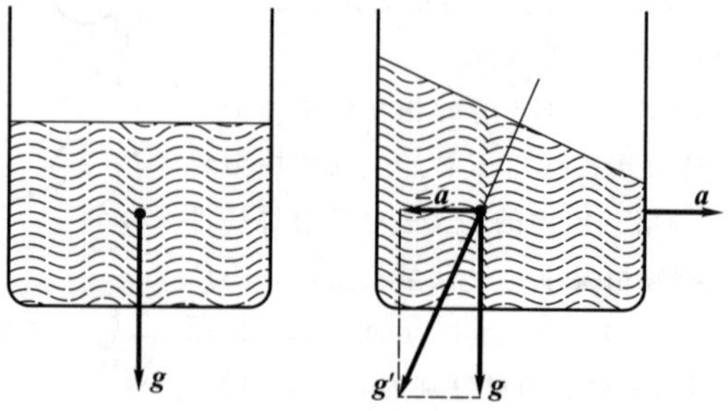

图 3.4.3-1

***例 3.4.3-1** 如例 3.4.3-1 图所示，长度为 L 的水平圆管绕过其一端的竖直轴以恒定的角速度 ω 旋转. 管内装有密度为 ρ_0 的液体，另有一截面积为 S，长为 l，密度为 $\rho(\rho>\rho_0)$ 的小圆柱体. 开始时，小圆柱体紧靠管的轴端并相对管静止. 试问，经过多长时间小圆柱体到达管的另一端？

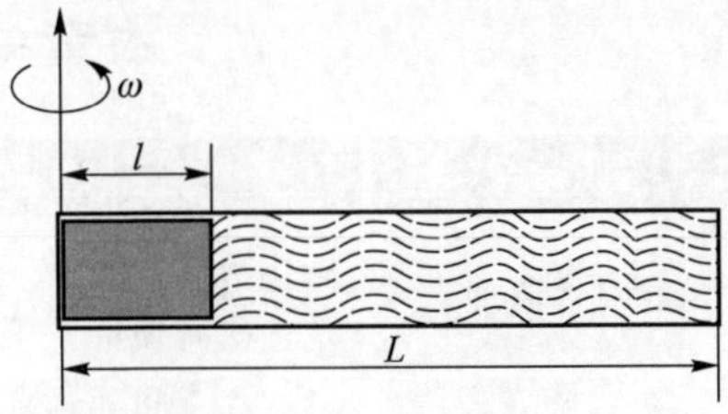

例 3.4.3-1 图

解：只讨论小圆柱体沿径向的运动，以水平圆管为参考系(匀角速转动的非惯性系). 沿管的径向为正向，根据等效原理，可将圆管看成是受到一引力场强 $\boldsymbol{g}=\omega^2 r\boldsymbol{e}_r$(与惯性离心力方向相同)的惯性系，其中，$r$ 为小圆柱体的质心距转轴的距离. 同重力场场强相比，此时的引力场强是与 r 有关的变化场强，而非均匀场. 以小圆柱体为研究对象，圆柱体受到沿径向向外的等效引力 $F_{引}$，由于该等效引力而引起的沿径向向内的浮力 $F_{浮}$，两者的共同作用使其沿水平圆管的径向做直线运动. 因此有

$$F_{引}-F_{浮}=m\frac{\mathrm{d}v}{\mathrm{d}t},\qquad m=Sl\rho$$

由于水平圆管径向各处的引力场强不同，所以，管内小圆柱体所受的引力和浮力需要积分得出. 具体求法：设小圆柱体的质心坐标为 r，$\mathrm{d}r'$厚度小圆柱体质元所受的引力和浮力分别为

$$\mathrm{d}F_{引}=S\mathrm{d}r'\rho\omega^2 r,\qquad \mathrm{d}F_{浮}=S\mathrm{d}r'\rho_0\omega^2 r$$

小圆柱体质心在 r 处时所受的总引力和总浮力为

$$F_{引}=\int \mathrm{d}F_{引}=\int_{r-\frac{l}{2}}^{r+\frac{l}{2}} S\mathrm{d}r'\rho\omega^2 r=S\rho l\omega^2 r$$

$$F_{浮}=\int \mathrm{d}F_{浮}=\int_{r-\frac{l}{2}}^{r+\frac{l}{2}} S\mathrm{d}r'\rho_0\omega^2 r=S\rho_0 l\omega^2 r$$

联合上述各式得

$$Sl\omega^2(\rho-\rho_0)r\mathrm{d}r=Sl\rho\frac{\mathrm{d}v}{\mathrm{d}t}\mathrm{d}r=Sl\rho v\mathrm{d}v$$

由初始条件：$t=0$ 时，$v=0$，$r=\dfrac{l}{2}$，对上式积分可得 v 与 r 的关系，即

$$v=\frac{\mathrm{d}r}{\mathrm{d}t}=\omega\sqrt{\frac{\rho-\rho_0}{\rho}}\sqrt{r^2-\frac{l^2}{4}}$$

对上式进一步积分，并由 $t=0$ 时，$r=\dfrac{l}{2}$的初始条件得

$$r+\sqrt{r^2-\frac{l^2}{4}}=\frac{l}{2}\mathrm{e}^{\omega t\sqrt{\frac{\rho-\rho_0}{\rho}}}$$

对上式两边取对数得

$$\ln\left(r+\sqrt{r^2-\frac{l^2}{4}}\right)=\ln\frac{l}{2}+\ln\mathrm{e}^{\omega t\sqrt{\frac{\rho-\rho_0}{\rho}}}$$

小圆柱运动到底端时，$r=L-\dfrac{l}{2}$，代入解得

$$t=\frac{1}{\omega}\sqrt{\frac{\rho}{\rho-\rho_0}}\ln\left(\frac{2L}{l}-1+\sqrt{\frac{4L^2}{l^2}-\frac{4L}{l}}\right)$$

本章知识单元和知识点小结

<table>
<tr><th>知识单元</th><th colspan="3">知　识　点</th></tr>
<tr><td>相对性原理</td><td colspan="3">相对惯性参考系做匀速直线运动的参考系均是等价的惯性参考系，所有惯性系下的动力学规律相同.</td></tr>
<tr><td rowspan="3">非惯性系下质点动力学</td><td colspan="3">惯性系与非惯性系质点动力学统一表达式：$\boldsymbol{F}+\boldsymbol{F}_{惯}=m\boldsymbol{a}$</td></tr>
<tr><td>惯性系</td><td>加速平动的非惯性系</td><td>匀角速转动的非惯性系</td></tr>
<tr><td>$\boldsymbol{F}_{惯}=0$</td><td>$\boldsymbol{F}_{惯}=-m\boldsymbol{a}_0$</td><td>$\boldsymbol{F}_{惯}=\boldsymbol{F}_{离}+\boldsymbol{F}_{科}$
$\boldsymbol{F}_{离}=m\omega^2 r\boldsymbol{e}_r$
$\boldsymbol{F}_{科}=2m\boldsymbol{v}_{相}\times\boldsymbol{\omega}$</td></tr>
<tr><td rowspan="2">惯性力现象</td><td>平动惯性力现象</td><td colspan="2">匀角速转动惯性力现象</td></tr>
<tr><td>惯性本质、潮汐</td><td colspan="2">表观重力、地球的自转、落体偏东、东北信风、河岸的冲刷、台风的形成</td></tr>
<tr><td>惯性力的本质（等效原理）</td><td colspan="3">在惯性系 S 系中有一引力场 $\boldsymbol{a}$，而另一参考系 S′系无引力场，但以 $-\boldsymbol{a}$ 相对 S 系做加速运动，这两个参考系是完全等效的.</td></tr>
</table>

授课录像： 第三章知识单元小结

习　　题

课后作业题

3-1. 如习题 3-1 图所示，一小车沿倾角为 θ 的光滑斜面滑下. 小车上悬挂一摆锤. 当摆锤相对小车静止时，摆线与竖直线的夹角为多大？

3-2. 在卡车的尾部用一根绳子拖着一根粗细均匀的圆木. 绳长为 d，圆木长为 l，绳与卡车的连接点距地高 h. 问卡车必须以多大的加速度 a 行驶，才能使圆木与地面脱离？

3-3. 在一体积为 V，质量为 m_0 的铁盒内置有一阿特伍德机，已知两物体的质量分别为 m_1 和 m_2. 现将此铁盒放入密度为 ρ 的液体中，如习题 3-3 图所示，试求铁盒在下沉过程中的加速度. 忽略液体对铁盒的阻力作用.

第三章参考答案

3-4. 如习题 3-4 图所示，质量为 $m_2=2$ kg 和 $m_3=1$ kg 的两个物体分别系在一根跨过滑轮 B 的细绳的两端，而滑轮 B 又与质量为 $m_1=3$ kg 的物体系在另一根跨过定滑轮 A 的细绳的两端. 试求：(1) m_1、m_2 和 m_3 的加速度 a_1、a_2 和 a_3；(2) 跨过滑轮 A 的绳和跨过滑轮 B 的绳中张力 F_{TA}、F_{TB}.

3-5. 一质量为 m_0，倾角为 θ 的斜面体放在水平面上，在斜面体上有一质量为 m 的物体. 为使 m 不与斜面发生相对运动，现用一水平力 F 作用在 m_0 上，如习题 3-5 图所示. (1) 若所有接触面均光滑，F 应多大？(2) 若 m 与 m_0 之间的摩擦因数为 μ，而 m_0 与水平面间无摩擦，求 F 的范围.

习题 3-1 图

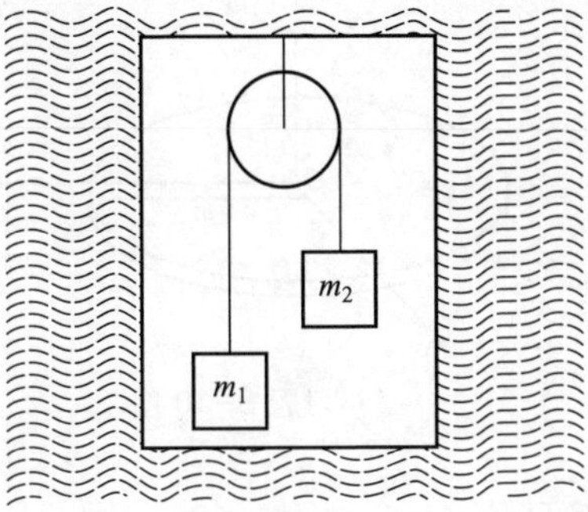

习题 3-3 图

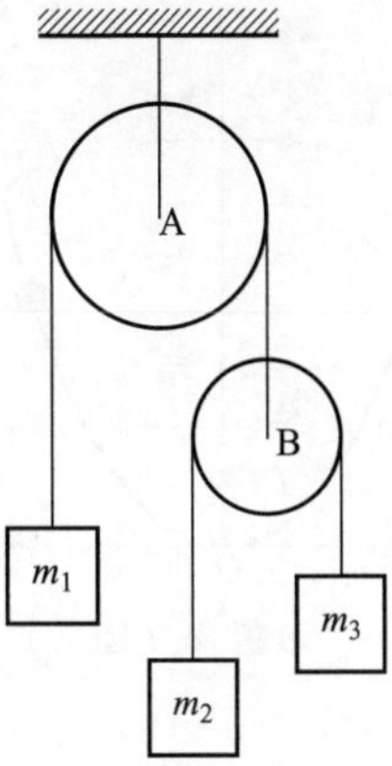

习题 3-4 图

3-6. 一摩托车以 36 km/h 的速率在地面上行驶. 其轮胎与地面间的摩擦因数 μ 为 0.3. 试求：(1) 摩托车在转弯时轨道的最小曲率半径；(2) 摩托车与竖直方向之间的最大倾斜角.

3-7. 一根绳子的两端分别固定在顶板和底板上，两固定点位于同一竖直线，相距为 h. 一质量为 m 的小球系于绳上某点处，当小球两边的绳均被拉直时，两绳与竖直线的夹角分别为 θ_1 和 θ_2，如习题 3-7 图所示. 当小球以一定的速度在水平面内做匀速圆周运动时，两绳均被拉直. 试问：(1) 若下面的绳子中的张力为零，则小球的速度为多大？(2) 若小球的速度是(1)小题中求得的速度的 $\sqrt{2}$ 倍，则上、下两段绳中的张力各为多大？

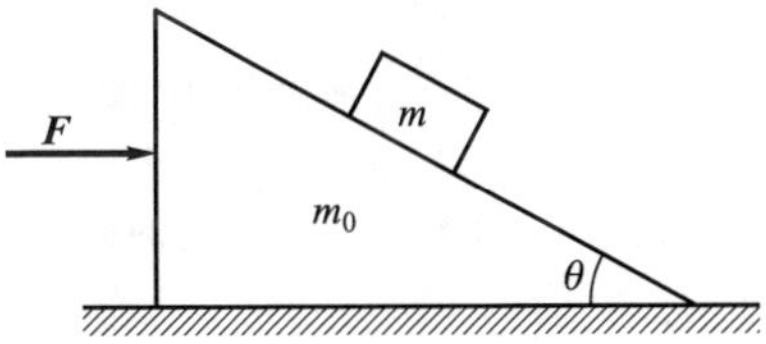

习题 3-5 图

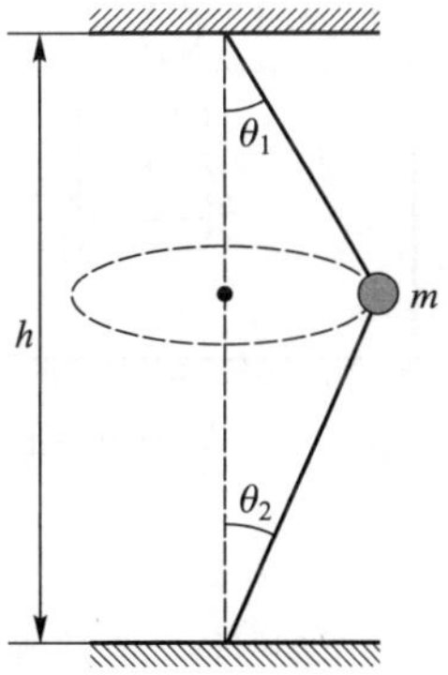

习题 3-7 图

3-8. 一小物体放在一半径为 R 的水平圆盘边缘上，小物体与圆盘间的静摩擦因数为 μ. 若圆盘绕其轴的角速度逐渐增大到一个值时，小物体滑出圆盘并最终落到比盘面低 h 的地面上. 问从它离开圆盘的那一点算起，小物体越过的水平距离多大？

3-9. 一根光滑的钢丝弯成如习题 3-9 图所示的形状，其上套有一小环. 当钢丝以恒定角速度 ω 绕其竖直对称轴旋转时，小环在其上任何位置都能相对静止. 求钢丝的形状(即写出 y 与 x 的关系).

3-10. 一圆盘绕其竖直的对称轴以恒定的角速度 ω 旋转. 在圆盘上沿径向开有一光滑小槽，槽内一质量为 m 的质点以 v_0 的初速从圆心开始沿半径向外运动. 试求：(1) 质点到达习题 3-10 图所示位置(即 $y=y_0$)时相对圆盘的速度 v；(2) 质点到达该处所需要的时间 t；(3) 质点在该处受到的槽壁对它的侧向作用力 F.

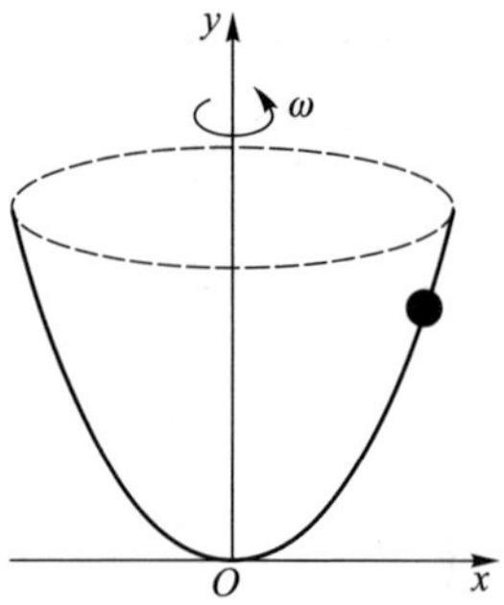

习题 3-9 图

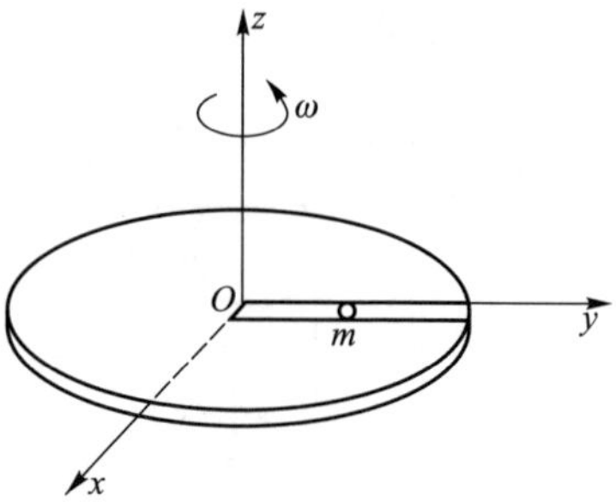

习题 3-10 图

自检练习题

3-11. 在如习题 3-11 图所示的装置中，质量分别为 m_2 和 m_3 的两物体由一细绳相连. 细绳跨过装在一质量为 m_1 的大物体上的定滑轮. 已知所有的表面都光滑. 试问：(1) m_1 的加速度为多大？(2) 若在 m_1 上作用一水平力 F，使 m_2 和 m_3 相对 m_1 静止，则 F 为多大？

3-12. 一个侧面边长为 3:4:5 的斜面固连在一转盘上，如习题 3-12 图所示，一木块静止在斜面上，斜面和木块之间的摩擦因数 $\mu=\frac{1}{4}$. 求此木块能保持在离转盘中心的水平距离为 40 cm 处相对转盘不动的最小转动角速度 ω.

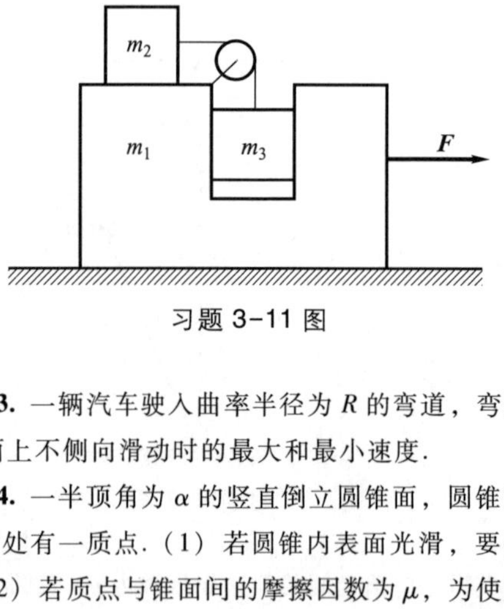

习题 3-11 图

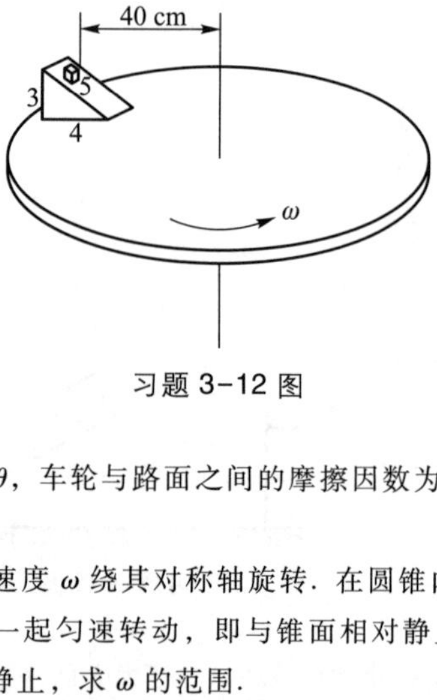

习题 3-12 图

3-13. 一辆汽车驶入曲率半径为 R 的弯道，弯道倾斜一角度 θ，车轮与路面之间的摩擦因数为 μ. 求汽车在路面上不侧向滑动时的最大和最小速度.

3-14. 一半顶角为 α 的竖直倒立圆锥面，圆锥面以恒定的角速度 ω 绕其对称轴旋转. 在圆锥内表面上距轴为 r 处有一质点. (1) 若圆锥内表面光滑，要使质点随锥面一起匀速转动，即与锥面相对静止，求 ω 的值；(2) 若质点与锥面间的摩擦因数为 μ，为使质点相对锥面静止，求 ω 的范围.

3-15. 将质量分别为 m 和 m' 的两个质点，用未伸缩时长度为 a 的弹性绳相连，绳的劲度系数 $k=\frac{2mm'\omega^2}{m+m'}$. 将此系统放在光滑的水平管内，管子绕通过管上某点的竖直轴以恒定角速度 ω 转动. 开始时，两质点相对于管子是静止的，两质点间距为 a. 试求此后任何时刻两质点间的距离.

3-16. 质量为 m 的小环套在半径为 a 的光滑圆环上，可在其上滑动. 如圆环在水平面内以恒定角速度 ω 绕圈上某点 O 转动，转轴垂直于水平面，如习题 3-16 图所示，试求小环沿圆环切线方向的运动微分方程.

3-17. 质量为 m 的小球置于光滑水平台面，用长为 l 的细绳系于台面上的 P 点，水平台面绕着过其中心 O 点的竖直轴以恒定角速度 ω 旋转，P 点与 O 点的距离为 d. 试列出小球的运动方程. 设在小球运动过程中，线始终保持拉直状态.

3-18. 一圆柱形刚性杆 OA 上套有一质量为 m 的小环，杆的一端固定，整个杆绕着通过固定端 O 的竖直轴以恒定的角速度旋转，旋转时杆与竖直的夹角 α 保持不变. 设小环与杆之间的摩擦因数为 μ，已知当小环相对杆运动到习题 3-18 图所示的位置 x 时，其相对于杆的速度为 $\dot{x}$，试列出此时小环沿杆的运动方程(不要求解出此方程).

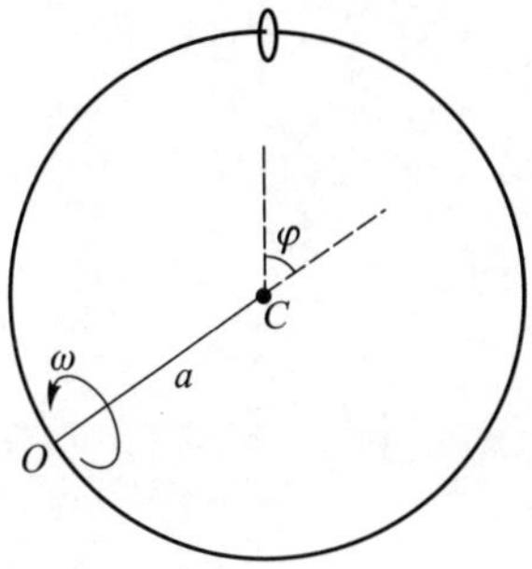

习题 3-16 图

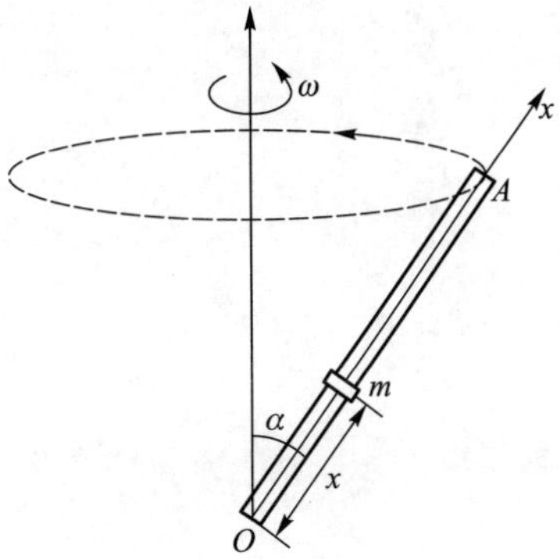

习题 3-18 图

第二篇 运动定理(原理)与守恒定律

第一篇是以质点为研究对象，通过运动学与动力学的结合可以处理任何质点的机械运动问题. 一个实际的机械运动系统可以看成由无数多个质点组成的质点系. 对每个质点都应用牛顿运动定律，似乎就可以解决一个系统的力学问题. 可以说，质点基本规律的建立，原则上也就意味着力学基本理论的建成. 但事实上，由于质点间相互作用力未知以及质点个数的庞大，人们无法求解众多的质点方程组，这是质点基本运动规律所具有的原则上可行，但实际上不可操作的特点.

即便求不出系统中每个质点的运动规律，是否有办法获得系统的某些整体信息呢？有！利用微积分的数学手段，通过力和力矩等物理量对时间和空间的累积积分，由牛顿运动定律出发，可以获得既适用于质点，又适用于质点系的质心运动定理、动量定理、功能原理、角动量定理等运动定理. 在特殊的条件下，这些定理(原理)可以转化为相应的动量守恒定律、机械能守恒定律、角动量守恒定律等.

进一步研究表明，任何一质点系均可以等效成质心的平动和相对质心的转动. 因此，只要获得了质点系中各质点相对质点系自身的分布规律，由运动定理或守恒定律就可以获得质点系中每个质点的运动规律. 因此，当处理质点系中的单个质点运动规律时，运动定理或守恒定律要比牛顿定律更加有效，甚至可解决牛顿定律无法解决的问题.

物理规律大致可以分为三个理论层次. 初级的理论层次是在一定条件下成立的规律(唯象理论)，如胡克定律、气体状态方程等；中级的理论层次是统领某个学科领域的规律，如牛顿定律是统领力学的理论规律，麦克斯韦方程组是统领电磁学、光学的理论规律；而守恒定律是物理的最高理论层次，统领各个学科领域. 本篇所导出的守恒定律虽然是牛顿定律的推论，但事实证明，这些守恒定律却是比牛顿定律更为基本的规律，处于一个更高的理论层次，在各个学科领域普遍实用.

本篇由第四、第五、第六章三章内容构成. 每章均以牛顿第二定律为出发点，分别介绍了质点组的动量定理、功能原理、角动量定理和相应守恒定律的建立过程及其应用.

运动定理（原理）与守恒定律知识体系导图

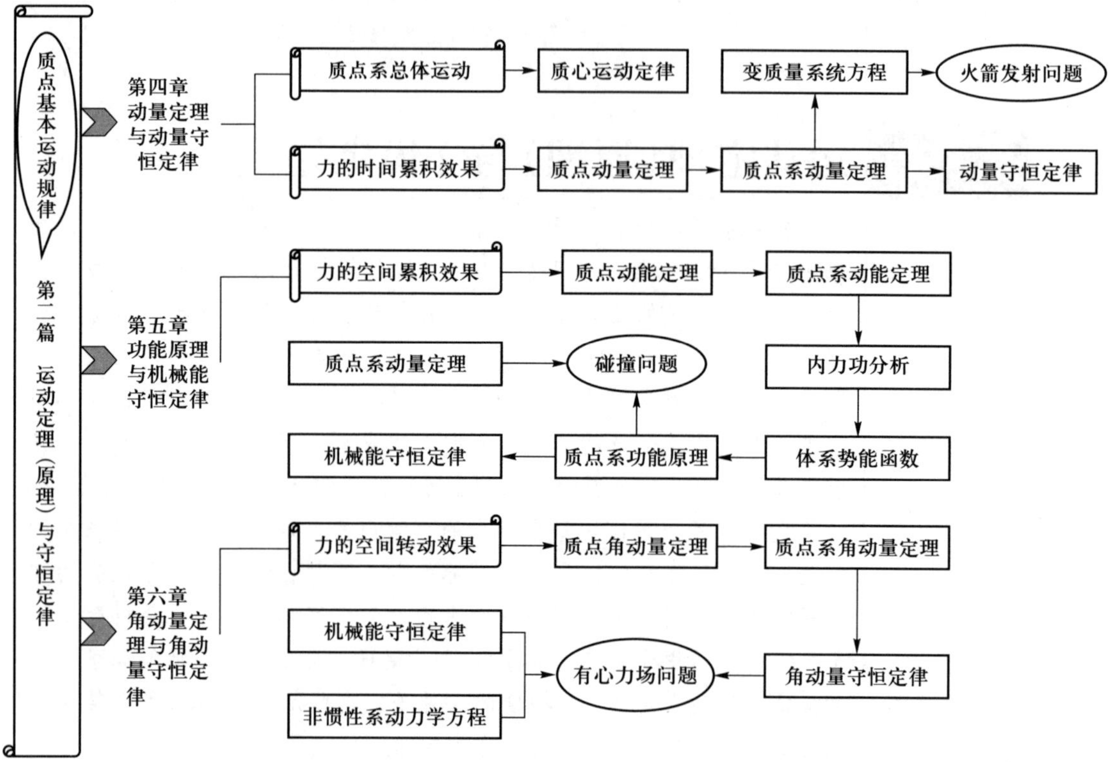

第四章
动量定理与动量守恒定律

第二章和第三章所介绍的惯性系和非惯性系下的动力学方程体现的是质点在外力作用下瞬态规律. 如果我们在已有质点动力学方程基础上，进行时间上的累积积分，就可以得到质点在时间上的连续规律. 而这一连续规律对有些问题的处理比用瞬态规律更加方便，更重要的是将其推广至质点系可使我们在不必求解每个质点运动的情况下而获得关于质点系的整体运动信息.

授课录像： 动量定理与守恒定律概述

关于力对时间的累积效果研究涉及冲量和动量的概念、冲量和动量的关系及动量守恒等问题. 从历史的角度，冲量的原始思想可追述至14世纪，人类在解释箭矢等物体失去动力后为什么可以继续运动时，提出了“动力”的思想，即是冲量的原始概念. 动量的原始概念是“运动量”，动量守恒的原始表述即为运动量守恒，“运动量”概念及其运动量守恒是由法国科学家笛卡儿在他所著的《哲学原理》中所提出的. 笛卡儿所创立运动量守恒的思想被以牛顿为代表的部分科学家所遵循和倡导，逐渐完善发展，形成了现代的动量定理和动量守恒的科学体系.

本章以牛顿运动定律为基础，总结力对时间累积作用效果的规律，并给出冲量、动量等概念的现代定义，主要内容包括：质点系的质心运动定律，质点与质点系的动量定理与守恒定律，利用质点系动量定理解决变质量系统的运动等内容.

§4.1　质点系的质心运动

利用质点的基本动力学方程虽然可以给出质点系中每个质点的动力学方程，但由于质点之间的相互作用力是未知的，因此，想求解质点系中每个质点的动力学方程组是很困难的，甚至是不可能的. 但在质点系中是否可找到一点，用该点的运动代表质点系的整体运动，而不需关心质点系中每个具体质点的运动规律. 如果可以的话，针对给定的质点系，如何找到这一点，这一点又遵循什么样的规律？这些是本节所要讨论的主要问题.

4.1.1 质点系的质心与质心运动定律

由多个质点构成的体系称为质点系. 质量连续分布的体系可以看成是由无限多个质点构成的质点系. 对于单个质点的研究对象而言，没有内、外力之说. 而对质点系来说，就有了内力与外力之分. 把质点系内质点之间的相互作用力称为内力. 如图 4.1.1-1 所示的由三个质点所组成的体系，其内力可以表示为$F_{ij}(i,j=1,2,3,i\neq j)$；外部对质点系的作用力称为外力，如图 4.1.1-1 中的$F_i(i=1,2,3)$所示. 三个质点的位置矢量分别用 $\boldsymbol{r}_1$、$\boldsymbol{r}_2$、$\boldsymbol{r}_3$ 来表示. 对每个质点分别应用牛顿第二定律：

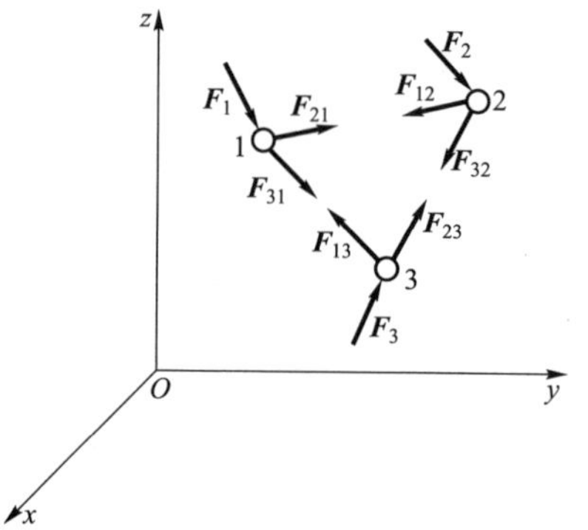

图 4.1.1-1

授课录像：质点系的质心与质心运动定律

动画演示：内力与外力

$$\boldsymbol{F}_1+\boldsymbol{F}_{21}+\boldsymbol{F}_{31}=m_1\frac{\mathrm{d}^2\boldsymbol{r}_1}{\mathrm{d}t^2} \tag{4.1.1-1a}$$

$$\boldsymbol{F}_2+\boldsymbol{F}_{12}+\boldsymbol{F}_{32}=m_2\frac{\mathrm{d}^2\boldsymbol{r}_2}{\mathrm{d}t^2} \tag{4.1.1-1b}$$

$$\boldsymbol{F}_3+\boldsymbol{F}_{13}+\boldsymbol{F}_{23}=m_3\frac{\mathrm{d}^2\boldsymbol{r}_3}{\mathrm{d}t^2} \tag{4.1.1-1c}$$

根据相互作用内力的特点有，$\boldsymbol{F}_{21}=-\boldsymbol{F}_{12},\boldsymbol{F}_{13}=-\boldsymbol{F}_{31}$，$\boldsymbol{F}_{23}=-\boldsymbol{F}_{32}$. 上述三式相加得

$$\boldsymbol{F}_1+\boldsymbol{F}_2+\boldsymbol{F}_3=m_1\frac{\mathrm{d}^2\boldsymbol{r}_1}{\mathrm{d}t^2}+m_2\frac{\mathrm{d}^2\boldsymbol{r}_2}{\mathrm{d}t^2}+m_3\frac{\mathrm{d}^2\boldsymbol{r}_3}{\mathrm{d}t^2} \tag{4.1.1-2a}$$

此等式的左边就是质点系所受的合外力，用 $\boldsymbol{F}=\sum\limits_{i=1}^{3}\boldsymbol{F}_i$表示. 将上式进一步整理得

$$\boldsymbol{F}=(m_1+m_2+m_3)\frac{\mathrm{d}^2}{\mathrm{d}t^2}\left(\frac{m_1\boldsymbol{r}_1+m_2\boldsymbol{r}_2+m_3\boldsymbol{r}_3}{m_1+m_2+m_3}\right) \tag{4.1.1-2b}$$

用类似的方法，对 N 个质点组成的质点系进行推导可以得到

$$\boldsymbol{F}=\sum_i\boldsymbol{F}_i=m\frac{\mathrm{d}^2\boldsymbol{r}_C}{\mathrm{d}t^2}=m\boldsymbol{a}_C \tag{4.1.1-3a}$$

$$m=\sum_{i=1}^{N}m_i,\quad \boldsymbol{r}_C=\frac{\sum\limits_{i=1}^{N}m_i\boldsymbol{r}_i}{m} \tag{4.1.1-3b}$$

(4.1.1-3b)式中，N 为质点系的质点个数，对于连续的质点系，N 将趋近于无穷大；m 是质点系的总质量；$\boldsymbol{r}_C$具有位置矢量的量纲，并与质点系的质量分布有关，$\boldsymbol{r}_C$ 所代表的具体位置称为质点系的质心. $\frac{\mathrm{d}^2\boldsymbol{r}_C}{\mathrm{d}t^2}=\ddot{\boldsymbol{r}}_C$具有加速度的量纲，称为质心加速度.

实物演示：质心运动

(4.1.1-3)式称为质点系的质心运动定律．也就是说，对于质点系而言，如果不关心质点系内部每个质点的运动规律，质点系的整体运动规律可用(4.1.1-3)式的质心运动定律来描述．如投掷的手榴弹、跳台跳水的运动员等质点系，如果忽略空气阻力，他们所受的合外力只有重力．因此，根据(4.1.1-3)式，他们的总体运动轨迹(即质心运动规律)为抛物线．一般来说，物体除了质心运动外，还有绕质心的转动，这些问题留到刚体部分再作进一步讨论．

实物演示： 锥体上滚

4.1.2 质心的特点与求法

由4.1.1讨论可知，在讨论质点系整体运动规律时，质点系的质心具有重要的作用．下面我们讨论它具有什么特点以及如何求它．

授课录像： 质心的特点与求法

1. 质心特点——相对质点系本身的唯一性

由(4.1.1-3b)式质心的定义可以看出，质心的位置与参考系的选取有关．在不同的参考系下，质点系质心的位置表示是不同的．这些不同的参考系表示的质心相对质点系本身来讲是否是同一位置呢？

如图4.1.2-1所示，假如在S系中确定质点系的质心在C点，用$\boldsymbol{r}_C$表示，在S′系中确定的质心在C'点，用$\boldsymbol{r}'_{C'}$表示．对质点系上的任意一点j，其相对C和C'的相对位置矢量分别为$\Delta\boldsymbol{r}_{jC}=\boldsymbol{r}_j-\boldsymbol{r}_C$，$\Delta\boldsymbol{r}'_{jC'}=\boldsymbol{r}'_j-\boldsymbol{r}'_{C'}$．如果$C$与$C'$点重合，将有$\Delta\boldsymbol{r}_{jC}=\Delta\boldsymbol{r}'_{jC}$，否则$C$与$C'$点不重合．下面给出推导：

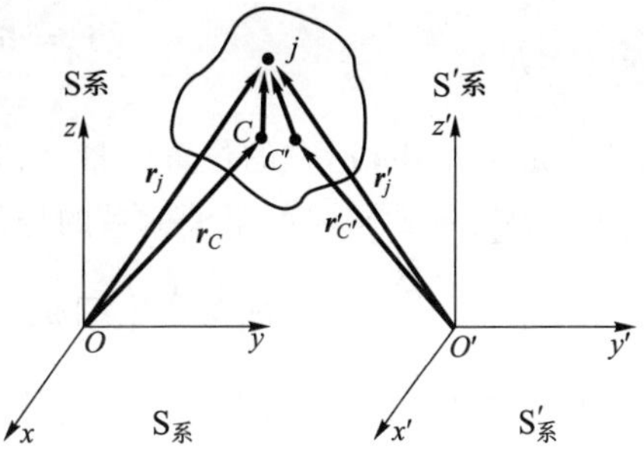

图4.1.2-1

$$\Delta\boldsymbol{r}_{jC}=\boldsymbol{r}_j-\boldsymbol{r}_C=\frac{\left(\sum_i m_i\right)\boldsymbol{r}_j}{m}-\frac{\sum_i m_i\boldsymbol{r}_i}{m}=\frac{\sum_i m_i(\boldsymbol{r}_j-\boldsymbol{r}_i)}{m}$$

$$\Delta\boldsymbol{r}'_{jC'}=\boldsymbol{r}'_j-\boldsymbol{r}'_{C'}=\frac{\left(\sum_i m_i\right)\boldsymbol{r}_j{}'}{m}-\frac{\sum_i m_i\boldsymbol{r}_i{}'}{m}=\frac{\sum_i m_i(\boldsymbol{r}_j{}'-\boldsymbol{r}_i{}')}{m}$$

质点系中任意j、i两点的相对位置矢量是不依赖于坐标系选取的，即$\boldsymbol{r}_j-\boldsymbol{r}_i=\boldsymbol{r}_j{}'-\boldsymbol{r}_i{}'$，因此，$\Delta\boldsymbol{r}_{jC}=\Delta\boldsymbol{r}'_{jC'}$，说明$C$与$C'$是同一点．

上述结果说明：虽然质点系质心的求法依赖于参考系的选取，但质心的位置相对质点系本身来说是确定的、唯一的，不会因坐标系选取的不同而不同．因此，在求质点系的质心时，以方便质心的求解为标准来选取坐标系．

2. 质心的求法

首先要建立方便于质心求解的坐标系，针对不同类型的质点系，求法如下：

(1) 分立质点系的质心

直接用定义式求解，即

$$\boldsymbol{r}_C=\frac{\sum_{i=1}^{N}m_i\boldsymbol{r}_i}{m}\tag{4.1.2-1a}$$

也可在给定的坐标系下用分量表示，如在直角坐标系下可以表示为

$$x_C=\frac{\sum\limits_i m_i x_i}{m},\quad y_C=\frac{\sum\limits_i m_i y_i}{m},\quad z_C=\frac{\sum\limits_i m_i z_i}{m}\tag{4.1.2-1b}$$

例 4.1.2-1 A、B、D 三质点在某一时刻的位置坐标分别为(3,-2,0)、(-1,1,4)、(-3,-8,6)，单位为 m. A 的质量是 B 的两倍，而 B 的质量是 D 的两倍. 求此时由此三质点组成的体系的质心的位置.

解：根据题中给定的坐标系，由质心定义得

$$\begin{aligned}\boldsymbol{r}_C&=\frac{m_A\boldsymbol{r}_A+m_B\boldsymbol{r}_B+m_D\boldsymbol{r}_D}{m_A+m_B+m_D}=\frac{4m_D\boldsymbol{r}_A+2m_D\boldsymbol{r}_B+m_D\boldsymbol{r}_D}{4m_D+2m_D+m_D}\\&=\frac{4\boldsymbol{r}_A+2\boldsymbol{r}_B+\boldsymbol{r}_D}{7}\end{aligned}$$

将已知数据代入可求得质心的坐标为(1,-2,2)，单位为 m.

（2）连续质点系的质心

对连续的质点系，可将其看成是由无穷多个分立质点组成的，因此

$$\boldsymbol{r}_C=\lim_{\substack{N\to\infty\\ \Delta m_i\to 0}}\frac{\sum\limits_i^N \Delta m_i\boldsymbol{r}_i}{m}=\frac{1}{m}\int\boldsymbol{r}\,\mathrm{d}m\tag{4.1.2-2a}$$

其中 $\boldsymbol{r}$ 是质元 $\mathrm{d}m$ 所在的位置矢量，积分遍及整个质点系，如图 4.1.2-2 所示. 连续质点系质心 $\boldsymbol{r}_C$ 的矢量式同样可用坐标系的分量表示，如在直角坐标系下可表示为

$$x_C=\frac{1}{m}\int x\mathrm{d}m,\quad y_C=\frac{1}{m}\int y\mathrm{d}m,\quad z_C=\frac{1}{m}\int z\mathrm{d}m\tag{4.1.2-2b}$$

（3）规则形状、密度均匀的物体的质心

可以证明，具有规则形状、密度均匀的物体的质心在它们的几何中心.

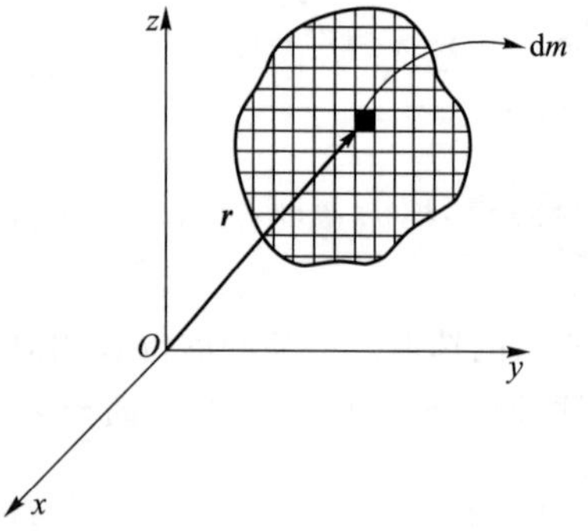

图 4.1.2-2

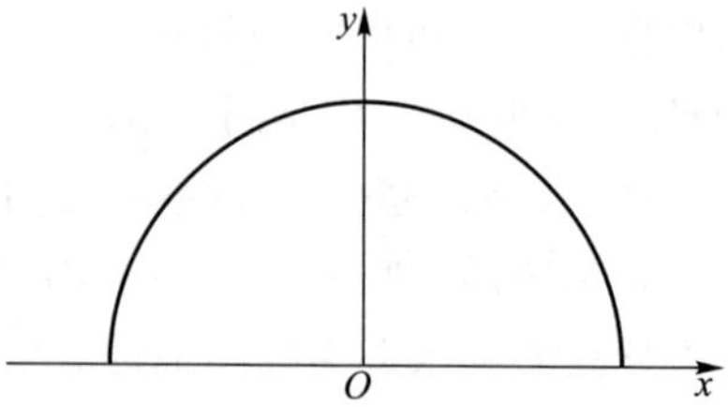

例 4.1.2-2 图

例 4.1.2-2 求半径为 R、质量分布均匀的半圆形薄板的质心位置. 设圆心在原点，薄板位于 Oxy 平面中的 $y>0$ 的一侧.

解：如例 4.1.2-2 图所示，设质心坐标为(X_C,Y_C)，平板的质量为 m，面密度为 ρ. 因为平板质量分布均匀，且圆心在原点，由对称性知 $X_C=0$. 对于板边缘上的每一点有，$x_{边}^2+y_{边}^2=R^2$. 将半圆形板分割成无数个平行于 x 轴的细条，每细条的质心为($0,y_C=y_{边}$)，则系统的质心为

$$Y_C=\frac{1}{m}\int y_C\mathrm{d}m=\frac{1}{m}\int_0^R y_{边}(2x_{边}\ \mathrm{d}y_{边}\ \rho)$$

$$=\frac{1}{m}\int_0^R y_{边}(2\sqrt{R^2-y_{边}^2}\rho\mathrm{d}y_{边})=\frac{4R}{3\pi}$$

即质心位置为$\left(0,\ \frac{4R}{3\pi}\right)$.

（4）多个物体组成的系统的质心

可以证明，对于多个物体组成的系统的质心，可先找到每个物体的质心，再用分立质点系质心的求法，求出公共质心.

例 4.1.2-3 如例 4.1.2-3 图所示，半径为 R、质量为 m、质量分布均匀的圆盘，沿某半径方向挖去半径为$\frac{R}{2}$的小圆盘，求大圆盘剩余部分的质心位置.

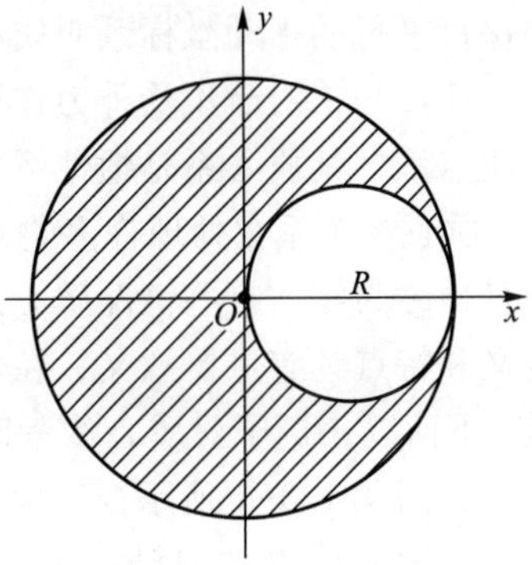

例 4.1.2-3 图

解：由对称性可知，所求剩余部分质心在 x 轴上，设在$(x_C,0)$处. 挖去的小圆盘(设质量为 m'')原来的质心位置为$\left(\frac{R}{2},\ 0\right)$，与所求剩余圆盘(设质量为 m')质心之和应为原点处，即

$$0=\frac{m'x_C+m''\frac{R}{2}}{m'+m''}$$

其中

$$m''=\pi\left(\frac{R}{2}\right)^2\frac{m}{\pi R^2}=\frac{1}{4}m,\qquad m'=m-m''=\frac{3}{4}m$$

解得质心位置为

$$x_C=-\frac{R}{6}$$

3. 质心的速度和加速度与质点系中各质点的速度和加速度的关系

按照速度的定义，质点系质心的速度和加速度可以表示为

$$\boldsymbol{v}_C=\frac{\mathrm{d}\boldsymbol{r}_C}{\mathrm{d}t}\tag{4.1.2-3a}$$

$$\boldsymbol{a}_C=\frac{\mathrm{d}\boldsymbol{v}_C}{\mathrm{d}t}\tag{4.1.2-3b}$$

由(4.1.2-1)式所定义的质心表达式，可得分立的质点系质心的速度和加速度与质点系中各质点的速度和加速度的关系，即

$$\boldsymbol{v}_C=\frac{\mathrm{d}\boldsymbol{r}_C}{\mathrm{d}t}=\frac{\sum\limits_{i=1}^{N}m_i\boldsymbol{v}_i}{m}\tag{4.1.2-4a}$$

$$\boldsymbol{a}_C=\frac{\mathrm{d}\boldsymbol{v}_C}{\mathrm{d}t}=\frac{\sum\limits_{i=1}^{N}m_i\boldsymbol{a}_i}{m}\tag{4.1.2-4b}$$

由(4.1.2-2)式所定义的质心表达式，可得连续的质点系质心的速度和加速度与质点系中各质点的速度和加速度的关系，即

$$\boldsymbol{v}_C=\frac{\mathrm{d}\boldsymbol{r}_C}{\mathrm{d}t}=\frac{1}{m}\int\boldsymbol{v}\mathrm{d}m \tag{4.1.2-5a}$$

$$\boldsymbol{a}_C=\frac{\mathrm{d}\boldsymbol{v}_C}{\mathrm{d}t}=\frac{1}{m}\int\boldsymbol{a}\mathrm{d}m \tag{4.1.2-5b}$$

4.1.3 质心坐标系

以质点系的质心为坐标原点，坐标轴的方向始终与某个惯性参考系的坐标轴保持平行的平动坐标系叫质心坐标系(或质心参考系,简称质心系). 由质心运动定律可知，对于不受外力作用的质点系(孤立体系)或所受外力的矢量和为零的质点系，其质心系是惯性系. 对于受外力作用的质点系，其质心系是非惯性系. 质心参考系在处理许多物理问题时具有特殊的作用，如质心系下质点系总动量始终为零，有些情况质心系下处理问题会简单化等. 所以，了解质心系的定义和特点具有重要意义，在本书以后的讨论中还将陆续了解质心系的特殊性质. 下面以一例子对质心参考系作进一步解释.

授课录像： 质心坐标系

AR 演示： 质心参考系

如图 4.1.3-1 所示，以地球围绕太阳公转为例，在地球上作一固定在地球上的标记 AB，以地球质心为原点建立坐标系 $Oxyz$. 当地球围绕太阳运动时，标记 AB 相对太阳的方向在变化. 如果所建立的坐标系 $Oxyz$ 的轴始终保持各自的方向不变，坐标原点又始终是地球的质心，这样建立的坐标系就是质心系. 质心参考系是分析质点系运动时经常采用的一种参考系，有时利用质心系将使问题变得简单.

例 4.1.3-1 质量分别为 m_1和 m_2的两个质点，用长为 l 的轻绳连接，置于光滑的平面内，绳处于自然伸长状态. 现突然使 m_2获得与绳垂直的初速度 v_0，求此时绳中的张力.

解： 由于两个质点是自由置于光滑的平面上，所以 m_2获得初速度的瞬时，m_1和 m_2相对光滑平面并不做圆周运动. 相对 m_1观察者（非惯性系），m_2做圆周运动；相对 m_2观察者（非惯性系），m_1做圆周运动；相对二者质心观察者（惯性系），m_1和 m_2均绕质心做圆周运动. 由于二者的质心系是惯性系，所以在质心系下可以对 m_1、m_2直接应用牛顿第二定律. 在质心系下，对 m_1、m_2应用牛顿第二定律有

$$F_{\mathrm{T}}=m_1\frac{v_1'^2}{x_{C1}}=m_2\frac{v_2'^2}{l-x_{C1}}$$

其中 $x_{C1}=\dfrac{m_1 0+m_2 l}{m_1+m_2}$是 m_1相对质心的距离，v_1'，v_2'分别是 m_1和 m_2相对质心的速度，分别为

$$v_1'=0-v_C,\qquad v_2'=v_0-v_C$$

质心速度为

$$v_C=\frac{m_1 0+m_2 v_0}{m_1+m_2}$$

联立得

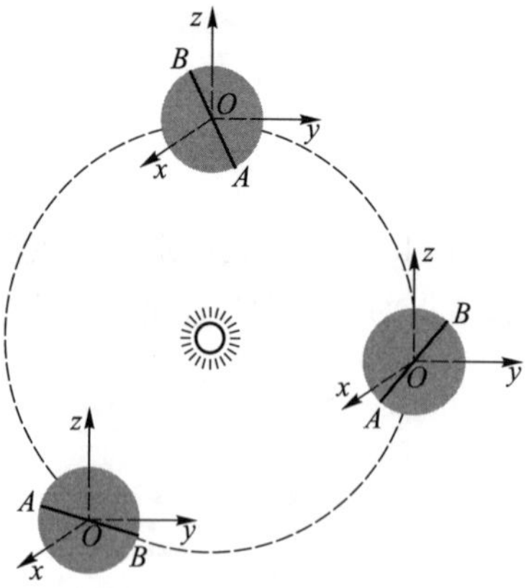

图 4.1.3-1

$$F_T=\frac{m_1 m_2 v_0^2}{(m_1+m_2)l}$$

本题也可以采用 6.3.3 节所介绍的两体化单体的方法进行求解.

§4.2　质点系动量定理与动量守恒定律

在有些力学问题中，如碰撞物体之间的相互作用力随时间的变化而变化，物体碰撞后的状态受时间积累的影响等. 当我们考察物体受这种复杂变化的力作用一段时间后所产生的总效应时，就需要了解力对时间的累积效果. 已知的质点基本动力学方程是牛顿第二定律，它给出了某一时刻作用在质点上的合力与质点的质量、加速度之间的关系，属于瞬态规律. 能否以此为基础，找出某段时间内力对时间的累积效果与质点某个状态量之间的联系？由本节的讨论可知，以牛顿第二定律为基础，是可以找到这种联系的. 力对时间的积分称为力的冲量，而与之相联系的质点的状态量可以用质量与速度的乘积，即动量来表示. 力的冲量引起质点动量的改变，其具体联系的关系式称为质点的动量定理，并可以此为基础推广为质点系的动量定理.

虽然质点和质点系的动量定理，包括本书后面要介绍的动能定理（功能原理）和角动量定理是牛顿运动定律的导出结果，但是用这些定理去处理问题往往比从牛顿第二定律出发更为方便，更重要的是适合处理质点系问题.

本节介绍质点和质点系动量定理与守恒定律的建立过程.

4.2.1　质点的动量定理

授课录像： 质点的动量定理

在经典力学范围内，质量是不变的量，由牛顿第二定律 $\boldsymbol{F}=m\frac{\mathrm{d}\boldsymbol{v}}{\mathrm{d}t}$得

$$\boldsymbol{F}=\frac{\mathrm{d}(m\boldsymbol{v})}{\mathrm{d}t}\qquad(4.2.1-1a)$$

(4.2.1-1a)式也是牛顿最初表达定律时所用的形式. 若作用在物体上的时间为 Δt，定义 t 和 $t+\Delta t$ 时刻分别为质点的初末态，为了体现力对时间的累积效果，对(4.2.1-1a)式从初态到末态进行定积分得

$$\int_t^{t+\Delta t}\boldsymbol{F}\mathrm{d}t=m\boldsymbol{v}(t+\Delta t)-m\boldsymbol{v}(t)\qquad(4.2.1-1b)$$

令 $\boldsymbol{p}=m\boldsymbol{v}$，称为质点的动量，$\boldsymbol{I}=\int_t^{t+\Delta t}\boldsymbol{F}\mathrm{d}t$ 称为力在 Δt 时间内的冲量，$\Delta\boldsymbol{p}=\boldsymbol{p}(t+\Delta t)-\boldsymbol{p}(t)$ 为质点动量的增量.（4.2.1-1b）式说明，外力的冲量等于质点动量的改变量——质点的动量定理.

从数学角度看，质点的动量定理只不过是牛顿第二定律瞬时关系式对时间的积分结果. 但从物理角度看，引入的质点的质量与速度的乘积（动量）作为新的物理量，在时间上却更能体现物体相互作用时，物体状态改变的属性.

例 4.2.1-1　一质量为 0.15 kg 的棒球以 $v_0=40$ m/s 的水平速度飞来，被棒打击后，其速度方向与原来方向成135°角，大小为 $v=50$ m/s，如例 4.2.1-1 图所示. 如果棒与球的接触时间为 0.02 s，求棒对球的平均打击力.

解：建立如例 4.2.1-1 图所示的坐标系，以球为研究对象，应用动量定理，

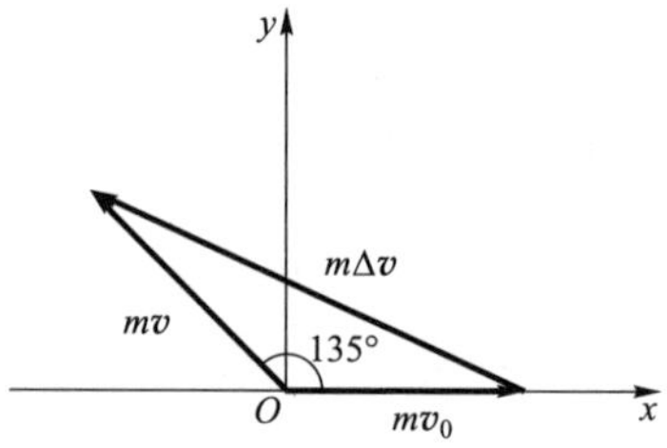

例 4.2.1-1 图

x 方向：　$\overline{F}_x\Delta t=m(-v\cos 45°)-mv_0$

y 方向：　$\overline{F}_y\Delta t=mv\sin 45°-0$

解得

$$\overline{F}=\sqrt{\overline{F}_x^2+\overline{F}_y^2}=624\ \text{N}$$

4.2.2　质点系动量定理

（4.2.1-1b）式所示的质点动量定理使作用在质点上的合力对时间的累积效果与质点的动量变化联系了起来. 如本篇前言所述，利用质点的动量定理，一方面直接去分析质点的运动问题，往往比从牛顿运动定律出发更为方便. 而另一个更重要的方面是，可以将质点的动量定理推广至质点系，使我们在不必求解每个质点运动的情况下，获得关于质点系的许多信息. 本节讨论由质点的动量定理向质点系动量定理的推广过程.

授课录像： 质点系的动量定理

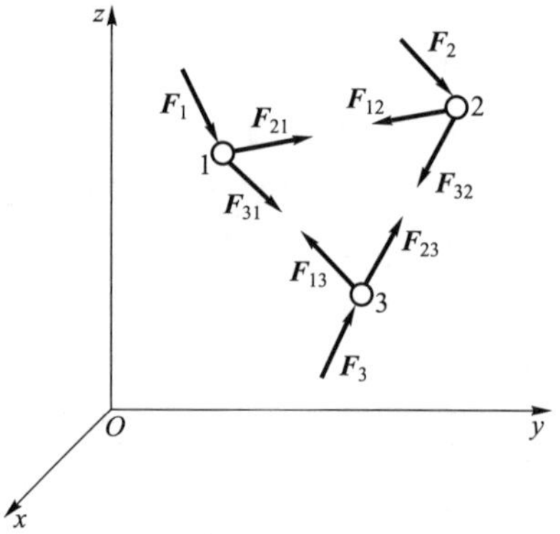

图 4.2.2-1

动画演示： 初态和末态

对如图 4.2.2-1 所示的由三个质点组成的体系中的每个质点分别应用动量定理得

$$\int_t^{t+\Delta t}(\boldsymbol{F}_1+\boldsymbol{F}_{21}+\boldsymbol{F}_{31})\mathrm{d}t=m_1\boldsymbol{v}_1(t+\Delta t)-m_1\boldsymbol{v}_1(t) \tag{4.2.2-1a}$$

$$\int_t^{t+\Delta t}(\boldsymbol{F}_2+\boldsymbol{F}_{12}+\boldsymbol{F}_{32})\mathrm{d}t=m_2\boldsymbol{v}_2(t+\Delta t)-m_2\boldsymbol{v}_2(t) \tag{4.2.2-1b}$$

$$\int_t^{t+\Delta t}(\boldsymbol{F}_3+\boldsymbol{F}_{13}+\boldsymbol{F}_{23})\mathrm{d}t=m_3\boldsymbol{v}_3(t+\Delta t)-m_3\boldsymbol{v}_3(t) \tag{4.2.2-1c}$$

其中 $\boldsymbol{F}_{21}=-\boldsymbol{F}_{12}$、$\boldsymbol{F}_{13}=-\boldsymbol{F}_{31}$、$\boldsymbol{F}_{23}=-\boldsymbol{F}_{32}$为质点之间的相互内力. 三式相加有

$$\begin{aligned}\int_t^{t+\Delta t}(\boldsymbol{F}_1+\boldsymbol{F}_2+\boldsymbol{F}_3)\mathrm{d}t=&m_1\boldsymbol{v}_1(t+\Delta t)+m_2\boldsymbol{v}_2(t+\Delta t)+m_3\boldsymbol{v}_3(t+\Delta t)\\&-m_1\boldsymbol{v}_1(t)-m_2\boldsymbol{v}_2(t)-m_3\boldsymbol{v}_3(t)\end{aligned} \tag{4.2.2-2}$$

同理，对 N 个质点组成的质点系进行类似推导可以得到

$$\boldsymbol{I}=\int_t^{t+\Delta t}\sum_{i=1}^{N}\boldsymbol{F}_i\mathrm{d}t=\sum_{i=1}^{N}m_i\boldsymbol{v}_i(t+\Delta t)-\sum_{i=1}^{N}m_i\boldsymbol{v}_i(t)=\boldsymbol{p}(t+\Delta t)-\boldsymbol{p}(t) \tag{4.2.2-3}$$

其中 $\boldsymbol{I}=\int_t^{t+\Delta t}\sum_{i=1}^{N}\boldsymbol{F}_i\mathrm{d}t$、$\boldsymbol{p}(t+\Delta t)=\sum_{i=1}^{N}m_i\boldsymbol{v}_i(t+\Delta t)$、$\boldsymbol{p}(t)=\sum_{i=1}^{N}m_i\boldsymbol{v}_i(t)$分别称为质点系所受合外力的冲量以及质点系末态和初态的总动量，则（4.2.2-3）式表明：质点系所受合外力（与内力无关）的冲量等于质点系动量的变化量，此即质点系的动量定理. 在直角坐标系下，（4.2.2-3）式的分量形式可表示为

$$\int_{t}^{t+\Delta t}\sum_{i}F_{ix}\mathrm{d}t=p_x(t+\Delta t)-p_x(t) \quad (4.2.2-4a)$$

$$\int_{t}^{t+\Delta t}\sum_{i}F_{iy}\mathrm{d}t=p_y(t+\Delta t)-p_y(t) \quad (4.2.2-4b)$$

$$\int_{t}^{t+\Delta t}\sum_{i}F_{iz}\mathrm{d}t=p_z(t+\Delta t)-p_z(t) \quad (4.2.2-4c)$$

例 4.2.2-1 质量为 m_0的板静止于水平桌面上，板上放有一质量为 m 的小物体. 当板在水平外力的作用下从小物体下抽出时，物体与板的速度分别为 v_1和 v_2. 已知各接触面之间的摩擦因数均相同，求在此过程中所加水平外力的冲量.

解：对 m_0和 m 构成的系统应用质点系动量定理：

$$I_{外}-(m_0+m)g\mu\Delta t=(m_0v_2+mv_1)-0$$

对 m 应用动量定理：

$$mg\mu\Delta t=mv_1-0$$

联立得

$$I_{外}=(m_0+2m)v_1+m_0v_2$$

4.2.3 质心动量定理

授课录像：质心动量定理

(4.1.1-3)式表示的是质点系质心的瞬态规律. 作为整体运动，在外力冲量的作用下，质心运动情况如何呢？

由质心运动定律

$$\sum_{i}\boldsymbol{F}_i=m\frac{\mathrm{d}^2\boldsymbol{r}_C}{\mathrm{d}t^2}=m\ddot{\boldsymbol{r}}_C=m\frac{\mathrm{d}\boldsymbol{v}_C}{\mathrm{d}t}=\frac{\mathrm{d}(m\boldsymbol{v}_C)}{\mathrm{d}t}$$

积分得

$$\int_{t}^{t+\Delta t}\left(\sum_{i}\boldsymbol{F}_i\right)\mathrm{d}t=m\boldsymbol{v}_C(t+\Delta t)-m\boldsymbol{v}_C(t)=\boldsymbol{p}_C(t+\Delta t)-\boldsymbol{p}_C(t) \quad (4.2.3-1)$$

即合外力的冲量等于质心动量的增量——质心动量定理.

比较(4.1.1-3)式、(4.2.2-3)式和(4.2.3-1)式可以看出：质心运动定律、质点系动量定理、质心动量定理描述的是同一物理规律. 质心运动定律是微分形式的瞬态规律，而质点系的动量定理和质心动量定理是积分形式的过程规律. 比较(4.2.2-3)式和(4.2.3-1)式可以看出：质点系的总动量既可以表示为

$$\boldsymbol{p}=\sum_{i=1}^{N}m_i\boldsymbol{v}_i \quad (4.2.3-2a)$$

也可以表示为

$$\boldsymbol{p}=m\boldsymbol{v}_C \quad (4.2.3-2b)$$

(4.2.3-2a)式常用于描述分立质点系的总动量，而(4.2.3-2b)式则常用于描述连续质点系的总动量. 从物理上看，质点系合外力的冲量等于系统中各物体动量增量之和，也等于质心动量的增量.

授课录像：质点系动量守恒

4.2.4 质点系动量守恒

由(4.2.2-3)式和(4.2.3-1)式所示的质点系动量定理和质心动量定理可以看出，若系统所受合外力为零，则有

$$p = \sum_{i=1}^{N} m_i v_i = m v_C = C \qquad (4.2.4-1)$$

(4.2.4-1)式表明，如质点系所受的合外力为零，则体系的总动量为不变量，称为动量守恒. 由此进一步的推论为：

实物演示：动量守恒的小车

推论一，如果体系初始的质心速度为零，则体系内部各质点在相对运动过程中，质心位置保持不变，如例 4.2.4-1 所示.

推论二，如果体系的质心具有初始速度，则在以后的运动过程中，体系的质心速度不变，如例 4.2.4-2 所示.

针对质点系的动量定理和动量守恒，需注意以下几点：

(1) 以上所有定理和定律全部由牛顿第二定律推导出的，都是矢量方程，都有相应的分量式，只适用于惯性系. 在处理非惯性系中的质点系问题时，考虑加惯性力，并将其当成外力处理，所述定理和定律依然成立(见 4.2.5 节质心系下质点系动量内容的讨论).

(2) 动量守恒的条件是合外力为零. 当在合外力远小于内力，且作用时间很短的情况下，如炸药在空中爆炸、对软弹簧的碰撞、小摩擦下的碰撞问题等，动量守恒可以近似成立(如例 4.2.4-3 所示).

(3) 即使体系的总动量不能满足动量守恒条件，但如果某个方向上体系所受合外力为零，或合外力远小于内力，此方向上可以用动量守恒定律(如例4.2.4-1 所示).

(4) 定理和定律中各物体速度必须相对同一参考系，应注意相对速度、牵连速度和绝对速度之间的关系(如例 4.2.4-4 所示).

(5) 在相对论中，动量仍为 $\boldsymbol{p}=m\boldsymbol{v}$，但质量为 $m=m_0/\sqrt{1-\frac{v^2}{c^2}}$，仍有 $\boldsymbol{F}=\frac{\mathrm{d}\boldsymbol{p}}{\mathrm{d}t}=\frac{\mathrm{d}}{\mathrm{d}t}(m\boldsymbol{v})$. 此时质量与速度有关，而速度是时间的函数，所以不能将质量视为常量.

例 4.2.4-1 如例 4.2.4-1 图所示，质量为 m、半径为 R 的球，放在一个质量相同，内半径为 $2R$ 的大球壳内. 它们置于一质量也为 m 的槽的底部. 槽置于光滑的水平面上. 释放后，球最终静止于槽的底部，问此时槽移动了多远?

解：以槽、球壳和球为研究对象，虽然系统的总动量不满足动量守恒的条件，但系统在水平方向上不受合外力，因此水平方向动量守恒. 又由于系统在水平方向上的初始质心速度为零，因此，系统在水平方向上质心位置不变. 建立如例 4.2.4-1 图所示的坐标系有

$$x_{C0}=\frac{2m\cdot 0+m\cdot R}{3m},\qquad x_C=\frac{3mx}{3m},\qquad x_{C0}=x_C$$

解得 $x=\frac{1}{3}R>0$，向右移动.

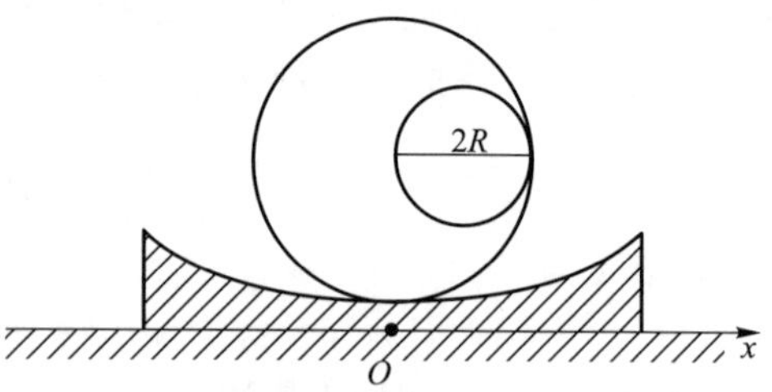

例 4.2.4-1 图

例 4.2.4-2 一物体在光滑水平面上以 5 m/s 的速度沿 x 正方向运动. 当它到达坐标原点时，由于内部原因而突然分裂成 5 块碎片，其中 4 块质量相等，而另一块的质量为其他任一碎片的 3 倍. 这些碎片均沿水平面继续运动，经过 2 s 后，大碎片的位置坐标为(15,-6)，某一小碎片的位置坐标为(4,9)，坐标单位均为 m，求由另三块小碎片组成的系统的质心在此时的位置.

解：系统在二维平面上运动，质心位置可记为：$\boldsymbol{r}_C = X_C\boldsymbol{i}+Y_C\boldsymbol{j}$，且 $t=0$ 时，$X_C=0$，$Y_C=0$. 由于物体在运动过程中并没有受到外力作用，系统动量守恒，质心速度不变，所以 t 时刻，$Y_C=0$，$X_C=v_Ct$，并设此时另三块小碎片组成系统的质心位置坐标(x_C,y_C). 依据质心定义有

$$\boldsymbol{r}_C=\frac{m_{大}\boldsymbol{r}_{大}+m_{小}\boldsymbol{r}_{小}+m_{其他}\boldsymbol{r}_{其他}}{m_{大}+m_{小}+m_{其他}}$$

$$=\frac{3m(15\boldsymbol{i}-6\boldsymbol{j})+m(4\boldsymbol{i}+9\boldsymbol{j})+3m(x_C\boldsymbol{i}+y_C\boldsymbol{j})}{3m+m+3m}$$

$$=\frac{1}{7}[(49+3x_C)\boldsymbol{i}+(3y_C-9)\boldsymbol{j}]$$

对应分量有

$$\begin{cases}\dfrac{1}{7}(49+3x_C)=v_Ct\\[2mm]\dfrac{1}{7}(3y_C-9)=0\end{cases}$$

联立解得，另三块小碎片组成系统的质心在此时的位置坐标(7,3)，单位为 m.

例 4.2.4-3 如例 4.2.4-3 图所示，子弹 m_1 以初速 v_0 水平入射到静止的木块 m_2 上(地面与木块之间有摩擦)，求入射后，m_1、m_2 的共同速度 v.

解：以 m_1、m_2 为研究对象，在碰撞过程中，尽管系统受到地面的摩擦力和弹簧弹性力的作用，但是，这些外力远小于内力，而且作用时间很短，近似认为系统动量守恒，即

$$m_1v_0=(m_1+m_2)v$$

由此确定共同速度

$$v=\frac{m_1}{m_1+m_2}v_0$$

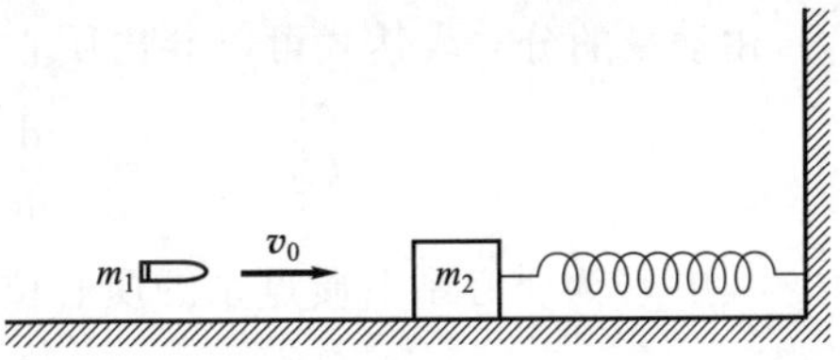

例 4.2.4-3 图

例 4.2.4-4 置于冰面上长为 l、质量为 m 的均匀分布的木板，板右端站质量也为 m 的人(视为质点). 当人相对板以速率 u 向左运动，求板运动速度 v 与人运动速度的关系.

解：该系统在水平方向所受合外力为零，则水平方向动量守恒. 取向右为正方向，有

$$mv+mv_{人}=0$$

其中 v 是木板相对地面的速度，$v_{人}$ 是木板上的人相对地面的速度，由相对速度变换可得关系式

$$v_{人}=v+(-u)$$

联立解得

$$v=\frac{u}{2}$$

上题中已知的是人对板的相对速度，而对人和板构成的系统是以地面为参考系动量才守恒. 因此，在动量表达式中，所有量都要针对地面而言.

4.2.5 质心系下质点系总动量

如 4.1.3 节所述，质心系在处理有些物理问题时具有特殊的意义. 作为特殊性的例子之一，本节介绍在质心系下质点系总动量的表示.

质点系的动量定理是由惯性系下牛顿第二定律推导出的，只适用于惯性系. 由(3.2.3-2)式可知，在非惯性系下，只要加上惯性力，并将其当成外力，牛顿第二定律的形式依然成立. 这意味着，在非惯性系下，只要将惯性力作为外

授课录像： 质心系下质点系总动量

力加到质点系的每个质点上，以惯性系下牛顿第二定律为基础导出的运动定理形式，在非惯性系下也成立. 所以，无论是在惯性系还是非惯性系下，质点系的动量定理可以统一表示为

$$\int(\boldsymbol{F}_{外}+\boldsymbol{F}_{惯})\,\mathrm{d}t=\boldsymbol{p}'_C-\boldsymbol{p}'_{C0} \tag{4.2.5-1}$$

对于质心系，它有可能是惯性系，也有可能是非惯性系.

如果质心系是惯性系，则 $\boldsymbol{F}_{外}=0$，$\boldsymbol{a}_C=0$，$\boldsymbol{F}_{惯}=0$，由(4.2.5-1)式可得

$$\boldsymbol{p}'_C=\boldsymbol{p}'_{C0} \tag{4.2.5-2}$$

如果质心系是非惯性系，由质心系的定义知道，它将是加速平动的非惯性系，此时 $\boldsymbol{F}_{惯}=\sum\limits_i m_i(-\boldsymbol{a}_C)=-m\boldsymbol{a}_C$，其中 $\boldsymbol{a}_C$为质心系相对惯性系的加速度，m 为质点系总质量. 由质心运动定律可知，$\boldsymbol{F}_{外}=m\boldsymbol{a}_C$，因此，$\boldsymbol{F}_{外}+\boldsymbol{F}_{惯}=0$. 在此条件下，由(4.2.5-1)式同样可得(4.2.5-2)式.

由上述的推导过程可知，即便质心系是非惯性系，由于质点系所受的合外力与惯性力相互抵消，因此，相对质心系而言，相当于没有任何外力作用的系统，因此，动量是守恒的，即其动量 $\boldsymbol{p}'_c$ 是恒定值. 这个恒定值是多少呢？从分立质点系和连续质点系角度讨论。

由动量的分立表达式可以导出质心系下质点系的动量表达式：

$$\boldsymbol{P}'_C=\sum m_i\boldsymbol{v}'_i=\frac{\mathrm{d}}{\mathrm{d}t}\sum m_i\boldsymbol{r}'_i=m\frac{\mathrm{d}}{\mathrm{d}t}\sum\left(\frac{m_i\boldsymbol{r}'_i}{m}\right)=m\frac{\mathrm{d}\boldsymbol{r}'_C}{\mathrm{d}t} \tag{4.2.5-3a}$$

其中 $\boldsymbol{r}'_C$为质心系下质点系的质心位置，由质心的定义可知 $\boldsymbol{r}'_C=0$，从而由(4.2.5-3a)式可得

$$\boldsymbol{p}'_C=0 \tag{4.2.5-3b}$$

由动量的连续表达式可以导出质心系下质点系的动量表达式：

$$\boldsymbol{p}'_C=m\boldsymbol{v}'_C \tag{4.2.5-3c}$$

由于质心系的坐标原点是规定选取质心的，因此，质点系质心相对质心系的速度当然是零的，亦即，(4.2.5-3c) 式为零.

由此得出结论，**无论质心系是否是惯性系，质心系下质点系的总动量始终为零**. 其物理解释为：对质心系下的观测者而言，质点系所受的合外力与总的惯性力相等，即质点系所受合外力为零，动量守恒. 其守恒值为质点系的总质量与质心速度的乘积. 而对质心系下的观测者而言，观测的质点系的质心速度始终为零. 因此，出现质心系下质点系总动量为零的结果，这也是质心系的特点之一.

§4.3 变质量系统

质点系的动量定理在处理质点系问题时有很多的应用. 本节主要介绍用质点系的动量定理讨论变质量系统问题.

4.3.1 变质量系统动力学方程

人造地球卫星(称为主体)运动中会有尘埃(称为附体)不断黏附；火箭(主体)飞行中不

断喷出燃烧物质(附体). 它们同以往研究的定质量系统的情况不同，被称为变质量系统. 这类系统可简化为如图 4.3.1-1 所示的模型. 假如有一质量为 m_0 的物体，在外力 $\boldsymbol{F}$ 作用下以速度 $\boldsymbol{v}$ 相对惯性系 S 运动. 在运动中不断地有质量 $\mathrm{d}m$ 以相对主体速度 $\boldsymbol{u}$ 进入或离开主体，主体的质量随时间的变化率为 $\dfrac{\mathrm{d}m_0}{\mathrm{d}t}$. 当有质量离开主体时，$\mathrm{d}m_0$ 为负值，附体的质量 $\mathrm{d}m=-\mathrm{d}m_0$；当有质量进入主体时，$\mathrm{d}m_0$ 为正值，附体的质量 $\mathrm{d}m=\mathrm{d}m_0$. 我们选择 t 和 $t+\mathrm{d}t$ 为初、末态，选取附体以及主体+附体两种不同体系为研究对象，分别应用动量定理进行讨论，然后再总结处理该类问题的方法. 由于附体是小质元，所以在以下问题讨论中，均可忽略附体的重力和所受的阻力.

授课录像：变质量系统动力学方程

1. 以附体为研究对象

(1) 当附体进入主体时($\mathrm{d}m=\mathrm{d}m_0$)

设主体对附体的作用力为 $\boldsymbol{F}_{主-附}$(附体对主体的作用力则为 $\boldsymbol{F}_{附-主}=-\boldsymbol{F}_{主-附}$)，对附体应用动量定理得

$$\boldsymbol{F}_{主-附}\mathrm{d}t=\mathrm{d}m(\boldsymbol{v}+\mathrm{d}\boldsymbol{v})-\mathrm{d}m(\boldsymbol{v}+\boldsymbol{u}) \tag{4.3.1-1}$$

其中 $\boldsymbol{v}+\mathrm{d}\boldsymbol{v}$、$\boldsymbol{v}+\boldsymbol{u}$ 分别为附体在 $t+\mathrm{d}t$ 时刻和 t 时刻相对惯性系 S 的速度. 忽略二阶小量，整理得

$$\boldsymbol{F}_{主-附}=-\boldsymbol{u}\frac{\mathrm{d}m}{\mathrm{d}t}=-\boldsymbol{u}\frac{\mathrm{d}m_0}{\mathrm{d}t} \tag{4.3.1-2}$$

(2) 当附体流出主体时($\mathrm{d}m=-\mathrm{d}m_0$)

对附体应用动量定理得

$$\boldsymbol{F}_{主-附}\mathrm{d}t=\mathrm{d}m(\boldsymbol{v}+\mathrm{d}\boldsymbol{v}+\boldsymbol{u})-\mathrm{d}m\boldsymbol{v} \tag{4.3.1-3}$$

其中 $\boldsymbol{v}+\mathrm{d}\boldsymbol{v}+\boldsymbol{u}$、$\boldsymbol{v}$ 分别为附体在 $t+\mathrm{d}t$ 时刻和 t 时刻相对惯性系 S 的速度. 忽略二阶小量，整理所得 $\boldsymbol{F}_{主-附}$ 的表达式与 (4.3.1-2)式相同.

上述说明，无论附体是流入还是流出主体，主体与附体之间的相互作用力都与附体相对主体的流入(流出)速度以及主体的质量变化率有关.

2. 以主体+附体为研究对象

(1) 当附体进入主体时($\mathrm{d}m=\mathrm{d}m_0$)

对主体+附体应用动量定理得

$$\boldsymbol{F}\mathrm{d}t=[(m_0+\mathrm{d}m)(\boldsymbol{v}+\mathrm{d}\boldsymbol{v})]-[m_0\boldsymbol{v}+\mathrm{d}m(\boldsymbol{v}+\boldsymbol{u})] \tag{4.3.1-4}$$

其中 $\boldsymbol{F}$ 为主体和附体所受的合外力，m_0 为 t 时刻主体的质量；在 $t+\mathrm{d}t$ 和 t 时刻，主体相对惯性系 S 的速度分别对应 $\boldsymbol{v}+\mathrm{d}\boldsymbol{v}$、$\boldsymbol{v}$，附体相对惯性系 S 的速度分别对应 $\boldsymbol{v}+\mathrm{d}\boldsymbol{v}$、$\boldsymbol{v}+\boldsymbol{u}$. 忽略二阶小量，整理得

$$\boldsymbol{F}+\boldsymbol{u}\frac{\mathrm{d}m_0}{\mathrm{d}t}=m_0\frac{\mathrm{d}\boldsymbol{v}}{\mathrm{d}t} \tag{4.3.1-5}$$

(2) 当附体流出主体时($\mathrm{d}m=-\mathrm{d}m_0$)

参考附体进入主体时的推导过程，同样可得(4.3.1-5)式.

从上述讨论可以看出，如果以附体或以主体+附体为研究对象，图 4.3.1-1 所示的系统并非是变质量系统. 对附体应用动量定理可得(4.3.1-2)式所示的主体对附体的作用力；对主体+附体应用动量定理可得(4.3.1-5)式所示的主体所满足的动力学方程. 比较(4.3.1-2)式和(4.3.1-5)式可将主体满足的方程表示为

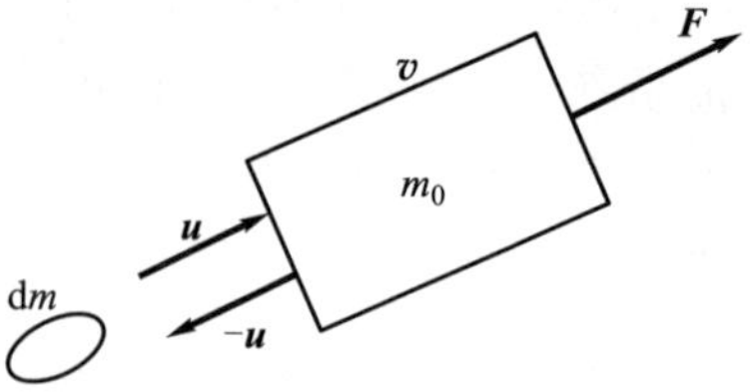

图 4.3.1-1

$$\boldsymbol{F}+\boldsymbol{F}_{\text{附-主}}=m_0\frac{\mathrm{d}\boldsymbol{v}}{\mathrm{d}t} \tag{4.3.1-6}$$

上述讨论说明，如果仅以主体为研究对象，则图 4.3.1-1 所示的系统就是变质量系统，原则上说，此时不能针对主体应用质心运动定律或动量定理. 但(4.3.1-6)式表明，如果以主体为研究对象，将附体对主体的作用力作为主体的外力，就可以对主体直接应用质心运动定律了，但需注意的是，此时主体的质量 m_0 是随时间变化的.

总结处理变质量系统问题的方法如下：如果需要求解主体与附体之间的作用力，可直接应用(4.3.1-2)式；如果需要求解主体的速度或加速度等问题，可直接应用(4.3.1-6)式，如下节的例 4.3.2-1，例 4.3.2-2；有时也可直接对附体应用动量定理，如下节的例 4.3.2-3.

4.3.2 变质量系统动力学方程应用举例

上节给出了处理变质量系统的方法. 本节针对主体喷出附体以及主体吸附附体等情况，举例讨论其求解过程.

授课录像：变质量系统动力学方程应用举例

例 4.3.2-1 火箭发射，沿地面向上，求火箭发射的推力及火箭的速度.

解： 如例 4.3.2-1 图所示，选取向上为坐标正方向. 设 t 时刻，火箭主体的质量为 m，向上运动速度大小为 v，喷射物质相对火箭速度的大小为 u. 此题为附体喷射情况，发射火箭的推力即为喷射物质对火箭的作用力，根据(4.3.1-2)式，其大小为 $F=-u\frac{\mathrm{d}m}{\mathrm{d}t}$，其中 $\mathrm{d}m$ 为负值.

以火箭主体为研究对象，应用变质量动力学方程：

$$-mg+F-F_{\text{阻力}}=m\frac{\mathrm{d}v}{\mathrm{d}t}$$

其中 $F=-u\frac{\mathrm{d}m}{\mathrm{d}t}$ 为喷射物质对火箭的推力，代入上式并忽略空气阻力 $F_{\text{阻力}}$，得

$$-mg-u\frac{\mathrm{d}m}{\mathrm{d}t}=m\frac{\mathrm{d}v}{\mathrm{d}t}$$

进一步整理有

$$-g\mathrm{d}t-u\frac{\mathrm{d}m}{m}=\mathrm{d}v$$

积分得

$$v=v_0-gt+u\ln\frac{m_0}{m}$$

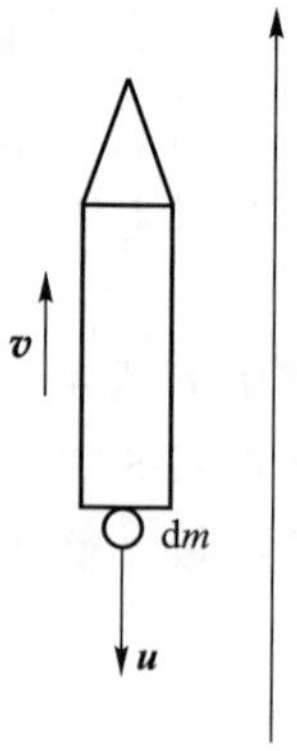

例 4.3.2-1 图

其中 v_0、m_0分别是火箭发射时的初速度和总质量．所以，要想使火箭获得高的速度，要求火箭主体的质量要小，也就是说要尽快燃烧并甩掉多余的物质.

对于自由空间，$g=0$，有 $v=v_0+u\ln\dfrac{m_0}{m}$.

例 4.3.2-2 半径为 r_0的球形雨滴在云层中由静止开始落下，由于水汽的吸附作用，雨滴不断增大．若其体积的增长率是其表面积的 k 倍(k 是常量)，不考虑空气黏性阻力作用，(1) 写出雨滴的半径随时间的变化关系；(2) 试求任一时刻 t 的雨滴速度；(3) 证明雨滴的加速度最终将趋于一极限值，并求出此加速度.

解：此题为主体吸附附体情况.

(1) 设任意时刻，雨滴的体积为 V，半径为 r，由题意可知

$$\begin{cases}\dfrac{\mathrm{d}V}{\mathrm{d}t}=4k\pi r^2\\ V=\dfrac{4}{3}\pi r^3\end{cases}$$

解得

$$r=r_0+kt$$

(2) 雨滴在下落过程中会受到地球对它的重力、空气对它的浮力和吸附力．设任意时刻雨滴的体积为 V，速度为 v，则有

$$mg-V\rho_{空}\,g-v\,\frac{\mathrm{d}m}{\mathrm{d}t}=m\,\frac{\mathrm{d}v}{\mathrm{d}t}$$

其中

$$m=V\rho_{水}$$

进一步整理有

$$\frac{\mathrm{d}v}{\mathrm{d}t}+\frac{3k}{r_0+kt}v=\left(1-\frac{\rho_{空}}{\rho_{水}}\right)g$$

上式是一阶非常系数微分方程，由高等数学知识可解得

$$v=\left(1-\frac{\rho_{空}}{\rho_{水}}\right)g\left[(r_0+kt)-r_0^4(r_0+kt)^{-3}\right]/4k$$

(3) 加速度为

$$a=\frac{\mathrm{d}v}{\mathrm{d}t}=\frac{g}{4}\left(1-\frac{\rho_{空}}{\rho_{水}}\right)\left[1+\frac{3r_0^4}{(r_0+kt)^4}\right]$$

当 $t\to\infty$ 时，加速度取得最小值，解得

$$a_{\min}=\frac{g}{4}\left(1-\frac{\rho_{空}}{\rho_{水}}\right)$$

例 4.3.2-3 如例 4.3.2-3 图所示，水枪以 $v_0=30$ m/s的速率向墙垂直喷出截面积$S=3.0\times10^{-4}\,\mathrm{m}^2$的水柱．与墙冲击后，水滴向四周均匀飞溅形成一个半顶角$\theta=60°$的圆锥面，飞溅速率 $v=4.0$ m/s．求水柱对墙的冲击力.

解：如例 4.3.2-3 图所示，选取水平向右为坐标系的正方向，选取无限小的喷射物质为研究对象，直

接应用动量定理(微元法)，即

$$F\Delta t=\Delta mv\cos\theta-\Delta m(-v_0)$$

整理得

$$F=(v\cos\theta+v_0)\frac{\mathrm{d}m}{\mathrm{d}t}$$

其中

$$\frac{\mathrm{d}m}{\mathrm{d}t}=\frac{\mathrm{d}x}{\mathrm{d}t}S\rho_0=S\rho_0v_0$$

解得

$$F=288\ \mathrm{N}$$

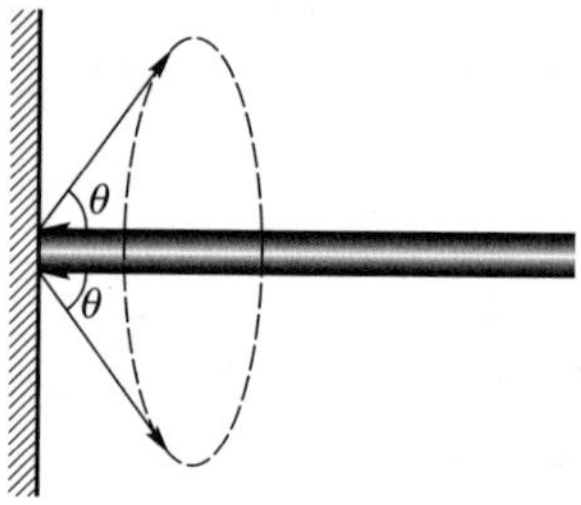

例 4.3.2-3 图

本章知识单元和知识点小结

知识单元	知识点		
质点系质心运动	质心运动定律	分立质点系质心	连续质点系质心
	$\boldsymbol{F}_{外}=m\ddot{\boldsymbol{r}}_C=m\boldsymbol{a}_C$	$\boldsymbol{r}_C=\dfrac{\sum_i^N m_i\boldsymbol{r}_i}{m}$	$\boldsymbol{r}_C=\dfrac{1}{m}\int\boldsymbol{r}\mathrm{d}m$
质点系动量定理	质点系动量定理	质点系动量守恒	质心系下质点系总动量
	$\boldsymbol{I}=\boldsymbol{p}-\boldsymbol{p}_0$， $\boldsymbol{I}=\int_t^{t+\Delta t}\boldsymbol{F}_{外}\mathrm{d}t$， $\boldsymbol{p}=\sum_{i=1}^N m_i\boldsymbol{v}_i=m\boldsymbol{v}_C$	$\boldsymbol{I}=0$ 时，$\boldsymbol{p}=\boldsymbol{C}$ 其推论： 1. 质心初始速度为零时，系统质心位置不变 2. 质心初始速度不为零时，质心速度保持不变	$\boldsymbol{p}'_C=0$
质点系动量定理的应用	变质量物体与附体之间的相互作用力：$\boldsymbol{F}_{主-附}=-\boldsymbol{u}\dfrac{\mathrm{d}m_0}{\mathrm{d}t}$ 变质量系统的动力学方程：$\boldsymbol{F}+\boldsymbol{F}_{附-主}=m_0\dfrac{\mathrm{d}\boldsymbol{v}}{\mathrm{d}t}$		

授课录像： 第四章知识单元小结

习　题

课后作业题

4-1. 地球的质量是月球的 81 倍，地球和月球的中心相距 3.84×10^8 m，求地球和月球组成的系统的质心与地球中心的距离.

4-2. A、B、C 三质点在某一时刻的位置坐标分别为：(−3，4，3)、(3，−8，6)、(1，2，−1)，坐标以 m 为单位，B 的质量是 A 的两倍，而 C 的质量是 A 的三倍. 求此时由此三质点组成的体系的质心的位置.

第四章参考答案

4-3. 长为 l、线密度为 ρ_l 的柔软绳索，原先两端点 A、B 并合一起，悬挂在支点上，现让 B 端脱离支点自由下落. 求当 B 端下落了 x 时，支点上所受的力 F_T.

4-4. 如习题 4-4 图所示，光滑水平面上并排静止放着两块质量分别为 m_1 和 m_2 的木块. 一质量为 m 的子弹以初速度 v_0 水平射向两木块，射穿两木块后以 v' 的速度沿原方向运动. 求两木块的速度 v_1 和 v_2. 设子弹在两木块中受到阻力(可视为恒力) 相等，而穿过 m_1 所用的时间为穿过 m_2 所用时间的一半.

4-5. 一块长为 L 的大平板静放在光滑水平冰面上，一小孩骑着儿童自行车以 v_0 的速度从板的一端驶上平板，在板上他的速度忽快忽慢，在将近板的另一端时，它相对板的速度为 u. 此时，他忽然刹车，在板的另一端边缘车相对板静止. 已知人在板上骑车的时间为 t，板的质量为 m_0，小孩与车一起的质量为 m. 试求：(1) 刹车前瞬时板的速度；(2) 车相对板刚静止时板的位移.

4-6. 两个质量分别为 m_1 和 $m_2(m_1>m_2)$ 的人身高相同，他们同时以相同的速率竖直上跳，在空中二人用力互推. 若胖人的落地点距起跳点距离为 s，则瘦人的落地点距起跳点多远?

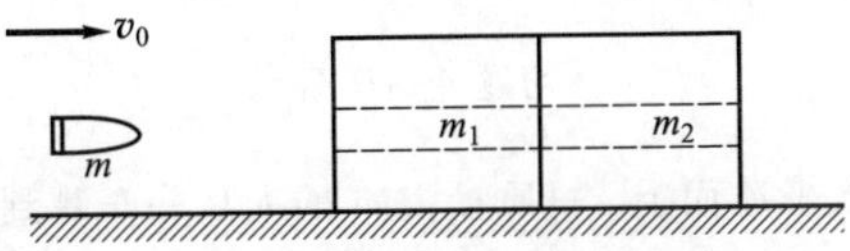

习题 4-4 图

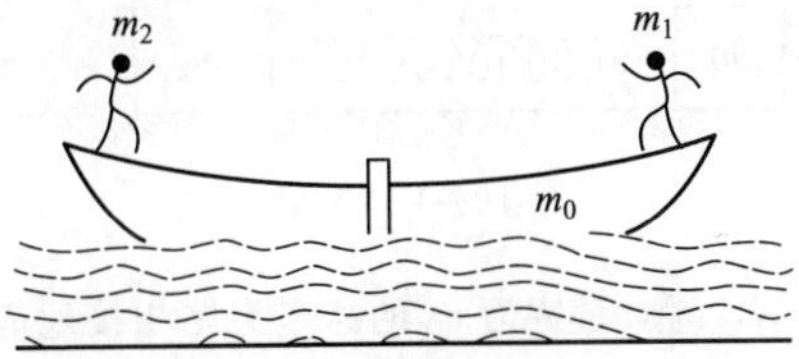

习题 4-7 图

4-7. 质量为 m_0，长为 l 的小船静浮于河中，小船两头分别站着质量为 m_1 和 $m_2(m_1>m_2)$ 的人，他们同时相对船以相同的速率 u 走向原位于船正中，但固定在河中的木桩，如习题 4-7 图所示. 若忽略水对船的阻力作用，试问：(1) 谁先走到木桩处?(2) 他用了多少时间?

4-8. 一质量为 m_1 的杂技演员，从蹦床上沿竖直方向跳起. 当他上升到某一高度时，迅速抱起边上栖木上的质量为 m_2 的猴子，结果他又上升了相同的高度然后落下. 试求此种情况下杂技演员所能上升的高度 h 与他不抱猴子所能达到的最大高度 h_0 之比.

4-9. 一火箭垂直向上发射，当它达到最高点时炸裂成三块等质量的碎片，观察到其中一块碎片经时间 t_1 垂直地落到地上，而其他两块碎片在炸裂后的 t_2 时刻落在地上. 求炸裂时离地面的高度.

4-10. 将一空盒放在秤盘上，并将秤的读数调整到零，然后从高出盒底 h 处将小钢珠以每秒 B 个的速率由静止开始掉入盒内，每个小钢珠的质量为 m. 若钢珠与盒底碰撞后即静止，忽略小球在空中的时间，试求自钢珠落入盒内起，经过时间 t 后秤的读数.

4-11. 由喷泉中喷出的水柱，把一个质量为 m 的垃圾桶倒顶在空中. 水以恒定的速率 v_0 从面积为 S 的小孔中喷出，射向空中，在冲击垃圾桶桶底以后，有一半的水吸附在桶底，并顺内壁流下，其速度可忽略，而另一半则以原速竖直溅下. 求垃圾桶停留的高度 h.

4-12. 一质量为 m_0(无水时) 的水桶开始处于静止状态，桶中装有质量为 m 的水，通过一根绳子施以恒力 F 将桶从井中提上来，桶中的水以恒定的质量速率从桶中漏出来，经过时间 t 桶变成空的. 求变成空桶的瞬间桶的速度.

自检练习题

4-13. 求均质的内外半径分别为 a 和 b 的半球壳的质心.

4-14. 在光滑的水平面上有两个质量分别为 m_1 和 m_2 的物体. 它们中间用一根原长为 l，劲度系数为 k 的弹簧相连，如习题 4-14 图所示. 开始时，将 m_1 紧靠墙，并将弹簧压缩至原长的 $\frac{1}{2}$，然后将 m_2 释放. 若 m_1、m_2 和弹簧为系统. 试求：(1) 系统质心的加速度随时间的变化关系；(2) 系统质心的速度最大值.

4-15. 一圆锥摆的摆线长为 l，摆锤的质量为 m，圆锥的半顶角为 α. 试求当摆锤从习题4-15图中位置 A 沿圆周匀速运动到位置 B 的过程中绳中张力的冲量.

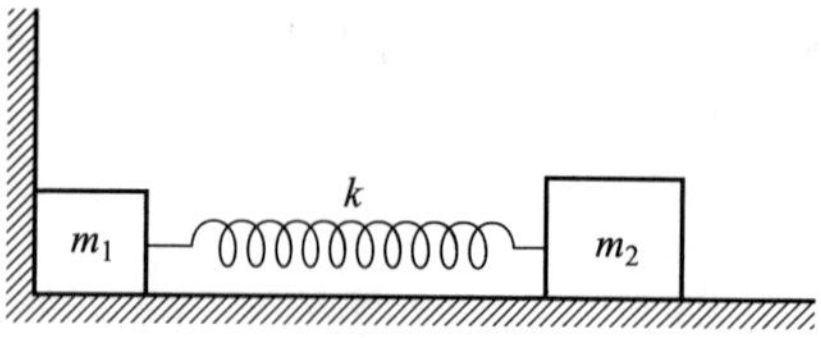

习题 4-14 图

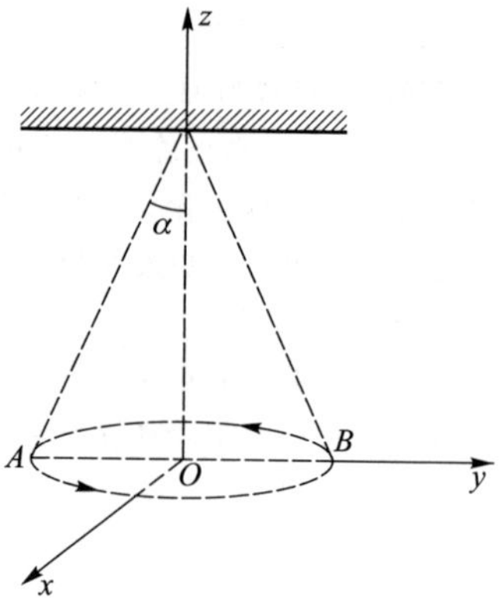

习题 4-15 图

4-16. 两质量皆为 m_0的冰车头尾相接地静止在光滑的水平冰面上. 一质量为 m 的人从一车跳到另一车，然后再跳回. 试证明，两冰车的末速度之比为$\dfrac{m_0+m}{m_0}$.

4-17. 如习题 4-17 图所示，质量为 m 的物体从静止下落 y 后开始拉起质量为 m_0 ($m_0>m$)的物体. 两物体通过一根很轻且不可伸长的细绳相连并挂在一固定的光滑滑轮上.（1）求物体 m_0返回原来位置所用的时间；（2）求物体 m_0被拉起运动时动能与原动能比值.

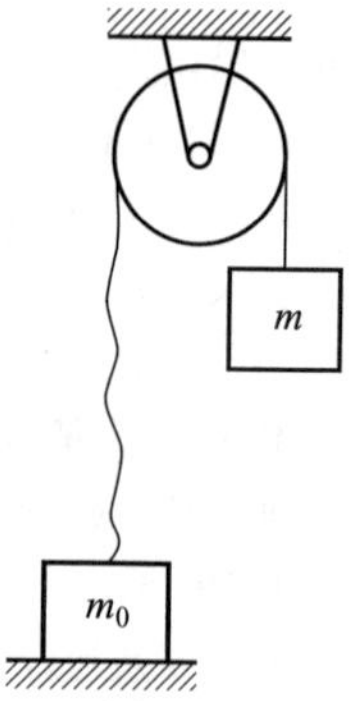

习题 4-17 图

4-18. 质量为 m_0的人手里拿着一个质量为 m 的物体，以 v_0的初速度向与地平线成 α 角的方向跳去，当他达到最高点时，将物体以相对速度 u 水平向后抛出. 问由于物体的抛出，人向前跳出的距离增加了多少？

4-19. 一质量为 m 的男孩站在质量为 m_0的雪橇上以恒定的速度 $\boldsymbol{v}_i$在冰面上滑行. 若男孩沿与 $\boldsymbol{v}_i$相反的方向在雪橇上跑动，在离开雪橇末端时相对于雪橇的速率为 v. 求雪橇相对于冰面的末速度.

4-20. 有 N 个人站在铁路上静止的质量为 m_0的平板车上，每人的质量为 m. 他们以相对于平板车的速度 u 跳离平板车. 设平板车与轨道间无摩擦力.（1）若所有的人同时跳，则平板车的最终速度是多少？（2）若他们一个一个地跳，则平板车的最终速度是多少？（3）以上两种情况中哪一种的最终速度大些？你能对此结果作出简单的解释吗？

4-21. 一质量 $m_1=50$ kg 的人 A 手里拿着一质量 $m=5.0$ kg 的小球以 $v_1=1.2$ m/s 的速率在光滑冰面上沿直线滑冰，而另一质量 $m_2=45$ kg 的人 B 以 $v_2=0.8$ m/s 的速率向 A 对面滑来，为避免碰撞，A 把球以相对于他的速率 u 向 B 水平抛去，让 B 接住. 试问 u 至少应多大?

4-22. 质量为 m_A与 m_B的两个小球 A 和 B，用不可伸长的轻绳相连，静止在水平面上. 绳子拉紧时，给 B 球一个冲量 $\boldsymbol{I}$，$\boldsymbol{I}$ 的方向与 AB 连线成 α 角，$\alpha<\dfrac{\pi}{2}$，如习题 4-22 图所示. 已知冲击后的速度 v_B的大小，求 v_B的方向和冲量 $\boldsymbol{I}$ 的大小.

4-23. 如习题 4-23 图所示，漏斗中的煤粉不断地落到速度 $v=1.5$ m/s 的自动传送带上，每秒钟落下的煤粉量为 20 kg. 求煤粉作用在传送带上的水平方向的力.

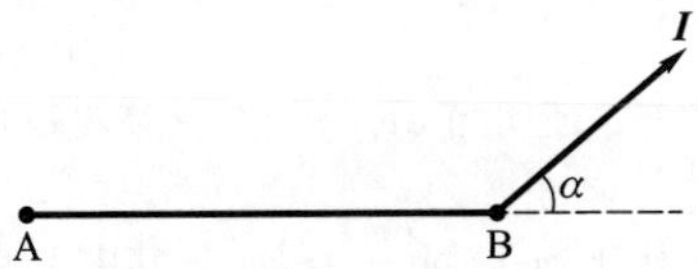

习题 4-22 图

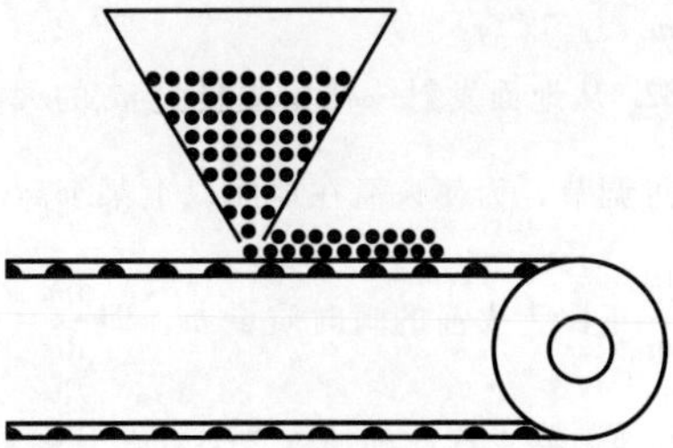
习题 4-23 图

4-24. 一股横截面积为 S、密度为 ρ、以绝对速度 v_0 在水平方向运动的水流，无弹性地射中一静止在水平面上、质量为 m 的木块，水离开木块时相对于木块的水平速度分量为零. 若木块与它在其上滑动的水平面间的摩擦因数为 μ. 求木块的最终速度.

4-25. 某人用木桶从深井中打水. 木桶的质量为 m_0，刚开始提桶($t=0$)时，桶内装有质量为 m 的水，由于桶的底部有一面积为 S 的小洞，桶内的水以相对于桶的恒定速率 u 从洞口流出. (1) 若人以恒定的速率向上提桶，求提桶力随时间的变化关系. (2) 若人以恒力 F 向上提桶，求水桶在时刻 t 的速率. 设 $t=0$ 时桶静止.

4-26. 质量为 m 的卡车关闭发动机后在雨中行驶. 雨水以速率 B 竖直滴进敞开的车厢内. 设 $t=0$ 时，车厢是空的，车速为 v_0，车厢内总共可容纳质量为 m_0 的水. 忽略地面对卡车的阻力作用，试求卡车的速率随时间的变化关系(t 从 0 到 ∞).

4-27. 两质量分别为 m_1 和 m_2 的小车 A、B 尾尾相接地停在水平路面上，如习题 4-27 图所示. 两车之间用粗绳连接，A 车上装有质量为 m 的水. 在 $t=0$ 时，B 车开始受到一水平恒力 F 的作用，而 A 车开始以相对于自身的速率 u 把水水平的喷向 B 车，并全部进入 B 车. 设水柱的截面积为 S，并忽略地面对两车的阻力作用. 试求绳中张力随时间的变化关系. 忽略在空中飞行的水柱.

4-28. 若上题中两车之间没有粗绳连接：(1) 在 A 车喷水以后，B 车在外力作用下始终与 A 车保持一定的距离. 试求此外力随时间的变化关系. (2) 若两车均无外力作用，试求在水不能喷进入 B 车以前，A、B 两车的速度随时间的变化关系.

以上两小题均忽略地面对车的阻力作用，并可忽略在空中飞行的水柱.

4-29. 如习题 4-29 图所示，一质量为 m 的物体与单位长度的质量为 ρ_l 的软绳相连. 开始时，物体静置于倾角为 θ 的光滑斜面的顶端，而软绳则盘放在斜面顶端边的平台上. 释放物体，让其沿斜面滑下. 求当它下滑距离 x 时的速度.

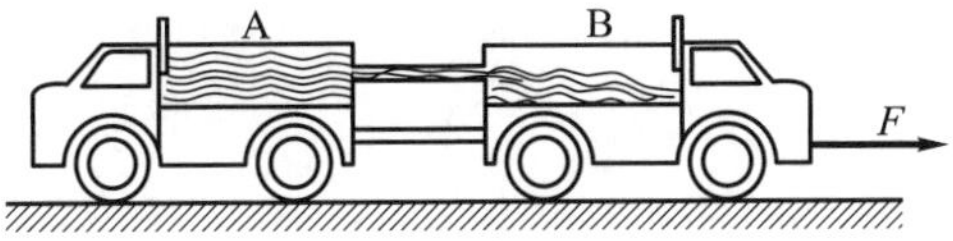

习题 4-27 图

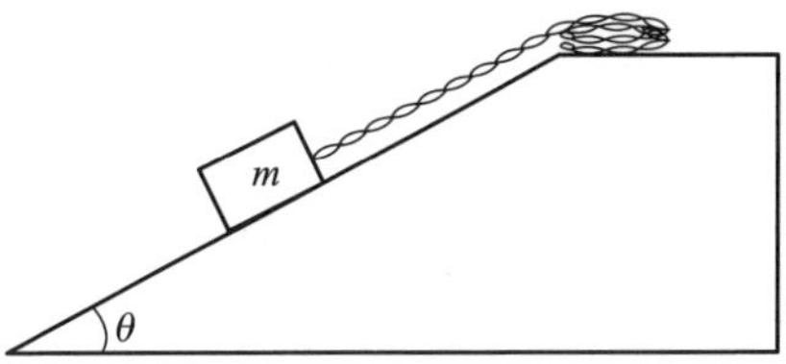

习题 4-29 图

4-30. 线密度为 ρ_l 的柔软长链条盘成一团置于地面，链条的一端系着一质量为 m 的球，若将球以初速 v_0 竖直上抛，球能上升多高？

4-31. 从地面发射质量为 m 的火箭(包括燃料)，其喷射的燃料气体相对火箭的速度为 v_r，经过时间 t_0 后，燃料全部喷射完，此时火箭正好获得逃逸速度. 设在燃料喷射过程中重力加速度 g 为常量. 求空火箭

的质量 m_0.

4-32. 从地面发射一初始质量为 m_0的火箭，喷射的燃料相对火箭的速度为 v_r.（1）若其燃料的每秒消耗量$\frac{dm}{dt}$可调节，为使火箭在地面以上某个高度保持静止，求$\frac{dm}{dt}$与时间 t 的函数关系.（2）若其燃料的每秒消耗量$\frac{dm}{dt}$正比于火箭的瞬时质量 m，即$\frac{dm}{dt}=-\alpha m$，其中 α 为正常量. 证明当 $\alpha v_r>g$ 时，火箭将以恒定加速度向上加速，并求出此加速度.（3）若其燃料的每秒消耗量$\frac{dm}{dt}$正比于 m_0，即$\frac{dm}{dt}=-km_0$，其中 k 为正常量. 试求火箭在任一时刻 t 的速度.（4）在(3)的情况下，若火箭本身的质量为 m，试求火箭所能到达的最大高度(不计火箭燃料燃尽后的自由上抛过程). 设火箭到达最大高度时，仍未脱离地球引力范围，并设此过程中重力加速度 g 为常量.

4-33. 一火箭总质量为 m，其中机壳重为 βm，每秒喷出燃料 αm(α 为常量). 为使火箭能在开始喷射燃料的瞬时即能竖直起飞，燃料的喷射速度(相对火箭)v_r 至少为多大？维持用这样的速度喷射燃料，当燃料恰好喷射完时，火箭上升的最大高度 h 为多少？设重力加速度 g 为常量.

第五章

功能原理与机械能守恒定律

在第四章中，通过对作用在质点上的力对时间的累积积分问题的讨论，我们得到了质点基本动力学的第一个推论——质点和质点系的动量定理与守恒定律．但是，在有些问题中，仅仅有力对时间的累积效果的定理或定律还不足以获得质点或质点系某些必需的信息，还需要应用到力对空间累积效果的运动定理与守恒定律．

授课录像： 功能原理与机械能守恒定律概述

关于力对空间累积效果的研究涉及功和能的概念、功和能的相互关系及其能量守恒等问题．从历史的角度，能量守恒原理思想的讨论，最早是由意大利物理学家伽利略所提出的．功的原始思想最早由德国物理学家、数学家莱布尼茨所提出，后由法国工程师蓬瑟勒给出功的定义．能的原始定义是“活力”，其思想最早由荷兰物理学家惠更斯所提出，后由英国物理学家托马斯·杨以“能”的概念所替代．功和能的相互关系最早由莱布尼茨在引入功的思想时所建立．由莱布尼茨所创立的动能定理的原始思想被以惠更斯为代表的部分科学家所遵循和倡导，逐渐完善发展，形成了现代的功能原理和机械能守恒的科学体系，并进一步发展出分析力学体系．

第四章讨论的动量和本章讨论的能量这两个概念的平行发展，最终导致历史上对力学持不同观点的两大学派的形成．一派以力、质量、动量为原始概念，功则为导出概念，这由笛卡儿创导，并为牛顿遵循和发展；另一派则以功、能量为原始概念，以力为导出概念，这由莱布尼茨创导，并为惠更斯、蓬瑟勒等遵循，以后又为分析力学学派所发展．讨论运动守恒要比质量守恒更为困难，因为运动是一个复合的概念，它既涉及物体质量，又涉及物体的速度．从衡量物体运动的功效及守恒的角度，是将动量作为“运动之量”还是将动能作为“运动之量”，在18世纪，两个学派之间就此进行过一场争论．争论持续了半个世纪，直到1743年，达兰贝尔在他的《动力学》的序言中对此作了评述，争论才宣告结束．其实，两种观点都是对的，分别反映了问题的一个方面：从力对时间的累积效果考虑，就是第四章讨论的动量定理（守恒）；从力对空间的累积效果考虑，就是第五章讨论的动能定理（守恒）．对于力学问题的研究，两者都是必须的．

事实上，本书第二篇介绍的运动定理与守恒定律几乎是我们解决质点组动力学问题全部可利用的工具．虽然经典力学中阐述的质点组的动量、机械能、角动量等守恒定律是相应定理的推论，推导基础都是牛顿定律，但最终的事实证明，在牛顿定律不适用的场合，如微观领域，守恒定律却依然有效．这样，原来仅处于牛顿定律从属地位的守恒定律，却成为比牛顿定律更为基本的重要规律．

§5.1 质点系动能定理

如第四章在引入质点动量定理时所述，在有些实际力学问题(如碰撞)的解决中，仅仅只有力对时间的累积效果规律对获得质点系的运动信息还是不够的，还需要得到力对空间的累积效果规律．本节主要介绍作用在质点上的力对空间的累积效果与引入的描述质点状态的另外一个物理量(动能)之间的联系，导出质点的动能定理，并进一步推广为质点系的动能定理．

5.1.1 质点动能定理

设质点在合外力 $\boldsymbol{F}$ 的作用下由如图 5.1.1-1 所示的 a 点(初态)移至 b 点(末态)，为了体现力 $\boldsymbol{F}$ 从初态到末态对所作用质点的位移的累积效果，将作用在质点上的合外力 $\boldsymbol{F}$ 与如图 5.1.1-1 所示的质点无限小位移进行点乘(标量积)，并由牛顿第二定律 $\boldsymbol{F}=m\dfrac{\mathrm{d}\boldsymbol{v}}{\mathrm{d}t}$可得

授课录像：质点动能定理

$$\boldsymbol{F}\cdot\mathrm{d}\boldsymbol{r}=m\frac{\mathrm{d}\boldsymbol{v}}{\mathrm{d}t}\cdot\mathrm{d}\boldsymbol{r}=m\boldsymbol{v}\cdot\mathrm{d}\boldsymbol{v} \qquad (5.1.1\text{-}1\mathrm{a})$$

对(5.1.1-1a)式从初态到末态作定积分得

$$\int_{\boldsymbol{r}_a}^{\boldsymbol{r}_b}\boldsymbol{F}\cdot\mathrm{d}\boldsymbol{r}=m\int_{\boldsymbol{v}_a}^{\boldsymbol{v}_b}\boldsymbol{v}\cdot\mathrm{d}\boldsymbol{v} \qquad (5.1.1\text{-}1\mathrm{b})$$

由 $\mathrm{d}(v^2)=\mathrm{d}(\boldsymbol{v}\cdot\boldsymbol{v})=2\boldsymbol{v}\cdot\mathrm{d}\boldsymbol{v}$，得 $\boldsymbol{v}\cdot\mathrm{d}\boldsymbol{v}=\dfrac{1}{2}\mathrm{d}(v^2)$，代入(5.1.1-1b)式并积分得

$$\int_{\boldsymbol{r}_a}^{\boldsymbol{r}_b}\boldsymbol{F}\cdot\mathrm{d}\boldsymbol{r}=\frac{1}{2}mv_b^2-\frac{1}{2}mv_a^2 \qquad (5.1.1\text{-}2\mathrm{a})$$

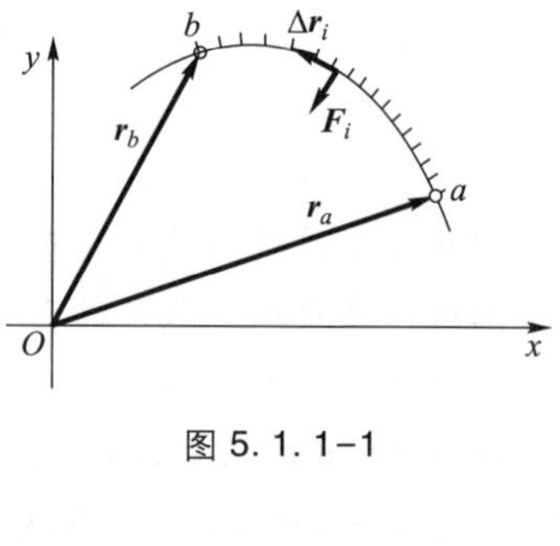

图 5.1.1-1

简记为

$$A=E_{\mathrm{k}b}-E_{\mathrm{k}a} \qquad (5.1.1\text{-}2\mathrm{b})$$

其中 $A=\displaystyle\int_{\boldsymbol{r}_a}^{\boldsymbol{r}_b}\boldsymbol{F}\cdot\mathrm{d}\boldsymbol{r}$，称为质点从初态 a 运动到末态 b 时作用在质点上的力 $\boldsymbol{F}$ 所做的功，$E_{\mathrm{k}}=\dfrac{1}{2}mv^2$ 称为质点的动能．

(5.1.1-2)式为质点的动能定理，其物理意义是：作用在质点上合力的功等于质点动能的变化量．第四章讨论的动量定理是将力的冲量(作用在质点上的合力与时间的累积积分)与质点的动量(即历史上曾经定义的“运动之量”)联系起来，而(5.1.1-2)式所表达的动能定理则是使合力的功(作用在质点上的合力对空间的累积积分)与质点的动能(即历史上曾经定义的“活力”)联系起来．显然，这是问题的两个方面，两者各自反映了其中的一个方面．

授课录像：力的功、功率

引入质点动能的意义同引入质点动量的意义相同. 从数学上看，质点的动能定理只不过是牛顿第二定律瞬时关系式对空间的积分结果. 但从物理上看，引入的质点的质量与速率平方乘积的一半(动能)作为新的物理量，却更能从空间的角度体现物体相互作用时，物体状态改变的属性.

下面对本节所定义的力的功作进一步讨论.

5.1.2 力的功、功率

1. 恒力的功

动画演示：
力的功

在研究直线运动的质点时，若作用在质点上的力为恒力 $\boldsymbol{F}$，质点位移为 $\Delta\boldsymbol{r}$，设力 $\boldsymbol{F}$ 与位移 $\Delta\boldsymbol{r}$ 之间的夹角为 α，定义**力所做的功为力沿所作用质点位移方向的投影与所作用质点位移大小的乘积**，即

$$A=F\cos\alpha\Delta r=\boldsymbol{F}\cdot\Delta\boldsymbol{r} \tag{5.1.2-1}$$

就功的本身定义而言，其计算是不限定参考系的. 虽然力的大小不依赖于参考系的选取(经典范围内). 但由于质点位移的大小与参考系选择有关，因此，功的大小是与参考系选取有关的(参见例 5.2.1-1).

功的单位与动能、势能、机械能、能量的单位相同，在国际单位制中用 J(焦耳)表示(是为了纪念英国物理学家焦耳在力学、热学、电学等方面的科学贡献而以他的名字来表示的). 在厘米-克-秒制中用 erg(尔格)(根据国家标准,此单位已不再使用)来表示. 有时为了表示较小的能量，还要用到 mJ(毫焦)、μJ(微焦)、nJ(纳焦)等. 这些单位与 J 的关系为

$$1\ \mathrm{J}=1\ \mathrm{N}\cdot\mathrm{m},\qquad 1\ \mathrm{mJ}=10^{-3}\mathrm{J} \tag{5.1.2-2a}$$

$$1\ \mu\mathrm{J}=10^{-6}\mathrm{J},\qquad 1\ \mathrm{nJ}=10^{-9}\mathrm{J} \tag{5.1.2-2b}$$

$$1\ \mathrm{erg}=10^{-7}\mathrm{J} \tag{5.1.2-2c}$$

2. 变力的功

如果质点的运动路径不是直线，而且力又不是恒力，那么上面所定义的恒力功的描述就不适用了. 处理这个问题的思想是：如图 5.1.1-1 所示，把质点所运行的曲线分成 n 段，每小段(比如第 i 段)上的力可以看成恒力，位移可看成直线. 因而在这一小段上，由恒力功的定义有 $\Delta A=\boldsymbol{F}_i\cdot\Delta\boldsymbol{r}_i$. 那么，质点由 a 到 b 过程中，变力 $\boldsymbol{F}$ 所做的功为

$$A=\sum_{i=1}^{n}\boldsymbol{F}_i\cdot\Delta\boldsymbol{r}_i \tag{5.1.2-3}$$

实际上这是一近似的做功结果. 严格的变力做功是当 $n\to\infty$，$\Delta\boldsymbol{r}_i\to 0$ 时，(5.1.2-3)式的极限值，即

$$A=\lim_{\substack{n\to\infty\\ \Delta r_i\to 0}}\sum_{i=1}^{n}\boldsymbol{F}_i\cdot\Delta\boldsymbol{r}_i=\int_{r_a}^{r_b}\boldsymbol{F}\cdot\mathrm{d}\boldsymbol{r} \tag{5.1.2-4a}$$

(5.1.2-4a)式功的表达式也可以在选定的直角坐标系下分解：

$$\begin{aligned}A&=\int_{r_a}^{r_b}\boldsymbol{F}\cdot\mathrm{d}\boldsymbol{r}=\int_{r_a}^{r_b}(F_x\boldsymbol{i}+F_y\boldsymbol{j}+F_z\boldsymbol{k})\cdot(\mathrm{d}x\boldsymbol{i}+\mathrm{d}y\boldsymbol{j}+\mathrm{d}z\boldsymbol{k})\\&=\int_{x_a}^{x_b}F_x\mathrm{d}x+\int_{y_a}^{y_b}F_y\mathrm{d}y+\int_{z_a}^{z_b}F_z\mathrm{d}z\end{aligned} \tag{5.1.2-4b}$$

(5.1.2-4b)式说明，变力的功可以分别求相互垂直分力的功，然后再求和. 功同样可以在1.2节所介绍的平面极坐标系下分解求和. 但不便在本征坐标系下分解求和，因为本征坐标系下没有明确表征质点运动距离的分量坐标.

3. 功率

在 $t \to t+\Delta t$ 时间内，力 $\boldsymbol{F}$ 的元功为 $\Delta A=\boldsymbol{F}\cdot\Delta\boldsymbol{r}$. 定义单位时间内力所做的功为平均功率，即

$$\overline{P}=\frac{\Delta A}{\Delta t} \tag{5.1.2-5a}$$

定义平均功率的极限值为瞬时功率，简称功率，即

$$P=\lim_{\Delta t\to 0}\frac{\Delta A}{\Delta t}=\frac{\mathrm{d}A}{\mathrm{d}t}=\frac{\boldsymbol{F}\cdot\mathrm{d}\boldsymbol{r}}{\mathrm{d}t}=\boldsymbol{F}\cdot\boldsymbol{v} \tag{5.1.2-5b}$$

在国际单位制中，功率的单位为 W(瓦[特])，即

$$1\ \mathrm{W}=1\ \mathrm{J/s} \tag{5.1.2-6}$$

有时为了表示较小的功率，还要用到 mW(毫瓦)、μW(微瓦)、nW(纳瓦)等；为了表示较大功率，还用 kW(千瓦)、MW(兆瓦)等. 这些单位与 W(瓦)的关系为

$$1\ \mathrm{mW}=10^{-3}\ \mathrm{W} \tag{5.1.2-7a}$$

$$1\ \mu\mathrm{W}=10^{-6}\ \mathrm{W} \tag{5.1.2-7b}$$

$$1\ \mathrm{nW}=10^{-9}\ \mathrm{W} \tag{5.1.2-7c}$$

$$1\ \mathrm{kW}=10^{3}\ \mathrm{W} \tag{5.1.2-7d}$$

$$1\ \mathrm{MW}=10^{6}\ \mathrm{W} \tag{5.1.2-7e}$$

例 5.1.2-1 如例 5.1.2-1(a)图所示，一跳水运动员从高于水平面 $h_0=10$ m 的跳台自由落下. 假设运动员的质量为 $m=60$ kg，略去空气阻力，其体形可等效为一长度 $L=1.0$ m、直径为 $d=0.3$ m 的圆柱体. 运动员入水后，水的等效阻力 F(不包括浮力)作用于圆柱体的下端面，F 的量值是随水的深度 x 变化的函数，如例 5.1.2-1(b)图所示. 该曲线可近似看作椭圆的一部分，其长、短轴分别与坐标轴 Ox 和 OF 重合，椭圆分别与 x 轴、F 轴相交于 $x=h$，$F=\frac{5}{2}mg$ 处. 为了确保运动员的安全，试计算水池中的水的深度 h 至少应为多少？(水的密度为 $\rho=1.0\times10^3$ kg/m^3.)

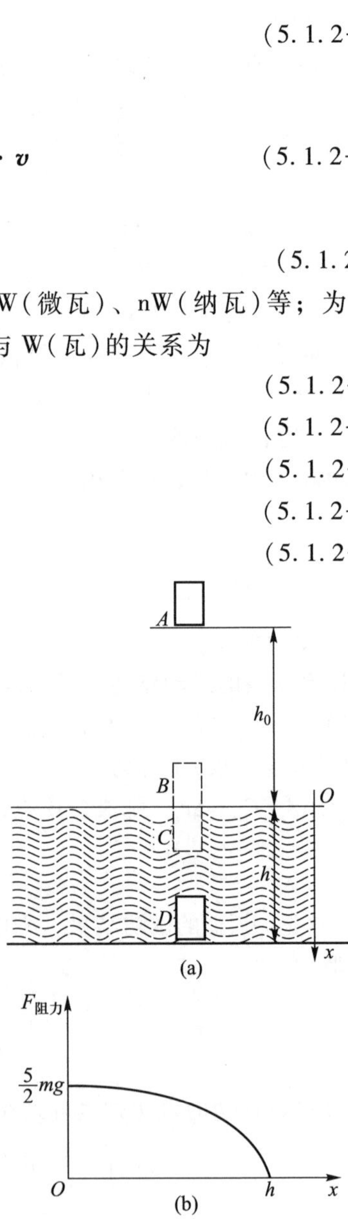

例 5.1.2-1 图

解：以运动员为研究对象，建立如例 5.1.2-1(a) 所示的坐标系. 保证运动员的安全，即为当人运动到水池底部时，人的速度为 0. 将运动员开始自由下落作为初态，接触水池子底部为末态，对其应用动能定理.

在这过程中，可将运动员的运动分为三个过程，即 $A\to B$，$B\to C$，$C\to D$(A、B、C、D)分别标记运动员开始自由下落、刚好接触水面、刚好全部进入水面、刚好接触水池子底部的四个瞬时时刻.

对人应用动能定理：

$$A=E_{kD}-E_{kA}$$

其中 $A=A_{\text{重力}AD}+A_{\text{阻力}BD}+A_{\text{浮力}BC}+A_{\text{浮力}CD}$，$E_{\text{kA}}=E_{\text{kD}}=0$.

进一步计算每个力做的功：

$$A_{\text{重力}AD}=mg(h_0+h)$$

由例 5.1.2-1(b)图可得运动员入水后阻力与下落深度的函数关系为

$$\frac{F_{\text{阻力}}^2}{\left(\frac{5}{2}mg\right)^2}+\frac{x^2}{h^2}=1$$

因此

$$A_{\text{阻力}BD}=\int_0^h F_{\text{阻力}BD}\mathrm{d}x=-\frac{5}{8}\pi mgh$$

[也是例 5.1.2-1(b)图曲线下面的面积].

运动员在 $B\to C$ 运动过程中，所受浮力为变力：

$$F_{\text{浮力}BC}=-\left(\frac{d}{2}\right)^2\pi x\rho g$$

因此

$$A_{\text{浮力}BC}=\int_0^L F_{\text{浮力}BC}\mathrm{d}x=-\frac{1}{2}\cdot\left(\frac{d}{2}\right)^2\pi L^2\rho g$$

运动员在 $C\to D$ 运动过程中，所受浮力

$$F_{\text{浮力}CD}=-\left(\frac{d}{2}\right)^2\pi L\rho g$$

为恒力，所以

$$A_{\text{浮力}CD}=\int_0^{h-L} F_{\text{浮力}CD}\mathrm{d}x=-\left(\frac{d}{2}\right)^2\pi L\rho g(h-L)$$

联立整理得

$$h=\frac{mh_0+\frac{1}{8}\pi\rho L^2d^2}{\frac{5}{8}\pi m+\frac{1}{4}\pi\rho Ld^2-m}=4.9\ \text{m}$$

5.1.3 质点系动能定理

(5.1.1-2)式所示的质点动能定理使作用在质点上的力的功与质点的动能变化联系起来. 下面介绍质点的动能定理向质点系动能定理的推广过程.

授课录像：质点系动能定理

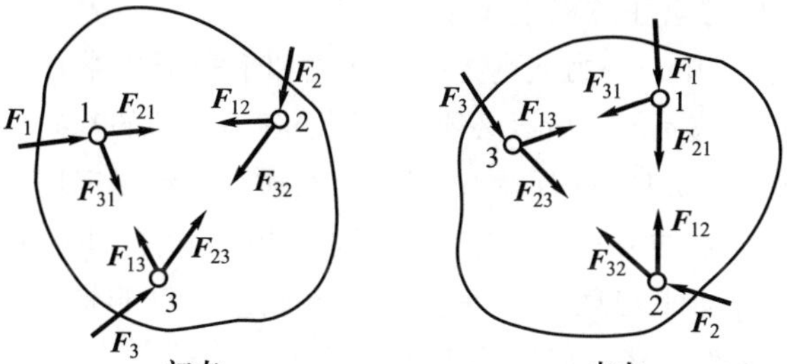

初态　　末态

图 5.1.3-1

考虑如图 5.1.3-1 所示的由三个相互关联的质点所组成的体系，该体系在外力及内力

作用下由初态 a 运动到末态 b. 对每个质点用动能定理：

对质点 1 $$\int_{r_{1a}}^{r_{1b}}(\boldsymbol{F}_1+\boldsymbol{F}_{21}+\boldsymbol{F}_{31})\cdot \mathrm{d}\boldsymbol{r}_1=\frac{1}{2}m_1v_{1b}^2-\frac{1}{2}m_1v_{1a}^2 \tag{5.1.3-1a}$$

对质点 2 $$\int_{r_{2a}}^{r_{2b}}(\boldsymbol{F}_2+\boldsymbol{F}_{12}+\boldsymbol{F}_{32})\cdot \mathrm{d}\boldsymbol{r}_2=\frac{1}{2}m_2v_{2b}^2-\frac{1}{2}m_2v_{2a}^2 \tag{5.1.3-1b}$$

对质点 3 $$\int_{r_{3a}}^{r_{3b}}(\boldsymbol{F}_3+\boldsymbol{F}_{13}+\boldsymbol{F}_{23})\cdot \mathrm{d}\boldsymbol{r}_3=\frac{1}{2}m_3v_{3b}^2-\frac{1}{2}m_3v_{3a}^2 \tag{5.1.3-1c}$$

将(5.1.3-1)三式相加有

$$\begin{aligned}&\left(\int_{r_{1a}}^{r_{1b}}\boldsymbol{F}_1\cdot \mathrm{d}\boldsymbol{r}_1+\int_{r_{2a}}^{r_{2b}}\boldsymbol{F}_2\cdot \mathrm{d}\boldsymbol{r}_2+\int_{r_{3a}}^{r_{3b}}\boldsymbol{F}_3\cdot \mathrm{d}\boldsymbol{r}_3\right)+\left(\int_{r_{1a}}^{r_{1b}}\boldsymbol{F}_{21}\cdot \mathrm{d}\boldsymbol{r}_1+\int_{r_{2a}}^{r_{2b}}\boldsymbol{F}_{12}\cdot \mathrm{d}\boldsymbol{r}_2\right)+\\&\left(\int_{r_{1a}}^{r_{1b}}\boldsymbol{F}_{31}\cdot \mathrm{d}\boldsymbol{r}_1+\int_{r_{3a}}^{r_{3b}}\boldsymbol{F}_{13}\cdot \mathrm{d}\boldsymbol{r}_3\right)+\left(\int_{r_{2a}}^{r_{2b}}\boldsymbol{F}_{32}\cdot \mathrm{d}\boldsymbol{r}_2+\int_{r_{3a}}^{r_{3b}}\boldsymbol{F}_{23}\cdot \mathrm{d}\boldsymbol{r}_3\right)\\&=\frac{1}{2}(m_1v_{1b}^2+m_2v_{2b}^2+m_3v_{3b}^2)-\frac{1}{2}(m_1v_{1a}^2+m_2v_{2a}^2+m_3v_{3a}^2)\end{aligned} \tag{5.1.3-2}$$

(5.1.3-2)式等号左边括号的第一项为外力的功，记为 $A_{外}=\sum\limits_{i=1}^{3}A_{i外}$；左边第二、第三、第四括号项分别是三对“相互作用的内力的功之和”的和，称为内力的功，记为 $A_{内}=\sum\limits_{i=1}^{3}A_{第i对内力功之和}$. (5.1.3-2)式等号右边为质点系的动能增量，记为 $E_{kb}-E_{ka}=\sum\limits_{i=1}^{3}\frac{1}{2}m_iv_{ib}^2-\sum\limits_{i=1}^{3}\frac{1}{2}m_iv_{ia}^2$. 将上述过程推广到 n 个质点组成的质点系，则有

$$\sum_{i=1}^{p}A_{i外}+\sum_{i=1}^{q}(A_{第i对内力功之和})=\sum_{i=1}^{n}\frac{1}{2}m_iv_i^2-\sum_{i=1}^{n}\frac{1}{2}m_iv_{i0}^2 \tag{5.1.3-3a}$$

简记为

$$A_{外}+A_{内}=E_k-E_{k0} \tag{5.1.3-3b}$$

其中 E_k、E_{k0} 分别标记质点系末态和初态的总动能，p 表示质点系所受外力个数，q 表示质点系内部相互作用的内力对个数. (5.1.3-3)式说明，质点系外力做功之和与质点系内力做功之和相加等于质点系动能的增量，此关系式称为质点系的动能定理.

应用质点系动能定理时应注意以下事项.

(1) 在质点系动能定理中，外力或内力的做功之和不等于合外力或合内力做功. 因为在力的作用过程中，各质点的位移不同，所以必须在分别求各力的功的基础上求和，不能先对各个力矢量相加，然后再求功(如例 5.1.3-1 所示). 这一点与质点系动量定理不同，力的冲量是力对时间的积分，而作用于不同质点的力所经历的时间相同. 所以，力的冲量之和等于合外力的冲量.

(2) 质点或质点系的动能定理在惯性参考系下成立. 对非惯性系，引入惯性力的功之后，其动能定理的形式依然成立，如例 5.1.3-2 所示.

例 5.1.3-1 利用质点系的动能定理重新求解例 5.1.2-1 题.

解：在例 5.1.2-1 中，是以运动员为研究对象，本题以运动员和地球(含水池子)为研究对象. 对这一物体系，应用质点系动能定理：

$$A_{外}+A_{内}=E_k-E_{k0}$$

初、末态的选取同例 5.1.2-1 相同．此时，$A_{外}=0$，$E_k=E_{k0}=0$，而内力的总功应是三对内力(重力、浮力和阻力)做功之和．分析各对内力的功之和：

$$A_{内}=A_{重力-地球(AD过程)}+A_{阻力-水(BD过程)}+A_{浮力-水(BC过程)}+A_{浮力-水(CD过程)}$$

各对内力功之和以及最终结果均与例 5.1.2-1 结果相同．

虽然，上题中对各对内力功之和的求解过程与例 5.1.2-1 没有区别，但上题所涉及各力的功与例 5.1.2-1 中所述的功的概念完全不同．由于研究对象的不同，上题中无外力的功，所计算的功是各对内力功之和，而例 5.1.2-1 中不存在内力的说法，所有力的功都是外力的功．

例 5.1.3-2 在倾角 $\theta=60°$的斜面上，放置着质量分别为 $m_1=0.40$ kg 和 $m_2=0.20$ kg 的两物块，两物块由一劲度系数 $k=0.57$ N/m 的弹簧相连，如例 5.1.3-2 图所示．两物体与斜面间的摩擦因数均为 $\mu=0.10$．开始时，m_1 的速度 $v_1=0.50$ m/s，m_2 的速度 $v_2=2.0$ m/s，方向均沿斜面向下，弹簧处于原长．求两物块再次回到弹簧原长时的相对速度．

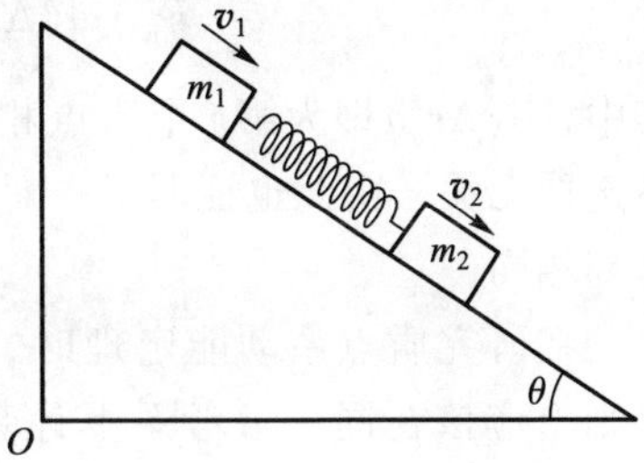

例 5.1.3-2 图

解：建立沿斜面向下为正的坐标系，相对斜面，在拉伸中对 m_1 应用牛顿第二定律：

$$m_1g\sin\theta+kx-\mu m_1g\cos\theta=m_1a \tag{1}$$

以 m_1 为参考系(加速直线运动的非惯性系)，拉伸过程分别以弹簧开始拉伸和拉伸到最大伸长时(相对速度为零)为初、末态，对 m_2 应用动能定理(注意加惯性力$-m_2a$ 的功)．弹簧拉伸时

$$-\mu m_2gL\cos\theta+\int_0^L -m_2a\mathrm{d}x+m_2gL\sin\theta+\int_0^L -kx\mathrm{d}x=0-\frac{1}{2}m_2(v_2-v_1)^2 \tag{2}$$

压缩过程分别以弹簧最大拉伸和回复到原长为初、末态，对 m_2 应用动能定理有

$$\mu m_2gL\cos\theta+\int_L^0 -m_2a\mathrm{d}x-m_2gL\sin\theta+\int_L^0 -kx\mathrm{d}x=\frac{1}{2}m_2v_{相}^2-0 \tag{3}$$

(1)式、(2)式联立解得

$$L=(v_2-v_1)\sqrt{\frac{m_1m_2}{(m_1+m_2)k}}=0.73\text{ m}$$

(2)式、(3)式联立解得

$$v_{相}=|v_2-v_1|=1.5\text{ m/s}$$

§5.2 质点系动能定理中的内力功分析

原则上，(5.1.3-3)式所示的质点系动能定理已经解决了作用在质点系上的外力和内力对空间的累积效果与质点系动能变化之间的联系，即所有外力和内力做功之和等于质点系动能的增量．同时，对于定理中的外力做功之和以及质点系动能的求法和物理意义也有明确的阐述．但是，因为内力做功之和与质点系内一对作用力与反作用力的特点有关，由此会导致质点系的内力做功之和具有什么特点呢？本节讨论这一问题，并以此问题的结果为基础，进一步将质点系的动能定理以另外一种形式来表达——质点系的功能原理．

5.2.1 一对内力功的特点

出现在质点系动能定理中的内力的总功是对各对内力功之和求和得到的，即$A_{内}=\sum_{i=1}^{q}A_{第i对内力功之和}$．要想进一步了解质点系内力功的特点，首先要了解一对内力功之和的特点．在定义力的功时已经提到，一个力的功的大小与参考系选取有关．那么，一对内力的功之和是否也和参考系选取有关呢？

授课录像：一对内力功的特点

如图 5.2.1-1 所示，在质点系中任取 i、j 两质点，该两点间的一对内力用 $\boldsymbol{F}_{ij}$ 和 $\boldsymbol{F}_{ji}$ 表示，显然$\boldsymbol{F}_{ij}=-\boldsymbol{F}_{ji}$．在一选定的参考系下，该对内力的元功之和表示为

$$\begin{aligned}A&=\boldsymbol{F}_{ji}\cdot \mathrm{d}\boldsymbol{r}_i+\boldsymbol{F}_{ij}\cdot \mathrm{d}\boldsymbol{r}_j\\&=\boldsymbol{F}_{ji}\cdot \mathrm{d}\boldsymbol{r}_i-\boldsymbol{F}_{ji}\cdot \mathrm{d}(\boldsymbol{r}_i+\Delta\boldsymbol{r}_{ij})\\&=-\boldsymbol{F}_{ji}\cdot \mathrm{d}(\Delta\boldsymbol{r}_{ij})\end{aligned}\qquad(5.2.1-1)$$

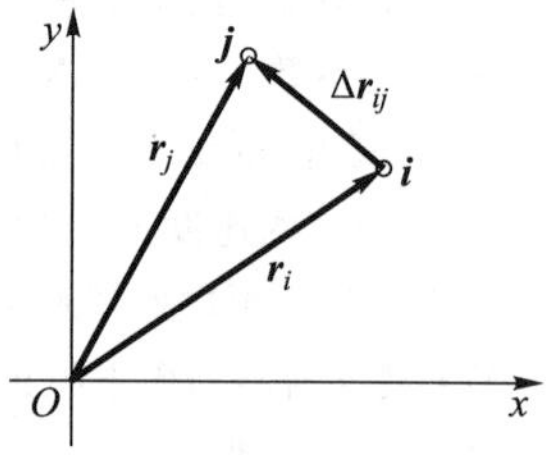

图 5.2.1-1

其中，$\mathrm{d}(\Delta\boldsymbol{r}_{ij})$即为第 j 个质点相对第 i 个质点的位移，它与参考系选取无关．由此也证明了一对内力的功之和在任何参考系下计算都相同．

在研究质点系动能定理时，外力功、内力功和质点系动能原则上应该在同一参考系下计算．而一对内力功之和与参考系选取无关，因此内力功可以在任何参考系下进行计算．这样，在计算一对内力功之和时，简便的方法是选取其中之一质点(物体)作为参考系，在此基础上计算作用在另一质点(物体)上的作用力的功就代表了该对内力功之和，如例 5.2.1-1 所示．

例 5.2.1-1 如例 5.2.1-1 图所示，火车以速度 v 相对地面行驶，对车上一物块施以冲量，使其相对火车以速度 u 向前滑行 $\Delta x'$后停止，此时，火车运行了距离 x．计算物块与火车底部之间一对摩擦力所做的功之和．

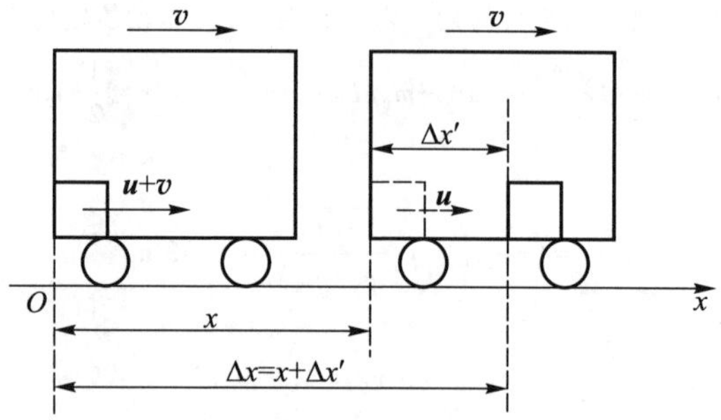

例 5.2.1-1 图

解： 一对内力功之和与参考系选取无关，本题选取两个参考系计算，证明这一结果．设物块与火车底部之间的摩擦力为 F_{f}．

授课录像：保守力与非保守力

选取地面为参考系：

$$A_{摩擦力功之和}=A_{车对物块摩擦}+A_{物块对车摩擦}=-F_{\mathrm{f}}(x+\Delta x')+F_{\mathrm{f}}x=-F_{\mathrm{f}}\Delta x'$$

选取火车为参考系：

$$A_{摩擦力功之和}=A_{车对物块摩擦}+A_{物块对车摩擦}=-F_{\mathrm{f}}\Delta x'+0=-F_{\mathrm{f}}\Delta x'$$

显然，选取火车为参考系(观察者相对其静止)求一对内力的功要方便得多．

5.2.2 保守内力与非保守内力

总结以上讨论可知，质点系的内力做的总功是由各对内力功之和求得．同时，一对内力功之和与参考系选取无关．因此，质点系动能定理中内力做的总功的求得与参考系选取也无关．在力学范围内常见的内力有物体与地球之间的相互作用重力、两个物体之间的万有引力、弹簧与所系物体之间的弹性力、物体之间的摩擦力等．那么，这些内力所做功的特点是怎样的呢？

动画演示：重力的功

1. 重力的功

设一质点沿任意路径由 $A(z_0)$ 点运动到 $B(z)$ 点处．如将坐标系建立在地球上，地球表面为坐标原点，如图 5.2.2-1 所示，则所计算的重力的功即为地球与物体之间相互作用的内力功之和，由功的定义有

$$A_{重} = \int_{r_A}^{r_B} mg(-\boldsymbol{k}) \cdot \mathrm{d}\boldsymbol{r} = \int_{r_A}^{r_B} mg(-\boldsymbol{k}) \cdot (\mathrm{d}x\boldsymbol{i}+\mathrm{d}y\boldsymbol{j}+\mathrm{d}z\boldsymbol{k})$$

$$= \int_{z_0}^{z} -mg\mathrm{d}z = -(mgz-mgz_0) \qquad (5.2.2-1)$$

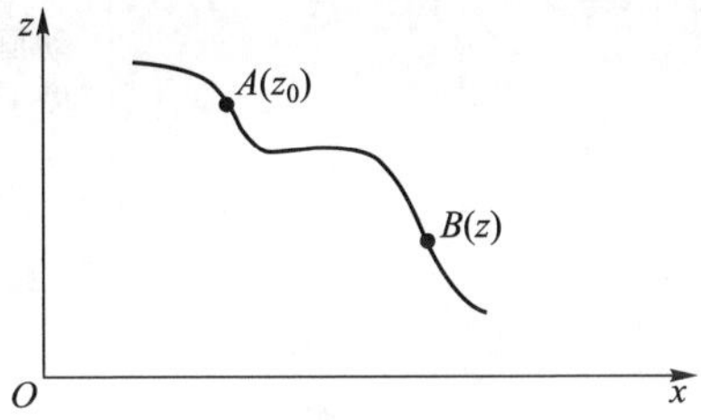

图 5.2.2-1

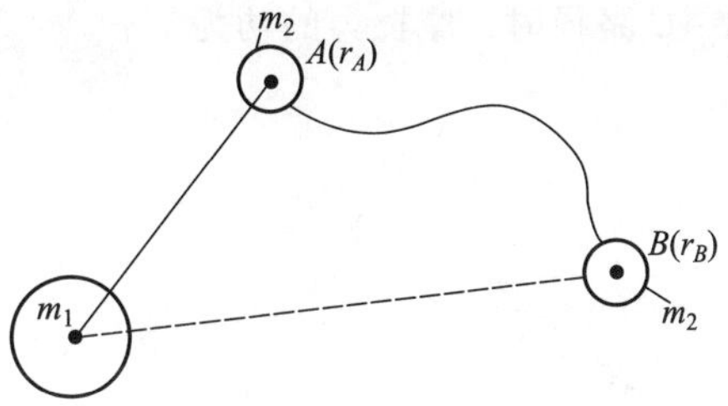

图 5.2.2-2

2. 万有引力的功

设两质点受万有引力作用，由 $A(r_A)$ 点沿任意路径运动到 $B(r_B)$ 点，将坐标系建立在其中一个质点上，如图 5.2.2-2 所示．因而，另一质点所受的万有引力的功即为两者相互作用力功之和．

动画演示：万有引力的功

由功的定义有

$$A_{万} = \int_{r_A}^{r_B} \boldsymbol{F} \cdot \mathrm{d}\boldsymbol{r} = \int_{r_A}^{r_B} -G\frac{m_1 m_2}{r^3}\boldsymbol{r} \cdot \mathrm{d}\boldsymbol{r}$$

因为

$$\mathrm{d}(r^2) = \mathrm{d}(\boldsymbol{r} \cdot \boldsymbol{r}) = (\mathrm{d}\boldsymbol{r}) \cdot \boldsymbol{r}+\boldsymbol{r} \cdot \mathrm{d}\boldsymbol{r} = 2\boldsymbol{r} \cdot \mathrm{d}\boldsymbol{r}$$

故 $\boldsymbol{r} \cdot \mathrm{d}\boldsymbol{r} = \frac{1}{2}\mathrm{d}r^2 = r\mathrm{d}r$，整理得

$$A_{万} = \int_{r_A}^{r_B} -G\frac{m_1 m_2}{r^2}\mathrm{d}r = -\left[\left(-G\frac{m_1 m_2}{r_B}\right)-\left(-G\frac{m_1 m_2}{r_A}\right)\right] \qquad (5.2.2-2)$$

3. 弹簧弹力的功

设一弹簧的一端系一质点，弹簧原长为 l，以弹簧的另一端为坐标原点，如图 5.2.2-3 所示．若质点由 A 点出发，沿任意路径运动到 B 点，其弹簧力对质

动画演示：弹簧弹力的功

点的作用力为 $\boldsymbol{F}=-k(r-l)\boldsymbol{e}_r$，其中 $\boldsymbol{e}_r$为径向方向的单位矢量. 计算质点所受弹簧力的功即为弹簧与质点之间相互作用力的功之和.

由功的定义有

$$A_{弹}=\int_{r_A}^{r_B}\boldsymbol{F}\cdot \mathrm{d}\boldsymbol{r}=\int_{r_A}^{r_B}-k(r-l)\boldsymbol{e}_r\cdot \mathrm{d}(r\boldsymbol{e}_r)$$

因为 $\mathrm{d}(r\boldsymbol{e}_r)=\mathrm{d}r(\boldsymbol{e}_r)+r(\mathrm{d}\boldsymbol{e}_r)=\mathrm{d}r(\boldsymbol{e}_r)+r(\mathrm{d}\theta)\boldsymbol{e}_\theta=\mathrm{d}(r-l)\boldsymbol{e}_r+r(\mathrm{d}\theta)\boldsymbol{e}_\theta$，整理得

$$A_{弹}=\int_{r_A-l}^{r_B-l}-k(r-l)\boldsymbol{e}_r\cdot\left[\mathrm{d}(r-l)\boldsymbol{e}_r+r\mathrm{d}\theta\boldsymbol{e}_\theta\right]=\int_{r_A-l}^{r_B-l}-k(r-l)\cdot \mathrm{d}(r-l)$$

$$=-\left[\frac{1}{2}k\,(r_B-l)^2-\frac{1}{2}k\,(r_A-l)^2\right]=-\left(\frac{1}{2}kx_B^2-\frac{1}{2}kx_A^2\right) \qquad (5.2.2-3)$$

其中 $x_B=r_B-l$，$x_A=r_A-l$ 为末态和初态时质点相对弹簧原长的变化量.

4. 摩擦力的功

设一质点沿一粗糙水平面由 A 点运动到 C 点，如图 5.2.2-4 所示，其运动路径有多种，我们考虑两种特殊的路径，$A\to C$ 和 $A\to B\to C$. 以水平面为参考系，$A\to C$ 路径时，摩擦力的功为

动画演示: 摩擦力的功

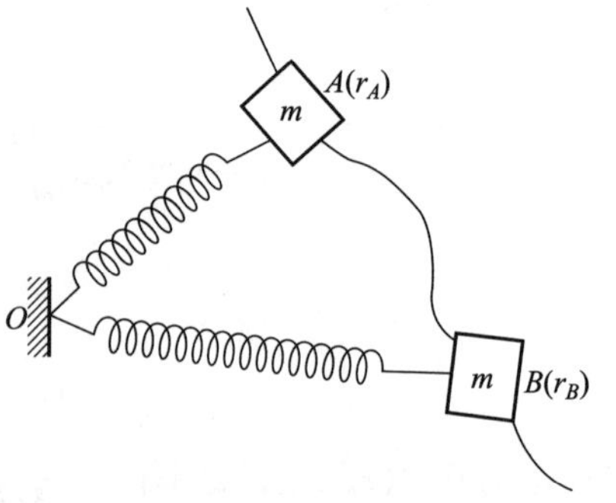

图 5.2.2-3

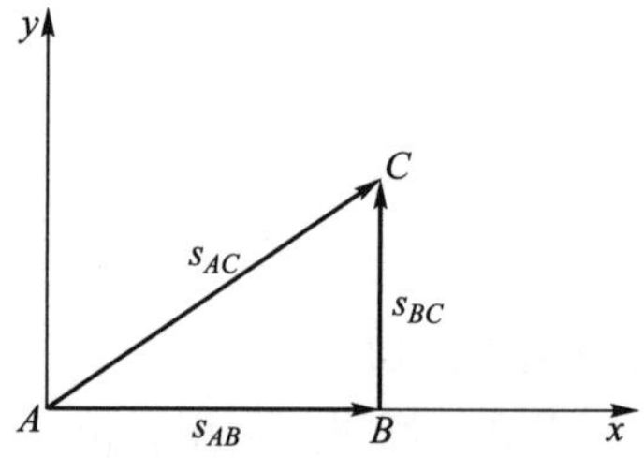

图 5.2.2-4

$$A_{摩}=-mg\mu s_{AC}$$

$A\to B\to C$ 路径时，摩擦力的功为

$$A_{摩}=-mg\mu(s_{AB}+s_{BC})$$

显然，两种路径摩擦力做功不同.

比较上述四种内力做功之和可以看出：除了摩擦力做功与路径有关之外，其他三种内力做功均与做功路径无关。将做功之和只与系统的初态和末态的相对位置有关，而与做功路径无关的一对内力称为保守内力，其他的力称为非保守内力。由于摩擦力的功不但与路径有关，而且做功始终伴随着能量的消耗，称这种性质的力为耗散力，它属于非保守力的一种。

授课录像: 质点系的势能

5.2.3 质点系的势能

通过之前的讨论可知，保守力做功仅与体系初态和末态的相对位置有关，

这样，当计算一对保守内力的功时，可不必关心做功路径，仅由物体系(质点系)的初态和末态位置就可计算出．由(5.2.2-1)式、(5.2.2-2)式、(5.2.2-3)式所表示的重力、万有引力及弹簧弹性力的功的表达式可以看出，**存在一个由相对位置决定的函数，函数的增量与相应的保守力做功相联系，这个由位置决定的函数称为物体系的势能函数**．对于不同的保守力而言，其势能函数可以通过与其保守内力做功的表达式求得．

重力的功与相应的势能函数为

$$A=-(mgz-mgz_0) \tag{5.2.3-1a}$$

$$E_{p重}(z)=mgz+C \tag{5.2.3-1b}$$

万有引力的功与相应的势能函数为

$$A=-\left[\left(-G\frac{m_1m_2}{r_B}\right)-\left(-G\frac{m_1m_2}{r_A}\right)\right] \tag{5.2.3-2a}$$

$$E_{p万}=-G\frac{m_1m_2}{r}+C \tag{5.2.3-2b}$$

弹簧弹力的功与相应的势能函数为

$$A=-\left(\frac{1}{2}kr_B^2-\frac{1}{2}kr_A^2\right) \tag{5.2.3-3a}$$

$$E_{p弹}=\frac{1}{2}kr^2+C \tag{5.2.3-3b}$$

比较各式可以看出，其共同的特征是——**势能增量的负值等于保守力做的功**，即可以表示为

$$A=-\Delta E_p(r) \tag{5.2.3-4}$$

与势能相关的问题：

1. 保守力与势能函数的关系

从上述的推导过程可以看出，保守力与势能函数的定义是针对一对内力做功之和而言的，从这个角度，保守力与势能函数似乎只有针对一个体系才有意义。但从一个力做功与路径是否有关的角度，也可以定义一个力是否是保守力。矢量分析表明，如果一个力的旋度等于零，一定对应的是保守力，其做功仅与初、末状态有关，当然也可以定义势能函数。如果一个力的旋度不等于零，一定对应的是非保守力，当然也就没有势能函数之说了。

2. 势能函数零点的选取

势能函数是由一对保守内力的功引入的，与功相联系的仅是势能函数的变化量，即势能函数的变化有明确的物理意义，至于系统处于某种相对位置时的势能函数值多大，则可以是不确定的．如，在(5.2.3-1b)式、(5.2.3-2b)式、(5.2.3-3b)式中的常量 C 就表示出了任意性，即使加上这一常量，功与势能函数关系仍满足(5.2.3-4)式．如果一定让我们提出系统某种状态势能函数的值，那就必须先规定势能函数的零点．一旦势能函数零点确定，就可以确定系统某种状态的势能函数(简称势能)的值．对于重力势能，当规定物体在地球表面为势能零点时，$E_{p重}=mgh$．若规定物体与地球表面相距 h_0 为势能零点，则 $E_{p重}(h)=mgh-mgh_0$．势能的零点选取视问题的需要而定，习惯上常分别以地面、无限远、弹簧原长作为重力、万有引力、弹簧弹性力的势能零点．

3. 势能曲线

将势能函数与相对位置的关系画成曲线，称为势能曲线. 图 5.2.3-1(a)、(b)、(c)、(d)所示的势能曲线分别对应于：

动画演示：
势能曲线

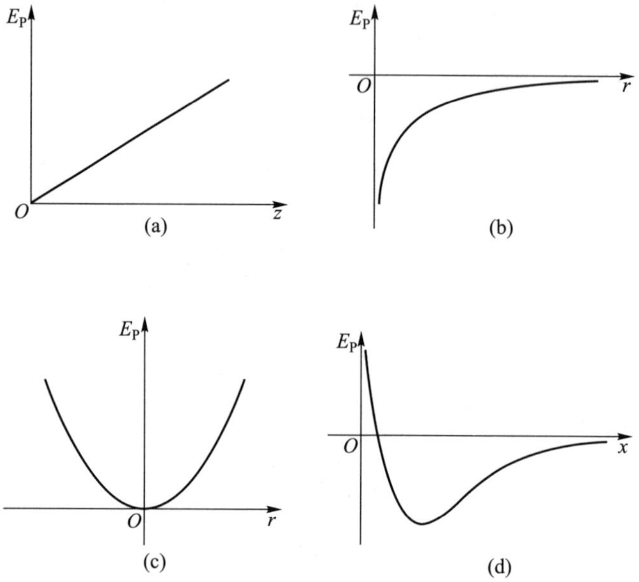

图 5.2.3-1

重力势能 $E_p(z)=mgz$.

万有引力势能 $E_p(r)=-G\dfrac{m_1m_2}{r}$.

弹簧的弹性势能 $E_p(r)=\dfrac{1}{2}kr^2$.

双原子分子的范德瓦耳斯相互作用势能 $E_p(x)=\dfrac{a}{x^{12}}-\dfrac{b}{x^6}$.

4. 由势能函数确定相应的保守力

(5.2.3-1b)式、(5.2.3-2b)式、(5.2.3-3b)式表明，已知保守力，可以求得势能函数. 反过来，如果已知体系的势能函数，是否可求得保守力？

由(5.2.3-4)式可知，势能增量的负值等于保守力做功，即 $A=-\Delta E_p(r)$. 对于元功(即很小的位移)，$A\to dA$，$\Delta E_p=dE_p$，故 $dA=-dE_p$. 又由功的定义 $dA=\boldsymbol{F}\cdot d\boldsymbol{r}$，则$\boldsymbol{F}\cdot d\boldsymbol{r}=-dE_p$. 坐标系中的表示为

$$F_x dx+F_y dy+F_z dz=-dE_p \tag{5.2.3-5}$$

由高等数学知识可知，(5.2.3-5)式中的分力可以表示为

$$F_x=-\left(\frac{\partial E_p}{\partial x}\right),\quad F_y=-\left(\frac{\partial E_p}{\partial y}\right),\quad F_z=-\left(\frac{\partial E_p}{\partial z}\right) \tag{5.2.3-6}$$

若已知势能函数，可根据(5.2.3-6)式求得保守力. 例如已知

$$E_p(x,y)=\frac{1}{2}k(x^2+y^2)$$

则

$$F_x=-\frac{\partial E_p}{\partial x}=-kx,\quad F_y=-\frac{\partial E_p}{\partial y}=-ky$$

所以保守力的大小和方向为 $F=k\sqrt{x^2+y^2}$，$\frac{F_y}{F_x}=\frac{y}{x}$.

5. 由势能函数判断系统的稳定性

对于系统的一维运动，$F=-\frac{\mathrm{d}E_p}{\mathrm{d}x}$，由积分的几何特点可知，势能曲线上任一点 x 的斜率的负值都可以代表在 x 点处的保守力. 显然，如果 $F=-\frac{\mathrm{d}E_p}{\mathrm{d}x}=0$，则势能曲线 $E_p(x)-x$ 极值点处的保守力为零. 如图 5.2.3-2 所示，A 点为极大值点，B 点为极小值点，C 点邻域值为常量，这三点处对应该势能函数的保守力都应为零. 如果系统仅仅受到该保守力的作用，而没有其他作用力，这样的位置即为系统的平衡位置. 如果还有其他力作用于系统，就要由其他力和势能函数确定的保守力共同决定系统的平衡位置以及稳定性.

动画演示：
稳定性

对于仅受保守力作用的系统，对于图 5.2.3-2 中的 A 平衡点来说，由 $F=-\frac{\mathrm{d}E_p}{\mathrm{d}x}$ 可知，势能函数相对位置的斜率负值对应保守力的方向. 因此，对于 A 的左右临近点，其势能函数相对位置的斜率负值分别为负和正，这意味着对于 A 的左右临近点，F 的方向都背离平衡位置，所以 A 点为系统的不稳定平衡点. 所谓不稳定平衡点，就是当物体系稍偏离 A 点时，体系不再回到原来的状态的点. 同理分析，对 B 的左右临近点，F 的方向都指向平衡位置，因此 B 点为系统的稳定平衡点，即体系稍偏离原来的平衡位置，又可回到原来的状态. 对 C 附近点来说，由 $F=-\frac{\mathrm{d}E_p}{\mathrm{d}x}$ 确定的保守力都为零，C 点称为随遇平衡点.

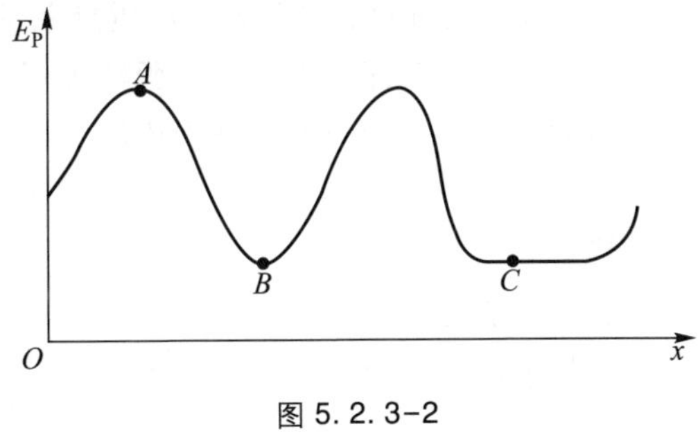

图 5.2.3-2

对于某一给定的势能函数，设系统只受到该势能函数对应的保守力而不受其他力作用，如何由势能函数判断系统的稳定性？由上述分析可知，判断系统的稳定性归结到求势能函数的极值问题，其具体求法总结如下：

设 x_0 是 $\frac{\mathrm{d}E_\mathrm{p}}{\mathrm{d}x}=0$ 的一个解，势能函数在该点的可能情况包括：极值点或在 x_0 附近势能函数是常量. 进一步求高阶导数，由高等数学的知识知：若 $\left.\frac{\mathrm{d}^2E_\mathrm{p}}{\mathrm{d}x^2}\right|_{x_0}\neq 0$，则 x_0 点是极值点，且 $\left.\frac{\mathrm{d}^2E_\mathrm{p}}{\mathrm{d}x^2}\right|_{x_0}>0$ 对应极小值(稳定平衡点)，$\left.\frac{\mathrm{d}^2E_\mathrm{p}}{\mathrm{d}x^2}\right|_{x_0}<0$ 对应极大值(非稳定平衡点). 对于 $\left.\frac{\mathrm{d}^2E_\mathrm{p}}{\mathrm{d}x^2}\right|_{x_0}=0$ 的情况，可以根据高阶导数的情况，由高等数学的知识判断系统的稳定性.

例 5.2.3-1 双原子分子相互作用势能为 $E_\mathrm{p}(x)=\frac{a}{x^{12}}-\frac{b}{x^6}$. 求势能零点位置、平衡位置，并讨论该平衡位置是否是稳定平衡及各处的保守力.

解： 令 $E_\mathrm{p}(x)=\frac{a}{x^{12}}-\frac{b}{x^6}=0$，可解得势能零点位置为

$$x_0=\left(\frac{a}{b}\right)^{\frac{1}{6}}$$

保守力为

$$F=-\frac{\mathrm{d}E_\mathrm{p}}{\mathrm{d}x}=\frac{12a}{x^{13}}-\frac{6b}{x^7}$$

再令 $F=\frac{12a}{x^{13}}-\frac{6b}{x^7}=0$，得平衡位置为

$$x_{平衡}=\left(\frac{2a}{b}\right)^{\frac{1}{6}}$$

再由 $\left.\frac{\mathrm{d}^2E_\mathrm{p}}{\mathrm{d}x^2}\right|_{x=x_{平衡}}>0$，可确定该平衡为稳定平衡.

§5.3 质点系功能原理与机械能守恒定律

§5.1 总结了质点系动能定理的建立过程，§5.2 针对质点系动能定理中内力做功之和作了进一步分析，引入了系统的保守力、非保守力、势能函数等概念，在这两节内容的基础上，本节讨论如何将质点系的动能定理转化为另外一种表述形式，并在特殊条件下转化为机械能守恒定律.

5.3.1 质点系功能原理

总结前面的讨论过程，质点系动能定理为

$$A_{外}+A_{内}=E_\mathrm{k}-E_{\mathrm{k}0} \tag{5.3.1-1a}$$

其中 $A_{外}=\sum\limits_{i=1}^{n}A_{i外}$ 为所有作用到质点系上的外力功之和. 而对于内力的功 $A_{内}$ 有

授课录像： 质点系功能原理

$$
\begin{aligned}
A_{内} &= \sum_{i=1}^{q} A_{第i对内力功之和} \\
&= \sum_{i=1}^{q_1} A_{第i对保守内力功之和} + \sum_{i=1}^{q_2} A_{第i对非保守内力功之和} \\
&= A_{内保} + A_{内非保}
\end{aligned} \tag{5.3.1-1b}
$$

其中保守力的功可用势能函数增量的负值来表示，即

$$
A_{内保} = -\left(\sum_{j=1}^{q_1} E_{pj} - \sum_{j=1}^{q_1} E_{pj0}\right) = -(E_p - E_{p0}) \tag{5.3.1-1c}
$$

其中 q_1 表示系统所包含的成对保守力的对数，E_{pj}、E_p 分别表示第 j 对保守力和系统总的势能函数. 联合(5.3.1-1a)式、(5.3.1-1b)式、(5.3.1-1c)式，整理得

$$
A_{外} + A_{内非保} = (E_k + E_p) - (E_{k0} + E_{p0}) = E - E_0 \tag{5.3.1-2}
$$

其中 $E = E_k + E_p = \sum_{i=1}^{n} \frac{1}{2} m_i v_i^2 + \sum_{j=1}^{q_1} E_{pj}$，为动能和势能之和，称为体系的机械能. 对不同的保守力，其势能函数 E_{pj} 有不同的表达式. (5.3.1-2)式称为质点系的功能原理，其物理含义为：**质点系所受外力功与质点系内部非保守力功之和等于系统机械能的增量**. 对其有进一步的几点说明：

(1) 不仅外力的功可以改变系统的机械能，内部非保守力做功也可改变体系的机械能. 例如，汽车前进的机械能来源于发动机内力做功.

(2) 内部非保守力做功是将系统内部的其他形式的能与机械能之间转化，如摩擦生热等. 进一步的理解可参考本章 5.3.5 节能量守恒定律的介绍.

(3) 比较(5.1.3-3)式所表达的质点系动能定理与(5.3.1-2)式表达的功能原理可以看出：其相同点在于两者表达的都是质点系外力与内力做功的累积效果. 区别在于质点系动能定理中，内力的功不区分保守力与非保守力的功，而在功能原理中，将内力的功分为保守力与非保守力的功，而保守力的功是以势能变化的形式表达，与质点系的动能变化合成为机械能的变化. 两定理表达的是同一物理问题，所以两者的方程是不独立的，因此，在实际应用的过程中只能用其中的一个方程.

例 5.3.1-1 利用质点系的功能原理重新求解例 5.1.2-1.

解： 在例 5.1.2-1 中是以运动员为研究对象，利用质点的动能定理求解. 在例 5.1.3-1 中是以运动员和地球为研究对象，利用质点系的动能定理求解. 本题同样以运动员和地球(含水池子)为研究对象，以水池子底为势能零点，利用质点系功能原理求解. 应用质点系功能原理

$$
A_{外} + A_{内非保} = E - E_0
$$

初、末态的选取同例 5.1.3-1 相同. 此时，$A_{外} = 0$，则

$$
E - E_0 = (E_p + E_k) - (E_{p0} + E_{k0}) = -mg(h_0 + h)
$$

将阻力和浮力视为非保守力，其做功为

$$
A_{内非保} = A_{阻力-水(BD过程)} + A_{浮力-水(BC过程)} + A_{浮力-水(CD过程)}
$$

其各项非保守力功的求法及其表达式同例 5.1.3-1 相同，代入质点系功能原理表达式中所得结果与例 5.1.3-1 相同.

比较上例与例 5.1.3-1 的解法可以看出：应用质点系动能定理时，是将所有内力的功求和，不分保守力与非保守力. 而在应用质点系功能原理时，只求视为非保守内力的功之和. 保守力的功是以势能的变化来体现，与质点系的动能变化合成为机械能的变化出现在方程的另一侧.

5.3.2 质点系机械能守恒定律

由质点系的功能原理 $A_{外}+A_{内非保}=(E_k+E_p)-(E_{k0}+E_{p0})$ 可以看出若 $A_{外}+A_{内非保}=0$，则

$$E=E_k+E_p=E_{k0}+E_{p0}=C(常量) \qquad (5.3.2-1)$$

(5.3.2-1)式所表示的是系统在空间变化的初、末态，其动能 E_k 与势能 E_p 之和(机械能)保持不变.

对于 $A_{外}+A_{内非保}=0$ 的条件，有两种可能：(1) $A_{外}=0$，$A_{内非保}=0$，即无外力作用，同时，无非保守内力作用，动能和势能互相转化，总的机械能不变. (2) $A_{外}=-A_{内非保}$，即系统在一段空间的变化过程中，外力的功与内部非保守力的功正负抵消掉，总的机械能也不变. 两种情况的物理含义是不同的. 我们平时用到的机械能守恒定律通常情况下指的是前者，而后者仅是一种特例.

授课录像：质点系机械能守恒定律

显然，机械能守恒和动量守恒分别是质点系功能原理和动量定理在特殊条件下的特殊结论. 在实际应用中不乏两者同时守恒的例子，而能否应用守恒关系，重要的是要判断守恒的前提条件是否得到满足.

实物演示：机械能守恒

例 5.3.2-1 质量为 m 的小球用长为 l 的轻绳悬挂于支架的 O 点上，支架固连在矩形木板上，板与支架的质量为 m_0，整个装置放在光滑的水平桌面上，如例 5.3.2-1 图所示. 今将小球拉至 A 点，即绳处于水平位置，在小球与木板均静止的情况下释放小球. (1) 求当小球落到最低位置 C 点时木板的运动速度 v_1；(2) 求当小球运动到 B 点，即绳与竖直线成 $\theta=60°$ 角时，木板的运动速率 v_2；(3) 试问，在小球从 A 点运动到 C 点的过程中，绳子张力对小球是否做功？若做功的话，则求出此功.

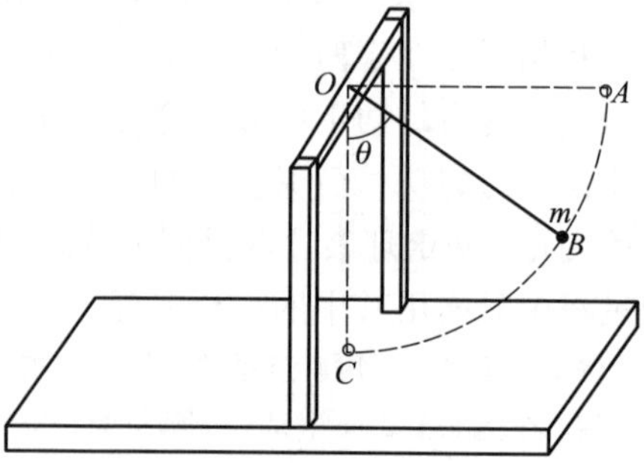

例 5.3.2-1 图

解： 将小球、绳、支架作为研究对象，系统水平方向动量守恒，同时能量守恒. 根据水平方向动量守恒：

$$0=m_0v+m(v-v'\cos\theta)$$

能量守恒(以小球在水平时的位置为势能零点)：

$$0=\frac{1}{2}m_0v^2+\frac{1}{2}m(v'\sin\theta)^2+\frac{1}{2}m(v-v'\cos\theta)^2-mgl\cos\theta$$

其中 v 为支架相对地面的速度，v' 为小球相对支架的速度，方向垂直于绳. 联立上式求解，可得

(1) 小球落到 C 点时，$\theta=0°$，则

$$v_1=m\sqrt{\frac{2gl}{m_0(m+m_0)}}$$

(2) 当 $\theta=60°$ 时，$\cos\theta=\frac{1}{2}$，$\sin\theta=\frac{\sqrt{3}}{2}$，所以

$$v_2=m\sqrt{\frac{gl}{4m_0^2+7m_0m+3m^2}}$$

(3) 绳子张力对小球是否做功取决于参考系的选取. 以木板为参考系，张力对小球不做功. 以地面为参考系，张力对小球做功，在此参考系下，以小球为研究对象，应用动能定理有

$$A_{外}=E_{k}-E_{k0}$$

其中

$$A_{外}=A_{绳对小球}+A_{小球重力}=A_{绳对小球}+mgl\cos\theta$$

$$E_{k}-E_{k0}=\left[\frac{1}{2}m\,(v'\sin\theta)^{2}+\frac{1}{2}m\,(v-v'\cos\theta)^{2}\right]-0$$

将 $\theta=0°$代入上述各式，整理得

$$A_{绳对小球}=\frac{-m^{2}}{(m_{0}+m)}gl$$

5.3.3 静系与质心系下质点系动能关系

质心系是重要的参考系之一. 定义相对某个观察者静止的参考系为静系，并设质心系相对静系运动. 由第四章内容可知，质点系的总动量在质心参考系下为零. 在质点系动能定理或功能原理中，都涉及质点系的动能，而其表示又和参考系选取有关. 那么，质点系在质心系下的动能表示与静系下的动能表示有何联系？如果知道这种联系，在应用质点系动能定理或功能原理时将会起到帮助作用.

授课录像：
静系与质心系下质点系动能关系

设质点系质心相对静系的速度为 v_C，则有，$\boldsymbol{v}_i=\boldsymbol{v}_C+\boldsymbol{v}_{iC}$，其中 $\boldsymbol{v}_{iC}$是第 i 个质点相对质心系的速度. 所以

$$v_i^2=\boldsymbol{v}_i\cdot\boldsymbol{v}_i=(\boldsymbol{v}_C+\boldsymbol{v}_{iC})(\boldsymbol{v}_C+\boldsymbol{v}_{iC})=v_C^2+2\boldsymbol{v}_C\cdot\boldsymbol{v}_{iC}+v_{iC}^2 \qquad (5.3.3-1)$$

$$\begin{aligned}E_{k}&=\sum_i\frac{1}{2}m_iv_i^2=\sum_i\frac{1}{2}m_i(v_C^2+2\boldsymbol{v}_C\cdot\boldsymbol{v}_{iC}+v_{iC}^2)\\&=\frac{1}{2}mv_C^2+\left(\sum_i m_i\boldsymbol{v}_{iC}\right)\cdot\boldsymbol{v}_C+E_{kC}\end{aligned} \qquad (5.3.3-2)$$

由于质点系在质心系下的总动量为零，所以(5.3.3-2)式中的第二项等于零. 因此

$$E_{k}=\frac{1}{2}mv_C^2+E_{kC},\quad E_{kC}=\sum_i\frac{1}{2}m_iv_{iC}^2 \qquad (5.3.3-3)$$

即静系下质点系的动能等于质点系质心相对静系的动能(E_C)与质心系下质点系的动能(E_{kC})之和. 这一关系也称为柯尼希定理. (5.3.3-3)式在处理问题时是一非常有用的关系式. 例如，一细杆在地面上既做平动又做转动，其总动能为多少？如果依据定义式$E_{k}=\sum_i\frac{1}{2}m_iv_i^2$求解将是较麻烦的问题. 但是，根据(5.3.3-3)式，由刚体部分的讨论可知，刚体在质心系下的动能可表示为 $E_{kC}=\frac{1}{2}J\omega^2$，因此所求总动能可以表示为 $E_{k}=\frac{1}{2}mv_C^2+\frac{1}{2}J\omega^2$.

5.3.4 质心系下质点系的功能原理

如 4.1.3 节所述，质心系在处理有些物理问题时具有特殊的作用，例如，质心系下质点系的总动量始终为零. 本节所讨论的是质点系功能原理在质心系下是否依然成立？

质点系的功能原理是由惯性系下牛顿第二定律为基础推导出的，只适用于惯性系. 由

(3.2.3-2)式可知，在非惯性系下，只要加上惯性力，并将其当成外力，牛顿第二定律的形式依然成立. 这也就意味着，在非惯性系下，只要将惯性力作为外力加到质点系的每个质点上，以惯性系下牛顿第二定律为基础导出的运动定理形式，在非惯性系下也成立. 所以，无论是在惯性系还是非惯性系下，质点系的功能原理可以统一表示为

授课录像： 质心系下质点系的功能原理

$$A_{外}+A_{惯}+A_{内非保}=(E_k+E_p)-(E_{k0}+E_{p0})=E-E_0 \tag{5.3.4-1}$$

其中的质心系，有可能是惯性系，也有可能是非惯性系.

如果质心系是惯性系，$F_{惯}=0$，导致 $A_{惯}=0$，此时质心系下的质点系功能原理表现形式与静止参考系下的表现形式是相同的.

如果质心系是非惯性系，由质心系的定义知道，它将是平动加速的非惯性系，第 i 个质点所受的惯性力为 $\boldsymbol{F}_{i惯}=m_i(-\boldsymbol{a}_C)$. 其中 $\boldsymbol{a}_C$ 为质心系相对惯性系的加速度. 此时，(5.3.4-1)式中的所有惯性力功之和 $A_{惯}$ 的求解如下：

$$\begin{aligned} A_{惯} &= \sum_i \int \boldsymbol{F}_{i惯}\cdot \mathrm{d}\boldsymbol{r}'_i = \sum_i \int(-m_i\boldsymbol{a}_C)\cdot \mathrm{d}\boldsymbol{r}'_i \\ &= \sum_i \int \boldsymbol{a}_C \cdot \left(-m_i\frac{\mathrm{d}\boldsymbol{r}'_i}{\mathrm{d}t}\right)\mathrm{d}t = -\int \boldsymbol{a}_C\cdot\left(\sum_i m_i\boldsymbol{v}_{iC}\right)\mathrm{d}t \end{aligned} \tag{5.3.4-2}$$

由于质心系下，质点系的总动量 $\boldsymbol{p}_C=\sum\limits_i m_i\boldsymbol{v}_{iC}=0$，所以(5.3.4-2)式的结果为零，即质心系下 $A_{惯}=0$.

由此，得出结论：**无论质心系是否是惯性系，质心系下的质点系的功能原理表现形式都与惯性系下的表现形式相同，不需要考虑惯性力的功**. 但值得注意的是，各量都是相对质心系而言的，如例 5.3.4-1 所示.

例 5.3.4-1 如例 5.3.4-1 图所示，质量各为 m_1 和 m_2 的两物体用橡皮绳相连放在水平台面上，橡皮绳原长为 a，当它伸长时，如同一劲度系数为 k 的弹簧，物块与台面间摩擦因数为 μ，今将两物体拉开至相距 $b(b>a)$ 静止释放，求两物体相碰时的相对速度.

例 5.3.4-1 图

解： 以两物块为研究对象，系统受到摩擦力作用，动量、能量均不守恒. 以系统的质心为参考系，建立如例 5.3.4-1 所示的坐标系(其中 O 为 m_1、m_2 的质心). 取两物块相距 b 和相碰时分别为初态和末态，设相碰时，左右两物块相对质心的速率分别为 v_1、v_2，相对质心移动的位移大小分别为 l、L. 在质心系下应用质点系功能原理(不用考虑惯性力的功)有

$$-m_1g\mu l-m_2g\mu L=\left(\frac{1}{2}m_1v_1^2+\frac{1}{2}m_2v_2^2\right)-\frac{1}{2}k\ (b-a)^2$$

无论质心系是否是惯性系，质心系下质点系的总动量始终为 0，同时质心位置不变，因此有

$$m_1v_1+m_2v_2=0$$

$$\frac{-\mathrm{m}_1 l+m_2L}{m_1+m_2}=0$$

依题意条件有

$$l+L=b$$

联立求得

$$v_{相对}=v_1-v_2=\sqrt{\frac{k(m_1+m_2)}{m_2 m_1}(b-a)^2-4\mu g b}$$

因为两物体的相对速度与参考系选取无关，所以上式也是两物体相对地面相碰时的相对速度.

*5.3.5 能量守恒定律

讨论物体间的相互作用时，系统体系的选取总可以扩大到使系统不受外力作用的状态，这样的体系称为封闭体系. 对封闭系统而言，外力功为零，则功能原理为

授课录像：能量守恒定律

$$A_{内非保}=(E_k+E_p)-(E_{k0}+E_{p0})=\Delta E_{机械} \tag{5.3.5-1}$$

而 $A_{内非保}$ 可能是摩擦力做的功 A_f，也可能是其他多种非保守力的功 $A_{其他}$，即 $A_{内非保}=A_f+A_{其他}$. A_f 会使相互作用的物体发热，实际上，摩擦力的功可与另一种形式的能——内能（热学中要学习的）相联系. 同样，摩擦力的功也可用内能增量的负值来表示，即 $-A_f=\Delta E_{内}$. 而其他形式的功 $A_{其他}$ 同样可用与其相应的形式能量增量的负值来表示，即 $-A_{其他}=\Delta E_{其他}$. 因此，对于一个封闭系统，总可以写出

$$\Delta E_{机械}+\Delta E_{内}+\Delta E_{其他}=0 \tag{5.3.5-2a}$$

或

$$E_{机械}+E_{内}+E_{其他}=C \tag{5.3.5-2b}$$

即系统的总能量，包括机械能、内能、其他形式的能（如电能、光能、化学能、核能等）保持不变. 能量可以从一种形式转化成另外一种形式，既不能被创造，也不能被消灭，总能量保持不变，这就是能量守恒定律.

能量守恒定律的意义：

（1）沟通了力学与其他学科间的联系. 在能量守恒定律下，不同的能量形式可以互相转化，如机械能通过摩擦转化为热能、热能通过蒸汽机转化成机械能、电能通过电灯转化成光能等.

（2）说明了能源的丰富性. 相对论给出的物体的质量与速度的关系，以及总能量与质量的关系分别表示为 $m=\dfrac{m_0}{\sqrt{1-v^2/c^2}}$，$E=mc^2$，其中 m_0 为静止质量. 相对论中不区分能量的具体形式，即把一切能量都看成是等同的，一个物体的总能量就是 $E=mc^2$. 以此计算可知，1 kg 静止水的总能量相当于 21.6 Mt 的黄色炸药（TNT）的能量. 可见，如果能把物质中的能量全部释放出来，人类能够拥有的能源将是极为丰富的. 如何使丰富的能量受控地转化和释放是科学家们所探索和追求的崇高目标.

§5.4 碰撞

碰撞是一类重要的物理现象，在机械加工、强度测试中，处处能够看到碰撞理论的应用. 早在 19 世纪末，碰撞就已形成了自己的理论体系（碰撞理论），在微观粒子的研究中，它的作用更是十分重要：1909 年，英国物理学家卢瑟福用 α 粒子轰击金属箔（α 粒子与金原子发生碰撞）得到了原子有核模型；1914 年，德国物理学家弗兰克和德国物理学家赫兹用不同能量的电子轰击水银蒸气，从碰撞前后的能量变化中得到了原子能级；1919 年卢瑟福用 α 粒子轰击氮得到了质子；1930—1932 年间，用 α 粒子轰击铍时，英国物理学家查德威克发现了中子，弄清了原子核的组成. 碰撞理论是研究分子、原子、原子核、基本粒子问题的基础理论.

作为质点系的动量定理（守恒）和功能原理（机械能守恒）的应用例子，本节从机械运动角度来研究碰撞中的最基本物理问题.

5.4.1 碰撞的特点

授课录像：碰撞的特点

碰撞是指相互接近的物体在很短的时间内，有明显的相互作用，以至于使彼此速度发生了变化. 发生碰撞的物体不一定都是直接接触的，比如，机械碰撞是接触的，而带同种电荷粒子的碰撞是不接触的. 碰撞的共同特点为：

（1）碰撞期间，物体间相互作用时间很短，但相互作用力很大，因此碰撞后，物体运动状态发生很大变化.

（2）碰撞在很短时间内发生和结束，因此可以认为碰撞前后物体位置不发生变化.

授课录像：一维碰撞过程与分类

（3）碰撞物体间在碰撞时有相互作用，碰撞后相互作用趋于零. 碰撞期间的冲击力是变力，即 $\boldsymbol{F}\Delta t=\Delta\boldsymbol{p}$ 中，$\boldsymbol{F}$ 是指平均力. 在机械运动中，认为碰撞前是开始接触，碰撞期间发生形变，碰撞后相互作用趋于零. 但在微观粒子或带电粒子间这种没有实际接触的碰撞中，所谓接触应该理解为有明显的相互作用.

（4）碰撞期间动量守恒. 若相互作用的内力远大于外力，可忽略外力的作用而把发生碰撞的物体看成动量守恒系统.

5.4.2 一维碰撞过程与分类

AR 演示：一维碰撞

一维碰撞中，两质点（或物体质心）碰撞前后的速度都在同一直线上. 碰撞的类型可分为完全弹性碰撞、完全非弹性碰撞和非完全弹性碰撞. 设质量分别为 m_1和 m_2的两物体分别以 v_{10}和 v_{20}（$v_{10}>v_{20}$）的初速度发生一维正碰（以 v_{10}方向为坐标系正方向），其碰撞过程与分类可用图 5.4.2-1 定性分析.

实物演示：七联球碰撞

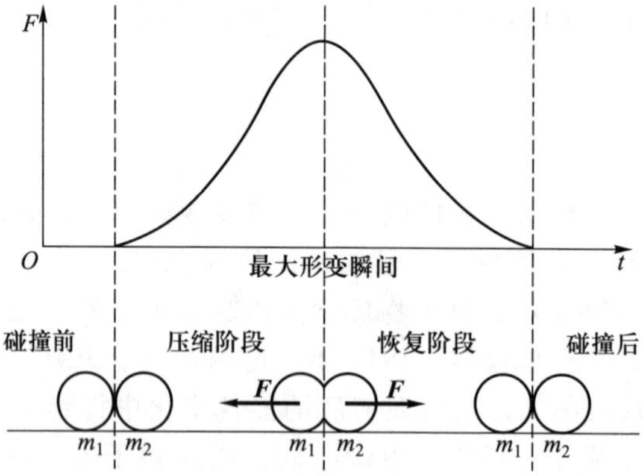

图 5.4.2-1

（1）压缩阶段：m_1和 m_2开始接触时起，两物体发生形变. 由形变产生的相互作用力使 m_1的速度 v_{10}逐渐减小，而使 m_2的速度 v_{20}逐渐增大.

（2）最大形变瞬间：当发生最大形变时，两物体速度相等，即 $v_1=v_2=v$. 如果两物体在以后的运动中，一直以共同的速度 v 运动下去而不再分开，这种碰撞称为完全非弹性碰撞.

（3）恢复阶段：对于其他碰撞，在弹性力的作用下，v_{10}继续减小，v_{20}继续增大，至形变完全恢复或部分恢复. 此时，两物体间已无相互作用力，m_1和 m_2将以不同的速度运动下去. 对应形变完全恢复的碰撞称为完全弹性碰撞，对于形变部分恢复的碰撞称为非完全弹性碰撞. 下面讨论三种碰撞所满足的方程.

1. 完全弹性碰撞

质量分别是 m_1、m_2的两物体发生碰撞，设碰撞前的速度分别为 v_{10}、v_{20}，碰撞后的速度为 v_1、v_2.

动量守恒：
$$m_1v_{10}+m_2v_{20}=m_1v_1+m_2v_2$$

机械能守恒：
$$\frac{1}{2}m_1v_{10}^2+\frac{1}{2}m_2v_{20}^2=\frac{1}{2}m_1v_1^2+\frac{1}{2}m_2v_2^2$$

实物演示：超级球

由此可解得

$$v_1=\frac{(m_1-m_2)v_{10}+2m_2v_{20}}{m_1+m_2},\qquad v_2=\frac{(m_2-m_1)v_{20}+2m_1v_{10}}{m_1+m_2}$$

由上式可以讨论各种特殊情况下两球的碰后速度. 如质量相等的两球碰后将交换速度等. 可以验证：$\dfrac{v_2-v_1}{v_{10}-v_{20}}=1$，即相对速度的比值为 1.

2. 完全非弹性碰撞

碰撞后，两物体粘在一起，$v_2=v_1=v$. 由动量守恒得

$$m_1v_{10}+m_2v_{20}=m_1v_1+m_2v_2=(m_1+m_2)v$$

实物演示：徒手碎酒瓶

所以

$$v=\frac{m_1v_{10}+m_2v_{20}}{m_1+m_2}$$

$v_{10}-v_{20}$为接近速度，离去速度为零. 此时的相对速度比值为$\dfrac{v_2-v_1}{v_{10}-v_{20}}=0$.

3. 非完全弹性碰撞

碰撞后 $v_2\neq v_1$，能量不守恒，但动量仍守恒. 如何确定碰后各自的速度呢？以下介绍的碰撞定律和动量守恒可以解决这一问题.

5.4.3 碰撞定律

对压缩过程和恢复过程分别应用动量定理.

对于压缩过程：以 m_1为研究对象有

$$-\int F\mathrm{d}t=m_1v-m_1v_{10}=-I（I\text{ 为压缩冲量}）$$

授课录像：碰撞定律

求得

$$v_{10}=v+\frac{I}{m_1}$$

以 m_2为研究对象有

$$\int F\mathrm{d}t=m_2v-m_2v_{20}=I$$

求得

$$v_{20}=v-\frac{I}{m_2}$$

对于恢复过程：以 m_1为研究对象有

$$-\int F'\mathrm{d}t=m_1v_1-m_1v=-I'(I'\text{为恢复冲量})$$

求得

$$v_1=v-\frac{I'}{m_1}$$

以 m_2为研究对象有

$$\int F'\mathrm{d}t=m_2v_2-m_2v=I'$$

求得

$$v_2=v+\frac{I'}{m_2}$$

所以，接近速度为

$$v_{10}-v_{20}=\frac{I}{m_1}+\frac{I}{m_2}=I\left(\frac{1}{m_1}+\frac{1}{m_2}\right)$$

离去速度为

$$v_2-v_1=\frac{I'}{m_2}+\frac{I'}{m_1}=I'\left(\frac{1}{m_1}+\frac{1}{m_2}\right)$$

令 $I'=eI$，其中的 e 称为恢复系数，则有

$$\frac{v_2-v_1}{v_{10}-v_{20}}=e \tag{5.4.3-1}$$

(5.4.3-1)式为牛顿碰撞定律，即离去速度与接近速度的比值等于恢复系数.

各种物质间的恢复系数可由实验测定，如果已知恢复系数，那么三种碰撞的类型可由恢复系数的值来区分

完全弹性碰撞： $e=1$ (5.4.3-2a)

非完全弹性碰撞： $0<e<1$ (5.4.3-2b)

完全非弹性碰撞： $e=0$ (5.4.3-2c)

从上述推导可以看出，对于完全弹性碰撞，动量守恒定律、机械能守恒定律和碰撞定律并不是独立的. 由于机械能守恒定律是速率的二次方函数，而碰撞定律是速率的一次方函数，显然用碰撞定律取代机械能守恒定律，与动量守恒定律联合求解碰后速度更为方便.

对于碰撞定律，值得注意的是：

（1）恢复系数 e 的大小只与发生碰撞物体的材料种类有关，与物体的形状和质量无关，如例 5.4.3-1 所示.

（2）碰撞定律可以推广到斜碰的情况，对两物体作用点的法线方向(垂直表面的方向)仍然成立，即$\frac{v_{2\perp}-v_{1\perp}}{v_{10\perp}-v_{20\perp}}=e$，如例 5.4.3-2 所示.

（3）碰撞定律中的各速度用垂直表面的法线方向的坐标表示，即发生碰撞物体的速度是有正负的，如例 5.4.3-2 所示.

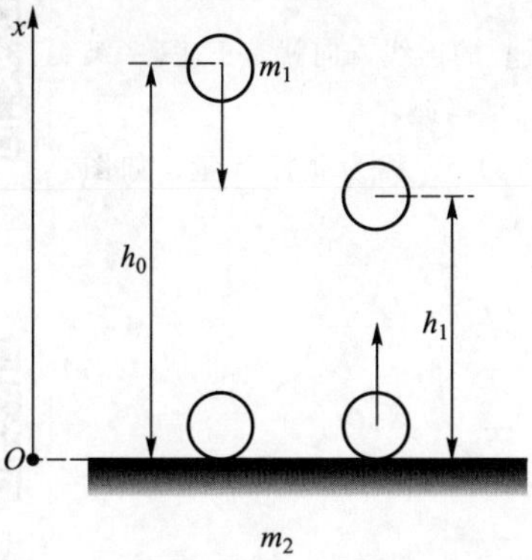

例 5.4.3-1 图

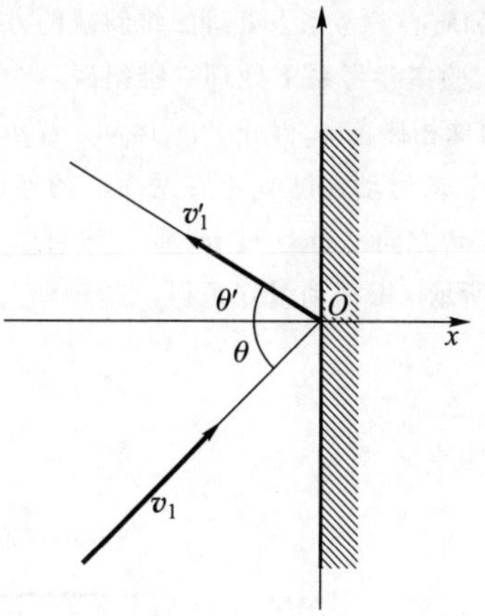

例 5.4.3-2 图

例 5.4.3-1 如何测定质量为 m_1、m_2两物体碰撞的恢复系数.

解：选 m_1、m_2中任意一个(如 m_2)为无穷大质量. 如果 m_1与 m_2初始时刻相距 h_0，落下碰撞反弹后上升的高度为 h_1. 建立坐标系如例 5.4.3-1 图所示，则

碰撞前的速度： $v_{10}=-\sqrt{2gh_0}$

碰撞后的速度： $v_1=\sqrt{2gh_1}$

对于 m_2，碰撞前后的速度都为零，即 $v_{20}=v_2=0$. 由碰撞定律得

$$e=\frac{v_2-v_1}{v_{10}-v_{20}}=\frac{-\sqrt{2gh_1}}{-\sqrt{2gh_0}}=\sqrt{\frac{h_1}{h_0}}$$

如果测定了 h_1与 h_0的比值，则可确定恢复系数.

由于物体之间碰撞的恢复系数与物体的大小和形状没有关系，所以，虽然是以 m_2质量为无穷大为例测得的恢复系数，但其结果却适合任何质量和形状的两物体之间的碰撞.

例 5.4.3-2 质量为 m 的小球以 v_1的速度入射到粗糙的墙面上，如例 5.4.3-2 图所示. 入射角为 θ，小球与墙之间的摩擦因数为 μ，恢复系数为 e. 试确定小球的反射速度、反射角与入射速度及入射角的关系.

解：建立如例 5.4.3-2 图所示的坐标系. 以小球为研究对象，应用动量定理(忽略小球重力的冲量)

x 方向： $-F_N\Delta t=(-mv_1'\cos\theta')-(mv_1\cos\theta)$

y 方向： $-F_N\mu\Delta t=(mv_1'\sin\theta')-(mv_1\sin\theta)$

以小球和墙为研究对象，在水平方向应用碰撞定律：

$$\frac{0-(-v_1'\cos\theta')}{v_1\cos\theta-0}=e$$

各式联立可得小球的反射速度、反射角与入射速度及入射角的关系. 当球与光滑的墙面($\mu=0$)发生完全弹性碰撞($e=1$)时，上述结果将过渡到 $v_1'=v_1$，$\theta'=\theta$ 的情况，即满足反射定律.

为什么沿水平方向应用碰撞定律？因为在推导碰撞定律时，已经知道物体形变发生在接触面的法线方向，即在法线方向应用了动量定理，也就是说 e 是法线方向的恢复系数.

*5.4.4 二维碰撞

碰前两球的速度不在两球中心连线上的碰撞称为斜碰. 如果两球碰前都有初始速度，一般情况下，碰撞将是三维的. 若碰前两球中的一个球处于静止状态，这种碰撞就是二维碰撞. 本节讨论在实验室参考系(惯性

参考系）和质心参考系下处理二维斜碰的方法.

1. 实验室参考系下处理二维斜碰

设两球相碰前 m_2 静止，m_1 运动. 若 m_1 的运动速度 $\boldsymbol{v}_1$ 沿两质心的连线方向就是正碰（一维碰撞）. 若 m_1 运动速度 $\boldsymbol{v}_1$ 不在两质心的连线方向上，则将发生二维斜碰.

授课录像：二维碰撞

设与 $\boldsymbol{v}_1$ 方向平行且过 m_2 质心的直线到 $\boldsymbol{v}_1$ 方向的垂直距离为 b，称为碰撞参量，如图 5.4.4-1所示. 根据动量守恒得

AR 演示：二维碰撞

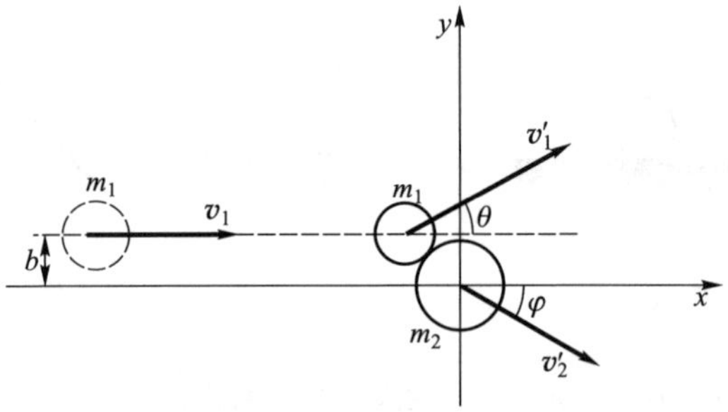

图 5.4.4-1

x 方向：
$$m_1v_1+0=m_1v_1'\cos\theta+m_2v_2'\cos\varphi$$

y 方向：
$$0=m_1v_1'\sin\theta-m_2v_2'\sin\varphi$$

若完全弹性碰撞，由能量守恒得

$$\frac{1}{2}m_1v_1^2=\frac{1}{2}m_1v_1'^2+\frac{1}{2}m_2v_2'^2$$

若非完全弹性碰撞，可在两球相碰接触面法线方向应用碰撞定律. 若 $m_1=m_2$，且为完全弹性碰撞，由以上三式可以证明：$\theta+\varphi=90°$. 若为非完全弹性碰撞，$\theta+\varphi\neq90°$.

在上述 b、θ、φ 三个参量中，必须测得一个参量，通常是反冲角 φ（θ 称为散射角），才能求出碰后小球各自的速度和散射角.

2. 质心系下处理二维斜碰

在实验室参考系下，原则上可以求出两质点的碰后速度、散射角（已知反冲角）等. 但在讨论最大散射角问题时，在质心系下处理更为方便. 下面讨论最大散射角问题.

对于二维斜碰，设 m_2 初始处于静止状态，m_1 的初始速度为 $\boldsymbol{v}_{10}$，$\boldsymbol{v}_C$ 为质心相对实验室参考系的速度（质心系为惯性参考系），$\boldsymbol{v}_{10}'$、$\boldsymbol{v}_{20}'$、$\boldsymbol{v}_1'$、$\boldsymbol{v}_2'$ 分别为两质点在质心系下的碰前和碰后速度，则有质心速度

$$\boldsymbol{v}_C=\frac{m_1}{m_1+m_2}\boldsymbol{v}_{10} \tag{5.4.4-1a}$$

碰前相对质心速度

$$\boldsymbol{v}_{10}'=\boldsymbol{v}_{10}-\boldsymbol{v}_C=\frac{m_2}{m_1+m_2}\boldsymbol{v}_{10},\qquad \boldsymbol{v}_{20}'=0-\boldsymbol{v}_C=-\frac{m_1}{m_1+m_2}\boldsymbol{v}_{10} \tag{5.4.4-1b}$$

碰撞前后动量守恒（始终为零），即

$$m_1\boldsymbol{v}_{10}'+m_2\boldsymbol{v}_{20}'=0,\qquad m_1\boldsymbol{v}_1'+m_2\boldsymbol{v}_2'=0 \tag{5.4.4-1c}$$

对完全弹性碰撞，由能量守恒得

$$\frac{1}{2}m_1v_{10}'^2+\frac{1}{2}m_2v_{20}'^2=\frac{1}{2}m_1v_1'^2+\frac{1}{2}m_2v_2'^2 \tag{5.4.4-1d}$$

由(5.4.4-1c)式和(5.4.4-1d)式可证明

$$|\boldsymbol{v}_1'|=|\boldsymbol{v}_{10}'|,\qquad |\boldsymbol{v}_2'|=|\boldsymbol{v}_{20}'| \tag{5.4.4-1e}$$

(5.4.4-1e)式说明：在质心系下，完全弹性碰撞的两粒子在相碰后，它们的速度都只改变方向，而不改变大小，碰后两速度仍在一直线上，但直线的方位变了，如图 5.4.4-2 所示(为了方便画图,设想两个小球是通过带电球体实现碰撞的,所以图 5.4.4-2 所示的是没有接触就有相互作用的情况). 可用如图 5.4.4-2 所示的粒子入射方向和出射方向的夹角 Θ 来表示粒子运动方向改变的程度，其值可在 0~π 之间，与碰撞参量有关.

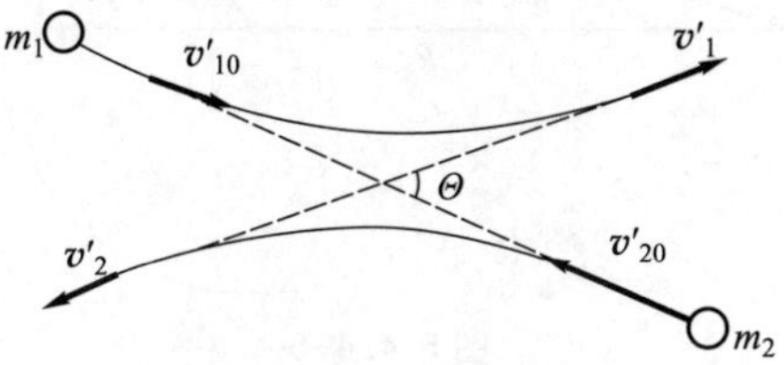

图 5.4.4-2

两粒子在实验室参考系下的速度可表示为

$$\boldsymbol{v}_1=\boldsymbol{v}_1'+\boldsymbol{v}_C,\qquad \boldsymbol{v}_2=\boldsymbol{v}_2'+\boldsymbol{v}_C \tag{5.4.4-1f}$$

由(5.4.4-1a)式、(5.4.4-1b)式、(5.4.4-1e)式可得

$$|\boldsymbol{v}_1'|=\frac{m_2}{m_1}|\boldsymbol{v}_C|,\qquad |\boldsymbol{v}_2'|=|\boldsymbol{v}_C| \tag{5.4.4-1g}$$

(5.4.4-1f)式、(5.4.4-1g)式是讨论反冲角和散射角的依据.

(1) 最大反冲角

根据(5.4.4-1f)式和(5.4.4-1g)式，碰撞后 m_2 的速度合成如图 5.4.4-3 所示，由图 5.4.4-3 可以看出，静止质量的反冲角区间为 $0\leqslant\varphi_2<\frac{\pi}{2}$，最大反冲角趋向$\frac{\pi}{2}$.

(2) 最大散射角

当 $m_1<m_2$ 时，由(5.4.4-1f)式和(5.4.4-1g)式可知 $|\boldsymbol{v}_1'|>|\boldsymbol{v}_C|$，$m_1$ 的反射速度合成如图 5.4.4-4 所示，显然 m_1 的散射角区间为 $0\leqslant\theta_1\leqslant\pi$，最大散射角为 π.

当 $m_1=m_2$ 时，由(5.4.4-1f)式和(5.4.4-1g)式可知 $|\boldsymbol{v}_1'|=|\boldsymbol{v}_C|$，$m_1$ 的反射速度合成类似最大反冲角情况，即 m_1 的散射角区间为 $0\leqslant\theta_1<\frac{\pi}{2}$，最大散射角趋向$\frac{\pi}{2}$.

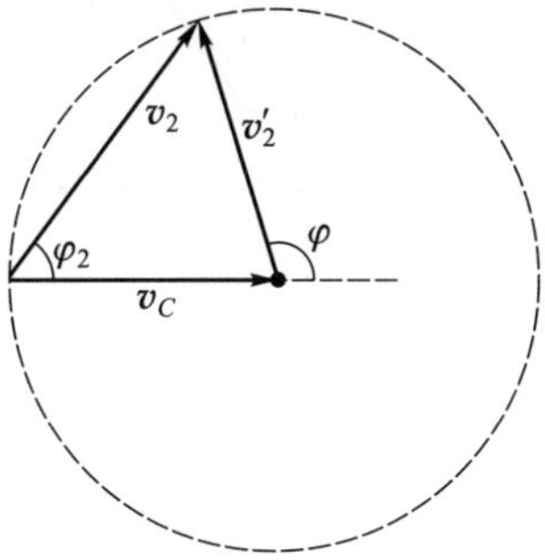

图 5.4.4-3

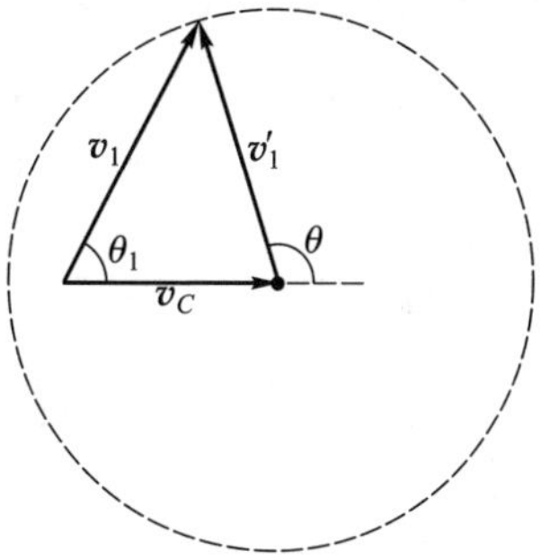

图 5.4.4-4

当 $m_1>m_2$ 时，由(5.4.4-1f)式和(5.4.4-1g)式可知 $|\boldsymbol{v}_1'|<|\boldsymbol{v}_C|$，$m_1$ 的反射速度合成如图 5.4.4-5 所示. 显然，m_1 的散射角区间为 $0\leqslant\theta_1\leqslant\arcsin\dfrac{m_2}{m_1}$，最大散射角为 $\arcsin\dfrac{m_2}{m_1}$.

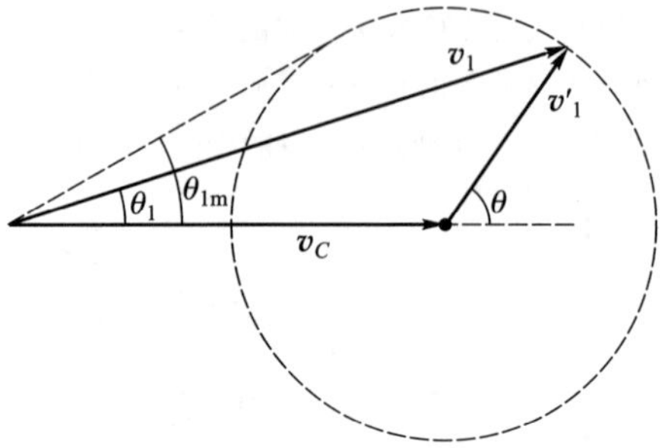

图 5.4.4-5

例 5.4.4-1 一质量为 m，速率为 v_0 的粒子与另一质量为 αm 的静止靶粒子发生弹性碰撞. 试问：(1) 若碰撞是正碰，则 α 为多大时靶粒子获得的动能最大？(2) 若是斜碰，则碰后靶粒子的速度与 v_0 方向间的夹角 β 的最大可能值为多大？(3) 写出在(2)中情况下碰后靶粒子在实验室坐标系中的动能.

解：(1) 由动量守恒得

$$mv_0=mv_1+\alpha mv_2$$

由碰撞定律得

$$\frac{v_2-v_1}{v_0}=1$$

解得

$$v_2=\frac{2}{\alpha+1}v_0,\qquad E_{\alpha m}=\frac{1}{2}\alpha mv_2^2=\frac{2m\alpha v_0^2}{(\alpha+1)^2}$$

令 $\dfrac{\mathrm{d}E_{\alpha m}}{\mathrm{d}\alpha}=0$，即

$$2mv_0^2\left[\frac{1}{(\alpha+1)^2}+\alpha\frac{-2}{(\alpha+1)^3}\right]=0$$

解得 $\alpha=1$. 即 $\alpha=1$ 时，靶粒子获得的动能最大.

(2) 由 5.4.4 节斜碰最大反冲角讨论结果可知，斜碰后靶粒子速度与 v_0 方向的最大可能夹角 β 为 $\dfrac{\pi}{2}$.

(3) 在实验室坐标系中，$\boldsymbol{v}_2=\boldsymbol{v}_2'+\boldsymbol{v}_C$. 如例 5.4.4-1 图所示有

$$v_2'=v_C=\frac{m_1v_0}{m_1+m_2}=\frac{1}{\alpha+1}v_0$$

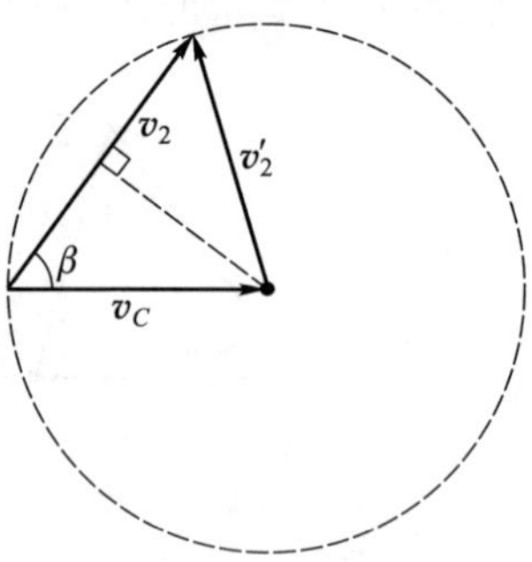

例 5.4.4-1 图

由例 5.4.4-1 图的几何关系得

$$v_2=2v_C\cos\beta=\frac{2v_0}{\alpha+1}\cos\beta$$

求得

$$E_{\alpha m}=\frac{1}{2}\alpha mv_2^2=\frac{2\alpha mv_0^2\cos^2\beta}{(1+\alpha)^2}$$

本章知识单元和知识点小结

<table>
<tr><th>知识单元</th><th colspan="4">知 识 点</th></tr>
<tr><td rowspan="2">质点系动能定理</td><td colspan="2">质点动能定理</td><td colspan="2">质点系动能定理</td></tr>
<tr><td colspan="2">$\int_a^b \boldsymbol{F}\cdot \mathrm{d}\boldsymbol{r}=\frac{1}{2}mv_b^2-\frac{1}{2}mv_a^2$</td><td colspan="2">$A_{外}+A_{内}=E_k-E_{k0}$
$A_{内}=\sum_{i=1}^{n}(A_{第i对内力功之和})$</td></tr>
<tr><td rowspan="2">质点系动能定理中内力功 $A_{内}$ 的分析</td><td>一对内力功特点</td><td>保守力功与势能函数的关系</td><td colspan="2">由势能函数确定保守力，判断系统稳定性</td></tr>
<tr><td>与参考系选取无关</td><td>$A_{保}=-\Delta E_p(r)$</td><td colspan="2">$F_x=-\left(\frac{\partial E_p}{\partial x}\right)$，由势能函数的导数判断系统稳定性</td></tr>
<tr><td rowspan="2">质点系功能原理</td><td>功能原理</td><td>机械能守恒定律</td><td>质点系总动能在静系与质心系下关系</td><td>质心系下质点系功能原理</td></tr>
<tr><td>$A_{外}+A_{内非}=E-E_0$</td><td>$A_{外}=A_{内非}=0$ 时，$E=E_0=$ 常量</td><td>$E_k=\frac{1}{2}mv_C^2+E_{kC}$</td><td>$A_{惯}=0$，
$A'_{外}+A'_{内非}=E'-E'_0$</td></tr>
<tr><td rowspan="3">碰撞</td><td colspan="2">碰撞分类</td><td rowspan="2">碰撞定律</td><td rowspan="2">* 质心系下完全弹性碰撞特点</td></tr>
<tr><td>维数分类</td><td>碰撞过程分类</td></tr>
<tr><td>一维
二维
三维</td><td>完全弹性($e=1$)
完全非弹性($e=0$)
非完全弹性
($0<e<1$)</td><td>$\frac{v_2-v_1}{v_{10}-v_{20}}=e$</td><td>只改变每个物体碰撞前后方向，而不改变速度大小</td></tr>
</table>

授课录像：第五章知识单元小结

习　题

课后作业题

5-1. 光滑水平面上并排静止放着两块质量分别为 m_1 和 m_2 的木块．一质量为 m 的子弹以 v_0 的初速度水平地射向两木块，若 $m_1=2m_0$，$m_2=m_0$，质量为 m 的子弹水平射穿 m_1 后，射入 m_2 内．当子弹相对 m_2 静止时，m_2 的速度是 m_1 的二倍．求此过程中摩擦阻力所做的功．

5-2. 汽车沿着一坡度不大的斜坡以 $v_1=12$ m/s 的速率向上匀速行驶，当此车用同样的功率沿斜坡向下匀速行驶时，车速为 $v_2=20$ m/s．若此车保持功率不变而沿水平的同样路面以匀速 v 行驶，设汽车在水平路面上受到阻力与在斜坡上受到的阻力相同，求 v 的大小．

第五章参考答案

5-3. 一质点在保守力场中沿 x 轴（在 $x>0$ 范围内）运动，其势能为 $E_p=\frac{kx}{x^2+a^2}$．式中 k、a 均为大于零的常量．试求：(1) 质点所受到的力的表示式；(2) 质点的平衡位置；(3) 若质点静止在平衡位置，试讨论平衡的稳定性．

5-4. 一块长为 l，质量为 m_0 的木板静置于光滑的水平桌面上，在板的左端有一质量为 m 的小物体(大小可忽略)以 v_0 的初速度相对板向右滑动，当它滑至板的右端时相对板静止．试求：(1) 物体与板之间的摩擦因数；(2) 在此过程中板的位移．

5-5. 在倾角为 θ 的斜面上，一质量为 m 的物体通过一劲度系数为 k 的弹簧与固定在斜面上的挡板相连，如习题 5-5 图所示．物体与斜面间的摩擦因数为 μ．开始时，m 静止，弹簧处于原长．现有一沿斜面向上的恒力 F 作用在 m 上，使 m 沿斜面向上滑动．试求：从 m 开始运动到它运动到最高位置过程中力 F 所做的功．

5-6. 一小球做竖直上抛运动，当它回到抛出点时，速度为抛出时的 3/4．设小球运动中受到空气的阻力为恒力．试求：(1) 小球受到的空气阻力与重力之比；(2) 小球上升的最大高度与真空情况下最大高度之比($g=10\ \mathrm{m/s^2}$)．

5-7. 如习题 5-7 图所示，质量为 m 的物体以 v_0 的速度在光滑水平面上沿 x 正方向运动，当它到达原点 O 点时，撞击一劲度系数为 k 的轻弹簧，并开始受到摩擦力的作用，摩擦因数是位置的函数，可表示为 $\mu=ax$(a 为一较小的常量)．求物体第一次返回到 O 点时的速度．

5-8. 质量为 m 的小球通过一根长为 $2l$ 的细绳悬挂于 O 点．在 O 点的正下方 l 远处有一个固定的钉子 P．开始时，把绳拉至水平位置，然后释放小球．试求当细绳碰到钉子后小球所能上升的最大高度．

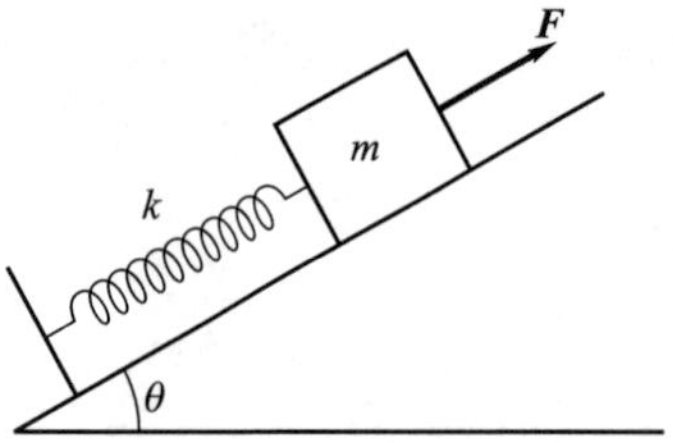

习题 5-5 图

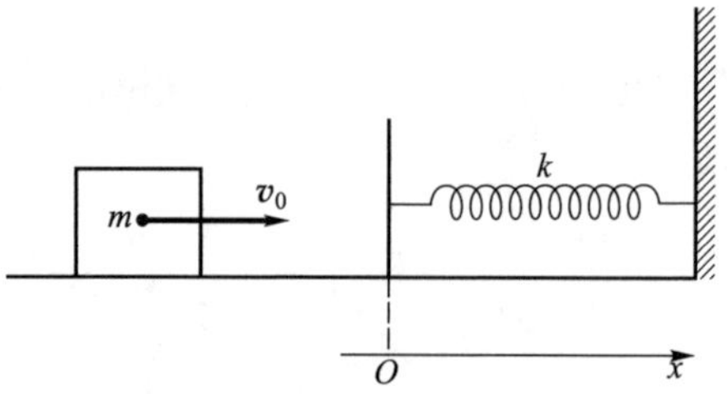

习题 5-7 图

5-9. 如习题 5-9 图所示，质量为 m_0 的两质点分别固定在 x 轴上的 $A(-a,0)$、$B(a,0)$ 两点，若有一质点 m 在万有引力作用下从 $y=3a$ 处由静止开始向着原点运动．试求质点经过原点时的速度．

5-10. 某人在地面上双脚起跳可使他的重心升高 h．现在他和另一个质量同为 m_1 的人分站在轻滑轮两边的秤盘中，如习题 5-10 图所示．秤盘的质量均为 m_2．试求：当此人在秤盘中用和地面上起跳同样的能量双脚起跳时，他的重心可升高多少？

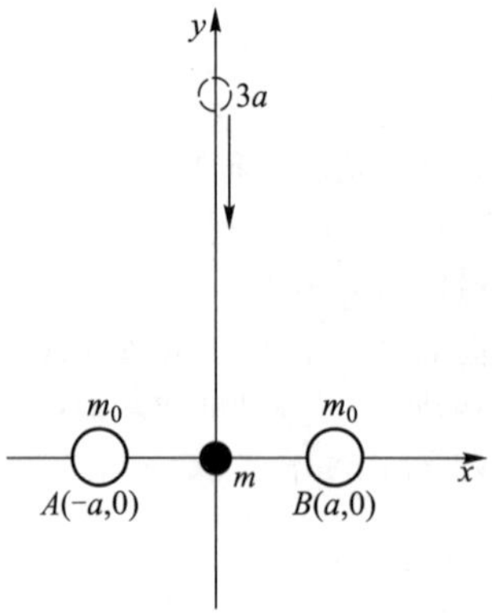

习题 5-9 图

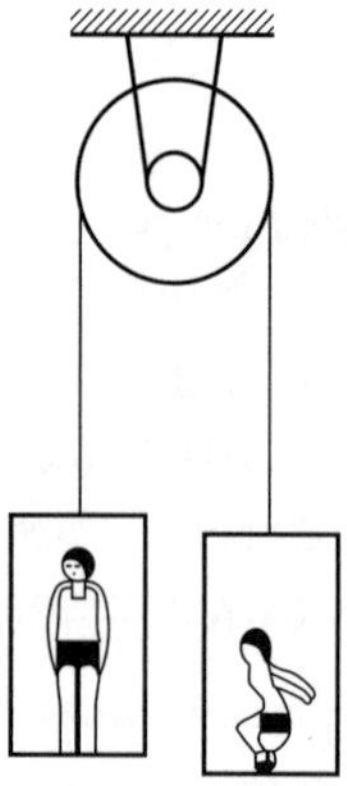

习题 5-10 图

5-11. 在固定的光滑半球形碗底静放着一质量 $m=50$ g 的光滑小球 B，另一与 B 完全相同的小球 A 从高为 $h=5.0$ cm 的碗内壁处由静止滑下. 若 A、B 的碰撞为非弹性碰撞，恢复系数为 $e=0.6$. 求 B 球被碰后能升到多高?

5-12. 在光滑的水平桌面上有三个弹性小环 A、B、C，它们的质量分别为 m、m、$\alpha m(\alpha>1)$，并依次排列在一条直线上. 开始时，B、C 静止，并挨在一起，而 A 以 v_0 的速度向 B 运动. 试证明，当它们之间的碰撞结束时，B 环静止，而 A、C 的运动状态和没有 B 环时 A、C 碰撞后的运动状态一样.

自检练习题

5-13. 一小球与两个相同的弹簧相连，如习题 5-13 图所示. 当小球平衡时，两弹簧均受到拉伸. 若忽略重力，试讨论小球平衡的稳定性.

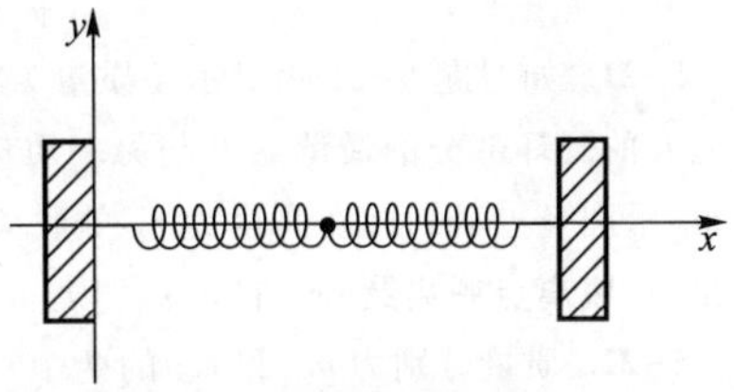

习题 5-13 图

5-14. 一质量为 m 的质点在保守力的作用下沿 x 轴(在 $x>0$ 范围内)运动，其势能的数值为：$E_p=\dfrac{A}{x^3}-\dfrac{B}{x}$，其中 A、B 均为大于零的常量. (1) 画出势能曲线图；(2) 确定势阱的深度(最低点势能值)；(3) 找出质点运动中受到沿 x 负方向最大力的位置；(4) 若质点的总能量 $E=0$，试确定质点的运动范围.

5-15. 一质量为 m 的质点在保守力的作用下沿 x 方向运动，其势能的数值为：$E_p=ax^2(b-x)$，其中 a、b 均为大于零的常量. (1) 试求质点所受力的表达式；(2) 画出势能曲线图；(3) 确定平衡位置，并讨论平衡位置的稳定性；(4) 若质点从原点 $x=0$ 处以 v_0 开始运动，试问，v_0 在什么范围内质点不可能到达无穷远?

5-16. 一颗质量为 m 的人造地球卫星以圆形轨道环绕地球飞行. 由于受到空气阻力的作用，使其轨道半径从 r_1 变小到 r_2. 求在此过程中空气阻力所做的功.

5-17. 如习题 5-17 图所示，物体从高为 h 的斜面顶端自静止开始滑下，最后停在与起点的水平距离为 s 的水平地面上. 若物体与斜面和物体与地面间的摩擦因数均为 μ，证明 $\mu=h/s$.

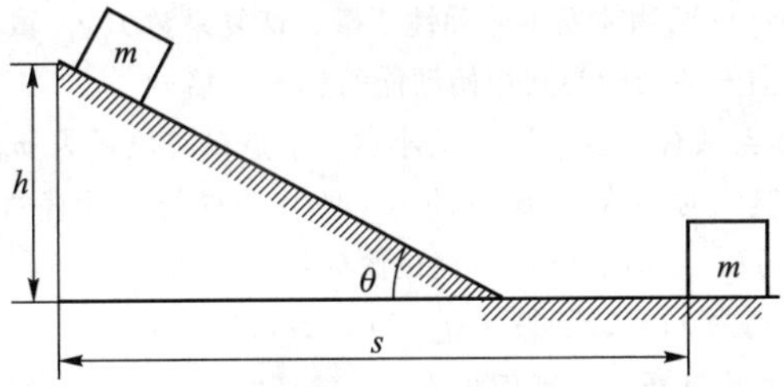

习题 5-17 图

5-18. 若上题中物体与斜面间摩擦因数和物体与地面之间的摩擦因数并不相同. 当物体自斜面顶端静止滑下时，停在地面上 A 点，而当物体以 v_0 的初速度(方向沿斜面向下)自同一点滑下时，则停在地面上 B 点. 已知 A、B 点与斜面底端 C 点的距离之间满足 $|BC|=2|AC|$. 试求物体在斜面上运动的过程中摩擦力所做的功.

5-19. 一光滑圆环，半径为 R，用细线悬挂在悬点上. 环上串有质量都是 m 的两个珠子，让两珠从环顶同时静止释放向两边下滑. 若圆环的质量为 m_0，试证明：只有当 $m>\dfrac{3}{2}m_0$ 时，圆环才会升起，并求出圆环开始上升时的角度 θ.

5-20. 物体沿习题 5-20 图所示的光滑轨道自点 A 由静止开始滑下. 轨道的圆环部分有一对称的缺口

BC，缺口的张角 $\angle BOC=2\alpha$，圆环的半径为 R. 试问：A 点的高度 h 应等于多少才能使物体恰好越过缺口而走完整个圆环？

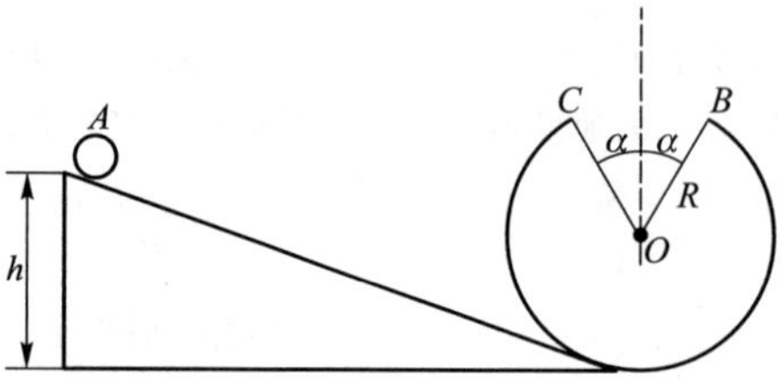

习题 5-20 图

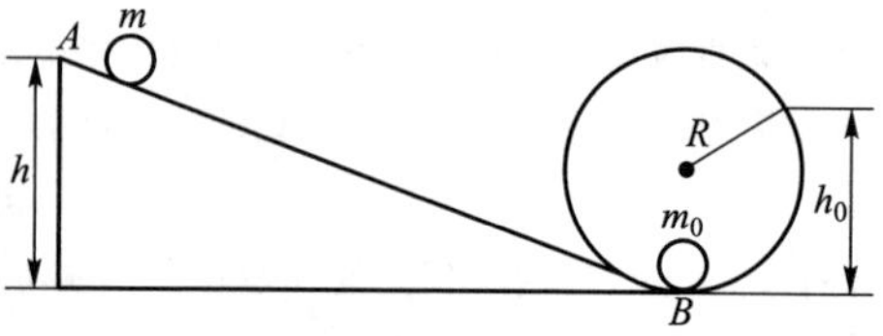

习题 5-21 图

5-21. 如习题 5-21 图所示，质量为 m 的物体从光滑轨道的顶端 A 点，由静止开始沿斜道滑下，在半径为 R 的圆环部分的最低点 B 与另一质量为 m_0 的静止物体发生弹性碰撞，碰后 m_0 沿圆环上升，并在高度为 h_0 处脱离圆环，而 m 则沿斜道上升后又滑下，并在 m_0 脱离点脱离圆环. 试求：(1) m 与 m_0 之比；(2) A 点的高度 h.

5-22. 质量分别为 m_1 和 m_2 的两个物块由一劲度系数为 k 的轻弹簧相连，竖直地放在水平桌面上，如习题 5-22 图所示. 另有一质量为 m 的物体从高出 m_1 为 h 的地方由静止开始自由落下，当与 m_1 发生碰撞后，即与 m_1 黏合在一起向下运动. 试问 h 至少应多大，才能使得弹簧反弹起后 m_2 与桌面互相脱离？

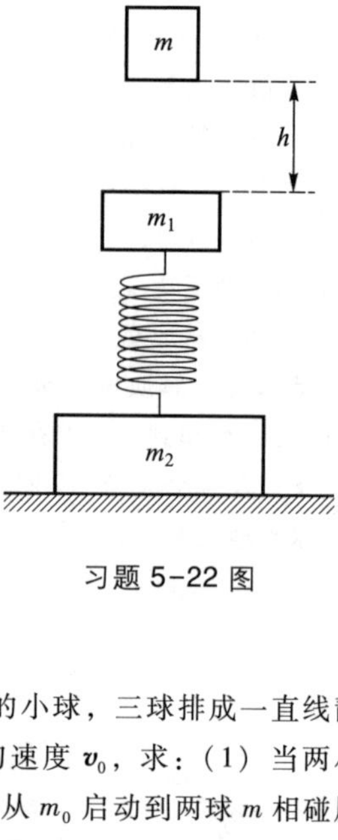

习题 5-22 图

5-23. 在水平桌面上，质量分别为 m_1 和 m_2 的两物块由一劲度系数为 k 的弹簧相连. 物块与桌面间的摩擦因数均为 μ. 开始时，弹簧处于原长，m_2 静止，而 m_1 以 $v_0=\sqrt{\dfrac{6m_1m_2g^2\mu^2}{k\ (m_1+m_2)}}$ 的速度拉伸弹簧. 试求：当弹簧达最大拉伸时的伸长量(设 $m_1>m_2$).

5-24. 质量分别为 m_1 和 m_2 的两物体发生非弹性正碰，恢复系数为 e. 试证明：在质心坐标系中碰撞时损失的动能为其初始动能的 $(1-e^2)$ 倍.

5-25. 长为 $2a$ 的轻绳两端各系有一质量为 m 的小球，中点系有质量为 m_0 的小球，三球排成一直线静置于光滑水平台面，绳恰被拉直. 对小球 m_0 施以冲力，使其获得与绳垂直的初速度 $\boldsymbol{v}_0$，求：(1) 当两小球 m 相碰的瞬时各球的速率；(2) 当两小球 m 相碰的瞬时绳中的张力；(3) 若从 m_0 启动到两球 m 相碰历时 t，而在此期间 m_0 行进的距离为 x，试证明：$(m_0+2m)\,x=m_0v_0t+2ma$.

5-26. 边长为 a 的正方体木块静浮于横截面积为 $4a^2$ 的杯内水面上，水的深度 $h=2a$. 已知水的密度为 ρ_0，木块的密度为 $\dfrac{1}{2}\rho_0$，现将木块非常缓慢地压至水底. 忽略水的阻力作用，求在此过程中外力所做的功.

5-27. 一条长为 $2l$、质量为 m 的柔软绳索，挂在一光滑的水平轴钉(粗细可忽略)上，当两边的绳长均为 l 时，绳索处于平衡状态. 若给其一端加一个竖直方向的微小扰动，则绳索就从轴钉上滑落. 试求：(1) 当绳索刚脱离轴钉时，绳索的速度；(2) 当较长的一边绳索的长度为 x 时，轴钉上所受的力.

5-28. 在竖直平面内有一光滑的半圆形管道，圆的半径为 R. 管内有一条长度正好为半圆周长 πR 的链条，其线密度为 ρ_l，如习题 5-28 图所示. 若由于微小的扰动，链条从管口向外滑出. 试求：(1) 当链条刚从管口全部滑出时的速度；(2) 当链条从管口滑出的长度为 $\dfrac{\pi}{3}R$ 时的速度和加速度.

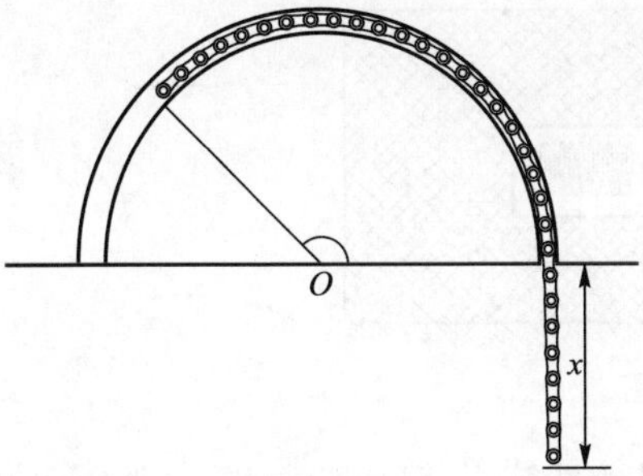

习题 5-28 图

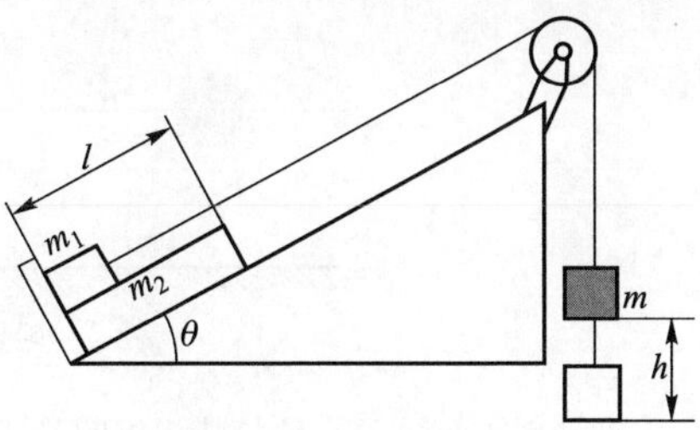

习题 5-29 图

5-29. 在倾角 $\theta=\arctan\dfrac{3}{4}$ 的光滑斜面上叠放着质量 $m_1=40$ kg 的重物和质量 $m_2=20$ kg、长 $l=0.2$ m 的板，重物与板之间的摩擦因数 $\mu=0.5$. m_1 与另一质量 $m=30$ kg 的重物由一跨过装在斜面顶端的定滑轮的细绳相连，如习题 5-29 图所示. 开始时，m_1 和 m_2 均静靠在斜面上一挡板处，m 由手托住，使绳松弛，然后放手，当 m 自由下落的高度为 h 时，绳被拉紧. 若 m_1 体积很小，以致可忽略其线度，并设斜面和 m 的运动长度足够长. 忽略绳与滑轮的质量和滑轮轴承处的摩擦力. (1) 试分析由此三物组成的系统以后运动的情况；(2) 一种分析是，若 h 不太大时，则 m_1 和 m_2 在以后的运动过程中不会互相脱离. 这种分析是否正确？如果正确的话，求出 h 的最大值.

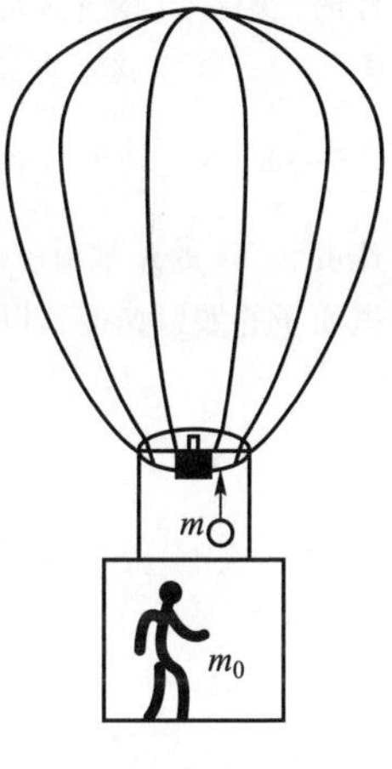

习题 5-30 图

5-30. 如习题 5-30 图所示，一个人手持质量为 m 的小球乘坐在热气球下的吊篮里. 气球、吊篮和人的总质量为 m_0. 整个系统静止在空中. 突然，人将小球向上急速抛出，经过时间 t 后小球又返回人手. 若人手在抛接球时相对吊篮的位置不变，试求人在抛球过程中对系统做的功.

5-31. 在光滑的水平面上有两个质量分别为 m_1 和 $m_2(m_1<m_2)$ 的物块，m_2 上连有一轻弹簧，如习题 5-31 图所示. 第一次，具有动能 E_0 的 m_1 与静止的 m_2 相碰；第二次，具有动能 E_0 的 m_2 与静止的 m_1 相碰，两次碰撞均压缩轻弹簧. 试问：(1) 两次碰撞中哪一次弹簧的最大压缩量较大？(2) 若碰前两物块的总动能为 E_0，则 E_0 如何分配，才能使在两物块碰撞过程中弹簧的最大压缩量最大？

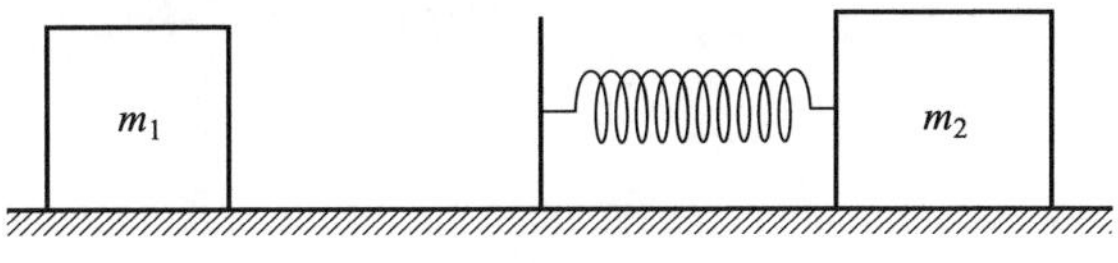

习题 5-31 图

5-32. 在光滑的水平面上，一质量为 m_0 的架子内连有一劲度系数为 k 的弹簧，如习题 5-32 图所示. 一质量为 m 的小球以 u 的速度射入静止的架子内，并开始压缩弹簧. 设小球与架子内壁间无摩擦力. 试求：(1) 弹簧的最大压缩量；(2) 从弹簧被压缩到弹簧达最大压缩所需的时间；(3) 在此过程中架子的位移.

5-33. 在光滑的水平桌面上有三个完全相同的光滑弹性小球，两个静止小球 B、C 互相紧靠着，另一小球 A 则以 $\boldsymbol{v}_0$ 的速度沿 B、C 球心连线的中垂线向着两球运动. 求碰后三球的速度.

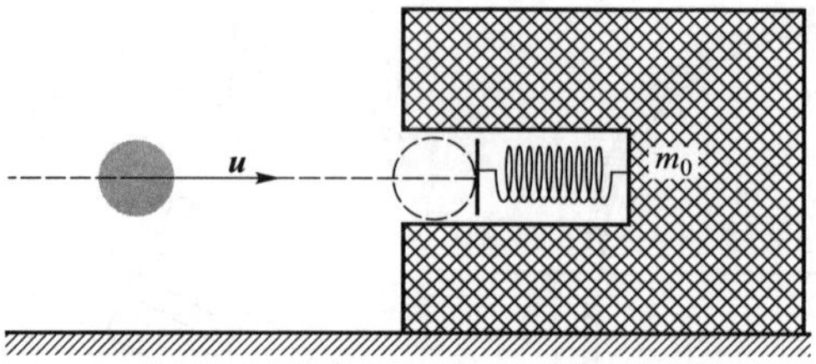

习题 5-32 图

*5-34. 一运动粒子与另一质量与其相等的静止粒子发生弹性斜碰，试证明：碰撞后两粒子的运动方向彼此垂直.

*5-35. 一质量为 2 kg 的小球 A 以 $v_{A0}=32$ m/s 的速度与另一质量为 6 kg 的静止小球 B 相碰. 设碰撞是弹性的，则在质心坐标系中，两小球的反射角均为 90°. 试问：(1) 在实验室坐标系中，A 球的反射角为多大？(2) 在实验室坐标系中，碰后 B 球的运动方向与 A 球原运动方向之间的夹角为多大？

*5-36. 一质量为 m 的质子以 v_0 的速度去撞击静止质量为 $4m$ 的氦核. 在实验室坐标系里，质子以 $\frac{1}{2}v_0$ 的速度和 30°的角散射. 试求：(1) 在实验室坐标系里，撞击后氦核的速度及运动方向；(2) 在质心坐标系里质子的散射速度，以及两粒子的散射角度；(3) 系统在散射中总能量的变化.

第六章

角动量定理与角动量守恒定律

在第四章和第五章中，通过对作用在质点上的力分别对时间和空间累积积分问题的讨论，我们得到了质点基本动力学方程的两个推论——质点和质点系的动量定理与动能(机械能)定理以及与其相应的守恒定律. 但对于质点系的某些特殊运动形式，如质点系的转动或中心力场等问题，仅仅有动量定理和功能原理仍不足以获得质点系的某些需要信息，因此，非常有必要寻找质点动力学的另外一种推论形式，即角动量定理，并推广至质点系，以方便处理这些问题.

授课录像： 角动量定理与守恒定律概述

对于角动量定理的讨论涉及力矩和角动量概念、力矩与角动量的关系以及角动量守恒等问题. 力矩在静力学中体现的是力改变物体转动效果的一个物理量，其思想起源于古希腊阿基米德对杠杆的研究. 力学中的角动量概念、力矩与角动量的关系以及角动量守恒等，是以牛顿第二定律为基础讨论力矩引起物体加速转动效果时引入和导出的. 角动量及其守恒的物理思想广泛应用于物理学的各个领域中.

本章以牛顿第二定律为基础，总结力与物体转动效果的规律，并给出力矩、角动量等概念的现代定义，主要包括：质点的角动量定理、质点系角动量定理与守恒定律、有心力场问题、守恒律与对称性的关系等内容.

§6.1　质点角动量定理

为了讨论力引起物体转动效果的规律，本节仍以质点的基本动力学方程为出发点，定义力对空间某参考点的力矩以及描述质点的新的物理量——角动量，导出质点动力学方程的另外一种表达形式，即质点角动量定理. 对定理引入的力矩和角动量概念以及特殊条件下的角动量守恒作进一步的分析. 下一节将对质点的角动量定理进一步推广，导出质点系的角动量定理与角动量守恒定律.

授课录像： 质点的角动量定理

6.1.1　质点的角动量定理

如何以牛顿第二定律为基础获得关于力改变物体转动效果的规律？古希腊的阿基米德在对杠杆问题的研究中就发现，相同的力引起物体的转动效果与力的作用点到支点的距离呈线性关系，并且转动效果与力的作用方向有关. 这样一种关系可用现代数学中的两个矢量叉乘来定量描述. 因此，我们仍然以牛顿第二定律为基础，从力的作用点到某个参考点位置矢量与力叉乘的角度，探讨力所引起的质点转动效果规律.

设质点在合外力 $\boldsymbol{F}$ 作用下的速度为 $\boldsymbol{v}$，依据牛顿第二定律有

$$\boldsymbol{F}=\frac{\mathrm{d}(m\boldsymbol{v})}{\mathrm{d}t} \tag{6.1.1-1}$$

建立如图 6.1.1-1 所示的坐标系，在空间任选一点(如坐标原点 O 或其他点 O')，称为参考点. 用如图 6.1.1-1 所示的参考点到力作用点的位置矢量 $\boldsymbol{r}$ 叉乘作用力 $\boldsymbol{F}$(参见本书关于矢量叉乘的规定)，并由(6.1.1-1)式所示的牛顿第二定律可得

$$\boldsymbol{r}\times\boldsymbol{F}=\boldsymbol{r}\times\frac{\mathrm{d}(m\boldsymbol{v})}{\mathrm{d}t} \tag{6.1.1-2}$$

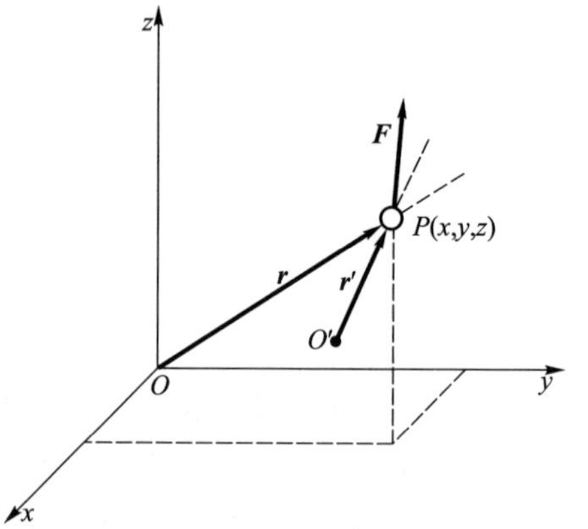

图 6.1.1-1

注意关系式

$$\boldsymbol{r}\times\frac{\mathrm{d}(m\boldsymbol{v})}{\mathrm{d}t}=\frac{\mathrm{d}(\boldsymbol{r}\times m\boldsymbol{v})}{\mathrm{d}t}-\frac{\mathrm{d}\boldsymbol{r}}{\mathrm{d}t}\times m\boldsymbol{v} \tag{6.1.1-3a}$$

如果在质点运动过程中参考点始终不变(称为固定参考点)，则上式中的第二项 $\frac{\mathrm{d}\boldsymbol{r}}{\mathrm{d}t}\times m\boldsymbol{v}=\boldsymbol{v}\times m\boldsymbol{v}=0$，则(6.1.1-3a)式可表示为

$$\boldsymbol{r}\times\frac{\mathrm{d}(m\boldsymbol{v})}{\mathrm{d}t}=\frac{\mathrm{d}(\boldsymbol{r}\times m\boldsymbol{v})}{\mathrm{d}t} \tag{6.1.1-3b}$$

令

$$\boldsymbol{M}=\boldsymbol{r}\times\boldsymbol{F} \tag{6.1.1-4a}$$

$$\boldsymbol{L}=\boldsymbol{r}\times m\boldsymbol{v}=\boldsymbol{r}\times\boldsymbol{p} \tag{6.1.1-4b}$$

即参考点到质点的位置矢量分别与作用力和质点动量叉乘，分别称为力 $\boldsymbol{F}$ 和质点的动量 $\boldsymbol{p}$ 相对给定参考点的力矩和角动量.

结合(6.1.1-2)式和(6.1.1-3)式可得

$$\boldsymbol{M}=\frac{\mathrm{d}\boldsymbol{L}}{\mathrm{d}t} \tag{6.1.1-5a}$$

$$\int_{t}^{t+\Delta t}\boldsymbol{M}\mathrm{d}t=\boldsymbol{L}-\boldsymbol{L}_0 \tag{6.1.1-5b}$$

(6.1.1-5)式称为质点的角动量定理，其中(6.1.1-5a)式为微分形式，(6.1.1-5b)式为积分形式. (6.1.1-5a)式微分形式的质点角动量定理的物理含义为：作用在质点上的合力相对给定固定参考点的力矩等于质点相对同一参考点的角动量随时间的变化率. (6.1.1-5b)式积分形式的质点角动量定理的物理含义为：力矩对时间的累积积分(称为力矩的冲量,简称冲量矩)等于质点角动量的变化.

(6.1.1-5)式的质点角动量定理的矢量表现形式，可以在坐标下分解为各分量形式. 如在直角坐标下分解为

$$M_x=\frac{\mathrm{d}L_x}{\mathrm{d}t},\quad M_y=\frac{\mathrm{d}L_y}{\mathrm{d}t},\quad M_z=\frac{\mathrm{d}L_z}{\mathrm{d}t}\tag{6.1.1-6a}$$

$$\begin{aligned}&\int_t^{t+\Delta t}M_x\mathrm{d}t=L_x-L_{x0}\\&\int_t^{t+\Delta t}M_y\mathrm{d}t=L_y-L_{y0}\\&\int_t^{t+\Delta t}M_z\mathrm{d}t=L_z-L_{z0}\end{aligned}\tag{6.1.1-6b}$$

从上述推导过程可以看出质点角动量定理成立的条件：

(1) 在惯性系下成立. 对于非惯性系，要加入惯性力的力矩.

(2) 就力矩和角动量的定义来说，力和动量对任何参考点都有相应的力矩和角动量，但在应用角动量定理时，力矩和角动量必须对同一固定参考点而言. 因为推导过程中，牛顿第二定律方程两侧是对同一位置矢量进行的叉乘运算，同时$\frac{\mathrm{d}\boldsymbol{r}}{\mathrm{d}t}=\boldsymbol{v}$只有对于固定参考点才成立.

(3) $\boldsymbol{M}=\boldsymbol{r}\times\boldsymbol{F}$ 是作用在质点上的合力的力矩.

引入质点角动量与引入质点的动量和动能具有类似的意义. 从数学上看，质点的角动量定理只不过是牛顿第二定律关系式与空间某特定位置矢量的叉乘运算. 但从物理上看，引入的质点的位置矢量与动量的叉乘(角动量)作为新的物理量，在力引起物体转动效果这一点上，却更能体现物体状态改变的属性.

下面对质点角动量定理中引入的力矩、角动量等新物理量的特点以及角动量守恒作进一步分析.

6.1.2 力的力矩

在推导质点角动量定理时我们引进了力矩的概念，力矩是对参考点而言的，是矢量. 由两个矢量叉乘的定义可知：力矩的方向一定垂直于位置矢量与力矢量所构成的平面(图 6.1.2-1)，其大小为 $M=Fr\sin\theta$. 这样定义的力矩和我们熟知的用力 $\boldsymbol{F}$ 推门，使门绕轴转动的力矩有什么关系呢？为了说明这一问题，将力对参考点 O 的力矩在直角坐标系下进行分解.

授课录像： 力的力矩

建立如图 6.1.2-2 所示的坐标系，以坐标原点 O 为参考点，力矩在直角坐标系中的分解式为

$$\begin{aligned}\boldsymbol{M}&=\boldsymbol{r}\times\boldsymbol{F}=(x\boldsymbol{i}+y\boldsymbol{j}+z\boldsymbol{k})\times(F_x\boldsymbol{i}+F_y\boldsymbol{j}+F_z\boldsymbol{k})\\&=(yF_z-zF_y)\boldsymbol{i}+(zF_x-xF_z)\boldsymbol{j}+(xF_y-yF_x)\boldsymbol{k}\end{aligned}\tag{6.1.2-1}$$

令

$$M_x=yF_z-zF_y,\quad M_y=zF_x-xF_z,\quad M_z=xF_y-yF_x\tag{6.1.2-2}$$

动画演示： 力矩

(6.1.2-2)式称为(6.1.2-1)式力矩的分量，也称对轴的力矩. 以(6.1.2-2)式中 z 方向力矩的表达式 $M_z=xF_y-yF_x$ 为例可以看出，它与 z 无关. 即对于 z 轴上任意

一点，如图 6.1.2-2 中的 O'点，其 $\boldsymbol{r}'$的 x、y 分量是不变的，并且，F_x、F_y也是不变的. 所以，$M_z=xF_y-yF_x$对于 z 轴上任意一点都相等. 对 x、y 方向力矩分量，其特点亦如此. 既然对轴的力矩与轴上哪一点为参考点无关，因而计算对轴的力矩时，最方便的做法就是以由力的作用点指向轴的垂直距离作为 r，以垂足为参考点，这也是计算对轴的力矩的常用方法.

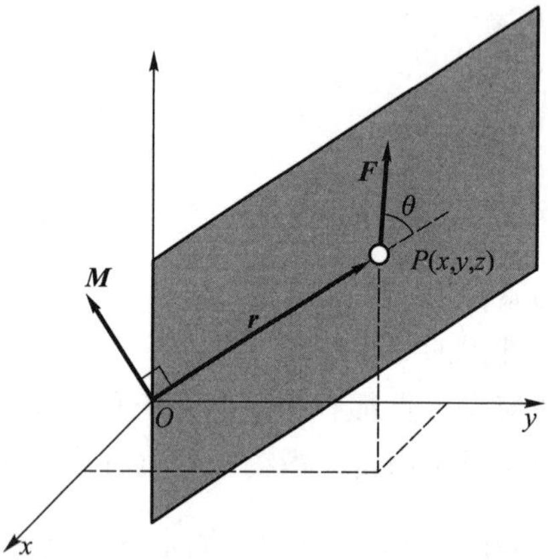

图 6.1.2-1

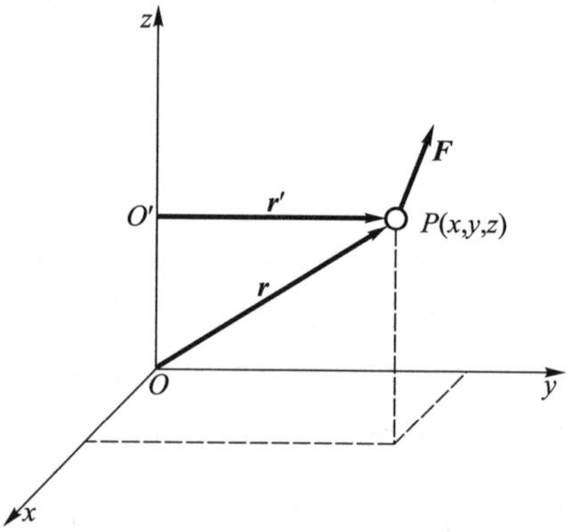

图 6.1.2-2

6.1.3 质点的角动量

我们在推导质点角动量定理的同时也引进了质点角动量的概念. 角动量是参考点到质点的位置矢量与质点动量的叉乘，是矢量. 与力矩的情况相同，角动量的方向一定垂直于位置矢量与质点的动量所构成的平面，大小为 $L=mvr\sin\theta$. 角动量在直角坐标系中的分解式为

$$\begin{aligned}\boldsymbol{L}&=\boldsymbol{r}\times m\boldsymbol{v}=(x\boldsymbol{i}+y\boldsymbol{j}+z\boldsymbol{k})\times(mv_x\boldsymbol{i}+mv_y\boldsymbol{j}+mv_z\boldsymbol{k})\\&=(ymv_z-zmv_y)\boldsymbol{i}+(zmv_x-xmv_z)\boldsymbol{j}+(xmv_y-ymv_x)\boldsymbol{k}\end{aligned}\qquad(6.1.3-1)$$

授课录像：质点的角动量

令

$$L_x=ymv_z-zmv_y,\quad L_y=zmv_x-xmv_z,\quad L_z=xmv_y-ymv_x\qquad(6.1.3-2)$$

(6.1.3-2)式称为(6.1.3-1)式角动量的分量，也称为对轴的角动量. 以(6.1.3-2)式中 z 方向的角动量表达式 $L_z=xmv_y-ymv_x$为例，可以看出，它与 z 无关，这意味着角动量的分量与参考点在轴上的位置选取无关. 因而计算质点对轴的角动量时，最方便的做法与计算对轴力矩时的做法一样.

动画演示：角动量

综合 6.1.2 节和 6.1.3 节的讨论可以看出，力矩和质点的角动量具有相同的特点：它们都是针对参考点而定义的，对轴的力矩和角动量是对参考点的力矩和角动量在该轴上的分量，且与轴上的参考点选取无关. 因此，如果仅仅讨论对轴的力矩和角动量，最方便的做法就是：由作用点指向轴的垂直距离作为 r，以垂足为参考点求解.

例 6.1.3-1 如例 6.1.3-1 图所示，一质点做圆周运动，分别求质点对于轴上 O 点和 O'点以及对轴的角动量.

解： 对 O 点

$$\boldsymbol{L}=\boldsymbol{r}\times\boldsymbol{p}=\boldsymbol{r}\times m\boldsymbol{v}$$

大小为 rmv，方向与轴向相同．对 O' 点

$$\boldsymbol{L}'=\boldsymbol{r}'\times\boldsymbol{p}=\boldsymbol{r}'\times m\boldsymbol{v}$$

大小为 $r'mv$，方向垂直于 $\boldsymbol{r}'$ 与 $\boldsymbol{v}$ 构成的平面．其转轴方向的角动量大小为 $r'mv\cos\left(\dfrac{\pi}{2}-\theta\right)=r'\sin\theta\cdot mv=rmv$．虽然，$\boldsymbol{L}$ 与 $\boldsymbol{L}'$ 是不同的，但它们在转轴上的分量是相同的．

例 6.1.3-2　如例 6.1.3-2 图所示，初始位于 x 轴 A 点处（距离坐标原点的距离为 d）的一质点由静止释放，沿 y 轴方向做自由落体运动，求任意时刻 t，作用于质点上的力对原点 O 的力矩、质点的角动量、力矩与角动量变化率的关系．

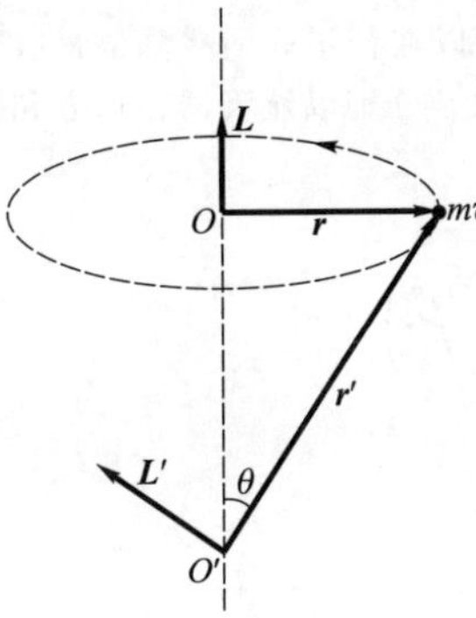

例 6.1.3-1 图

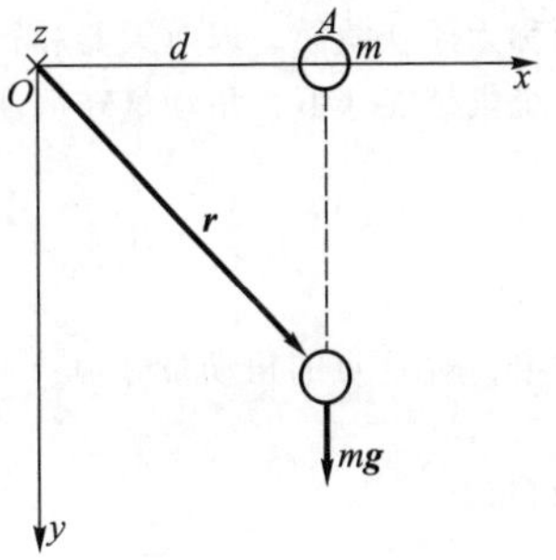

例 6.1.3-2 图

解： t 时刻作用在质点上的重力对 O 的力矩为

$$\boldsymbol{M}=\boldsymbol{r}\times mg\boldsymbol{j}=(x\boldsymbol{i}+y\boldsymbol{j})\times mg\boldsymbol{j}=mgx\boldsymbol{k}=mgd\boldsymbol{k}$$

大小为 mgd，方向垂直于纸面向里．

t 时刻质点对 O 的角动量为

$$\boldsymbol{L}=\boldsymbol{r}\times m\boldsymbol{v}=(x\boldsymbol{i}+y\boldsymbol{j})\times mv_y\boldsymbol{j}=xmv_y\boldsymbol{k}=xmgt\boldsymbol{k}=mgdt\boldsymbol{k}$$

方向垂直于纸面向里．

角动量的变化率为

$$\frac{\mathrm{d}\boldsymbol{L}}{\mathrm{d}t}=mgd\boldsymbol{k}=\boldsymbol{M}$$

6.1.4　质点角动量守恒

由（6.1.1-5）式所示的质点角动量定理可以看出，如果 $\boldsymbol{M}=0$，即在质点运动过程中，合外力对某固定点的力矩为零，则

$$\boldsymbol{L}=\boldsymbol{L}_0=\boldsymbol{C} \tag{6.1.4-1}$$

（6.1.4-1）式意味着质点对该固定点的角动量为常矢量，称为**质点角动量守恒定律**．如果质点在某个方向上所受的力矩为零，则在该方向上质点的角动量守恒．

授课录像： 质点的角动量守恒

如前所述，从数学上看，质点角动量定理虽然只是牛顿第二定律的变化形式，但是用它直接去处理特殊的物理问题，如质点受中心力场问题，却比直接用牛顿第二定律方便得多，如例 6.1.4-1 和例 6.1.4-2 所示．

例 6.1.4-1　设有一航天器在远方以初速度 $\boldsymbol{v}_0$ 飞向一行星（航天器不带动力），航天器计划在行星上登

陆，以 b 表示速度 $\boldsymbol{v}_0$ 与行星的垂直距离，称为瞄准距离．如例 6.1.4-1 图所示，求 b 最大为何值时，航天器才可以在行星上着陆(已知行星质量为 m_0，半径为 R_0)．

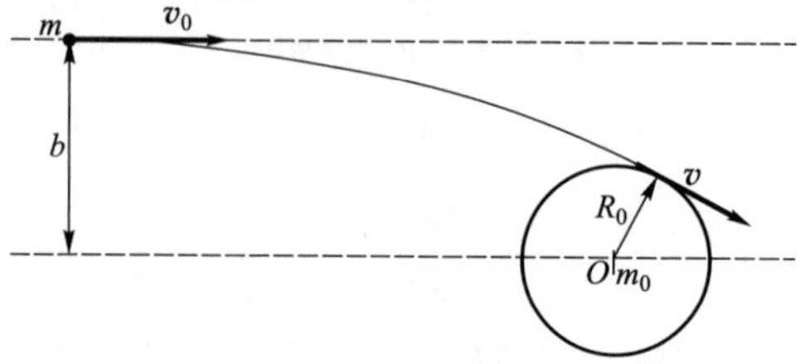

例 6.1.4-1 图

解：显然，航天器与行星表面相切时对应的 b 为航天器可以在行星表面登陆的最大值，以此时的 b 为半径所形成的面积称为俘获截面．以航天器和行星为研究对象，分别以航天器在远方和航天器与行星表面相切为初末态，系统机械能守恒，角动量守恒．

由机械能守恒得

$$\frac{1}{2}mv_0^2+0=\frac{1}{2}mv^2+\left(-G\frac{m_0m}{R_0}\right)$$

以航天器为研究对象，对 O 点的角动量守恒：

$$mv_0b=mvR_0$$

以上两式消去 v，可得到

$$b=R_0\sqrt{1-\left[\left(-\frac{Gm_0m}{R_0}\right)\bigg/\left(\frac{1}{2}mv_0^2\right)\right]}=R_0\sqrt{1-\frac{E_p}{E}}$$

其中 E_p 为登陆时的势能，E 为初始能量．

俘获截面为

$$S=\pi b^2=\pi R_0^2\left(1-\frac{E_p}{E}\right)$$

由于 $E_p<0$，所以 $S>\pi R_0^2$．

例 6.1.4-2 证明开普勒第二定律：行星与太阳连线的矢量在相等的时间里扫过相等的面积．

解：行星所受的万有引力，提供了行星绕太阳沿椭圆轨道(太阳处在某一焦点)运动的向心力，如例 6.1.4-2 图(a)所示．以太阳的质心 O 点为参考点，以行星为研究对象，角动量守恒．

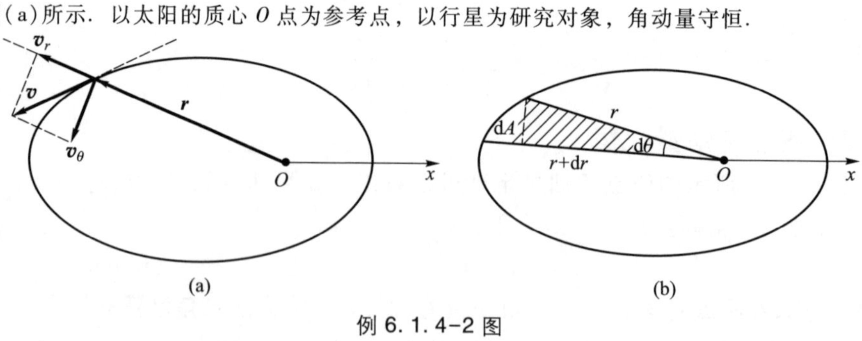

例 6.1.4-2 图

由角动量守恒得

$$\boldsymbol{L}=\boldsymbol{r}\times m\boldsymbol{v}=r\boldsymbol{e}_r\times m(v_r\boldsymbol{e}_r+v_\theta\boldsymbol{e}_\theta)=rmv_\theta\boldsymbol{k}=\boldsymbol{C}$$

其角动量的大小为

$$L=rmv_\theta=C$$

方向垂直纸面向上．

由质点的运动学关系式

$$\boldsymbol{v}=\frac{\mathrm{d}}{\mathrm{d}t}(r\boldsymbol{e}_r)=\frac{\mathrm{d}r}{\mathrm{d}t}\boldsymbol{e}_r+r\frac{\mathrm{d}\theta}{\mathrm{d}t}\boldsymbol{e}_\theta$$

得 $v_\theta=r\dfrac{\mathrm{d}\theta}{\mathrm{d}t}$. 从 t 时刻到 $t+\Delta t$ 时刻，如例 6.1.4-2 图(b)所示，行星径矢扫过的面积为

$$\mathrm{d}A=\frac{1}{2}(r+\mathrm{d}r)r\mathrm{d}\theta\approx\frac{1}{2}r^2\mathrm{d}\theta$$

联立上述各式得

$$\frac{\mathrm{d}A}{\mathrm{d}t}=\frac{1}{2}r^2\frac{\mathrm{d}\theta}{\mathrm{d}t}=\frac{1}{2}rv_\theta=\frac{C}{2m}$$

因$\dfrac{C}{m}$为一常量，则在相等的时间间隔内，径矢扫过的面积相等.

§6.2 质点系角动量定理与角动量守恒定律

由例 6.1.4-1 和例 6.1.4-2 可以看出，仅用质点的机械能守恒还不足以获得质点受中心力场时的运动信息. 对于质点系的某些特殊运动形式，如刚体的转动，存在同样的问题. 因此，有必要将质点的角动量定理推广至质点系. 本节介绍这一推广过程，并分析角动量守恒定律成立的条件以及质心系下质点系角动量定理的表述形式.

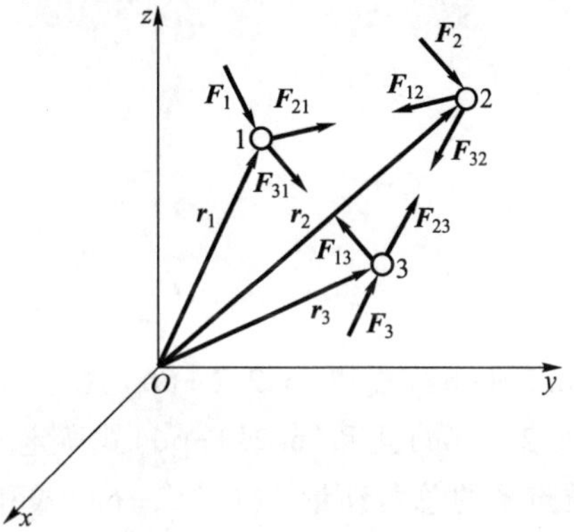

图 6.2.1-1

6.2.1 质点系角动量定理

如图 6.2.1-1 所示，仍以三个质点组成的质点系为例，对每个质点相对固定参考点 O 应用角动量定理：

对 m_1 $\quad \boldsymbol{r}_1\times(\boldsymbol{F}_1+\boldsymbol{F}_{21}+\boldsymbol{F}_{31})=\dfrac{\mathrm{d}(\boldsymbol{r}_1\times m_1\boldsymbol{v}_1)}{\mathrm{d}t}$ (6.2.1-1a)

对 m_2 $\quad \boldsymbol{r}_2\times(\boldsymbol{F}_2+\boldsymbol{F}_{12}+\boldsymbol{F}_{32})=\dfrac{\mathrm{d}(\boldsymbol{r}_2\times m_2\boldsymbol{v}_2)}{\mathrm{d}t}$ (6.2.1-1b)

对 m_3 $\quad \boldsymbol{r}_3\times(\boldsymbol{F}_3+\boldsymbol{F}_{13}+\boldsymbol{F}_{23})=\dfrac{\mathrm{d}(\boldsymbol{r}_3\times m_3\boldsymbol{v}_3)}{\mathrm{d}t}$ (6.2.1-1c)

授课录像：质点系角动量定理

对(6.2.1-1)各式相加有

$$\boldsymbol{M}_{外}+\boldsymbol{M}_{内}=\frac{\mathrm{d}\boldsymbol{L}}{\mathrm{d}t} \tag{6.2.1-2}$$

其中

$$\boldsymbol{M}_{外}=\sum_{i=1}^{3}\boldsymbol{r}_i\times\boldsymbol{F}_i \tag{6.2.1-3a}$$

$$\boldsymbol{M}_{内}=(\boldsymbol{r}_1\times\boldsymbol{F}_{21}+\boldsymbol{r}_2\times\boldsymbol{F}_{12})+(\boldsymbol{r}_1\times\boldsymbol{F}_{31}+\boldsymbol{r}_3\times\boldsymbol{F}_{13})+(\boldsymbol{r}_2\times\boldsymbol{F}_{32}+\boldsymbol{r}_3\times\boldsymbol{F}_{23}) \tag{6.2.1-3b}$$

AR 演示：不倒翁

$$\boldsymbol{L}=\sum_{i=1}^{3}\boldsymbol{r}_i\times m_i\boldsymbol{v}_i \tag{6.2.1-3c}$$

(6.2.1-3a)式、(6.2.1-3b)式、(6.2.1-3c)式分别称为质点系上外力的力矩之和、内力力矩之和、质点系的总角动量. 值得注意的是：(6.2.1-3a)式、(6.2.1-3b)式所示的力的力矩之和并不等于合力的力矩，因为力矩是与作用力的作用点有关的. (6.2.1-3b)式所示的内力力矩之和是一对内力力矩之和再求和得到的. 依据内力的特点

$$\boldsymbol{F}_{12}=-\boldsymbol{F}_{21},\quad \boldsymbol{F}_{13}=-\boldsymbol{F}_{31},\quad \boldsymbol{F}_{23}=-\boldsymbol{F}_{32} \tag{6.2.1-4}$$

所以，(6.2.1-3b)式可整理为

$$\boldsymbol{M}_{内}=(\boldsymbol{r}_1-\boldsymbol{r}_2)\times\boldsymbol{F}_{21}+(\boldsymbol{r}_1-\boldsymbol{r}_3)\times\boldsymbol{F}_{31}+(\boldsymbol{r}_2-\boldsymbol{r}_3)\times\boldsymbol{F}_{32} \tag{6.2.1-5}$$

由于 $\boldsymbol{r}_1-\boldsymbol{r}_2$ 与 $\boldsymbol{F}_{21}$、$\boldsymbol{r}_1-\boldsymbol{r}_3$ 与 $\boldsymbol{F}_{31}$、$\boldsymbol{r}_2-\boldsymbol{r}_3$ 与 $\boldsymbol{F}_{32}$ 的方向分别在同一直线上，叉乘后为零. 所以，(6.2.1-5)式，亦即(6.2.1-3b)式所示的质点系内力的力矩之和为零. 也就是说，作用在质点系上的对于固定参考点 O 的所有力矩之和仅为外力力矩之和，而与内力无关.

将三个质点组成的质点系推广到 N 个质点组成的系统有

$$\boldsymbol{M}_{外}=\frac{\mathrm{d}\boldsymbol{L}}{\mathrm{d}t} \tag{6.2.1-6a}$$

$$\int_t^{t+\Delta t}\boldsymbol{M}_{外}\mathrm{d}t=\boldsymbol{L}-\boldsymbol{L}_0 \tag{6.2.1-6b}$$

$$\boldsymbol{M}_{外}=\sum_{i=1}^{N}\boldsymbol{r}_i\times\boldsymbol{F}_i \tag{6.2.1-6c}$$

$$\boldsymbol{L}=\sum_{i=1}^{N}\boldsymbol{r}_i\times m_i\boldsymbol{v}_i \tag{6.2.1-6d}$$

(6.2.1-6a)式和(6.2.1-6b)式分别称为微分形式和积分形式的质点系角动量定理. 其中(6.2.1-6c)式和(6.2.1-6d)式所定义的物理量分别被称为作用在质点系上的总外力力矩和质点系的总角动量. (6.2.1-6a)式和(6.2.1-6b)式所示的质点系的角动量定理的矢量表示可以在坐标系下分解，如在直角坐标系下有

$$M_{x外}=\frac{\mathrm{d}L_x}{\mathrm{d}t},\quad M_{y外}=\frac{\mathrm{d}L_y}{\mathrm{d}t},\quad M_{z外}=\frac{\mathrm{d}L_z}{\mathrm{d}t} \tag{6.2.1-7a}$$

$$\begin{aligned}&\int_t^{t+\Delta t}M_{x外}\mathrm{d}t=L_x-L_{x0}\\&\int_t^{t+\Delta t}M_{y外}\mathrm{d}t=L_y-L_{y0}\\&\int_t^{t+\Delta t}M_{z外}\mathrm{d}t=L_z-L_{z0}\end{aligned} \tag{6.2.1-7b}$$

为了很好地应用质点系角动量定理，需要正确地理解和计算外力的力矩和质点系的角动量. 以下例题可以帮助我们加深这方面问题的理解.

例 6.2.1-1 求重力作用在物体上的力矩.

解：对于一物体(质点系)上的重力对某点(如 O 点)的力矩，可以将物体划分成无限多的小质元，每一小质元可当成质点来处理. 对所有质元重力力矩求和有

$$M = \sum_i M_i = \sum_i r_i \times \Delta m_i g$$
$$= \left(\sum_i \Delta m_i r_i\right) \times g = m\left[\left(\sum_i \Delta m_i r_i\right)/m\right] \times g = r_C \times mg$$

其中 r_C为物体的质心. 所以，对于均匀的重力场重力的力矩相当于质量集中于质心处重力的力矩.

例 6.2.1-2　求作用在质点 m_1、m_2上的力偶矩，m_1、m_2到参考点的位矢分别为 r_1、r_2.

解: 一对大小相等、方向相反、作用在不同质点上的作用力称为力偶，其对同一参考点的力矩称为力偶矩. 如例 6.2.1-2 图所示，假如力 F_1、$F_2(F_1=-F_2)$分别作用于 m_1、m_2两质点上，那么力偶矩为

$$M=r_1\times F_1+r_2\times F_2=(r_1-r_2)\times F_1=(r_2-r_1)\times F_2$$

而(r_2-r_1)或(r_1-r_2)只与两质点的相对位置有关，与坐标系选取及固定点无关. 因此，力偶矩仅与相对位置有关，而与参考点的选取无关.

例 6.2.1-3　两质点 m_1、m_2以轻杆连接，杆长为 $2l$，以角速度 ω 绕竖直杆的中心轴转动，如例 6.2.1-3 图所示. 求系统对 O 点及 z 轴(转轴)的角动量.

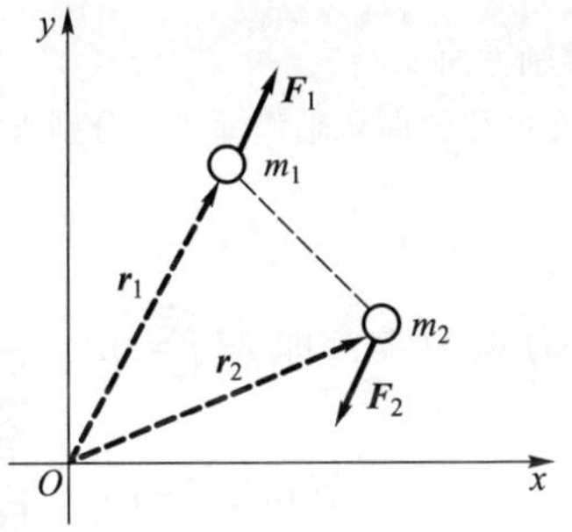

例 6.2.1-2 图

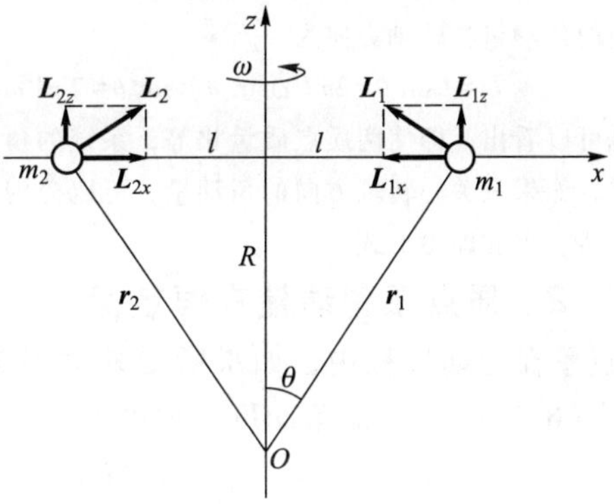

例 6.2.1-3 图

解: 对 O 点有

$$L_1=r_1\times m_1 v_1,\qquad L_2=r_2\times m_2 v_2$$
$$L=L_1+L_2=r_1\times m_1 v_1+r_2\times m_2 v_2$$

沿杆的方向(x 轴)

$$L_{1x}=-L_1\cos\theta=-r_1 m_1 v_1\cos\theta=-m_1\omega l(r_1\cos\theta)=-m_1 l\omega R$$
$$L_{2x}=L_2\cos\theta=m_2 l\omega R$$
$$L_x=L_{1x}+L_{2x}=(m_2-m_1)l\omega R$$

转轴方向(z 轴)

$$L_{1z}=L_1\sin\theta=r_1 m_1 v_1\sin\theta=m_1 l\omega(r_1\sin\theta)=m_1 l\omega l=m_1\omega l^2$$
$$L_{2z}=L_2\sin\theta=m_2\omega l^2$$
$$L_z=L_{1z}+L_{2z}=(m_1+m_2)\omega l^2$$

如果 $m_1=m_2$，则 $L_x=0$，总角动量沿转轴方向(z 轴). 如果 $m_1\neq m_2$，则 $L_x\neq 0$，总角动量并不沿转轴方向(z 轴). 所以，系统的总角动量的方向，不一定指向转轴方向.

由于转轴方向的角动量与轴上的参考点无关，所以，如果只关心转轴方向的角动量，可以分别由 m_1、m_2所在的位置向转轴作垂线，分别求对转轴的角动量，然后求和即得

$$L_z=L_{1z}+L_{2z}=m_1\omega l^2+m_2\omega l^2=(m_1+m_2)\omega l^2$$

显然，这种求法要比上述求法方便.

例 6.2.1-4 质量均为 m 的两质点由轻杆连接，按例 6.2.1-4 图所示的方向转动，其中 $r_1=r_2=l$. 求该系统对 O 点的角动量及对转轴的角动量.

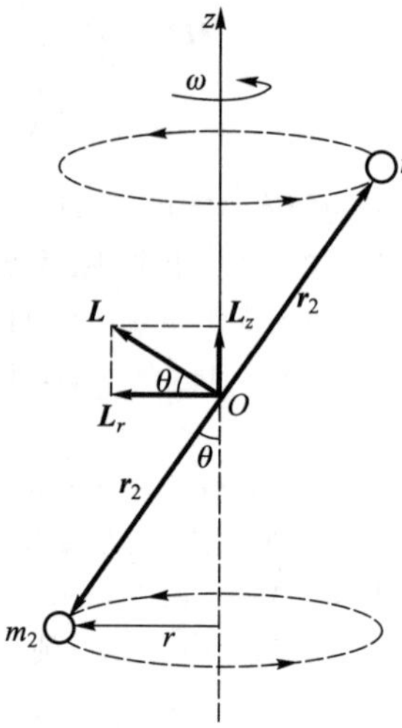

例 6.2.1-4 图

解：对 O 点有

$$L_1=r_1\times mv_1,\qquad L_2=r_2\times mv_2$$

$$L=L_1+L_2=r_1\times mv_1+r_2\times mv_2$$

由右手螺旋定则判断矢量叉乘的方向，发现 L_1 和 L_2 方向一致，且

$$r_1=r_2=l\quad v_1=v_2=r\omega=l\omega\sin\theta$$

因此

$$L=L_1+L_2=2r_1\times mv_1=2r_2\times mv_2$$

总角动量大小为

$$|L|=2lml\omega\sin\theta=2ml^2\omega\sin\theta$$

方向垂直于 r_1 与 v_1 构成的平面，如例 6.2.1-4 图所示.

系统的角动量在转轴方向为

$$L_z=L\sin\theta=2ml^2\omega\sin\theta\cdot\sin\theta=2ml^2\omega\sin^2\theta$$

由此可以看出，即使两质点质量相等，系统的角动量也不沿转轴方向.

同样，如果只关心转轴方向的角动量，可以分别由 m_1、m_2 所在的位置向转轴作垂线，分别求对转轴的角动量，然后求和即得上式.

6.2.2 质点系角动量守恒定律

质点系在运动过程中，如果所受外力对某固定点的力矩为零，即 $M_{外}=0$. 那么，由(6.2.1-6)式的角动量定理可得

$$L=L_0=C\tag{6.2.2-1}$$

(6.2.2-1)式为质点系对固定点的角动量守恒定律. 如果外力矩沿某固定轴的分量为零，则沿此轴的方向的角动量守恒.

授课录像：质点系角动量守恒定律

例 6.2.2-1 在地球上，以很大的初速度 v_0，沿与水平方向成 α 角发射一炮弹，如例 6.2.2-1 图所示. 问炮弹所能达到的最大高度及达到最大高度时的速度为多少？

解：将地球与炮弹看成一个体系，体系只受内部保守引力的作用，不受外力，因而机械能守恒，对任一固定点角动量守恒.

由机械能守恒得

$$\frac{1}{2}mv_0^2-G\frac{m_{地}m}{R}=\frac{1}{2}mv^2-G\frac{m_{地}m}{r}$$

以 O 点为参考点的角动量守恒：

$$Rmv_0\sin(90°-\alpha)=rmv$$

联立求得

$$r=\frac{Gm_{地}\pm\sqrt{G^2m_{地}^2-(2Gm_{地}-v_0^2R)Rv_0^2\cos^2\alpha}}{2Gm_{地}/R-v_0^2}$$

$$v=\frac{Gm_{地}\mp\sqrt{G^2m_{地}^2-(2Gm_{地}-v_0^2R)Rv_0^2\cos^2\alpha}}{Rv_0\cos\alpha}$$

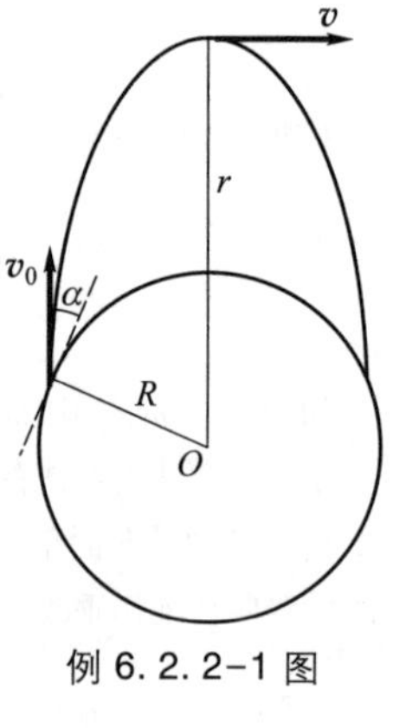

例 6.2.2-1 图

炮弹在地球引力场作用下的运动轨迹应是椭圆轨道，上式 r 表达式中的“±”(对应 v 中的“∓”)是炮弹的远地点和近地点，对于本题的问题，所求结果是远地

点，即 r 表达式中取“+”号(对应 v 中表达式取“-”号).

例 6.2.2-2 一质量为 m_A、半径为 a 的圆筒 A，与另一质量为 m_B，半径为 b 的圆筒 B 同轴，均可绕轴自由旋转，如例 6.2.2-2 图所示. 在圆筒 A 的内表面上散布了薄薄的一层质量为 m 的沙子，并以 ω_0 的角速度绕轴匀速旋转，而圆筒 B 则静止. 在 $t=0$ 时，A 筒的小孔打开，沙子以恒定的速率 λ(kg/s) 飞出而贴附在 B 筒的内壁上，若忽略沙子从 A 筒飞到 B 筒的时间，求两筒以后的角速度 ω_A 和 ω_B.

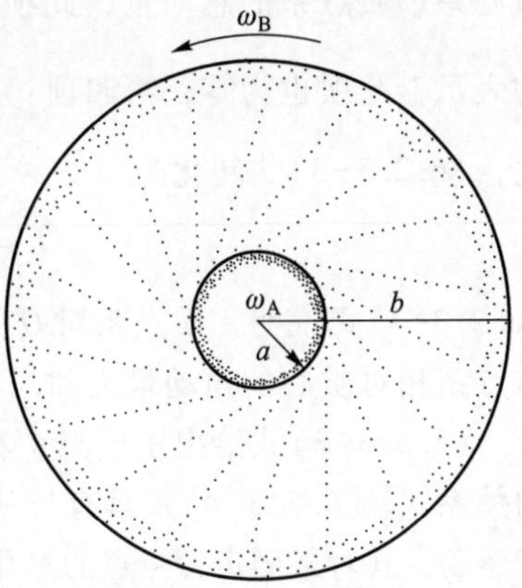

例 6.2.2-2 图

解：先以 A 筒、沙子和 B 筒为研究对象，设 $t=0$ 为初态，t 时为末态. 末态 A 筒和 A 筒内壁沙子质量和为 $m_A+m-\lambda t$，B 筒和 B 筒内壁沙子质量和为 $m_B+\lambda t$. 对轴角动量守恒：

$$(m_A+m)r_A^2\omega_0+0=(m_A+m-\lambda t)r_A^2\omega_A+(m_B+\lambda t)r_B^2\omega_B \tag{1}$$

再以 A 筒和其筒内沙子为研究对象，设 t 为初态，$t+\Delta t$ 为末态，对轴角动量守恒：

$$(m+m_A-\lambda t)r_A^2\omega_A=(m+m_A-\lambda t-\lambda\Delta t)r_A^2\omega_A'+\lambda\Delta t\cdot r_A^2\omega_A' \tag{2}$$

由(2)式解得 $\omega_A=\omega_A'$，说明 t 时刻到 $t+\Delta t$ 时刻 A 筒角速度不变，因此可推知 A 筒在任意时刻的角速度均为初始时刻的角速度，即

$$\omega_A=\omega_0 \tag{3}$$

由(1)式和(3)式联立可得

$$\omega_B=\frac{r_A^2}{r_B^2}\frac{\lambda t\omega_0}{m_B+\lambda t}=\left(\frac{a}{b}\right)^2\frac{\lambda t\omega_0}{m_B+\lambda t}$$

6.2.3 静系与质心系下质点系角动量关系

定义相对某个观察者静止的参考系为静系，设质心系相对静系运动. 第四章和第五章分别介绍了质点系的动量和动能在静系和质心系下之间的相互联系. 在质点系角动量定理中涉及质点系的角动量，而角动量的表示不但与参考系选取有关，还与参考点选取有关. 同样的问题，质点系在静系下对某参考点的角动量与质心系下相对质心参考点的角动量彼此之间有何联系呢？而这种联系，在应用质点系角动量定理时会起到帮助作用.

授课录像：静系与质心系下质点系角动量关系

以静系的坐标原点 O 点为参考点有

$$\boldsymbol{L}=\sum_i \boldsymbol{r}_i\times m_i\boldsymbol{v}_i \tag{6.2.3-1}$$

由运动学关系式得

$$\boldsymbol{r}_i=\boldsymbol{r}_C+\boldsymbol{r}_{iC},\qquad \boldsymbol{v}_i=\boldsymbol{v}_C+\boldsymbol{v}_{iC} \tag{6.2.3-2}$$

(6.2.3-1)式、(6.2.3-2)式联立得

$$\begin{aligned}\boldsymbol{L}&=\sum_i(\boldsymbol{r}_C+\boldsymbol{r}_{iC})\times m_i(\boldsymbol{v}_C+\boldsymbol{v}_{iC})\\&=\boldsymbol{r}_C\times\sum_i m_i\boldsymbol{v}_C+\boldsymbol{r}_C\times\sum_i m_i\boldsymbol{v}_{iC}+m\left[\left(\sum_i m_i\boldsymbol{r}_{iC}\right)/m\right]\times\boldsymbol{v}_C+\sum_i\boldsymbol{r}_{iC}\times m_i\boldsymbol{v}_{iC}\end{aligned} \tag{6.2.3-3}$$

其中第一项：相当于质量集中于质心对 O 点的角动量，$\boldsymbol{L}_C=\boldsymbol{r}_C\times m\boldsymbol{v}_C$；第二项：$\sum_i m_i\boldsymbol{v}_{iC}$ 为在

质心系下质点系的总动量，此项为零；第三项：$\left(\sum_i m_i \boldsymbol{r}_{iC}\right)/m$ 为质点系的质心在质心系中的表示，此项也为零；第四项：$\boldsymbol{L}'=\sum_i \boldsymbol{r}_{iC}\times m_i \boldsymbol{v}_{iC}$ 为质点系在质心系中对质心的角动量，因此，(6.2.3-3)式转化为

$$\boldsymbol{L}=\boldsymbol{r}_C\times m\boldsymbol{v}_C+\sum_i \boldsymbol{r}_{iC}\times m_i\boldsymbol{v}_{iC}=\boldsymbol{L}_C+\boldsymbol{L}' \tag{6.2.3-4}$$

(6.2.3-4)式说明，质点系对 O 点的总角动量等于质点系质心对 O 点的角动量与在质心系中质点系相对质心的角动量之和.

(5.3.3-3)式给出了质点系在静系下的动能与质心系下动能的关系，这是一个非常有用的关系式. (6.2.3-4)式具有与其相似的意义. 如一细杆在地面上即做平动又做转动的平面平行运动，其对某固定参考点的总角动量为多少？如果依据(6.2.1-3c)式所示的定义式求解将是较麻烦的问题. 但是，根据(6.2.3-4)式，由刚体部分的讨论可知，平面平行运动的刚体在质心系下相对质心的角动量可表示为 $L'=J\omega$，因此所求总角动量可以表示为 $\boldsymbol{L}=\boldsymbol{r}_C\times m\boldsymbol{v}_C+J\omega\boldsymbol{k}$.

6.2.4 质心系中质点系的角动量定理

如 4.1.3 节所述，质心系在处理有些物理问题时具有特殊的作用，如第四章已证明，质心系下质点系的总动量始终为零. 第五章证明，无论质心系是否是惯性系，质点系的功能原理在质心系下与惯性系下具有相同的表述形式，即不必考虑惯性力的功. 同样的问题，对于本章所讨论的质点系的角动量定理在质心系下是否依然成立？

授课录像：质心系中质点系的角动量定理

通过 §6.1、§6.2 角动量定理 $\boldsymbol{M}=\dfrac{\mathrm{d}\boldsymbol{L}}{\mathrm{d}t}$ 的导出过程可以看出，无论针对质点还是质点系而言，角动量定理在惯性系下都是对固定的参考点才成立的. 对于质心系，如果是非惯性系，原则上需要加上惯性力的力矩. 在第五章中已经证明，惯性力的功之和为零. 对于角动量定理，惯性力的力矩之和是否也为零？

如果质心系是非惯性系，亦即是一平动加速系，要想在此系中应用质点系角动量定理，必须加上惯性力. 假如质心以加速度 $\boldsymbol{a}_C$ 运动，那么，第 i 个质点所受的惯性力应为 $-m_i\boldsymbol{a}_C$. 加上惯性力后，在质心系可应用质点系角动量定理，每个质点都应受外力、内力和惯性力的作用. 已知系统内力的力矩和对任何参考点都为零，所以，只需考虑作用在质点系上的外力矩 $\boldsymbol{M}'_{外}$ 和惯性力的力矩 $\boldsymbol{M}_{惯}$. 因此，在质心系下质点系对质心参考点的角动量定理为

$$\boldsymbol{M}'_{外}+\boldsymbol{M}_{惯}=\frac{\mathrm{d}\boldsymbol{L}'}{\mathrm{d}t} \tag{6.2.4-1}$$

$\boldsymbol{M}'_{外}$ 为质点系所受外力对质心的力矩，即

$$\boldsymbol{M}'_{外}=\sum_i \boldsymbol{r}_{iC}\times\boldsymbol{F}_i$$

$\boldsymbol{M}_{惯}$ 为质点系所受惯性力对质心的力矩，即

$$\boldsymbol{M}_{惯}=\sum_i \boldsymbol{r}_{iC}\times(-m_i\boldsymbol{a}_C)$$

$\boldsymbol{L}'$ 为质点系在质心系下对质心的角动量，即

$$\boldsymbol{L}' = \sum_i \boldsymbol{r}_{iC} \times m_i \boldsymbol{v}_{iC}$$

将 $\boldsymbol{M}_{惯}$ 进一步整理得

$$\boldsymbol{M}_{惯} = \sum_i \boldsymbol{r}_{iC} \times (-m_i \boldsymbol{a}_C) = -m\left(\sum_i m_i \boldsymbol{r}_{iC}/m\right) \times \boldsymbol{a}_C = 0 \qquad (6.2.4-2)$$

其中，$\sum_i m_i \boldsymbol{r}_{iC}/m$ 为质心系下质点组的质心位置，亦即质心系的坐标原点，因此，$\sum_i m_i \boldsymbol{r}_{iC}/m = 0$. 所以，在质心系中以质心为参考点时，质点系的角动量定理与惯性系下的角动量定理具有相同的形式，同样不需要考虑惯性力的力矩，表达形式为

$$\boldsymbol{M}'_{外} = \frac{\mathrm{d}\boldsymbol{L}'}{\mathrm{d}t} \qquad (6.2.4-3)$$

还需强调的是，在质心系下，如果以质心为参考点，惯性力对质心参考点的力矩之和为零. 如果不是以质心为参考点，惯性力的力矩之和就不为零，也就不能忽略惯性力的力矩.

综上所述，可得出质点系角动量定理成立的条件：(1) 惯性系中任意固定参考点；(2) 非惯性系中的任意固定参考点，同时要引入惯性力的力矩；(3) 质心系中以质心为参考点，不用考虑惯性力的力矩.

§6.3 有心力场问题

本节应用机械能守恒和角动量守恒，讨论三种宇宙速度、有效势能、两体化单体等有心力场问题.

有心力是指力的方向始终指向或背向固定中心的力，固定中心称为力心. 如果有心力的大小仅与考察点到力心的距离有关，这样的有心力称为中心对称有心力，或保守有心力，通常简称有心力. 当力的方向指向力心时，有心力为引力；当力的方向背向力心时，有心力为斥力. 有心力存在的空间称为有心力场. 质点在有心力场中的运动问题是常见的，如小物体受大物体的万有引力作用、库仑力或分子力作用等.

6.3.1 三种宇宙速度

1. 第一宇宙速度

发射一颗卫星，使之在地球表面绕地心做圆周运动，所需相对地心参考系的最小速度，即为第一宇宙速度. 卫星绕地心以半径 $r(r \approx R_{地球})$ 做圆周运动，对卫星应用牛顿第二定律得

授课录像： 三种宇宙速度

$$G\frac{m_{卫星} m_{地球}}{R_{地球}^2} = m_{卫星}\frac{v_1^2}{R_{地球}}$$

在地球表面为

$$m_{卫星} g = m_{卫星}\frac{v_1^2}{R_{地球}}$$

解得

$$v_1 = \sqrt{gR_{地球}} = 7.9\ \mathrm{km/s} \qquad (6.3.1-1)$$

2. 第二宇宙速度(逃逸速度)

在地面上发射卫星，为脱离地球引力，地球表面上相对地心发射的最小速度称为第二宇宙速度. 其求法如下：

卫星从地面发射后，若脱离地球的引力，即要求地球与卫星之间的相互作用力 $\boldsymbol{F}=0$. 由 $\boldsymbol{F}=-G\dfrac{m_{卫星}m_{地球}}{r_{地球\to卫星}^2}\boldsymbol{e}_r$ 可知，脱离地球的引力即要求 $r_{地球\to卫星}\to\infty$. 卫星脱离地球引力后，相对地球没有了速度，则与地球一起绕太阳运动. 若卫星相对地球有速度，则卫星将在另外一轨迹绕太阳运动. 第二宇宙速度正是对前者而言，亦即相对地球的动能、势能均为零.

以地球为参考系，卫星与地球构成的系统机械能守恒，即

$$\frac{1}{2}m_{卫星}v_2^2-G\frac{m_{卫星}m_{地球}}{R_{地球}}=0$$

卫星在地球表面所受引力为

$$G\frac{m_{卫星}m_{地球}}{R_{地球}^2}=m_{卫星}g$$

联立求得

$$v_2=\sqrt{2gR_{地球}}=11.2\ \text{km/s} \tag{6.3.1-2}$$

3. 第三宇宙速度

如何才能使人造卫星脱离太阳系？严格来说，在发射过程中，既要考虑地球的作用，又要考虑到太阳的作用，如果同时考虑这两方面，问题将变得较复杂. 为了简化问题，我们可以作合理的近似处理，计算一下地球和太阳对发射卫星的作用力大小情况. 所用参量为

$$R_{地球}=6\ 400\ \text{km},\ r_{太阳\to地球}=1.5\times10^8\ \text{km}$$

$$m_{地球}=6\times10^{24}\ \text{kg},\ m_{太阳}=2\times10^{30}\text{kg}$$

地球和太阳对卫星的作用力分别为

$$F_{地球\to卫星}=G\frac{mm_{地球}}{r_{地球\to卫星}^2},\qquad F_{太阳\to卫星}=G\frac{mm_{太阳}}{r_{太阳\to卫星}^2}$$

发射期间

$$r_{地球\to卫星}\approx R_{地球},\qquad r_{太阳\to卫星}\approx r_{太阳\to地球}$$

此时

$$\frac{F_{地球\to卫星}}{F_{太阳\to卫星}}=\frac{m_{地球}r_{太阳\to地球}^2}{m_{太阳}R_{地球}^2}\approx2\times10^3$$

发射后，当 $r_{地球\to卫星}=100R_{地球}$ 时，$r_{太阳\to卫星}\approx r_{太阳\to地球}$，此时，

$$\frac{F_{地球\to卫星}}{F_{太阳\to卫星}}=\frac{m_{地球}r_{太阳\to地球}^2}{m_{太阳}(100R_{地球})^2}\approx\frac{2\times10^3}{10^4}=0.2$$

可以看出，当卫星离开地球后，太阳的引力是主要的. 而在发射期间，地球的引力是主要的. 故在讨论第三宇宙速度时，应该作两点近似：① 卫星在仅考虑地球引力作用下逃离地球，逃离后，相对太阳有一速度；② 逃离地球后，仅在太阳引力的作用下逃离太阳系.

在发射期间，以地球为参考系，卫星与地球机械能守恒，即

$$\frac{1}{2}mv_3^2-G\frac{m_{地球}m}{R_{地球}}=\frac{1}{2}mv^2$$

卫星第二宇宙速度方程为

$$\frac{1}{2}mv_2^2-G\frac{m_{地球}m}{R_{地球}}=0$$

其中 v_3、v_2、v 分别是卫星相对地球的第三、第二宇宙速度和逃离地球后相对地球的速度.

卫星逃离地球后，以太阳为参考系，卫星与太阳构成一个系统. 由机械能守恒得

$$\frac{1}{2}mv'^2-G\frac{m_{太阳}m}{r_{太阳\to卫星}}=0$$

其中 v' 是卫星逃离地球后相对太阳的速度（相对地球的速度为 v）. 设地球绕太阳的公转速度为 $v_{相}$，对地球应用牛顿第二定律有

$$G\frac{m_{地球}m_{太阳}}{r_{太阳\to地球}^2}=m_{地球}\frac{v_{相}^2}{r_{太阳\to地球}}$$

近似条件为

$$r_{太阳\to卫星}\approx r_{太阳\to地球}$$

如果卫星沿地球绕太阳公转的方向发射，由相对运动速度关系有 $v=v'-v_{相}$. 联立上述方程得

$$v_3^2=v_2^2+v^2 \tag{6.3.1-3a}$$

代入数据计算得

$$v_3=16.7\ \mathrm{km/s} \tag{6.3.1-3b}$$

*6.3.2 有效势能与轨道特征

星体的运动是在有心力场下的运动，下面定性讨论其运动的轨道特征.

星体受中心力场的作用如图 6.3.2-1 所示，星体和力心处的物体构成的系统机械能守恒、角动量守恒. 由机械能守恒得

$$\frac{1}{2}m(v_r^2+v_\theta^2)+E_p(r)=E$$

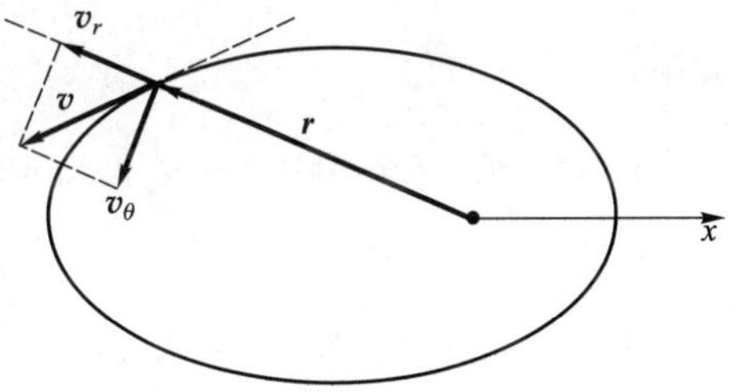

图 6.3.2-1

对力心点角动量守恒，则

$$rmv_\theta=L$$

其中 E、L 分别为系统的初始总能量和初始总角动量，均为由初始条件所决定的常量. 两式消去与 θ 有关的 v_θ 得

$$\frac{1}{2}mv_r^2+\frac{L^2}{2mr^2}+E_p(r)=E \tag{6.3.2-1a}$$

令

$$E_{equp}(r)=\frac{L^2}{2mr^2}+E_p(r) \tag{6.3.2-1b}$$

（6.3.2-1b）式称为有效势能. 它仅与 r 有关，而与 θ 无关. 因此，（6.3.2-1a）式的能量守恒方程变为

$$\frac{1}{2}mv_r^2+E_{equp}(r)=E \tag{6.3.2-1c}$$

授课录像： 有效势能与轨道特征

从上述推导可以看出，由于系统的角动量守恒，因此能量守恒定律可以表示为只与径向 r 有关，而与角度 θ 无关的形式.

动画演示：有效势能与轨道

(6.3.2-1c)式中的有效势能 E_{equp} 是随着星体位置的变化而变化的，而总能量 E 则是由初始条件所决定的常量.(6.3.2-1c)式告诉我们，当 $v_r=0$ 时，即星体沿着中心力场方向没有速度，此时，星体与力心的距离达到最大或最小. 我们据此进一步分析星体的运动轨道问题.

以星体受万有引力势为例，此时系统的势能和有效势能分别为

$$E_{\mathrm{p}}=-G\frac{m_{\mathrm{S}}m}{r} \tag{6.3.2-2a}$$

$$E_{\text{equp}}=\frac{L^2}{2mr^2}-G\frac{m_{\mathrm{S}}m}{r} \tag{6.3.2-2b}$$

(6.3.2-2b)式所示的有效势能曲线如图 6.3.2-2 所示. 将(6.3.2-2b)式代入(6.3.2-1c)式中得

$$\frac{1}{2}mv_r^2+\frac{L^2}{2mr^2}-G\frac{m_{\mathrm{S}}m}{r}=E \tag{6.3.2-3}$$

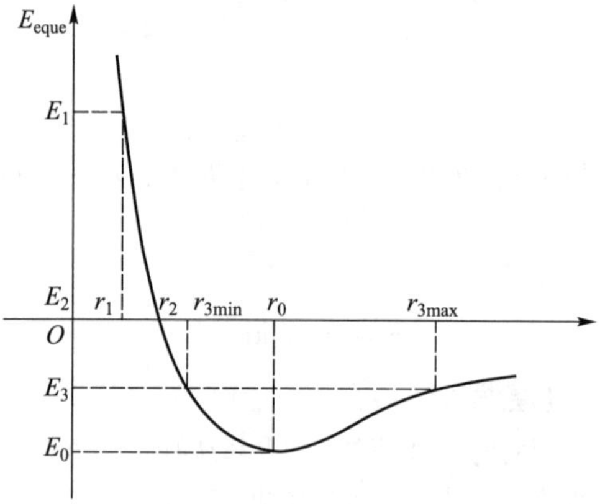

图 6.3.2-2

当轨道半径达到最大或最小时，$v_r=0$，代入(6.3.2-3)式可得轨道极值点所满足的方程：

$$r^2+\frac{C}{E}r-\frac{L^2}{2mE}=0 \tag{6.3.2-4}$$

其中 $C=Gm_{\mathrm{S}}m$. 讨论方程(6.3.2-4)式的解可获得对应轨道的极值问题：

(1) 当系统的初始总能量 E 大于零时，比如取图 6.3.2-2 所示的 $E=E_1$，此时，(6.3.2-4)式只有一个正根，即

$$r_1=-\frac{C}{2E}+\sqrt{\left(\frac{C}{2E}\right)^2+\frac{L^2}{2mE}} \tag{6.3.2-5a}$$

此时，星体运行轨道半径的取值范围为 $r_1\leqslant r<\infty$.

为了进一步确定星体的运行轨迹，重新改写（6.3.2-3）式和星体相对力心角动量守恒表达式 $rmv_\theta=L$，分别如（6.3.2-5b）式、(6.3.2-5c）式所示

$$\frac{1}{2}m\left(\frac{\mathrm{d}r}{\mathrm{d}t}\right)^2+\frac{L^2}{2mr^2}-G\frac{m_0m}{r}=E \tag{6.3.2-5b}$$

$$rm\left(r\frac{\mathrm{d}\theta}{\mathrm{d}t}\right)=L \tag{6.3.2-5c}$$

由（6.3.2-5b）式和（6.3.2-5c）式联立消去时间变量，可得极坐标系下星体的轨迹方程。由此可以证明（推导略），此时的轨道为一双曲线，如图 6.3.2-3 中的 C_1 所示。

（2）当系统的初始总能量 E 等于零时，比如取图 6.3.2-2 所示的 $E=E_2$，此时，(6.3.2-4)式也只有一个正根，即

$$r_2=\frac{L^2}{2Cm} \tag{6.3.2-6}$$

此时，星体运行轨道半径的取值范围为 $r_2\leqslant r<\infty$.

由（6.3.2-5b）式和（6.3.2-5c）式联立消去时间变量，可得极坐标系下星体的轨迹方程。由此可以证明，此时的轨道为一抛物线，如图6.3.2-3中的 c_2所示.

（3）当系统的初始总能量 E 小于零，而大于最低有效势能时，比如取图 6.3.2-2 所示的 $E=E_3$，此时，(6.3.2-4)式有两个正根，即

$$r_{3\max}=-\frac{C}{2E}+\sqrt{\left(\frac{C}{2E}\right)^2+\frac{L^2}{2mE}} \tag{6.3.2-7a}$$

$$r_{3\min}=-\frac{C}{2E}-\sqrt{\left(\frac{C}{2E}\right)^2+\frac{L^2}{2mE}} \tag{6.3.2-7b}$$

此时，星体运行轨道半径的取值范围为

$$r_{3\min}\leqslant r\leqslant r_{3\max} \tag{6.3.2-7c}$$

由（6.3.2-5b）式和（6.3.2-5c）式联立消去时间变量，可得极坐标系下星体的轨迹方程。由此可以证明，此时的轨道为一椭圆，力心为椭圆的一个焦点，如图 6.3.2-3 中的 c_3所示. 由图 6.3.2-4 可以进一步从几何上证明椭圆的半长轴和半短轴分别为

$$a=\frac{1}{2}(r_{3\max}+r_{3\min})=-\frac{C}{2E} \tag{6.3.2-8a}$$

$$b=\sqrt{\left(\frac{r_{3\max}+r_{3\min}}{2}\right)^2-\left(\frac{r_{3\max}-r_{3\min}}{2}\right)^2}=\frac{L}{\sqrt{-2Em}} \tag{6.3.2-8b}$$

（4）当系统的初始总能量 E 等于最低有效势能时，比如取图 6.3.2-2 所示的 $E=E_0$. 此时方程也只有一个正根，即

$$r_0=-\frac{C}{2E_0} \tag{6.3.2-9}$$

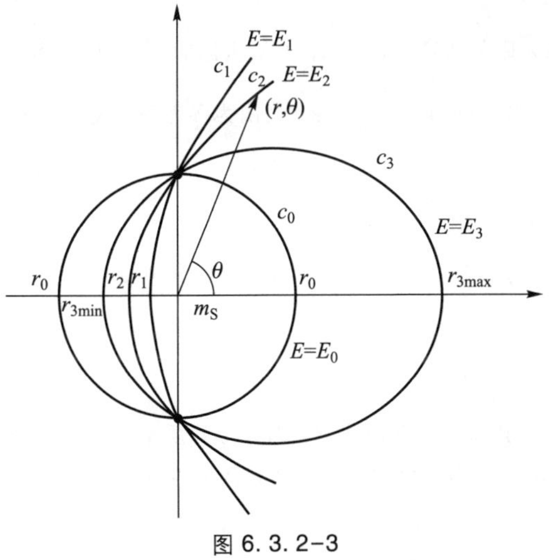

图 6.3.2-3

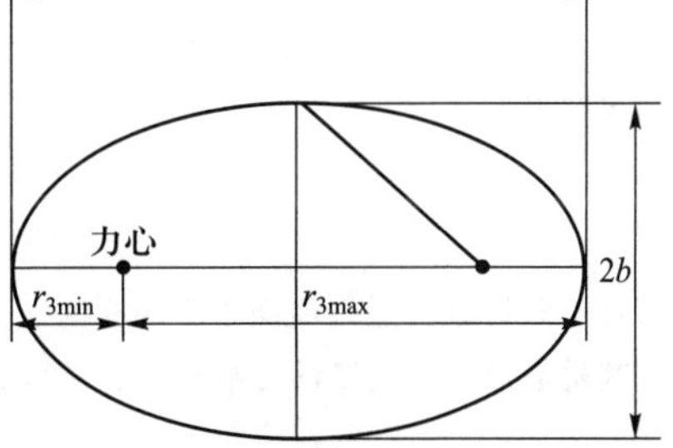

图 6.3.2-4

由（6.3.2-5b）式和（6.3.2-5c）式联立消去时间变量，可得极坐标系下星体的轨迹方程。由此可以证明，此时，轨道的半径是唯一的，即 $r=r_0$. 此时的轨道为圆，力心为圆心，如图 6.3.2-3 中的 c_0所示.

综上可以看出：星体的可能轨道为双曲线、抛物线、椭圆或圆，具体按照哪种轨道运行取决于系统的初始总能量. 如某个行星围绕太阳的运动，其系统的总能量小于零而大于最低有效势能，其运动轨道就是椭圆.

6.3.3 两体化单体问题

如果两物体 m_1和 m_2只存在相互之间的作用力与反作用力，相对其中的任一物体，其所受到的力为作用在质心上的有心力. 下面证明，这样的两体问题可以化为单体问题来处理.

授课录像：两体化单体问题

设两体之中 m_1对 m_2的作用力为 $\boldsymbol{F}$，则 m_2对 m_1的作用力为$-\boldsymbol{F}$. 相对惯性系，对 m_1应用质心运动定律有

$$-\boldsymbol{F}=m_1\boldsymbol{a}_1 \qquad (6.3.3\text{-}1a)$$

以 m_1质心为参考系（非惯性系），对 m_2应用质心运动定律有

$$\boldsymbol{F}-m_2\boldsymbol{a}_1=m_2\boldsymbol{a}_{2相对} \qquad (6.3.3\text{-}1b)$$

(6.3.3-1a)式和(6.3.3-1b)式联立解得

$$\boldsymbol{F}=\frac{m_1m_2}{m_1+m_2}\boldsymbol{a}_{2相对} \qquad (6.3.3\text{-}2a)$$

(6.3.3-2a)式说明，如果以两体中的任一物体质心为参考系，另一物体的质量以$m'=\frac{m_1m_2}{m_1+m_2}$(称为约化质量)来替代，其所满足的方程恰好为

$$\boldsymbol{F}=m'\boldsymbol{a}_{相对} \qquad (6.3.3\text{-}2b)$$

与惯性系下的质心运动定律形式相同，其质心的动量定理、动能定理、角动量定理等都可以应用到两体问题上.

需要注意的是：单个物体的质量用约化质量来代替，其他量都是相对其中一物体而言的相对量. 这样，两体问题就可以等效为单体问题了.

例 6.3.3-1 设行星轨道为圆轨道，证明开普勒第三定律，即行星运行周期的平方与圆轨道半径的立方成正比.

解：设太阳的质量为 m_S，行星质量为 m，行星绕太阳的轨道半径为 a，相对太阳的速率为 v，运行周期为 T. 以太阳为参考系，将两体问题化成单体问题，约化质量 $m'=\frac{m_Sm}{m_S+m}$. 以太阳为参考系，对行星应用质心运动定律有

$$G\frac{m_Sm}{a^2}=m'\frac{v^2}{a}$$

周期与速度关系式为

$$T=\frac{2\pi a}{v}$$

整理得

$$T^2=\frac{4\pi^2}{G(m_S+m)}a^3$$

可见不同行星的运行周期是不一样的，开普勒第三定律只是近似成立. 因行星的质量比太阳的质量小得多，其质量对行星周期的影响很小，所以，一般情况都认为行星的运动周期和行星的质量无关.

*§6.4 守恒律与对称性

通过第四、第五以及本章的讨论我们知道，在一定的条件下，质点系的动量定理、功能原理、角动量定理可以转化为相应的守恒定律．这些守恒定律是由牛顿运动定律导出的，而事实上这些守恒定律却成为比牛顿运动定律更为基本的规律，其原因在于守恒律与对称性的法则．为了加深读者对守恒定律的认识与理解，本节简介这一相关内容．

授课录像： 守恒律与对称性

6.4.1 对称性

在艺术、建筑等领域中，所谓的“对称”通常是指左右对称，如人体本身的外貌就有近似的左右对称性．在科学研究领域中的“对称”是一个非常广泛的概念，左右对称是镜像反射对称的俗称，它只是各种对称性中的一种．要想弄清楚对称性的含义，首先需要了解“系统”“状态”“变换”等概念．

动画演示： 守恒定律与对称性

“系统”就是要讨论研究的对象．“状态”是系统所表现的形式，同一系统可以处于不同的状态，不同的状态可以是等价的，也可以是不等价的．如设想一个几何中理想的圆，在它的圆周上打个点作为标记．绕圆心小角度转动一下该圆，转动前的圆为初态，转动后的圆为末态，如果系统只针对圆而不针对圆周上的标记点，则系统的初态和末态就是等价的，如果系统是指包括圆周上的标记点在内的圆，则系统的初态和末态就是不等价的．对该圆“小角度转动”的过程称为对系统从一个状态到另一个状态的“变换”，或者“操作”．如果一个操作使系统从一个状态变到另一个与之等价的状态，或者说状态在此操作下不变，则称系统对于这一操作是“对称的”，而这个操作叫做系统的一个“对称”操作．

6.4.2 因果关系与对称原理

自然规律反映了事物之间的因果关系．所谓“因果关系”，就是在一定的条件下会出现一定的现象，其中的“条件”称为“原因”，“现象”称为“结果”．要构成某一稳定的因果关系，需要可重复性和可预见性的存在，可重复性和可预见性意味着“相同的原因必定产生相同的结果”，这也是科学本身存在的必要条件．由于自然界不存在绝对相同，因此，可以放宽一点，将“相同”改为“等价”，即“等价的原因必定产生等价的结果”．一个操作可以产生“对称性”，亦即“等价”的效果．因此，也可以说“对称的原因必定产生对称的结果”．例如，太阳和某一行星构成的系统，相互作用力在太阳和行星所构成的平面内，其作用力相对该平面具有镜像反演对称性．而作用力决定了行星的运动轨迹，因此，作用力的镜像反演对称性必定导致行星轨道具有镜像反演对称性的结果，即行星的运动轨迹不可能偏离它与太阳所构成的平面．但对于初始质心速度在水平方向且绕竖直轴旋转的球体而言，运动方向的两侧会产生不对称的气流，由伯努利方程可知，不对称的气流会产生不对称的压强，因此这种球体以后的运动轨迹就不会在竖直平面内，而是发生偏转，即出现“香蕉球”现象（详见 8.3.1）．

6.4.3 守恒律与对称性

“对称的原因必定产生对称的结果”可以应用于对称性与守恒定律的关系中．德国女数学家诺特指出，作用量的每一种连续对称性都有一个守恒量与之对应．人们把这种对称与守恒的联系称为诺特定理．依据诺特定理，可以得出如下结论：

严格的对称性——严格的守恒定律

近似的对称性——近似的守恒定律

此处的“对称性”是针对哪个物理量而言？由分析力学可知，系统的信息可以用哈密顿函数（可参考理论力学教材）来表示，进一步可以证明：哈密顿函数不同类型的对称性将导致不同物理量的守恒．如：

空间平移对称性——动量守恒定律

其中的空间平移对称性是指在 $q \to q+\Delta q$ 的广义坐标变换过程中，哈密顿函数不变.

时间平移对称性——能量守恒定律

其中的时间平移对称性是指在 $t \to t+\Delta t$ 的时间变换过程中，哈密顿函数不变，亦即哈密顿函数不显含时间变量.

空间旋转对称性（空间各向同性）——角动量守恒定律

其中的空间旋转对称性是指在 $\varphi \to \varphi+\Delta\varphi$ 的角度变换过程中，哈密顿函数不变，亦即哈密顿函数不显含旋转角度变量.

这些经典物理学范围内的对称性和守恒定律的关系，经过推广，在量子力学范围内也成立. 在量子力学和粒子物理学中，又引入了一些新的内部自由度，发现了一些新的抽象空间的对称性以及与之相应的守恒定律，如奇异数守恒、重子数守恒、同位旋守恒、宇称守恒等. 这些守恒定律的存在并不是偶然的，它们是自然规律具有各种对称性的结果.

综上所述，物理学各领域中有诸多的定理、定律和法则，但它们的地位并不是平等的，而是有层次的. 例如，力学中的胡克定律、热学中的物态方程、电磁学中的欧姆定律等都是经验的总结，仅适用于一定的范畴和参量范围，这些是较低层次的规律. 统领整个经典力学的牛顿运动定律和电磁学的麦克斯韦方程，它们是物理学中一个完整领域的基本规律，层次要高得多. 即超过了弹性限度的胡克定律被违反，但牛顿运动定律仍有效；对于晶体管，欧姆定律不适用，但麦克斯韦方程仍成立. 是否有凌驾于这些基本规律之上更高层次的法则？回答是肯定的，对称性原理就是这样的法则. 由时空对称性导出的动量、能量、角动量守恒定律，以及由其他对称性导出的相应守恒定律，是跨越物理学各个领域的普遍法则. 有了这样一种理论层次上的认识，我们就有可能在涉及具体定律之前，根据对称性原理与守恒定律的关系作出一些定性的判断，得到一些有用的信息. 这些法则不仅不会与已知领域的具体定律相违背，还能指导我们去探索未知的领域. 当代物理学家正高度自觉地运用对称性和与之相应的守恒定律，去寻求物质结构更深层次的奥秘.

本章知识单元和知识点小结

知识单元	知识点			
质点角动量定理	质点角动量定理表述形式		质点角动量守恒条件	
	$\boldsymbol{M}=\dfrac{\mathrm{d}\boldsymbol{L}}{\mathrm{d}t}$，　$\boldsymbol{M}=\boldsymbol{r}\times\boldsymbol{F}$，　$\boldsymbol{L}=\boldsymbol{r}\times m\boldsymbol{v}$ 条件：以空间固定点为参考点		$\boldsymbol{M}=0$，$\boldsymbol{L}=\boldsymbol{C}$	
质点系角动量定理	质点系角动量定理表述形式	质点系角动量守恒条件	静系与质心系下质点系角动量定理关系	质心系下质点系角动量定理表述形式
	$\boldsymbol{M}_{外}=\dfrac{\mathrm{d}\boldsymbol{L}}{\mathrm{d}t}$ $\boldsymbol{M}_{外}=\sum_{i=1}^{N}\boldsymbol{r}_i\times\boldsymbol{F}_i$ $\boldsymbol{L}=\sum_{i=1}^{N}\boldsymbol{r}_i\times m_i\boldsymbol{v}_i$ 条件：以空间固定点为参考点	$\boldsymbol{M}_{外}=0$ $\boldsymbol{L}=\boldsymbol{C}$	$\boldsymbol{L}=\boldsymbol{L}_C+\boldsymbol{L}'$ $\boldsymbol{L}_C=\boldsymbol{r}_C\times m\boldsymbol{v}_C$ $\boldsymbol{L}'=\sum_{i}\boldsymbol{r}_{iC}\times m_i\boldsymbol{v}_{iC}$	$\boldsymbol{M}_{惯}=0$ $\boldsymbol{M}'_{外}=\dfrac{\mathrm{d}\boldsymbol{L}'}{\mathrm{d}t}$ 条件：以质点系质心为参考点

授课录像：第六章知识单元小结

续表

知识单元	知识点		
守恒律与对称性	哈密顿量空间平移对称性——动量守恒定律 哈密顿量时间平移对称性——能量守恒定律 哈密顿量空间旋转对称性——角动量守恒定律		
有心力场问题	三种宇宙速度公式及结果	*有效势能与特征轨道	两体化单体等效公式
	$v_1=\sqrt{gR_0}=7.9\ \mathrm{km/s}$ $v_2=\sqrt{2gR_0}=11.2\ \mathrm{km/s}$ $v_3=16.7\ \mathrm{km/s}$	利用角动量守恒，将与角度有关的能量守恒方程化为只与位置矢量大小有关的能量守恒方程，以此为基础可以分析星体的能量与轨道的关系	$\boldsymbol{F}=\dfrac{m_1m_2}{m_1+m_2}\boldsymbol{a}_{相}$
守恒律与对称性	哈密顿量空间平移对称性——动量守恒定律 哈密顿量时间平移对称性——能量守恒定律 哈密顿量空间旋转对称性——角动量守恒定律		

习　　题

课后作业题

6-1. 在给定的坐标系下，设力 $\boldsymbol{F}=3\boldsymbol{i}+4\boldsymbol{k}$ 的作用点位置矢量为 $\boldsymbol{r}=2\boldsymbol{j}-6\boldsymbol{k}$，其中 $\boldsymbol{F}$ 以 N 为单位，$\boldsymbol{r}$ 以 m 为单位，求力对坐标原点的力矩.

6-2. 若将地球绕太阳的公转看作是以太阳为中心的圆周运动，试求地球相对太阳中心的角动量. 已知地球的质量 $m_E=6.0\times10^{24}$ kg，轨道半径 $R=1.49\times10^{11}$ m.

6-3. 一质量 $m=2$ kg 的质点由静止开始做半径 $R=5$ m 的圆周运动. 其相对圆心的角动量随时间的变化关系为 $L=3t^2$，其中角动量 L 的单位为 kg · m²/s，t 的单位为 s. 试求：(1) 质点受到的相对于圆心的力矩；(2) 质点运动角速度随时间的变化关系.

第六章参考答案

6-4. 如习题 6-4 图所示，两个质量分别为 m_1 和 m_2 的人各抓住一根跨过具有光滑水平轴的定滑轮(质量可忽略)绳子的一端. 最初，两人与水平轴之间的高度差分别为 h_1 和 h_2，他们同时开始向上爬，并同时到达该滑轮的水平轴处. 试求他们爬绳所经历的时间 t.

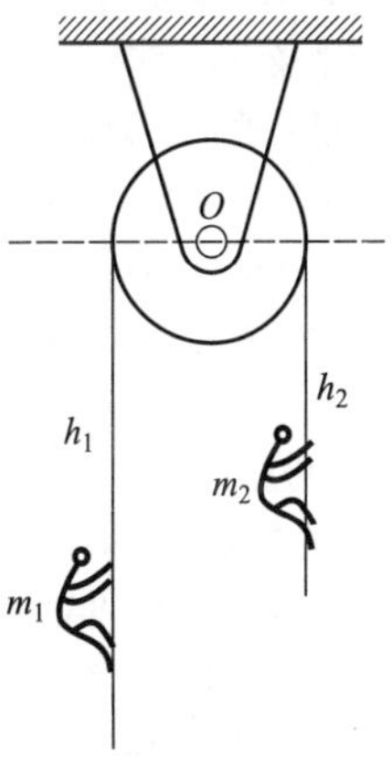

习题 6-4 图

6-5. 在光滑的水平面上，用长为 l 的轻线连接两个质量分别为 m_1 和 m_2 的小球. 开始时，线正好拉直，m_1 和 m_2 的速度分别为 v_1 和 v_2($v_1>v_2$)，它们的方向相同，且垂直于连线. 试问：(1) 系统相对质心的角动量为多大? (2) 线中的张力为多大?

6-6. 两个质量均为 60 kg 的滑冰者，在两条相距 10 m 的平直跑道上以 6.5 m/s 的速率沿相反方向匀速滑行. 当他们之间的距离恰好等于 10 m 时，他们分别抓住一根长 10 m 的绳子的两端. 若将滑冰者看成质点，并略去绳子的质量. (1) 求他们抓住绳子前后相对于绳子中点的角动量；(2) 两人都用力缓慢往自己这边拉绳子，当他们之间的距离为 5 m 时，各自的速率是多大? (3) 求此时绳中的张力；(4) 计算每个人在拉绳过程中所做的功.

6-7. 一颗人造地球卫星沿椭圆轨道绕地球运行．在近地点，卫星与地球中心的距离为地球半径的3倍，其运行速度为在远地点时的4倍．求在远地点时卫星与地球中心之间的距离为地球半径的多少倍．

6-8. 由火箭将一颗人造地球卫星送入离地面很近的轨道．进入轨道时，卫星的速度方向平行于地面，其大小为在地面附近做圆周运动的速度的$\sqrt{1.5}$倍．试求该卫星在运行中与地球中心的最远距离．

6-9. 试求月球表面的重力加速度和从月球表面逃逸的速度．已知月球的半径$R_{月球}=1.7\times10^{6}\,\mathrm{m}$，月球的质量$m_{月球}=7.3\times10^{22}\,\mathrm{kg}$.

6-10. 在光滑水平桌面上，质量分别为m_0和m的两物体系于原长为a，劲度系数为k的弹簧的两端．现使m_0获得一与弹簧垂直的速度v_0．试证明：若$v_0=3a\sqrt{\dfrac{k}{2m'}}$，其中$m'$为约化质量，则在以后的运动过程中两物体之间的最大距离为$3a$.

自检练习题

6-11. 发射一宇宙飞船去考察一质量为m_0、半径为R的行星．当飞船静止于空间离行星中心$5R$处时，以v_0的速度发射一包仪器，如习题6-11图所示．仪器包的质量m远小于飞船的质量，要使这仪器包恰好掠擦行星表面着陆，θ角应是多少？

6-12. 一质量为m的空间站沿半径为r的圆周绕月球运动．为使空间站能在月球上登陆，空间站在运行至轨道上P点时向前发射一质量为m_1的物体，来改变空间站的运行速度，从而使其沿习题6-12图所示的新轨道运动，并在月球表面登陆．已知月球的半径为$R_月$，月球的质量为$m_月$，试求m_1的发射速度v_1(相对月球参考系).

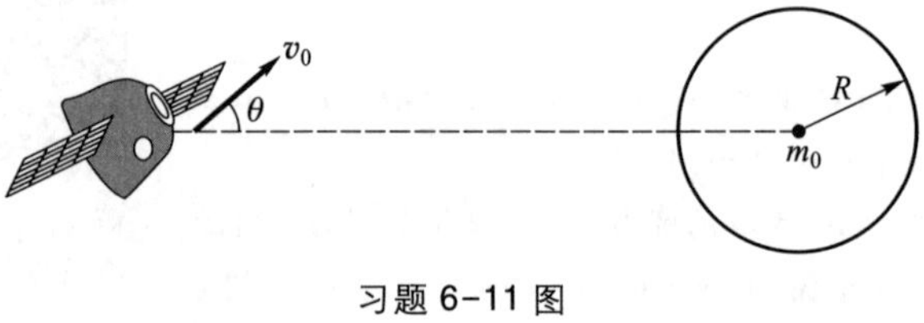

习题 6-11 图

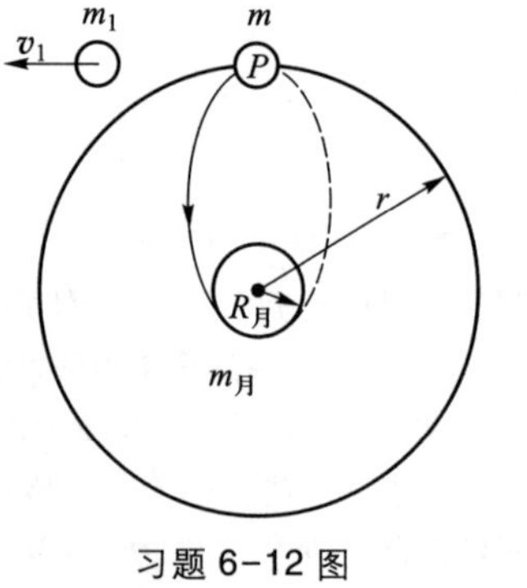

习题 6-12 图

***6-13.** 质量为m的质点在质量为m_0的质点(视为固定)的引力场中以m_0为中心做半径为r_0的周期运动．若给m以沿径向的冲量I，并设I与质点的原动量之比为一小量，求m在以后运动过程中径矢的最大值r_2与最小值r_1．并证明在忽略二级以上小量的情况下，$r_2-r_0\approx r_0-r_1$，即质点m的运动轨道近似为一偏心的圆.

***6-14.** 天狼星是天空中最明亮的恒星，人们很早就已开始观察它的运动．1844年德国天文学家弗里德里希·贝塞尔注意到天狼星运动的异常情况，并据此预言它附近有伴星．1862年美国阿尔文·克拉克首次观测到这一伴星(为白矮星,肉眼看不到)．根据以后的观测资料，该双星系统的运动轨迹如习题6-14图所示．图中粗、细实线分别表示天狼星与其伴星的运动轨迹，虚线为质心的运动轨迹，第一组黑点表示1862年的双星位置，其余各组黑点分别表示自1870年起至1940年每隔10年的双星位置．天狼星和伴星的平均距离为$s=20.4$ AU (1 AU$=1.496\times10^{8}$ km)，它们与质心的距离之比约为2∶5. (1) 由图判断双星在相对做圆周运动还是椭圆运动？运动周期是多少年？(2) 假定双星相对做距离为a的匀速圆周运动，

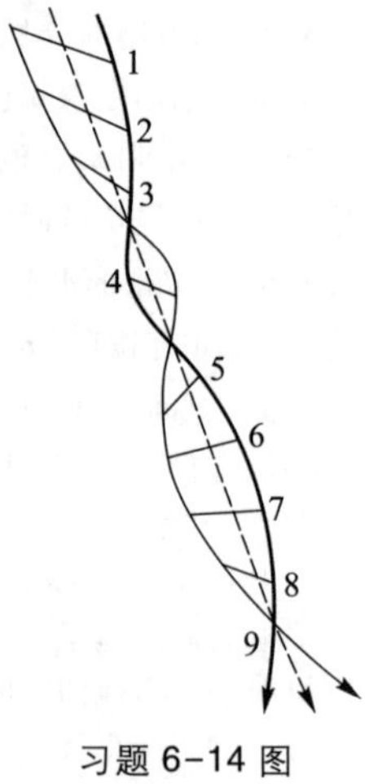

习题 6-14 图

试估算天狼星及其伴星的质量 m_A 和 m_B(用太阳质量 m_S 表示).

* **6-15.** 如习题 6-15 图所示，质量均为 m 的小球 1、2 用长为 $4a$ 的细线相连，以速度 v 沿着与线垂直的方向在光滑水平台面上运动时，线处于伸直状态. 在运动过程中，线上距离小球 1 为 a 的一点与固定在台面上的一竖直光滑细钉相碰. 设在以后的运动过程中两球不相碰. 求：(1) 小球 1 与钉的最大距离；(2) 线中的最小张力.

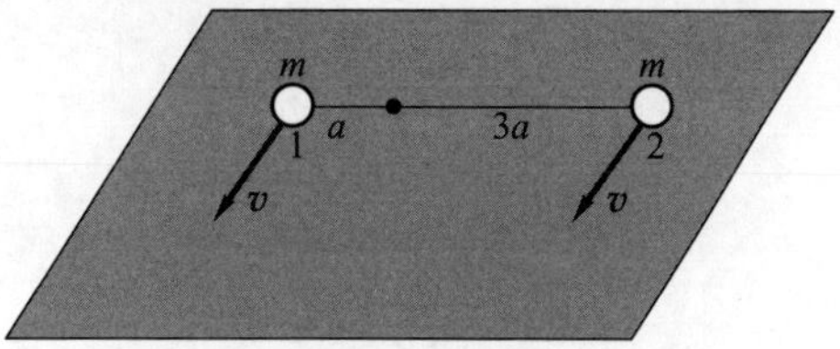

习题 6-15 图

* **6-16.** 在一半径为 $R=2.0\times10^8$ m 的无空气的星球表面，若以 $v_0=10$ m/s 的速度竖直上抛一物体，则该物体上升的最大高度为 $h=8$ m. 试问：(1) 该星球的逃逸速度有多大？(2) 若要该星球成为黑洞，则现有的半径应比黑洞的半径大几倍？(本题可参考第十二章 12.3.5 节有关黑洞的介绍)

第三篇 两种特殊质点系的运动与两种普遍的运动形式

第一篇介绍了质点的运动学和动力学基本运动规律. 第二篇以质点的动力学方程为基础，导出了运动定理(原理)与相应的守恒定律. 这两篇内容构成了力学的理论基础，是处理质点及质点系力学问题的依据. 本篇将应用这些理论去处理两种特殊质点系的运动(第七章:刚体;第八章:流体)，以及两种普遍的运动形式(第九章:振动;第十章:波动).

两种特殊质点系的运动与两种普遍的运动形式知识体系导图

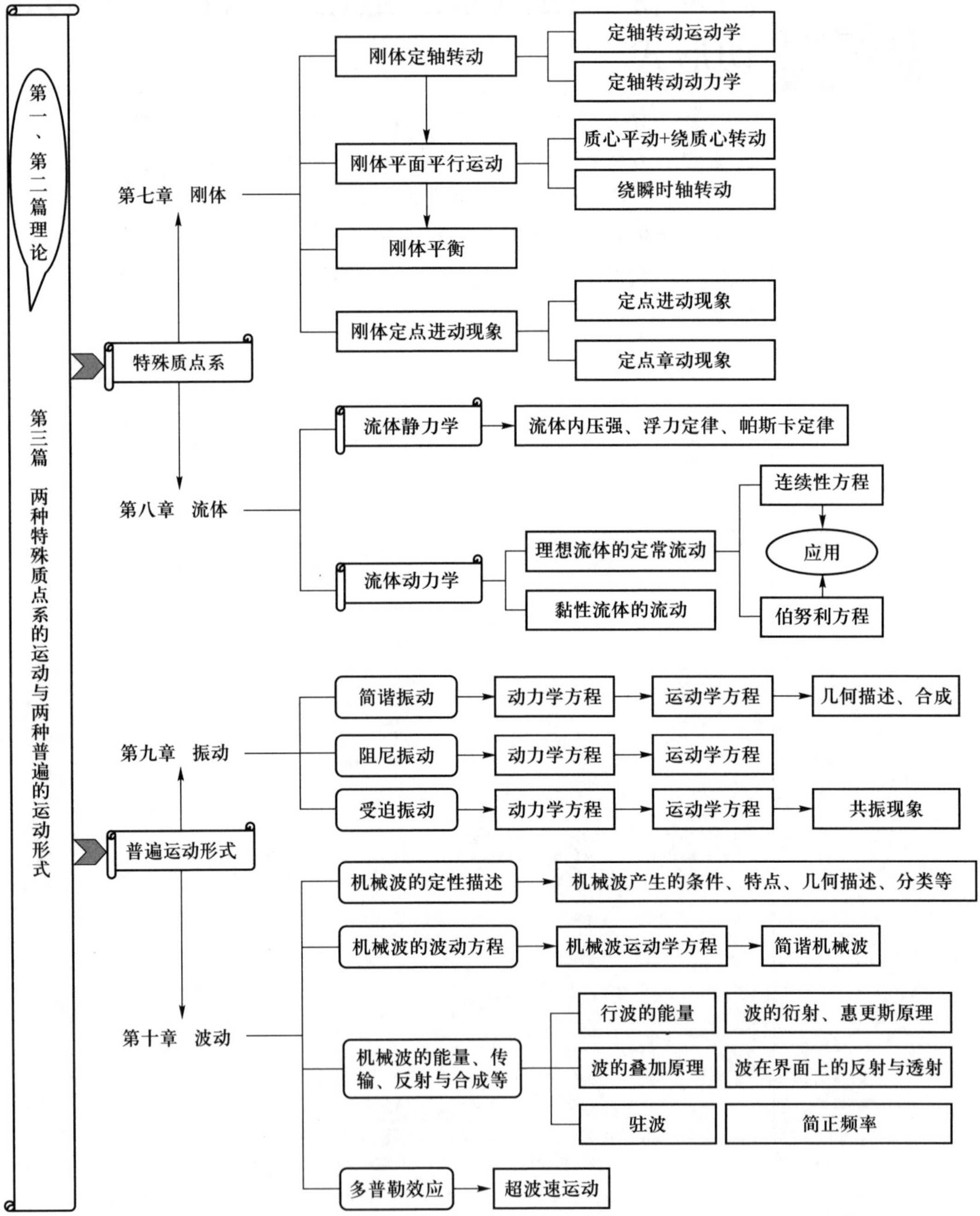

第七章
刚 体

自然界中有形物质的存在状态可分为固态、液态、气态、等离子态等. 在外力和内力的作用下，严格来讲，这些形态的物质都会有形变，但其形变的大小有差异，以固态物质(固体)的形变最小. 整体上形变可忽略的特殊固态物质(质点系)称为刚体. 与质点类似，显然刚体也是一种理想化的模型. 刚体是自然界中比较常见的一种质点系，因此，了解其运动规律具有重要的意义.

授课录像：刚体概述

本章以前两篇的理论为基础，重点总结刚体的定轴转动、平面平行运动、平衡等几种特殊运动的处理方法和规律. 作为扩展内容，简介对称刚体的定点进动和章动现象以及与其相应的原理性解释，进一步详细的讨论可参考理论力学教程.

§7.1　刚体定轴转动运动学

物体受到内力、外力作用，就会有相应的形变. 若形变很小，从整体上看可以忽略，或者当物体受到内力及外力作用时，其各部分质元的相对位置保持不变，这种理想的质点系组成的物体称为刚体.

质点做圆周运动，过圆心作垂直于圆平面的垂线，此直线称为该质点运动的转轴. 质点绕轴做圆周运动，也称为绕轴转动. 若转轴相对所选的惯性系固定不动，此转轴称为固定转轴，相应质点的转动称为绕固定轴的转动. 刚体为多质元(可视为质点的体元)构成的系统，若各质元都绕同一固定轴做圆周运动，则称刚体做定轴(“定轴”并非指一定有真实的轴体存在,如放在桌面上自由转动的圆盘,过圆盘中心并没有真实的轴体存在)转动. 刚体定轴转动是刚体多种运动形式中最简单的一种.

授课录像：描述刚体定轴转动的转动参量

7.1.1　描述刚体定轴转动的转动参量

质点做一维直线运动时，可用质点的位移、速度、加速度描述它的运动状态，而这些参量却不适合用于描述刚体的定轴转动. 刚体绕固定轴转动的运动学，就是要给出用于描述转动的参量以及各参量之间的关系. 如图 7.1.1-1 所示，一刚体绕轴转动，建立坐标系使 z 轴与其转轴重合. 在刚体非转轴部分任取一些质元，如 a、b、c，分别过质元作 z 轴的垂线. 由于刚体中各质元的相对位置不变，所以质元 a、b、c 垂直于轴线的垂线在相等的时间内转过相同的角度. 因此，可用刚体上的任一质元来描述刚体的转动. 取一非转轴上的质元 P(可看成一质点)，过此质点作垂直转轴的平面，沿逆 z 轴方向观察，俯视图如图 7.1.1-2 所示，即 P 点绕垂直 xy 平面过 O 点的转轴做圆周运动.

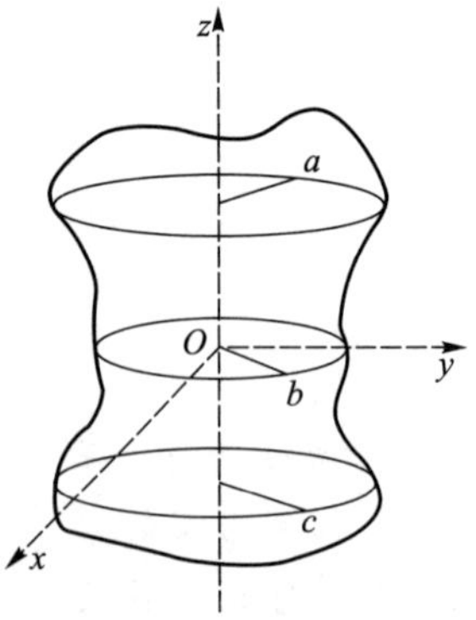

图 7.1.1-1

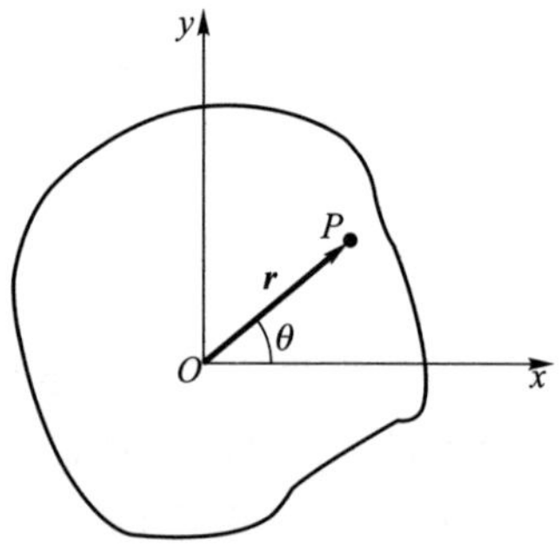

图 7.1.1-2

1. 角位置

如图 7.1.1-2 所示，用 $\boldsymbol{r}$ 表示从垂足引向 P 点的矢量，$\boldsymbol{r}$ 与 x 轴正向的夹角(取逆时针为角度增加方向)为 θ，称 θ 为刚体的角位置.

2. 角位移的大小

P 点在 t 时刻角位置为 θ_1，$t+\Delta t$ 时刻角位置为 θ_2，则在 Δt 时间内角位移的大小为

$$\Delta\theta=\theta_2-\theta_1 \tag{7.1.1-1}$$

3. 平均角速度的大小

Δt 时间内角位移的大小为 $\Delta\theta$，平均角速度的大小可定义为

$$\overline{\omega}=\frac{\Delta\theta}{\Delta t} \tag{7.1.1-2}$$

平均角速度的大小是表征刚体从一个位置转到另外一个位置时转动快慢的平均度量.

4. 瞬时角速度的大小

$$\omega=\lim_{\Delta t\to 0}\overline{\omega}=\lim_{\Delta t\to 0}\frac{\Delta\theta}{\Delta t}=\frac{\mathrm{d}\theta}{\mathrm{d}t} \tag{7.1.1-3}$$

瞬时角速度的大小(简称角速度的大小)是表征刚体在某个位置或某时刻刚体转动快慢的度量. 若角速度的大小不随时间变化，称为匀角速转动.

5. 平均角加速度的大小

$$\overline{\alpha}=\frac{\omega_2-\omega_1}{\Delta t}=\frac{\Delta\omega}{\Delta t} \tag{7.1.1-4}$$

平均角加速度的大小是表征刚体从一个位置转到另外一个位置时角速度大小变化快慢的度量.

6. 瞬时角加速度的大小

$$\alpha=\lim_{\Delta t\to 0}\overline{\alpha}=\lim_{\Delta t\to 0}\frac{\Delta\omega}{\Delta t}=\frac{\mathrm{d}\omega}{\mathrm{d}t}=\frac{\mathrm{d}^2\theta}{\mathrm{d}t^2}=\ddot{\theta} \tag{7.1.1-5}$$

瞬时角加速度的大小（简称角加速度的大小）是表征刚体在某个位置或某时刻刚体角速度大小变化快慢的度量. 若角加速度的大小随时间不变，称为匀角加速转动.

7. 匀角加速转动

对匀角加速转动

$$\alpha=\frac{\mathrm{d}\omega}{\mathrm{d}t}=C(\text{常量}) \tag{7.1.1-6a}$$

$$\omega=\omega_0+\alpha t \tag{7.1.1-6b}$$

$$\theta-\theta_0=\omega_0 t+\frac{1}{2}\alpha t^2 \tag{7.1.1-6c}$$

如果 $\alpha=\frac{\mathrm{d}\omega}{\mathrm{d}t}\neq C$（常量），即为变角加速转动，那么运用

$$\omega(t)=\frac{\mathrm{d}\theta}{\mathrm{d}t} \tag{7.1.1-7a}$$

$$\alpha=\frac{\mathrm{d}\omega(t)}{\mathrm{d}t}=\frac{\mathrm{d}^2\theta}{\mathrm{d}t^2} \tag{7.1.1-7b}$$

可求出 θ、ω、α 之间的关系. 由(7.1.1-7)式可以看出，描述刚体定轴转动的参量之间的关系和描述质点的一维运动的参量之间的关系类似.

7.1.2 转动参量的矢量性分析

上节引入的转动参量，均谨慎地用角位移的大小、角速度的大小、角加速度的大小来表示. 它们是否为矢量？由上述各定义式可以看出，这些转动参量是否为矢量，关键看角位移是否是矢量.

矢量是有大小和方向的，并遵从矢量运算法则. 当用矢量表达力和速度等物理量时，其方向分别规定为力的作用方向和质点的运动方向. 设想刚体上某点的角位移是一矢量，由于该点是绕轴转动，其运动轨迹是曲线，显然无法像力或速度那样规定角位移的方向. 我们可以**采取右手螺旋定则来规定角位移方向**，即用右手四指弯向转动方向，拇指给出角位移方向，如图 7.1.2-1 所示. 在此方向上，用一线段来表示 $\Delta\theta$ 的大小，标注箭头给出 $\Delta\theta$ 的方向. 如此规定的“矢量”是否遵守矢量运算法则呢？下面定性判断角位移是否满足矢量加法法则，即 $\boldsymbol{A}+\boldsymbol{B}=\boldsymbol{B}+\boldsymbol{A}$.

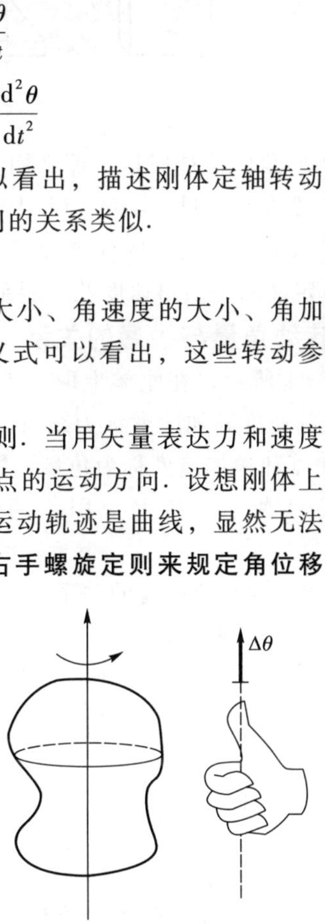

图 7.1.2-1

如图 7.1.2-2 所示，第一行是让物体先沿着 x 轴正方向（垂直纸面向里）顺时针旋转 90°，再沿着 y 轴正方向顺时针旋转 90°，物体最后到

授课录像：
转动参量的矢量性分析

动画演示：
角速度的矢量性

实物演示：
角速度的矢量性

一个状态. 第二行是让物体先沿着 y 轴正方向顺时针旋转 90°，再沿着 x 轴正方向顺时针旋转 90°，物体最后到另一个状态. 很明显，物体最后所在的位置是不相同的. 重复以上步骤，逐渐改变旋转的角度，会发现，虽然有限的角位移并不满足 $\boldsymbol{A}+\boldsymbol{B}=\boldsymbol{B}+\boldsymbol{A}$，但无限小的角位移满足 $\boldsymbol{A}+\boldsymbol{B}=\boldsymbol{B}+\boldsymbol{A}$. 因此，有限的角位移不能定义为矢量，无限小的角位移 $\mathrm{d}\theta$ 才有可能定义为矢量. 进一步可以证明，无限小角位移可以定义为矢量.

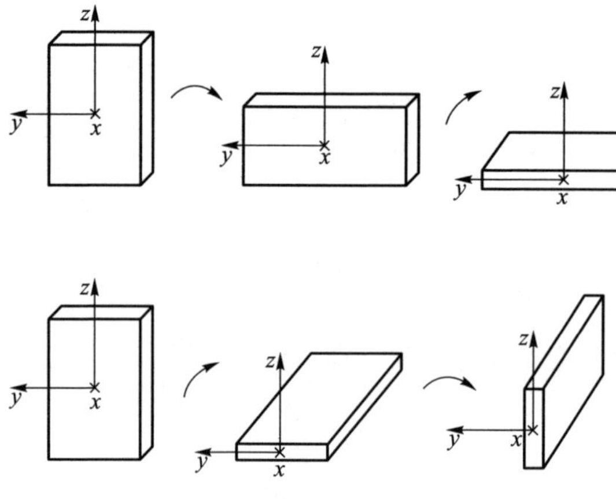

图 7.1.2-2

既然无限小的角位移是矢量，那么由无限小角位移导出的角速度、平均角加速度、角加速度都是矢量. 因此，(7.1.1-7)式所示的角速度和角加速度实际上是矢量关系式在转轴方向上的标量表示. 而(7.1.1-1)式所定义的角位移以及(7.1.1-2)式所定义的平均角速度就不能定义为矢量.

授课录像：转动角量与线量的关系

7.1.3 转动角量与线量的关系

如图 7.1.3-1 所示，在刚体上取一点 P，它绕垂直 xy 平面过 O 点的轴做圆周运动. P 点的速度和加速度称为线量，(7.1.1-7a)式、(7.1.1-7b)式所定义的刚体的角速度和角加速度称为角量，线量和角量二者之间的联系如何？

如图 7.1.3-1 所示，在 P 点引入两个方向的单位矢量 $\boldsymbol{e}_r$、$\boldsymbol{e}_\theta$. 则 P 点的位置矢量为 $\boldsymbol{r}=r\boldsymbol{e}_r$.

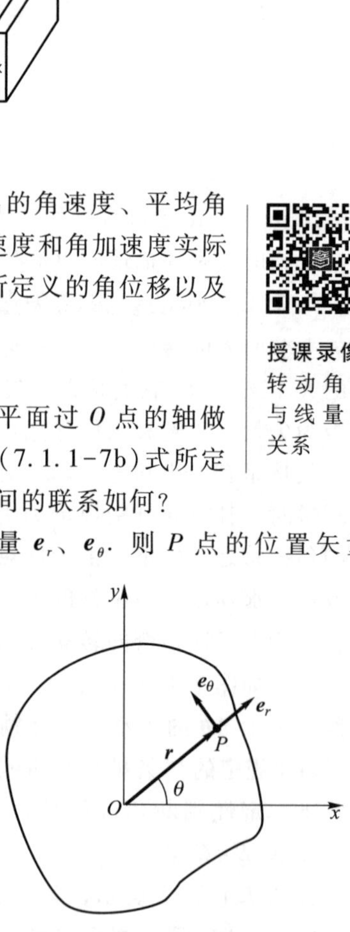

图 7.1.3-1

1. P 点的线速度与角速度的关系

P 点的线速度可以表示为

$$\boldsymbol{v}=\frac{\mathrm{d}\boldsymbol{r}}{\mathrm{d}t}=\frac{\mathrm{d}}{\mathrm{d}t}(r\boldsymbol{e}_r)=\frac{\mathrm{d}r}{\mathrm{d}t}\boldsymbol{e}_r+r\frac{\mathrm{d}\boldsymbol{e}_r}{\mathrm{d}t} \qquad (7.1.3-1)$$

由于定轴转动，所以 $\frac{\mathrm{d}r}{\mathrm{d}t}=0$，因此线速度与角速度的关系可以表示为

$$\boldsymbol{v}=r\frac{\mathrm{d}\boldsymbol{e}_r}{\mathrm{d}t}=r\dot{\theta}\,\boldsymbol{e}_\theta=\boldsymbol{\omega}\times\boldsymbol{r} \qquad (7.1.3-2)$$

2. P 点线加速度与角速度、角加速度的关系

$$\begin{aligned}\boldsymbol{a} &= \frac{\mathrm{d}\boldsymbol{v}}{\mathrm{d}t} = \frac{\mathrm{d}}{\mathrm{d}t}(r\omega\boldsymbol{e}_\theta) = r\frac{\mathrm{d}\omega}{\mathrm{d}t}\boldsymbol{e}_\theta + r\omega\frac{\mathrm{d}\boldsymbol{e}_\theta}{\mathrm{d}t} \\ &= r\alpha\boldsymbol{e}_\theta + r\omega(-\dot{\theta}\boldsymbol{e}_r) = -r\omega^2\boldsymbol{e}_r + r\alpha\boldsymbol{e}_\theta\end{aligned}$$

上式又可表示为

$$\begin{aligned}\boldsymbol{a} &= \boldsymbol{\omega}\times\boldsymbol{v} + \boldsymbol{\alpha}\times\boldsymbol{r} \\ &= \boldsymbol{a}_r + \boldsymbol{a}_\theta = -r\omega^2\boldsymbol{e}_r + r\alpha\boldsymbol{e}_\theta\end{aligned} \tag{7.1.3-3}$$

其中 $\boldsymbol{a}_r = \boldsymbol{\omega}\times\boldsymbol{v}$ 为径向加速度，$\boldsymbol{a}_\theta = \boldsymbol{\alpha}\times\boldsymbol{r}$ 为切向加速度. 显然，如果刚体做匀角速转动，刚体上任一点只有径向加速度，而无切向加速度.

§7.2 刚体定轴转动动力学

上节给出了描述刚体定轴转动时所需的参量. 刚体在外力矩的作用下会如何运动属于动力学问题. 在给出动力学方程之前，我们首先给出质点系的势能、动能、角动量、外力的功等在刚体定轴转动条件下的具体简化形式. 以此为基础，根据质点系的角动量定理、动能定理进一步给出刚体这一特殊质点系在定轴转动条件下所满足的动力学方程，即转动定律、角动量定理（守恒）、动能定理.

7.2.1 刚体定轴转动的势能、动能、角动量、外力功

1. 刚体的重力势能

选 xy 平面，即 $z=0$ 处为势能零面，如图 7.2.1-1 所示. 将质量为 m 的刚体分解为无穷多个小质元 Δm_i，每一小质元可看成一质点，其重力势能为 $E_{pi} = \Delta m_i g z_i$. 因此，物体的势能为

$$E_p = \sum_i E_{pi} = \sum_i \Delta m_i g z_i = mg\frac{\sum_i \Delta m_i z_i}{m} = mgz_C \tag{7.2.1-1}$$

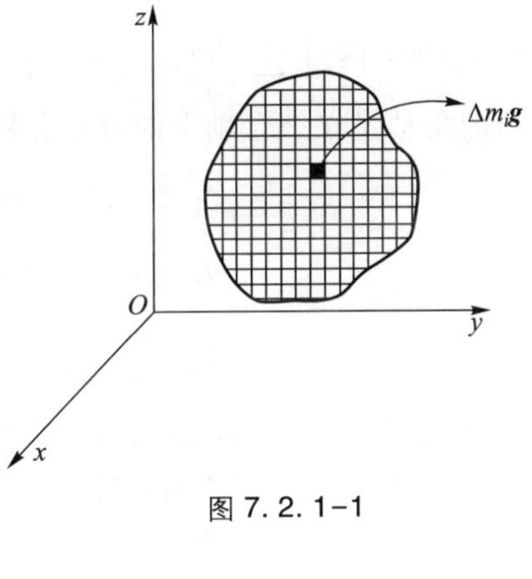

图 7.2.1-1

授课录像：刚体定轴转动的势能、动能、角动量、外力功

即在均匀重力场的情况下，刚体的重力势能为质心的势能. 因为在上述推导过程中并没有用到刚体这一条件，所以结论对任一质点系都成立.

2. 刚体的动能

质点系的动能为 $E_k = \sum_i \frac{1}{2}\Delta m_i v_i^2$，在定轴转动的情况下，$v_i = \omega R_i$，其中 R_i 是质点 Δm_i 到转轴的垂直距离，如图 7.2.1-2 所示. 所以

$$E_k = \sum_i \frac{1}{2}\Delta m_i(\omega R_i)^2 = \sum_i \frac{1}{2}(\Delta m_i R_i^2)\omega^2 \tag{7.2.1-2}$$

令

$$J=\sum_i \Delta m_i R_i^2 \tag{7.2.1-3}$$

(7.2.1-3)式称为质点系的转动惯量. 于是，(7.2.1-2)式所示的刚体的转动动能可以表示为

$$E_k=\frac{1}{2}J\omega^2 \tag{7.2.1-4}$$

因此，刚体的转动动能实际上就是质点系定轴转动时总动能的简化表述形式，而非另外的能量. 从上述推导可以看出，(7.2.1-4)式所表达的是质点系绕转轴运动的切向方向的动能，当质点系内质点之间有径向方向运动时，总动能还应该包含径向方向的动能.

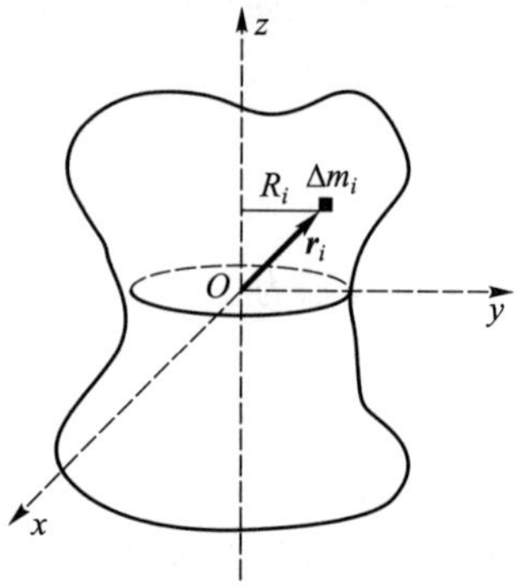

图 7.2.1-2

3. 定轴转动情况下刚体的角动量

如图 7.2.1-2 所示，质点系对 O 点的角动量为

$$\boldsymbol{L}=\sum_i \boldsymbol{r}_i\times\Delta m_i\boldsymbol{v}_i \tag{7.2.1-5}$$

在定轴转动的情况下，刚体上第 i 个质点的线速度可以表示为

$$\boldsymbol{v}_i=\boldsymbol{\omega}\times\boldsymbol{r}_i,\quad \boldsymbol{\omega}=\omega\boldsymbol{k} \tag{7.2.1-6a}$$

其中 $\boldsymbol{r}_i$ 是刚体上的第 i 个质点相对参考点 O 的位置矢量，因此(7.2.1-6a)式可化为

$$\boldsymbol{v}_i=\omega\boldsymbol{k}\times(x_i\boldsymbol{i}+y_i\boldsymbol{j}+z_i\boldsymbol{k})=\omega(x_i\boldsymbol{j}-y_i\boldsymbol{i}) \tag{7.2.1-6b}$$

进一步整理，(7.2.1-5)式可化为

$$\boldsymbol{L}=\left[\sum_i \Delta m_i(-x_iz_i)\omega\right]\boldsymbol{i}+\left[\sum_i \Delta m_i(-y_iz_i)\omega\right]\boldsymbol{j}+\left[\sum_i \Delta m_i(x_i^2+y_i^2)\omega\right]\boldsymbol{k} \tag{7.2.1-7}$$

(7.2.1-7)式所示的角动量在三个轴上的分量分别为

$$L_x=-\sum_i(\Delta m_ix_iz_i)\omega \tag{7.2.1-8a}$$

$$L_y=-\sum_i(\Delta m_iy_iz_i)\omega \tag{7.2.1-8b}$$

$$L_z=\sum_i \Delta m_i(x_i^2+y_i^2)\omega \tag{7.2.1-8c}$$

显然，角动量 $\boldsymbol{L}$ 方向并不一定沿 $\boldsymbol{\omega}$ 方向，即转轴方向. 分析(7.2.1-8a)式和(7.2.1-8b)式所示的 L_x、L_y 的表达式可知，当刚体相对转轴具有旋转对称性时，$L_x=L_y=0$，此时刚体的总角动量才可以表示为 $\boldsymbol{L}=L_z\boldsymbol{k}=J\omega\boldsymbol{k}$，标量式 $L=J\omega$. 进一步的认识可参考本章 §7.7 部分关于对称刚体定点进动现象的讨论.

4. 外力的功

作用在质点系上的力的功为

$$A=\sum_i\int\boldsymbol{F}_i\cdot\mathrm{d}\boldsymbol{r}_i=\sum_i\int\boldsymbol{F}_i\cdot\frac{\mathrm{d}\boldsymbol{r}_i}{\mathrm{d}t}\mathrm{d}t=\sum_i\int\boldsymbol{F}_i\cdot\boldsymbol{v}_i\mathrm{d}t \tag{7.2.1-9}$$

对定轴转动，有

$$\boldsymbol{v}_i=\boldsymbol{\omega}\times\boldsymbol{r}_i \tag{7.2.1-10}$$

因此，(7.2.1-9)式可化为

$$A=\sum_i\int \boldsymbol{F}_i\cdot \mathrm{d}\boldsymbol{r}_i=\sum_i\int \boldsymbol{F}_i\cdot \boldsymbol{v}_i\mathrm{d}t=\sum_i\int \boldsymbol{F}_i\cdot(\boldsymbol{\omega}\times\boldsymbol{r}_i)\mathrm{d}t \tag{7.2.1-11}$$

由矢量运算性质，(7.2.1-11)式可进一步化为

$$\begin{aligned}A&=\sum_i\int \boldsymbol{F}_i\cdot(\boldsymbol{\omega}\times\boldsymbol{r}_i)\mathrm{d}t=\int\sum_i(\boldsymbol{r}_i\times\boldsymbol{F}_i)\cdot\boldsymbol{\omega}\mathrm{d}t\\&=\int \boldsymbol{M}\cdot\boldsymbol{\omega}\mathrm{d}t=\int M_z\omega\mathrm{d}t=\int M_z\frac{\mathrm{d}\theta}{\mathrm{d}t}\mathrm{d}t=\int M_z\mathrm{d}\theta\end{aligned} \tag{7.2.1-12}$$

上述结果说明，对于定轴转动的质点系而言，外力的功即为外力矩沿 z 轴方向的分量对角位移的积分，称为力矩的功．也就是说，力矩的功就是定轴转动情况下的外力的功．

7.2.2 转动惯量

(7.2.1-3)式所定义的 $J=\sum\limits_i\Delta m_iR_i^2$ 的含义为：物体中每个质点的质量 Δm_i(如图 7.2.1-2 所示)与其到某转轴垂直距离平方的乘积之和，称为物体对该转轴的转动惯量．它出现在刚体定轴转动的动能、转轴方向的角动量等表达式中，是一个重要的物理量，因此有必要对它作进一步的讨论．

授课录像：
转动惯量

1. 转动惯量的物理意义

质点的动能 $E_\mathrm{k}=\dfrac{1}{2}mv^2$，刚体对固定轴转动的动能 $E_\mathrm{k}=\dfrac{1}{2}J\omega^2$．其相似的对应关系为：$v$ 对应于 ω，m 对应于 J．v、m 是描述质点平动的量，ω、J 是描述刚体转动的量．对于转动惯量的进一步理解为：① 转动惯量 J 对物体转动所起的作用，与质量 m 对质点平动所起的作用相同，它是物体转动惯性的量度．② 它依赖于物体相对转轴的质量分布．转轴不同，同一物体的转动惯量是不同的．所以，提到转动惯量 J 时，一定要说明它是对哪个轴的（不一定有真实轴的存在)．

实物演示：
转动惯量

2. 转动惯量的求法

对于分立的质点系，由定义 $J=\sum\limits_i\Delta m_ir_i^2$ 可直接求得转动惯量．对于连续质点系，可以仿照连续质点系质心的求法处理，即

$$J=\lim_{\Delta m_i\to 0}\sum_i\Delta m_ir_i^2=\int r^2\mathrm{d}m \tag{7.2.2-1}$$

(7.2.2-1)式中的 r 是质元 $\mathrm{d}m$ 到转轴的垂直距离．对于形状规则、质量分布均匀的物体，取过质心的对称轴为转轴，其转动惯量很容易求出．图 7.2.2-1 中是力学中几种常见的刚体，积分求得它们绕各自对称轴的转动惯量分别如表 7.2.2-1 所示．

这些转动惯量的表达式在处理刚体运动时将作为已知量，因此需要记住其结果表达式．

3. 关于转动惯量的几个定理

若已知刚体绕过质心轴的转动惯量，通过下面的几个定理，可以求出刚体绕其他轴的转动惯量．

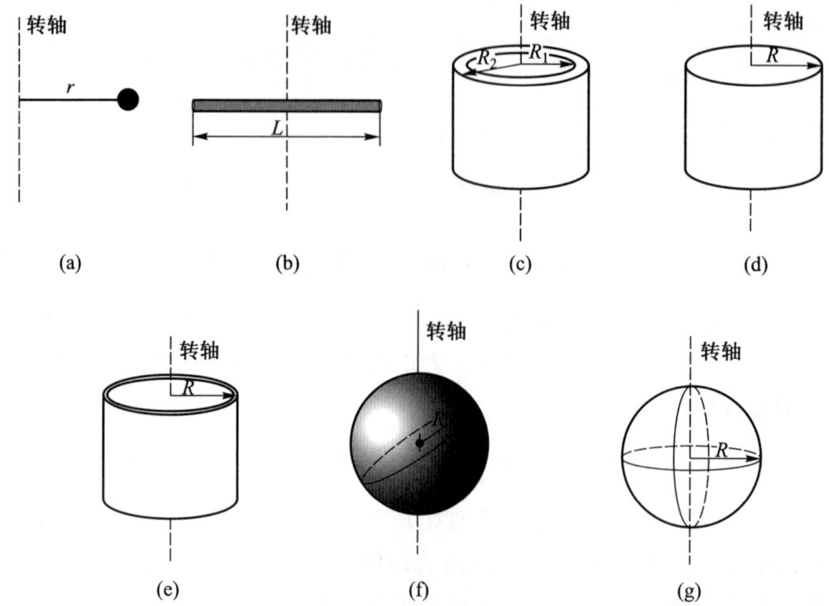

图 7.2.2-1

表 7.2.2-1　几种常见钢体的转动惯量

刚体	转动惯量	图示
单个质点	$J=mr^2$	图 7.2.2-1(a)
细长棒	$J=\frac{1}{12}mL^2$	图 7.2.2-1(b)
中空圆柱体	$J=\frac{1}{2}m(R_1^2+R_2^2)$	图 7.2.2-1(c)
薄圆盘、圆柱体	$J=\frac{1}{2}mR^2$	图 7.2.2-1(d)
薄圆环、圆筒	$J=mR^2$	图 7.2.2-1(e)
球体	$J=\frac{2}{5}mR^2$	图 7.2.2-1(f)
球壳	$J=\frac{2}{3}mR^2$	图 7.2.2-1(g)

(1) 平行轴定理

设刚体的质量为 m，若刚体对于通过质心的轴的转动惯量为 J_C，则对于通过任何与其平行的其他轴(如过 P 点的转轴)的转动惯量为

$$J_P = J_C + md^2 \tag{7.2.2-2}$$

其中 d 为质心到过 P 点的转轴的垂直距离.

证明：设刚体质量为 m，质心为 C，绕质心轴（C 轴）的转动惯量为 J_C. 以质心为坐标原点，建立如图 7.2.2-2 所示的 $Cxyz$ 直角坐标系，转轴与 z 轴重合. 以 $Cxyz$ 坐标系下的 P 点为坐标原点建立平行的 $Px'y'z'$ 坐标系，P 点在 $Cxyz$ 坐标系下投影到 xy 平面的坐标为 (a,b)，设过 P 点与 z 轴平行的轴为 P 轴，则两轴间距为

$$d = \sqrt{a^2+b^2} \tag{7.2.2-3a}$$

刚体绕 C 轴的转动惯量在 $Cxyz$ 坐标系下的表示为

$$J_C = \sum_i \Delta m_i (x_i^2 + y_i^2) \tag{7.2.2-3b}$$

刚体绕 P 轴的转动惯量在 $Px'y'z'$ 坐标系的表示为

$$J_P = \sum_i \Delta m_i (x_i'^2 + y_i'^2) \tag{7.2.2-3c}$$

两个坐标系之间的坐标变换关系为

$$x_i = a + x_i', \quad y_i = b + y_i' \tag{7.2.2-3d}$$

由（7.2.2-3）各式联立得

$$J_P = J_C + md^2 - 2am\frac{\sum_i \Delta m_i x_i}{m} - 2bm\frac{\sum_i \Delta m_i y_i}{m} \tag{7.2.2-3e}$$

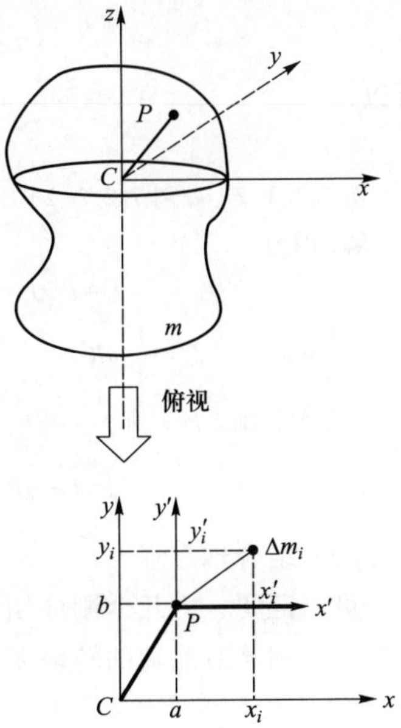

图 7.2.2-2

由于 C 为物体的质心（坐标原点），所以

$$\frac{\sum_i \Delta m_i x_i}{m} = \frac{\sum_i \Delta m_i y_i}{m} = 0$$

由此证明

$$J_P = J_C + md^2$$

例 7.2.2-1 求细长杆对过其一端并与杆垂直的转轴的转动惯量.

解：绕过质心 C 垂直于杆的轴转动的转动惯量为

$$J_C = \frac{1}{12}ml^2$$

由（7.2.2-2）式所示的平行轴定理，对过一端垂直于杆的 L 轴的转动惯量为

$$J_L = J_C + m\left(\frac{1}{2}l\right)^2 = \frac{1}{3}ml^2$$

（2）正交轴定理（仅对薄刚体而言）

对一个薄刚体，在薄刚体平面内建 x、y 轴，垂直 xy 平面为 z 轴. 过任一点 O 垂直于 xy 平面的轴的转动惯量 J_z，等于该刚体分别绕 x、y 轴的转动惯量 J_x、J_y 之和，即

$$J_z = J_x + J_y \tag{7.2.2-4}$$

证明： $J_z=\sum_i \Delta m_i(x_i^2+y_i^2)=\sum_i \Delta m_i x_i^2+\sum_i \Delta m_i y_i^2$

对于薄刚体

$$J_y=\sum_i \Delta m_i x_i^2,\quad J_x=\sum_i \Delta m_i y_i^2$$

所以

$$J_z=J_x+J_y$$

例 7.2.2-2 如例 7.2.2-2 图所示，求薄圆盘过 P 点平行 y 轴的转动惯量.

解：因为

$$J_z=J_x+J_y=2J_y=2J_x$$

而 $J_z=\frac{1}{2}mR^2$，则 $J_y=\frac{1}{4}mR^2$.

运用平行轴定理，则

$$J_P=J_y+mR^2=\frac{5}{4}mR^2$$

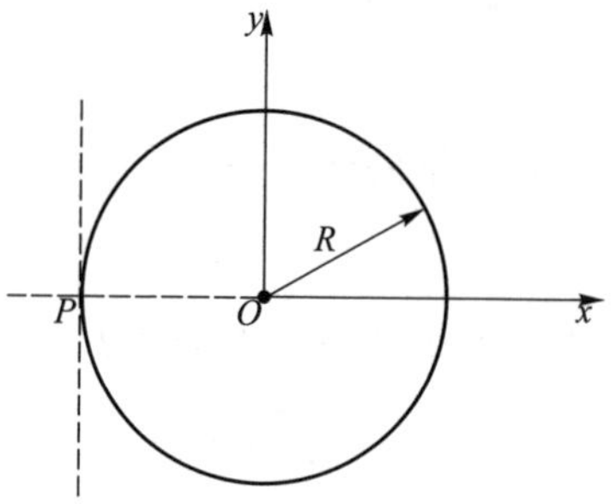

例 7.2.2-2 图

（3）组合轴定理

可以证明，由几个刚体组成的体系，对某轴的转动惯量等于各刚体对此轴的转动惯量之和，即组合轴定理.

例 7.2.2-3 如例 7.2.2-3 图所示，求该刚体过 O 轴的转动惯量，其中 m_1、m_3 质量均匀分布、半径分别为 r、R 的球，m_2 为质量均匀分布、长度为 l 的细棒，m_1、m_2、m_3 的质心在一条线上，O 轴为垂直于该线的转轴.

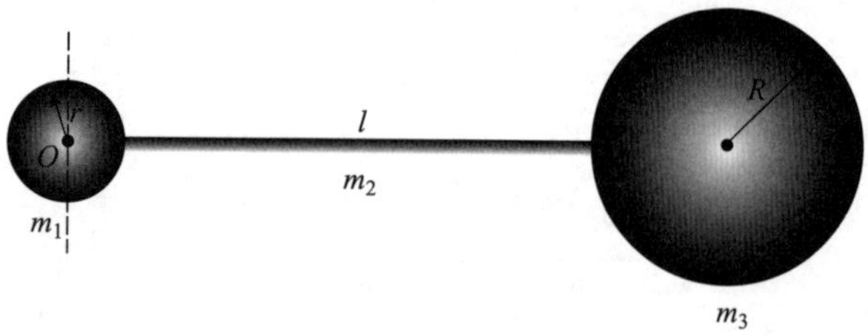

例 7.2.2-3 图

解：m_1 对 O 轴 $\quad J_1=\frac{2}{5}m_1r^2$

m_2 对 O 轴 $\quad J_2=\frac{1}{12}m_2l^2+m_2\left(r+\frac{l}{2}\right)^2$

m_3 对 O 轴 $\quad J_3=\frac{2}{5}m_3R^2+m_3(R+l+r)^2$

所以，刚体总的转动惯量为

$$J=J_1+J_2+J_3$$

前面只是引进了描述刚体定轴转动时所需的参量，以及定轴转动时刚体的动能、角动量以及外力的功的简化表达式. 在此基础上，可以讨论刚体的动力学问题，即刚体在外力矩的作用下如何运动. 刚体定轴转动动力学方程的理论基础就是质点系的角动量定理和动能定理．在刚体定轴转动的条件下，质点系的角动量定理可以简化为转动定律和角动量定理(角动量守恒)．质点系的动能定理可以简化为刚体定轴转动的动能定理．这三种形式的方程之间并不是独立的，要视具体问题的需要而采用相应的方程．下面依次介绍这三个方程建立的过程以及应用．

7.2.3　刚体定轴转动的转动定律

由第六章(6.2.1-6)式所示的角动量定理知道，$\boldsymbol{M}=\dfrac{\mathrm{d}\boldsymbol{L}}{\mathrm{d}t}$，其 z 方向的分量$M_z=\dfrac{\mathrm{d}L_z}{\mathrm{d}t}$．对绕定轴转动的质点系来说 $L_z=J\omega$，因此 $M_z=\dfrac{\mathrm{d}L_z}{\mathrm{d}t}=\dfrac{\mathrm{d}}{\mathrm{d}t}(J\omega)$．对于刚体来说 J 是常量，于是

$$M_z=\frac{\mathrm{d}}{\mathrm{d}t}(J\omega)=J\frac{\mathrm{d}\omega}{\mathrm{d}t}=J\alpha \qquad (7.2.3-1)$$

授课录像：刚体定轴转动的转动定律

有时将 M_z 的下标去掉，写作 $M=J\alpha$，称为转动定律．

推导转动定律的过程中，用了 J 是常量这一条件，因此转动定律只对刚体做定轴或质心系下过质心轴转动成立，对非刚体是不适用的．

例 7.2.3-1　如例 7.2.3-1 图所示，质量为 m_0、半径为 R 的滑轮两边跨一轻绳，绳和轮之间无相对滑动，轻绳两端各系质量为 m_1 和 m_2 的物体．求两物体的加速度、滑轮转动的角加速度以及绳中张力(轴处摩擦忽略)．

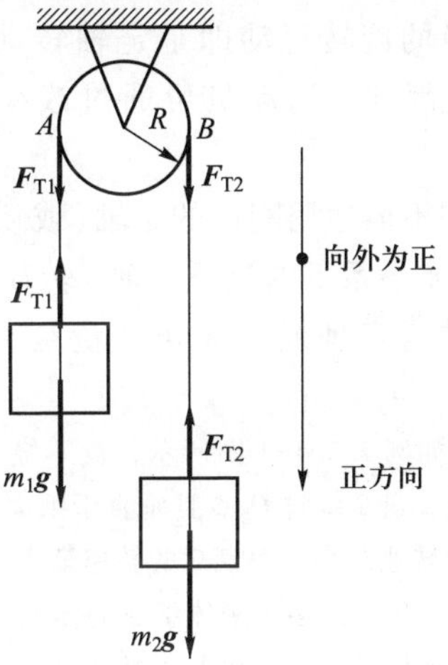

例 7.2.3-1 图

解：用隔离法对系统内的物体进行受力分析，建立如例 7.2.3-1 图所示的坐标系．对 m_1 应用牛顿第二定律

$$m_1g-F_{\mathrm{T}1}=m_1a_1$$

对 m_2 应用牛顿第二定律

$$m_2g-F_{\mathrm{T}2}=m_2a_2$$

对滑轮应用转动定律

$$F_{\mathrm{T}1}R-F_{\mathrm{T}2}R=J\alpha$$

按滑轮逆时针转动为正方向，B 点切向加速度为

$$a_{\mathrm{t}B}=-\alpha R$$

且

$$-a_1=a_2=a_{\mathrm{t}B}=-\alpha R$$

联立可得

$$a_1=\frac{2(m_1-m_2)g}{2(m_1+m_2)+m_0},\qquad a_2=\frac{2(m_2-m_1)g}{2(m_1+m_2)+m_0}$$

$$\alpha=\frac{2(m_1-m_2)g}{[2(m_1+m_2)+m_0]R},\qquad F_{\mathrm{T}1}=\frac{(4m_2+m_0)m_1g}{2(m_1+m_2)+m_0},\qquad F_{\mathrm{T}2}=\frac{(4m_1+m_0)m_2g}{2(m_1+m_2)+m_0}$$

授课录像：刚体定轴转动的角动量定理与角动量守恒定律

7.2.4　刚体定轴转动的角动量定理与角动量守恒定律

由质点系角动量定理 $\boldsymbol{M}=\dfrac{\mathrm{d}\boldsymbol{L}}{\mathrm{d}t}$以及质点系在固定转轴的情况下沿 z 方向的角动量 $L_z=J\omega$ 可得

$$M_z=\frac{\mathrm{d}L_z}{\mathrm{d}t}=\frac{\mathrm{d}}{\mathrm{d}t}(J\omega) \tag{7.2.4-1}$$

如果质点系是刚体，J 将是常量，从(7.2.4－1)式微分式中提出，得到的就是(7.2.3-1)式所示的转动定律．对于定轴转动的质点系(可以不是刚体)来说，对(7.2.4-1)式直接积分得

$$\int_t^{t+\Delta t} M_z\mathrm{d}t=J\omega-J_0\omega_0 \tag{7.2.4-2}$$

(7.2.4-2)式即为质点系绕固定轴转动的角动量定理，其中 $\int_t^{t+\Delta t} M_z\mathrm{d}t$ 为沿 z 方向力矩的冲量．对于刚体，$J=J_0$.

如果 $M_z=0$，即质点系不受外力或所受外力在转轴方向的力矩为零，由(7.2.4-2)式可得

$$J\omega=J_0\omega_0=C \tag{7.2.4-3}$$

(7.2.4-3)式称为角动量守恒定律．对于刚体 $J=J_0$，非刚体 $J\neq J_0$．如滑冰运动员、芭蕾舞演员的旋转运动即是定轴转动．如果人与地面间的摩擦力可忽略，则角动量守恒．因此，运动员可通过改变转动惯量 J 的大小来实现角速度的变化.

实物演示： 转椅角动量守恒

角动量定理不但适用刚体的定轴(或质心系下的过质心轴)转动，也适用非刚体的定轴(或质心系下的过质心轴)转动．如果研究对象是由多个刚体组成的系统，应用角动量定理或判断角动量是否守恒是针对同一转轴而言的，如例 7.2.4-1、例 7.2.4-2 所示.

例 7.2.4-1 如例 7.2.4-1 图所示，盘 1 绕过 O_1点且垂直于纸面的固定轴(O_1 轴)以 ω_0转动，将盘 2 移动至与盘 1 接触，盘 2 绕过 O_2点且垂直于纸面的固定轴(O_2轴)转动．两盘之间以摩擦力相互作用，摩擦力的力矩使盘 1 的转速渐小，而盘 2 的转速渐大，直至接触点具有相同的线速度，求此时各自的角速度.

解： 如果研究对象是由多个刚体组成的体系，在对体系应用角动量定理或角动量守恒时，必须是针对同一转轴而言．本题如果以盘 1 和盘 2 两个刚体组成的体系为研究对象，则只能选择同一转轴应用转动定律或角动量定理．如果以 O_1轴为转轴，则 O_2轴对盘 2 有外力作用，该外力对 O_1轴产生外力矩；如果以 O_2轴为转轴，则 O_1轴对盘 1 有外力作用，该外力对 O_2轴产生外力矩，因此，系统角动量是不守恒的．所以，必须分别以盘 1 和盘 2 为研究对象，对各自运用角动量定理(规定向下和垂直纸面向外为正方向).

对盘 1，以 O_1轴为轴的角动量定理为

$$\int -Fr_1\mathrm{d}t=J_1\omega_1-J_1\omega_0$$

对盘 2，以 O_2轴为轴的角动量定理为

$$\int -Fr_2\mathrm{d}t=J_2\omega_2-0$$

接触点线速度相同时

$$\omega_1r_1=-\omega_2r_2$$

联立解得

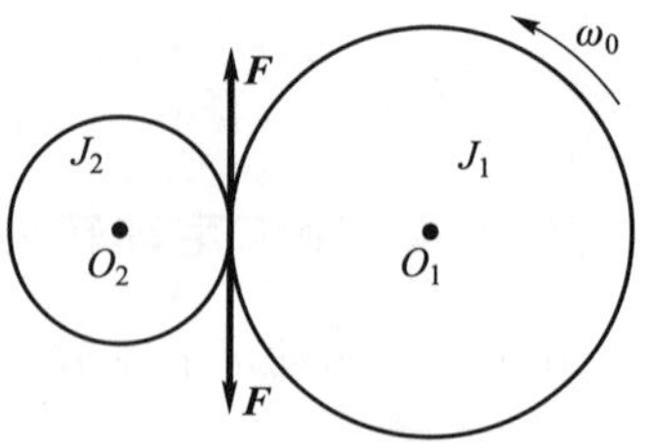

例 7.2.4-1 图

$$\omega_1=\frac{J_1}{J_1+\left(\frac{r_1}{r_2}\right)^2J_2}\omega_0,\quad \omega_2=-\frac{r_1}{r_2}\frac{J_1}{J_1+\left(\frac{r_1}{r_2}\right)^2J_2}\omega_0$$

例 7.2.4-2 两个半径均为 R，质量分别为 $3m$ 和 m 的圆盘装在同一轴上，均可绕轴无摩擦地旋转，如例 7.2.4-2 图所示. 质量为 $3m$ 的圆盘的初角速度为 ω_0，而另一个圆盘开始时静止. 现将上圆盘放下，使两者相互接触，若两者之间的摩擦因数为 μ，试求出：(1) 两圆盘达到相同角速度旋转时的角速度；(2) 两圆盘达到相同角速度旋转时所需的时间.

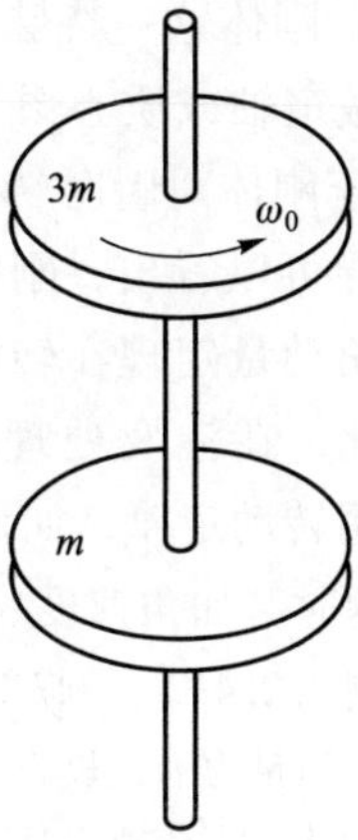

例 7.2.4-2 图

实物演示：摩擦转盘角动量守恒

解：(1) 以两个圆盘为研究对象，向上为转动的正方向，题中所给轴为转轴，系统对同一转轴角动量守恒，即

$$J_{总}\,\omega=J_0\omega_0$$

其中的转动惯量为

$$J_{总}=\frac{1}{2}(4m)R^2,\quad J_0=\frac{1}{2}(3m)R^2$$

联立解得

$$\omega=\frac{3}{4}\omega_0$$

(2) 以上面圆盘为研究对象，对题中同一转轴，根据角动量定理有

$$\int_0^t M\mathrm{d}t=\Delta L=J_0\omega-J_0\omega_0$$

下面求解上盘所受的力矩 M. 取距离转轴的半径为 r、宽为 $\mathrm{d}r$ 的小圆环，该小圆环所受下盘对其的摩擦力对转轴的力矩为

$$\mathrm{d}M=-\mu F_{\mathrm{N}}r=-\mu\mathrm{d}mgr=-\mu(\rho2\pi r\mathrm{d}r)gr,\quad \rho=\frac{3m}{\pi R^2}$$

上面圆盘受下面圆盘的摩擦力对转轴的总力矩为

$$M=\int\mathrm{d}M=-\int_0^R 2\pi\mu\rho gr^2\mathrm{d}r=-\frac{2\pi\mu\rho gR^3}{3}$$

联立解得

$$\Delta t=\frac{3R\omega_0}{16\mu g}$$

本题同样也可以以下面圆盘为研究对象应用角动量定理，结果相同.

授课录像：刚体定轴转动的动能定理

7.2.5 刚体定轴转动的动能定理

由(7.2.1-12)式、(7.2.1-4)式可知，对于定轴转动的质点系而言，

$$A_{外}=\sum_i\int\boldsymbol{F}_i\cdot\mathrm{d}\boldsymbol{r}_i=\int M_z\mathrm{d}\theta$$

$$E_{\mathrm{k}}=\sum_i\frac{1}{2}m_iv_i^2=\frac{1}{2}J\omega^2,\quad E_{\mathrm{k}0}=\frac{1}{2}J_0\omega_0^2.$$

由于刚体内部质点之间无相对位移，所以 $A_{内}=0$. 因此，由质点系的动能定理 $A_{外}+A_{内}=E_{\mathrm{k}}-E_{\mathrm{k}0}$ 可得刚体定轴转动的动能定理：

$$\int M_z \mathrm{d}\theta = \frac{1}{2}J\omega^2 - \frac{1}{2}J_0\omega_0^2 \tag{7.2.5-1}$$

在上述刚体定轴转动定理的推导过程中，用到了 $A_{内}=0$ 的条件，因此刚体定轴转动的动能定理，只适合刚体这一特殊质点系，具体包括刚体的定轴、质心系下的质心轴或瞬时轴转动. 如果刚体做定轴或质心系下的质心轴转动，则 $J=J_0$. 刚体绕瞬时轴的转动中，J 与 J_0 是否相等，取决于刚体对瞬时转轴是否具有对称性，如 §7.5 所述.

从上述推导可以看出，刚体的转动定律与角动量定理分别是质点系角动量定理在转轴方向上的微分和积分表达式的简化. 因此，在涉及处理转动的瞬态问题时，如力、角加速度等要用转动定律，如例 7.2.3-1 所示. 而涉及处理转动的过程问题时，如角速度、时间等，要用角动量定理或动能定理，如例 7.2.4-1、例7.2.4-2、例 7.2.5-1 所示.

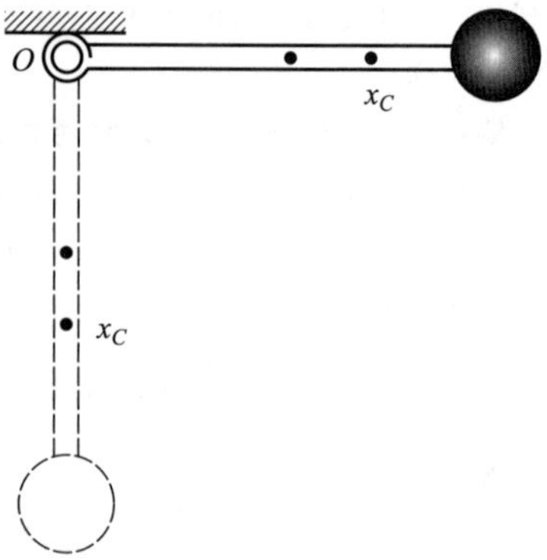

例 7.2.5-1 图

例 7.2.5-1 质量为 m，长为 l 的均匀细杆，其一端可绕光滑的固定轴 O 轴自由转动（O 轴为过 O 点垂直于纸面的轴），另一端固连一个质量为 m_0、半径为 R 的球体，如例 7.2.5-1 图所示，系统由初始的水平位置释放. 试求当系统转至竖直位置时，系统质心的速度.

解：释放后，系统绕 O 轴做定轴转动，机械能守恒. 系统质心距转轴位置为

$$x_C = \frac{\frac{1}{2}lm + (l+R)m_0}{m+m_0}$$

以系统在竖直位置时的质心处为势能零点，由机械能守恒得

$$(m+m_0)gx_C = \frac{1}{2}J\omega^2$$

其中转动惯量为

$$J = \frac{1}{3}ml^2 + \left[\frac{2}{5}m_0R^2 + m_0(R+l)^2\right]$$

质心速度大小为

$$v_C = x_C\omega$$

联立解得

$$v_C = \frac{ml+2m_0(l+R)}{2m+2m_0}\sqrt{\frac{15mgl+30m_0g(l+R)}{5ml^2+6m_0R^2+15m_0(l+R)^2}}$$

§7.3 刚体平面平行运动的处理方法

如果去掉之前讨论的刚体定轴转动中的固定轴限制，让刚体在空间运动起来，原则上说，这种运动是很复杂的. 现在我们讨论其中最简单的一种运动形式，即转轴只可以在空间

平动，而不可以转动或沿着转轴方向运动. 确切地说，刚体上任一质元的运动总是平行于某固定平面，这种运动称为刚体的平面平行运动. 为了处理刚体的这种形式的运动，本节首先对作用在刚体上的多种外力进行等效简化处理，进而在原则上给出处理平面平行运动的方法. 随后依据该方法，给出刚体平面平行运动的具体描述.

*7.3.1 作用在刚体上的力系及其等效

授课录像： 作用在刚体上的力系及其等效

作用力有大小、方向、作用点三个要素. 就它对质点系上所产生的效果而言，三者都起作用. 因此在一般情况下，即使保持力的大小和方向不变，力亦不能平移，因为这将造成作用点的变动，质点系的运动效果随之也会变化. 所以，作用在质点系上的多个力，不一定能够用一个等效的"合力"来代替. 通常所称的"力的矢量和"只是将作用在质点系上的多个力进行简单的矢量合成，而不考虑质点系运动效果的变化."合力"的含义是指可以用一个力来代替多个力，同时保证质点系的运动效果不变. 因此，"力的矢量和"与"合力"是不同的概念. 所以，作用在质点系上的"力的矢量和"任何情况下都存在，但"合力"只在一定的条件下才存在.

刚体的内力使刚体各质元之间保持刚性联系，刚体的外观运动只与作用在刚体上的外力有关. 由于刚体的特殊性质，使得当力沿着作用线方向在刚体上滑移时，对刚体的作用效果不变，这称为力的**滑移矢量**性质. 如何用力系的矢量和以及力矩等效表示作用在刚体上的多个力?

1. 力系可以等效表示为作用在任一简化中心的力系矢量和及相对该简化中心的力矩和

如图 7.3.1-1 所示，设作用在刚体上 A、B 两点的作用力分别为 $\boldsymbol{F}_A$、$\boldsymbol{F}_B$. 为了分析 $\boldsymbol{F}_A$、$\boldsymbol{F}_B$ 对刚体的作用，在刚体上选任一点 D(称为简化中心)，设想在 D 点处存在两对大小相等方向相反的力 $\boldsymbol{F}_A$、$-\boldsymbol{F}_A$ 以及 $\boldsymbol{F}_B$、$-\boldsymbol{F}_B$. 这些力的引入显然不影响刚体的运动状态. 现在可以认为，刚体受到 6 个力作用. 其中 D 点处的 $\boldsymbol{F}_A+\boldsymbol{F}_B=\boldsymbol{F}$ 代表作用在刚体上力的矢量和，余下的两个力 $-\boldsymbol{F}_A$ 和 $-\boldsymbol{F}_B$ 则分别与作用在 A、B 点上的外力 $\boldsymbol{F}_A$ 和 $\boldsymbol{F}_B$ 构成两对力偶. 显然，这两对力偶对 D 点的力矩就是作用在 A、B 点上的外力 $\boldsymbol{F}_A$ 和 $\boldsymbol{F}_B$ 对 D 点的力矩之和. 简化中心是任选的，如果选取质心，则 $\boldsymbol{F}$ 作用在质心，使质心获得加速度，而力偶造成刚体绕质心的转动.

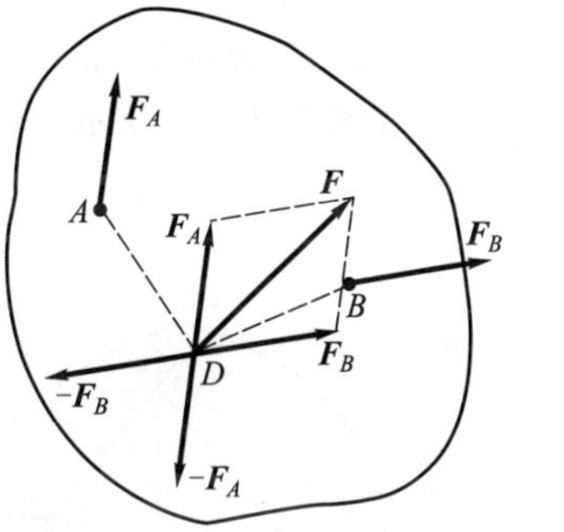

图 7.3.1-1

综上所述，作用在刚体上的力系可以等效表示为作用在任一简化中心的力系矢量和，和相对该简化中心的力矩矢量和.

2. 共点力系、共面力系、平行力系可用合力等效表示

对于共点力系、共面力系、平行力系，当作用在刚体上的力系的矢量和不为零时，总可以找到一特殊的简化中心，用合力来等效作用在刚体上的力系. 由力的滑移矢量性质可知，特殊的简化中心不是唯一的，一旦找到了某一特殊转化中心，沿着合力的方向平移的任意一点均是特殊的简化中心. 在上述情况下，如果力系的矢量和为零，则最终会得出一个力偶，此时的力系可用一个力偶矩来等效，力偶矩的大小为力系对任一简化中心的力矩和. 如果力系的矢量和与对任何参考点的力矩和均为零，则相当于无任何外力作用，刚体必处于平衡状态. 下面分别给予解释.

共点力系： 作用在刚体上的所有力的延长线相交于同一点的力系称为共点力系. 显然，交点就是特殊的简化中心，力系对该简化中心的力矩和为零. 共点力系可以用合力来等效表示.

共面力系： 如果作用在刚体上的所有力位于同一面内，这样的力系称为共面力系. 对于共面的非平行的一对力，其特殊的简化中心即为该对力延长线的交点. 以此类推可知，对于共面的非平行力系，总会找到一个特殊的简化中心，从而可以用作用在特殊简化中心处的合力来等效.

如果作用在刚体上的所有力位于同一平面内，且相互平行，这样的力系称为共面平行力系. 如图 7.3.1-2 所示，设在刚体上 A、B 两点分别有一对相互平行的作用力 $\boldsymbol{F}_A$、$\boldsymbol{F}_B$. 在 A、B 两点，沿着 A、B 的连线分别人为地引入一对作用力 $\boldsymbol{F}$、$-\boldsymbol{F}$，由刚体上力的滑移性质可知，该对作用力并不影响刚体的运动效果. $\boldsymbol{F}_A$、$\boldsymbol{F}_B$ 与 $\boldsymbol{F}$、$-\boldsymbol{F}$ 将分别构成一合力 $\boldsymbol{F}_{合A}$、$\boldsymbol{F}_{合B}$，二者作用力的延长线可相交于一点 D，该点即为作用在刚体上 $\boldsymbol{F}_A$、$\boldsymbol{F}_B$ 力系的特殊简化中心，二者的合力即为 $\boldsymbol{F}=\boldsymbol{F}_A+\boldsymbol{F}_B$，且力系对该简化中心的力矩和为零. 因此，一对方向相同的平行力系是可以有合力的. 按照上述求法对作用在刚体上的多个共面平行力系进行依次求和，最终一定能够找到特殊的简化中心，且力系对该简化中心的力矩和为零，此时，共面平行力系可用合力来代替，合力大小为力系的矢量和.

三维平行力系：如果作用在刚体上的力是平行力系，但不一定共面，由上述办法总可以获得一个面上的平行力系的特殊简化中心. 以此类推，可以获得不同面上的特殊简化中心，由不同面上的特殊简化中心最终可以获得总的特殊简化中心，从而可以用合力来等效.

3. 三维平行力系举例——质心与重心

在均匀引力场的作用下，重力是一个典型的三维平行力系的系统. 一个物体总的重力本来是物体上各质元的重力之和，但在我们处理一个物体所受的总重力时，经常用一个作用在质心上的合力(等于物体上各质元所受力的矢量和)来表示物体所受的总的重力. 这样做二者是否完全等效呢？或者说，质心是否是特殊的简化中心呢？我们以刚体作为上述三维平行力系简化的例子讨论这一问题. 刚体可以看成是由无数个质点组成的质点系，重力即为各质点所受重力的矢量和. 由于各质元所受重力的矢量和不为零，由上述力系简化的讨论结果可知，刚体的重力必有合力. 选取刚体的质心为简化中心，如果各质元的重力对质心的力矩之和为零，则质心就是刚体上各质元所受重力的合力的作用点(也称重心). 如图 7.3.1-3 所示，在三维直角坐标系下，刚体各质元相对质心的力矩和可以表示为

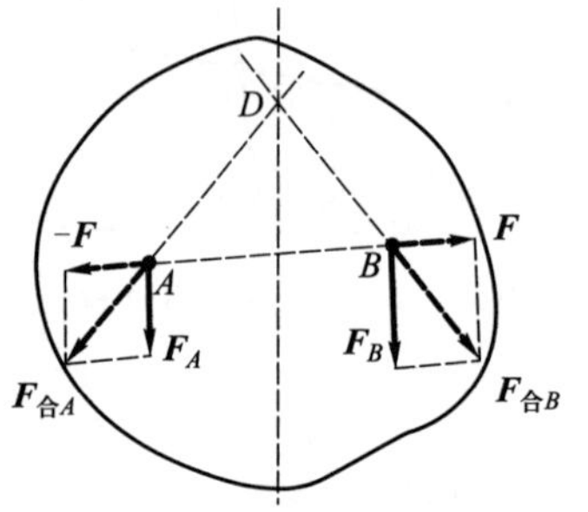

图 7.3.1-2

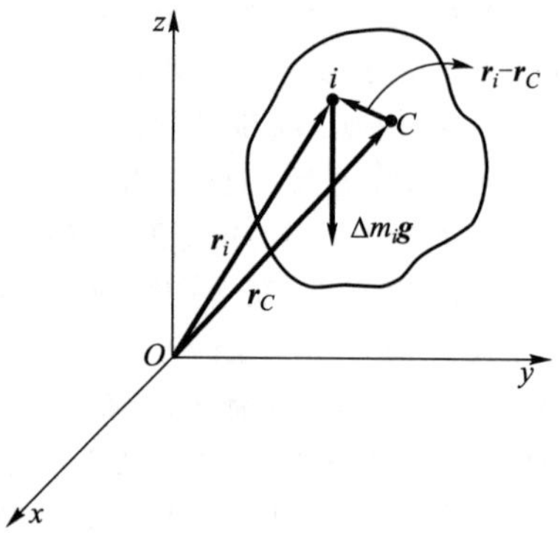

图 7.3.1-3

$$\boldsymbol{M}_C=\sum_i(\boldsymbol{r}_i-\boldsymbol{r}_C)\times\Delta m_i\boldsymbol{g}_i,\qquad \boldsymbol{r}_C=\frac{\sum_j\Delta m_j\boldsymbol{r}_j}{m}\tag{7.3.1-1a}$$

进一步整理得

$$\boldsymbol{M}_C=\sum_{ij}\left[\frac{\Delta m_j\Delta m_i(\boldsymbol{r}_i-\boldsymbol{r}_j)\times\boldsymbol{g}_i}{m}\right]\tag{7.3.1-1b}$$

如果刚体上各质元所受的重力加速度 $\boldsymbol{g}_i=\boldsymbol{g}$ 为常量，则

$$\boldsymbol{M}_C=\sum_{ij}\left[\frac{\Delta m_j\Delta m_i(\boldsymbol{r}_i-\boldsymbol{r}_j)}{m}\right]\times\boldsymbol{g}\tag{7.3.1-1c}$$

(7.3.1-1c)式的求和中，j、i 是可以互换的，互换后的两项求和为

$$\Delta m_j \Delta m_i (\boldsymbol{r}_j - \boldsymbol{r}_i) + \Delta m_i \Delta m_j (\boldsymbol{r}_i - \boldsymbol{r}_j) = 0 \qquad (7.3.1-1d)$$

因此

$$\boldsymbol{M}_C = 0 \qquad (7.3.1-1e)$$

由此得出结论：**如果物体所受的重力场是均匀的，则重力的合力作用点(重心)即为质心，否则重心和质心是不重合的.** 在地球表面，可以认为重力场是均匀的，因此经常把刚体所受的重力作用在质心上的合力来表示.

实际操作中如何确定刚体的重心位置呢？在刚体上任选一点使其自由悬挂，待刚体静止后，通过该悬挂点在刚体上画一条竖直线. 在这个直线外，选取刚体的另外一自由悬挂点，待刚体静止后，通过新的悬挂点在刚体上再画一条竖直线. 由刚体的平衡条件可知，物体的重心必在每次悬挂点的竖直线上，因此，刚体上两次标记线的交点就是刚体的重心位置.

7.3.2 刚体平面平行运动的处理方法

如何处理刚体的平面平行运动？原则上，可以从上节关于作用在刚体上的力系简化描述中找到答案. 即作用在刚体上的力系可以等效表示为作用在任一简化中心的力系矢量和及相对该简化中心的力矩矢量和. 因此，处理刚体平面平行运动方法可以总结为：把此运动看成刚体任意基点(简化中心)的平动及相对该基点的转动. 由于刚体上只有质心有确定的运动规律(质心运动定律)和相对质心的转动规律(转动定律、角动量定理、动能定理)，而其他点并没有确定的物理规律，所以刚体的平面平行运动的处理方法可具体确定为：把此运动看成**刚体的质心平动加上相对质心的转动**.

授课录像： 刚体平面平行运动的处理方法

为了对上述关于刚体平面平行运动处理方法的描述有直观的理解，我们以一个图形的变化过程为例演示一下. 以图 7.3.2-1 为例，假如在 t 时刻，$\triangle ABC$ 位于图(a)处，刚体做平面平行运动，经过 Δt 时间后，运动到了图(b)处所示的状态. 这种状态的改变，我们总可以用下面的方式之一来实现：

动画演示： 平面平行运动处理方法

选 $\boldsymbol{A}$ 为基点，先把 $\triangle ABC$ 平移到图(b)所示处，并让其与 A 点重合，然后以过 A 点垂直于纸面的轴为轴，再旋转 θ 角，即可实现状态的改变.

AR 演示： 季节变化与极昼极夜

选 $\boldsymbol{B}$ 为基点，先把 $\triangle ABC$ 平移到图(b)所示处，并让其与 B 点重合，然后以过 B 点垂直于纸面的轴为轴，再旋转 θ 角，也实现了状态的改变.

选 $\boldsymbol{C}$ 为基点，先把 $\triangle ABC$ 平移到图(b)所示处，并让其与 C 点重合，然后以过 C 点垂直于纸面的轴为轴，再旋转 θ 角，同样实现了状态的改变.

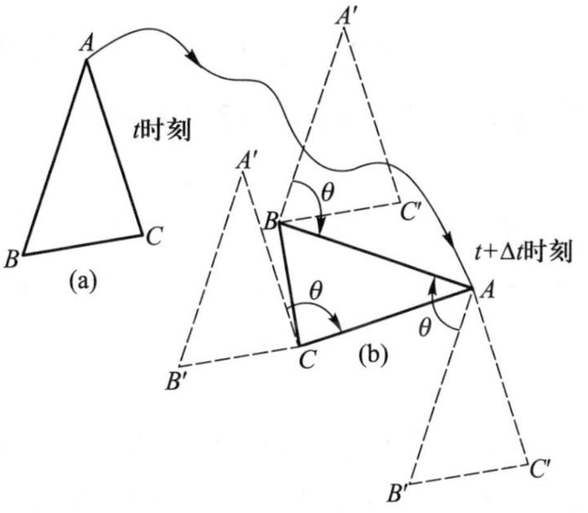

图 7.3.2-1

实物演示： 平动陀螺仪

以此类推，选任何一点为基点，

平移后再以基点为轴旋转 θ 角都可实现 $\triangle ABC$ 状态的改变.

$\triangle ABC$ 的真实运动情况不一定像上面描述的那样先平动再转动，可能平动与转动同时进行，直至到图(b)所示的状态. 但是从效果上看，两者运动形式是完全等效的. 从此过程的描述中可以看出：① 选择不同的基点，各质点的运动过程，运动路径是不同的；② 选择不同的基点，在 Δt 时间内绕基点转过的角度及方向都是相同的(对于刚体上任一点都如此). 所以，对过任一点的转轴，角速度 ω 都是相同的；③ 真实的运动是两种过程同时进行的.

实物演示：
滚摆

§7.4 以质心为基点处理刚体的平面平行运动

通过上节讨论知道，刚体的平面平行运动可看成是刚体上基点的平动和绕基点的转动，基点的运动代表了刚体的平动性质，绕基点的转动代表了刚体的转动性质. 原则上，基点可以随便选取，问题是选哪一点作为基点合适？显然质点系的质心是合适的，因为质心的运动规律是已知的，如质心运动定律，质心的动量定理、动能定理、角动量定理等. 同时绕质心的转动同刚体的定轴转动具有相同的规律，如转动定律、角动量定理、动能定理等.

7.4.1 平面平行运动的动能及角动量的表达式

设质量为 m 的做平面平行运动的刚体相对某个惯性参考系的质心速度为 $\boldsymbol{v}_C$，质心的位置矢量为 $\boldsymbol{r}_C$，相对质心的转动惯量为 J，相对质心的转动角速度为 ω. 对于刚体的平面平行运动来说，其相对质心的动能和相对质心的角动量分别可表示为 $\frac{1}{2}J\omega^2$、$J\omega$. 因此，由(5.3.3-3)式和(6.2.3-4)式，平面平行运动的刚体相对该惯性系的总动能，以及相对该惯性系坐标原点在刚体转轴方向的角动量可以分别表示为

授课录像：
平面平行运动的动能及角动量的表达式

$$E_k=\frac{1}{2}mv_C^2+\sum_i\frac{1}{2}m_iv_{iC}^2=\frac{1}{2}mv_C^2+\frac{1}{2}J\omega^2 \tag{7.4.1-1a}$$

$$\boldsymbol{L}=\boldsymbol{r}_C\times m\boldsymbol{v}_C+\sum_i\boldsymbol{r}_{iC}\times m_i\boldsymbol{v}_{iC}=\boldsymbol{r}_C\times m\boldsymbol{v}_C+J\boldsymbol{\omega} \tag{7.4.1-1b}$$

7.4.2 描述刚体的平动和转动的方程

1. 质心的平动

刚体质心的平动代表的是刚体的总体运动. 那么，刚体质心的平动规律如何？如(4.1.1-3)式所示的质点系的质心运动定律 $\boldsymbol{F}_{外}=m\boldsymbol{a}_C$，同质点的牛顿第二定律 $\boldsymbol{F}=m\boldsymbol{a}$ 具有完全相同的形式，因此以牛顿第二定律为基础导出的如(4.2.1-1b)式所示的质点动量定理、如(5.1.1-2)式所示的质点动能定理、如(6.1.1-5)式所示的质点角动量定理同样适用于描述刚体的质心运动，即把作用在刚体上的诸外力全部移至质心位置，并用 $\boldsymbol{F}_{外}$ 表示作用在质心上的“外力的矢量和”(注意:“外力的矢量和”与“外力的合力”是不同的概念,前者只是将外力进行简单的矢量相加,不能替代诸外

授课录像：
描述刚体平动和转动的方程

力；而后者是可以用来替代所有外力的）. 具体的方程包括：

质心的运动定律

$$\boldsymbol{F}_{外}=m\ddot{\boldsymbol{r}}_C=m\frac{\mathrm{d}\boldsymbol{v}_C}{\mathrm{d}t}=m\boldsymbol{a}_C \tag{7.4.2-1a}$$

由(7.4.2-1a)式分别对时间和空间标量积分可以得到

质心的动量定理

$$\int \boldsymbol{F}_{外}\mathrm{d}t=m\boldsymbol{v}_C-m\boldsymbol{v}_{C0} \tag{7.4.2-1b}$$

质心的动能定理

$$\int \boldsymbol{F}_{外}\cdot\mathrm{d}\boldsymbol{r}_C=\frac{1}{2}mv_C^2-\frac{1}{2}mv_{C0}^2 \tag{7.4.2-1c}$$

将作用在刚体上的诸外力 $\boldsymbol{F}_{外}$（外力的矢量和）全部移至质心 C 上并用质心的位置矢量 $\boldsymbol{r}_C$ 叉乘合外力 $\boldsymbol{F}_{外}$，由(7.4.2-1a)式可得质心的角动量定理：

$$\boldsymbol{M}_C=\boldsymbol{r}_C\times\boldsymbol{F}_{外}=\frac{\mathrm{d}\boldsymbol{L}_C}{\mathrm{d}t},\quad 或\quad \int\boldsymbol{M}_C\mathrm{d}t=\boldsymbol{L}_C-\boldsymbol{L}_{C0} \tag{7.4.2-1d}$$

2. 绕质心的转动

如何描述刚体相对质心的转动？在质心参考系下，刚体相对质心的运动是定轴转动. 因此，刚体绕固定转轴的转动定律、角动量定理、动能定理在质心系下相对过质心的轴都是成立的，只不过要注意各量均是相对质心系而言的. 因此，绕质心转动的规律就同刚体的定轴转动规律是完全一样的. 具体方程包括：

实物演示： 转动惯量与质量比值的比较

转动定律

$$M=J\alpha \tag{7.4.2-2a}$$

角动量定理

$$\int M\mathrm{d}t=J\omega-J_0\omega_0 \tag{7.4.2-2b}$$

动能定理

$$\int M\mathrm{d}\theta=\frac{1}{2}J\omega^2-\frac{1}{2}J_0\omega_0^2 \tag{7.4.2-2c}$$

其中需要注意的是，M 是外力对质心轴的力矩，J、J_0 是相对质心轴的转动惯量，α 是绕质心轴的角加速度.

7.4.3 刚体平面平行运动举例

上节给出了处理刚体平面平行运动的方法，并列举了描述平动和转动可能需要的方程. 刚体平面平行运动的题型多种多样，具体需要利用哪些方程来处理实际问题要视具体题目而定. 本节针对较为常见的几种刚体平面平行运动的题型，根据所求问题，举例说明其处理方法.

在很多情况下，我们无法事先判断刚体质心和绕质心转动的实际运动方向. 处理这类问题的最好方法就是建立坐标系，即首先建立质心方向和绕质心转动方向的坐标系. 在求解过程中，无论刚体的真实运动情况如何，我们假设刚体的质心运动和绕质心的转动均按照坐标系规定的正方向运动，最终以所求参量的正负号来判断刚体的质心和绕质心转动的实际运动方向. 即使事先能够判断刚体质心和绕质心转动的实际运动方向，这一方法也是行之有效的. 读者可以仔细揣摩这一方法在如下例题求解过程中的方便之处.

1. 刚体轴处受力

授课录像： 刚体轴处受力

例 7.4.3-1 质量为 m、长为 l 的均匀细杆，其一端可绕光滑的固定轴 O 轴（过点 O 垂直于纸面的轴）自由转动，另一端固连一质量为 m_0、半径为 R 的球体，如例 7.4.3-1 图所示. 系统由初始的水平位置释放，（1）试求释放后瞬时以及系统转至竖直位置时轴处的作用力大小；（2）如果该系统初始时静止于竖直位置，在距转轴 x 处施以冲量 ΔI，试求当 x 为何值时，轴处不受水平方向的作用力，此时冲量的作用点称为打击中心.

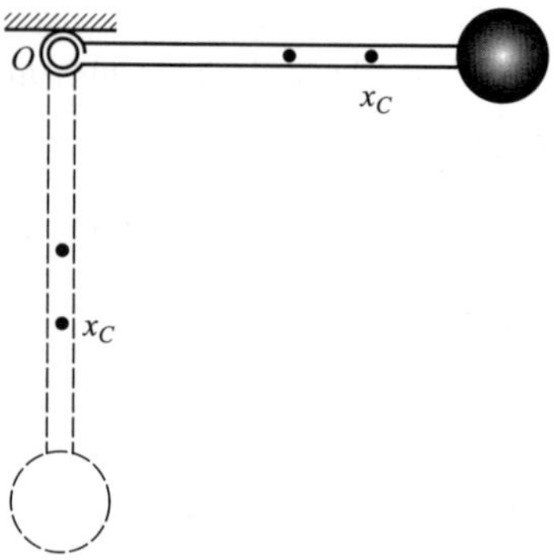

例 7.4.3-1 图

解： 由平面平行运动的定义可知，定轴转动显然也是平面平行运动的一种特例，即加上了在刚体转轴处质点的速度和角加速度为零的约束条件. 在处理轴处受力问题时，可将其当成平面平行运动来处理.

以例 7.4.3-1 图所示的 O 为原点，建立分别向下、向右和垂直纸面向外的直角坐标系，对系统质心和绕质心转动分别处理.

（1）释放后瞬时

质心运动：
$$(m+m_0)g-F_N=(m+m_0)a_C \tag{1}$$

绕质心运动：
$$-F_N x_C=J_C\alpha \tag{2}$$

其中

$$x_C=\frac{\frac{1}{2}lm+(l+R)m_0}{m+m_0} \tag{3}$$

$$J_C=\left[\frac{1}{12}ml^2+m\left(x_C-\frac{1}{2}l\right)^2\right]+\left[\frac{2}{5}m_0R^2+m_0(R+l-x_C)^2\right] \tag{4}$$

转轴处加速度为

$$a_0=a_C+x_C\alpha=0 \tag{5}$$

由（1）式、（2）式、（3）式、（4）式和（5）式联立可得 F_N.

上述绕质心运动方程（2）式和（4）式也可用绕 O 轴的转动定律代替，即绕 O 轴有

$$-(m+m_0)gx_C=J\alpha \tag{6}$$

但此时

$$J=\left[\frac{1}{12}ml^2m\left(\frac{1}{2}l\right)^2\right]+\left[\frac{2}{5}m_0R^2+m_0(R+l)^2\right] \tag{7}$$

由（1）式、（3）式、（5）式、（6）式、（7）式联立求得

$$F_N=(m_0+m)g-\frac{1}{J}(m_0+m)^2x_C^2g$$

其中 J 如（7）式所示.

当系统转至竖直位置时

质心运动：
$$F_N-(m+m_0)g=(m+m_0)\frac{v_C^2}{x_C} \tag{8}$$

以系统在竖直位置时的质心处为势能零点，系统从水平位置到竖直状态过程中，机械能守恒，且有两种表

述方式.

以质心平动和绕质心转动的表述方式

$$(m+m_0)gx_C=\frac{1}{2}(m+m_0)v_C^2+\frac{1}{2}J_C\omega^2 \tag{9}$$

转轴处速度为零，则

$$v_0=v_C-x_C\omega=0 \tag{10}$$

此时的转动惯量为

$$J_C=\left[\frac{1}{12}ml^2+m\left(x_C-\frac{1}{2}l\right)^2\right]+\left[\frac{2}{5}m_0R^2+m_0(R+l-x_C)^2\right] \tag{11}$$

以 O 轴为转轴的表述方式，机械能守恒方程与例 7.2.5-1 相同，即

$$(m+m_0)gx_C=\frac{1}{2}J\omega^2 \tag{12}$$

此时的质心速度为

$$v_C=x_C\omega \tag{13}$$

转动惯量为

$$J=\frac{1}{3}ml^2+\left[\frac{2}{5}m_0R^2+m_0(R+l)^2\right] \tag{14}$$

由(8)式、(9)式、(10)式、(11)式联立求解，或由(8)式、(12)式、(13)式、(14)式联立求解，均得

$$F_N=(m_0+m)g+\frac{2}{J}(m_0+m)^2x_C^2g$$

其中 J 为(14)式.

按照平面平行运动的等效处理方法，此题中不论是以转轴为基点还是以质心为基点，其角速度和角加速度都是相同的.

(2) 当系统处于竖直位置时，所施冲量过程仍适用刚体平面平行运动的处理方法.

质心的动量定理为

$$\Delta I+F_O\Delta t=(m+m_0)v_C-0$$

相对 O 轴的角动量定理为

$$\Delta Ix=J_O\omega_O-0$$

质心速度为

$$v_C=\omega_Ox_C$$

依据题意，当 $F_O=0$ 时，联立解得

$$x=\frac{J_O}{(m+m_0)x_C}$$

由第九章针对图 9.1.2-1 的求解结果可知，打击中心也恰好是等值摆长. 如果系统是质量为 m、长为 l 的杆，将 $x_C=\frac{1}{2}l$，$J_O=\frac{1}{3}ml^2$代入可得 $x=\frac{2}{3}l$. 即当人手握杆的一端，用杆的不同位置敲击物体时，人手的受力是不同的. 由本例的结果可知，当敲击点距握杆点$\frac{2}{3}l$距离时，人手不受作用力.

* **例 7.4.3-2** 质量为 m_0的均匀细杆，长为 l，绕通过杆中心 O 的竖直轴以恒定的角速度 ω 转动，杆与

轴线成 θ 角，转轴被轴承在 A、B 点处固定，$AO=OB=R$. 当杆在旋转时，位于 O 点上方的半段杆的某点突然断裂，使最上方的$\frac{1}{4}$段杆飞落，如例 7.4.3-2(a)图所示. 求转轴对轴承的水平作用力.

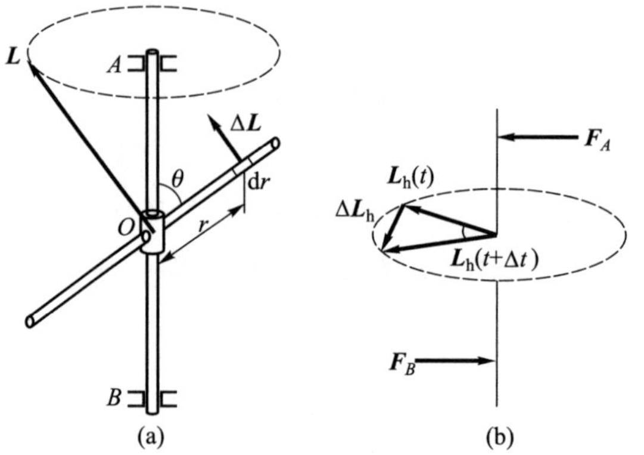

例 7.4.3-2 图

解：$\frac{1}{4}$段杆飞落前，系统的质心位于 O 点. $\frac{1}{4}$段杆飞落后，系统的质心位于距离 O 点$r_C=\frac{1}{8}l$处. 以整个杆为研究对象，$\frac{1}{4}$段杆飞落前后，系统在转轴方向无外力矩，绕轴转动的角速度不变. 在以后的运动过程中，以剩余杆为研究对象，在水平面上对其应用角动量定理，即$M_h=\frac{dL_h}{dt}$. 因此，本题的求解过程为：首先求出质元的角动量，积分得总角动量. 再将其分解为水平和竖直方向的角动量，对水平方向的角动量应用角动量定理得作用力.

杆上离原点为 r 到 $r+dr$ 处的质元对 O 点的角动量为

$$\Delta \boldsymbol{L}=\boldsymbol{r}\times\Delta m\boldsymbol{v}=\boldsymbol{r}\times\Delta m(\boldsymbol{\omega}\times\boldsymbol{r})$$

方向与杆垂直，如例 7.4.3-2(a)图所示，其大小为

$$|\Delta \boldsymbol{L}|=\omega r^2\sin\theta\Delta m$$

所以，剩余杆的总角动量大小为

$$L=\sum|\Delta \boldsymbol{L}|=\sum\omega r^2\sin\theta\eta\Delta r$$

其中 $\eta=\frac{m_0}{l}$. 将上式写成积分形式，即

$$L=\int_{-\frac{l}{2}}^{\frac{l}{4}}\omega\eta\sin\theta r^2\,dr=\frac{3}{64}m_0l^2\omega\sin\theta$$

将角动量分解，如例 7.4.3-2 图(b)所示，系统总角动量在水平面上的分量为

$$L_h=L\cos\theta=\frac{3}{64}m_0l^2\omega\sin\theta\cos\theta$$

水平面上应用角动量定理得

$$M_h=F_AR+F_BR+M_G=L_h\frac{d\varphi}{dt}=L_h\omega$$

其中重力矩为

$$M_G=\frac{3}{4}m_0g(r_C\sin\theta)=\frac{3}{32}lm_0g\sin\theta$$

剩余杆质心做圆周运动，则

$$F_B-F_A=\frac{3}{4}m_0\omega^2 r_C\sin\theta$$

联立解得

$$F_A=\frac{3}{128}m_0 l\sin\theta\left[\frac{1}{R}(l\omega^2\cos\theta-2g)-2\omega^2\right]$$

$$F_B=\frac{3}{128}m_0 l\sin\theta\left[\frac{1}{R}(l\omega^2\cos\theta-2g)+2\omega^2\right]$$

2. 质点与杆的碰撞

授课录像：质点与杆的碰撞

例 7.4.3-3 在水平光滑的桌面上有一长为 l、质量为 m 的静止杆，质量为 m、速度为 v_0 的质点垂直打在杆的一端，碰撞的恢复系数为 e. 求系统的运动规律.

解： 建立如例 7.4.3-3 图所示的坐标系（规定垂直纸面向外为转动的正方向），以杆和质点为研究对象. 系统动量守恒，则

$$mv_0+0=mv_{杆C}+mv_{质点}$$

系统对空间固定点 O 角动量守恒，则

$$0=mv_{杆C}\frac{l}{2}+\frac{1}{12}ml^2\omega$$

对系统碰撞点处应用碰撞定律得

$$\frac{\left(v_{杆C}-\omega\dfrac{l}{2}\right)-v_{质点}}{v_0-0}=e$$

联立可得

$$v_{杆C}=\frac{1+e}{5}v_0,\qquad v_{质点}=\frac{4-e}{5}v_0,\qquad \omega=-\frac{6}{5l}(1+e)v_0$$

式中负号“-”表明杆的转动方向与规定的正方向相反.

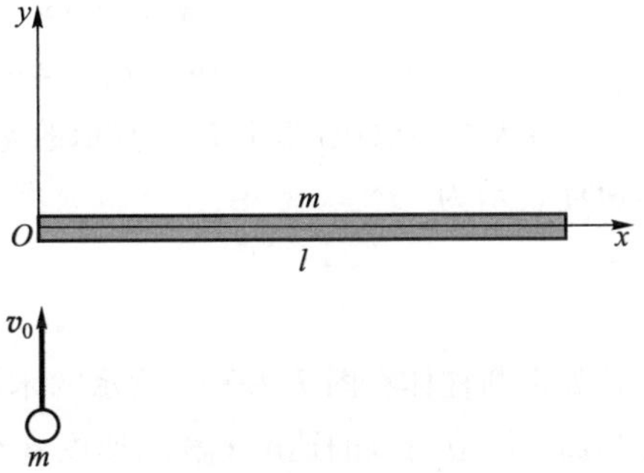

例 7.4.3-3 图

例 7.4.3-4 如果例 7.4.3-3 中，质点与杆发生完全非弹性碰撞，即碰后质点与杆黏在一起，求系统碰撞后的运动规律.

解： 坐标系同例 7.4.3-3 图，同样以杆和质点为研究对象.

系统的质心位置为

$$x_C=\frac{m\cdot 0+m\cdot\dfrac{l}{2}}{m+m}=\frac{1}{4}l,\qquad y_C=0$$

系统动量守恒，则

$$mv_0+m\cdot 0=2mv_C$$

系统对空间固定点 O 角动量守恒，则

$$0=2mv_Cx_C+J\omega$$

其中

$$J=mx_C^2+\left[\frac{1}{12}ml^2+m\left(\frac{1}{2}l-x_C\right)^2\right]=\frac{5}{24}ml^2$$

联立解得

$$v_C=\frac{1}{2}v_0,\qquad \omega=-\frac{6v_0}{5l}$$

式中负号“-”表明系统转动的方向与规定的正方向相反.

3. 刚体的纯滚动

刚体在平面平行运动过程中，如接触点与接触面无相对滑动，这种运动称为纯滚动. 显然，在纯滚动过程中，刚体与接触面之间的摩擦力为静摩擦力. 如图 7.4.3-1 所示，设圆柱体在板上运动，圆柱体上与接触面间的接触点 P 点的速度(加速度)应为质心的速度(加速度)与绕质心转动所引起的线速度(线加速度)之和，由(7.1.3-2)式和(7.1.3-3)式有

授课录像： 刚体的纯滚动

实物演示： 纯滚动条件比较

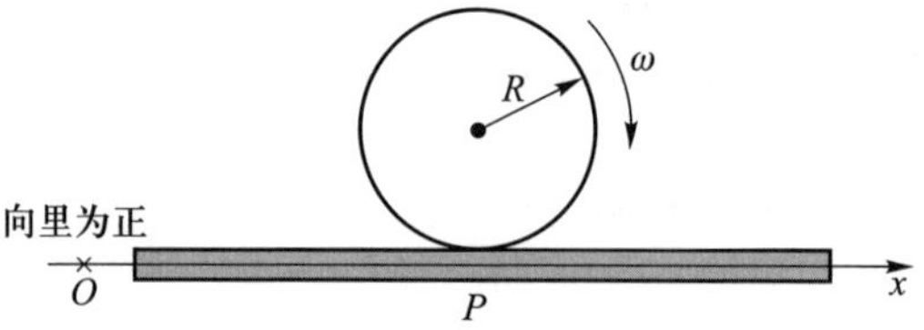

图 7.4.3-1

$$\boldsymbol{v}_P=\boldsymbol{v}_C+\boldsymbol{v}_{相对质心}=\boldsymbol{v}_C+\boldsymbol{\omega}\times\boldsymbol{R} \tag{7.4.3-1a}$$

$$\boldsymbol{a}_P=\boldsymbol{a}_C+\boldsymbol{a}_{相对C}=\boldsymbol{a}_C+\boldsymbol{\omega}\times(\boldsymbol{\omega}\times\boldsymbol{R})+\boldsymbol{\alpha}\times\boldsymbol{R} \tag{7.4.3-1b}$$

如果规定了如图 7.4.3-1 所示的坐标方向，P 点在 x 方向(切向)的速度和加速度表示为

$$v_P=v_C-\omega R \tag{7.4.3-2a}$$

$$a_P=a_C-\alpha R \tag{7.4.3-2b}$$

如果圆柱体在图 7.4.3-1 所示的木板上做纯滚动，则圆柱上的 P 点在 x 方向(切向)的速度和加速度应与板的速度 v 和加速度 a 相同. 即由(7.4.3-2)式可得

$$v_P=v_C-\omega R=v \tag{7.4.3-3a}$$

$$a_P=a_C-\alpha R=a \tag{7.4.3-3b}$$

上述是以图 7.4.3-1 所示的系统为例，介绍了处理纯滚动问题的方法. 对于固定平面上的纯滚动刚体，依然按照平面平行运动方法处理，只是要加上一个接触点在切向方向的相对速度和加速度为零的条件. 此时，接触点在法向仍然是有加速度的.

例 7.4.3-5 如例 7.4.3-5 图所示，圆柱体质量 m、半径为 R，从斜面顶端开始沿斜面纯滚动. 已知斜面高为 h，斜面倾角为 θ. 求 a_C、F_f、滚到斜面下端时的 ω 及摩擦因数 μ 所满足的条件.

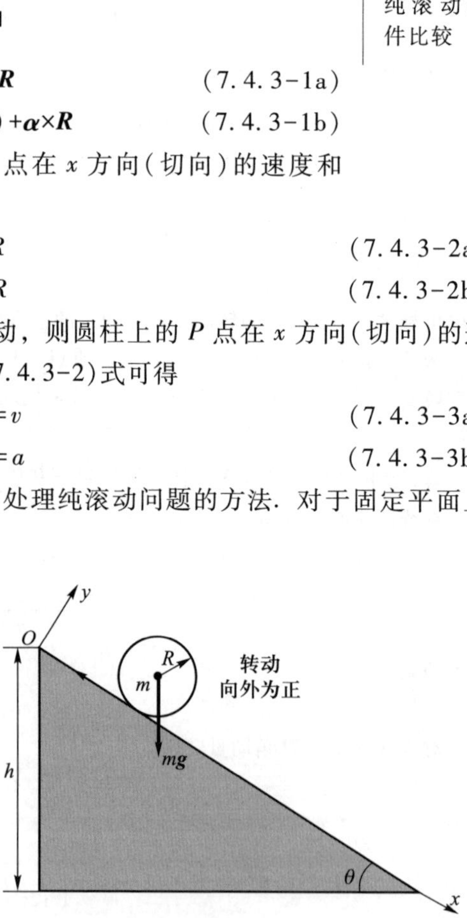

例 7.4.3-5 图

解： 建立如例 7.4.3-5 图所示的坐标系，以圆柱为研究对象，此为刚体的平面平行运动.

由质心运动定理得

$$mg\sin\theta - F_f = ma_C$$

由绕质心的转动定律得

$$-F_f R = J\alpha$$

纯滚动条件为，接触点加速度为零，即

$$a_P = a_C + \alpha R = 0$$

可解得

$$a_C = \frac{2}{3}g\sin\theta,\qquad F_f = \frac{1}{3}mg\sin\theta\text{(此时是静摩擦)}$$

由此可求得纯滚动的条件是

$$F_f \leqslant \mu F_N = \mu mg\cos\theta$$

即

$$\mu \geqslant \frac{1}{3}\tan\theta$$

以地面为参考系，以圆柱和斜面为研究对象，静摩擦力和支持力不做功，系统的机械能守恒. 由机械能守恒得

$$mgh = \frac{1}{2}mv_C^2 + \frac{1}{2}J_C\omega^2$$

纯滚动条件为

$$v_C + \omega R = 0$$

可解得

$$\omega = -\frac{2}{R}\sqrt{\frac{gh}{3}}$$

例 7.4.3-6 如例 7.4.3-6(a)图所示，挤压静止的、质量为 m、半径为 r 的乒乓球，使其获得质心速度 v_0 和绕质心转动的角速度 ω_0，试讨论分析以后乒乓球的运动状态.

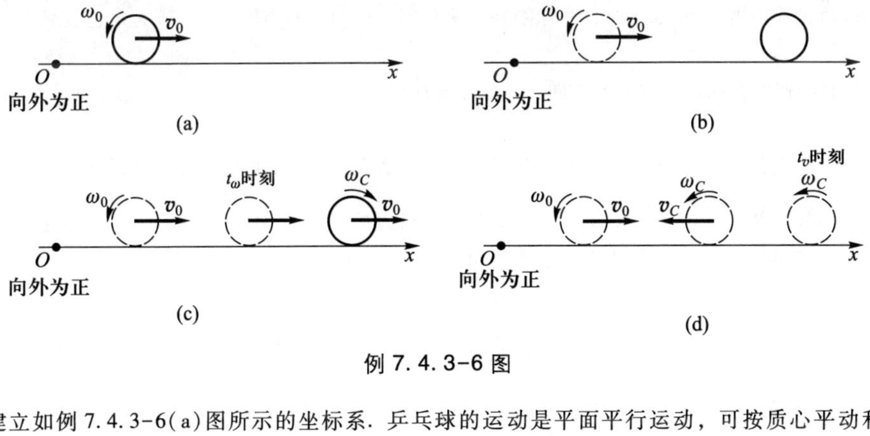

例 7.4.3-6 图

解：建立如例 7.4.3-6(a)图所示的坐标系. 乒乓球的运动是平面平行运动，可按质心平动和绕质心的转动处理. 乒乓球纯滚动之前，由质心动量定理得

$$-mg\mu t = mv_C - mv_0$$

由绕质心的转动角动量定理得

$$-mg\mu rt = J\omega_C - J\omega_0$$

其中 $J=\frac{2}{3}mr^2$. 与地面接触点速度为

$$v_P=v_C+r\omega_C=(v_0+\omega_0 r)-\frac{5}{2}g\mu t$$

刚好纯滚动时

$$v_P=v_C+r\omega_C=(v_0+\omega_0 r)-\frac{5}{2}g\mu t=0$$

联立解得

$$t=\frac{2(v_0+\omega_0 r)}{5g\mu}$$

此时

$$v_C=\frac{1}{5}(3v_0-2\omega_0 r),\quad \omega_C=-\frac{1}{5r}(3v_0-2\omega_0 r)$$

由上式可以判断乒乓球的运动过程.

第一种运动过程：当 $v_0=\frac{2}{3}\omega_0 r$ 时，小球刚好纯滚动 $v_C=0$，$\omega_C=0$，即小球的质心速度和角速度按各自的原方向同时减少至零，小球停止运动，如例 7.4.3-6(b)图所示.

第二种运动过程：当 $v_0>\frac{2}{3}\omega_0 r$ 时，小球刚好纯滚动时，$v_C>0$，$\omega_C<0$，即小球仍然继续向前运动，但角速度已经改变了原来的旋转方向. 什么时候角速度开始变向？由 $\omega_C=\omega_0-\frac{3g\mu}{2r}t_\omega=0$，可得 $t_\omega=\frac{2r\omega_0}{3g\mu}$.

因此，这种情况的运动过程是，乒乓球在摩擦力的作用下，使质心速度、角速度减小，当$t_\omega=\frac{2r\omega_0}{3g\mu}$时，乒乓球旋转角速度为零，质心速度依然向前. 摩擦力的继续作用使质心速度继续减小，使反方向旋转角速度增加，直至开始纯滚动，如例 7.4.3-6(c)图所示.

第三种运动过程：当 $v_0<\frac{2}{3}\omega_0 r$ 时，小球刚好纯滚动时，$v_C<0$，$\omega_C>0$，即小球的角速度依然是原来的旋转方向，但质心的速度方向已经变成反方向. 什么时候质心速度开始变向？由$v_C=v_0-g\mu t_v=0$，可得 $t_v=\frac{v_0}{g\mu}$.

因此，此种情况的运动过程是，乒乓球在摩擦力的作用下，质心速度、角速度减小，当 $t_v=\frac{v_0}{g\mu}$时，乒乓球质心速度为零，绕质心旋转的角速度方向不变. 摩擦力的继续作用使质心反方向运动速度增加，使原方向的旋转角速度继续减小，直至开始纯滚动，如例 7.4.3-6(d)图所示.

4. 滚动摩擦

参考例 7.4.3-5 可知，当刚体在水平面上($\theta=0$)做纯滚动时，刚体与接触面之间静摩擦力 $F_f=\frac{1}{3}mg\sin\theta=0$. 因此，理论上刚体将在水平面上永远纯滚动下去，但实际上滚动的物体是逐渐减速至停止的. 这个效果不是由静摩擦引起的，而是由滚动中的摩擦造成的. 其形成的原因如下.

如图 7.4.3-2 所示，设物体在地面上做滚动，在滚动过程中，物体与地面接触部分将会有微观形变. 这种微观形变可能产生于物体上，可能产生于接触

授课录像：滚动摩擦

的地面，也可能两者均有微观形变，这主要取决于物体和地面的刚性程度．刚性程度越大，微观形变将越小．设接触的地面是完全刚性的，即地面没有形变，物体有微观形变．在此情况下，物体在滚动的过程中，物体运动方向的后半部分的弹力将小于前半部分的弹力，合力 F_N 的作用点将不通过质心，而是作用在物体的前半部分．此力的大小与重力相等，对质心构成一力矩，此力矩使物体的角速度减小，但却不影响质心的速度，这就使接触面上的各点有向前的运动趋势，从而造成一个反向静摩擦力 F_f．F_N 与 F_f 对质心的合力矩使刚体转动减慢，F_f 则使刚体的质心速度减慢．因此，F_N 与 F_f 的合力 F 就代表了滚动中摩擦的总效果，也称纯滚动摩擦，它使物体的质心速度和绕质心转动的角速度同时减小，最终使物体静止下来．如果地面有形变，或者物体和地面均有形变，分析过程同上，使物体最终静止下来的机理是相同的．轮胎缺气的自行车比打足气的自行车骑起来更费劲就是滚动摩擦作用的结果．

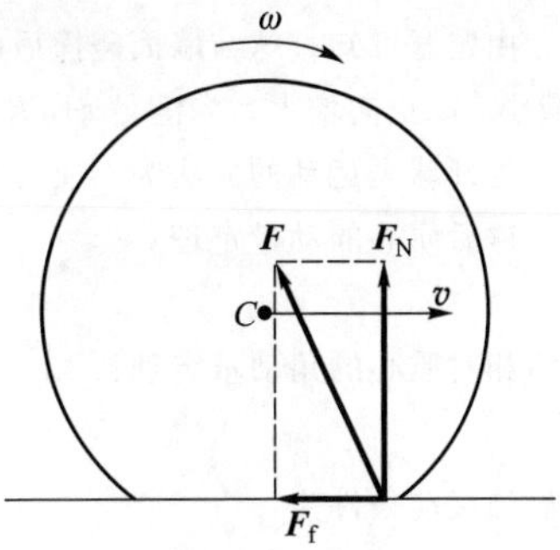

图 7.4.3-2

物体在有滑动的情况下，滚动摩擦要比滑动摩擦小得多，通常是可以忽略不计滚动摩擦的．

5．刚体平面平行运动的其他形式

刚体的平面平行运动除了上面讨论的典型例子之外，其运动还有其他多种多样的形式，其所用的理论方程要视具体情况而定．

授课录像：刚体平面平行运动的其他形式

例 7.4.3-7 质量为 m、半径为 R 的弹性球壳在水平地面上做纯滚动，球心速度为 v_0，与粗糙的墙面发生碰撞后反弹，如例 7.4.3-7 图所示．设碰撞的恢复系数为 e，球与地面和球与墙面之间的摩擦因数均为 μ，碰撞时球与地面的摩擦可以忽略．碰撞后，球经过一段时间开始做纯滚动．求此时球的球心速度．

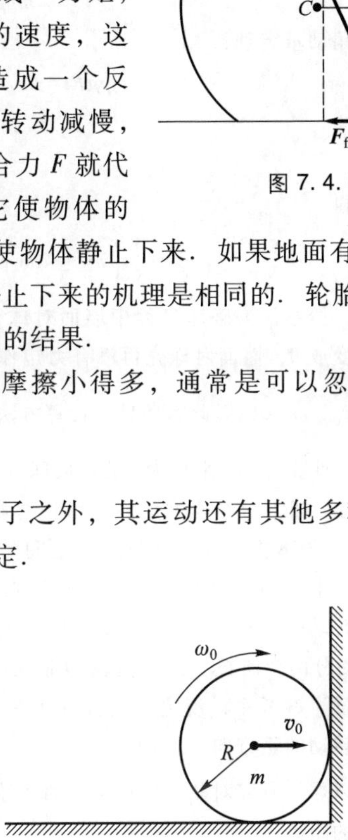

例 7.4.3-7 图

解： 以地面为参考系，以球为研究对象，建立向右 x 方向、向上 y 方向和垂直纸面向外 z 方向的三维直角坐标系，以球碰撞前后瞬时为初末态，则有

x 方向动量定理：

$$-F_N\Delta t=mv-mv_0$$

x 方向碰撞定律：

$$\frac{v-0}{0-v_0}=e$$

z 方向角动量定理：

$$F_N\mu R\Delta t=J\omega-(-J\omega_0)=\frac{2}{3}mR^2(\omega+\omega_0)$$

碰撞前纯滚动条件为

$$v_0-\omega_0 R=0$$

由上述各式联立求得

$$v=-ev_0,\qquad \omega=\frac{[3(1+e)\mu-2]}{2R}v_0$$

由题意可知，球与墙面碰撞后的一段时间内，球处于滑动状态，地面给球壳的滑动摩擦力向右，使得 v 减小，ω 正向增大，当满足 $v+\omega R=0$ 后，做纯滚动.

处理球壳运动的方法为：质心运动+相对质心的转动.

碰后质心的动量定理：

$$mg\mu t=mv_C-mv$$

碰后相对质心的角动量定理：

$$mg\mu Rt=J\omega_C-J\omega=\frac{2}{3}mR^2(\omega_C-\omega)$$

碰后纯滚动条件为

$$v_C+\omega_C R=0$$

由上述各式联立得

$$v_C=\frac{3}{5}\left(v-\frac{2}{3}R\omega\right)=\frac{3}{5}\left[-e-(1+e)\mu+\frac{2}{3}\right]v_0$$

上述讨论中，始终认为碰撞过程中墙面对球壳有摩擦力，但是如果碰撞过程中，球壳角速度减为 0，则墙面摩擦力也变成 0，墙面对球壳再没有力矩作用，即摩擦力作用时间小于墙面支持力作用时间，则碰撞完成后，$v=-ev_0$，$\omega=0$，以此为条件，计算方法同上，可求得碰后一段时间，球心速度 $v_C=-\frac{3}{5}ev_0$.

例 7.4.3-8 质量为 m、半径为 r 的均质球位于倾角为 θ 的斜面的底端. 开始时，球的质心速度为零，球相对质心的转动角速度为 ω_0，如例 7.4.3-8 图所示. 球与斜面之间的摩擦因数为 μ，球在摩擦力的作用下沿斜面向上运动，设球达到最大高度时，质心速度和绕质心转动的角速度均为零. 求球所能上升的最大高度.

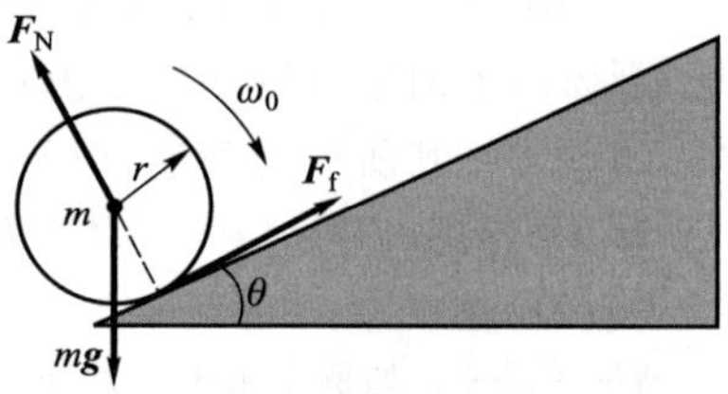

例 7.4.3-8 图

解：小球运动分两个阶段，第一阶段为非纯滚动，第二阶段为纯滚动. 以地面为参考系，规定沿斜面向上为平动的正方向，垂直纸面向外为转动的正方向.

第一阶段，以球为研究对象，以球从斜面底端到球开始纯滚动分别为球的初末态，并设 l_1 为本阶段球沿斜面向上运动的距离.

质心的动能定理：

$$mg\cos\theta l_1\mu-mg\sin\theta l_1=\frac{1}{2}mv_C^2-0$$

质心的动量定理：

$$(mg\cos\theta\mu-mg\sin\theta)t=mv_C-0$$

绕质心的角动量定理：

$$mg\cos\theta\mu rt=J\omega-(-J\omega_0)$$

开始纯滚动的条件为

$$v_C+r\omega=0$$

第二阶段，以斜面和球为研究对象，以球开始做纯滚动到球达到最高点为系统的初末态，设 h_2 为本阶段球向上运动的垂直高度.

由机械能守恒得

$$\frac{1}{2}mv_C^2+\frac{1}{2}J\omega^2+0=0+mgh_2,\quad J=\frac{2}{5}mr^2$$

联立求解得球上升的最大高度为

$$h=l_1\sin\theta+h_2=\frac{2r^2\omega_0^2(\mu\cos\theta-\sin\theta)}{5g(7\mu\cos\theta-2\sin\theta)}$$

***例 7.4.3-9** 质量为 m、长为 l 的细杆，下端用光滑的铰链与地面连接，自竖直位置静止释放，杆因受微小扰动而倾倒.（1）求当杆倾倒至与竖直方向成 θ 角时，通过离下端 r 处的截面，杆的下部对上部的作用力；（2）证明在杆的任一处存在弯曲应力，并计算当杆倒下时的最易断裂点.

解：依据例 7.4.3-9(a)图中的 θ 标定，相应的转动正方向向里. 为了能够得到所选研究对象位于 θ 处时的角速度与角加速度，首先以整体杆为研究对象，对该研究对象应用的方程有

机械能守恒：$mg\frac{1}{2}l=mg\frac{1}{2}l\cos\theta+\frac{1}{2}J\omega^2,\quad J=\frac{1}{3}ml^2$

对铰链点的转动定律：$mg\frac{l}{2}\sin\theta=J\alpha$

以距离杆的下端 r 处为起始的上端杆为研究对象，设 r 处的下端杆对上端杆的横向和径向的作用力分别为 F_θ、F_r. 对该研究对象应用的方程有

径向质心运动定律：$F_r-\frac{l-r}{l}mg\cos\theta=\frac{l-r}{l}ma_r$

横向质心运动定律：$F_\theta+\frac{l-r}{l}mg\sin\theta=\frac{l-r}{l}ma_\theta$

a_r、a_θ 分别与 ω、θ 的关系式：$a_r=-\frac{l+r}{2}\omega^2,\ a_\theta=\frac{l+r}{2}\alpha$

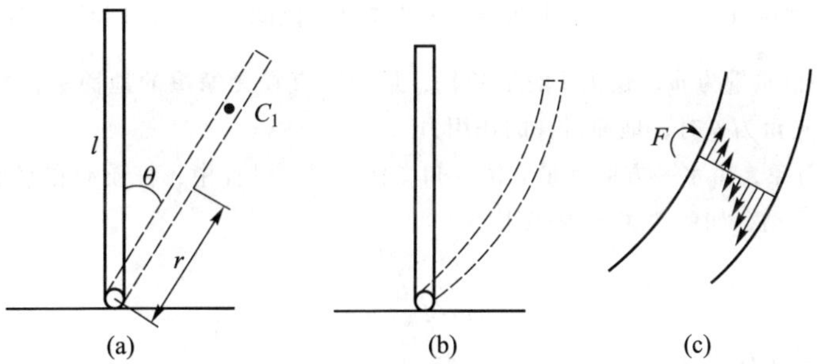

例 7.4.3-9 图

联立求解得

$$F_r=\frac{l-r}{l}mg\left[\cos\theta-\frac{3}{2l}(l+r)(1-\cos\theta)\right]$$

$$F_\theta=\frac{(l-r)(3r-l)}{4l^2}mg\sin\theta$$

由此可以看出横向作用力的大小与偏转角度 θ 和相对铰链距离 r 的关系.

对杆上的任一点（r 固定），其横向作用力随偏转角度的增加而增加.

对杆的某一偏转角度 θ，杆上不同位置的横向作用力是不同的：当 $r=\frac{1}{3}l$ 时，$F_\theta=0$，无横向作用力；

当 $r<\frac{1}{3}l$ 时，$F_\theta<0$，即下部分杆对上部分杆的作用力是逆着 θ 增加的方向；当 $r>\frac{1}{3}l$ 时，$F_\theta>0$，即下部分杆对上部分杆的作用力是顺着 θ 增加的方向. 令 $\frac{\mathrm{d}F_\theta}{\mathrm{d}r}=0$ 可求得，当 $r=\frac{2}{3}l$ 时，横向作用力达到最大.

重新以距离杆的下端 r 处为起始的上端杆为研究对象，对其质心应用角动量定理

$$-F_\theta\frac{1}{2}(l-r)=J_1\alpha,\qquad J_1=\frac{1}{12}\frac{l-r}{l}m(l-r)^2$$

求解得

$$F_\theta=-\frac{mg(l-r)^2\sin\theta}{4l^2}$$

两种方法所得结果不一致，原因何在？第一种方法使用了质心运动定律，没有问题. 第二种方法应用了质心转动定律，但在应用的过程中忽略了径向作用力 F_r 对质心的力矩. 如果横截面处的 F_r 分布均匀，则对质心的力矩为零. 上式两种结果的不同，说明横截面处的 F_r 分布不均匀，存在应力. 因此，F_r 对上半部分杆的质心有力矩作用. 原因在于在杆的倾倒过程中，杆在不同位置处的横向作用力不同. 前已得知当 $r=\frac{2}{3}l$ 时，横向作用力最大，所以，在倾倒过程中，杆将形成如例7.4.3-9图(b)所示的形状，内部径向的应力分布如例 7.4.3-9 图(c)所示.

考虑内部应力的作用，对杆的上半部分质心重新应用角动量定理有

$$-F_\theta\frac{1}{2}(l-r)+M_r=J_1\alpha,\qquad J_1=\frac{1}{12}\frac{l-r}{l}m(l-r)^2$$

将前面第一种方法所得结果代入得

$$M_r=\frac{r(l-r)^2}{4l^2}mg\sin\theta$$

令 $\frac{\mathrm{d}M_r}{\mathrm{d}r}=0$ 得应力矩最大位置位于 $r=\frac{1}{3}l$，此处为最易断裂点. 因此，烟筒倾倒时在该位置存在断裂的可能.

例 7.4.3-10 一根质量为 m，长为 l 的细长杆，最初竖直在无摩擦的地面上，并由此位置开始倾倒. 试求当杆与竖直方向夹角为 θ 时，地面对杆的作用力.

解： 以杆为研究对象，由水平方向动量守恒可知，杆在倾倒过程中，杆质心在水平方向上的位置不变. 杆的运动为平面平行运动，如例 7.4.3-10 图所示.

由质心运动定律得

$$mg-F_\mathrm{N}=ma_C$$

由相对质心的转动定律得

$$F_\mathrm{N}\frac{1}{2}l\sin\theta=J\alpha=\frac{1}{12}ml^2\alpha$$

与地面的接触点 P 竖直方向的加速度为零，即

$$a_P=a_C-\frac{1}{2}l\alpha\sin\theta-\frac{1}{2}l\omega^2\cos\theta=0$$

已知

$$v_{Py}=v_{Cy}-\frac{1}{2}l\omega\sin\theta=0$$

又因为桌面无摩擦，所以

$$v_C=v_{Cy}=\frac{1}{2}l\omega\sin\theta$$

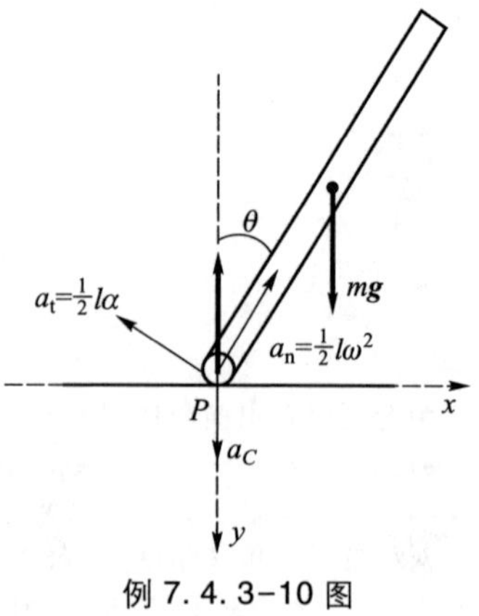

例 7.4.3-10 图

由机械能守恒得

$$mg\frac{l}{2}=mg\frac{l}{2}\cos\theta+\frac{1}{2}mv_C^2+\frac{1}{2}\left(\frac{1}{12}ml^2\right)\omega^2$$

联立求解得

$$F_{\mathrm{N}}=\frac{4+3\cos^2\theta-6\cos\theta}{(1+3\sin^2\theta)^2}mg$$

本题尤其需要注意的是，地面接触点加速度的写法. 在讨论纯滚动问题时，一般只用到转动引起的接触点的切向加速度. 而本题由转动引起的接触点的切向和法向加速度都用到了.

*§7.5 刚体平面平行运动中的瞬时转轴

7.5.1 刚体平面平行运动中的瞬时转轴

如图 7.5.1-1 所示，如果圆柱在固定斜面上纯滚动，则接触点 P 的速度 $v_P=0$，P 点称为瞬心，过 P 点且垂直于纸面的轴称为瞬时转轴.

对于一般刚体的平面平行运动，也存在瞬时转轴. 由质心运动和相对质心转动的处理方法可知，刚体上任意点的速度($\boldsymbol{v}$)等于质心的平动速度($\boldsymbol{v}_C$)和相对质心转动引起的线速度($\boldsymbol{v}_{转}$)的叠加，即

授课录像：刚体的瞬时转轴

$$\boldsymbol{v}=\boldsymbol{v}_C+\boldsymbol{v}_{转} \tag{7.5.1-1}$$

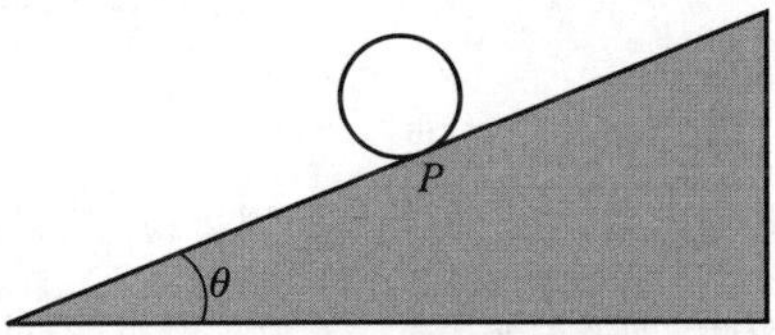

图 7.5.1-1

动画演示：瞬时转轴

由(7.1.3-2)式可知，刚体相对质心转动引起的线速度可以表示为

$$\boldsymbol{v}_{转}=\boldsymbol{\omega}\times\boldsymbol{r} \tag{7.5.1-2}$$

其中，$\boldsymbol{\omega}$、$\boldsymbol{r}$ 分别代表刚体绕质心转动的角速度和刚体上任意点相对质心的位置矢量. 结合(7.5.1-1)式和(7.5.1-2)式可知刚体上任意点的速度可以表示为

$$\boldsymbol{v}=\boldsymbol{v}_C+\boldsymbol{\omega}\times\boldsymbol{r} \tag{7.5.1-3}$$

由(7.5.1-3)式可以看出，如果我们将 r 的取值范围扩大到不只限于刚体内，则总会找到一点 P，使（7.5.1-3）式为零，即，

$$\boldsymbol{v}_P=\boldsymbol{v}_C+\boldsymbol{\omega}\times\boldsymbol{r}_P=0 \tag{7.5.1-4}$$

P 点称为瞬时转动中心，简称瞬心. 瞬心可能在刚体上，也可能在刚体外，过 P 点垂直运动平面的轴称为瞬时转轴. 刚体上其他质点都绕过 P 点瞬时轴做圆周运动，证明如下：

如图 7.5.1-2 所示，刚体上任一点 Q 的速度可以表示为

$$\boldsymbol{v}_Q=\boldsymbol{v}_C+\boldsymbol{\omega}\times\boldsymbol{r}_Q \tag{7.5.1-5}$$

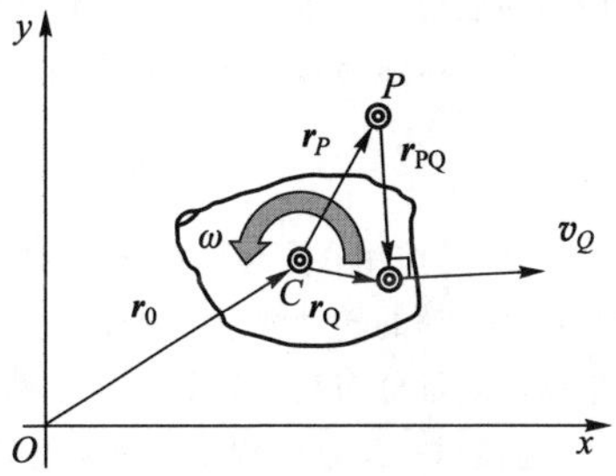

图 7.5.1-2

由图 7.5.1-2 可知

$$\boldsymbol{r}_Q=\boldsymbol{r}_P-\boldsymbol{r}_{PQ} \tag{7.5.1-6}$$

将(7.5.1-6)式代入(7.5.1-5)式，并利用（7.5.1-4）式条件可得：

$$\boldsymbol{v}_Q=r_{PQ}\times\boldsymbol{\omega} \tag{7.5.1-7}$$

由矢量叉乘定义，结合图 7.5.1-2 可知，(7.5.1-7)式所示的刚体上任一点的速度方向都垂直于该点与瞬心的连线，即，绕瞬时转轴做圆周运动.

我们利用刚体上各点均绕瞬时转轴做圆周运动的这一特点，可以通过已知的瞬时转轴确定刚体上任一点的速度方向．如图 7.5.1-3 所示，已知瞬时转轴过 P 点，那么，过 A、B、C 三点的速度方向均分别垂直于 A、B、C 与 P 点的连线(与质心运动加上相对质心转动的叠加方法所获得的结果是一致的)．反之，如果能够确定某时刻刚体上两点的速度方向，也可以寻找瞬时转轴的位置．如图 7.5.1-4 所示，在光滑的墙上放一杆，因为 A、B 两点的速度都是切线方向，所以垂线的交点为 P 点，过 P 点垂直纸面的轴为瞬时转轴.

授课录像：
刚体绕瞬时转轴的动能定理

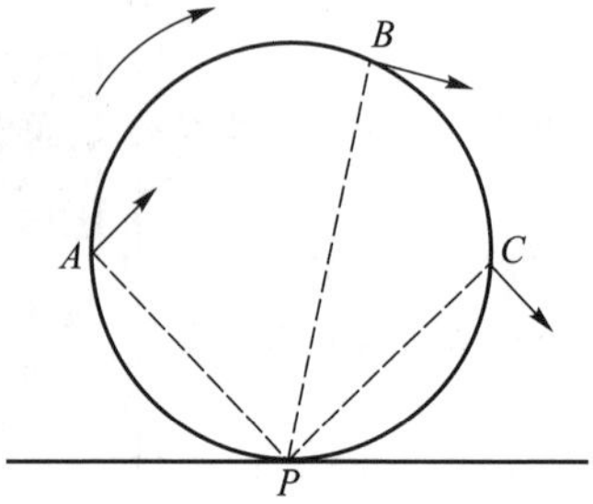

图 7.5.1-3

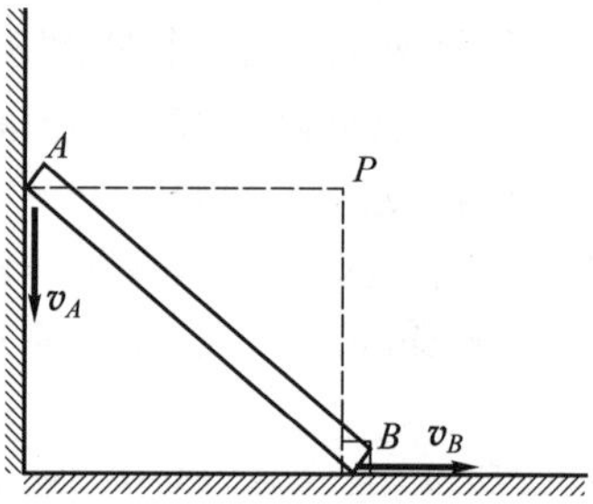

图 7.5.1-4

7.5.2 刚体绕瞬时转轴的动能定理

由于刚体上任何质点在任何时刻均绕某一瞬时转轴做圆周运动，所以刚体的动能、对瞬时轴的角动量的表达式同讨论定轴转动的情况完全相同，即$E_k=\dfrac{1}{2}J_P\omega^2$，$L_P=J_P\omega$，只不过 J_P 是对瞬时转轴的转动惯量.

相对瞬时转轴，刚体的动力学方程如何？我们知道，刚体定轴转动的转动定律、角动量定理均是由质点系的角动量定理导出的，而质点系角动量定理成立的前提是针对空间固定的参考点或针对系统的质心而言的．但瞬时轴既不是空间固定参考点，也不是系统的质心．因此，虽然某时刻各质点的运动特征相同(如都做圆周运动)，动能、角动量的表达式与刚体定轴转动相同，但对刚体绕瞬时轴的转动定律、角动量定理不成立．由于质点系的动能定理只涉及外力的功与体系的末态和初态的动能，并不存在参考点的问题，所以，刚体在绕瞬时轴转动时，其动能定理仍然成立．由于刚体在绕瞬时轴转动时，所有质点都相对瞬时轴做圆周运动，参考刚体绕固定轴转动时动能定理的推导过程，可得刚体绕瞬时轴转动的动能定理(与刚体绕固定轴转动的动能定理具有相同的形式)，即

$$\int M_P\mathrm{d}\theta=\frac{1}{2}J_P\omega^2-\frac{1}{2}J_{P0}\omega_0^2 \tag{7.5.2-1}$$

其中，M_P 是作用在刚体的外力相对瞬时转轴的力矩，J_P 是相对瞬时转轴的转动惯量．要注意区分的是，刚体定轴转动的转动惯量是常量，而刚体绕瞬时轴转动时的转动惯量不一定是常量．如图 7.5.1-1 所示，如果球的质量分布是均匀的，其对瞬时轴的转动惯量为常量．如果球的质量非均匀分布(如球体上有一缺口)，显然球在运动过程中，对瞬时转轴的转动惯量就不是常量了.

7.5.3 刚体绕瞬时转轴的转动定律

对刚体的瞬时轴转动，除了可以用动能定理外，其转动定律、角动量定理并不成立．那么，是否能够

获得与刚体定轴转动相对应的转动定律方程呢？

以(7.5.2-1)式所示的刚体绕瞬时轴转动的动能定理为出发点，其微分形式为

$$M_P \mathrm{d}\theta = \mathrm{d}\left(\frac{1}{2}J_P\omega^2\right) \tag{7.5.3-1a}$$

授课录像：刚体绕瞬时转轴的转动定律

上式可以写为 $M_P\dfrac{\mathrm{d}\theta}{\mathrm{d}t}=\dfrac{\mathrm{d}\left(\frac{1}{2}J_P\omega^2\right)}{\mathrm{d}t}$，并注意 $\omega=\dfrac{\mathrm{d}\theta}{\mathrm{d}t}$关系式，微分得

$$M_P\omega = \frac{\mathrm{d}\left(\frac{1}{2}J_P\omega^2\right)}{\mathrm{d}t} = \frac{1}{2}\frac{\mathrm{d}J_P}{\mathrm{d}t}\omega^2 + \omega\frac{\mathrm{d}\omega}{\mathrm{d}t}J_P \tag{7.5.3-1b}$$

进一步整理上式得

$$M_P = \left(\frac{\mathrm{d}J_P}{\mathrm{d}t}\omega + \frac{\mathrm{d}\omega}{\mathrm{d}t}J_P\right) - \frac{1}{2}\frac{\mathrm{d}J_P}{\mathrm{d}t}\omega \tag{7.5.3-1c}$$

最终整理得

$$M_P = \frac{\mathrm{d}(J_P\omega)}{\mathrm{d}t} - \frac{1}{2}\omega\frac{\mathrm{d}J_P}{\mathrm{d}t} \tag{7.5.3-2}$$

其中，M_P为外力对瞬时轴的力矩，$J_P\omega$ 为物体对瞬时转轴的角动量. (7.5.3-2)式为刚体绕瞬时转轴的转动定律. 显然，外力对瞬时转轴的力矩并不等于转轴方向的角动量的变化量，而是多了$-\dfrac{1}{2}\omega\dfrac{\mathrm{d}J_P}{\mathrm{d}t}$这一项. 原因在于瞬时转轴并非是惯性系中的固定点，对非固定点来说，转动定律不成立. 只有当 J_P为常量的情况下，对瞬时转轴的转动定律才与刚体定轴转动的转动定律具有相同的形式.

§7.6 刚体的平衡

从动力学的角度，刚体平衡的定义为，作用在刚体上所有外力的矢量和为零，外力对任意空间固定参考点的力矩之和为零. 由质心运动定律和质点组的角动量定理可推知刚体平衡的四种运动学现象. 即，相对某个观察者所在的参考系，刚体静止不动、刚体匀速平动、刚体绕着某个自由轴做匀角速转动、刚体既匀速平动又绕某个自由轴匀角速转动. 第一种情况称为刚体的静平衡，后三种情况统称为刚体的动平衡. 具体体现哪种运动学状态由刚体的初始条件所决定. 刚体平衡所满足的充分必要条件可以定量地表示为

授课录像：刚体的平衡

$$\sum_i \boldsymbol{F}_i = 0 \tag{7.6-1a}$$

$$\boldsymbol{M}_A = \sum_i \boldsymbol{M}_{iA} = \sum_i \boldsymbol{r}_{iA}\times\boldsymbol{F}_i = 0 \tag{7.6-1b}$$

动画演示：刚体的平衡

(7.6-1b)式只是表示作用在刚体上的所有外力对空间某个固定参考点 A 的力矩之和为零. 但可以证明，如果作用在刚体上的外力同时满足(7.6-1a)式和(7.6-1b)式，则作用在刚体上的外力对空间**任意**固定参考点 B 的力矩 $\boldsymbol{M}_B$都为零. 证明如下：

如图 7.6-1 所示，外力 $\boldsymbol{F}_i$对 A、B 两点的力矩分别为

$$\boldsymbol{M}_{iA} = \boldsymbol{r}_{iA}\times\boldsymbol{F}_i, \qquad \boldsymbol{M}_{iB} = \boldsymbol{r}_{iB}\times\boldsymbol{F}_i \tag{7.6-2}$$

所有外力对 A、B 两点的力矩之和分别为

$$\boldsymbol{M}_A=\sum_i \boldsymbol{M}_{iA}=\sum_i \boldsymbol{r}_{iA}\times\boldsymbol{F}_i,\quad \boldsymbol{M}_B=\sum_i \boldsymbol{M}_{iB}=\sum_i \boldsymbol{r}_{iB}\times\boldsymbol{F}_i \tag{7.6-3}$$

由图 7.6-1 可得矢量关系式 $\boldsymbol{r}_{iB}=\boldsymbol{r}_{iA}-\boldsymbol{d}$，带入 $\boldsymbol{M}_B$表达式得

$$\boldsymbol{M}_B=\sum_i (\boldsymbol{r}_{iA}-\boldsymbol{d})\times\boldsymbol{F}_i=\sum_i \boldsymbol{r}_{iA}\times\boldsymbol{F}_i-\boldsymbol{d}\times\sum_i \boldsymbol{F}_i \tag{7.6-4}$$

由(7.6-1a)式和(7.6-1b)式可得

$$\boldsymbol{M}_B=0$$

例 7.6-1 将质量为 m 的均匀梯子斜靠在墙角上. 已知梯子与墙面间以及梯子与地面间的静摩擦因数分别为 μ_1和 μ_2. 试求当使质量为 m_0的人爬到梯子顶端而梯子未发生滑动时，梯子与地面之间的最小夹角.

解: 当人爬到梯子的顶端时，人和梯子组成的系统处于平衡状态，受力如例 7.6-1 图所示.

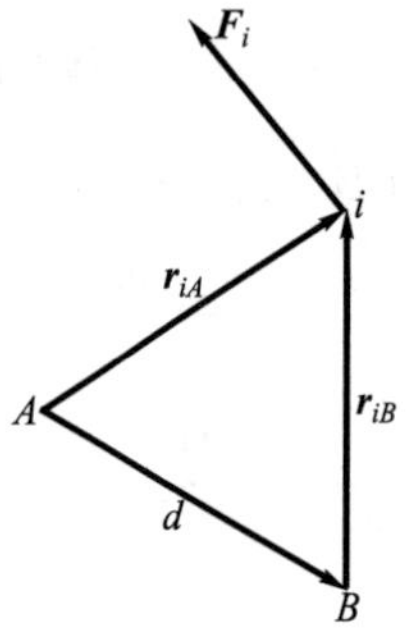

图 7.6-1

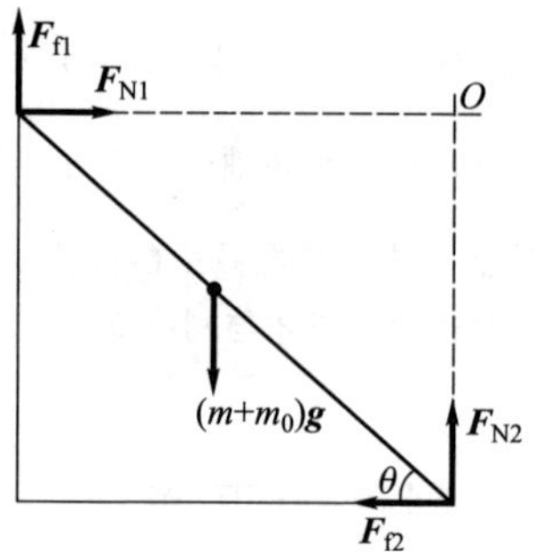

例 7.6-1 图

质心受力平衡，则

$$F_{f2}=F_{N1},\qquad F_{f1}+F_{N2}=mg+m_0g$$

以 O 点为参考点，设梯子的长度为 L，力矩平衡，则

$$mg\frac{1}{2}L\cos\theta+m_0gL\cos\theta=F_{f1}L\cos\theta+F_{f2}L\sin\theta$$

梯子刚要滑动时满足临界条件

$$F_{f1}=\mu_1F_{N1},\qquad F_{f2}=\mu_2F_{N2}$$

联立求解得

$$\theta_{\min}=\arctan\frac{m(1-\mu_1\mu_2)+2m_0}{2\mu_2(m_0+m)}$$

*§7.7 对称刚体的定点运动现象

刚体的定轴转动、平面平行运动、平衡是刚体的几种最基本运动形式，是需要在力学课中掌握的内容. 处理这类问题所依据的理论是质点系的相关定理(如质点系的角动量定理)在刚体这一特殊质点系以及特殊运动条件下的简化形式.

作为扩展内容，本节介绍刚体的另外一种特殊运动，即对称刚体绕对称轴高速转动，这种运动形式的刚体称为回转仪，或称陀螺. 回转仪在运动过程中有一点保持固定，所以属刚体的定点运动. 回转仪有许多奇妙的性质，并有着广泛的应用. 本节利用角动量定理和角速度的矢量性质，定性解释回转仪的奇妙运动现象，回转仪的详细定量讨论可参考理论力学的介绍.

7.7.1 对称刚体的惯量主轴

在刚体以定点 O 转动时，一般可以以 O 为原点(参考点)，在空间建立一固定 $Oxyz$ 直角坐标系. 刚体定点运动可等效为刚体以不同的角速度 ω_x、ω_y、ω_z，分别以三个坐标轴为转轴做定轴转动. 由本章 7.2.1 部分内容讨论得知：一般情况下，刚体在 x 方向的角动量不只和 $J_x\omega_x$ 有关，动能不只和 $E_k=\frac{1}{2}J_x\omega_x^2$ 有关，还和 ω_y、ω_z 有关，在 y、z 方向的角动量和动能亦如此. 以 O 为参考点，是否可以找到三个特殊方向的相互垂直轴，使得刚体的动能只和绕该轴的角速度有关，而和绕其他两轴的角速度无关，从而可以将刚体的总动能表示成如下形式：

$$E_k=\frac{1}{2}J_x\omega_x^2+\frac{1}{2}J_y\omega_y^2+\frac{1}{2}J_z\omega_z^2 \tag{7.7.1-1}$$

由理论力学课程内容可知，如果选取相对固定空间静止的转轴，是无法实现这一设想的. 如果以 O 为参考点，选取跟随刚体一起转动的特殊的转轴，实现上述要求是可行的. 此时刚体的总动能可以表示为(7.7.1-1)式的形式，满足这一条件的三个转轴称为**惯量主轴**. 但需要注意的是，惯量主轴(i',j',k')是随着刚体一起转动的，即相对固定空间它们的方向是随时间变化的，而相对刚体本身它们的方向是固定的. 理论力学中有寻找惯量主轴的详细方法. 结论之一是，对于圆盘、圆柱、圆锥形之类具有对称轴的刚体，其对称轴为惯量主轴之一，而垂直于对称轴的其余两个惯量主轴的方向可以是任意的. 如图 7.7.1-1 所示，x'、y'、z'为惯量主轴，其中 y'为对称轴.

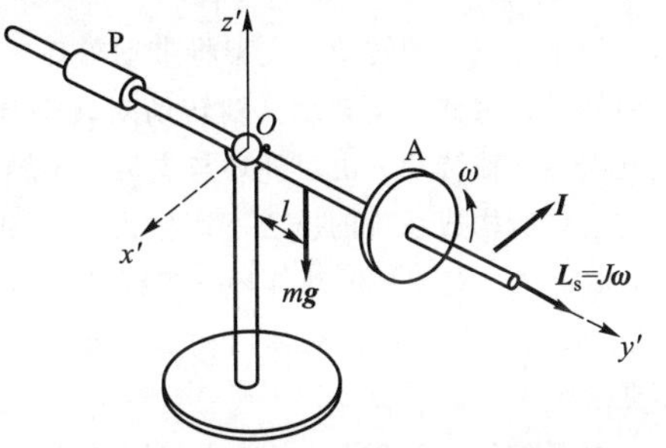

图 7.7.1-1

7.7.2 刚体不受外力矩作用时的运动现象

1. 平衡状态下的杠杆回转仪受冲力矩作用后的进动现象

如图 7.7.1-1 所示的系统称为回转仪. 系统平衡时，质心在支点 O 处. 由于系统对 O 的力矩为零，因此，无论转轮是否转动，系统都处于平衡状态. 如果将图 7.7.1-1 所示的回转仪调至系统平衡状态，当刚体绕自身对称轴旋转后，由于不受外力矩作用，由角动量定理可知，系统将保持绕对称轴转动的状态不变. 此时，如果给系统一个水平冲量，使它获得一个 z'轴方向的冲量矩，那么系统的运动状态如何变化？

授课录像： 刚体不受力矩作用时的运动现象

由角动量定理可知，在获得冲量矩后，系统不受任何的外力矩作用，因此系统的总角动量 $\boldsymbol{L}$ 守恒，即 $\boldsymbol{L}$ 的大小和方向将始终保持不变. 而总角动量是刚体绕自身对称轴转动的角动量 $\boldsymbol{L}_S$ 和由外力矩引起的竖直方向的角动量 $\Delta\boldsymbol{L}$ 的合成，即 $\boldsymbol{L}=\boldsymbol{L}_S+\Delta\boldsymbol{L}$. 由图 7.7.2-1 分析可知，$\boldsymbol{L}_S\perp\Delta\boldsymbol{L}$，$\boldsymbol{L}$ 是以 $\boldsymbol{L}_S$ 和 $\Delta\boldsymbol{L}$ 为直角三角形的斜边. 为了保持 $\boldsymbol{L}$ 的大小和方向将始终不变这一条件，刚体的自转轴将围绕总角动量 $\boldsymbol{L}$ 构成一锥体，自转轴始终位于以 OA 为母线的锥面上，即自转轴绕着总角动量 $\boldsymbol{L}$ 在一个锥面上进动.

2. 常平架回转仪

如图 7.7.2-2 所示，在系统支架上面装着可以绕 y 轴自由转动的外环，外环里面装着可以相对于外

环绕 z 轴自由转动的内环，在内环中安装可绕 x 轴自由转动的转动体. 三根转动轴线 x、y、z 相互垂直，并相交于回转仪的质心，系统的中心位于质心处，所有轴承都是光滑的. 这种装置称为常平架回转仪(或常平架陀螺). 当支架相对某个惯性系 S 静止，转动体绕 x 轴以角速度 ω 高速转动时，系统的总角动量可以表示为 $J\omega$(x 轴方向,其中 J 为转动体绕 x 轴的转动惯量)，此时，由于系统相对质心没有合外力矩，角动量守恒，转动体转动的角速度方向将始终保持不变. 当回转仪的支架相对 S 系运动时，我们分析转动体角速度方向的变化情况.

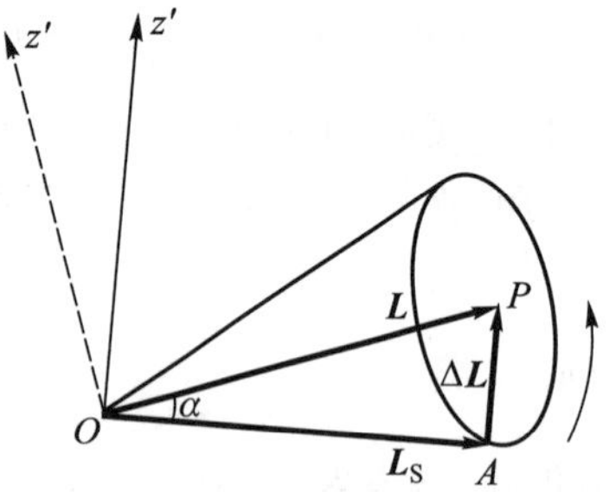

图 7.7.2-1

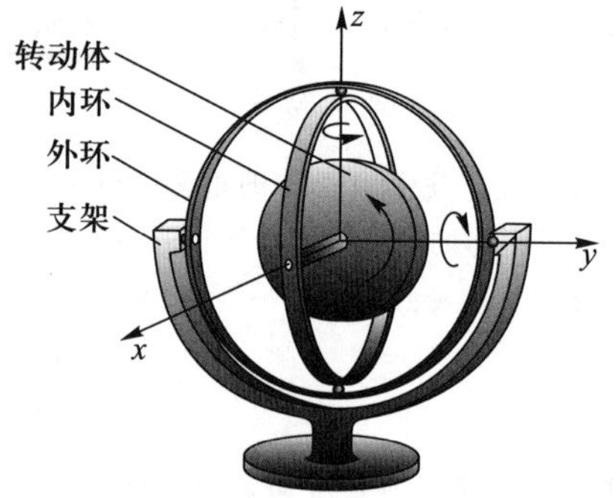

图 7.7.2-2

设支架绕 x 轴转动，支架将带动外环、内环一起绕 x 轴转动，但由于内环与转动体之间可相对 x 轴自由转动，因此，支架绕 x 轴转动对转动体的质心不产生力矩，转动体角动量守恒，角速度方向不变. 设支架绕 y 轴转动，由于外环与支架在 y 轴方向是自由转动的，亦即支架绕 y 轴的转动对外环、内环以及转动体所构成系统的质心不产生力矩，因此，此系统角动量守恒，转动体的角速度方向不变. 设支架绕 z 轴转动，支架将带动外环一起跟随转动，但由于外环与内环之间可相对 z 轴自由转动，因此，支架绕 z 轴的转动对内环和转动体所构成系统的质心不产生力矩，该系统角动量守恒，转动体的角速度方向不变.

对于图 7.7.2-2 所示的常平架回转仪，无论支架如何运动，都可以看成是回转仪质心的平动和相对质心的转动. 质心的平动不会影响转动体的角速度方向，而绕质心的转动可分解为 x、y、z 轴三个方向的转动. 由上述分析可知，支架绕 x、y、z 轴三个方向的转动都不会改变转动体的角速度方向. 因此，无论回转仪的支架如何运动，转动体绕自转轴的角速度方向始终不变. 基于这一特点，可以将常平架回转仪装在导弹、飞机、坦克或舰船中，以回转仪自转轴线为标准，可随时指出导弹等的方位，以便自动调整方向，从而成为自动驾驶仪的重要组成部分.

7.7.3 刚体受外力矩作用时的进动现象

1. 杠杆回转仪和陀螺受外力矩时的进动现象

如果将图 7.7.1-1 所示系统的平衡物 P 向前或向后移动，转轮不转动时，相对支点 O，系统受到 x' 方向的外力(重力)矩的作用. 由角动量定理可知，系统将绕 x' 轴在竖直内翻倒. 当转轮按着图 7.7.1-1 所示的对称轴 y' 转动时，实验发现，系统并不发生翻转倾倒现象，而是不仅按照自身对称轴转动外，还绕着 z' 轴转动. 这种绕着 z' 轴的转动称为系统的进动现象，其产生进动的原因如下.

实物演示：导航仪

当沿着 y' 轴的正方向移动平衡物时，质心移动到支点的右侧. 重力对 O 点产生的力矩为 $\boldsymbol{M}=\boldsymbol{r}\times m\boldsymbol{g}$，其方向在水平面内，沿着 x' 轴的负方向. 由角动量定理 $\boldsymbol{M}=\lim\limits_{\Delta t\to 0}\dfrac{\Delta \boldsymbol{L}}{\Delta t}=\dfrac{\mathrm{d}\boldsymbol{L}}{\mathrm{d}t}$ 可知，$\mathrm{d}\boldsymbol{L}$（即

图 7.7.3-1 中的无限短时间内的 $\Delta \boldsymbol{L}$)的方向与 $\boldsymbol{M}$ 的方向相同，因此，系统将沿着 z'轴逆时针向里进动，其进动的角速度的大小由角动量定理水平面上的标量方程 $M=\frac{\mathrm{d}L}{\mathrm{d}t}$决定. 将如图 7.7.3-1 所示的 $\mathrm{d}L=L_{\mathrm{S}}\mathrm{d}\varphi=J\omega\mathrm{d}\varphi$，$M=rmg$ 代入 $M=\frac{\mathrm{d}L}{\mathrm{d}t}$可得进动的角速度大小为 $\Omega=\frac{\mathrm{d}\varphi}{\mathrm{d}t}=\frac{M}{J\omega}=\frac{rmg}{J\omega}$. 显然，只有对称刚体才有 $\boldsymbol{L}=J\boldsymbol{\omega}$ 这个关系式，即转轴为惯量主轴. 对于非对称刚体，$\boldsymbol{L}\neq J\boldsymbol{\omega}$，总角动量并不在水平面内，$\mathrm{d}L=L_{\mathrm{S}}\mathrm{d}\varphi=J\omega\mathrm{d}\varphi$ 关系式并不成立.

陀螺的进动道理同上述相同. 如图 7.7.3-2 所示，设陀螺以 ω 绕自身对称轴转动. 由角动量定理 $\boldsymbol{M}=\frac{\mathrm{d}\boldsymbol{L}}{\mathrm{d}t}$可知，$\mathrm{d}\boldsymbol{L}$ 的方向与水平方向 $\boldsymbol{M}$ 的方向相同，因此必定引起水平方向的角动量变化. 在应用水平面上的标量方程 $M=\frac{\mathrm{d}L}{\mathrm{d}t}$时，$\mathrm{d}L$ 应为水平方向角动量的变化大小. 由陀螺的对称性可得 $\mathrm{d}L=L\sin\theta\mathrm{d}\varphi$，而 $M=rmg\sin\theta$，将其代入 $M=\frac{\mathrm{d}L}{\mathrm{d}t}$中可得陀螺的进动角速度大小 $\Omega=\frac{\mathrm{d}\varphi}{\mathrm{d}t}=\frac{M}{L\sin\theta}=\frac{rmg}{J\omega}$.

由上述回转仪和陀螺的进动角速度大小 $\Omega=\frac{\mathrm{d}\varphi}{\mathrm{d}t}$的表达式可知，转动惯量 J 越大，ω 越大，则进动角速度越小.

如果将图 7.7.1-1 的系统调至非平衡状态，使刚体获得绕对称轴转动的角速度，然后使系统获得一竖直方向的冲量矩，系统将如何运动变化？

综上所述可知，一方面自转轴绕着总角动量 $\boldsymbol{L}$ 在一个锥面上进动，同时由于外力矩的作用，总角动量 $\boldsymbol{L}$ 将绕着竖直轴发生进动，即此时系统的运动是上述讨论的两种进动的合成.

以上讨论的是系统不受任何摩擦阻力矩的理想情况. 对于实际的系统，不可避免地摩擦阻力矩将使 $\boldsymbol{L}_{\mathrm{S}}$和 $\Delta\boldsymbol{L}$ 逐渐变小. 由于 $\boldsymbol{L}_{\mathrm{S}}\gg\Delta\boldsymbol{L}$，$\Delta\boldsymbol{L}$ 将首先趋向零，因此自转轴绕着总角动量 $\boldsymbol{L}$ 在一个锥面上的进动将首先消失，而只有总角动量 $\boldsymbol{L}$ 绕着竖直轴的进动，由于摩擦阻力矩的进一步作用而最后停止.

授课录像：刚体受外力矩作用时的进动现象

AR 演示：陀螺的进动与章动

实物演示：陀螺仪

实物演示：车轮的进动和章动

AR 演示：翻身陀螺

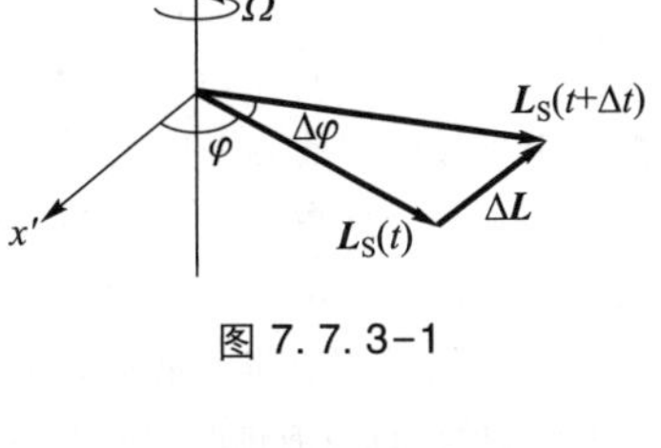

图 7.7.3-1

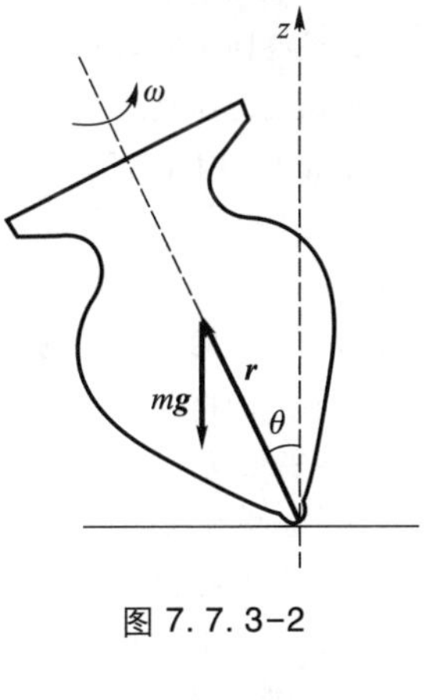

图 7.7.3-2

2. 自然界刚体进动现象及其应用举例

自然界有些现象是由刚体受外力矩作用时的进动规律而引起的. 有时，我们还可以利用这些规律，通过技术手段，使物体的运动符合设计的需要. 现举例如下.

(1) 岁差

以地球质心为原点建立参考系，如图 7.7.3-3 所示，以地球为中心作任意半径的一假想大球面，称为“天球”. 地球的赤道平面与天球相交的圆称为“天赤道”，太阳相对地球公转（自西向东，与地球自转方向相同）的轨道平面与天球相交的圆称为“黄道”. 赤道面与黄道面不重合，其间有23.5°的夹角. 由图 7.7.3-3 可以计算，太阳相对地球公转一周时，太阳光线所能直射到地球的范围将在南纬23.5°和北纬23.5°之间，分别称这两条经纬圈为南、北回归线，其间的区域称为热带. 南、北回归线的南、北区域分别称为南、北温带. 从北半球的角度，太阳运动至南、北回归线所对应的位置，分别称为冬至点（近日点，北半球的冬天，南半球的夏天）和夏至点（远日点，北半球的夏天，南半球的冬天）. 此外，天赤道与黄道还相交两点，当一年中太阳过这两点时分别为春分和秋分，在这两点太阳直射地球赤道，全球各地昼夜等长. 黄道上春分点和秋分点统称为“二分点”. 太阳从春分点出发，自西向东沿黄道运行一周再次回到春分点时，为一“回归年”.

实物演示：翻身陀螺

AR 演示：岁差

如果地轴（赤道面的法线）不改变方向，二分点不动，回归年与恒星年（以天球上固定的点，如遥远的恒星，为参考物的运动周期）相等. 古代的天文学家通过细心观测，惊奇地发现二分点由东向西缓慢地漂移. 这种现象在我国称为“岁差”. 岁差的产生意味着地轴的方向在发生缓慢的变化. 地轴方向为什么发生如此变化？如图 7.7.3-3 所示，地球呈旋转椭球状，赤道与黄道又成一定的夹角. 这种不对称性使得太阳以及月亮对地球引力的合力并不通过地球的质心，从而对地球质心产生力矩作用. 同上述回转仪进动的道理相同，此力矩将使地球的自转轴发生进动. 利用刚体的动力学原理计算地轴的进动是一个较为复杂的问题，我们不在这里讨论. 计算表明，地轴的进动方向自东向西（与太阳公转方向相反，如图 7.7.3-3 所示），进动的周期是 26 000 年.

(2) 回转罗盘

如图 7.7.3-4 所示的陀螺系统称为回转罗盘. 它由外转体、内转体和自转体组成. 该系统仅在 x 和 y 两个轴方向可以自由转动. 当陀螺的自转体绕 x 轴高速自转，同时让外转体（转台）始终以恒定的角速度 Ω 绕 z 轴旋转时，则外转体对内转体和自转体所构成的系统会产生 z 方向的外力矩. 由角动量定理可知，此力矩将使自转体的自转角速度方向逐渐向上，直至 z 方向为止.

地球相当一个大圆盘，所以如果把上述的回转罗盘放在赤道地面，使 y 轴竖直向上，情况就完全同上面所述相仿，最终回转罗盘的自转角速度将与地球自转轴同方向，即指北. 如果回转罗盘不是被放在赤道面上，而是放在地球的其他纬度上，进一步分析可知，最终陀螺的自转角速度方向仍指向正北方. 因此，图 7.7.3-4 所示的回转罗盘可以作为指北针，且不受地磁场的影响.

AR 演示：旋转的子弹

(3) 子弹的螺旋运动

技术上利用上述陀螺进动原理的一个实例是子弹在空中的飞行. 如图 7.7.3-5(a)所示，子弹在飞行时，要受到空气阻力的作用，其阻力的方向总与子弹质心的速度方向相反，但其合力不一定通过质心 C. 阻力对质心的力矩就会使子弹在空中翻转. 这样，当子弹射中目标时，就有可能是弹尾先触目标. 为了避免这一现象的发生，就在枪膛内壁上刻出螺旋线，称为来复线. 当子弹由于发射药的爆炸被强力推出枪膛时，还同时绕自己的对称轴高速旋转. 将子弹所受的阻力和子弹的质心分别等效为上述玩具陀螺的重力和支点，可以看出：由于子弹的旋转，子弹在飞行中受到的空气阻力的力矩将不能使它翻转，而只是使它绕着质心的前进方向进动，如图 7.7.3-5(b)所示，它的轴线将会始终只与前进的方向有不大的偏离，而弹头就总是大致向前了.

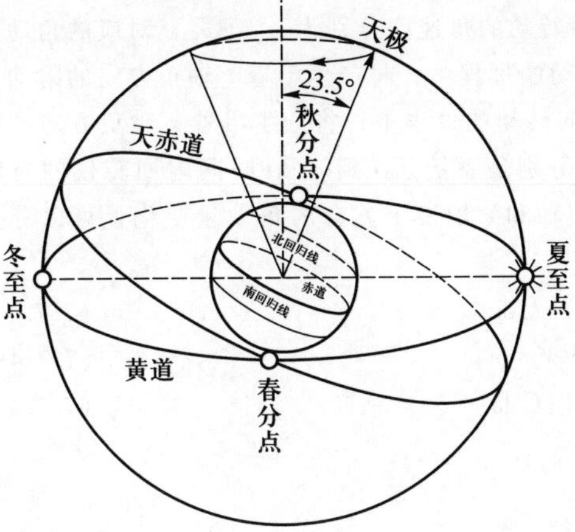

图 7.7.3-3

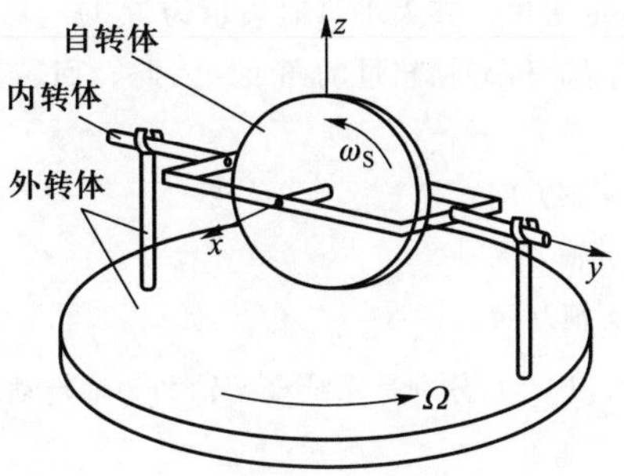

图 7.7.3-4

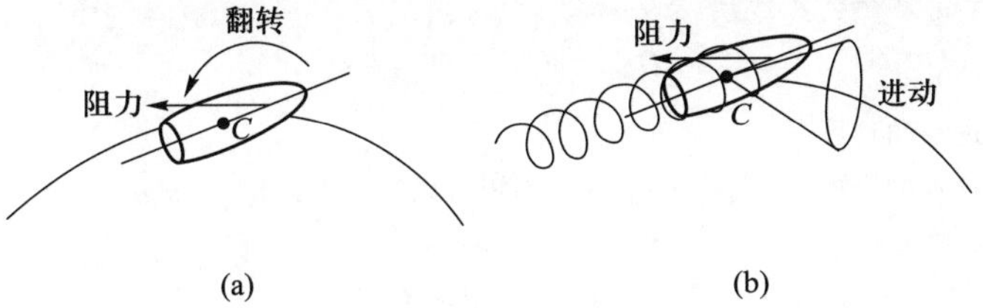

图 7.7.3-5

（4）自行车骑快容易骑慢难

骑自行车的人都有骑快容易骑慢难的体会. 自行车转弯不是靠转动车把，而是靠车体向一侧倾斜而实现的，其道理同上述陀螺进动的原理相同. 以自行车为参考系，自行车匀速直线行驶时（惯性系），自行车车轮转动的角动量方向是水平的，只有车体倾斜时（匀角速转动的非惯性系），其重力才能对车轮与地面的接触点产生力矩，该力矩与惯性离心力的力矩之和使自行车的角动量在水平方向进动，达到使自行车转弯的目的. 如果自行车车轮的自转角动量较小，就会产生翻转而不是进动了. 这就是自行车骑快容易骑慢难的原因.

7.7.4 刚体受外力矩作用时的章动现象

上述对刚体定点进动现象的讨论只是近似的结果. 事实上，刚体在有力矩作用下的严格运动比上述所讨论的运动过程要复杂. 实验发现，陀螺绕着对称轴转动后，陀螺对称轴的端点将在进动的基础上还伴有上、下的周期性运动，如图7.7.4-1中的曲线所示. 这种周期的上、下摆动，称为刚体的章动现象. “章动”的名称来源于拉丁文“nutation”，亦即“点头”的意思. 如何解释这一奇妙的现象？

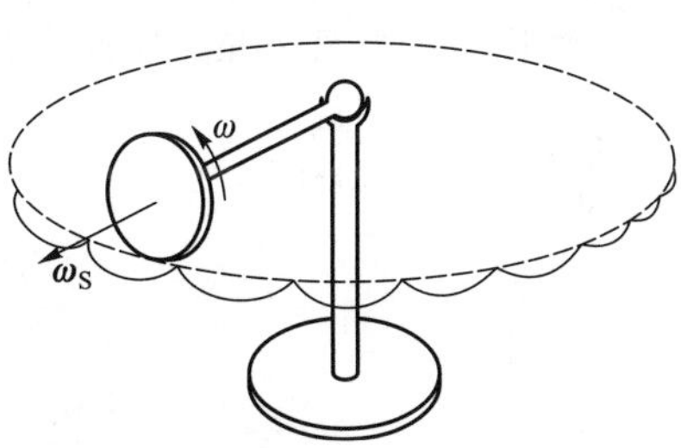

图 7.7.4-1

仍以图 7.7.1-1 所示的回转仪系统为例. 将平衡物 P 向 y'轴的正方向移动，使系统的质心位于 y'轴的正方向一侧，则系统处于非平衡状态. 先用手水平地托住刚体的轴，让刚体自转获得 $\boldsymbol{L}_S=J_S\boldsymbol{\omega}_S$的角动量后，从静止释放. 将回转仪以后的可能的复杂运动分解为 x' 轴、y' 轴和 z' 轴三个方向的分运动. 设回转仪除了绕自转轴(y' 轴,角动量为 L_S)的自转外，还有绕 x' 轴和 z' 轴正方向的转动，转动的角速度分别为 $\omega_{x'}$、$\omega_{z'}$，对应的角动量则可以分别表示为 $J_{x'}\omega_{x'}$、$J_{z'}\omega_{z'}$. 当回转仪绕 x' 轴正向转动的过程中，将产生沿着 z' 轴正方向的附加角动量变化，其大小可以表示为 $L_S\mathrm{d}\theta$；当回转仪绕 z' 轴正向转动的过程中，将产生沿着 x' 轴负方向的附加角动量变化，其大小可以表示为 $L_S\mathrm{d}\varphi$. 其中，$\mathrm{d}\theta$、$\mathrm{d}\varphi$ 分别是系统从 t 到 $t+\Delta t$ 时间内回转仪的自转轴相对 z' 轴和 x' 轴转过的角度. 因此，回转仪在 x' 轴、y' 轴和 z' 轴三个方向的角动量变化量可以分别表示为

x' 轴方向：
$$\mathrm{d}L_{x'}=\mathrm{d}(J_{x'}\omega_{x'})-L_S\mathrm{d}\varphi \tag{7.7.4-1a}$$

y' 轴方向：
$$\mathrm{d}L_{y'}=0 \tag{7.7.4-1b}$$

z' 轴方向：
$$\mathrm{d}L_{z'}=\mathrm{d}(J_{z'}\omega_{z'})+L_S\mathrm{d}\theta \tag{7.7.4-1c}$$

其中，$J_{x'}$、$J_{z'}$ 分别是系统绕 x' 轴和 z' 轴转动的转动惯量，而且

$$\omega_{x'}=\frac{\mathrm{d}\theta}{\mathrm{d}t},\qquad \omega_{z'}=\frac{\mathrm{d}\varphi}{\mathrm{d}t} \tag{7.7.4-2}$$

在 7.7.3 节讨论刚体的进动现象时，只是考虑了(7.7.4-1a)式中 $L_S\mathrm{d}\varphi$ 的角动量变化，而忽略了(7.7.4-1)式中其他成分角动量的变化. 令

$$\Omega_{章动}=\omega_{x'},\qquad \Omega_{进动}=\omega_{z'} \tag{7.7.4-3}$$

二者分别称为章动和进动角速度.

回转仪的重力对 O 点的力矩在三个转轴上的分力矩可以表示为，$M_{x'}=-mgr_{CO}$，$M_{y'}=M_{z'}=0$. 对(7.7.4-1)式应用角动量定理并整理得

$$J_{x'}\frac{\mathrm{d}\Omega_{章动}}{\mathrm{d}t}-L_S\Omega_{进动}=-mgr_{CO} \tag{7.7.4-4a}$$

$$J_S\omega_S=常量 \tag{7.7.4-4b}$$

$$J_{z'}\frac{\mathrm{d}\Omega_{进动}}{\mathrm{d}t}+L_S\Omega_{章动}=0 \tag{7.7.4-4c}$$

考虑到对称刚体有 $J_{x'}=J_{z'}=J_P$，令 $\omega_0=\dfrac{J_S}{J_P}\omega_S$，联立(7.7.4-4)式可得

$$\frac{\mathrm{d}^2\Omega_{章动}}{\mathrm{d}t^2}+\omega_0^2\Omega_{章动}=0 \tag{7.7.4-5a}$$

$$\frac{\mathrm{d}^2\Omega_{进动}}{\mathrm{d}t^2}+\omega_0^2\Omega_{进动}=\omega_0^2\frac{mgr_{CO}}{J_S\omega_S} \tag{7.7.4-5b}$$

如果考虑系统的阻尼力矩，并设它们分别与各自的角加速度成正比，即分别为 $2\alpha_{章动}\dfrac{\mathrm{d}\Omega_{章动}}{\mathrm{d}t}$，$2\alpha_{进动}\dfrac{\mathrm{d}\Omega_{进动}}{\mathrm{d}t}$，则(7.7.4-5)式变为

$$\frac{\mathrm{d}^2\Omega_{章动}}{\mathrm{d}t^2}+2\alpha_{章动}\frac{\mathrm{d}\Omega_{章动}}{\mathrm{d}t}+\omega_0^2\Omega_{章动}=0 \tag{7.7.4-6a}$$

$$\frac{\mathrm{d}^2\Omega_{进动}}{\mathrm{d}t^2}+2\alpha_{进动}\frac{\mathrm{d}\Omega_{进动}}{\mathrm{d}t}+\omega_0^2\Omega_{进动}=\omega_0^2\frac{mgr_{CO}}{J_S\omega_S} \tag{7.7.4-6b}$$

因此，章动和进动的角速度分别满足阻尼振动和受迫运动方程（详见第九章）. 设 $\omega_{章动}=\sqrt{\omega_0^2-\alpha_{章动}^2}$，$\omega_{进动}=\sqrt{\omega_0^2-\alpha_{进动}^2}$，由高等数学知识可知，在弱阻尼力矩（详见第九章）的情况下，它们的解分别为

$$\Omega_{章动}=A_{章动}e^{-\alpha_{章动}t}\cos(\omega_{章动}t+\phi_{章动}) \tag{7.7.4-7a}$$

$$\Omega_{进动}=A_{进动}e^{-\alpha_{进动}t}\cos(\omega_{进动}t+\phi_{进动})+\frac{mgr_{CO}}{J_S\omega_S} \tag{7.7.4-7b}$$

如上所得的 $\Omega_{章动}$ 和 $\Omega_{进动}$ 随时间的解析表达式，解释了绕自转轴旋转的对称刚体在有外力矩作用下的进动和章动行为. 当无阻力力矩时，系统的章动角速度满足简谐振动规律，进动角速度则为以恒定角速度为基础的简谐振动. 当有弱阻尼力矩作用时，章动角速度将是阻尼振动，进动角速度则为以恒定角速度为基础的阻尼振动. 随着时间的推移，最终不仅章动现象消失，进动角速度的周期性行为也消失，系统以稳定的角速度 $\dfrac{mgr_{CO}}{J_S\omega_S}$ 进动.

7.7.5 刚体定点纯滚动时的进动现象

刚体除了定点进动和章动较为复杂的现象外，还有一种较为复杂的定点纯滚动现象，本节以例题方式给出处理方法.

例 7.7.5-1 陀螺由一质量为 m、半径为 R 的均质圆盘和一轻杆组成，杆的一端 O 固定，圆盘贴着水平台面做纯滚动，使杆以恒定的角速度 Ω 绕过 O 点的竖直轴旋转，杆与竖直轴成 α 角，如例 7.7.5-1(a) 图所示. 求台面对盘的支撑力 F_N 和系统的总动能.

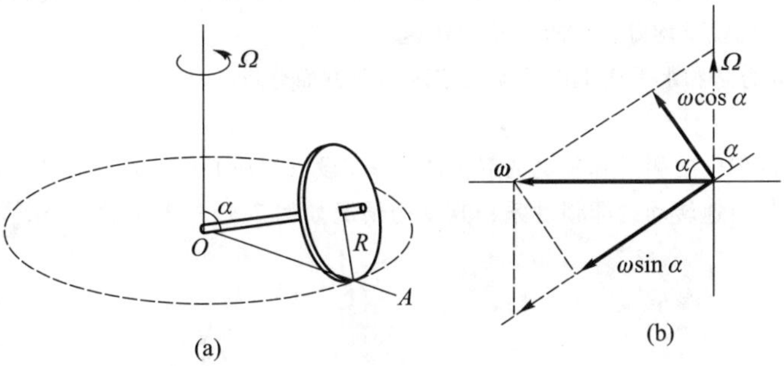

例 7.7.5-1 图

解： 以 O 点为参考点，由题可知，系统绕过 OA 的瞬时轴转动，设其角速度为 ω. 圆盘具有轴对称性，由 7.7.1 节的讨论结果得知，过 O 点，跟随刚体一起转动的、沿杆的径向和垂直杆的横向为刚体的惯量主轴方向. 如果将系统绕瞬时轴的角速度 ω 沿杆的径向和横向进行分解，那么系统的总角动量和总动能可以分别表示为

$$\boldsymbol{L}_O=\boldsymbol{L}_{杆径}+\boldsymbol{L}_{杆横},\quad E_k=\frac{1}{2}J_{杆径}\omega_{杆径}^2+\frac{1}{2}J_{杆横}\omega_{杆横}^2$$

据此求出系统的总角动量 $\boldsymbol{L}_O$ 后，再将其沿水平面方向和竖直方向分解. 竖直方向的分量守恒，水平面上的分量将在重力和支撑力矩的作用下进动. 具体求法如下：

由题意可知，系统绕瞬时轴的总角速度 ω 是由竖直方向的进动分角速度 Ω 和与竖直方向成 α 角的另一分角速度合成而来. 由例 7.7.5-1(b) 图的几何关系可得系统的总角速度与进动速度的关系为 $\omega=\Omega\tan\alpha$. 再将总角速度 ω 沿杆的径向和横向分解得 $\omega_{杆径}=\omega\sin\alpha$，$\omega_{杆横}=\omega\cos\alpha$.

系统总角动量 $\boldsymbol{L}_O=\boldsymbol{L}_{杆径}+\boldsymbol{L}_{杆横}$，其大小分别为

$$L_{杆径}=J_{杆径}\omega_{杆径}=\frac{1}{2}mR^2\omega\sin\alpha$$

$$L_{杆横}=J_{杆横}\omega_{杆横}=\left[\frac{1}{4}mR^2+m\ (R\tan\alpha)^2\right]\omega\cos\alpha$$

再将 $\boldsymbol{L}_O=\boldsymbol{L}_{杆径}+\boldsymbol{L}_{杆横}$ 沿水平方向和竖直方向分解，水平面上的分量大小为

$$L_{\mathrm{h}}=L_{杆径}\sin\alpha+L_{杆横}\cos\alpha$$

水平面方向上应用角动量定理(取垂直 OA 的进动方向为正方向)

$$mg(R\tan\alpha)\sin\alpha-F_{\mathrm{N}}\frac{R}{\cos\alpha}=-L_{\mathrm{h}}\frac{\mathrm{d}\varphi}{\mathrm{d}t}=-L_{\mathrm{h}}\Omega$$

联立解得

$$F_{\mathrm{N}}=\frac{1}{4}m\Omega^2R\sin\alpha(1+5\sin^2\alpha)+mg\sin^2\alpha$$

系统的总动能为

$$E_{\mathrm{k}}=\frac{1}{2}J_{杆径}\omega^2_{杆径}+\frac{1}{2}J_{杆横}\omega^2_{杆横}=\left(\frac{1}{8}+\frac{3}{4}\tan^2\alpha\right)mR^2\Omega^2\sin^2\alpha$$

例 7.7.5-2 为了避免高速行驶的汽车在转弯时容易发生的翻车现象，可在车上安装一高速自旋的大飞轮.(1)试问：飞轮应安装在什么方向上，飞轮应沿什么方向转动？(2)设汽车的质量为 m_0，其行驶速度为 v. 飞轮是质量为 m，半径为 R 的圆盘. 汽车(包括飞轮)的质心距离地面的高度为 h. 为使汽车在绕一曲线行驶时，两面车轮的负重均等，试求飞轮的转速.

解：本题可以从静力学和水平面上的角动量定理两个方面分析.

静力学分析：

汽车在转弯行驶过程中的侧滑和翻倒的静力学分析(设汽车质心的转弯半径为 R,两轮之间间距为 L). 以车为参考系，是一匀角速转动的非惯性系，其受力情况如例 7.7.5-2(a)图所示. 不测滑和不翻倒的条件为

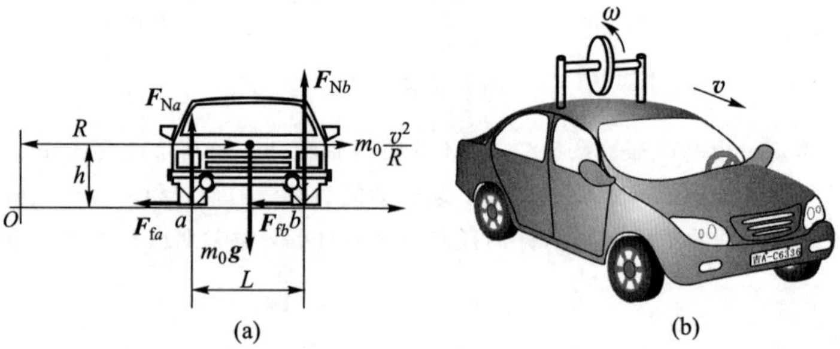

例 7.7.5-2 图

水平方向受力平衡： $m_0\dfrac{v^2}{R}=F_{\mathrm{f}a}+F_{\mathrm{f}b}$

竖直方向受力平衡： $F_{\mathrm{N}a}+F_{\mathrm{N}b}=m_0g$

相对 a 点力矩平衡： $m_0g\dfrac{1}{2}L+m_0\dfrac{v^2}{R}h=F_{\mathrm{N}b}L$

相对 b 点力矩平衡：

$$m_0 g \frac{1}{2}L - m_0 \frac{v^2}{R}h = F_{Na}L$$

由上述各式可以得到

$$F_{Nb} - F_{Na} = \frac{2m_0 hv^2}{LR}$$

即汽车转弯的过程中，外侧轮胎的压力大于内侧轮胎的压力，且 F_{Nb} 永远不会为零，而 F_{Na} 可能为零.

侧滑条件：当 $F_{fa}+F_{fb}=m_0\frac{v^2}{R}>m_0 g\mu$ 时，将会出现向外的侧滑，而不会出现向里的侧滑.

翻转条件：由于 F_{Nb} 永远不会为零，而 F_{Na} 可能为零，因此汽车不会以 a 点为支点翻倒，而只会以 b 点为支点翻倒，即向外侧翻倒. 翻倒的条件为 $F_{Na}=0$，即 $m_0\frac{v^2}{R}h>m_0 g\frac{1}{2}L$.

实际上，先出现侧滑还是先出现翻倒，取决于汽车的运动先达到哪个条件.

角动量定理分析：

以地面为参考系，汽车转弯时，汽车相对转弯中心的角动量在水平面上的分量为

$$L_{水平} = m_0 vh$$

在水平面上应用角动量定理

$$F_{Nb}\left(R+\frac{1}{2}L\right)+F_{Na}\left(R-\frac{1}{2}L\right)-m_0 gR = L_{水平}\frac{\mathrm{d}\varphi}{\mathrm{d}t} = L_{水平}\Omega$$

其中，$\Omega=\frac{v}{R}$，由上述静力学分析，可知

$$F_{Na}+F_{Nb}=m_0 g$$

联立上述各式同样可得

$$F_{Nb}-F_{Na}=2L_{水平}\frac{\Omega}{L}=\frac{2m_0 hv^2}{LR}$$

显然汽车转弯时，外侧轮胎的压力大于内侧的压力. 由上式还可以进一步分析影响两侧轮胎压力差的因素，即汽车的质量越大、质心越高、转弯速度越大、两轮胎的车距越小、转弯半径越小，两侧轮胎的压力差就越大，反之则越小.

如果在汽车上安装一飞轮，飞轮的轴线与车速方向垂直，飞轮转动的方向与车轮的转动方向相反，如例 7.7.5-2(b)图所示，则整个系统在水平面上的角动量大小为

$$L_{水平}=L_{轴}-J\omega=(m_0+m)vh-\frac{1}{2}mR^2\omega$$

同上述推导过程相同，有

$$F_{Nb}-F_{Na}=2(L_{轴}-J\omega)\frac{\Omega}{L}$$

当 $L_{轴}-J\omega=0$，即 $(m_0+m)vh=\frac{1}{2}mR^2\omega$ 时，两侧轮胎负载相同，解得

$$\omega=\frac{2v(m_0+m)h}{mR^2}$$

本章知识单元和知识点小结

<table>
<tr><th>知识单元</th><th colspan="4">知 识 点</th></tr>
<tr><td rowspan="2">刚体定轴转动运动学</td><td colspan="2">描述刚体定轴转动的参量及相互关系</td><td colspan="2">刚体上任一点的线量与角量的关系</td></tr>
<tr><td colspan="2">$\omega=\dfrac{\mathrm{d}\theta}{\mathrm{d}t}$，$\alpha=\dfrac{\mathrm{d}\omega}{\mathrm{d}t}=\ddot{\theta}$</td><td colspan="2">$\boldsymbol{v}=\boldsymbol{\omega}\times\boldsymbol{r}$，$\boldsymbol{a}=\boldsymbol{\omega}\times\boldsymbol{v}+\boldsymbol{\alpha}\times\boldsymbol{r}$</td></tr>
<tr><td>刚体定轴转动动力学</td><td>相关参量表达式</td><td>转动定律</td><td>角动量定理</td><td>动能定理</td></tr>
<tr><td>刚体定轴转动动力学</td><td>$J=\sum\limits_i \Delta m_i r_i^2$
$E_k=\dfrac{1}{2}J\omega^2$
$L_z=J\omega$
$A=\int M_z\mathrm{d}\theta$</td><td>$M_z=J\alpha$
适用条件：
刚体、定轴或质心轴</td><td>$\int M\mathrm{d}t=J\omega-J_0\omega_0$
$M_z=0$ 时，
$J\omega=$常量（守恒）
适用条件：
质点系、定轴或质心轴</td><td>$\int M_z\mathrm{d}\theta=\dfrac{1}{2}J\omega^2-\dfrac{1}{2}J_0\omega_0^2$
适用条件：
刚体、定轴或质心轴或瞬时轴</td></tr>
<tr><td>刚体平面平行运动的处理方法</td><td colspan="4">可以看成是基点（质心）的平动+相对基点（质心）的转动</td></tr>
<tr><td rowspan="3">以质心为基点处理刚体的平面平行运动</td><td colspan="2">总动能：$E_k=\dfrac{1}{2}mv_C^2+\dfrac{1}{2}J\omega^2$</td><td colspan="2">总角动量：$\boldsymbol{L}=\boldsymbol{r}_C\times m\boldsymbol{v}_C+J\boldsymbol{\omega}$</td></tr>
<tr><td colspan="2">质心的平动方程</td><td colspan="2">相对质心转动的方程</td></tr>
<tr><td colspan="2">$\boldsymbol{F}_{外}=m\ddot{\boldsymbol{r}}_C=\dfrac{\mathrm{d}\boldsymbol{v}_C}{\mathrm{d}t}=m\boldsymbol{a}_C$
$\int\boldsymbol{F}_{外}\mathrm{d}t=m\boldsymbol{v}_C-m\boldsymbol{v}_{C0}$
$\int\boldsymbol{F}_{外}\cdot\mathrm{d}\boldsymbol{r}_C=\dfrac{1}{2}mv_C^2-\dfrac{1}{2}mv_{C0}^2$
$\boldsymbol{r}_C\times\boldsymbol{F}_{外}=\dfrac{\mathrm{d}\boldsymbol{L}_C}{\mathrm{d}t}$</td><td colspan="2">$M=J\alpha$
$\int M\mathrm{d}t=J\omega-J_0\omega_0$
$\int M\mathrm{d}\theta=\dfrac{1}{2}J\omega^2-\dfrac{1}{2}J_0\omega_0^2$</td></tr>
</table>

授课录像：
第七章知识单元小结

续表

知识单元	知识点	
刚体平面平行运动的瞬时转轴	动能定理	转动定律
	$\int M_P \mathrm{d}\theta = \frac{1}{2}J_P\omega^2 - \frac{1}{2}J_{P0}\omega_0^2$	$M_P = \frac{\mathrm{d}(J_P\omega)}{\mathrm{d}t} - \frac{1}{2}\omega\frac{\mathrm{d}J_P}{\mathrm{d}t}$
刚体的平衡	$\sum_i \boldsymbol{F}_i = 0,\quad \boldsymbol{M}_A = \sum_i \boldsymbol{M}_{iA} = \sum_i \boldsymbol{r}_{iA} \times \boldsymbol{F}_i = 0$	
刚体的定点进动和章动现象	利用角动量定理处理对称刚体的定点进动和章动现象	

习　　题

课后作业题

7-1. 一根长为 l 的不均匀细杆，其线密度 $\lambda = a+bx$（x 为离杆的一端 O 的距离 a、b 为已知常量）. 求该杆对过 O 端并垂直于杆的轴的转动惯量.

第七章参考答案

7-2. 一质量为 m_0、半径为 R 的均质圆盘，可绕过其圆心且垂直于圆盘的光滑水平轴在竖直平面内转动. 在盘的边上绕有一不可伸长的细绳，绳的一端连有一质量为 m 的物体. 开始时绳子伸直，物体 m 的高度为 h，并由静止开始下降，设绳与盘边之间无相对滑动. 试求：（1）绳的张力 F_T；（2）物体 m 到达地面所需的时间 t.

7-3. 在粗糙的水平面上，一半径为 R、质量为 m 的均质圆盘绕过其中心，且与盘面垂直的竖直轴转动，如习题 7-3 图所示. 已知圆盘的初角速度为 ω_0，圆盘与水平面间的摩擦因数为 μ，若忽略圆盘轴承处的摩擦，问经过多长时间圆盘将静止？

7-4. 一个高为 h、底半径为 R 的圆锥体，可绕其固定的竖直对称轴自由旋转. 在其表面沿母线刻有一条光滑的斜槽，如习题 7-4 图所示. 开始时，锥体以角速度 ω_0旋转，此时，将质量为 m 的小滑块从槽顶无初速释放. 设在滑块沿槽滑下的过程中始终不脱离斜槽，而锥体绕竖直轴的转动惯量为 J_0. 试问：（1）当滑块到达底边时，圆锥体的角速度为多大？（2）当滑块到达底边时，滑块相对地面的速度为多大？

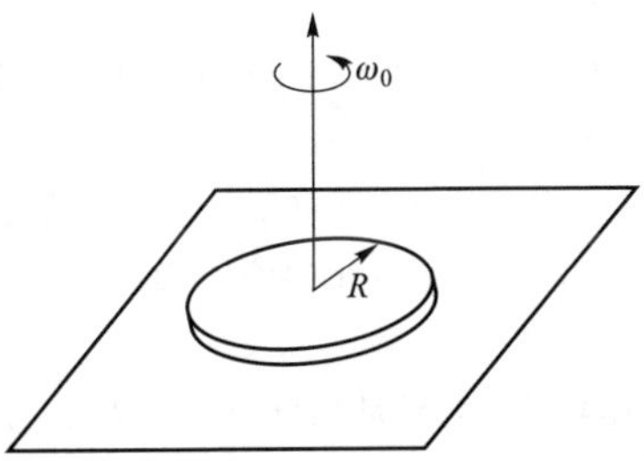

习题 7-3 图

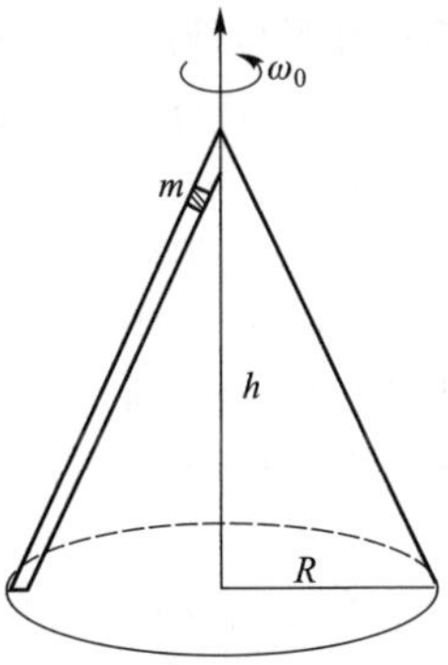

习题 7-4 图

7-5. 质量为 m、半径为 r 的均质球置于粗糙的水平面上，球与水平面之间的摩擦因数为 μ. 开始时，球的转动角速度为 ω_0而质心静止. 试问：(1) 经过多少时间球开始做纯滚动？(2) 球做纯滚动时质心的速度为多大？

7-6. 将一根长为 L、质量为 m 的均匀杆上长为 $l\left(l<\dfrac{1}{2}L\right)$ 的一段搁在桌边，另一端用手托住，使杆处于水平状态，如习题 7-6 图所示. 现释放手托的一端，试问，当杆转过的角度 θ 为多大时，杆开始滑离桌边(设杆与桌边之间的摩擦因数为 μ)？

7-7. 质量为 m 的子弹，以速度 v_0射入质量为 m_0、半径为 R 的圆盘的边缘，并留在该处. v_0的方向与入射处的半径垂直，如习题 7-7 图所示. 试就以下两种情况：(1) 盘心装有一与盘面垂直的光滑固定轴；(2) 圆盘是自由的. 求子弹射入后圆盘系统总动能之比 E_{k1}/E_{k2}.

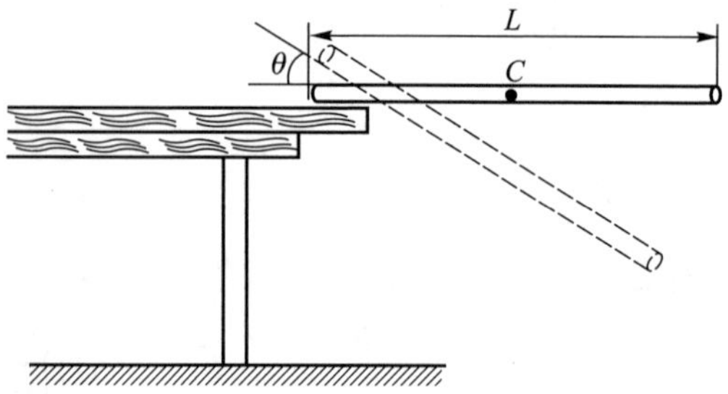

习题 7-6 图

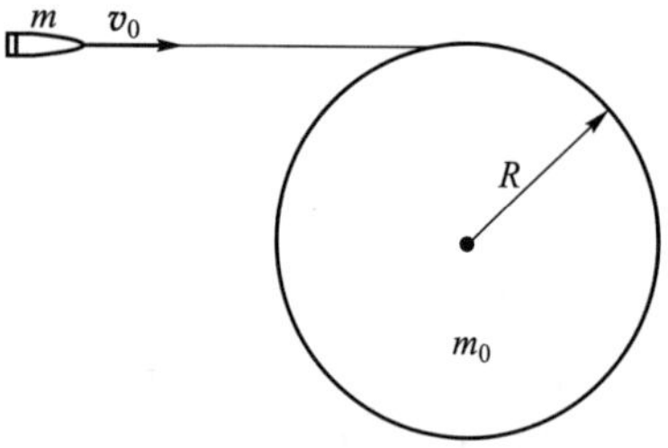

习题 7-7 图

7-8. 如习题 7-8 图所示，质量为 m_0、半径为 R 的弹性球在水平面上做纯滚动，球心速度为 v_0，与粗糙的墙面发生碰撞后，以相同的球心速度反弹，设球与墙面的摩擦因数为 μ，碰撞时球与水平面的摩擦可以忽略. (1) 碰撞后，球经过一段时间开始做纯滚动，求此时的球心速度；(2) 若球与墙面之间的碰撞时间为 Δt，为使碰撞时球不会跳起，则摩擦因数应满足什么关系？设碰撞过程中的相互作用力为恒力.

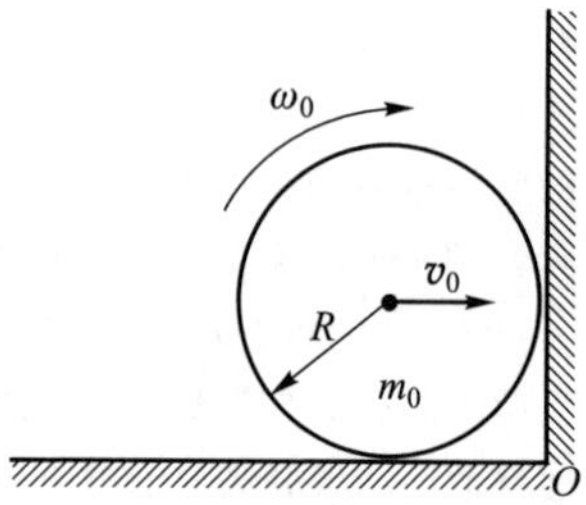

习题 7-8 图

7-9. 一根长为 $2l$、质量为 $2m_0$的均匀细杆，可以绕过中点的固定轴在水平面内自由转动. 在离中心$\dfrac{1}{3}l$ 处各套有两个质量均为 m 的小珠子，开始时杆的转动角速度为 ω_0，而两小珠相对静止. 当释放小珠后，小珠将沿杆无摩擦地向两端滑动. 试问：(1) 当小珠滑至杆端时，杆的角速度为多大？(2) 当小珠滑至杆端时，小珠相对杆的速度多大？(3)当小珠滑离杆时，小珠的速度为多大？

7-10. 两根质量均为 m、长度均为 l 的相同均质细杆 AC 与 CB，两杆的 C 端用一光滑的铰链相连. 将两杆分开一定角度，让 A、B 端与光滑地面接触，并使两杆均在竖直平面内. 开始时，两杆与地面间的夹角均为 θ. 现无初速地释放两杆，问两杆着地时 C 点的速度.

7-11. 两光滑墙面互相垂直，在墙 B 上离墙面 A 距离 s 处，有一光滑钉子，将一长度为 $2l$、质量为 m_0的均匀杆的一端抵在墙上，杆身斜置在钉子上，使杆位于垂直于墙面 A 的竖直平面内，求平衡时杆与水平面所成的角 θ.

7-12. 如习题 7-12 图所示，一飞轮以 ω 的角速度高速转动，其转动惯量为 J_0，试问，为使水平圆台以恒定角速度 Ω 转动($\Omega \ll \omega$)，则所需加在圆台上的力矩为多大？

7-13. 在光滑水平面上，质量均为 m_0的两小球由一长为 l 的轻杆相连. 另一质量为 m 的小球以 v_0的速

率向着与杆成 θ 角的方向运动，并与某一 m_0 发生碰撞，碰后 m 以 $\frac{1}{2}v_0$ 的速率沿原路线反弹. 试求碰撞后轻杆系统绕其质心转动的角速度 ω，参见习题 7-14 图.

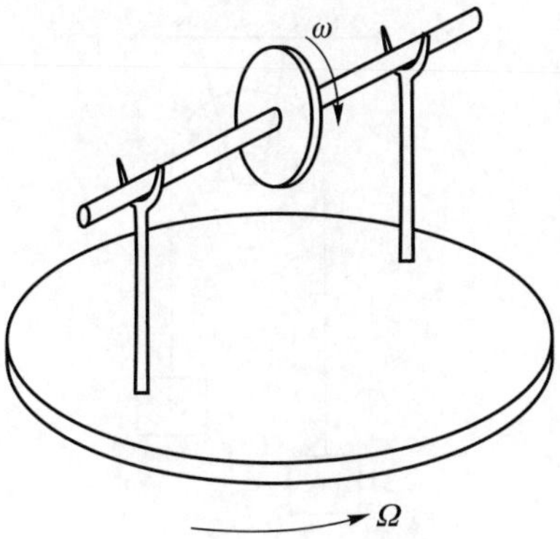

习题 7-12 图

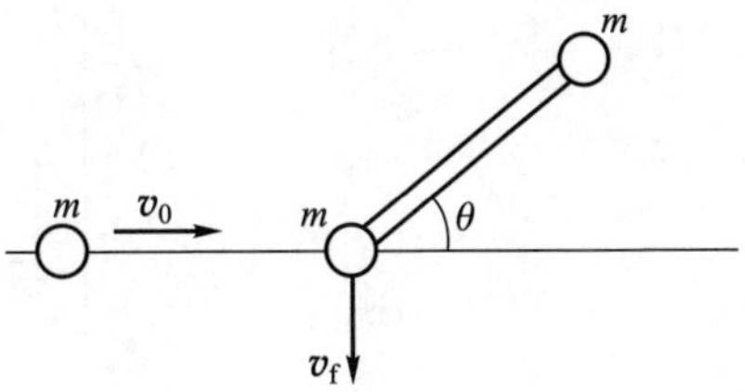

习题 7-14 图

7-14. 若上题中三球的质量相同，均为 m，且 $\theta=45°$. 当运动小球以 v_0 的速率与连在杆上的某一球发生弹性碰撞后，即沿垂直于原速度的方向运动，如习题 7-14 图所示. 试求：(1) 碰撞后，运动小球的速度 v_f；(2) 碰撞后，轻杆系统绕其质心转动的角速度 ω.

自检练习题

7-15. 一块边长为 a、质量为 m_0 的正三角形薄板，求该板对过其一边的轴的转动惯量.

7-16. 在质量为 m_0、半径为 R 的匀质圆盘上，有三个半径为 $\frac{1}{3}R$ 的小圆孔，圆孔的圆心分别在三条半径的中心处，此三条半径把圆盘分割成相等的三块，如习题 7-16 图所示. 求此圆盘对过其圆心且与盘面垂直的轴的转动惯量.

7-17. 两块质量均为 m_0、半径均为 R 的均匀薄圆盘间连有一均匀细杆，细杆长为 l，质量为 m 过两盘的圆心且与圆盘垂直，如习题 7-17 图所示. 求此装置对通过某一圆盘直径的轴的转动惯量.

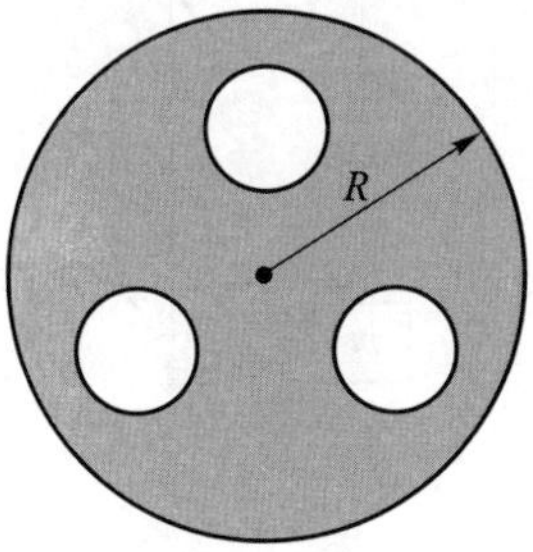

习题 7-16 图

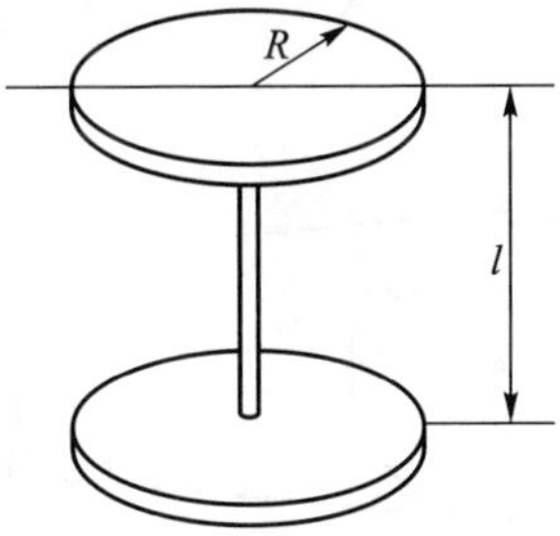

习题 7-17 图

7-18. 质量分别为 $m_1=200$ g，$m_2=250$ g 的两个物体用细绳相连，绳子套在质量 $m_0=100$ g，半径 $r=10$ cm 的滑轮上，m_2 放在光滑的水平桌面上，m_1 悬挂着，如习题 7-18 图所示. 设滑轮为一质量均匀的圆盘，绳子的长度不变，绳子的质量及滑轮轴承处的摩擦均可忽略不计，绳子与滑轮之间无滑动. 求 m_1 的加速度 a 以及绳子各处的张力 F_{T1} 和 F_{T2}.

7-19. 如习题 7-19 图所示的阿特伍德机中，两物体质量分别是 m_1 和 m_2，滑轮半径为 R，质量为 m_0. 若物体运动时，滑轮与绳之间有相对滑动，两者之间的摩擦因数为 μ. 设绳不可伸长，滑轮轴承处的摩擦也可以忽略. 试求：(1) m_1 与 m_2 的加速度；(2) 滑轮的角加速度 α.

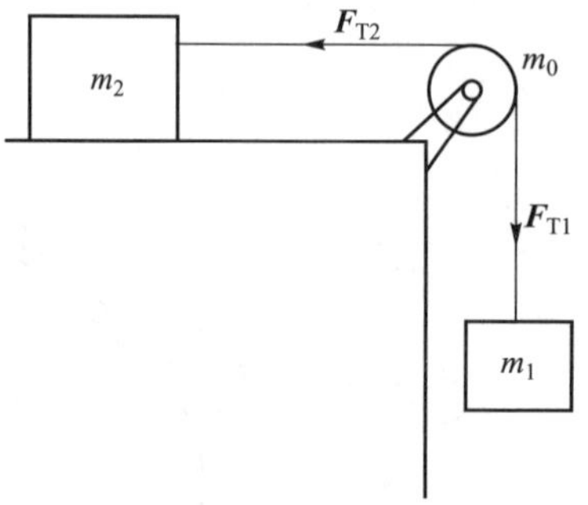

习题 7-18 图

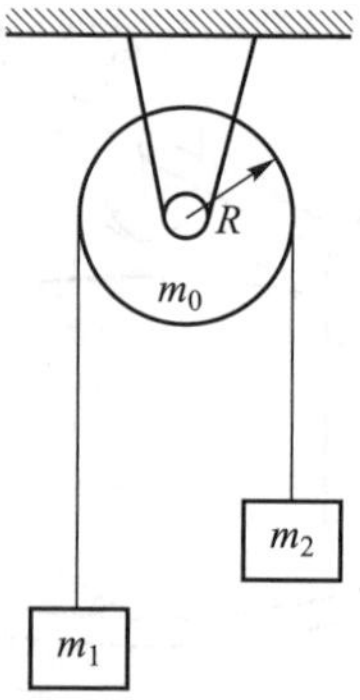

习题 7-19 图

7-20. 同一平面内的半径分别为 R_1 和 R_2，质量分别为 m_1 和 m_2 的轮子以皮带相连接，可绕各自的轴转动，如习题 7-20 图所示. 今在 m_1 轮上作用一力矩 M，试求两轮的角加速度. 设两轮的质量均集中在轮边，皮带与轮之间无滑动，皮带的质量和两轴承处的摩擦均可忽略.

7-21. 一质量为 m_2、半径为 R_2 的圆盘，沿着绕在它边缘上的带子展开，带子跨过一质量为 m_1、半径为 R_1 的定滑轮，带子的另一端悬挂一质量为 m 的重物，如习题 7-21 图所示. 设圆盘沿竖直线下落，假定皮带的质量可忽略. 试求：(1) 重物 m 的加速度 a_1；(2) 圆盘质心的加速度 a_2.

7-22. 如习题 7-22 图所示，一圆柱体沿倾角为 θ 的斜面滚下，圆柱体与斜面之间的摩擦因数为 μ. 为使圆柱体沿斜面做纯滚动，试求 θ 的最大值.

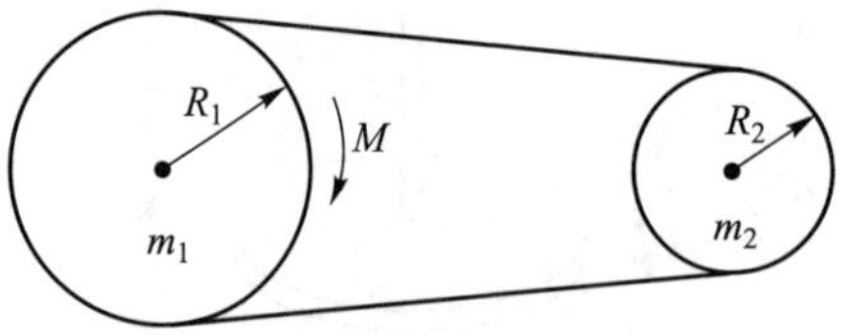

习题 7-20 图

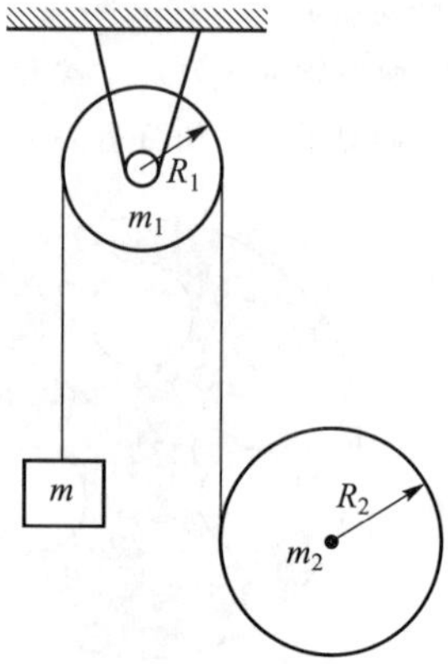

习题 7-21 图

7-23. 如习题 7-23 图所示，在倾角为 θ 的斜面上，一质量为 m、半径为 r 的圆柱体上绕有细绳，绳的一端缠绕在斜面顶端的定滑轮上，定滑轮为一质量为 m_0、半径也为 r 的圆盘. 设圆柱体沿斜面滚下时细绳拉直且不能伸长，并与斜面平行，细绳与圆柱体及定滑轮之间无相对滑动，可以忽略滑轮轴承处的摩擦. (1) 若圆柱体的滚动为纯滚动，求其质心的加速度；(2) 求圆柱体做纯滚动的条件.

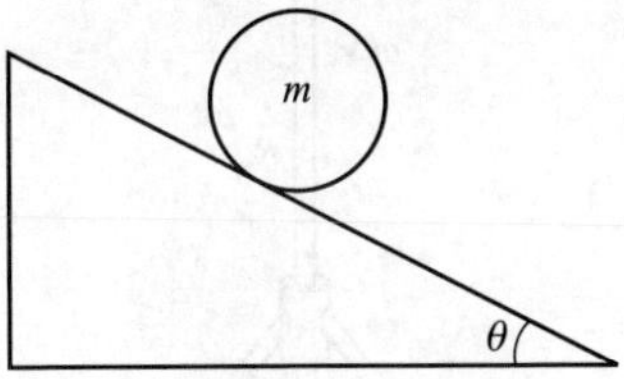

习题 7-22 图

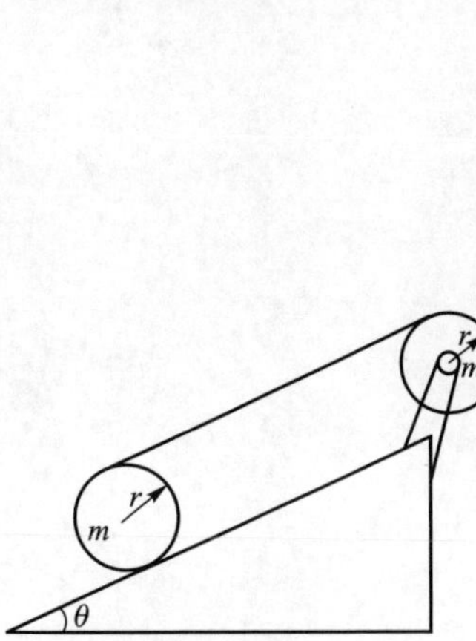

习题 7-23 图

7-24. 一质量为 m_0、半径为 R 的均质圆盘，可绕过其圆心且与盘面垂直的竖直轴自由转动. 圆盘原来静止，盘边上一质量为 m 的人以恒定的相对于盘面的速度 u 沿盘边缘行走时，则盘的转动角速度为多大?

7-25. 一块半径为 R 的水平轻质圆盘，可绕过其圆心 O 的竖直轴自由旋转. 在圆盘下面的边缘处等间隔地系有四个质量都为 m 的小球，如习题 7-25 图所示. 开始时，圆盘静止，一辆质量也为 m 的玩具汽车从 O 出发，以恒定的相对于盘的速率 v_0 沿半径驶往盘边，并沿盘边行驶. 试求：(1) 当玩具汽车沿半径行驶时，圆盘的转动角速度 ω_1；(2) 当玩具汽车沿盘边行驶时，圆盘的转动角速度 ω_2.

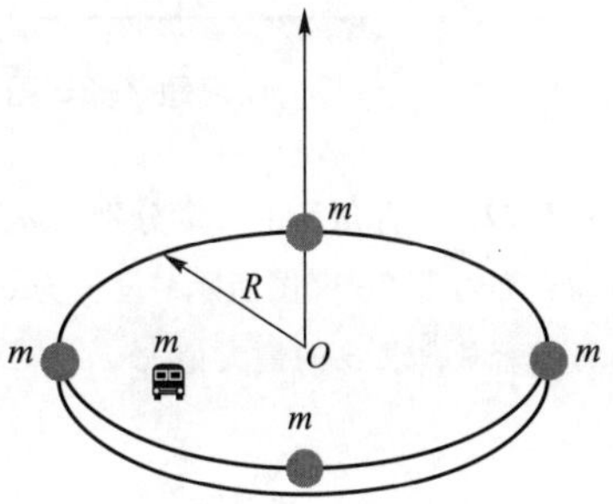

习题 7-25 图

7-26. 若上题中的竖直轴不在圆心，而在某一小球位置处，玩具汽车从该轴处以恒定的相对于圆盘的速率 v_0 沿盘边行驶. 试求：(1) 当玩具汽车行驶到第三小球位置处(即行驶了半圈)时，圆盘的转动角速度 ω_1；(2) 当玩具汽车行驶到第四小球位置处(即行驶了 3/4 圈时)，圆盘转动角速度 ω_2；(3) 当汽车回到转轴处时，圆盘的转动角速度 ω_3.

7-27. 质量皆为 m 的两珠子可在光滑轻杆上自由滑动，杆可在水平面内绕过 O 点的光滑竖直轴自由旋转. 原先两珠对称地位于 O 点的两边，与 O 相距 a. 在 $t=0$ 时刻，对杆施以冲量矩，使杆在极短时间内即以角速度 ω_0 绕竖直轴旋转. 求 t 时刻杆的角速度 ω、角加速度 α 及两珠与 O 点的距离 r.

7-28. 质量为 m_0、长为 l 的均质细棒以一端为支点悬挂起来. 一质量为 m 的子弹以 v_0 的水平速度射入棒的另一端，且留在棒内. 试求在子弹射入棒后，棒的最大偏转角 θ. 设在棒偏转时，支点处的摩擦可忽略.

7-29. 在一根长为 $3l$ 的轻杆上打一个小孔，孔离一端的距离为 l，再在杆的两端以及距另一端为 l 处各系一质量为 m_0 的小球，然后通过此孔将杆悬挂于一光滑的水平细轴 O 上，如习题 7-29 图所示. 开始时，轻杆静止，一质量为 m 的小铅粒以 v_0 的水平速度射入中间的小球，并留在里面. 若铅粒相对小球静止时杆的角位移可以忽略，试求杆在以后摆动中的最大摆角.

7-30. 将一根长 l、质量为 m 的均匀杆的一端搁在桌边，另一端用手托住，使杆处于水平位置，如习题 7-30 图所示. 试求将手释放瞬间杆对桌边的作用力.

7-31. 两根质量均为 m、长均为 l 的相同均匀杆，与一竖直轴刚性相连，杆与轴均成 θ 角，且三者在同一平面内，转轴被轴承在 A、B 点处固定，如习题 7-31 图所示. 当转轴以恒定角速度 ω 转动时，求转轴对轴承的水平作用力. 设两轴承到杆、轴连接点的距离均为 R.

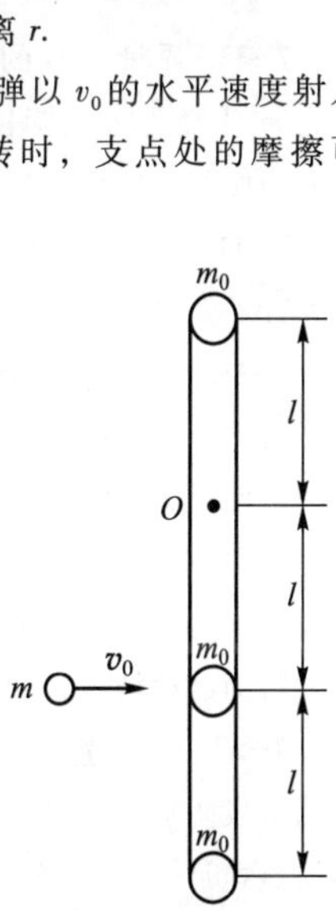

习题 7-29 图

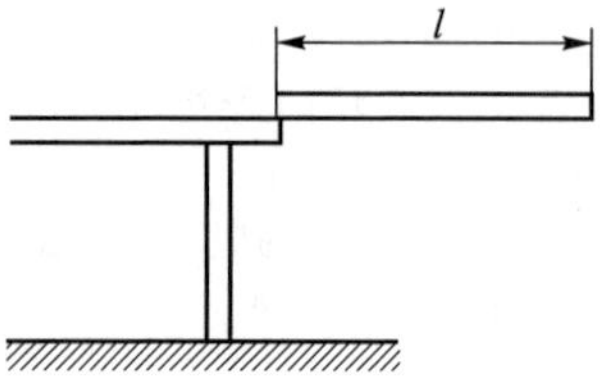

习题 7-30 图

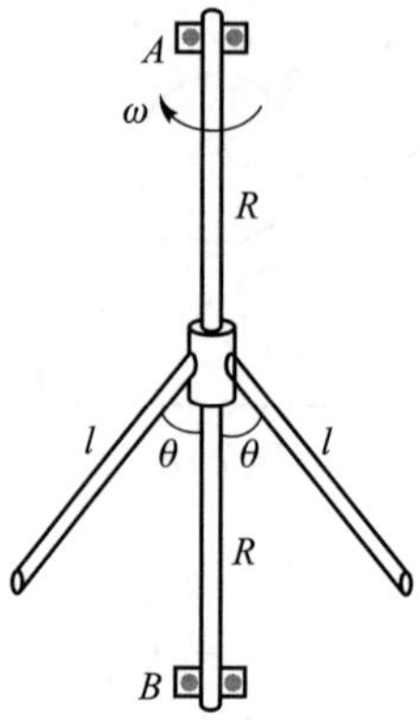

习题 7-31 图

7-32. 一直角尺由长度分别为 a 和 b 的两根棒构成，能在竖直平面内绕过直角顶点的光滑水平轴自由转动，如习题 7-32 图所示．设长为 a 的棒与竖直线间的夹角为 α．开始时，将尺拉至$\alpha=0$ 位置，然后由静止开始释放．求 α 的最大值．

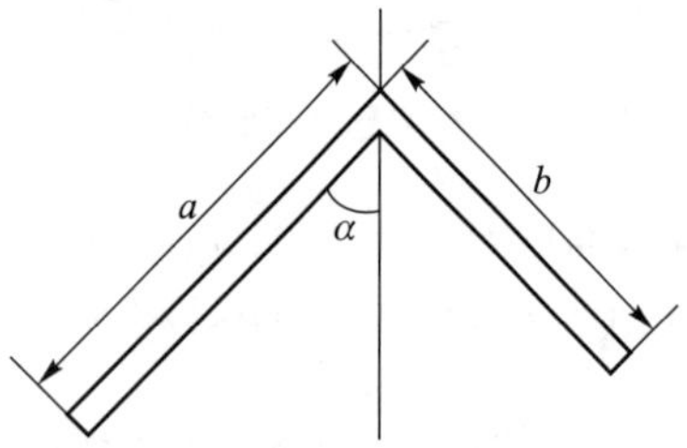

习题 7-32 图

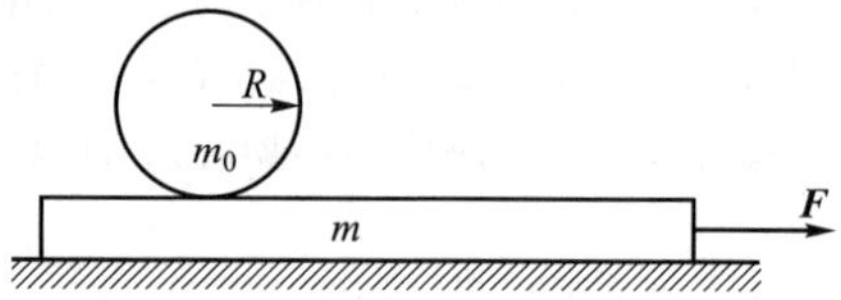

习题 7-33 图

7-33. 质量为 m 的板受水平力 F 的作用沿水平面运动，板与水平面之间的摩擦因数为 μ．板上放着质量为 m_0半径为 R 的圆柱体，如习题 7-33 图所示．(1) 若圆柱体在板上的运动为纯滚动，求板的加速度；(2) 为使圆柱体做纯滚动，求 F 的最大值．设圆柱体与板之间的摩擦因数也是 μ．

7-34. 一根长为 l、质量为 m 的均匀细棒，放置在光滑的水平桌面上，一个水平的冲量 I 突然垂直的作用于棒的另一端．试问：(1) 当棒旋转了 360°时，其质心运行了多远？(2) 冲击后棒的动能为多大？

7-35. 如习题 7-35 图所示，一质量为 m、半径为 r 的小球，从高为 h_0的斜坡顶端由静止开始滚下，并从高为 $h(h<h_0)$的斜坡的另一端飞离．离开时，小球的速度为竖直向上，若小球与斜坡之间的摩擦因数足够大，使小球始终做纯滚动．求小球飞离后所能上升的最大高度．

7-36. 将一水平方向上的冲量 I 作用在质量为 m_0、半径为 R 的最初是静止的均质小球上，作用点位于球心的上方，距地面的高度为 h，作用线位于球心而平行于纸面的平面内，如习题7-36图所示．试分析小球以后的运动情况，并求出小球做纯滚动时的角速度 ω．

7-37. 一质量为 m、半径为 r 的均质球 1 在水平面上做纯滚动，球心速度为 v_0，与另一完全相同的静止球 2 发生对心碰撞，如习题 7-37 图所示．设碰撞时各接触面间的摩擦均可忽略，碰撞是弹性的．(1) 碰撞后，各自经过一段时间，两球开始做纯滚动，求出此时各球心的速度；(2) 求此过程中系统机械能的损失．

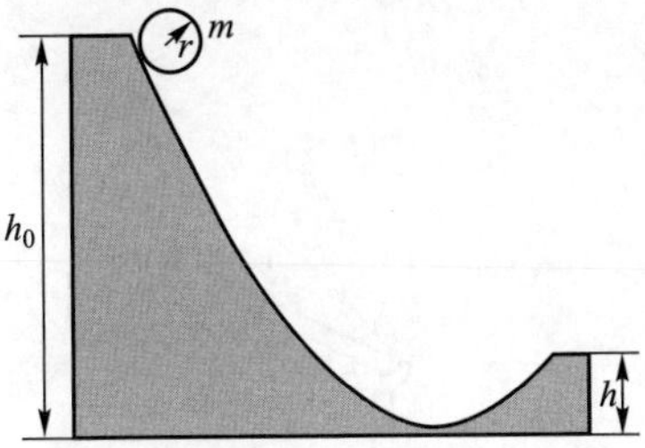

习题 7-35 图

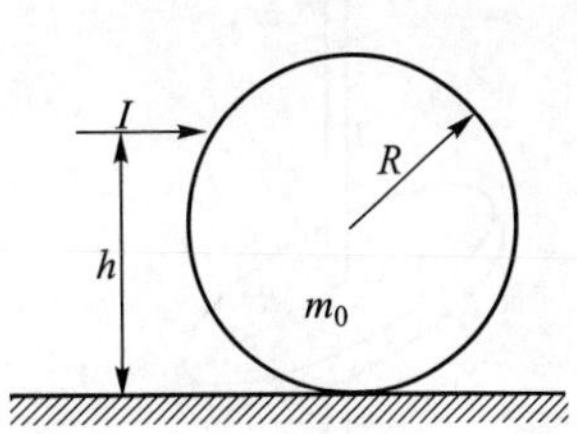

习题 7-36 图

7-38. 在质量为 m、边长为 a 的正方形板的一个顶点上系一根绳，绳的长度也是 a，其另一端与光滑墙面相连. 把板的另一顶点靠在墙上，使绳与板平面处在同一与墙面垂直的竖直平面内，如习题 7-38 图所示. 求平衡时绳中的张力.

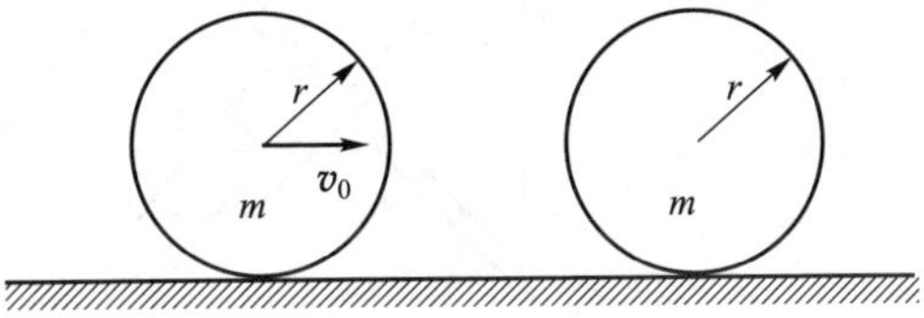

习题 7-37 图

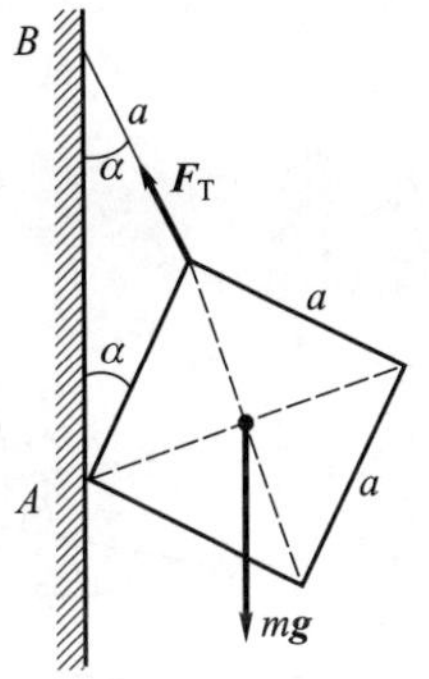

习题 7-38 图

7-39. 质量为 m 的线轴如习题 7-39 图所示，其外半径为 a，绕线部分的半径为 b. 设其绕轴线的转动惯量为 J. 今将绕线的一端以一恒力 F 拉它，F 与水平面成 θ 角. 设 $F\sin\theta<mg$.(1) 为使线轴向后(即与 F 的水平分量方向相反)做纯滚动，(i) 求 θ 的范围；(ii) 若满足(i)中的条件，则摩擦因数 μ 至少应为多大？(iii) 求出线轴质心运动的加速度. (2) 为使线轴向前做纯滚动，同样求出(1)中的三个问题.

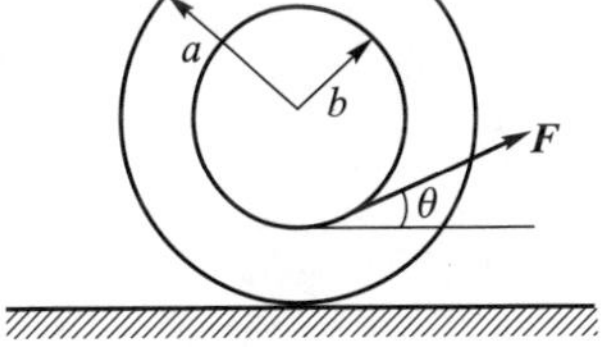

习题 7-39 图

***7-40.** 一质量为 m、半径为 R 的圆盘可绕通过其中心 O 的竖直轴以 ω 角速度转动，如习题7-40 图所示. 试求轴承处所受的水平作用力. 设 $OA=OB=l$，垂直于圆盘表面的法线与竖直轴成 α 角.

***7-41.** 如习题 7-41 图所示，一陀螺由一质量为 m、半径为 R 的厚圆盘构成，通过圆心且垂直于圆盘的自转轴为一轻杆，杆的尖端自由地支在离盘质心为 l 处的枢纽上. 现陀螺绕自转轴以 ω_0 的角速度高速自转，其自转轴以与水平面成 θ 角做均匀进动. 试求：(1) 进动角速度；(2) 枢纽所受的力.

***7-42.** 一半径为 r 的硬币，在桌面上绕半径为 R 的圆滚动，其质心速度为 v，如习题 7-42 图所示. 设硬币的滚动为纯滚动，求其轴线与水平线所成的角 $\theta(\theta\ll1, R\gg r)$.

***7-43.** 一陀螺由半径为 R、质量为 m 的薄圆盘及过其圆心且垂直于盘面的轻杆组成，盘缘及杆的一端 O 靠在桌面上，杆与桌面成45°角，如习题 7-43 图所示. 今陀螺以杆的一端 O 为支点，靠在桌面上做无滑动滚动，使杆绕竖直轴做匀速转动，角速度为 Ω. 求：(1) 桌面对盘缘的支承力 F_N；(2) 陀螺的动能.

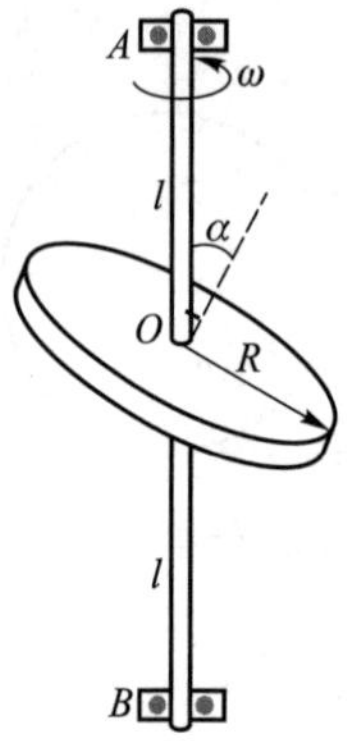

习题 7-40 图

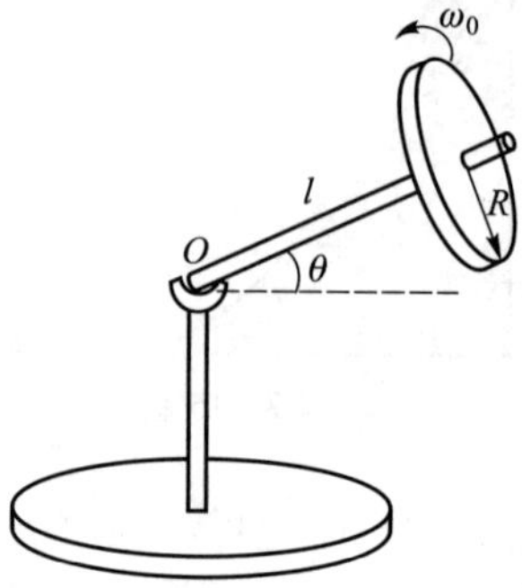

习题 7-41 图

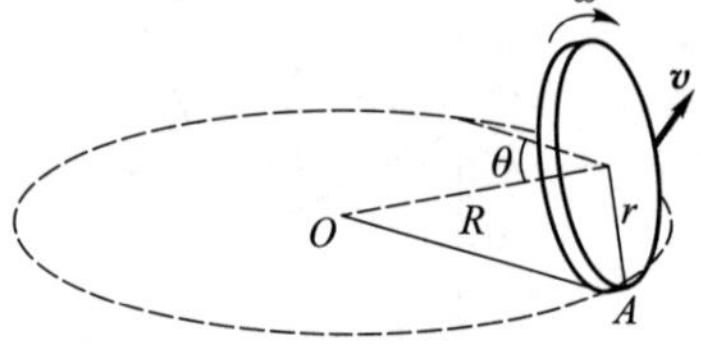

习题 7-42 图

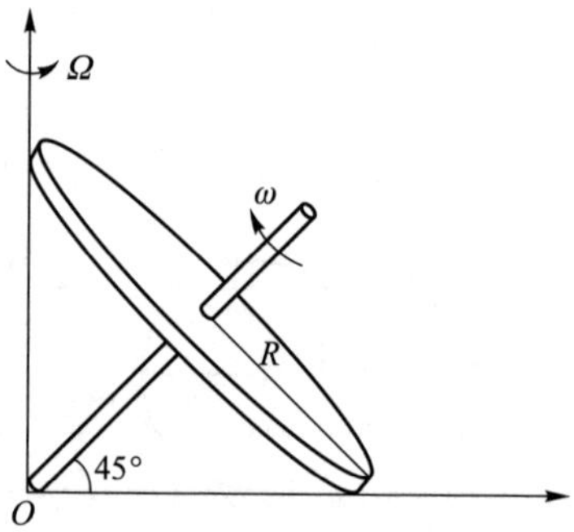

习题 7-43 图

第八章

流　体

如第七章所述，自然界中有形物质的存在状态可分为固态、液态、气态、等离子态．在外力和内力的作用下，固态物质的形变最小，忽略其形变时即是刚体，其几种简单运动形式的处理方法和规律已在第七章给出了总结．而液体、气体、等离子体等物质的压缩形变较大，各部分之间易发生相对运动，具有流动性，称为流体，显示出与刚体截然不同的物理性质．一般来说，流体不但可压缩，而且流体的流层之间有黏性作用．如果忽略流体的可压缩性，这种流体称为不可压缩的流体．如果忽略流体的可压缩性和流层之间的黏性作用，这种流体称为理想流体．

授课录像：
流体概述

从流体的运动形态角度，对流体的研究可分为流体静力学和流体动力学．流体静力学的最早研究始于古希腊的阿基米德，他在研究流体的浮力现象时，发现了浮力定律（阿基米德原理）；17 世纪的法国科学家帕斯卡在研究压力在静流体内的传播问题时，提出了帕斯卡定律．18 世纪的瑞士物理学家伯努利在研究流体动力学时建立了伯努利方程．

本章以本书的前两篇理论为基础，总结流体静力学、理想流体定常流动的基本运动规律及其应用，简介黏性流体的黏性力对流动的影响．

§8.1　流体静力学

静止不动的流体称为静流体．本节介绍静流体内部各点压强之间的关系、浸在流体内的物体所受浮力规律以及密闭流体的压力传递规律．

8.1.1　静流体内任意一点的压强

实际物体之间的相互作用是通过力来实现的．对于挤压性质的相互作用，一般来说，力($\boldsymbol{F}$)作用的是一个面积(S)．我们可以将力 $\boldsymbol{F}$ 分解为垂直 S 表面的压力($F_{\perp}$)和平行 S 表面的切向力($F_{\parallel}$)来表示．为了描述 S 面上单位面积所受的压力，定义

授课录像：
静流体内任意一点的压强

$$\bar{p}=\frac{F_{\perp}}{S} \tag{8.1.1-1a}$$

(8.1.1-1a)称为力 $F_{\perp}$ 作用在 S 面上的平均压强．如果需要描述 S 面上某点 A 处的压强 p，则需在 A 处附近取小截面 ΔS，用作用在该小截面上的压力 $\Delta F_{\perp}$ 除以 ΔS，并取极限获得，即

$$p=\lim_{\Delta S\to 0}\frac{\Delta F_{\perp}}{\Delta S} \tag{8.1.1-1b}$$

(8.1.1-1b)式即为某点处的压强 p 的定义式．

由上述压强的定义可知，压强是力相对所作用的截面而言的，因此，为了求得压强，首先要确定力所作用的截面．对于静流体内某点来说，过该点的单位截面有无限多个，那么垂直哪个截面的压强定义为该点的压强更为合适呢？

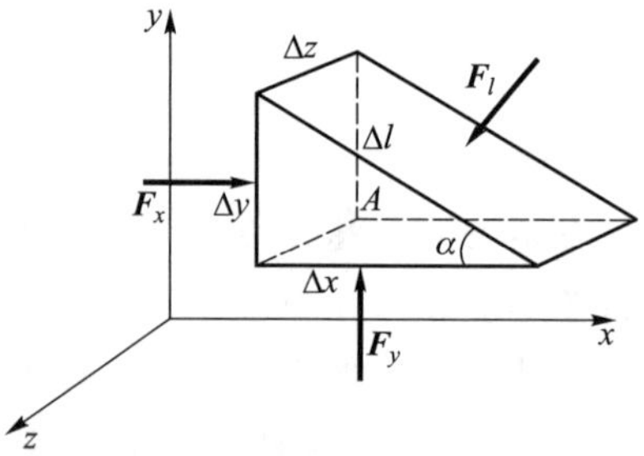

图 8.1.1-1

如图 8.1.1-1 所示，在流体内 A 点附近取一小三棱体，其斜边截面平行于 z 轴．设小棱体的三边长度分别为 Δx、Δy、Δl，对应的横截面积分别为 S_x、S_y、S_l，对应这三个截面所受到周围流体的作用力分别为 F_x、F_y、F_l. 小三棱体受到重力 Δmg.

对所选取的小三棱体应用牛顿第二定律，由于其静止不动，所以作用在小三棱体上合力应为零，即

x 方向：
$$p_xS_x-p_lS_l\sin\alpha=0 \tag{8.1.1-2a}$$

y 方向：
$$p_yS_y-p_lS_l\cos\alpha-\Delta mg=0 \tag{8.1.1-2b}$$

$$\Delta m=\left[\left(\frac{1}{2}\Delta x\Delta y\right)\Delta z\right]\rho \tag{8.1.1-2c}$$

$$S_x=S_l\sin\alpha,\qquad S_y=S_l\cos\alpha \tag{8.1.1-2d}$$

当 $\Delta V\to 0$ 时，p_x、p_y、p_l 即为 A 点在三个方向上的压强，忽略 $\Delta m=\frac{1}{2}\Delta x\Delta y\Delta z\rho$ 三阶小量，由(8.1.1-1)各式得 $p_x=p_y=p_l$. 同理，如果小三棱体的斜边截面平行于 x 轴或 y 轴，同样有

$$p_x=p_y=p_z=p_l \tag{8.1.1-3}$$

以此类推得出结论，A 点各方向的压强相等．

由此可以看出，对静流体内任意一点，过该点垂直任何单位截面的压力都相等．所以，当说流体内某一点的压强时即指过该点垂直任何一个单位截面的压力，而并不用指明方向．

在国际单位制中，压强的单位称为 Pa(帕斯卡)，是为纪念法国科学家帕斯卡而命名的，且

$$1\ \text{Pa}=1\ \text{N/m}^2 \tag{8.1.1-4}$$

对于日常生活中所接触的压强来说，帕斯卡是很小的单位，在表示较大压强时不方便，因此常使用其倍数单位，诸如 kPa(千帕)，1 kPa = 10^3 Pa，MPa(兆帕)，1 MPa = 10^6 Pa，等

等. 以及一些过去不常用(现已废弃)的单位，如 atm(标准大气压)、Torr(托)、bar(巴)、mmHg(毫米水银柱)等，它们与帕斯卡的关系为

$$1\ \text{atm}=760.01\ \text{mmHg}=101\ 325\ \text{Pa} \tag{8.1.1-5a}$$

$$1\ \text{Torr}=1\ \text{mmHg}=133.32\ \text{Pa} \tag{8.1.1-5b}$$

$$1\ \text{bar}=10\ \text{N/cm}^2=10^5\ \text{Pa} \tag{8.1.1-5c}$$

上述单位中关于标准大气压的实验测量最早是由伽利略的助手，意大利物理学家托里拆利完成的，称为托里拆利实验．在长为 1 m、一端封闭的玻璃管内装满水银，将管口堵住，然后倒插在水银槽中，放开堵住的管口，玻璃管内的水银面下降一些以后就不再下降了，这时测量管内的水银面与水银槽水银表面的高度差为 760 mm. 玻璃管内水银面上方是真空，而管外水银面受到大气压强，正是大气压强支持着管内的 760 mm 高的水银柱，也就是说大气压强同 760 mm 高的水银柱产生的压强相等．水银的密度是 $13.6\times10^3\ \text{kg/m}^3$，由下节讨论的流体内不同点的压强关系可得

实物演示： 大气压强

$$p_0=\rho gh=101\ 325\ \text{Pa} \tag{8.1.1-6}$$

在托里拆利实验完成 11 年之后的 1654 年 5 月 8 日，当时任马德堡市长的德国物理学家奥托·冯·居里克在德国雷根斯堡进行了一项科学实验，他制造了两个直径 51 cm 的红色铜制半球，半球中间有一层浸满了油的皮革，让两个半球能完全密合．接着他用自制的真空泵将球内的空气抽掉，此时两个沉重的铜制半球紧密地合而为一．接着居里克为了证明两半球的结合是多么紧密，他最终用了 16 匹马，才勉强将两个半球拉开. 此实验不仅令人们惊奇，也让居里克一举成名．之后居里克多次在各地重现此实验以飨广大好奇的观众，而此实验也因居里克的职衔而被称为“马德堡半球”实验．

人们生活在如此大的压力环境中，为什么没有感受到“马德堡半球”实验所证明的如此大的空气压强呢？这是因为人体的器官与外界大气是相通的，内外气压一样，长期生活在这样的条件下，习惯了而已. 长期生活在低海拔的人突然到高海拔的环境中，除了吸氧量缺乏，呼吸困难外，身体的内外压力差的平衡也需要有个适应的过程. 长时间水下作业的潜水员，由于体内的压强已经与地面的压强产生了较大的偏差，因此，当潜水员返回地面时，要通过减压舱将体内的压强减少至与地面压强匹配后才能活动，否则会造成肺气压伤、气体栓塞等伤害，严重时甚至会危及生命.

8.1.2　静流体内不同点压强的关系

上节证明了流体内同一点压强在各个方向相等．对于流体内不同点，它们的压强关系如何？

授课录像： 静流体内不同点压强的关系

1. 密度均匀的流体中，同一水平面上的各点压强相同

如图 8.1.2-1 所示，A、B 两点处于同一水平面上，取一小柱体，过 A、B 两点的端面面积为 ΔS. 对所选小柱体应用牛顿第二定律有

$$p_A\Delta S-p_B\Delta S=\Delta m\cdot 0 \tag{8.1.2-1}$$

由(8.1.2-1)式求得

$$p_A = p_B \tag{8.1.2-2}$$

以此类推，可知同一水平面上各点压强相等．

2. 密度均匀的流体中，不在同一水平面上两点压强的关系

如图 8.1.2-2 所示，不在同一水平线上的 C 点和 B 点的压强有什么样的关系？过在同一竖直线上的 A、B 两点作一小柱体，过 A、B 两点的端面面积为 ΔS. 对所选小柱体应用牛顿第二定律有

$$p_A \Delta S + \Delta m g = p_B \Delta S, \quad \Delta m = (\Delta S h)\rho \tag{8.1.2-3a}$$

对同一水平线上的 A、C 两点，由(8.1.2-2)式得

$$p_A = p_C \tag{8.1.2-3b}$$

由(8.1.2-3)式联立解得

$$p_B = p_C + \rho g h \tag{8.1.2-4}$$

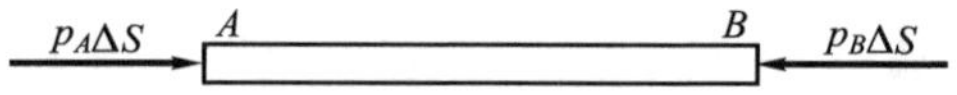

图 8.1.2-1

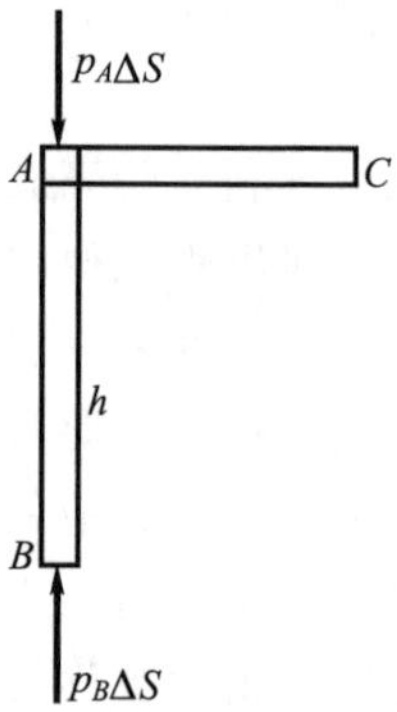

图 8.1.2-2

8.1.3 浮力定律(阿基米德原理)

浸在流体内的物体所受周围流体的压力为多少？浮力定律给予了回答．

1. 浮力定律(阿基米德原理)

浸在流体中的物体所受到的浮力等于物体所排开流体的重力，称为浮力定律．该定律是由古希腊阿基米德发现的，因此也称为阿基米德原理．阿基米德是古希腊最富传奇色彩的科学家，在静流体力学(如浮力定律)、机械制造(如杠杆原理)、天文学、数学等诸方面取得了开创性成果．阿基米德用数学和几何方法给出了自然科学中的一个重要规律——浮力定律．

授课录像：浮力定律

从牛顿力学的角度看，浮力的来源实际上是流体对物体的压力的合力．由于压强随深度的增加而增加，故此合力向上．我们不难用流体中的压强分布及平衡条件来证明阿基米德原理．

实物演示：浮沉子

设想物体 A 被体积和形状完全相同的流体 B 所取代，如图 8.1.3-1(a)所示．B 与周围流体浑然一体，它必处于平衡状态，因而周围流体作用在它上面的

压力与 B 的重力相平衡．这说明周围流体的压力可等效为一个合力，此合力的大小等于流体 B 的重力，方向向上，作用点在流体 B 的质心上．当 B 被物体 A 所取代时，周围流体作用在物体 A 上的压力分布保持不变，由此证明了阿基米德原理．

上述讨论的是物体浸在同一种流体中的浮力情况．当物体浸在两种流体的交界面时，其浮力如何？

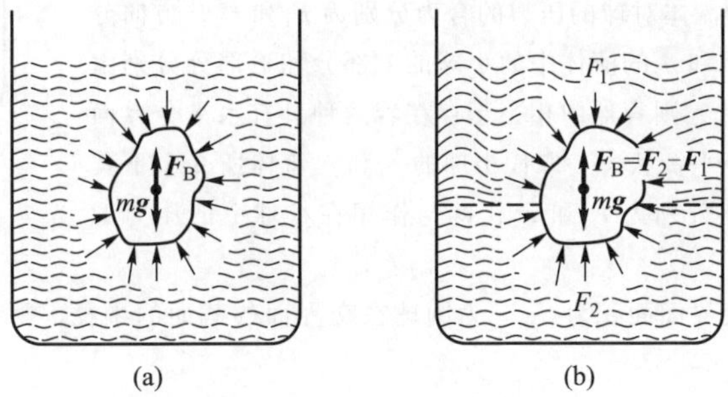

图 8.1.3-1

如图 8.1.3-1(b)所示，设容器内上下部分流体的密度分别为 ρ_1 和 ρ_2，上下流体对物体的压力的合力分别为 F_1 和 F_2，显然它们的方向分别向下和向上．设想浸在 ρ_1 和 ρ_2 的流体中的物体的上部分和下部分分别由同形状的 ρ_1 和 ρ_2 流体所取代，则容器中相当于存在两种具有水平分界面液体，处于平衡状态．取代物体的 ρ_1 和 ρ_2 流体所受上下流体对其压力的合力仍然分别为 F_1 和 F_2，即与作用在物体上的压力的合力相同．以取代物体的 ρ_1 和 ρ_2 的流体为研究对象，应用质心运动定律有

$$F_1+\rho_1 V_1 g=F \tag{8.1.3-1a}$$

$$\rho_2 V_2 g+F=F_2 \tag{8.1.3-1b}$$

其中的 F 为两液面交界处，所取代物体的 ρ_1 和 ρ_2 流体之间的相互作用力．由(8.1.3-1)两式可得

$$F_B=F_2-F_1=\rho_1 V_1 g+\rho_2 V_2 g \tag{8.1.3-2a}$$

当 ρ_1 和 ρ_2 的流体重新被物体所取代时，周围流体作用于物体上的压力分布保持不变，即交界面上两种流体对物体压力的合力(浮力)为

$$F_B=F_2-F_1 \tag{8.1.3-2b}$$

即浮力等于物体排开两种液体的重力之和．

综上所述，浮力实际上是周围流体对浸在流体中的物体的压力的合力，当物体浸在同一种流体中，其压力的合力向上，大小等于物体排开该液体的重力；当物体浸在两种流体的交界面时，所有流体对物体的压力的合力(浮力)仍然向上，大小等于物体所排开的两种液体的重力之和．

例 8.1.3-1 如例 8.1.3-1 图所示，一半径为 r 的圆球悬浮于两种液体的交界面上，两种液体的密度分别为 ρ_1 和 ρ_2. 位于交界面上方的球冠的高度 $d=\dfrac{1}{3}r$，液面与交界面的高度差为 h.（1）求圆球的质量 m；（2）试问密度为 ρ_1 的液体对圆球的作用力是什么方向?（3）试不用积分的方法分别求出两种液体对圆球的作用力 F_1 和 F_2.

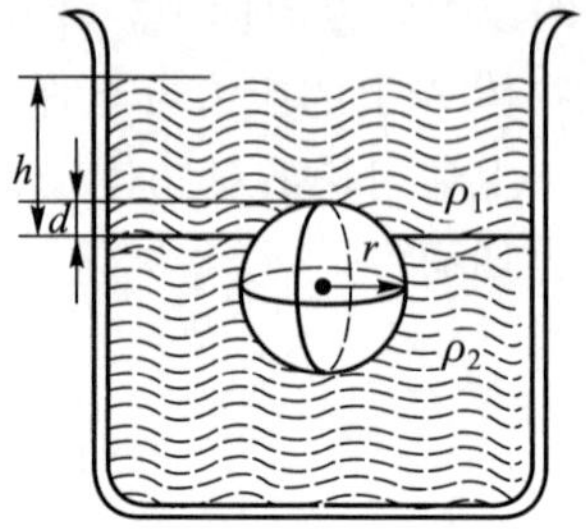

例 8.1.3-1 图

解：设密度为 ρ_1 和 ρ_2 的流体对球的压力的合力分别为 F_1 和 F_2，方向分别向下和向上．设想浸在 ρ_1 和 ρ_2 的流体中的小球的上部分和下部分分别由同形状的 ρ_1 和 ρ_2 流体所取代，则容器中相当于存在着两种具有水平分界面的流体，两种流体之间处于平衡状态．取代小球的 ρ_1 和 ρ_2 流体所受上下其他流体对其压力的合力仍然分别为 F_1 和 F_2，即与作用在小球上的压力的合力相同.

设小球与两种流体的交界面面积为 S，r_d 为圆球在交界面的截面的半径，则在液体 ρ_1 和 ρ_2 中球冠的体积分别为

$$V_1=\frac{1}{6}\pi d(3r_d^2+d^2)$$

$$V_2=V-V_1=\frac{4}{3}\pi r^3-\frac{1}{6}\pi d(3r_d^2+d^2)$$

$$r_d^2=r^2-(r-d)^2$$

分别以取代小球的上部分（密度为 ρ_1）的流体和取代小球的下部分（密度为 ρ_2）的流体为研究对象，应用牛顿第二定律有

$$F_1+\rho_1 V_1 g=\rho_1 ghS$$

$$\rho_1 ghS+\rho_2 V_2 g=F_2$$

将取代小球的流体换回小球，压力 F_1 和 F_2 不变．以小球为研究对象，应用牛顿第二定律有

$$F_1+mg=F_2$$

由上述公式联立解得

$$m=(F_2-F_1)/g=\frac{\pi r^3}{81}(8\rho_1+100\rho_2)$$

$$F_1=\frac{1}{81}\pi r^2(45h-8r)\rho_1 g$$

$$F_2=\frac{5}{81}\pi r^2(9h\rho_1+20r\rho_2)g$$

2. 浮心、定倾中心

浮力的作用点称为浮心．浮心位于与浸入流体那部分物体同体积、同形状的流体的质心上．浮在液面上的诸如船舶等物体的稳定性与浮体的质心和浮心的位置密切相关．

图 8.1.3-2(a)为浮在水面上的船舶的截面图．当船舶平正时，如图 8.1.3-2(a)所示，重心 G 和浮心 B 位于同一竖直线上．当船舶侧倾时，如图 8.1.3-2(b)所示，G 的位置不变，B 的位置则向一侧偏离，浮力作用线与船舶截面对称线的交点 D 称为定倾中心，浮心 B 与定倾中心 D 的竖直距离称为定倾中心的高度．侧倾时，重力和浮力构成一力偶，对船舶施以一力矩．分析重力和浮力一对力偶的力矩可以看出，如果定倾中心在重心以上，则重力和

浮力的力偶力矩是使船回复到原来的平衡位置的恢复力矩，而且，定倾中心越高，使船回复的力矩就越大，因而船也就越稳定．如果定倾中心在重心以下，则重力和浮力的力偶力矩是使船离开原来的平衡位置的力矩，该力偶力矩将使船倾覆．

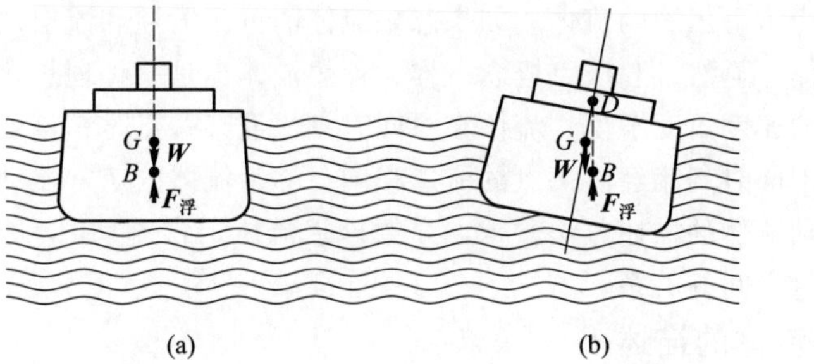

图 8.1.3-2

8.1.4 帕斯卡定律

作用在密闭容器中流体上的压强等值地传到流体各处和器壁上去．这是 17 世纪法国帕斯卡提出的，故称为帕斯卡定律．帕斯卡在数学和物理学方面所做出的贡献，在科学史上占有极其重要的地位．其物理学方面的重要的成果是于 1653 年首次提出了“帕斯卡定律”．后人为纪念帕斯卡，用他的名字来命名压强单位，简称“帕”．

授课录像： 帕斯卡定律

帕斯卡定律可以从静流体的压强关系给出证明．在 8.1.1 节已证明，静止流体内两点之间的压强差，仅由流体密度和两点之间的高度差所决定．当流体内某处(如活塞附近)的压强增加了一个 Δp，必然导致流体中每点都增加同一个量 Δp，才能保持任意两点间的压强差不变．

各种液压(油压或水压)机械都是根据帕斯卡定律制成的．液压机等设备在工作时，活塞加于液体的压强是很大的，相比之下，因高度差引起的压强差可以忽略．液压机的基本原理如图 8.1.4-1 所示，设小活塞和大活塞的横截面积分别为 S_1、S_2，若加在小活塞的力为 F_1，根据帕斯卡定律，大活塞和小活塞下面的压强均为 p，即 $p=\dfrac{F_1}{S_1}=\dfrac{F_2}{S_2}$，因此，$S_2$ 与 S_1 的比值愈大，大活塞受力与小活塞受力之比也愈大．正是利用这一特性，使得液压机在起重、锻压等方面有着广泛的应用．

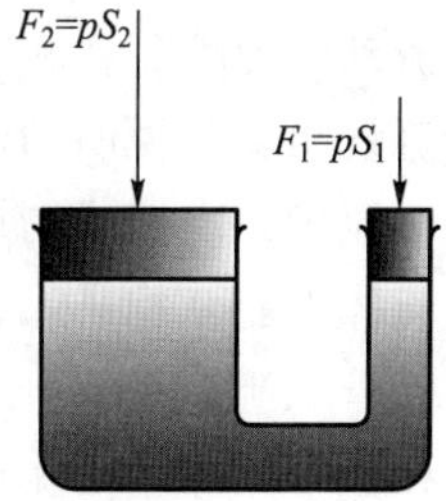

图 8.1.4-1

§8.2 理想流体的定常流动

一般来说，流体是可压缩的，而且流体的流层之间有黏性作用．如果忽略流体的可压缩性，这种流体称为不可压缩的流体．如果忽略流体的可压缩性和流层之间的黏性作用，这种流体称为理想流体．显然，和质点概念一样，理想流体也是一种理想化的模型．

从流体流动的速度角度来说，流体在不同时刻流经某一点时，该处的流体速度可能会不同．如果流体在不同时刻流经同一点的流速相同，称为流体的定常流动．

本节将给出动流体的描述方法，重点介绍理想流体定常流动时，流体内不同点的流速、压强、高度等参量之间的关系．

8.2.1 动流体的描述

1. 动流体的描述方法

流动的流体简称动流体．将动流体分成许多有相互作用的流体元，并追踪各个流体元，建立动力学方程，确定它们各个时刻在空间的位置、速度、加速度，这种描述流体的方法称为拉格朗日法．以前处理力学问题时，大多应用的是这一方法．但对于动流体，有时这种方法并不太适合．这就需要引入另外一种描述动流体的方法，即欧拉法．把注意力集中在空间各点，观察各个流体元流经这些空间点时的流动速度和加速度，而不去判别某一瞬时占据各空间点的是哪些流体元．这种方法有点像交通岗上的交通警察指挥车辆，他所关心的是路口各位置的交通情况，而不是注意具体哪辆车经过了哪个位置．

授课录像： 动流体的描述

2. 动流体的几何描述

流线： 为了形象地描述动流体在空间各点处的速度分布情况，可以人为地画出许多曲线，使曲线上每一点的切线方向与质元经过该点时的速度方向相同，这些曲线称为流线，它反映了动流体的流动情况．图 8.2.1-1 所示为河中的河水流动时无障碍物和有障碍物时的情形．值得注意的是，流线不能相交．如果两流线相交，说明动流体在交叉点处有两种速度，这是不可能的．

AR 演示： 流线

流管： 由流线围成的管状区域称为流管．因为流线不相交，所以流管内外的流体不能互相进入，只能是一端进，另一端出．如图 8.2.1-2 所示，a、b 都叫流管．流管是视研究问题的需要而人为选取的．流管与实际生活中的光滑管道相似，流体从一端进，从另一端出（单一的流线也可视为流管）．

AR 演示： 流管

3. 理想流体

一般来说，动流体内各部分之间有黏性力，而且流体是可压缩的．我们把黏性力和可压缩性都可忽略的流体称为理想流体．理想流体也是一种理想化的模型，真正的理想流体是不存在的．日常生活中的气体、水、酒精等都可视为理想流体．

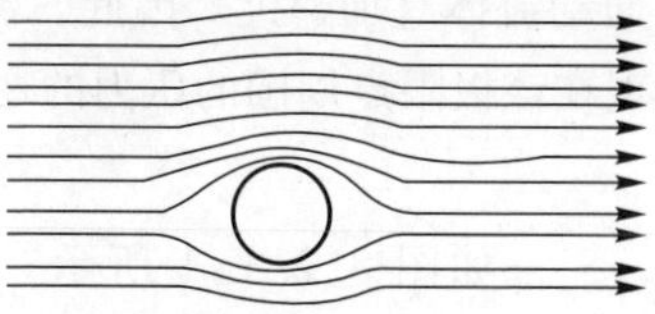

图 8.2.1-1

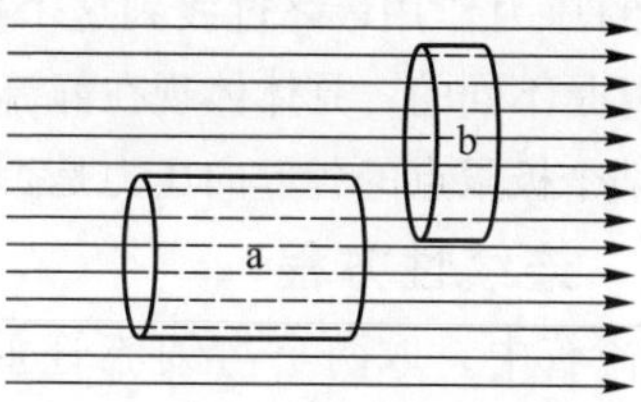

图 8.2.1-2

4. 定常流动

如果动流体在空间各点的流速都不随时间变化，即流线是不随时间改变的，这种流动称为定常流动．一般来说，动流体在不同时刻流经某一点时，该处的流体速度可能会不同，因此流线在不同时刻是不同的．这种流动称为非定常流动．自然界中的小河流水可看成定常流动，而海水涨潮时的潮水运动是非定常流动．

8.2.2 动流体内任意一点的压强

动流体内一点的压强在各个方向的关系同静流体时的分析一样．如图 8.2.2-1 所示，在流体内 A 点附近取一小三棱体，其斜边截面平行于 z 轴．设小棱体的三边长度分别为 Δx、Δy、Δl，对应的横截面积分别为 S_x、S_y、S_l，对应这三个截面所受到周围流体的作用力分别为 F_x、F_y、F_l. 小三棱体受到重力 Δmg.

授课录像：动流体内任意一点的压强

设小三棱体的流动加速度在三个轴向的分量分别为 a_x、a_y、a_z，对所选取的小三棱体应用牛顿第二定律，即

x 方向： $$p_xS_x-p_lS_l\sin\alpha=\Delta ma_x \qquad (8.2.2\text{-}1a)$$

y 方向： $$p_yS_y-p_lS_l\cos\alpha-\Delta mg=\Delta ma_y \qquad (8.2.2\text{-}1b)$$

$$\Delta m=\left[\left(\frac{1}{2}\Delta x\Delta y\right)\Delta z\right]\rho,\quad S_x=S_l\sin\alpha,\quad S_y=S_l\cos\alpha \qquad (8.2.2\text{-}1c)$$

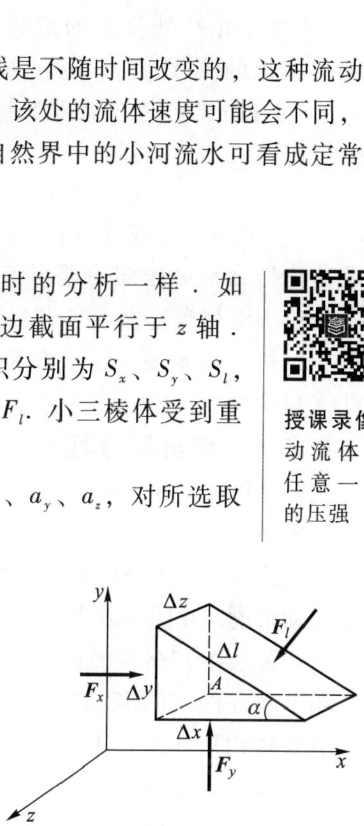

图 8.2.2-1

当 $\Delta V\to 0$ 时，p_x、p_y、p_l 即为 A 点在三个方向上的压强，忽略 $\Delta m=\frac{1}{2}\Delta x\Delta y\Delta z\rho$ 三阶小量，由上述各式有 $p_x=p_y=p_l$.

同理，如果小三棱体的斜边截面平行于 x 轴或 y 轴，同样有

$$p_x=p_y=p_z=p_l \qquad (8.2.2\text{-}2)$$

依此类推，A 点各方向的压强相等．也就是说，**在流体流动的情况下，流体内某点的压强在各个方向也是相同的．**

无论是静流体还是动流体，其内部某点的压强在各个方向都是相等的，如何体现流体的流动性？仔细研究如上静流体和动流体内某点压强的推导过程可以看出，我们是通过对选取的微元列方程，再取极限的方法得出的结论，也就是说，流体内某点各方向的压强关系是通

过周围流体的压力作用最终过渡到这个极限点，极限点的情况是相同的，但静流体和动流体的压力过渡梯度是不同的，具体体现在静流体无加速度，而动流体有加速度．因此，流体的流动性不是体现在某个极限点的各方向压力是否相同，而是体现在该极限点周围的压力的变化上．

8.2.3 连续性方程

在一细流管中，取两个与细流管垂直的截面 S_1、S_2，如图 8.2.3-1 所示．如果流管选的很细，可近似认为 P 处横截面各点的流速都为 v_1，Q 处横截面各点的流速都为 v_2，在 Δt 时间内，由 P 处流入的流体质量为 $S_1v_1\Delta t\rho_1$，由 Q 处流出的质量为 $S_2v_2\Delta t\rho_2$．对于密度均匀($\rho_1=\rho_2$)、不可压缩的流体，流入流管与流出流管的质量不变，即

$$S_1v_1=S_2v_2 \qquad (8.2.3-1)$$

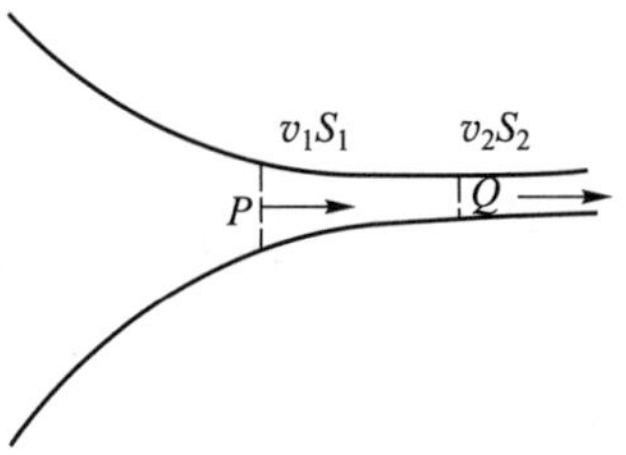

图 8.2.3-1

(8.2.3-1)式称为连续性方程．由此可以看出，对于密度均匀、不可压缩的理想流体，在同一流管中，横截面大的流体流速小，横截面小的流体流速大．日常生活中常见到这样的现象，如将细胶皮管接在水龙头上，打开水龙头，让水在胶皮管中做定常流动，当手捏胶皮管的出水端，使出水口截面变小时，水的流速将增大．

授课录像： 连续性方程

动画演示： 连续性方程

实物演示： 胶皮管流速

授课录像： 伯努利方程

8.2.4 伯努利方程

由前述可知，在动流体中，流体内任意一点受到的各方向施加的压强是相同的．类比静流体的问题，动流体内不同点的压强如何？这一问题不像静流体那样能够明确给出动流体内**任何两点之间**压强关系的解析式．但是，对于理想流体的定常流动来说，在同一流线上各点压强、流速与流体高度之间的解析关系是确切的．这一关系在 1738 年就由瑞士物理学家丹尼尔·伯努利总结出来了，这一关系称为伯努利方程．下面我们从质点系的功能原理出发给出伯努利方程的推导过程．

在流体内取如图 8.2.4-1 所示的一细流管，考虑 a_1a_2 这段的流体，t 时刻，流体处于 a_1a_2，设 a_1 处截面积为 S_1，a_2 处截面积为 S_2；经过 Δt 时刻，流体处于 b_1b_2，当取 Δt 很小时，b_1 处截面积仍为 S_1，b_2 处截面积仍为 S_2．由于流体的不可压缩性，a_1b_1 段的质量应与 a_2b_2 段的质量相等，设为 Δm，即 $\Delta m=\Delta V\rho$，$\Delta V=S_1\Delta l_1=S_2\Delta l_2$．对于无黏性阻力的理想流体，以选取的质元 a_1a_2 为研究对象，以 t 和 $t+\Delta t$ 时刻为初、末态，应用功能原理得

$$A_{外}+A_{内非}=E(t+\Delta t)-E(t) \qquad (8.2.4-1a)$$

$$A_{内非}=0 \qquad (8.2.4-1b)$$

$$A_{外}=p_1S_1\Delta l_1-p_2S_2\Delta l_2=(p_1-p_2)\Delta V \qquad (8.2.4-1c)$$

$$E(t+\Delta t)-E(t)=E_{b_1b_2}-E_{a_1a_2} \qquad (8.2.4-1d)$$

由于 b_1a_2 段流体在初、末态的机械能完全相等，所以对(8.2.4-1d)式中的右侧有 $E_{b_1b_2}-E_{a_1a_2}=E_{a_2b_2}-E_{a_1b_1}$．

$$E_{a_1b_1}=\frac{1}{2}\Delta mv_1^2+\Delta mgh_1=\frac{1}{2}\rho\Delta Vv_1^2+\rho\Delta Vgh_1 \quad (8.2.4-1e)$$

$$E_{a_2b_2}=\frac{1}{2}\Delta mv_2^2+\Delta mgh_2=\frac{1}{2}\rho\Delta Vv_2^2+\rho\Delta Vgh_2 \quad (8.2.4-1f)$$

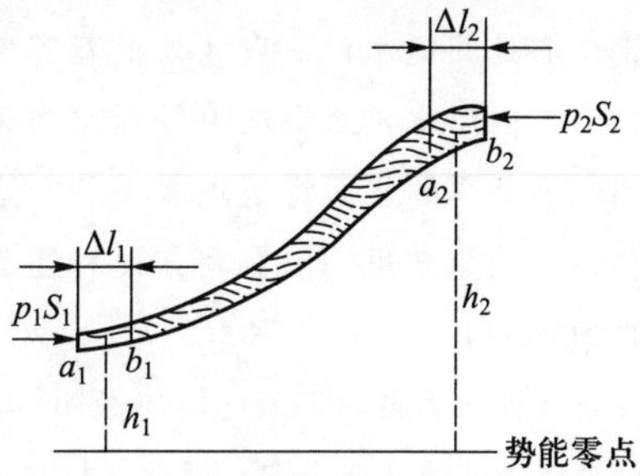

图 8.2.4-1

其中 $E_{b_1b_2}$、$E_{a_1a_2}$、$E_{a_1b_1}$、$E_{a_2b_2}$ 分别表示 b_1b_2、a_1a_2、a_1b_1、a_2b_2 段流体的机械能，联立(8.2.4-1)各式整理得

$$p+\frac{1}{2}\rho v^2+\rho gh=常量 \quad (8.2.4-2)$$

(8.2.4-2)式称为伯努利方程．

上述推导过程中，认为流管同一横截面的流速相等，对于有限截面的流管，这显然是一近似条件．因此，(8.2.4-2)式所示的伯努利方程严格成立的条件是：**所选取的点应是理想流体的定常流动中同一条流线上的点．**

*8.2.5 流体的动量与角动量

将质点系功能原理应用于理想流体的定常流动中，得到了如(8.2.4-2)式所示的同一条流线上的压力、速度和高度的关系．下面我们讨论一下流体对弯曲管道的压力以及流体在旋转过程中所呈现的现象规律．

授课录像：流体的动量与角动量

1. 流体对弯曲管道的作用力

设在图 8.2.4-1 中所选取的流管是一真实的管道，以 t 时刻管道内的 a_1a_2 段流体为研究对象．设管道内其他流体对入口和出口处所选流体的压力分别为 $\boldsymbol{F}_1$ 和 $\boldsymbol{F}_2$，入口和出口处的横截面分别为 S_1 和 S_2，流速分别为 $\boldsymbol{v}_1$ 和 $\boldsymbol{v}_2$，并假设这些参量在横截面上各点值相等．设管道内 t 时刻的 a_1a_2 段流体，在 $t+\Delta t$ 时刻运动至 b_1b_2 段，Δt 时间内管道对流体的平均作用力为 $\boldsymbol{F}$，所选流体的重力为 $\boldsymbol{W}$. 从 t 时刻到 $t+\Delta t$ 时刻所选流体应用质点系动量定理有，

$$(\boldsymbol{F}+\boldsymbol{F}_1+\boldsymbol{F}_2+\boldsymbol{W})\Delta t=m_{b_1b_2}\boldsymbol{v}_2-m_{a_1a_2}\boldsymbol{v}_1 \quad (8.2.5-1a)$$

由于流体的定常流动，所以 $t+\Delta t$ 时刻 b_1b_2 段流体的动量与 t 时刻 a_1a_2 段流体的动量之差，实际上只是 a_2b_2 段流体与 a_1b_1 段流体的动量之差，因此，(8.2.5-1a)式可化为

$$(\boldsymbol{F}+\boldsymbol{F}_1+\boldsymbol{F}_2+\boldsymbol{W})\Delta t=m_{a_2b_2}\boldsymbol{v}_2-m_{a_1b_1}\boldsymbol{v}_1 \quad (8.2.5-1b)$$

由连续性方程可知，(8.2.5-1b)式中的 $m_{a_2b_2}=m_{a_1b_1}=S_2\Delta l_2\rho=S_1\Delta l_1\rho$. 由此，(8.2.5-1b)式可化为

$$\boldsymbol{F}+\boldsymbol{F}_1+\boldsymbol{F}_2+\boldsymbol{W}=S_2\frac{\Delta l_2}{\Delta t}\rho\boldsymbol{v}_2-S_1\frac{\Delta l_1}{\Delta t}\rho\boldsymbol{v}_1 \quad (8.2.5-1c)$$

当 $\Delta t\to0$ 时，$\lim\limits_{\Delta t\to0}\frac{\Delta l_2}{\Delta t}=v_2$，$\lim\limits_{\Delta t\to0}\frac{\Delta l_1}{\Delta t}=v_1$. 由连续性方程可知，流体在入口处和出口处的体积流量 Q 相等，可以表示为 $Q=S_2v_2=S_1v_1$. (8.2.5-1c)式可最终化为

$$\boldsymbol{F}+\boldsymbol{F}_1+\boldsymbol{F}_2+\boldsymbol{W}=Q\rho(\boldsymbol{v}_2-\boldsymbol{v}_1) \quad (8.2.5-1d)$$

由(8.2.5-1d)式可得流体对管道的作用力 $\boldsymbol{F}'$为

$$\boldsymbol{F}'=-\boldsymbol{F}=\boldsymbol{F}_1+\boldsymbol{F}_2+\boldsymbol{W}+Q\rho(\boldsymbol{v}_1-\boldsymbol{v}_2) \quad (8.2.5-2)$$

(8.2.5-2)式说明，流体对管道的压力，除了受流体的重力和流体入口和出口处的压力之外，还与流体在入口和出口处的速度大小和方向有关．即使流体的速度大小不变，当速度方向改变时也会对管道产生压力．因此，弯曲的管道将受到更大的压力．如将弯曲的管道换成可以绕某轴转动的弯曲叶片，当流体穿过叶片时，可推动叶片旋转，这正是水轮发电机的基本工作原理．

2. 流体从容器流出时的旋转漏斗状液面

在图 8.2.5-1 所示的实验装置中，D 处是容器底部中心处的泄水口．自 A 处沿着容器壁的切线方向向容器内注水，水将从 D 处泄水口以旋转的方式流出，容器内的水面将呈现漏斗状．这一现象可用流体的角动量守恒、伯努利方程和连续性方程予以定性解释．

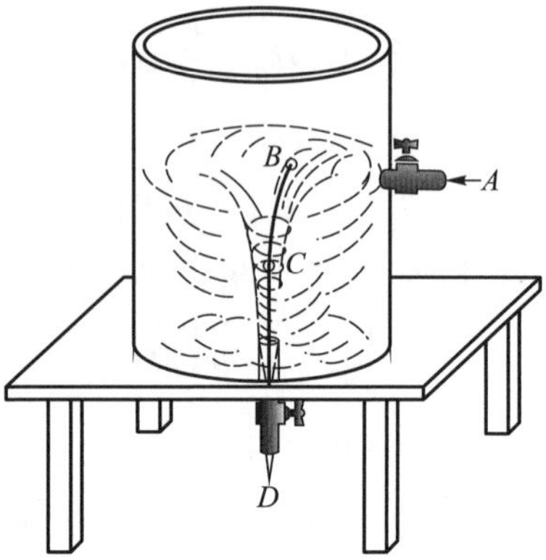

图 8.2.5-1

自 A 处向容器内进入的流体微团，由于其运动方向沿着容器壁的切线方向，因此，相对 D 处所在的竖直轴就会产生角动量．该微团在向下流出的过程中角动量守恒．由于微团在逐渐靠近竖直轴的过程中，转动惯量减小，因此角速度增大，导致微团的切向速度增加，所以会产生旋转现象．因此，旋转现象是流体在流动过程中角动量守恒造成的结果．

如图 8.2.5-1 所示，沿着流体流动的表面上取一流线，在流线上取 B、C 两点，由于该两点是液面的表面，都与大气接触，其压强均为大气压．设 B、C 两点的高度差为 h，因此，对 B、C 两点应用伯努利方程可得

$$\frac{1}{2}\rho v_C^2=\frac{1}{2}\rho v_B^2+\rho gh \qquad (8.2.5-3)$$

流体在流出的过程中，流管的面积在减小．由连续性方程可知，流体的流速(切向和法向的合速度)将增加，即 $v_C>v_B$，由(8.2.5-3)式可知，h 不能为零．由于 B、C 是流体表面上的两点，因此，容器内的液面不可能保持水平，中间下沉并呈漏斗状．

实物演示：流体涡旋

实物演示：吹纸片

实物演示：气悬球

实物演示：悬浮的纸杯

§8.3 伯努利方程的应用

自然界中广泛存在着理想流体定常流动的现象，如小孔流速、管道流量测量、虹吸现象、“香蕉球”等．作为伯努利方程的应用，本节将对这些现象给予解释．

8.3.1 机翼的升力、马格纳斯效应等日常生活现象举例

由(8.2.4-2)式的伯努利方程可以看出，对于同一水平流线上的两点，流速越大，压强越小，流速越小，压强越大．日常生活中的一些现象就是这一规律的体现．如当火车行驶时，靠近车体的空气流速越大，空气的压强越小．所以当人站在行驶的火车旁边时，人体两侧会造成压力差，合力会将人推向火车，这就是俗称的火车的吸附作用．手拿两张纸，用力向纸的中间吹气，两张纸将相互吸引，这种现象体现的也是这个规律．机翼形状的不对称性会产生升力，对称球体由于旋转而产生的偏转等现象也可以用伯努利方程给予解释．下面就

授课录像：机翼的升力、马格纳斯效应等日常生活现象举例

对机翼的升力以及对称球体由于旋转而产生的压力差给予定性解释.

实物演示：机翼的升力

机翼的升力：从相对空气静止的参考系看来，由于物体的运动而造成的空气的流动是非定常流动，对于非定常流动的流体是不能应用伯努利方程的. 但从跟随物体一起运动的参考系看来(近似认为是惯性系)，空气的运动可以看成是定常流动，则可以应用伯努利方程.

设飞机自右向左运动. 在相对机翼静止的参考系里，气流是自左向右的定常流动. 由于机翼形状设计的不对称，使得机翼的上部的气体流速大于下部的气体流速，如图 8.3.1-1 所示. 由伯努利方程可知，下部的压强将大于上部压强，从而形成了向上的合力，即为机翼的升力. 早期的飞机设计主要是靠流速与压强的关系来获得升力. 现代的飞机机翼设计是使机翼有一定的倾角，使得机翼与流动的气体产生一部分向上作用力，加之流速与压强的关系产生的压力差，二者的共同作用使飞机获得足够的升力.

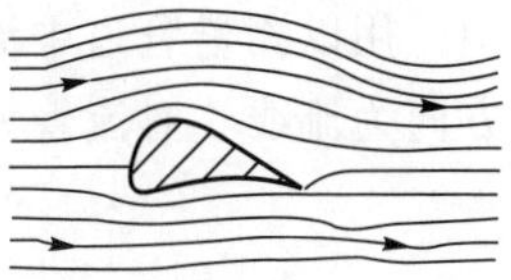

图 8.3.1-1

马格纳斯效应：如图 8.3.1-2 所示，当绕着自身轴旋转的圆柱或圆球形物体在流体中的运动，由于流体的黏性，在旋转的物体表面将形成与物体转动方向相同的环流. 在跟随物体一起移动的参考系中，此环流与原气流相叠加，在物体周围形成了上下不对称的定常气流，形成了上下压力差. 这个现象是德国物理学家马格纳斯于 1852 年发现的，并以他的名字命名，称为马格纳斯效应. 绕自转轴定向转动的球体形成的“香蕉球”“弧圈球”等现象就是马格纳斯效应造成的.

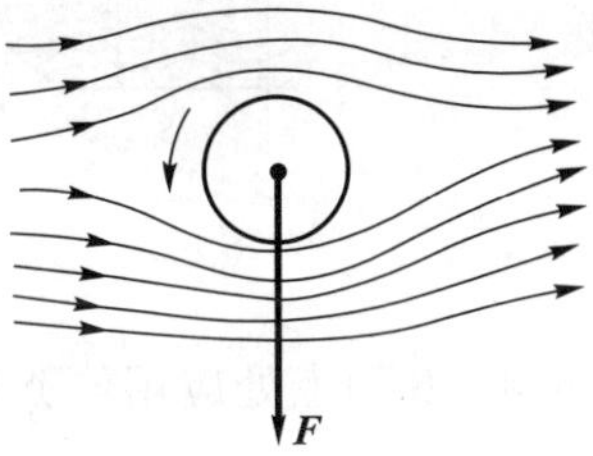

图 8.3.1-2

AR 演示：马格纳斯效应

AR 演示：电梯球与落叶球

8.3.2 小孔流速测量

在宽大容器中，盛有理想流体，在侧壁开一小孔. 由伯努利方程可确定小孔的流体流速. 如图 8.3.2-1 所示，设液面高为 h_a，孔高为 h_b，小孔处是定常流动. 选取液面和小孔截面为通道组成的流管，在该流管内任选一流线，对选取流管的液面横截面和小孔横截面，应用连续性方程；对选取流线的液面处和小孔处的两点应用伯努利方程.

连续性方程为

$$S_a v_a = S_b v_b \qquad (8.3.2\text{-}1a)$$

伯努利方程为

$$p_a+\frac{1}{2}\rho v_a^2+\rho g h_a = p_b+\frac{1}{2}\rho v_b^2+\rho g h_b \qquad (8.3.2\text{-}1b)$$

近似条件为

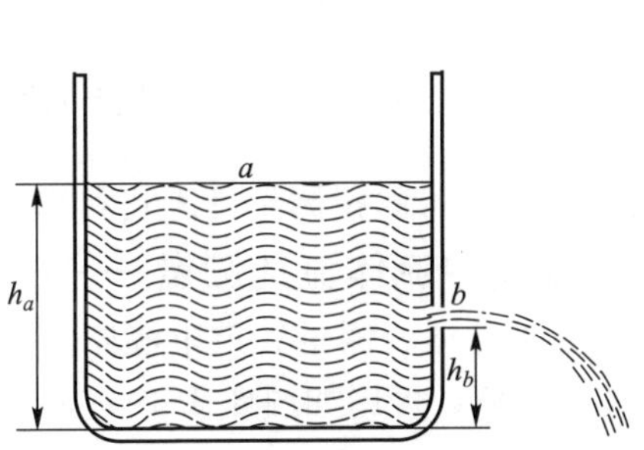

图 8.3.2-1

授课录像：小孔流速测量

$$S_a \gg S_b, \quad v_b \gg v_a, \quad v_a \approx 0, \quad p_a = p_b = p_0(\text{大气压强}) \tag{8.3.2-1c}$$

联立(8.3.2-1)各式解得小孔处的流速和流量为

$$v_b = \sqrt{2g(h_a - h_b)} \tag{8.3.2-2a}$$

$$Q = v_b S_b = \sqrt{2g(h_a - h_b)}\, S_b \tag{8.3.2-2b}$$

8.3.3 管道中流体流速测量——汾丘里流量计

如果要测量管道中流体的流速，可把如图 8.3.3-1 所示的装置连接到管道中，用以测量管道中流体的流速和流量．选取管道整体为流管，管道中心水平方向为流线．对流管 A、B 两截面处应用连续性方程得

授课录像： 管道中流体流速测量——汾丘里流量计

$$S_A v_A = S_B v_B \tag{8.3.3-1a}$$

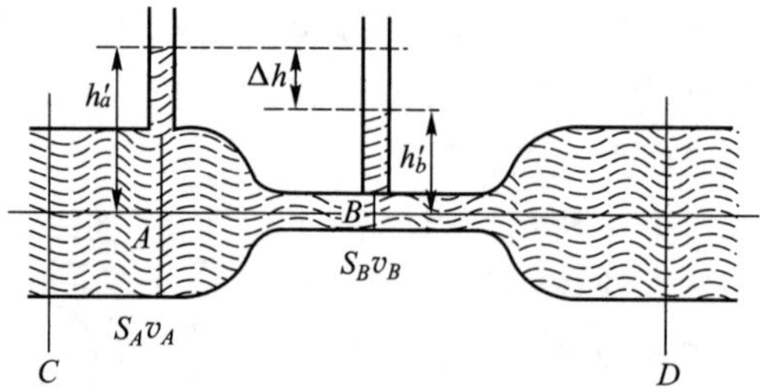

图 8.3.3-1

对水平流线上的 A、B 两点处应用伯努利方程得

$$p_A + \frac{1}{2}\rho v_A^2 + \rho g h_A = p_B + \frac{1}{2}\rho v_B^2 + \rho g h_B \tag{8.3.3-1b}$$

A、B 两点处竖直方向上的压强关系为

$$p_A = p_0 + \rho g h_a', \quad p_B = p_0 + \rho g h_b', \quad h_A = h_B \tag{8.3.3-1c}$$

联立(8.3.3-1)式解得 A 点处流速为

$$v_A = \sqrt{\frac{2g\Delta h S_B^2}{S_A^2 - S_B^2}}, \quad \Delta h = h_a' - h_b' \tag{8.3.3-2a}$$

流经管道的流量为

$$Q = v_A S_A = S_A S_B \sqrt{\frac{2g\Delta h}{S_A^2 - S_B^2}} \tag{8.3.3-2b}$$

通过测量 S_A、S_B、Δh，可间接测量流速 v_A 和流量 Q.

8.3.4 非管道中流体流速测量——皮托管

上述汾丘里流量计适合测量管道中液体的流速和流量．对非管道中流体的流速，如果流体是液体，可用如图 8.3.4-1(a)所示的皮托管装置测量其流速．

授课录像： 非管道中流体流速测量——皮托管

取一条水平流线 CA，在 C、A 两点应用伯努利方程得

$$p_C + \frac{1}{2}\rho v_C^2 = p_A + \frac{1}{2}\rho v_A^2 \tag{8.3.4-1a}$$

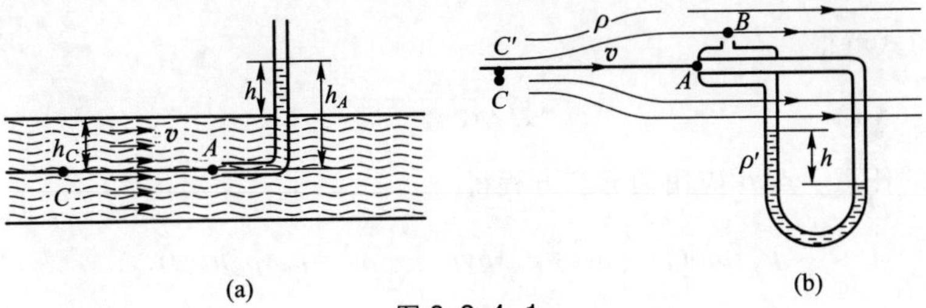

图 8.3.4-1

$$p_C=\rho g h_C+p_0(\text{大气压强}),\quad v_A=0,\quad p_A=\rho g h_A+p_0 \tag{8.3.4-1b}$$

联立(8.3.4-1)式解得

$$v_C=\sqrt{2g(h_A-h_C)}=\sqrt{2gh} \tag{8.3.4-2}$$

如果待测流体是气体，则采用如图 8.3.4-1(b)所示的另一皮托管装置测量其流速．在流体内取两条流线 CA、$C'B$，由于 C 与 C' 点的状态近似相同，所以 A、B 两点可以等效应用伯努利方程，即

$$p_A+\frac{1}{2}\rho v_A^2+\rho g h_A=p_B+\frac{1}{2}\rho v_B^2+\rho g h_B \tag{8.3.4-3a}$$

$$v_A=0,\quad h_A\approx h_B,\quad p_A=p_B+\rho' g h \tag{8.3.4-3b}$$

联立(8.3.4-3)式解得

$$v_B=\sqrt{\frac{2gh\rho'}{\rho}} \tag{8.3.4-4}$$

8.3.5 虹吸现象

如图 8.3.5-1 所示，取一流线．假如能够形成定常流动(如事先在管道中灌满流体)，对所选流线上的 A、D 点应用伯努利方程得

$$p_A+\rho g h_A+\frac{1}{2}\rho v_A^2=p_D+\rho g h_D+\frac{1}{2}\rho v_D^2 \tag{8.3.5-1a}$$

授课录像：虹吸现象

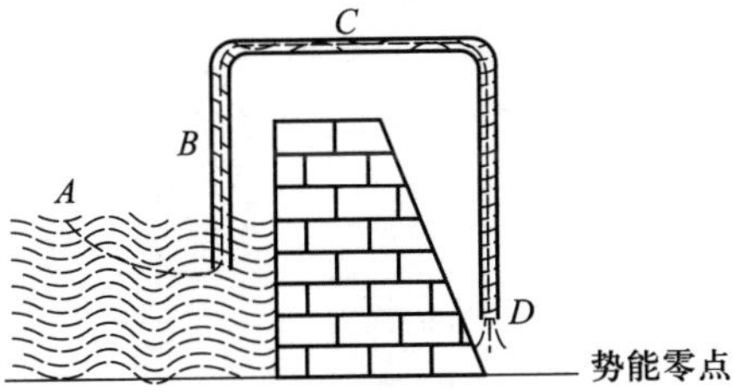

图 8.3.5-1

$$v_A \approx 0, \qquad p_A = p_D = p_0 \tag{8.3.5-1b}$$

联立(8.3.5-1)式解得

$$v_D = \sqrt{2g(h_A - h_D)} \tag{8.3.5-2}$$

对 A 以及管内的任意一点 B 应用伯努利方程得

$$p_B + \rho g h_B + \frac{1}{2}\rho v_B^2 = p_A + \rho g h_A + \frac{1}{2}\rho v_A^2 = p_0 + \rho g h_A + 0 \tag{8.3.5-3a}$$

由连续性方程有，管内任意一点，$Sv = C$(常量)，可知均匀管内各处的流速相等，即

$$v_B = v_D \tag{8.3.5-3b}$$

联立(8.3.5-3)式解得

$$p_B = p_0 - \rho g h_{BD} \tag{8.3.5-4}$$

由(8.3.5-4)式可见，随着竖直出水管长度的增加，管内的压强将减小．对于 C 点的压强最小，即

$$p_C = p_0 - \rho g h_{CD} \tag{8.3.5-5}$$

要使流体做定常流动，要求 $v_D > 0$，$p_C > 0$(对于流体,压强为负值无意义)．由(8.3.5-2)式和(8.3.5-5)式可得相关的要求：

$$h_{AD} > 0, \qquad h_{CD} < \frac{p_0}{\rho g} \tag{8.3.5-6}$$

对于水，$h_{CD} \approx 10$ m. 也就是说，出水口必须低于液面，同时相对出水口的最大高度不能超过 10 m.

*§8.4 黏性流体的流动

前面讨论的是流体之间无相互黏性力的情况．然而实际的流体在流动时，流体内部之间是存在着黏性的．在某些场合这种黏性还会产生很大的影响，成为解决问题的关键所在．本节简要介绍相关的基本知识．

授课录像： 牛顿液体与非牛顿液体

8.4.1 黏性流体的黏性定律

具有黏性的流体在流动过程中，内部相互之间的黏性力大小与什么有关呢？本节的黏性定律将给出答案．当流体流过固体表面时，靠近固体表面的一层流体附着于固体表面不流动，其他流层由于层与层之间存在着内摩擦力，使得各层流速不同，离固体表面越远的流层，流速越大．如图 8.4.1-1 所示的圆形管道切面上流速的分布情况，靠近管中心轴处的流速最大，在管壁处流速最小．流层之间的摩擦力大小如何？在流体内沿流速方向取一面积为 ΔS 的流层，如图 8.4.1-2 所示．实验结果表明：上、下流层对所取流层的黏性摩擦力可以表示为

实物演示： 液体的内摩擦

$$\frac{F_f}{\Delta S} = \eta \frac{dv}{dz} \tag{8.4.1-1}$$

即在流速方向上，单位面积流层所受的黏性摩擦力的大小与该流层速度的梯度成正比，比例系数 η，称为黏度，(8.4.1-1)式称为黏性定律．这一关系式并非对所有黏性流体的流动都成立．将满足黏性定律的流体称为牛顿液体，如空气、水等．将不满足黏性定律的流体称为非牛顿液体，如石油、泥浆、人体的血液、淋巴液、囊液等．非牛顿液体是自然界中广泛存在的液体，具有剪切稀化、剪切增稠、射流胀大、爬杆效应、无管虹吸或开口虹吸、湍流减阻、拔丝性、连滴效应、液流反弹等许多奇妙的性质．其中，剪切增稠性质的宏观表现为，作用在液体上的外力越大，系统的黏稠性越大，以至于快速运动的人或物体不会沉入液体中．

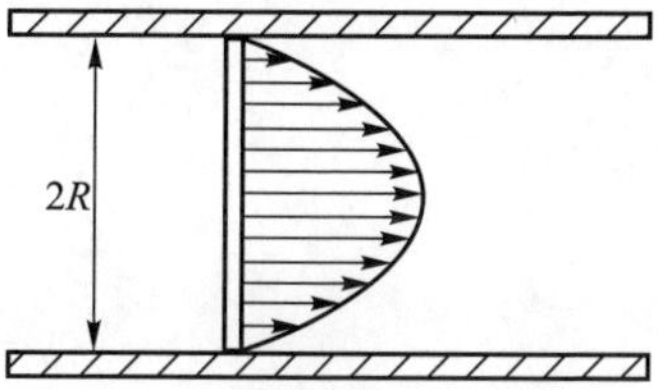

图 8.4.1-1

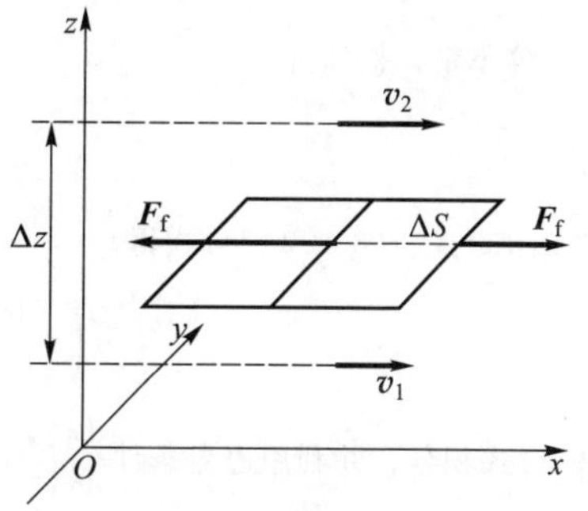

图 8.4.1-2

8.4.2 黏性流体在水平圆管内的流动——泊肃叶公式

利用黏性定律可以确定黏性流体在水平圆管道内速度的横向分布以及通过管道的黏性流体的流量 Q，其流量 Q 的表达式称为泊肃叶公式，其意义是利用该公式可以制成测量流体黏度的黏度计．下面进行定量分析．

考虑半径为 R、长为 l 的一段水平管道，如图 8.4.2-1 所示．设想在流体内取一距管道中心为 r 的圆筒状的薄流层，内外半径分别为 r 和 $r+\mathrm{d}r$．设薄筒流层内外流层对其的黏性摩擦力分别为 $\boldsymbol{F}_{\mathrm{f1}}$ 和 $\boldsymbol{F}_{\mathrm{f2}}$，以流速方向为坐标的正方向，并设薄筒流层两端的压强分别为 p_a 和 p_b．以薄筒流层为研究对象，对其定常流动，合外力为零，因此有

$$(p_a-p_b)2\pi r\mathrm{d}r+F_{\mathrm{f1}}-F_{\mathrm{f2}}=0 \qquad (8.4.2\text{-}1\mathrm{a})$$

由黏性定律得

$$F_{\mathrm{f1}}=-\eta\left(\frac{\mathrm{d}v}{\mathrm{d}r}\right)_r 2\pi rl,\quad F_{\mathrm{f2}}=-\eta\left(\frac{\mathrm{d}v}{\mathrm{d}r}\right)_{r+\mathrm{d}r} 2\pi(r+\mathrm{d}r)l \qquad (8.4.2\text{-}1\mathrm{b})$$

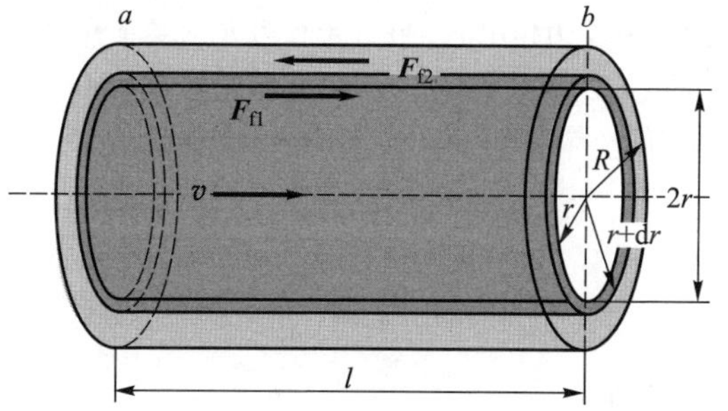

图 8.4.2-1

因为在 [0, R] 区间，$\frac{dv}{dr}<0$，所以(8.4.2-1b)式中的 F_{f1}、F_{f2}的表达式中加了负号.

计算

$$F_{f1}-F_{f2}=\eta 2\pi l\left[-r\left(\frac{dv}{dr}\right)_r+(r+dr)\left(\frac{dv}{dr}\right)_{r+dr}\right] \tag{8.4.2-2a}$$

令 $f(r)=\frac{dv}{dr}$，则

$$F_{f1}-F_{f2}=\eta 2\pi l\ [-rf(r)+(r+dr)f(r+dr)] \tag{8.4.2-2b}$$

忽略 $drdf$ 二阶小量，整理得

$$F_{f1}-F_{f2}=\eta 2\pi l d\left(r\frac{dv}{dr}\right) \tag{8.4.2-2c}$$

联立(8.4.2-1a)式、(8.4.2-2c)式得

$$d\left(r\frac{dv}{dr}\right)=\frac{p_b-p_a}{2\eta l}2rdr=\frac{p_b-p_a}{2\eta l}dr^2 \tag{8.4.2-3}$$

将(8.4.2-3)式积分，并利用边界条件$\left.\frac{dv}{dr}\right|_{r=0}=0$，得

$$\frac{dv}{dr}=\frac{p_b-p_a}{2\eta l}r \tag{8.4.2-4}$$

再积分，并注意满足边界条件 $r=R$ 时，$v=0$，得到

$$v=\frac{p_a-p_b}{4\eta l}(R^2-r^2) \tag{8.4.2-5}$$

(8.4.2-5)式为管内黏性流体在横向上的速度分布公式．不难看出，速度 v 随 r 的分布是旋转抛物面．有了速度的分布，不难求出流量．薄筒流层的流量为

$$dQ=v2\pi rdr=\frac{p_a-p_b}{4\eta l}(R^2-r^2)2\pi rdr \tag{8.4.2-6}$$

积分得管道的总流量为

$$Q=\int_0^R\frac{p_a-p_b}{4\eta l}(R^2-r^2)2\pi rdr=\frac{\pi}{8}\frac{p_a-p_b}{\eta l}R^4 \tag{8.4.2-7}$$

(8.4.2-7)式为泊肃叶公式．由此式可以看出，通过管道长度 l、半径 R、流量 Q 以及两端压强差的测量，可间接测得流体的黏度．

例 8.4.2-1 某种黏性液体，在重力作用下，在一半径为 R 的竖直管中做定常流动．测得管中的流量为 Q. 已知液体的密度为 ρ. 试求：(1) 液体的黏度 η；(2) 管轴处的流速 v_0.

解：设管长为 l，取半径为 r 的一段流体，应用牛顿第二定律有

$$\rho\pi r^2lg+F_f=0$$

由黏性定律得

$$F_f=\eta 2\pi rl\frac{dv}{dr}$$

联合上两式，整理并积分得速度分布：

$$v=\frac{1}{4}\frac{\rho g(R^2-r^2)}{\eta}$$

轴处速度为

$$v_0=\frac{1}{4}\frac{\rho g R^2}{\eta}$$

离中心 r 处薄筒流层的流量为

$$\mathrm{d}Q=v\cdot 2\pi r\mathrm{d}r$$

两边积分得

$$Q=\frac{\pi\rho g R^4}{8\eta}$$

求得

$$\eta=\frac{\pi\rho g R^4}{8Q},\quad v_0=\frac{1}{4}\frac{\rho g R^2}{\eta}=\frac{2Q}{\pi R^2}$$

8.4.3 黏性流体伯努利方程的修正

对于黏性流体，伯努利方程并不成立．由上述推导伯努利方程的过程可以看出，由于流层之间有相互黏性摩擦力，所以内部非保守力的功不为零，设其功为 w（单位体积功），则伯努利方程修正为

$$\left(p_2+\frac{1}{2}\rho v_2^2+\rho g h_2\right)-\left(p_1+\frac{1}{2}\rho v_1^2+\rho g h_1\right)=w \tag{8.4.3-1}$$

计算 w 的大小是管道和管道设计中的一个中心问题．设计中要考虑用多大的压强差或高度差，才能克服流体流动过程中的能量损耗，从而使出口处的压强和流速满足设计要求．例如对于水平管道，$v_1=v_2$，$h_1=h_2$，因此 $w=p_2-p_1$．由(8.4.2-7)式所示的泊肃叶公式得 $w=-\frac{8\eta L}{\pi R^4}Q$．定义流量与管道横截面的比为平均流速，即 $\bar{v}=\frac{Q}{\pi R^2}$，则 $w=-\frac{8\eta L}{R^2}\bar{v}$．

8.4.4 层流、湍流——雷诺数

在日常生活中，经常可以看到层流和湍流两种不同的流体运动．拧开自来水水龙头时，如果水的流速不大，水做分层流动．随着水流的增大，层流的运动终将被破坏，这时流体元除了有纵向的分速度外，还有横向的分速度，流动呈现紊乱状态，这种运动称为湍流．由管道流出的流体由层流过渡到湍流，不仅与流体的流速 v 有关，还与管道的直径 d、流体的黏度 η、流体的密度 ρ 有关．综合这些参量，引入一量纲为 1 的参量 $Re=\rho vd/\eta$，这称为雷诺数．研究表明：不论何种流体，也不论管径的粗细和流速的大小，从层流到湍流的过渡是以 $Re_c=\rho vd/\eta$ 为标志的，这称为临界雷诺数．当流过管道的流体的雷诺数 $Re>Re_c$ 时，则为湍流，当 $Re<Re_c$ 时则为层流．Re_c 由实验确定．普通自来水水管的 Re_c 约为 2 000.

例 8.4.4-1 抽水机通过一根半径 $r=5\times10^{-2}$ m 的水平光滑管子把 20 ℃ 的水从一容器中抽出．测得抽出水的体积流量为 $Q=4.1\times10^{-3}\ \mathrm{m^3/s}$. 已知 20 ℃ 水的黏度为 $\eta=1.0\times10^{-3}$ Pa · s. 试问，管中水的流动是层流还是湍流．

解： 要确定是层流还是湍流需先求雷诺数 Re，由于

$$Re=\frac{\rho v 2r}{\eta}=\frac{\rho\frac{Q}{\pi r^2}2r}{\eta}=\frac{2\rho Q}{\pi r\eta}\approx 52\ 203>2\ 000$$

所以是湍流．

8.4.5 物体在黏性流体中所受阻力——斯托克斯公式

当物体在黏性流体中运动时，会产生两种阻力，一种是黏性阻力，另一种是压差阻力．**黏性阻力产生**

的来源：当物体在黏性流体中运动时，附着在物体表面的流体随物体一起运动，使物体表面流层与邻近流体层之间产生相对运动，从而产生阻碍物体运动的阻力，称为黏性阻力．**压差阻力产生的来源**：当物体在黏性流体中运动时，前方流体受挤压，后方流体则松弛，因而使前方流体的压强增大，后方流体的压强减小，从而造成压差．由此压差造成的对物体运动的阻力称为压差阻力．

了解一个半径为 r 的小球以速度 v 在静止的流体中做匀速直线运动时所受的阻力在实践中有重要意义．理论计算表明，小球在静止的流体中做匀速直线运动时所受的黏性阻力和压差阻力之和为

$$F_{\mathrm{f}}=F_{\mathrm{f黏性}}+F_{\mathrm{f压差}}=4\pi\eta rv+2\pi\eta rv=6\pi\eta rv \qquad (8.4.5\text{-}1)$$

(8.4.5-1)式称为斯托克斯公式，为英国科学家斯托克斯发现．依据此公式，可用小球在黏性流体中自由下落时的终极速度(流体所受合外力近似为零，近似做匀速运动)来求出流体的黏度．

例 8.4.5-1　一个半径 $r=0.10\times10^{-2}$ m 的小空气泡在黏性液体中上升，液体的黏度为 $\eta=0.11$ Pa·s，密度为 $\rho=0.72\times10^{3}$ kg/m^{3}．求其上升的终极速度．

解：达到终极速度时，小球受力平衡，忽略重力有 $F_{浮}=F_{阻}$．

由阿基米德原理得

$$F_{浮}=\rho g\frac{4}{3}\pi r^{3}$$

由斯托克斯公式得

$$F_{阻}=6\pi\eta rv$$

联立求解得

$$v\approx1.4\times10^{-2}\ \mathrm{m/s}$$

本章知识单元和知识点小结

知识单元	知识点			
静流体	静流体内任一点压强	静流体内不同点压强	阿基米德原理	帕斯卡定律
	某点压强各方向相等	$p_B=p_C+\rho gh$	浸在流体中的物体所受到的浮力等于物体所排开流体的重力	对密闭流体，表面所加压强能按它的大小传递到各处及器壁上
理想流体的定常流动	动流体内任意一点压强	连续性方程	伯努利方程	
	某点压强各方向相等	$S_1v_1=S_2v_2$	$p+\frac{1}{2}\rho v^{2}+\rho gh=$常量 条件：同一流线上的点	

授课录像：第八章知识单元小结

续表

知识单元	知识点	
伯努利方程的应用	小孔流速、流体的流速与流量测量、虹吸现象、马格纳斯效应	
*黏性流体的流动	黏性定律	斯托克斯公式
	$\dfrac{F_f}{\Delta S}=\eta\dfrac{dv}{dz}$	$F_f=F_{f黏性}+F_{f压差}$ $=4\pi\eta rv+2\pi\eta rv$ $=6\pi\eta rv$ 条件：小球在流体中做匀速直线运动

习　　题

课后作业题

8-1. 在如习题 8-1 图所示的装置中，已知容器与容器内液体的总质量为 5.0 kg，吊在弹簧秤下的重物是边长为 8.0 cm 的立方体，弹簧秤的读数为 6.0 kg，台秤的读数为 8.1 kg. 求：(1) 重物的质量；(2) 容器内液体的密度 .

第八章参考答案

8-2. 一根横截面积 $S_1=5.00\ cm^2$的细管，连接在一个容器上，容器的横截面积 $S_2=100\ cm^2$，高度$h_2=5.00$ cm. 把水注入，使水对容器底部的高度 $h_1+h_2=100$ cm，如习题8-2 图所示 . 求：(1) 水对容器底部的作用力为多大？(2) 此装置内水的质量为多大？(3) 解释(1)、(2)所求得的结果为何不同？

习题 8-1 图

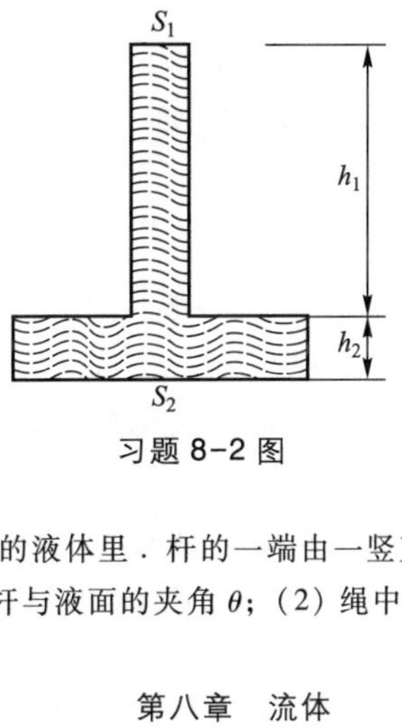

习题 8-2 图

8-3. 一根长为 l、密度为 ρ 的均质细杆，浮在密度为 ρ_0的液体里 . 杆的一端由一竖直细绳悬挂着，使该端高出液面的距离为 d，如习题 8-3 图所示 . 试求：(1) 杆与液面的夹角 θ；(2) 绳中的张力 F_T. 设杆的

截面积为 S.

8-4. 若上题中细杆的一端由一竖直细绳与装液体的容器底面相连，使该端低于液面的距离为 d，如习题 8-4 图所示．求解上题中的两个问题．

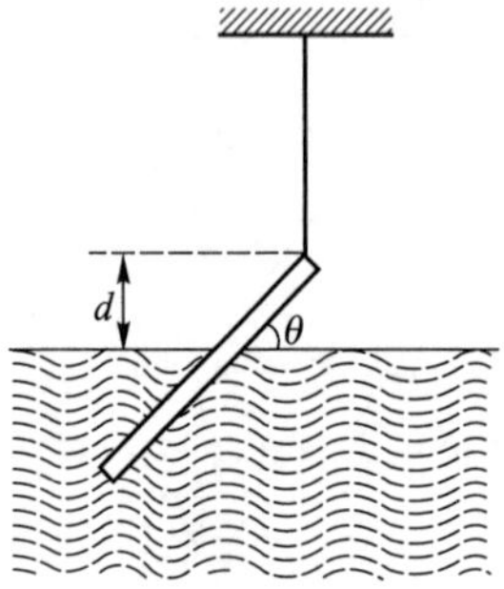

习题 8-3 图

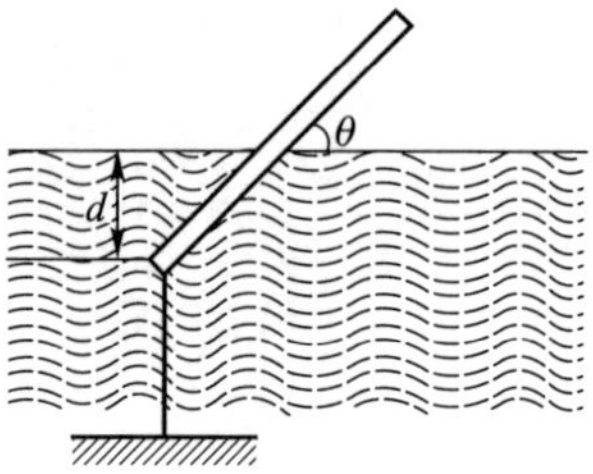

习题 8-4 图

8-5. 一粗细均匀的 U 形管内装有一定量的液体．U 形管底部的长度为 l. 当 U 形管以加速度 a 沿水平方向加速时，如习题 8-5 图所示，求两管内液面的高度差 h.

8-6. 一立方形的钢块平正地浮在容器内的水银中．已知钢块的密度为 7.8 g/cm^3，水银的密度为 13.6 g/cm^3.（1）问钢块露出水银面之上的高度与边长之比为多大？（2）如果在水银面上加水，使水面恰与钢块的顶相平，问水层的厚度与钢块边长的比例为多大？

8-7. 利用一根跨过水坝的粗细均匀的虹吸管，从水库里取水，如习题 8-7 图所示，已知水库的水位的高度 $h_A=2.00$ m，虹吸管出水口的高度 $h_B=1.00$ m，坝高 $h_C=2.50$ m. 设水在虹吸管内做定常流动．（1）求 A、B、C 三个位置处的压强；（2）若虹吸管的截面积为 7.00×10^{-4} m^2，求水从虹吸管流出的体积流量．

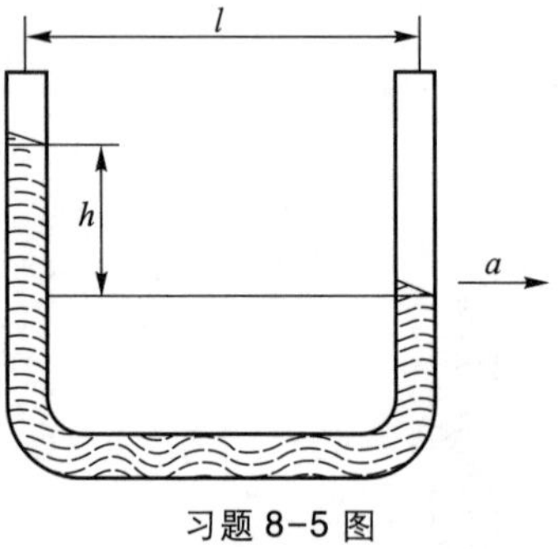

习题 8-5 图

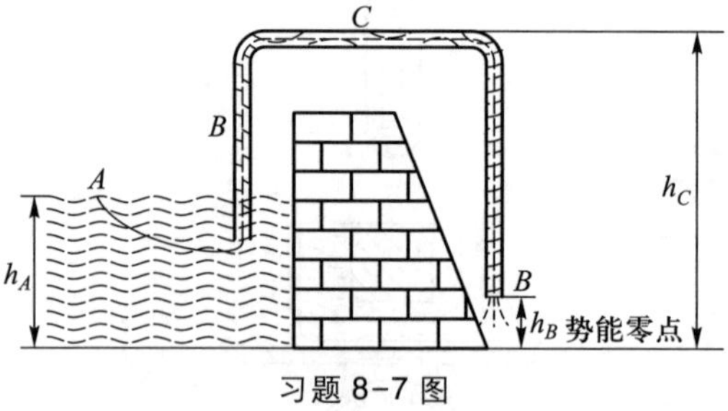

习题 8-7 图

8-8. 如习题 8-8 图所示，一水平管下面装有一 U 形管，U 形管内盛有水银．已知水平管中粗、细处的横截面积分别为 $S_A=5.0\times10^{-3}$ m^2，$S_B=1.0\times10^{-3}$ m^2. 当水平管中有水流做定常流动时，测得 U 形管中水银面的高度差为 $h=3.0\times10^{-2}$ m. 求水流在粗管处的流速 v. 已知水和水银的密度分别为 $\rho=1.0\times10^3$ kg/m^3，$\rho'=13.6\times10^3$ kg/m^3.

8-9. 利用压缩空气把水从一密封的容器内通过一管子压出，如习题 8-9 图所示．已知管子的出口处比容器内水面高 $h=0.50$ m. 当水从管口以 1.5 m/s 的流速流出时，求容器内空气的压强．

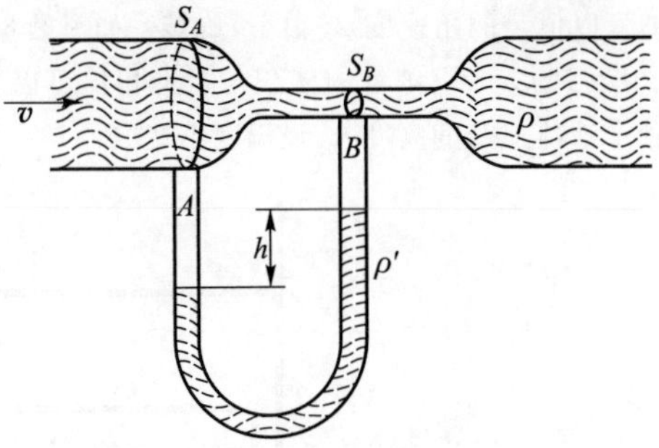

习题 8-8 图

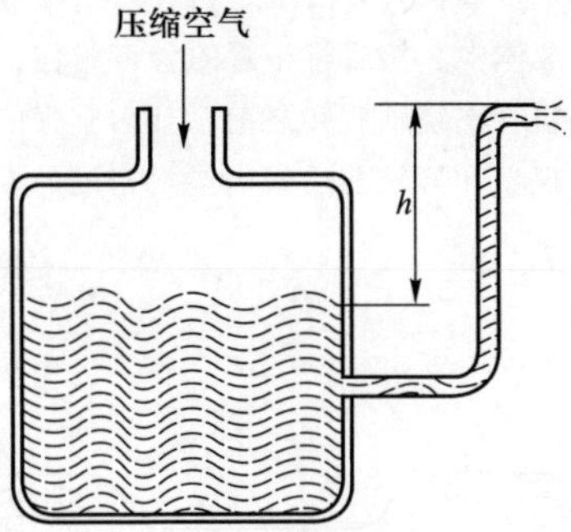

习题 8-9 图

8-10. 一喷泉竖直喷出高度为 H、密度为 ρ 的水流，喷泉的喷嘴具有上细下粗的截锥形状．上截面的直径为 d_1，下截面的直径为 d_2，喷嘴高为 h. 设大气压强为 p_0，求：(1) 水的体积流量；(2) 喷嘴的下截面处的压强．

8-11. 如习题 8-11 图所示，在一大容器的底部接一竖直管，在 B 处装有一压力计，竖直管的下口 C 处用软木塞塞住．若 A(容器内液面处)、B 和 C 点的高度分别为 h_A、h_B 和 h_C. 求：(1) 此时压力计中液面的高度 h_1；(2) 拔去软木塞，当水做定常流动后，压力计中液面的高度 h_2.

8-12. 在一截锥形容器内盛有高度为 $h=0.7$ m 的水，其侧壁与底面成 $\theta=60°$ 角，容器被放在高为 $h_0=0.50$ m 的物体上，在容器壁的底部开有一小孔，如习题 8-12 图所示．求水从小孔射出后的水平射程 L.

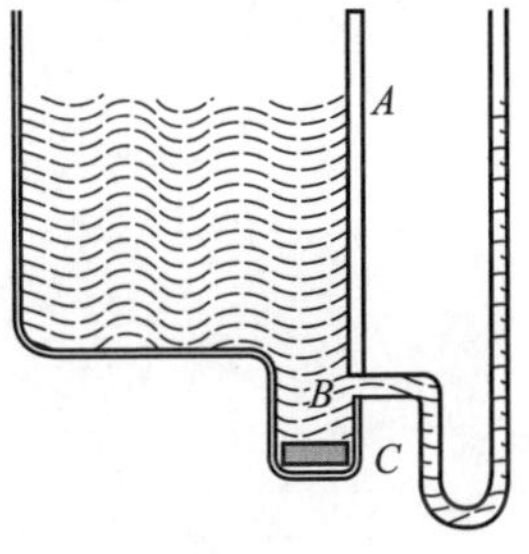

习题 8-11 图

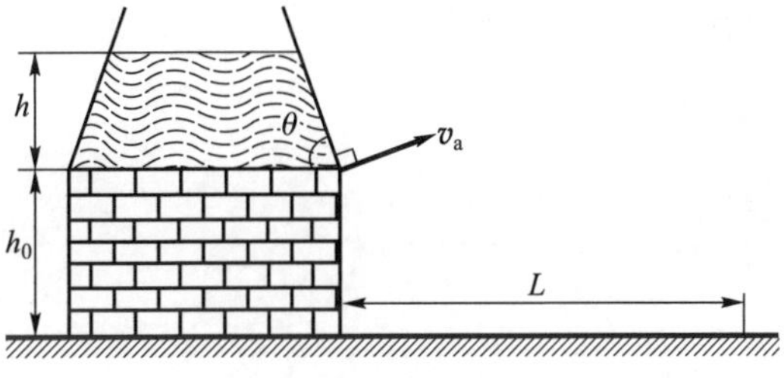

习题 8-12 图

自检练习题

8-13. 在某水池的边上装有一宽为 1.0 m、高为 2.0 m 的小门，其下边与水池底相平，并用铰链与池壁连接．试问，当池内的水深刚好没过门时，门受到的水的作用力相对于铰链的力矩为多大？

8-14. 在一直径很大的圆柱形水桶壁的近底部处有一直径为 0.04 m 的小孔．若桶内水的深度为 1.60 m，(1) 求此时水从小孔中流出的体积流量 Q_1；(2) 若小孔为薄壁圆孔，其收缩系数为 61%. 求实际的体积流量 Q_2，并求由于收缩现象的存在，而造成计算值与实际值之间的百分误差．

8-15. 液体在一水平管道中流动，A 处和 B 处的横截面积分别为 S_A 和 S_B，B 管口与大气相通，压强为 p_0. 若在 A 处用一细管与容器相通，如习题 8-15 图所示，试证明：当 h 满足下式 $h=\dfrac{Q^2}{2g}\left(\dfrac{1}{S_A^2}-\dfrac{1}{S_B^2}\right)$ 时，A 处的压强刚好能将比水平管低 h 处的同种液体吸上来，其中 Q 为体积流量．

8-16. 在一大容器的底部有一小孔，容器截面积与小孔面积之比为 100，容器内盛有高度 $h=0.80$ m 的水．求容器内水流完所需的时间．设在整个过程中，水的流动可视为定常流动.

8-17. 一根长为 L 的水平粗管与一根竖直细管连接成如习题 8-17 图所示的形状．把细管的下端插入密度为 ρ_f 的液体中，然后将粗管的管口封住，并使其绕细管以恒定的角速度 ω(很小)旋转，如习题 8-17 图所示．已知粗管在绕轴旋转之前，其内空气的密度为 ρ_a，压强为 p_a. 设细管的体积与粗管相比可以忽略，并忽略毛细现象和旋转前后管内空气密度的变化．求细管中液体上升的高度 h. 设温度不变．

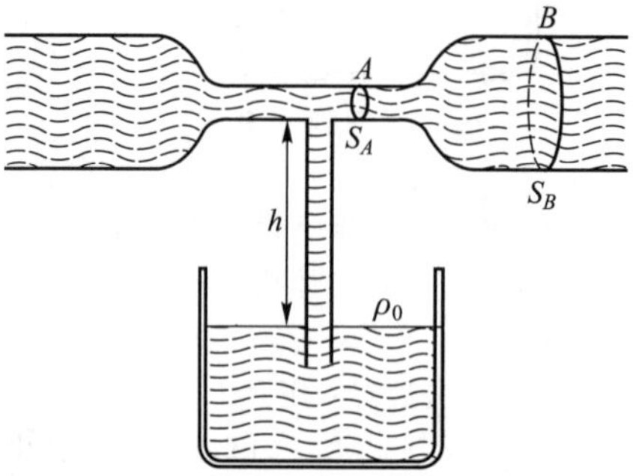

习题 8-15 图

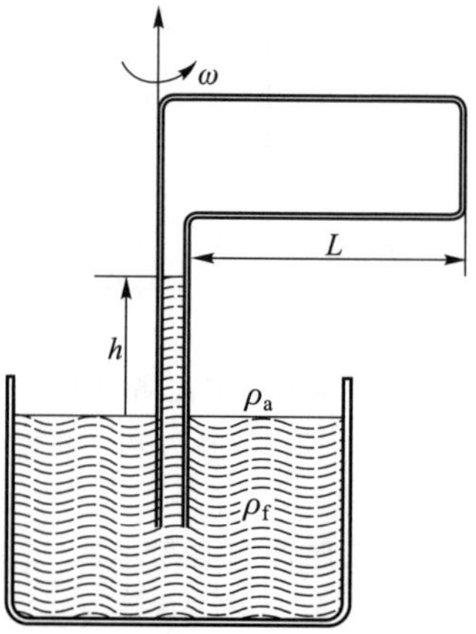

习题 8-17 图

***8-18.** 一个半径 $r=0.20\times10^{-2}$ m 的小球落入 $\rho=0.90\times10^3$ kg/m^3 的黏性液体中．已知小球的密度 $\rho'=6.5\times10^3$ kg/m^3，并测得小球在该液体中的终极速度 $v_f=0.24$ m/s. 试求：(1) 液体的黏度 η；(2) 小球在下降过程中加速度为 $\frac{1}{3}g$ 时刻的速度 v.

第九章 振动

第七章和第八章分别介绍了刚体和流体两类特殊质点系的基本运动规律．自然界中还存在着多种多样的运动形式，其中，振动和波动是极为普遍的例子．本章将介绍振动，下一章介绍波动．

授课录像：振动概述

振动不仅存在于力学领域，而且广泛存在于物理学的其他领域，如电学、光学、原子物理以及量子力学等．从广义上说，振动是指描述系统状态的参量(如位移、角度、电压等)在其基准值上交替变化的过程，但这种变化的动力学过程在各个领域中并不相同．在力学中讨论这种运动形态，有助于在其他领域中对类似运动形态的学习和理解．

振动可区分为线性振动和非线性振动．机械的线性振动是指质量不变、弹性力和阻尼力与运动参量呈线性关系，其数学描述为线性常系数常微分方程．非线性振动针对的则是非线性系统，其数学描述为非线性微分方程．线性振动理论是对振动现象的近似描述，在振幅足够小的大多数情况下，线性振动理论可以足够准确地反映振动的客观规律．在其他情况下，则需要用非线性振动理论去处理．

本章主要介绍机械振动中三种比较简单的线性振动形式，即简谐振动、阻尼振动和受迫振动，并定性介绍二自由度线性振动现象，简单介绍非线性振动中常见的部分现象．

§9.1 简谐振动

机械振动是振动的一种形式，它是物体在平衡位置附近，在同一路线上来回重复的周期运动．如果描述这种运动行为的物理量(如位移、角度等)随时间的变化呈余弦(或正弦)的函数形式，则这种振动称为简谐振动．机械振动实际上是非常复杂的，但由傅里叶变换可知，复杂的振动不过是一系列简谐振动的合成．因此，只要我们清楚地了解了简谐振动的规律，就为研究任何其他周期运动奠定了基础．因此，简谐振动在研究振动的问题中起着重要的作用．

本节将以几个特殊的简谐振动为例，从系统动力学角度分析简谐振动的共同特征，从而为判断一个系统是否属于简谐振动提供依据，由此分析简谐振动的运动学特征，介绍简谐振动的几何描述，并进一步讨论简谐振动的合成问题.

9.1.1 简谐振动的动力学方程及其解

如果描述系统在平衡位置附近来回往复运动的物理量(如位移、角度等)随时间的变化是余弦(或正弦)的函数形式，这种振动就是简谐振动．那么在不知道系统的运动学行为之前，如何从动力学的角度判断一个系统是否是简谐振动?本节将依据本书的已有理论，以弹簧振子、单摆、复摆、扭摆等为例，总结简谐振动所具有的共同动力学特征．以此为基础，可以从动力学角度判断一个未知的振动系统是否属于简谐振动.

授课录像： 简谐振动的动力学方程及其解

1. 水平振动的弹簧振子

如图 9.1.1-1 所示，以弹簧处于原长时的物体质心所在位置为坐标原点建立坐标系，由牛顿第二定律可得振子的动力学方程为 $-kx=m\ddot{x}$，其中的“-”表示力与位移的方向相反．令 $\omega_0^2=\dfrac{k}{m}$，整理得

$$\ddot{x}+\omega_0^2x=0 \qquad (9.1.1-1)$$

2. 竖直振动的弹簧振子

如图 9.1.1-2 所示，在劲度系数为 k 的弹簧上挂一质量为 m 的重物，建立如图 9.1.1-2 所示的坐标系.

如以弹簧的原长为坐标原点(即 O'点)，向下为 x'的正方向，对重物应用牛顿第二定律有 $-kx'+mg=m\ddot{x}'$，其中 x'为重物相对弹簧原长的坐标.

动画演示： 弹簧振子

实物演示： 弹簧振子

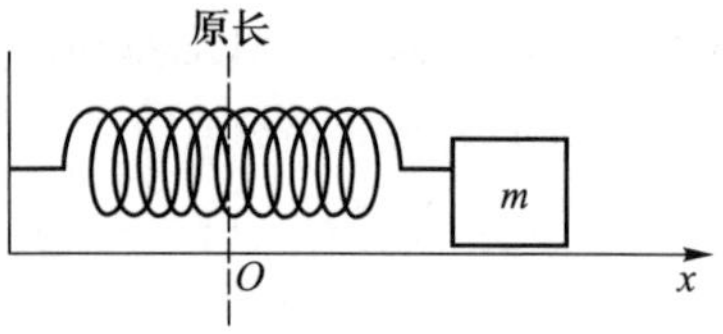

图 9.1.1-1

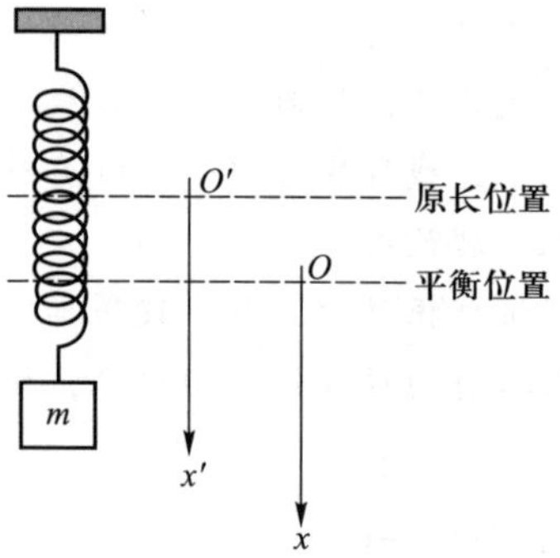

图 9.1.1-2

如以重物的平衡位置为坐标原点(即 O 点)，同样向下为 x 的正方向，并设 x_0为振子平衡时，重物相对弹簧原长的位移，对重物应用牛顿第二定律有 $-k(x+x_0)+mg=m\ddot{x}$，其中 $kx_0=mg$，并令 $\omega_0^2=\dfrac{k}{m}$，整理得振子的动力学方程为

$$\ddot{x}+\omega_0^2x=0 \qquad (9.1.1-2)$$

3. 单摆

如图 9.1.1-3 所示，以 O 点为转轴，规定 θ 角向右（增加）的方向为正，随之也就规定了向外的转动为正方向．对单摆小球应用转动定律有

$$-lmg\sin\theta=J\alpha=J\ddot{\theta}=ml^2\ddot{\theta}$$

对于较小幅度的摆动，$\sin\theta\approx\theta$，令 $\omega_0^2=\dfrac{g}{l}$，整理得

$$\ddot{\theta}+\omega_0^2\theta=0 \tag{9.1.1-3}$$

4. 复摆

如图 9.1.1-4 所示，刚体在竖直平面内绕不过质心的水平固定轴摆动，这样的系统称为复摆．设质心到转轴的距离为 r_C，转动惯量为 J，规定角 θ 向右（增加）为正，相应转动方向向外为正．对复摆应用转动定律得 $-mgr_C\sin\theta=J\ddot{\theta}$. 对于较小幅度的摆动，$\sin\theta\approx\theta$，令 $\omega_0^2=\dfrac{mgr_C}{J}$，整理得

$$\ddot{\theta}+\omega_0^2\theta=0 \tag{9.1.1-4}$$

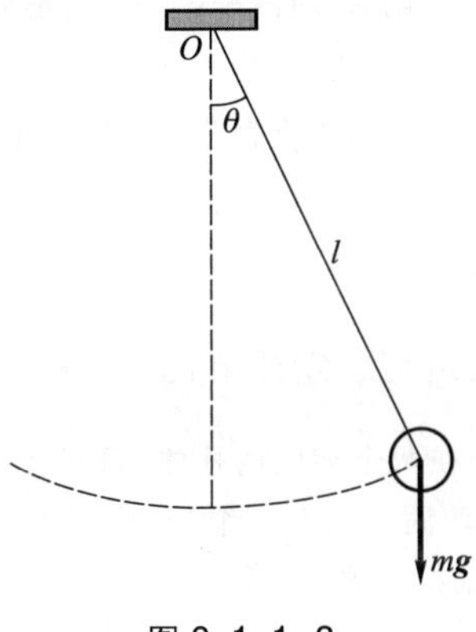

图 9.1.1-3

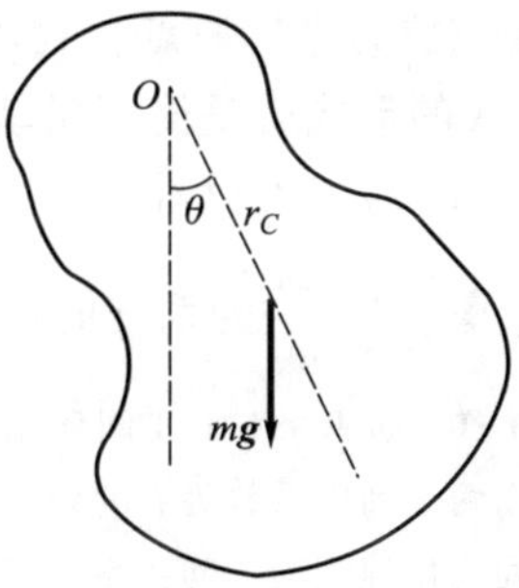

图 9.1.1-4

5. 扭摆

如图 9.1.1-5 所示，设悬丝没有扭曲时为平衡位置，规定角 θ 向右（增加）为正，相应转动方向向上为正．当扭摆转角为 θ 时，扭丝有一力矩 M 作用于盘上. 实验表明 $M=-k\theta$，其中 k 为扭转系数．由转动定律得 $-k\theta=J\ddot{\theta}$，令 $\omega_0^2=\dfrac{k}{J}$，整理得

$$\ddot{\theta}+\omega_0^2\theta=0 \tag{9.1.1-5}$$

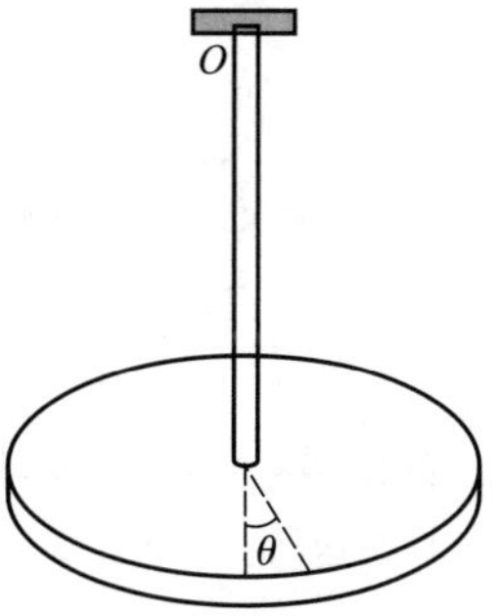

图 9.1.1-5

由（9.1.1-1）式至（9.1.1-5）式的各例结果可以看出：在回复力或回复力矩作用下，以平衡位置为坐标原点，描述上述各系统的物理量（位移或角度）的动力学微分方程具有如下形式：

$$\frac{d^2x}{dt^2}+\omega_0^2x=0 \tag{9.1.1-6}$$

其中，x 除了可以是上述例子中的位移、角位移等，也可以代表电流、电压等描述系统运动的任何物理量．

(9.1.1-6)式只是给出了描述上述各系统的物理量所遵从的动力学微分方程．要想定量了解系统在平衡位置附近往复振动的参量(位移或角度等)随时间的变化规律，还需要对(9.1.1-6)式进行求解．

由高等数学知识可知，(9.1.1-6)式所示的微分方程的解为

$$x=A\cos(\omega_0t+\varphi) \tag{9.1.1-7}$$

其中 A 和 φ 是在求解微分方程时引进的任意常量．

由(9.1.1-7)式可以看出，描述上述各系统的物理量在平衡位置附近随时间的变化是余弦函数形式，因此，上述各系统均是简谐振动，它们的动力学微分方程所具有的共同特征，即满足(9.1.1-6)式．

值得注意的是，即使系统是简谐振动，如果不以系统的平衡位置为坐标原点，也得不到(9.1.1-6)式的简谐振动方程，但通过变量代换最终可以转化为(9.1.1-6)式的形式，如上面的例子“竖直振动的弹簧振子”所示．因此，从动力学角度判断一个系统是否属于简谐振动的方法是：

以平衡位置为坐标原点，利用相应的定理、定律建立系统的动力学方程，如果方程满足(9.1.1-6)式的形式就是简谐振动，否则不是．

由(9.1.1-7)式可以看出，如果系统是简谐振动，那么(9.1.1-6)式中的 ω_0 为系统振动的固有圆频率，$T=\dfrac{2\pi}{\omega_0}$为系统的振动周期．对系统所用的定理、定律要视具体题目而定．

例 9.1.1-1 如例 9.1.1-1 图所示，木板质量为 m_0，水平放在两个相同的柱体(质量为 m、半径为 r)上，板两端用两个劲度系数为 k 的轻弹簧连接，弹簧水平地挂在两固定点上．当系统做振动时，柱与板以及柱与地面间均做纯滚动．问：系统是否做简谐振动？如果是，求振动周期．

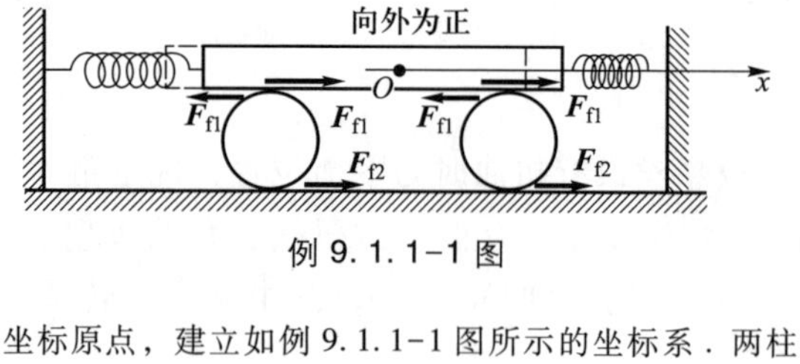

例 9.1.1-1 图

解：以板的平衡位置为坐标原点，建立如例 9.1.1-1 图所示的坐标系．两柱的运动状态完全相同．

以板为研究对象，应用牛顿第二定律有

$$-2kx+2F_{f1}=m_0\ddot{x}$$

以其中一个柱为研究对象，做平面平行运动，有

质心运动：
$$F_{f2}-F_{f1}=ma_C$$

绕质心转动：
$$F_{f1}r+F_{f2}r=J\alpha=\frac{1}{2}mr^2\alpha$$

柱与板接触点做纯滚动： $\ddot{x}=a_C-r\alpha$

柱与地面接触点做纯滚动： $0=a_C+r\alpha$

联立可得

$$\omega_0^2=\frac{8k}{3m+4m_0}, \quad \ddot{x}+\omega_0^2x=0$$

因此，板做简谐振动，振动周期为

$$T=\frac{2\pi}{\omega_0}=2\pi\sqrt{\frac{3m+4m_0}{8k}}$$

例 9.1.1-2 半径为 r 的均匀重球，可以在一半径为 R 的球形碗底部做纯滚动．求圆球在平衡位置附近做小振动的周期．

解： 建立如例 9.1.1-2 图所示的坐标系，以小球为研究对象，做平面平行运动．

质心运动： $F-mg\sin\theta=m(R-r)\ddot{\theta}$

绕质心转动： $Fr=J'\alpha'=\frac{2}{5}mr^2\alpha'$

接触点做纯滚动： $(R-r)\ddot{\theta}+r\alpha'=0$

小幅度振动条件： $\sin\theta\approx\theta$

联立得

$$\ddot{\theta}+\omega_0^2\theta=0\text{，其中 }\omega_0^2=\frac{5g}{7(R-r)}$$

因此小球的振动周期为

$$T=\frac{2\pi}{\omega_0}=2\pi\sqrt{\frac{7(R-r)}{5g}}$$

例 9.1.1-3 在一竖直放置的、横截面均匀的 U 形管内，装有一段长为 l 的液体．由于某一小扰动使管内的液体发生振动，若不计黏性阻力和毛细作用，求振动周期．

解： 液体静止时的水平面为坐标原点，向上为正方向，建立如例 9.1.1-3 图所示的坐标系．设横截面积为 S，坐标原点处为势能零点．以整个液体为研究对象，系统机械能守恒．

当液体一侧水平面高出坐标原点 x 时，系统的动能 E_k 与势能 E_p 分别为

$$E_k=\frac{1}{2}lS\rho\dot{x}^2$$

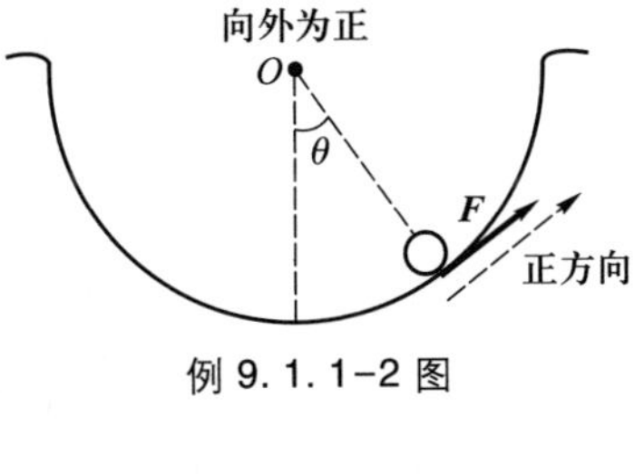

例 9.1.1-2 图

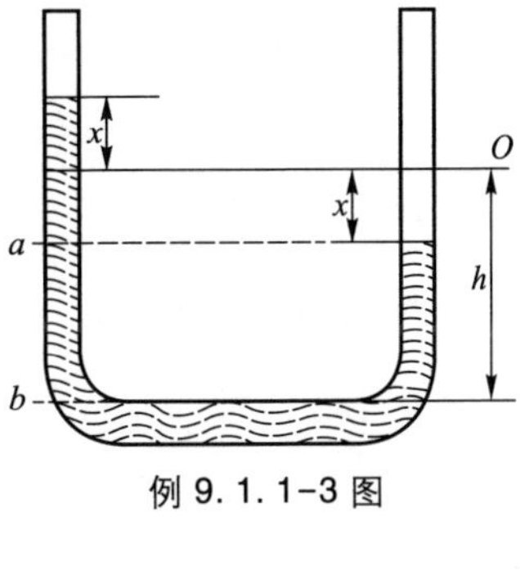

例 9.1.1-3 图

$$E_p=E_{pa以上}+E_{pab}+E_{pb以下}=0-2(h-x)S\rho g\left[\frac{1}{2}(h-x)+x\right]+常量$$

系统机械能守恒，则

$$E=E_k+E_p=C$$

上式对时间求导数后整理得

$$\ddot{x}+\omega_0^2x=0$$

其中 $\omega_0^2=\frac{2g}{l}$. 因此系统的振动周期为

$$T=\frac{2\pi}{\omega_0}=2\pi\sqrt{\frac{l}{2g}}$$

9.1.2 简谐振动的运动学特征

(9.1.1-6)式是简谐振动系统的动力学描述．由高等数学知识可得(9.1.1-6)式的微分方程的解(运动学方程)为

$$x=A\cos(\omega_0t+\varphi) \tag{9.1.2-1a}$$

$$v=\dot{x}=-A\omega_0\sin(\omega_0t+\varphi) \tag{9.1.2-1b}$$

其中，A 和 φ 是在求解方程时引进的任意常量．

授课录像： 简谐振动的运动学特征

如果描述系统运动的物理量是位移的话，则(9.1.2-1b)式对应的就是系统的振动速度，它与(9.1.2-1a)式共同决定了系统在各时刻的振动状态．振动的特征之一是运动具有周期性，显然(9.1.2-1)式所表示的简谐振动具有余弦形式的时间周期性．下面针对(9.1.2-1)式所表达的简谐振动，来进一步分析描述简谐振动各特征量的物理意义．

1. 位移 x

振子运动到某位置(弧、线、角)的坐标，有正负之分．通常以平衡位置为坐标原点．

2. 振幅 A

振子离开平衡位置的最大位移的绝对值，总是正的．

3. 周期 T

振子从某一状态$(x,\dot{x})$经过一次全振动又回到原来的状态所经历的最短时间称为一个周期．设振子从某状态 $[x(t), \dot{x}(t)]$ 开始，即

$$x=A\cos(\omega_0t+\varphi) \tag{9.1.2-2a}$$

$$\dot{x}=-A\omega_0\sin(\omega_0t+\varphi) \tag{9.1.2-2b}$$

经过时间 T 变为另外一个状态 $[x(t+T), \dot{x}(t+T)]$，即

$$x=A\cos[\omega_0(t+T)+\varphi] \tag{9.1.2-3a}$$

$$\dot{x}=-A\omega_0\sin[\omega_0(t+T)+\varphi] \tag{9.1.2-3b}$$

若(9.1.2-2)式与(9.1.2-3)式所示的状态相同，则对应的时间 T 应为

$$T=\frac{2n\pi}{\omega_0},\quad n=1,2,\cdots \tag{9.1.2-4a}$$

显然，系统从一个状态转为另外一个相同的状态，所经历的最短时间对应 $n=1$，因此系统的周期为

$$T=\frac{2\pi}{\omega_0} \tag{9.1.2-4b}$$

4. 圆频率

(9.1.2-4)式中的 ω_0称为系统的圆频率．在简谐振动的几何表示中，简谐振动是用一个矢量绕其端点的转动来表示的，其转动的角速度恰好对应此处的圆频率 ω_0.

5. 频率 ν

单位时间内完成的振动次数，它与振动周期的关系为

$$\nu=\frac{1}{T}=\frac{\omega_0}{2\pi} \tag{9.1.2-5a}$$

其单位为 Hz(赫兹)，即

$$1\ \mathrm{Hz}=1\ \mathrm{s}^{-1} \tag{9.1.2-5b}$$

6. 相位 $\omega_0 t+\varphi$

由 $x=A\cos(\omega_0 t+\varphi)$，可得

$$v=\dot{x}=-A\omega_0\sin(\omega_0 t+\varphi) \tag{9.1.2-6}$$

振子的运动状态由$(x,\dot{x})$所决定，而$(x,\dot{x})$是由 $\omega_0 t+\varphi$ 所决定的．因此说，相位是决定系统状态的一个物理量．

7. 初相位 φ

$t=0$ 时对应的相位，规定 $0\leqslant\varphi<2\pi$.

8. 由初始条件确定 A、φ

(9.1.1-7)式中所示的 A、φ，是在求解系统二阶微分方程(9.1.1-6)式的过程中引入的任意常量．所说的任意常量是指，无论 A、φ 取何值，将(9.1.1-7)式代入(9.1.1-6)式，(9.1.1-6)式都会成立．从这个角度说，A、φ 是任意的常量．但是，对于一个具有确定初始条件的振动系统来说，A、φ 的取值又是确定的．因此，称 A、φ 是由系统初始条件决定的任意常量．那么如何从系统的初始条件确定 A、φ 呢？

首先由系统实际的初始状态判断

$$x=x_0,\quad v=v_0 \tag{9.1.2-7a}$$

再从理论上，由系统简谐振动的运动学方程 $t=0$ 时的条件得

$$x_0=A\cos\varphi,\quad v_0=-A\omega_0\sin\varphi \tag{9.1.2-7b}$$

由(9.1.2-7)式联立可确定 A、φ. 具体求法参考如下例 9.1.2-1.

例 9.1.2-1 一弹簧振子由劲度系数为 k 的弹簧和质量为 m_0的物块组成，将弹簧的一端与顶板相连，如例 9.1.2-1 图所示．开始时物块处于静止状态，一颗质量为 m，速度为 v_0的子弹由下而上射入物块，并停留在物块中．(1) 求振子以后的振动振幅 A 与周期 T；(2) 求物块从初始位置运动到最高点所需的时间 t.

解： 以物块和子弹为研究对象，以系统碰撞后的平衡位置为坐标原点，向下为正方向．

设物块碰前相对弹簧原长的平衡位置为 x_0，碰后物块和子弹构成系统的平衡位置相对弹簧原长为 x_1，忽略碰撞期间子弹的重力.

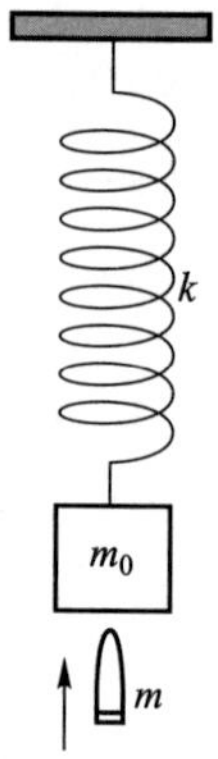

例 9.1.2-1 图

系统碰撞前后动量守恒：

$$-mv_0=(m_0+m)v_1$$

物块碰撞前振子的平衡位置：

$$kx_0=m_0g$$

物块和子弹碰撞后的新平衡位置：

$$kx_1=(m_0+m)g$$

碰后系统动力学方程：

$$(m_0+m)g-k(x_1+x)=(m_0+m)\ddot{x}$$

整理得

$$\ddot{x}+\omega_0^2x=0$$

其中 $\omega_0^2=\dfrac{k}{m_0+m}$，系统做简谐振动.

振动周期为

$$T=\frac{2\pi}{\omega_0}=2\pi\sqrt{\frac{m_0+m}{k}}$$

系统的运动学方程为

$$x=A\cos(\omega_0t+\varphi),\qquad v=-A\omega_0\sin(\omega_0t+\varphi)$$

初始条件为

$$-(x_1-x_0)=A\cos\varphi,\qquad v_1=-A\omega_0\sin\varphi$$

解得

$$A=\frac{mg}{k}\sqrt{1+\frac{kv_0^2}{(m_0+m)g^2}},\qquad \tan\varphi=-\frac{v_0}{g}\sqrt{\frac{k}{m_0+m}}$$

物块达到最高点时

$$-A=A\cos(\omega_0t+\varphi)$$

则

$$t=\frac{1}{\omega_0}(\pi-\varphi)=\sqrt{\frac{m_0+m}{k}}\left[\pi+\arctan\left(\frac{v_0}{g}\sqrt{\frac{k}{m_0+m}}\right)\right]$$

9. 简谐振动的能量

以弹簧振子为例，$x=A\cos(\omega t+\varphi)$，$v=\dot{x}=-A\omega\sin(\omega t+\varphi)$. 以平衡位置为势能零点，有动能：

$$E_k=\frac{1}{2}m\dot{x}^2=\frac{1}{2}mA^2\omega^2\sin^2(\omega t+\varphi)$$

已知 $\omega^2=\dfrac{k}{m}$，则

$$E_k=\frac{1}{2}kA^2\sin^2(\omega t+\varphi)$$

势能：

$$E_p=\frac{1}{2}kx^2=\frac{1}{2}kA^2\cos^2(\omega t+\varphi)$$

机械能：

$$E=E_k+E_p=\frac{1}{2}kA^2=\frac{1}{2}mA^2\omega^2=C \tag{9.1.2-8}$$

由(9.1.2-8)式可见，简谐振动中机械能守恒．动能最大时(平衡位置)，势能最小；动能最小(最大位移处)时，势能最大，总能量保持不变．

10. 等值摆长

单摆的动力学方程为 $\ddot{\theta}+\frac{g}{l}\theta=0$，周期 $T=2\pi\sqrt{\frac{l}{g}}$．对于复摆，$\ddot{\theta}+\frac{mgr_C}{J}\theta=0$，周期为 $T=2\pi\sqrt{\frac{J}{mgr_C}}$．如果将此复摆的周期与单摆的周期相比，那么复摆相当于摆长为多少的单摆呢？即 $2\pi\sqrt{\frac{l}{g}}=2\pi\sqrt{\frac{J}{mgr_C}}$，所以，等效关系为

$$l_{eff}=\frac{gJ}{mgr_C}=\frac{J}{mr_C} \tag{9.1.2-9}$$

因此 l_{eff}称为复摆的等值摆长．

11. 等值摆长与打击中心

如图 9.1.2-1 所示，x 为何值时，O 处不受水平力？参考第七章的例 7.4.3-1，求解方法有

$$F=ma_C,\qquad Fx=J\alpha,\qquad a_C+(-\alpha r_C)=0$$

解得

$$x=\frac{J\alpha}{F}=\frac{J\alpha}{m\alpha r_C}=\frac{J}{mr_C} \tag{9.1.2-10}$$

此点称为打击中心或振动中心．比较(9.1.2-9)式和(9.1.2-10)式可以看出，打击中心的长度恰为复摆的等值摆长．

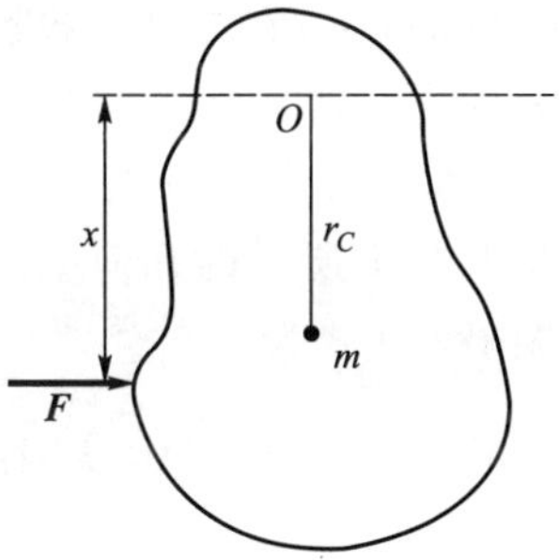

图 9.1.2-1

9.1.3 简谐振动的几何描述

简谐振动的表达式是 x-t 关系，可以通过旋转矢量法来形象地表示，如图 9.1.3-1 所示．这仅仅是一种几何表示，在讨论振动的合成时会用到．

设一矢量 $\boldsymbol{A}$ 绕其首端以角速度 ω 做匀角速转动，初始位置在 φ 角处．当 $t=0$ 时，矢量 $\boldsymbol{A}$ 在 x 轴上的投影 $x=A\cos\varphi$. 经过时间 t，矢量 $\boldsymbol{A}$ 在 x 轴的投影为 $x=A\cos(\omega t+\varphi)$，这恰是简谐振动的表达式. 因此，可用矢量的

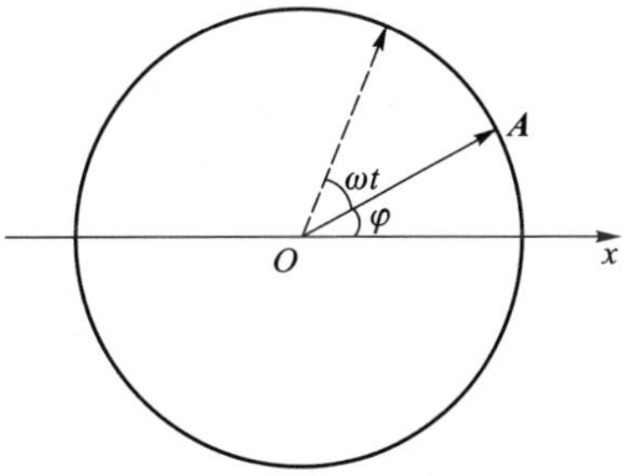

图 9.1.3-1

授课录像：
简谐振动的几何描述

圆周运动在坐标轴上的投影来表示简谐振动．其对应关系为

半径 $A \leftrightarrow$ 振幅 A

初始位置角 $\varphi \leftrightarrow$ 初相位 φ

角速度 $\omega \leftrightarrow$ 圆频率 ω

9.1.4　简谐振动的合成

通常情况下，一物体同时要参与两种、三种甚至更多种振动．例如，向水中投两个石子，原先在水中的一纸片，就要参与两石子引起的振动，纸片的振动就应是两振动的叠加；又如，我们能同时听到多个人说话的声音，耳膜的振动就是多种声音传入耳朵而引起的振动的合成．像这类现象，就需要我们用振动的合成去分析．本节仅研究其中几种简单的简谐振动的合成．

动画演示： 简谐振动的几何描述

1. 同方向、同频率的简谐振动的合成

假如一质点同时参与了两种简谐振动，且两振动是同方向、同频率的，即

$$x_1=A_1\cos(\omega t+\varphi_1),\qquad x_2=A_2\cos(\omega t+\varphi_2)$$

合振动应为 $x=x_1+x_2$.

实物演示： 简谐振动的几何表示

其解析关系式不容易求出，可借助矢量图示法求解 x.

如图 9.1.4-1 所示，将 x_1 和 x_2 看成是 $\boldsymbol{A}_1$（与 x 轴的夹角 $\omega t+\varphi_1$）和 $\boldsymbol{A}_2$（与 x 轴的夹角 $\omega t+\varphi_2$）在 x 轴的投影，它们之和则为 $\boldsymbol{A}$ 在 x 轴的投影，即 $x=x_1+x_2$. 设合成的振幅为 A，t 时刻与 x 轴夹角为 ψ. 由图 9.1.4-1 所示的几何关系可得合成波的振幅表达式为

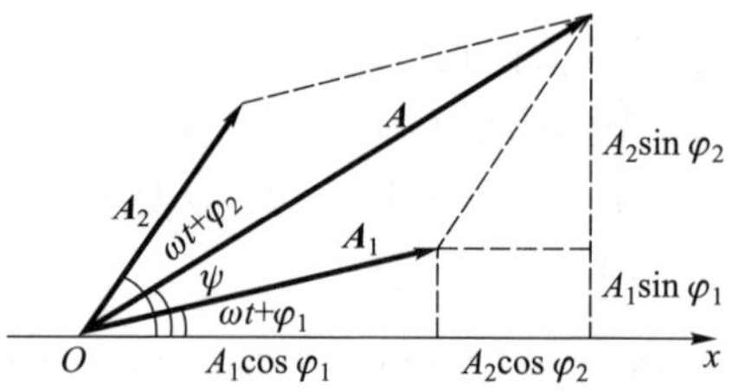

图 9.1.4-1

授课录像： 同方向、同频率的简谐振动的合成

$$A^2=[A_1\cos(\omega t+\varphi_1)+A_2\cos(\omega t+\varphi_2)]^2+[A_1\sin(\omega t+\varphi_1)+A_2\sin(\omega t+\varphi_2)]^2$$

$$=A_1^2+A_2^2+2A_1A_2\cos(\varphi_2-\varphi_1) \qquad (9.1.4-1a)$$

$$\tan\psi=\frac{A_1\sin(\omega t+\varphi_1)+A_2\sin(\omega t+\varphi_2)}{A_1\cos(\omega t+\varphi_1)+A_2\cos(\omega t+\varphi_2)} \qquad (9.1.4-1b)$$

由此得振幅 A：

$$A=\sqrt{A_1^2+A_2^2+2A_1A_2\cos(\varphi_2-\varphi_1)} \qquad (9.1.4-2a)$$

初相位 φ：

$$\tan\varphi=\frac{A_1\sin\varphi_1+A_2\sin\varphi_2}{A_1\cos\varphi_1+A_2\cos\varphi_2} \qquad (9.1.4-2b)$$

动画演示： 同方向同频率的简谐振动合成

由（9.1.4-2a）式可以看出，系统的合成振幅不随时间变化．因此，同方向、同频率简谐振动的合成仍然是简谐振动．由（9.1.4-2a）式进一步可以看

出：当两个振动初相位相同，即初相位差为 2π 的整数倍时，合成振幅最大，其最大值 $A=A_1+A_2$. 当两个振动初相位相反，即初相位差为 π 的奇数倍时，合成振幅最小，其最小值 $A=|A_1-A_2|$. 这种合成振幅随着相位差的变化出现极大和极小的现象在波动中称为干涉现象.

2. 同方向、不同频率的简谐振动的合成——拍现象

授课录像：同方向、不同频率的简谐振动的合成——拍现象

如果两振动是同方向、不同频率的，即

$$x_1=A_1\cos(\omega_1 t+\varphi_1),\quad x_2=A_2\cos(\omega_2 t+\varphi_2)$$

仅研究这种合成振动中的

$$A_1=A_2=A_0,\quad \varphi_1=\varphi_2=\varphi,\quad \omega_1+\omega_2\gg|\omega_2-\omega_1| \tag{9.1.4-3}$$

时的一种特例情况，此时有

$$\begin{aligned} x&=x_1+x_2=A_0\cos(\omega_1 t+\varphi)+A_0\cos(\omega_2 t+\varphi)\\ &=2A_0\cos\left(\frac{\omega_2-\omega_1}{2}t\right)\cos\left(\frac{\omega_1+\omega_2}{2}t+\varphi\right) \end{aligned} \tag{9.1.4-4}$$

由(9.1.4-4)式可以看出，同方向、不同频率简谐振动的合成已经不是简谐振动了. 但在(9.1.4-3)式的条件下，这种振动可以认为是振幅受到了调制的“简谐振动”.

称(9.1.4-4)式中的 $2A_0\cos\left(\frac{\omega_2-\omega_1}{2}t\right)$ 为振幅项，$\cos\left(\frac{\omega_1+\omega_2}{2}t+\varphi\right)$ 为简谐项. 为什么如此划分?

其一，在(9.1.4-4)式所示的表达式中，由于 $\omega_1+\omega_2\gg|\omega_2-\omega_1|$，所以 $2A_0\cos\left(\frac{\omega_2-\omega_1}{2}t\right)$ 项与 $\cos\left(\frac{\omega_1+\omega_2}{2}t+\varphi\right)$ 项相比，随时间的变化是较慢的.

其二，从简谐振动的几何表示法的合成过程看，(9.1.4-4)式中的 $2A_0\cos\left(\frac{\omega_2-\omega_1}{2}t\right)$ 也具有振幅的属性，如图 9.1.4-2 所示. 按照简谐振动的几何表示法，合振动的振幅可以表示为

动画演示：拍现象

$$A=\sqrt{A_1^2+A_2^2+2A_1A_2\cos(\omega_2 t-\omega_1 t)} \tag{9.1.4-5a}$$

由 $A_1=A_2=A_0$ 可得

$$A=A_0\sqrt{2[1+\cos(\omega_2-\omega_1)t]}=2A_0\left|\cos\left(\frac{\omega_2-\omega_1}{2}t\right)\right| \tag{9.1.4-5b}$$

由于 ω_1、ω_2 不同，因此 $\boldsymbol{A}_1$、$\boldsymbol{A}_2$ 的夹角是随时间变化的，进而(9.1.4-5)式所示的合矢量也随时间而变化.

分析(9.1.4-4)式所示的合成振动特点：

(1) 简谐项 $\cos\left(\frac{\omega_1+\omega_2}{2}t+\varphi\right)$

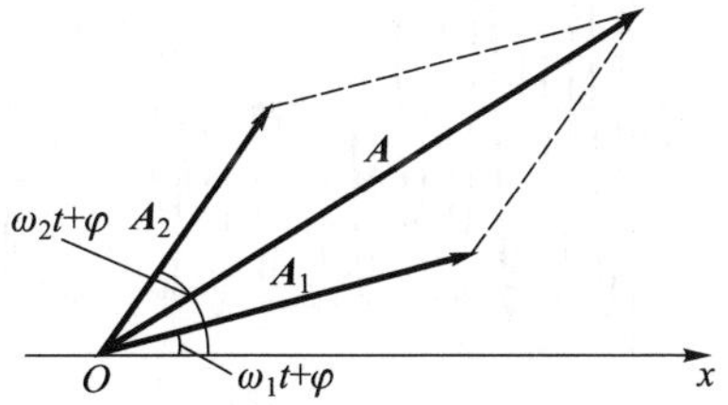

图 9.1.4-2

振动圆频率为 $\omega=\frac{\omega_1+\omega_2}{2}$，$\varphi$ 为初相位. 因为 $\omega_1+\omega_2\gg$

$|\omega_2-\omega_1|$，所以该项代表的振动相对振幅项的变化频率是很快的，如图 9.1.4-3 所示．

（2）振幅项 $2A_0\left|\cos\left(\dfrac{\omega_2-\omega_1}{2}t\right)\right|$

由 $\omega_1+\omega_2\gg|\omega_2-\omega_1|$ 可知，该项的变化与振动项相比是较慢的．由于振幅总是正的，所以当 $\cos\left(\dfrac{\omega_2-\omega_1}{2}t\right)<0$ 时，应把负号移到(9.1.4-4)式中的 $\cos\left(\dfrac{\omega_1+\omega_2}{2}t+\varphi\right)$ 三角函数中去，即在简谐项的相位中加入 π，如图 9.1.4-4 所示．因此会导致如图 9.1.4-5 所示的相位突变情况发生．

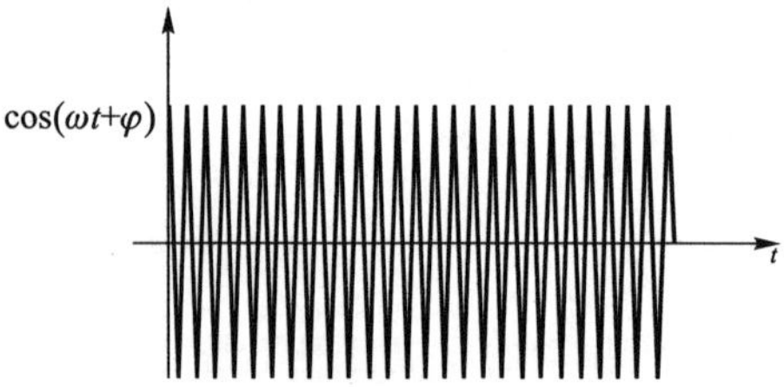

图 9.1.4-3

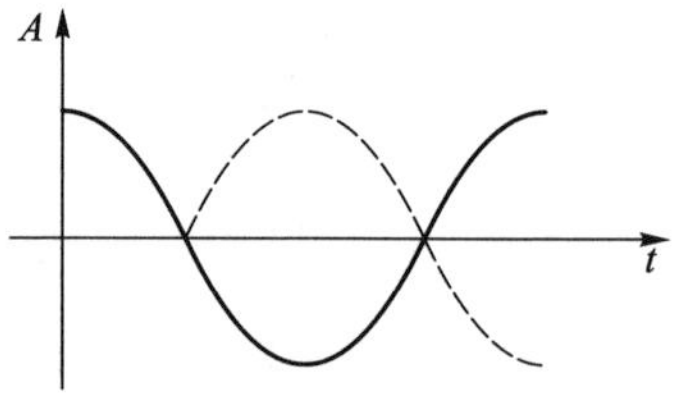

图 9.1.4-4

（3）拍现象——拍频

(9.1.4-4) 式所示的合成位移 x，是振幅项 $2A_0\left|\cos\left(\dfrac{\omega_2-\omega_1}{2}t\right)\right|$ 与简谐项 $\cos\left(\dfrac{\omega_1+\omega_2}{2}t+\varphi\right)$ 两项的乘积，其振动曲线就是图 9.1.4-3 与图 9.1.4-4 所示曲线相乘，其合成的曲线如图 9.1.4-5 所示．由图 9.1.4-5 可以看出，该合成振动已不是简谐振动，但可以看成是振幅做周期性变化的“简谐振动”．如果是两个声音合成的话，会听到声音时大(振幅最大处)时小(振幅最小处)的现象，我们把这种现象称为拍现象．相邻最大振幅之间周期的倒数为拍频．

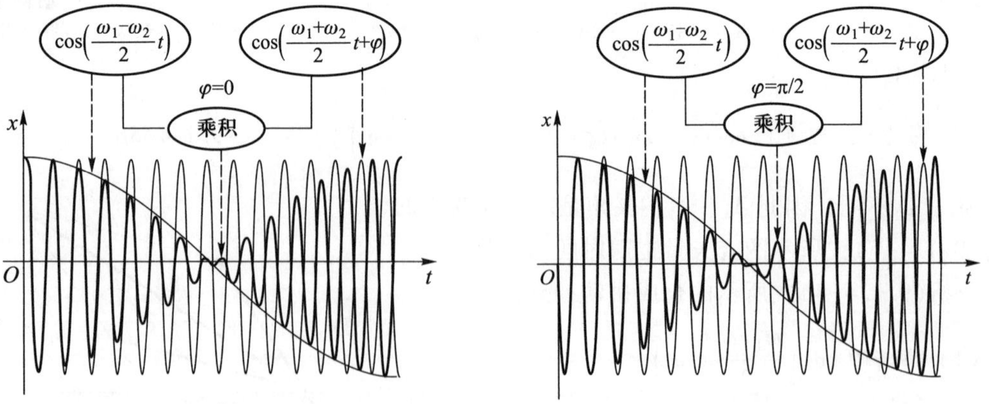

(a) (b)

图 9.1.4-5

由 $A=\left|2A_0\cos\left(\frac{\omega_2-\omega_1}{2}t\right)\right|$ 可知，振幅最大处为

$$\cos\left(\frac{\omega_2-\omega_1}{2}t\right)=\pm1$$

即 $\frac{\omega_2-\omega_1}{2}t=n\pi$，所以从 $n\pi$ 到 $(n+1)\pi$ 的时间间隔就为周期．于是，$T=\frac{2\pi}{|\omega_2-\omega_1|}$，对应的拍频为

$$\nu=\frac{1}{T}=\frac{|\omega_2-\omega_1|}{2\pi}=|\nu_2-\nu_1| \tag{9.1.4-6}$$

3. 相互垂直、同频率的简谐振动的合成

如果一质点参与两个垂直方向的简谐振动，即

$$x=A_x\cos(\omega t+\varphi_x),\qquad y=A_y\cos(\omega t+\varphi_y) \tag{9.1.4-7}$$

那么，质点的运动轨迹如何呢？即 $y-x$ 的关系如何．

授课录像： 相互垂直、同频率的简谐振动的合成

由(9.1.4-7)式可得

$$\cos(\omega t+\varphi_x)=\frac{x}{A_x},\qquad \cos(\omega t+\varphi_y)=\frac{y}{A_y} \tag{9.1.4-8}$$

利用和差化积公式将上式展开有

$$\cos\omega t\cos\varphi_x-\sin\omega t\sin\varphi_x=\frac{x}{A_x} \tag{9.1.4-9a}$$

$$\cos\omega t\cos\varphi_y-\sin\omega t\sin\varphi_y=\frac{y}{A_y} \tag{9.1.4-9b}$$

动画演示： 相互垂直、同频率简谐振动的合成

由(9.1.4-9)式解得 $\cos\omega t$ 和 $\sin\omega t$，并利用 $\cos^2\omega t+\sin^2\omega t=1$，消去时间 t，整理可得

$$\frac{x^2}{A_x^2}+\frac{y^2}{A_y^2}-\frac{2xy}{A_xA_y}\cos(\varphi_y-\varphi_x)=\sin^2(\varphi_y-\varphi_x) \tag{9.1.4-10}$$

下面讨论几种特殊情况：

（1）当两振动的初相位相等，即 $\varphi_x=\varphi_y=\varphi$ 时，(9.1.4-10)式化为

$$y=\frac{A_y}{A_x}x \tag{9.1.4-11}$$

(9.1.4-11)式的合成轨迹为一正斜率的直线，如图 9.1.4-6 所示．

（2）当两振动的初相位满足 $\varphi_y-\varphi_x=\pi$ 时，(9.1.4-10)式化为

$$y=-\frac{A_y}{A_x}x \tag{9.1.4-12}$$

(9.1.4-12)式的合成轨迹为一负斜率的直线，如图 9.1.4-7 所示．

（3）当两振动的初相位满足 $\varphi_y-\varphi_x=\frac{\pi}{2}$ 时，(9.1.4-10)式化为

$$\frac{x^2}{A_x^2}+\frac{y^2}{A_y^2}=1 \tag{9.1.4-13}$$

(9.1.4-13)式的合成轨迹为正椭圆．判断质点运动的方向(左旋或右旋)可由(9.1.4-7)式所示的分运动来分析．令 $\varphi_x=0$，$\varphi_y=\frac{\pi}{2}$，当 $t=0$ 时，有

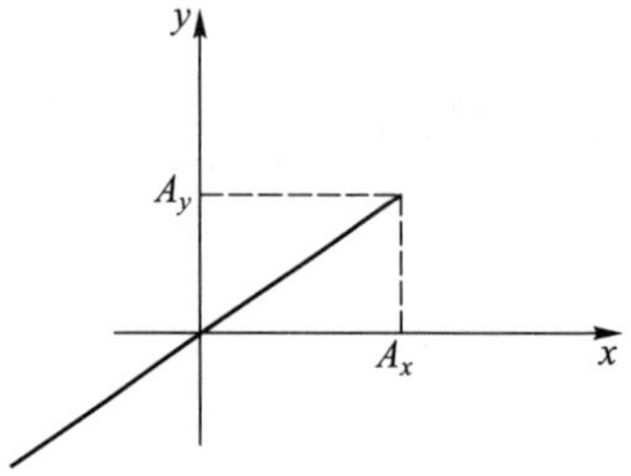

图 9.1.4-6

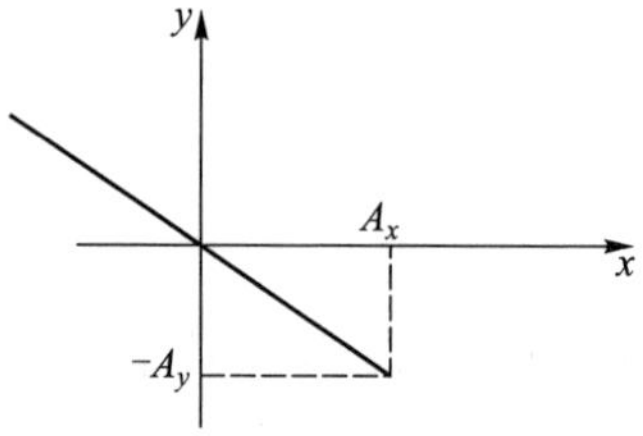

图 9.1.4-7

$$x=A_x,\qquad y=0$$

经过 dt 时间，有

$$x=A_x\cos(\omega \mathrm{d}t)<A_x$$

$$y=A_y\cos\left(\omega \mathrm{d}t+\frac{\pi}{2}\right)=-A_y\sin(\omega \mathrm{d}t)<0$$

即经过 dt 时间，质点位于 P 点，如图 9.1.4-8 所示，由此可判断，质点运动为右旋(顺时针).

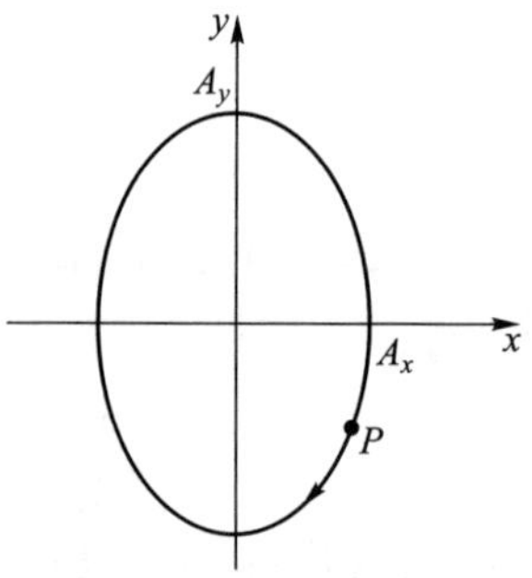

图 9.1.4-8

若初相位满足 $\varphi_y-\varphi_x=-\frac{\pi}{2}$，轨迹仍为正椭圆，同上可判断质点运动为左旋(逆时针).

(4) 可以证明，当两振动的初相位 $\varphi_y-\varphi_x$ 为其他值时，质点的轨迹一般为椭圆，其具体形状可由(9.1.4-10)式的方程画出. 关于是左旋还是右旋问题，其结论为：$0<\varphi_y-\varphi_x<\pi$ 为右旋；$-\pi<\varphi_y-\varphi_x<0$ 为左旋．其详细过程在光学课中有论述．

4. 相互垂直、频率成整数倍的简谐振动的合成——李萨如图

设两个垂直方向的振动分别为

$$x=A_x\cos(2\omega t),\qquad y=A_y\cos\left(\omega t+\frac{\pi}{4}\right)\tag{9.1.4-14}$$

依据(9.1.4-14)式可以画出其轨迹，如图 9.1.4-9 所示，是一稳定封闭的图形，且平行于 y 轴的直线与图形的最大交点的个数是平行于 x 轴的直线与图形的最大交点个数的 2 倍．即 $\frac{\omega_x}{\omega_y}=2$，或 $\frac{T_y}{T_x}=2$. 亦即，y 方向的振动周期与 x 方向的振动周期之比，等于平行于 y 轴的直线与图形的最多交点个数与平行于 x 轴的直线与图形的最多交点个数之比．

授课录像: 相互垂直、频率成整数倍的简谐振动的合成——李萨如图

可以一般性证明：当两个相互垂直的简谐振动的频率成整数倍时，所合成的轨迹是一稳定封闭的曲线，称为李萨如图，且相互垂直方向的振动周期满足

$$\frac{T_y}{T_x}=\frac{\text{平行于 } y \text{ 轴的直线与图形的最多交点个数}}{\text{平行于 } x \text{ 轴的直线与图形的最多交点个数}} \tag{9.1.4-15}$$

通过这一规律可以用已知的振动频率确定另一未知的振动频率．

动画演示：李萨如图

例 9.1.4-1 在例 9.1.4-1 图所示的李萨如图形中，已知 x 方向的振动圆频率为 ω_0，求 y 方向的振动频率．

解：由(9.1.4-15)式得

$$\frac{\nu_x}{\nu_y}=\frac{\text{平行于 } y \text{ 轴的直线与图形的最多交点个数}}{\text{平行于 } x \text{ 轴的直线与图形的最多交点个数}}=\frac{2}{4}=\frac{1}{2}$$

所以 $\nu_y=2\nu_x=\dfrac{\omega_0}{\pi}$.

实物演示：李萨如图形摆

实物演示：信号频率的测量

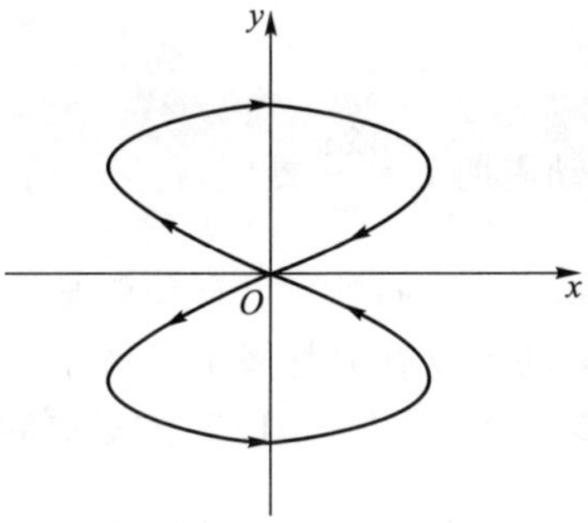

图 9.1.4-9

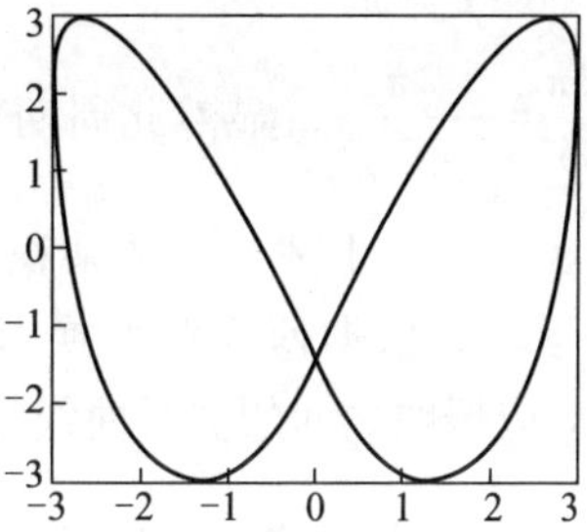

例 9.1.4-1 图

§9.2 阻尼振动

在简谐振动中，可以证明机械能守恒．但在实际问题中，振动系统与外界作用不能忽略，比如由于介质阻力的存在，随时间的增加，系统的振幅会减小，最终降为零．这种振幅随时间的增加而减小的振动称为阻尼振动．经常遇到的介质阻力有黏性阻力，如空气阻力、液体阻力等，当然也有其他形式的阻力，如电磁阻力等．黏性阻力一般与振动的速度成正比，且阻碍物体的运动，即 $\boldsymbol{F}_{\mathrm{f}}=-C\boldsymbol{v}$，本节讨论系统受该种阻力的运动规律．

授课录像：阻尼振动的微分方程及其解

9.2.1 阻尼振动的微分方程及其解

以弹簧振子系统为例．在任一位置，考虑与速度成正比、方向相反的阻力作用，可得其微分方程 $-kx-Cv=m\ddot{x}$，其中 C 称为阻力系数．令 $\delta=\dfrac{C}{2m}$(称为阻尼系数)，$\omega_0^2=\dfrac{k}{m}$(称为固有圆频率)，则阻尼振动方程为

动画演示：阻尼振动

$$\ddot{x}+2\delta\dot{x}+\omega_0^2x=0 \tag{9.2.1-1}$$

这是二阶常系数线性齐次方程．在数学上，关于这种方程的解有三种情况：

1. 当 $\delta<\omega_0$时，称为欠阻尼状态

此时(9.2.1-1)式微分方程的解为

$$x=A_0\mathrm{e}^{-\delta t}\cos(\omega t+\varphi) \tag{9.2.1-2}$$

其中，$\omega=\sqrt{\omega_0^2-\delta^2}$，$A_0$、$\varphi$ 为任意常量，由初始条件决定．

实物演示：阻尼摆和非阻尼摆

由此可以看出，欠阻尼振动由振幅项 $A_0\mathrm{e}^{-\delta t}$和周期项 $\cos(\omega t+\varphi)$两项组成．

(1) 振幅项 $A_0\mathrm{e}^{-\delta t}$

振幅 $A_0\mathrm{e}^{-\delta t}$按指数形式衰减．把振幅衰减到最大振幅的$\frac{1}{\mathrm{e}}$所用的时间，称为平均寿命，用 τ 表示．由 $A_0\mathrm{e}^{-\delta\tau}=\frac{1}{\mathrm{e}}A_0$，求得 $\tau=\frac{1}{\delta}$.

(2) 周期项 $\cos(\omega t+\varphi)$

周期为 $T=\frac{2\pi}{\omega}=\frac{2\pi}{\sqrt{\omega_0^2-\delta^2}}$，显然此周期比无阻尼时的振动周期 $T_0=\frac{2\pi}{\omega_0}$要长．

欠阻尼振动实际上是上述二项的乘积，其曲线如图 9.2.1-1(a)所示，即振幅是按指数形式衰减的周期运动．依据傅立叶变换可知，这种周期运动可以看成是多个简谐振动的合成，其不同频率对应振幅之间的关系曲线称为频谱．进一步计算可得(9.2.1-2)式对应的频谱如图 9.2.1-1(b)所示，其频谱的半宽度频率$\left(\text{幅度最大值的}\frac{1}{\sqrt{2}}\text{倍所对应的两个频率之差}\right)$为

$$\Delta\omega=2\delta \tag{9.2.1-3}$$

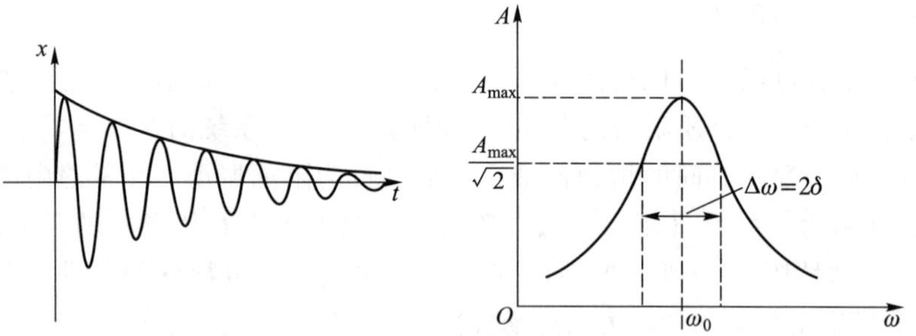

(a) (b)

图 9.2.1-1

2. 当 $\delta=\omega_0$时，称为临界阻尼状态

此时，(9.2.1-1)式微分方程的解为

$$x=(C_1+C_2t)\mathrm{e}^{-\delta t} \tag{9.2.1-4}$$

其中，C_1、C_2为任意常量，由初始条件决定．

3. 当 $\delta>\omega_0$ 时，称为过阻尼状态

此时(9.2.1-1)式微分方程的解为

$$x=C_1 e^{-(\delta-\sqrt{\delta^2-\omega_0^2})t}+C_2 e^{-(\delta+\sqrt{\delta^2-\omega_0^2})t} \tag{9.2.1-5}$$

其中，C_1、C_2 为任意常量，也由初始条件决定．

对于上述临界阻尼状态和过阻尼状态，系统已不再做周期振动，而是直接回到平衡位置，即 $x-t$ 曲线，如图 9.2.1-2 所示．

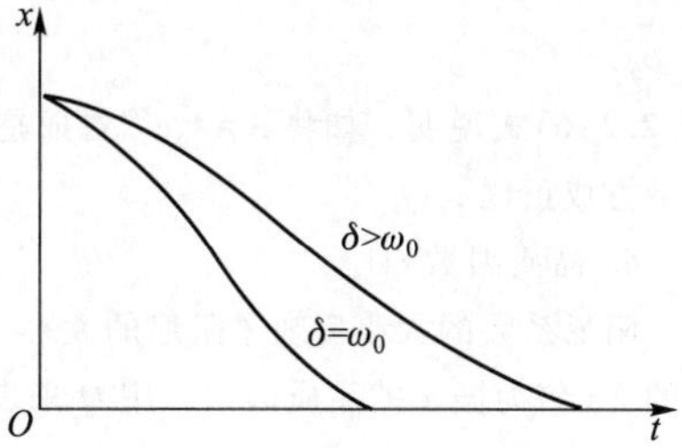

图 9.2.1-2

以上阻尼振动的过程在实验上很容易实现，把单摆放在不同的液体中(黏度不同)，如水、油、沥青等，可使单摆由欠阻尼振动变为过阻尼振动．

对于临界阻尼，系统振动与不振动的临界条件是 $\delta=\omega_0$，在此条件下，系统既不振动又能很快地回到平衡位置．这一特点在实际问题中有很多应用．如灵敏电流计、灵敏天平都是把阻尼设计成临界阻尼，使指针很快地回复到原点或零点，以便下一次测量．又如，为了减小摩天大楼在强风时的摇晃，需要在楼顶合适位置安装阻尼器．

*9.2.2 弱阻尼振动的能量损失、品质因数

当 $\delta\ll\omega_0$ 时，称为弱阻尼．此时，系统的运动方程的解为

$$x=A_0 e^{-\delta t}\cos(\omega t+\varphi) \tag{9.2.2-1a}$$

$$v=\dot{x}=-\delta x-A_0\omega e^{-\delta t}\sin(\omega t+\varphi) \tag{9.2.2-1b}$$

由(9.2.2-1)式所示方程可以讨论弱阻尼振动的能量问题．注意在如下推导过程中用了 $\delta\ll\omega_0\approx\omega$ 的近似条件．

1. 一周期内平均动能与平均势能相等

一周期内的平均势能为 $\overline{E}_p=\frac{1}{T}\int_t^{t+T}\frac{1}{2}kx^2\,dt$.

一周期内的平均动能为 $\overline{E}_k=\frac{1}{T}\int_t^{t+T}\frac{1}{2}mv^2\,dt$.

由(9.2.2-1a)式、(9.2.2-1b)式可以证明

$$\overline{E}_k=\frac{1}{T}\int_t^{t+T}\frac{1}{2}mv^2\,dt=\frac{1}{T}\int_t^{t+T}\frac{1}{2}kx^2\,dt=\overline{E}_p \tag{9.2.2-2}$$

即在弱阻尼的情况下，一周期内的平均动能与平均势能相等．所以一周期内的平均总能量为

$$\overline{E}=\overline{E}_k+\overline{E}_p=2\overline{E}_k=2\overline{E}_p \tag{9.2.2-3}$$

2. 一周期内的能量损失

以弹簧振子系统为研究对象，应用功能原理 $A_{外}+A_{内非}=\Delta E$. 在振动中外力为阻力，无内部非保守力，即一周期内的能量损失为

$$\Delta E=-[E(t+T)-E(t)]=-A_{外}$$

$$-A_{外}=-\int_t^{t+T}-Cv\left(\frac{dx}{dt}\right)dt=C\int_t^{t+T}v^2\,dt=\int_t^{t+T}\frac{1}{2}m\frac{2C}{m}v^2\,dt$$

$$=4\delta\overline{E}_k T=2\delta\overline{E}T$$

所以一周期内，弱阻尼振动的能量损失为

$$\Delta E=2\delta\overline{E}T \qquad (9.2.2-4)$$

3. 弱阻尼振子的瞬态总能量

弱阻尼振子的瞬态总能量为动能和势能之和，即

$$E=\frac{1}{2}kx^2+\frac{1}{2}m\dot{x}^2 \qquad (9.2.2-5)$$

由(9.2.2-1a)式、(9.2.2-1b)式可以进一步推导证明

$$E=\frac{1}{2}m\omega_0^2A^2,\qquad A=A_0e^{-\delta t} \qquad (9.2.2-6)$$

(9.2.2-6)式说明，如将 $A=A_0e^{-\delta t}$ 看成是随时间变化的振幅，那么 t 时刻弱阻尼振动的瞬态能量仍然与振幅的平方成正比．

4. 品质因数 Q

阻尼系数的大小反映了阻尼的大小．通常定义 t 时刻振子的能量(E)与经一周期后损失的能量(ΔE)之比的 2π 倍为振子的品质因数，用 Q 来表示，即

$$Q=2\pi\frac{E}{\Delta E} \qquad (9.2.2-7a)$$

由(9.2.2-6)式可以进一步推导得

$$Q=2\pi\frac{\frac{1}{2}m\omega_0^2A_0^2e^{-2\delta t}}{\frac{1}{2}m\omega_0^2A_0^2e^{-2\delta t}(1-e^{-2\delta T})}=2\pi\frac{1}{1-e^{-2\delta T}} \qquad (9.2.2-7b)$$

因 $-\delta T=-\frac{2\pi\delta}{\omega_0}\ll 1$，进行泰勒展开有 $1-e^{-2\delta T}\approx 2\delta T$. 再由关系式 $T=2\pi/\omega_0$，(9.2.2-7b)式也可以表示为

$$Q=\frac{\pi}{\delta T}=\frac{\omega_0}{2\delta} \qquad (9.2.2-7c)$$

由(9.2.1-3)式，(9.2.2-7c)式又可表示为

$$Q=\frac{\pi}{\delta T}=\frac{\omega_0}{\Delta\omega} \qquad (9.2.2-7d)$$

其中，$\Delta\omega$ 是频谱振幅达到最大振幅的 $\frac{1}{\sqrt{2}}$ 倍时对应的频率之差，或者是频谱功率(正比于振幅的平方)达到最大功率的 $\frac{1}{2}$ 倍时对应的频率之差．因此，系统的品质因数也可以由振幅频谱或功率频谱的宽度与共振频率的关系来确定．

Q 值越大，系统能量损失越小(当 $Q\to\infty$，即 $\Delta E=0$，系统无能量损失)；Q 值越小，系统能量损失越大．

5. 品质因数的测量

如果通过仪器(如示波器)能够把 $x-t$ 的曲线记录下来，那么通过计算相邻两个最大振幅值的比值，就可计算出品质因数 Q 的值．由 $x=Ae^{-\delta t}\cos(\omega t+\varphi)$，可得图 9.2.2-1 所示的波形图，其相邻的峰值点满足

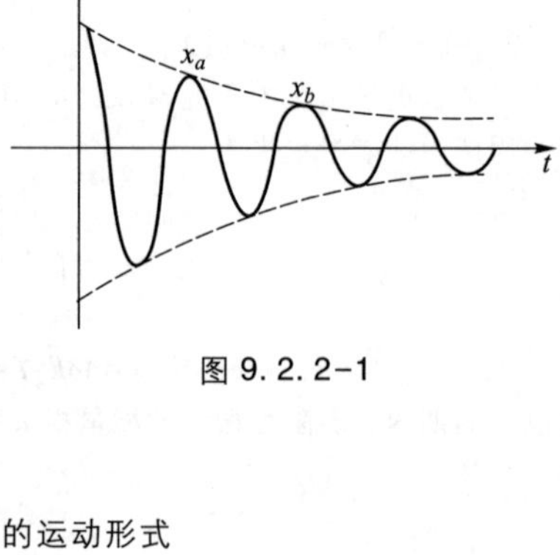

图 9.2.2-1

$$x_a=Ae^{-\delta t},\qquad x_b=Ae^{-\delta(t+T)} \qquad (9.2.2-8)$$

由 (9.2.2-7c) 式和 (9.2.2-8) 式联立解得

$$Q=\frac{\pi}{\delta T}=\pi/\left(\ln\frac{x_a}{x_b}\right) \tag{9.2.2-9}$$

只要测量出 x_a、x_b，即可计算出 Q 的值．

§9.3 受迫运动

无阻尼，振动系统将做简谐振动；有阻尼，能量将有损失．要使振动维持下去，外界必须对系统施加作用力．本节讨论外力是余弦形式的周期性驱动力情况下的受迫运动，重点分析受迫振动的共振特性．

9.3.1 受迫振动的微分方程及其解

仍以弹簧振子为例，由牛顿第二定律可得振子在有阻尼力、余弦周期性驱动力［即 $F=F_0\cos(\omega_p t)$］情况下的微分方程为

$$-kx-C\dot{x}+F_0\cos(\omega_p t)=m\ddot{x}$$

令 $\delta=\dfrac{C}{2m}$，$\omega_0^2=\dfrac{k}{m}$，$h=\dfrac{F_0}{m}$，整理得

$$\ddot{x}+2\delta\dot{x}+\omega_0^2 x=h\cos(\omega_p t) \tag{9.3.1-1}$$

授课录像：受迫振动的微分方程及其解

根据微分方程理论，此方程的解为

$$x=A_0 e^{-\delta t}\cos(\omega t+\alpha)+A\cos(\omega_p t-\varphi) \tag{9.3.1-2}$$

其中 A_0、α 为任意常量，由初始条件决定．此解由两项组成．

第一项，当 t 很大时趋于 0，称为暂态过程或瞬态过程，当只讨论时间较长的稳定过程时，此项已消失．在以后讨论受迫振动时，忽略此项，而只讨论如下的稳定受迫振动．

第二项，是余弦形式的振动，称为稳定过程或稳态过程，即

$$x=A\cos(\omega_p t-\varphi) \tag{9.3.1-3a}$$

$$\dot{x}=A\omega_p\cos\left(\omega_p t-\varphi+\frac{\pi}{2}\right) \tag{9.3.1-3b}$$

$$\ddot{x}=\omega_p^2 A\cos(\omega_p t-\varphi+\pi) \tag{9.3.1-3c}$$

可以用旋转矢量合成法求得(9.3.1-3a)式中的振幅 A 和相位 φ 与(9.3.1-1)式中系统的阻尼系数 δ、固有圆频率 ω_0、驱动力的圆频率 ω_p 和振幅 h 之间的关系．具体做法如下：

首先，根据(9.3.1-3a)式，分析(9.3.1-1)方程中各量的相位关系，即

$$\ddot{x}=\omega_p^2 A\cos(\omega_p t-\varphi+\pi) \tag{9.3.1-4a}$$

$$2\delta\dot{x}=2\delta\omega_p A\cos\left(\omega_p t-\varphi+\frac{\pi}{2}\right) \tag{9.3.1-4b}$$

$$\omega_0^2 x=\omega_0^2 A\cos(\omega_p t-\varphi) \tag{9.3.1-4c}$$

$$h\cos(\omega_p t)=h\cos(\omega_p t) \tag{9.3.1-4d}$$

(9.3.1-4)式所示的各量都是简谐振动的形式，它们都可以用矢量做圆周运动的几何方式来表示．设(9.3.1-3a)式所对应的矢量为 $\boldsymbol{A}$(矢量可以用复平面上的复数表示，复数的模对应矢量的长度，辐角对应 $\omega_p t-\varphi$)，则(9.3.1-4c,b,a,d)式所对应的矢量可以分别表示为

$$A_1=\omega_0^2 A,\quad A_2=2\delta\omega_p A e^{i\frac{\pi}{2}},$$
$$A_3=\omega_p^2 A e^{i\pi},\quad A_4=h \tag{9.3.1-5a}$$

(9.3.1-5a)式表示：$\boldsymbol{A}_1$ 与 $\boldsymbol{A}$ 同相位，$\boldsymbol{A}_1$、$\boldsymbol{A}_2$、$\boldsymbol{A}_3$ 的相位(与 x 轴夹角)依次相差$\frac{\pi}{2}$. 结合(9.3.1-4)式和(9.3.1-5a)式，则(9.3.1-1)式可用相应的矢量来表示，即

$$\boldsymbol{A}_3+\boldsymbol{A}_2+\boldsymbol{A}_1=\boldsymbol{A}_4 \tag{9.3.1-5b}$$

由(9.3.1-5a)式所对应的相位关系，所得矢量合成关系可由图 9.3.1-1 来表示. 由图 9.3.1-1 的几何关系，容易得出合成振幅和初相位：

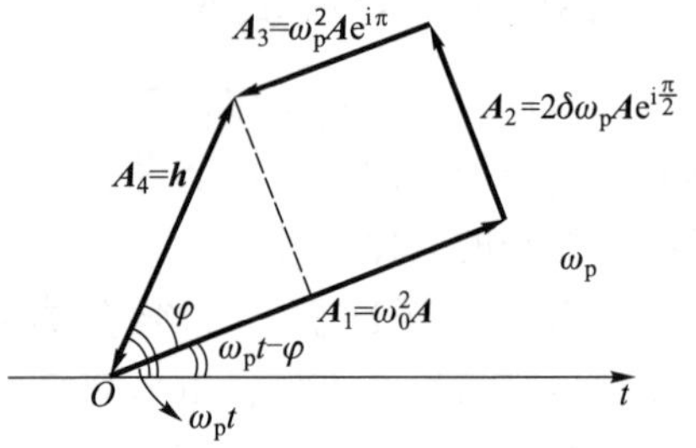

图 9.3.1-1

$$A=\frac{h}{\sqrt{(\omega_0^2-\omega_p^2)^2+4\delta^2\omega_p^2}} \tag{9.3.1-6a}$$

$$\sin\varphi=\frac{2\delta\omega_p A}{h} \tag{9.3.1-6b}$$

$$\cos\varphi=\frac{A(\omega_0^2-\omega_p^2)}{h} \tag{9.3.1-6c}$$

$$\tan\varphi=\frac{2\delta\omega_p}{\omega_0^2-\omega_p^2} \tag{9.3.1-6d}$$

由此可以看出，稳定的受迫振动的表达式(9.3.1-3a)，虽然形式上同简谐振动一样，但是，这里的 A、φ 却不是由初始条件决定的，它们不但与外界条件(ω_p、h)有关，而且还与系统本身的性质(ω_0、δ)有关.

9.3.2 受迫振动的共振现象

根据(9.3.1-6a)式的振幅表达式，可以画出 $A-\omega_p$ 的曲线，如图 9.3.2-1 所示. 由图可以发现，对给定的阻尼系数 δ，$A-\omega_p$ 的曲线都有一极大值，即当外界频率 ω_p 取某个值 ω_r 时，系统振动的幅度最大，而且随着阻尼因子 δ 的减小，振动的幅度不断升高. **把这种在周期性驱动力的作用下，系统的振幅达到最大的现象称为共振**. 其共振特点如下.

授课录像： 受迫振动的共振现象

AR 演示： 共振现象

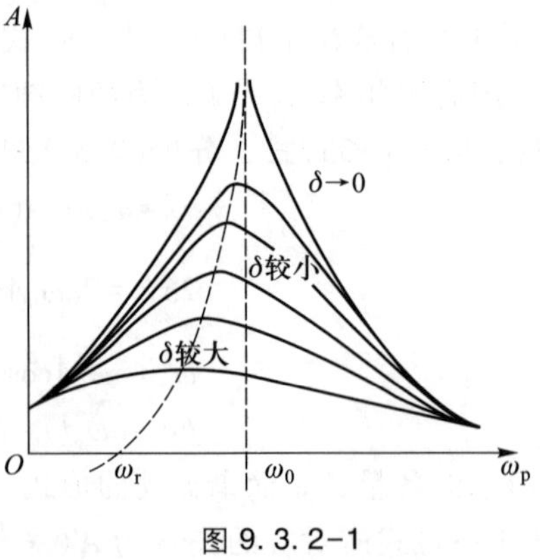

图 9.3.2-1

1. 共振频率

外界的驱动频率满足什么条件系统才能共振？可以通过(9.3.1-6a)式求振幅 A 对外界频率 ω_p 的极值，得出 ω_r 的表达式，令

$$\frac{dA}{d\omega_p}=\frac{\left(-\frac{h}{2}\right)\left[2(\omega_0^2-\omega_p^2)(-2\omega_p)+4\delta^2 2\omega_p\right]}{\left[(\omega_0^2-\omega_p^2)^2+4\delta^2\omega_p^2\right]^{\frac{3}{2}}}=0$$

可求得 $\omega_p=\sqrt{\omega_0^2-2\delta^2}$，即系统的共振频率为

$$\omega_r=\sqrt{\omega_0^2-2\delta^2} \tag{9.3.2-1}$$

若系统的阻尼较小，即 $\omega_0 \gg \delta$ 时，则 $\omega_r \approx \omega_0$. 也就是说，在极小阻尼情况下，当外界的驱动频率与系统的固有频率相接近时，系统将出现共振现象.

实物演示：垂直弹簧振子演示共振

例如，不敲自响的铜磬故事就是共振现象. 唐朝的时候，洛阳的一个寺庙里发生了一件奇事：挂在庙里的一个铜磬(一种打击乐器)，没人敲它，常常会自己“嗡嗡”地响起来. 起初，庙里的和尚以为这是鬼神在作怪. 直到后来，人们才逐渐弄清了其中的缘故. 原来，庙里还有一口大钟，每当小和尚去敲大钟时，这个铜磬也会随之响起来. 大钟不响，铜磬的声音也就停止了. 究其原因，这个寺庙里的大钟和铜磬的共振频率正好相同，敲大钟产生的振动引起空气介质同频率的振动(波动)，当该振动传播到铜磬处时，就成了铜磬外界的驱动频率，由于大钟与铜磬的共振频率相同，也就引起了铜磬的共振，使得铜磬随着大钟的鸣响而自鸣.

实物演示：鱼洗

实物演示：多谐共振仪

共振现象与人类生活密切相关，有时需要利用共振现象，如收音机调频，就是调节系统的固有频率，使之与外来的电磁波发生共振. 有时需要避免共振现象的发生. 如：1957 年，法国科学家加夫雷奥等人，根据研究核打击机器人过程中发现的次声波对人体造成伤害的现象，制作一个能发出次声波的哨子. 哨子响起时，听到哨子声音的人就会感到恶心、头疼，甚至昏迷. 在人们的日常生活中，有的人也会出现晕车或者晕船等身体不适的状况. 这些现象的发生均是由于共振作用的结果. 生理学研究表明，人体的各部分器官也有固有频率，在 3~17 Hz. 各部分器官的固有频率不同，也会因人而异. 人在坐车或船等时，当车、船等的外界振动频率与人体的某些器官的固有频率接近时，就会使这些器官产生共振，造成恶心、头疼等症状. 部队士兵过桥，整齐的步伐会使桥的振动幅度加大，严重时可以毁坏桥梁. 因此，大队士兵过桥时，要避免齐步走. 位于美国华盛顿州的塔科马海峡大桥于 1940 年 7 月 1 日建成并开始通车. 建成仅四个月，在一阵持续大风天气中，桥体发生了振动，最后脱离铁索而坍塌. 因此，无论是士兵过桥还是桥梁设计，都要设法避免系统共振的发生. 这类系统的共振，需要用非线性振动理论来处理，如本章 §9.5 所述.

2. 共振时振子的振幅、初相位、位移、速度以及阻力分析

当外界策动频率等于系统的共振频率，即 $\omega_p=\omega_r=\sqrt{\omega_0^2-2\delta^2}\approx\omega_0$时，由(9.3.1-6a)式和(9.3.1-6d)式可得

$$A\approx\frac{h}{2\delta\omega_0},\qquad \varphi\approx\frac{\pi}{2} \tag{9.3.2-2}$$

此时(9.3.1-3a)式和(9.3.1-3b)式所示的振子的位移、运动速度以及阻力可表示为

$$x=A\sin\omega_0 t \qquad (9.3.2-3a)$$

$$v=\dot{x}=A\omega_0\cos\omega_0 t \qquad (9.3.2-3b)$$

$$F=F_0\cos(\omega_0 t) \qquad (9.3.2-3c)$$

$$F_f=-C\dot{x}=-F=F_0\cos(\omega_0 t+\pi) \qquad (9.3.2-3d)$$

由(9.3.2-3)各式可以看出，系统共振时，振子的位移、速度、摩擦阻力均以系统的固有频率而振动．比较(9.3.2-3c)式和(9.3.2-3d)式可以看出，系统共振时，摩擦阻力与振子所受的外界驱动力相位相反，即摩擦阻力始终与外界驱动力大小相等、方向相反，系统相当于不受摩擦阻力与外界驱动力作用一样．

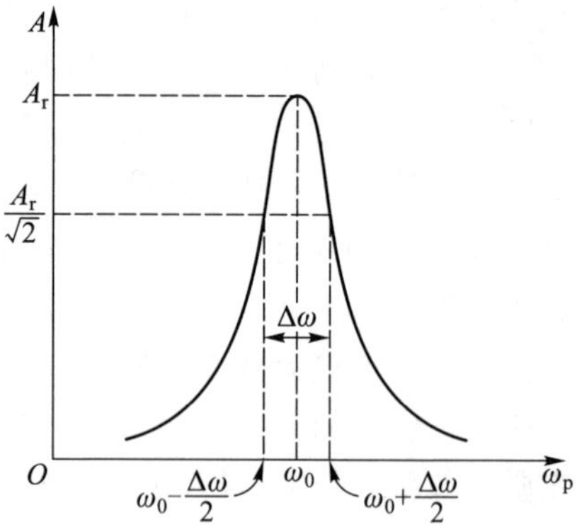

图 9.3.2-2

*3. 共振峰的锐度

当阻尼很小时，其共振曲线如图 9.3.2-2 所示．通过该曲线可以将共振曲线的尖锐程度与振子的阻尼因数或品质因数联系起来．

如图 9.3.2-2 所示，定义

$$S=\frac{\omega_0}{\left(\omega_0+\frac{1}{2}\Delta\omega\right)-\left(\omega_0-\frac{1}{2}\Delta\omega\right)}\approx\frac{\omega_0}{\Delta\omega} \qquad (9.3.2-4a)$$

为曲线的锐度．其频率点 $\omega_0+\frac{1}{2}\Delta\omega$、$\omega_0-\frac{1}{2}\Delta\omega$，均对应最大共振幅度的$\frac{1}{\sqrt{2}}$倍．类似于(9.2.1-3)式的分析可得

$$\Delta\omega=2\delta \qquad (9.3.2-4b)$$

于是，锐度又恰好等于品质因数，即

$$S=\frac{\omega_0}{\Delta\omega}=\frac{\omega_0}{2\delta}=Q \qquad (9.3.2-4c)$$

*9.3.3 受迫振动中的能量

t 时刻受迫振动的总能量为势能和动能之和，即

$$E=\frac{1}{2}kx^2+\frac{1}{2}mv^2=\frac{1}{2}m\omega_0^2x^2+\frac{1}{2}mv^2 \qquad (9.3.3-1a)$$

由(9.3.1-3a)式和(9.3.1-3b)式进一步整理得

$$E=\frac{1}{2}mA^2\left[\omega_0^2\cos^2(\omega_p t-\varphi)+\omega_p^2\sin^2(\omega_p t-\varphi)\right] \qquad (9.3.3-1b)$$

系统一个周期的总能量为

$$E_{总}=\int_t^{t+T}E\mathrm{d}t=\frac{1}{4}mA^2T^2(\omega_p^2+\omega_0^2) \qquad (9.3.3-1c)$$

系统共振时，$\omega_p\approx\omega_0$，此时

$$E=\frac{1}{2}m\omega_0^2A^2,\qquad A\approx\frac{h}{2\delta\omega_0} \qquad (9.3.3-2)$$

由(9.3.3-1)各式可以看出：非共振时，稳定受迫振动的瞬态总能量与时间有关，即能量不守恒，但

在一个周期内的总能量是守恒的．系统共振时，由(9.3.3-2)式可以看出：稳定受迫振动的瞬态总能量与时间无关，即任意时刻能量都守恒．

对受迫振动的系统，运用功能原理 $A_{外}+A_{内非}=\Delta E$，其中 $A_{外}$、$A_{内非}$ 分别可以看成外界驱动力和内部阻力的功．上述结果说明：系统非共振时，外界驱动力在较短时间内所做的功并不能抵消阻力的功，但在一个周期内，外力总功抵消了阻力的总功．而在共振情况下，任意时间段内，外力功与阻力功能够相互抵消，系统能量始终守恒，这也和(9.3.2-3d)式所表达的在共振情况下，外力等于阻力的结果是一致的．

*§9.4　二自由度振动——简正频率

以上讨论的是单一物体在外界条件作用下的振动．有时候，系统实际的运动可能是多个物体的耦合振动．如图 9.4-1 所示，当两个相同的弹簧振子串接起来所构成系统称为耦合振子，本节将简单介绍此类耦合振子的简正频率问题．

授课录像：
简正频率与非线性振动概述

设如图 9.4-1 所示的振子的质量为 m，弹簧的劲度系数为 k，连接两振子的弹簧的劲度系数为 k'，平衡时，弹簧均为原长．设两振子偏离平衡位置的位移各为 x_1 和 x_2，则两振子的运动方程各为

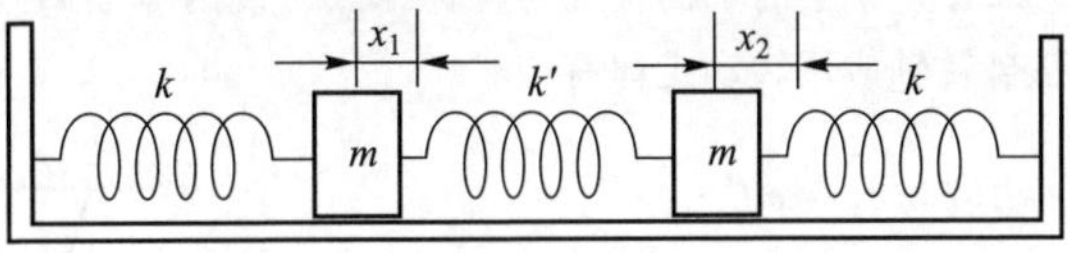

图 9.4-1

$$m\ddot{x}_1=-kx_1+k'(x_2-x_1) \tag{9.4-1a}$$

$$m\ddot{x}_2=-kx_2-k'(x_2-x_1) \tag{9.4-1b}$$

或写成

$$\ddot{x}_1=-\frac{k+k'}{m}x_1+\frac{k'}{m}x_2 \tag{9.4-2a}$$

$$\ddot{x}_2=-\frac{k+k'}{m}x_2+\frac{k'}{m}x_1 \tag{9.4-2b}$$

显然，每个振子的运动方程都不是简单的简谐振动方程，一般而言，振子的振动情况都比较复杂．我们只考虑一种比较简单的振动情形，即两振子以相同的频率、相同或相反的初相位做简谐振动．只要施加适当的初始条件，选择合适的时间零点，这种振动是可以实现的．对于这种简单的振动，可设

$$x_1=A\cos\omega t,\qquad x_2=B\cos\omega t \tag{9.4-3}$$

将(9.4-3)式代入(9.4-2)式的耦合方程中，整理可得

$$\begin{aligned}&\left(\omega^2-\frac{k+k'}{m}\right)A+\frac{k'}{m}B=0\\&\frac{k'}{m}A+\left(\omega^2-\frac{k+k'}{m}\right)B=0\end{aligned} \tag{9.4-4}$$

此方程只有当 $\begin{vmatrix}\omega^2-\dfrac{k+k'}{m} & \dfrac{k'}{m}\\ \dfrac{k'}{m} & \omega^2-\dfrac{k+k'}{m}\end{vmatrix}=0$ 时，才可能有非零解．由此可得 ω 所满足的方程为

$$\left(\omega^2-\frac{k+k'}{m}\right)^2-\left(\frac{k'}{m}\right)^2=0 \tag{9.4-5}$$

解得

$$\omega_1=\sqrt{\frac{k}{m}},\quad \omega_2=\sqrt{\frac{k+2k'}{m}} \tag{9.4-6}$$

将(9.4-6)式代入(9.4-4)式中，解得对应 ω_1 和 ω_2 的解的比值为

对应 ω_1： $$\lambda=\frac{A}{B}=1$$

对应 ω_2： $$\lambda=\frac{A}{B}=-1$$

因此，系统有两种简单的振动模式：一是两振子以相同的频率 ω_1，同相位振动；二是两振子以相同频率 ω_2，反相位振动．

系统中各振子以相同的频率做简谐振动，这种振动方式称为系统的简正模式，每个模式对应的频率称为该系统的简正频率．当系统以简正模式振动时，每个振子的振幅保持不变．

例 9.4-1 摆长为 l、摆球质量为 m 的两个相同单摆平行悬挂，两摆球间用一劲度系数为 k 的轻弹簧相连，求该系统(耦合摆)在两摆所在竖直面内做小振动的简正频率．

解：如例 9.4-1 图所示，以各自单摆的平衡位置为坐标原点，设两球偏离各自平衡位置的小角度分别为 θ_1 和 θ_2．对每个小球相对各自转轴应用转动定律有

$$-mgl\theta_1+kl^2(\theta_2-\theta_1)=ml^2\ddot{\theta}_1$$

$$-mgl\theta_2-kl^2(\theta_2-\theta_1)=ml^2\ddot{\theta}_2$$

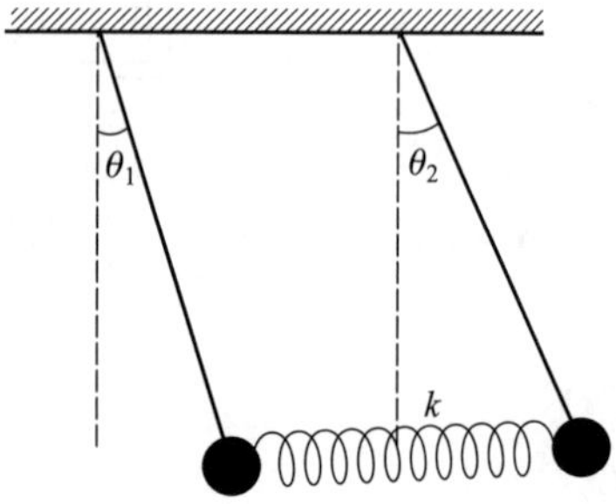

例 9.4-1 图

整理得

$$\ddot{\theta}_1=-\frac{g}{l}\theta_1+\frac{k}{m}(\theta_2-\theta_1)$$

$$\ddot{\theta}_2=-\frac{g}{l}\theta_2-\frac{k}{m}(\theta_2-\theta_1)$$

设 $\theta_1=A\cos\omega t$，$\theta_2=B\cos\omega t$，代入上式有

$$\left(\omega^2-\frac{g}{l}-\frac{k}{m}\right)A+\frac{k}{m}B=0$$

$$\frac{k}{m}A+\left(\omega^2-\frac{g}{l}-\frac{k}{m}\right)B=0$$

此方程只有当 $\begin{vmatrix}\omega^2-\frac{g}{l}-\frac{k}{m} & \frac{k}{m}\\ \frac{k}{m} & \omega^2-\frac{g}{l}-\frac{k}{m}\end{vmatrix}=0$ 时，才可能有非零解．解得

$$\omega_1=\sqrt{\frac{g}{l}},\quad \omega_2=\sqrt{\frac{g}{l}+\frac{2k}{m}}$$

其中，对应 ω_1： $$\lambda=\frac{A}{B}=1$$

对应 ω_2： $$\lambda=\frac{A}{B}=-1$$

可知系统有两种简单的振动模式：一是两振子以相同的频率 ω_1，同相位振动；二是两振子以相同频率 ω_2，

反相位振动．

*§9.5 非线性振动简介

总结上述，对于简谐振动、阻尼振动和受迫振动，其动力学方程可以用微分方程统一表示为

$$\ddot{x}+f(x,\dot{x})=F(t) \tag{9.5-1}$$

动画演示：非线性振动

其中，对于简谐振动和阻尼振动，(9.5-1)式中无外界驱动力，即 $F(t)=0$；对于受迫振动，(9.5-1)式中的外界驱动力是周期性的，即 $F(t)=F_0\cos(\omega_{\mathrm{p}}t+\varphi)$．由(9.5-1)式所描述的上述三种形式的方程均属于线性常系数常微分方程，所描述的系统是线性系统．我们从系统内部和外部的角度分析线性系统所具备的条件．从内部的角度，系统内部的相互作用力是线性的，描述系统的各参量是常量，例如对于弹簧振子系统，弹簧的作用力是线性的，振子的质量恒定等．从外部的角度，所施加的外力是周期性的，例如，受余弦驱动力的受迫振动等．对于一个振动系统，如果内部的相互作用力并非是线性的，或者描述系统的某个参量并非常量(可以通过外部作用来实现，也可以通过系统内部自身调节来实现)，或者系统所受的外部驱动力并非周期性的，这样的系统就是非线性系统，不能用(9.5-1)所示的线性常系数常微分方程来描述其振动规律．

为了使读者对非线性振动有个初步的了解，本节定性介绍四种特殊非线性振动的例子．一是描述系统的参量是常量，但系统内部的相互作用力是非线性的，无外驱动力或者外驱动力是周期性的，小阻尼情况下的非线性振动，称为弱非线性系统的振动．二是描述系统的参量是常量，但外界的能源供给是恒定情况下的振动，称为自激振动．三是通过外部作用或者系统内部自身调节，使系统的某个参量作周期性变化的振动，称为参量振动．四是初始值的微小差别导致系统运动的显著差别的运动，称为混沌运动．

1. 弱非线性系统的振动

(1) 达芬系统的自由振动

在前面以弹簧振子为例讨论简谐振动时，均假设弹簧振子的动力学特征是振子所受的回复力与位移成正比，方向总是指向平衡位置．实际上，只有当位移不是很大时，这种正比关系才成立．当位移较大时，尽管仍在弹簧的弹性形变内，但回复力与位移之间呈现的是非线性关系．我们讨论一种特殊情况，即设弹簧弹性力与位移关系为

$$F=-k_1x-k_3x^3 \tag{9.5-2}$$

则对于无阻尼和无外界驱动力的弹簧系统，由牛顿第二定律可得动力学方程：

$$\ddot{x}+\omega_0^2(x+\varepsilon x^3)=0 \tag{9.5-3}$$

其中，$\omega_0^2=\dfrac{k_1}{m}$，$\varepsilon=\dfrac{k_3}{k_1}$. 若 $\varepsilon>0$，则表示弹簧的回复力比线性关系所预期的值大，若 $\varepsilon<0$，则表示弹簧的回复力比线性关系所预期的值小，前者称为“硬”簧，后者称为“软”簧．(9.5-3)式称为达芬系统．当 ε 较小时，称为弱非线性系统．进一步分析(9.5-3)式可知(推导略)，弱非线性的达芬系统仍可近似地看成是周期运动，其振动的圆频率与系统的振幅有关，可以表示为

$$\omega^2=\omega_0^2\left(1+\frac{3\varepsilon}{4}A^2\right)=0 \tag{9.5-4}$$

其中，ω_0 为弹簧受线性作用力时振子的振动圆频率，A 为达芬系统的振动振幅．由(9.5-4)式可以看出，单摆的等时性只是线性理论的结果，它只能反映振幅极微小时的运动规律．

（2）达芬系统的受迫振动

设上述的达芬自由系统受与速度成正比的阻力作用，以及外界周期性的驱动力作用，参考线性受迫振动的推导过程可得达芬系统的动力学方程：

$$\ddot{x}+2\beta\dot{x}+\omega_0^2(x+\varepsilon x^3)=h\cos(\omega_{\mathrm{p}}t) \tag{9.5-5}$$

进一步分析(9.5-5)式可得结论：当外界的驱动频率接近线性系统的固有频率 ω_0 时，系统发生共振，这一点与线性系统的共振现象相同．除此之外，当外界驱动频率 ω_{p} 接近 ω_0 的 3 倍时，也发生强烈的共振现象，称为亚谐波共振．

2. 自激振动

由前面线性振动的讨论可知，无外界能量补充时，只有机械能守恒的保守系统才能维持等幅的自由振动．对于有耗散因素存在的系统，其机械能在振动过程中不断损耗，如不补充外界能量，等幅振动就不能维持．如§9.3 所述，系统在周期变化的外界激励作用下的振动称为受迫振动．如果施加到系统的外界激励不是周期性的，那么，系统的运动特点如何呢？下面定性介绍一种在自然界和工程中常见的特殊的外界能量供给方式，即外界的能源是恒定的，而不是周期性变化的，该振动系统称为自激系统，系统所发生的振动现象称为系统的自激振动．

对于某些自激系统，由经典力学理论可得动力学方程（推导略）：

$$\ddot{x}-\varepsilon\omega_0^2(1-\delta x^2)+\omega_0^2x=0 \tag{9.5-6}$$

上式称为范德波尔方程，其中，ε、δ 是由系统所决定的常量．进一步分析(9.5-6)式可得结论：自激振动依靠系统外的能源补充能量．虽然系统外界供给的能量是恒定的，但该能量并不是任何时刻都被输入给系统，系统是依靠自身运动状态的反馈作用调节能量的输入，以维持持续的振动．振动的稳定性取决于能量的输入与耗散的关系．如振动偏离稳态值，能量的增减能使振幅回至稳态值，则自激振动是稳定的．反之，自激振动不稳定．稳定振动的频率和振幅均由系统的物理参量确定，与初始条件无关．线性系统不可能产生自激振动，能够产生自激振动的必为非线性系统．日常生活的电铃振动、单摆时钟的稳定摆动、摩擦琴弦产生的音乐、推门时轴承产生的噪声、车刀在切削时产生的振动、输电线的舞动、管内流体喘振等现象都是自激振动的例子．这些系统所受到的外界作用力均是恒定的，持续稳定的振动是靠系统自身运动的反馈作用调节能量的输入来实现的．

3. 参量振动

上述的自激振动是靠外界的恒定力作用，通过系统自身运动的反馈作用调节能量的输入而产生的一种非线性振动现象．如果通过外部作用或者系统内部自身的调节改变系统的某个参量，使其具有周期性变化，这样的系统也会产生振动，这种振动称为参量振动．

对于某些参量振动系统，由经典力学理论可得动力学方程（推导略）：

$$\ddot{x}+(\delta+\varepsilon\cos\,\omega t)x=0 \tag{9.5-7}$$

上式称为马蒂厄（E. Mathieu）方程，其中，ε、δ 是由系统所决定的常量．由(9.5-7)式可以进一步分析参量振动所具备的特点．下面以单摆的摆长周期性变化定性讨论如何实现参量振动．

如果使单摆的摆长作周期性变化，在适当的条件下，可使单摆做等幅运动或者幅度越来越大的振动．摆长的周期性变化可以通过外力来实现，也可以通过系统自身的调整来实现．如设计一种装置，使得摆线可以在单摆的固定点自由上下运动，通过外力周期性拉动摆线，可实现摆长的周期性变化．这是通过外部作用使摆长周期性变化而使系统做参量振动．荡秋千是通过系统内部作用实现参量周期性变化的例子．当秋千荡到左、右两侧最高点时，人在秋千板上迅速下蹲，而回到平衡位置时，人又迅速直立．由人、板和悬索组成的系统的重心做周期性的升降，就相应于单摆摆长的周期性变化，进而实现幅度越来越大的参量振动．在工程上也有很多参量振动的例子，如由于轴弯曲的劲度不同而引起的振动，曲柄连杆机构中转轴的转动惯量周期性变化引起的振动等．

4. 混沌

混沌是非线性系统特有的一种运动形式，是产生于确定性系统的敏感依赖于初始条件的非周期运动．非线性振动系统中的混沌称为混沌运动，有时简称混沌．混沌的基本特征是对初始条件的敏感依赖性，即初始值的微小差别经过一定时间后导致系统运动的显著差别．这种对初始条件的敏感依赖性称为初态敏感性．由于初态敏感性而导致系统具有长期不可预测性，被形象地称为蝴蝶效应．一个蝴蝶的振翅，导致大气状态微小的变化，但在几天后，有可能会导致千里之外的一场大风暴，此即为蝴蝶效应．它是对混沌的一个生动描述．

本章知识单元和知识点小结

<table>
<tr><th>知识单元</th><th colspan="4">知 识 点</th></tr>
<tr><td rowspan="2">简谐振动</td><td>微分方程</td><td>运动学方程及参量</td><td>几何描述</td><td>简谐振动合成</td></tr>
<tr><td>$\ddot{x}+\omega_0^2x=0$
由此判断系统是否是简谐振动．</td><td>$x=A\cos(\omega_0t+\varphi)$
$v=\dot{x}=-A\omega_0\sin(\omega_0t+\varphi)$
由初始条件确定振幅 A 和初相位 φ.
能量：$E=\frac{1}{2}kA^2$
$=\frac{1}{2}mA^2\omega^2=C$</td><td>可用矢量的圆周运动在坐标轴上的投影来表示简谐振动．</td><td>同方向、同频率合成，振幅增大或减小；同方向、不同频率合成出现拍现象；垂直方向、同频率合成椭圆轨迹；垂直方向、频率成整数倍合成呈现李萨如图．</td></tr>
<tr><td rowspan="3">阻尼振动</td><td rowspan="2">微分方程</td><td rowspan="2">运动学方程</td><td colspan="2">*弱阻尼振动能量</td></tr>
<tr><td>总能量</td><td>品质因数</td></tr>
<tr><td>$\ddot{x}+2\delta\dot{x}+\omega_0^2x=0$</td><td>当 $\delta<\omega_0$ 时，
$x=A_0e^{-\delta t}\cos(\omega t+\varphi)$
当 $\delta=\omega_0$ 时，
$x=(c_1+c_2t)e^{-\delta t}$
当 $\delta>\omega_0$ 时，
$x=c_1e^{-(\delta-\sqrt{\delta^2-\omega_0^2})t}$
$+c_2e^{-(\delta+\sqrt{\delta^2-\omega_0^2})t}$</td><td>$E=\frac{1}{2}m\omega_0^2A^2$
$A=A_0e^{-\delta t}$</td><td>$Q=2\pi\frac{E}{\Delta E}$
$Q=\frac{\pi}{\delta T}=\frac{\omega_0}{2\delta}$
$Q=\frac{\pi}{\delta T}=\frac{\omega_0}{\Delta\omega}$</td></tr>
</table>

授课录像：第九章知识单元小结

续表

知识单元	知识点			
受迫振动	微分方程	稳态运动学方程	共振现象	
			共振频率、初相位、振幅	*共振时位移、速度、阻力、能量表达式
	$\ddot{x}+2\delta\dot{x}+\omega_0^2x$ $=h\cos(\omega_p t)$	$x=A\cos(\omega_p t-\varphi)$ $A=\dfrac{h}{\sqrt{(\omega_0^2-\omega_p^2)^2+4\delta^2\omega_p^2}}$ $\tan\varphi=\dfrac{2\delta\omega_p}{\omega_0^2-\omega_p^2}$	$\omega_r=\sqrt{\omega_0^2-2\delta^2}$ $\varphi=\dfrac{\pi}{2}$ $A\approx\dfrac{h}{2\delta\omega_0}$	$x=A\sin\omega_0 t$ $v=\dot{x}=A\omega_0\cos\omega_0 t$ $F_f=-F_0\cos(\omega_0 t)$ $E=\dfrac{1}{2}m\omega_0^2A^2$
*二自由度振动	系统中各振子以相同的频率做简谐振动的振动方式称为系统的简正模式，每个模式对应的频率称为该系统的简正频率．当系统以简正模式振动时，每个振子的振幅保持不变．			

习　　题

课后作业题

第九章参考答案

9-1. 一质点沿 x 轴做简谐振动，其运动方程为 $x=0.4\cos\left[3\pi\left(t+\dfrac{1}{6}\right)\right]$，式中 x 和 t 的单位分别为 m 和 s. 求：(1) 振幅、周期和角频率；(2) 初相位、初位移和初速度；(3) $t=1.5$ s 时的位移、速度和加速度．

9-2. 一质点做振幅 $A=0.30$ m 的简谐振动．当质点的位移 $x=0.15$ m 时的速度大小为 $v=0.9$ m/s，求振动频率 ν.

9-3. 一质点做正弦简谐振动，在某相位时，其位移为 x_0，当相位增大一倍时，其位移为 $\sqrt{3}x_0$. 求振幅 A.

9-4. 一根质量为 m 的均匀杆，放在两个完全相同的轮子上，两轮心间距离为 $2l$，并沿习题 9-4 图所示的方向高速旋转，杆与轮子间的摩擦因数为 μ，$t=0$ 时，杆静止，杆的质心与两轮中间点的距离为 x_0.（1）证明杆沿水平方向将做简谐振动，并求出振动的角频率．(2) 若两轮均沿与习题 9-4 图所示的相反方向旋转，求杆的质心从 x_0 运动到任意一点 x（x 表示杆的质心与两轮中间点的距离）时所用的时间．

9-5. 一摆长为 l，摆锤质量为 m 的单摆悬挂在火车顶上．当火车以加速度 a_0 行驶时，(1) 求证：单摆平衡时，摆线与竖直线之间将有一夹角 θ_0，θ_0 的值为

$$\theta_0=\arctan\left(\frac{a_0}{g}\right)$$

(2) 将摆锤偏离平衡位置少许后释放，求其振动周期．

9-6. 若上题中的单摆挂在电梯的顶上．(1) 若电梯以加速度 a_0向下运动，则摆的周期为多大？若 $a_0>g$，则会出现什么现象？(2) 若电梯以加速度 a_0向上运动，则摆的周期有多大？

9-7. 由一长为 l、质量为 m 的杆和一质量为 m_0、半径为 R 的匀质圆盘组成的复摆，如习题 9-7 图所示．求此复摆在以下两种情况下的周期和等值单摆长．(1) 圆盘与杆固连；(2) 圆盘与杆之间由一光滑轴相连，故圆盘可绕此轴自由旋转．

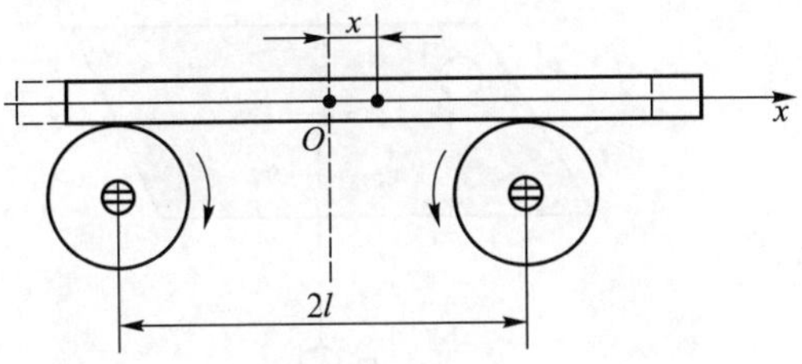

习题 9-4 图

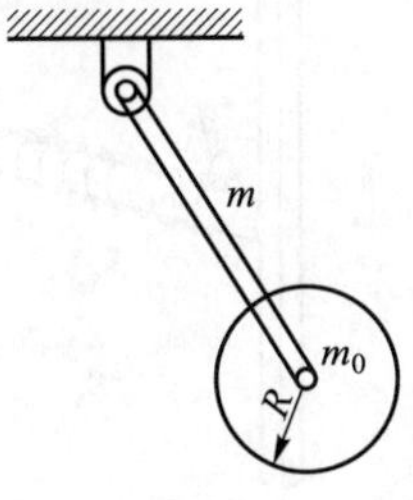

习题 9-7 图

9-8. 一半径为 R 的光滑圆环以恒定的角速度 ω 绕其竖直的直径旋转，圆环上套有一小珠．试求：(1) 小珠相对圆环的平衡位置(以小珠与圆心连线同竖直直径间的夹角 θ_0表示)；(2) 小珠在平衡位置附近做小振动的角频率．

9-9. 如在质量均匀分布的球形行星上沿任一直径挖一隧道．将一物体由静止开始从一隧道口自由掉下．(1) 求证物体到达隧道的另一道口所需的时间与物体的质量无关，与行星的直径无关，只与行星的密度 ρ 有关，并计算该时间．(2) 若隧道是沿行星的任一弦挖的，求证该时间与弦的长短，位置均无关，并证明该时间与(1)中的完全一样．(3) 若行星以角速度 $\omega_0\left(\omega_0<\sqrt{\dfrac{4\pi\rho G}{3}}\right)$ 匀速自旋，角速度方向与隧道垂直，则(1)、(2)中的时间又为多大？(4) 若上述行星为地球．已知地球密度 $\rho_0=5.52\times10^3\ \mathrm{kg/m^3}$，$G=6.67\times10^{-11}\ \mathrm{N\cdot m^2/kg^2}$. 由于地球自旋角速度很小，故可忽略．试计算(1)、(2)两问中所提及的时间.

9-10. 两个同方向、同频率的简谐振动 $x_1=0.4\cos\left(0.5\pi t+\dfrac{\pi}{6}\right)(\mathrm{m})$，$x_2=0.2\cos(0.5\pi t+\varphi_2)(\mathrm{m})$，试问：(1) φ_2为何值时合振动的振幅最大？并求出此振幅值；(2) 若合振动的初相位 $\varphi=\varphi_2+\dfrac{\pi}{2}$，则 φ_2为何值？

9-11. 一架钢琴的“中音 C”有些不准，为了校准的需要，另取一架标准的钢琴，同时弹响这两架钢琴的“中音 C”键，在 1 分钟内听到 24 拍．试求待校正钢琴此键音的频率．

9-12. 两个互相垂直的振动表达式为

$$x=3\cos(2\pi t),\qquad y=3\cos\left(4\pi t+\frac{\pi}{3}\right)$$

试作出合振动的轨迹图．

自检练习题

9-13. 一根杆与竖直轴固连，两者之间成 θ 角，一根劲度系数为 k、原长为 l_0的弹簧套在杆上，其一端与竖直轴相连，另一端系一个同样套在杆上的质量为 m 的小圆环，如习题9-13 图所示．开始时杆以恒定的角速度 ω 绕竖直轴旋转，小圆环相对杆静止．(1) 求此时小圆环的位置 x_0；(2) 若转动角速度突然变为 2ω，则小圆环从位置 x_0运动到离轴最远处所需的时间 t 为多大？

9-14. 如习题 9-14 图所示，在光滑的水平桌面上开有一小孔，一条穿过小孔的细绳两头各系一质量分

别为 m_1和 m_2的小球，位于桌面上的小球 m_1，以 v_0的速度绕小孔做匀速圆周运动，而小球 m_2则悬在空中，保持静止.(1) 求位于桌面部分的细绳的长度 l_0；(2) 若给 m_1一微小的径向冲量，则 m_2将做上下小振动，求振动角频率 ω_0.

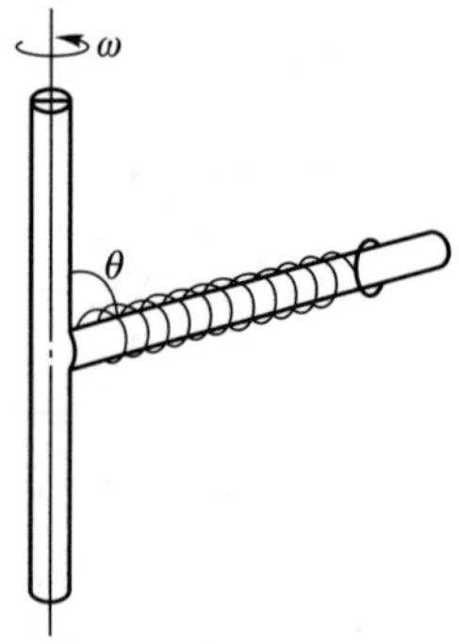

习题 9-13 图

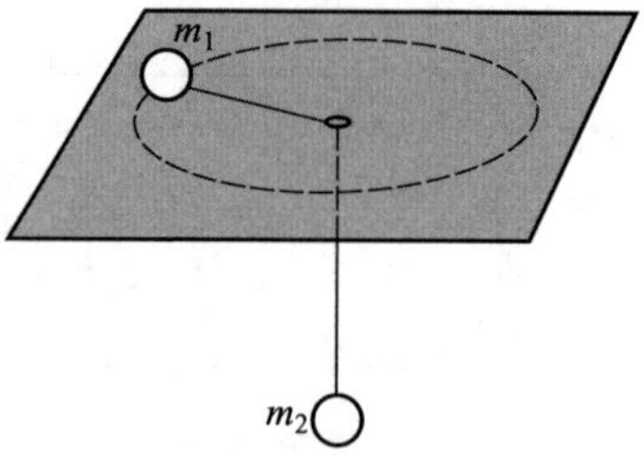

习题 9-14 图

9-15. 一质量为 m、边长为 a 的正三角形薄板，通过其某一角悬挂在与板面垂直的光滑水平轴上，构成一复摆.求此复摆的周期和等值单摆长.

9-16. 质量为 m_0的小球和长为 l、质量为 m 的杆组成的复摆，被刚性地固定在一横轴上，而横轴被架在一平台上的两个支架上，如习题 9-16 图所示.当平台以较小的角速度 Ω 绕其中心轴(通过摆的上端)旋转时，求该复摆的振动周期，设小球的半径可忽略.

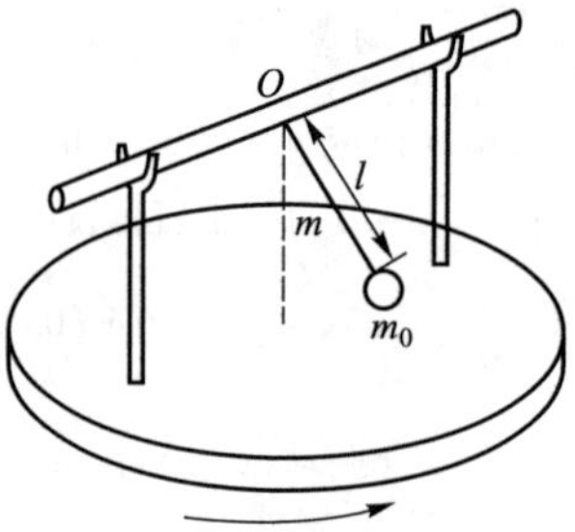

习题 9-16 图

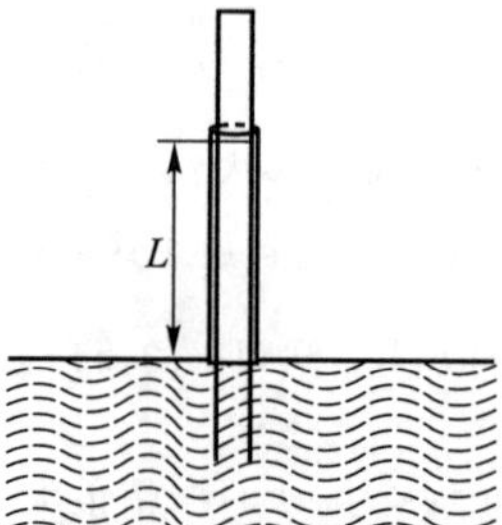

习题 9-17 图

9-17. 如习题 9-17 图所示，一深水池中竖立着一根光滑的细杆，一长度为 L 的匀质细管套在杆上.用手持管，使其下端正好与水面接触，然后放手，设水的密度为 ρ_0.(1) 若管运动到最低位置时，其上端正好与水平面持平，求管的密度 ρ_1；(2) 证明在(1)中情况下，细管将做简谐振动，求出振幅和周期；(3) 若管的密度为$\dfrac{4}{3}\rho_1$，求管下沉到最低位置所需的时间.

9-18. 试作出下列两振动的合振动的李萨如图：

(1) $x=\cos\omega t$, $\quad y=\cos 2\omega t$.

(2) $x=\cos 2\omega t$, $\quad y=\cos(3\omega t+\pi)$.

9-19. 一质量为 m_0的物块置于一光滑水平面上，物块的两端各系有一弹簧，弹簧的自然长度均为 20 cm，其劲度系数分别为 k_1与 k_2，现将两弹簧分别与两壁相连，两壁与两弹簧原来的自由端都相距 10 cm，如习题 9-19 图所示.设 $k_1=1$ N/m，$k_2=3$ N/m，$m_0=100$ g.(1) 当物块处于平衡位置时，求每个弹簧的长度；(2) 若将此物块略微偏离平衡位置后释放之，试求其振动周期；(3) 设此物块振动的振幅为 5 cm，当其通过平衡位置时，有一质量为 $m=100$ g的泥灰垂直地落于其上，并与之一起运动，试求此系统的振动周期和振幅；(4) 若(3)中的泥灰在物块运动到最大位移处时落于其上，求这种情况下系统振动的周期和振幅．

9-20. 如习题 9-20 图所示，一弹簧振子，其质量 $m_1=98$ g，劲度系数 $k_1=9.8\times10^{-2}$ N/cm，它的影子水平地投射到一质量 $m_2=980$ g 的屏上，屏在一劲度系数 $k_2=0.98$ N/cm 的弹簧下．开始时把两者都从平衡位置拉下 10 cm，先释放弹簧振子使之振动．如果要使影子在屏上振动的振幅为 5 cm，试问应隔几秒钟后释放屏使之振动？并写出此时影子在屏上的振动方程．

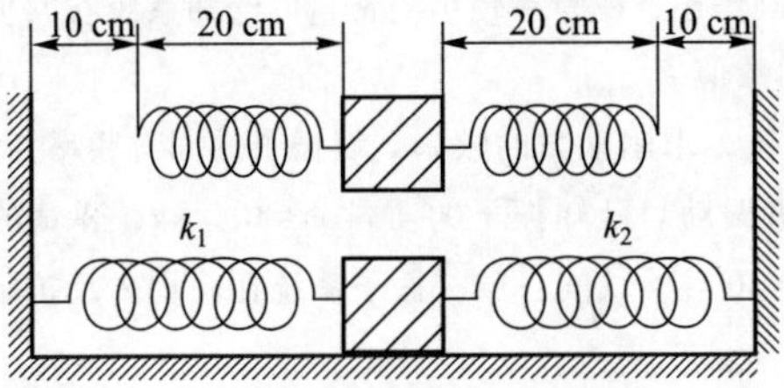

习题 9-19 图

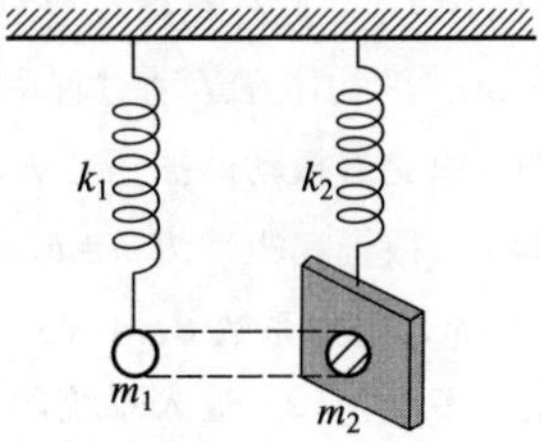

习题 9-20 图

***9-21.** 一面积为 S、质量为 m 的薄板连在弹簧的下端，弹簧的上端固定，薄板浸在黏性液体中，如习题 9-21 图所示．设薄板在黏性液体中受到的阻力 $F_f=-2\mu Sv$，式中 v 为薄板在竖直方向上的运动速度，μ 是一个与液体黏性有关的常量．设此系统的振动周期为 T，求此系统在空气中时的振动周期 T_0．

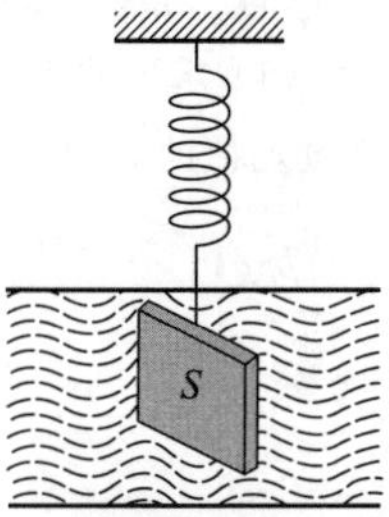

习题 9-21 图

***9-22.** 一质量为 0.2 kg 的物体，悬于劲度系数为 10 N/m 的弹簧下，此物体受到的阻力 $F_f=-bv$，其中 v 是物体的速度(单位是m/s)，b 为一较小的常量．(1) 写出系统振动的运动方程．(2) 若系统振动频率比无阻尼时小了万分之一，即$\dfrac{\omega_0-\omega_f}{\omega_0}=10^{-4}$，则常量 b 为多大？(3) 此系统的 Q 值为多大？振动经一个整周期后，振幅减弱为几分之几？

***9-23.** 某阻尼振动的振幅在一个周期后减为原来的 1/4，问此振动周期比无阻尼存在时的周期大百分之几？

***9-24.** 一摆长为 $l=0.750$ m 的单摆做阻尼振动，经过一分钟后，其振幅衰减为开始时的1/8，求对数减缩 λ(即 $\lambda=\delta T$)．

***9-25.** 某振动系统从开始振动，经过 16 次振动后，能量减为开始时的 0.6. 问再经过 16 次振动后，系统能量减为开始时的几分之几？

***9-26.** 当在某钢琴上弹响“中音 C”这个琴键时，其振动能量在 1 s 内减至初始值的一半．已知中音 C 的频率为 256 Hz. 求此系统的 Q 值．

***9-27.** 一质量为 10 kg 的物体，从 0.5 m 高处静止下落到弹簧秤的秤盘里，并黏附在盘上．已知秤盘的质量为 2.0 kg，弹簧的劲度系数为 980 N/m. 为使秤盘在最短时间内停下来，就须附上一阻尼系统．求出所必需的阻尼因数 δ，并写出秤盘的位置 y 随时间 t 的变化关系(y 的零点取在平衡位置，t 的零点取在物体掉在秤盘的瞬间)．

***9-28.** 摆长为 1 m 的单摆，在振动 50 次后振幅减为原来的$\dfrac{1}{\mathrm{e}}$. 现使其悬点做振幅为 1 mm 的水平方向

简谐振动．(1) 若摆锤的水平位移为 x_1，悬点的水平位移为 x_2，试证摆锤做微小振动时的运动方程为 $\frac{d^2x_1}{dt^2}+2\delta\frac{dx_1}{dt}+\frac{g}{l}x_1=\frac{g}{l}x_2$. 如果 $x_2=A\cos\omega t$，试求此方程的稳态解. (2) 求共振时摆锤运动的振幅．(3) 在什么角频率时，其振幅为共振时的一半．

*9-29.** 一谐振子质量 $m=0.10$ kg，做周期 $T=2.5$ s 的简谐振动，质点振动的总能量 $E=0.20$ J，求作用在质点上力的最大值．

***9-30.** 一物体悬挂于弹簧下，系统固有振动周期为 0.50 s，今在物体上加一竖直方向的正弦力，其最大值 $F=1\times10^{-3}$ N；此外物体还受到一摩擦阻力 $F_f=-C\dot{x}$ 作用，C 为一较小的常量．已知系统在共振时的振幅为 5.0 cm，求物体在运动过程中受到的最大摩擦力的数值 $F_{f,max}$.

***9-31.** 做受迫振动的振子，若其速度与驱动力同相位，求驱动力的频率．设振子的固有频率为 ω_0.

***9-32.** 一振子在驱动力 $F=F_0\cos\omega t$ 的驱动下做受迫振动．已知振子的质量 $m=0.2$ kg，弹簧的劲度系数 $k=80$ N/m，阻力系数 $C=4$ N·s/m，若 $F_0=2$ N，$\omega=30\ s^{-1}$. 试问：(1) 振子系统在一周内反抗阻力而耗散的能量是多少？(2) 输入系统的平均功率是多少？

***9-33.** 某振动系统的固有频率为 1 000 Hz，品质因数为 50，若其共振时驱动力所提供的平均功率为 5.0 mW，求此时振子的能量．

***9-34.** 习题 9-34 图所示为某振动系统在驱动力 $F=F_0\sin\omega t$ 的驱动下的平均功率共振曲线．此处 F_0 是常量．(1) 求出此系统的固有频率 ω_0 和品质因数 Q 的数值；(2) 若撤去驱动力，则系统经过多少周后能量降至初始值的 e^{-5}？

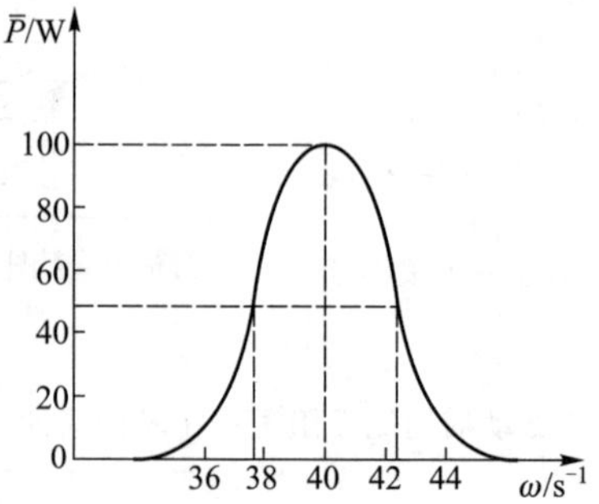

习题 9-34 图

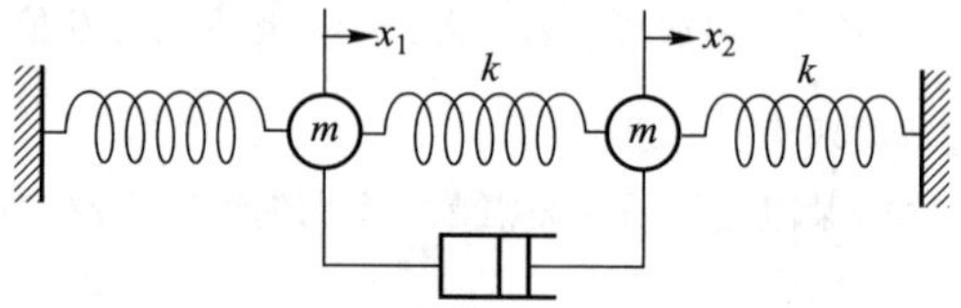

习题 9-35 图

***9-35.** 两个质量都为 m 的质点，如习题 9-35 图所示连接在三个劲度系数都是 k 的弹簧上，两质点间连接一质量可以忽略的阻尼减震器，阻尼减震器所施的力为 bv，这里 v 是它两端的相对速度，b 为常量．该力阻止其两端之间(即两质点之间)的相对运动．令 x_1、x_2 分别为两质点离开其平衡位置的位移．(1) 写出每个质点的运动方程；(2) 证明运动方程可以用新的变量 $y_1=x_1+x_2$ 和 $y_2=x_1-x_2$ 来求解；(3) 证明：如果两质点原来静止于平衡位置，在 $t=0$ 时给质点 1 以初速度 v_0，则在足够长的时间以后，两个质点的运动方程为 $x_1=x_2=\frac{v_0}{2\omega}\sin\omega t$，并求出 ω.

***9-36.** 由劲度系数为 k 的轻弹簧和质量为 m 的质点构成的两个相同弹簧振子串联地竖直悬挂，求此系统沿竖直方向做振动的简正频率．

第十章 波动

第九章讨论了一种自然界中较为普遍的运动形式——振动．振动的传播即是波动，波动是自然界中广泛存在的一种运动形式，它包括机械波和电磁波两种类型．这两种类型的波动在传播的机制上却是不同的，前者需要介质，而后者不需要介质．但在数学描述中，两种波动又有许多共同之处．

授课录像：
波动概述

本章介绍机械波，主要包括机械波的定性描述，机械波的动力学和运动学方程，简谐机械波运动学，机械波的能量、传播与合成，多普勒效应等内容．电磁波将在电磁学和电动力学中有详细的介绍．

§10.1 机械波的定性描述

振动的传播即是波动，它包括机械波和电磁波两种类型．本章介绍机械波的运动规律．机械波是振动在介质中的传播，是所有质元参与的一种集体运动，在深入了解它的动力学和运动学规律之前，需要对它进行定性描述．本节针对机械波的产生条件与特点、几何描述、分类等加以介绍．

授课录像：
产生机械波的条件与波的特点

10.1.1 产生机械波的条件与波的特点

由大量的分子或原子组成的固体、液体、气体称为介质．当介质受到外界的拉、压等作用时，组成介质的分子或原子间的相互作用力在相对位移不太大时，会呈现出弹性的特点，因而在小幅度位移的情况下，把介质中的质点间以弹性力相互作用的介质称为弹性介质．在弹性介质中，如果其中某一质元由于弹性力作用而离开平衡位置，再带动其他的质元运动，那么，介质将把这一质元的振动传播下去而形成波．显然，波是所有质元共同参与的一种集体运动．这一因外界作用而产生振动的质元称为振源．因此，**弹性介质和振源**(或波源)是产生机械波的条件．

实物演示：
声波波形

波传播的是什么？如图 10.1.1-1 所示，一根无限长的弹性绳，用手握住一端，抖动一下，便会形成一凸起的波形．观察该波形的传播可以看出：绳上各点在波传来之前静止，波到达时，运动起来，波过去后又静止．可知绳上各点的运动只是波源运动状态的传播，或是能量的传播，而非介质中质元的传播．如果连续多次上下振动绳的一端，就会产生如图 10.1.1-2 所示的波列．若波源做简谐振动，便形成如图 10.1.1-3 所示的简谐波．

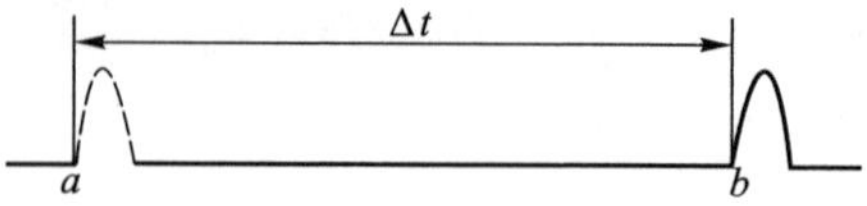

图 10.1.1-1

实物演示：
变音编钟

波的传播特点：质元并没有被传播，而是振动状态的传播，或是振动能量的传播．

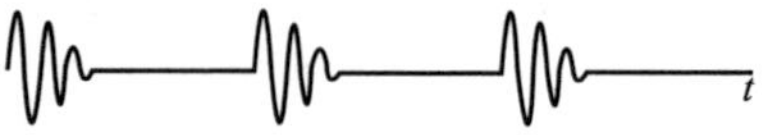

图 10.1.1-2

图 10.1.1-3

10.1.2　波的几何描述

波阵面：介质中振源的振动状态经过 t 时刻传播到空间各个位置，相同时刻振动状态相同的质元所组成的曲面，称为波阵面，简称波面．

波前：最前面的波阵面称为波前．

波线：自波源画出的与波阵面垂直、表示波传播方向的一簇有方向的线称为波线．

波的上述几何描述可以用图 10.1.2-1 形象地表示出来．

授课录像：
波的几何描述

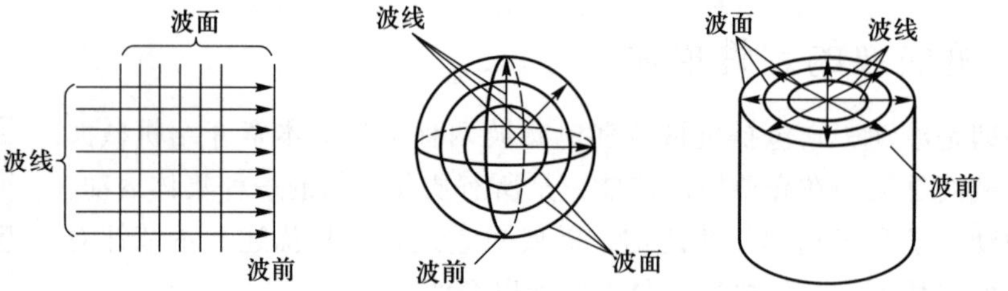

图 10.1.2-1

10.1.3　波的分类

可以从不同的角度将波加以分类．

1. 按振动方向与传播方向的关系分

横波：振动方向与传播方向垂直，如绳中传播的波、电磁波等．

纵波：振动方向与传播方向平行，如弹簧中传播的波、声波等．

非横非纵波：不能严格判断振动方向与传播方向的关系，也就是说这种波既包含横波，也包含纵波，如水面波等．

2. 按能量的传播方式分

一维波：在一个方向上传播，如绳、棒中传播的波等．

授课录像：
波的分类

实物演示：
横波

二维波：在两个方向上传播，如水面波、表面波等．

三维波：在三个方向上传播，如声波等．

3．按波传播期间的行为分

图 10.1.3-1(a)所示的方波，图 10.1.3-1(b)所示的三角波，图 10.1.3-1(c)所示的正弦波，图 10.1.3-1(d)所示的脉冲波等．

实物演示：细软弹簧纵波

4．按质元振动的时间分

图 10.1.3-1(c)所示的连续波，图 10.1.3-1(d)所示的非连续波等．

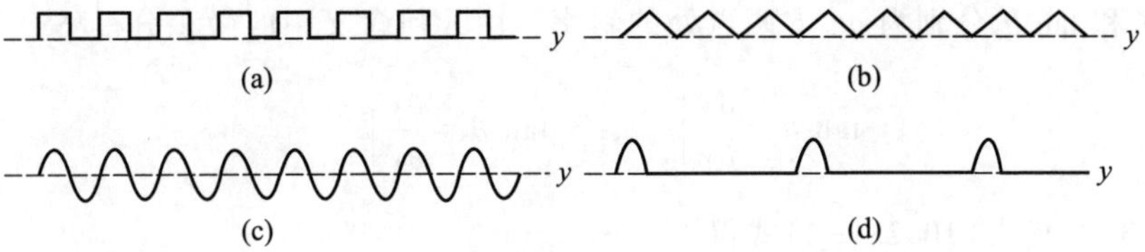

图 10.1.3-1

5．按波阵面形状分

平面波(波面为平面)，球面波(波面为球面)，柱面波(波面为柱面)，如图 10.1.2-1 所示.

§10.2 机械波的波动方程

§10.1 只是对机械波作了定性的描述，为了定量地掌握机械波的运动规律，首先需要得出介质中任意质元(用坐标 y 来表示)相对平衡位置的位移(用坐标 x 来表示)与时间 t 的关系，即机械波的动力学方程，也称波动方程．波动方程是空间(y、x)与时间 t 相互关联的方程，要比第九章讨论的简谐振动、阻尼振动、受迫振动方程复杂．推导波动方程的基本方法是微元法，即在介质中选一有限小质元，对其应用相应的定律、定理，得出该小质元的动力学方程，然后对小质元再取极限，可得介质内某点(用坐标 y 来表示)的位移(用坐标 x 来表示)随时间 t 的变化关系，即波动方程．本节以张紧弦线和固体棒中传播的机械波为例，导出机械波的波动方程．§10.3 将针对波动方程进行求解，并对其解进行分类分析．

动画演示：机械波的波动方程

10.2.1 张紧弦线的波动方程

研究处于张紧状态的均匀弦，以 F_{T0} 表示未扰动时的张力．弦经扰动后，各处的张力是变化的．选取一个质元 Δm，如图 10.2.1-1 所示的 ab 段，以绳的不同段为研究对象，应用牛顿第二定律：

授课录像：张紧弦线的波动方程

以 ab 段为研究对象

$$F_{T2}\sin\theta_2 - F_{T1}\sin\theta_1 = \Delta m\frac{\partial^2 x}{\partial t^2} \tag{10.2.1-1a}$$

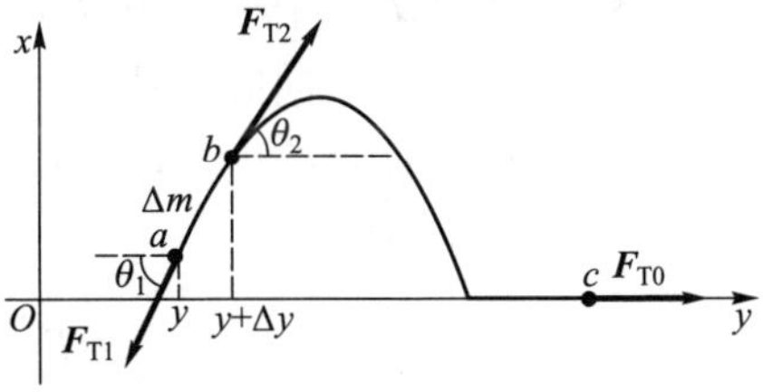

图 10.2.1-1

以 ac 段为研究对象

$$F_{T0}=F_{T1}\cos\,\theta_1 \tag{10.2.1-1b}$$

以 bc 段为研究对象

$$F_{T0}=F_{T2}\cos\,\theta_2 \tag{10.2.1-1c}$$

(10.2.1-1)式联立整理得

$$F_{T0}\tan\,\theta_2-F_{T0}\tan\,\theta_1=\Delta m\,\frac{\partial^2 x}{\partial t^2} \tag{10.2.1-2}$$

其中，$\tan\,\theta_1$和 $\tan\,\theta_2$分别为 a、b 两点处的斜率，由几何含义中的微积分得

$$\tan\,\theta_1=\left.\frac{\partial x}{\partial y}\right|_{y=y},\qquad \tan\,\theta_2=\left.\frac{\partial x}{\partial y}\right|_{y=y+\Delta y} \tag{10.2.1-3}$$

将(10.2.1-3)式代入(10.2.1-2)式得

$$F_{T0}\frac{\left.\dfrac{\partial x}{\partial y}\right|_{y=y+\Delta y}-\left.\dfrac{\partial x}{\partial y}\right|_{y=y}}{\Delta y}=\frac{\Delta m}{\Delta y}\,\frac{\partial^2 x}{\partial t^2} \tag{10.2.1-4}$$

令 $\eta=\dfrac{\mathrm{d}m}{\mathrm{d}y}$(线密度)，$v^2=\dfrac{F_{T0}}{\eta}$，当 $\Delta y\to 0$ 时，(10.2.1-4)式整理为

$$\frac{\partial^2 x}{\partial t^2}=v^2\frac{\partial^2 x}{\partial y^2} \tag{10.2.1-5}$$

(10.2.1-5)式为弦的波动方程．

10.2.2 固体棒的弹性波动方程

为了获得固体棒的弹性波动方程，首先需要了解固体棒中的介质之间的相互作用力形式．以此为基础，再应用牛顿第二定律推导固体棒中的波动方程．

授课录像：固体的弹性波动方程

1. 固体的弹性——应变、应力、切应变、切应力

设有一长为 L、横截面积为 S 的棒．在棒的两端用均匀作用力 $\boldsymbol{F}$ 使棒拉伸至 $L+\Delta L$，如图 10.2.2-1 所示．此时，棒两端的作用力与棒的伸长量满足胡克定律，即

$$\frac{F}{S}=E\,\frac{\Delta L}{L} \tag{10.2.2-1}$$

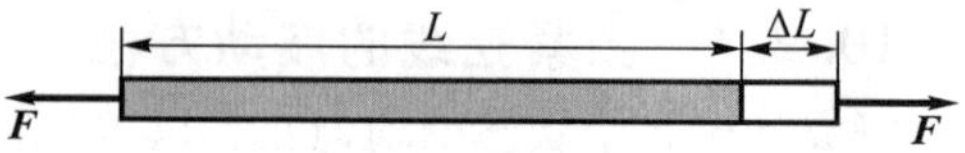

图 10.2.2-1

其中比例系数 E 称为弹性模量(又称为杨氏模量)．如果棒两端突然受到力 $\boldsymbol{F}$ 的作用，则在拉伸过程中，棒内各点的张力是不同的．选取无拉伸时棒中的一小段 $\mathrm{d}y$，当拉伸时，设 $\mathrm{d}x$ 为 $\mathrm{d}y$ 段总的拉伸量，选取 $\mathrm{d}y$ 段足够小，以至可以认为 $\mathrm{d}y$ 段两端的作用力相等，因而可用胡克定律：

$$\frac{F'}{S}=E\,\frac{\mathrm{d}x}{\mathrm{d}y} \tag{10.2.2-2}$$

$\frac{dx}{dy}$称为 y 处应变，$\frac{F'}{S}$(即单位面积上的力)称为 y 处的应力．因此，对非均匀拉伸的棒，棒中任意一切面的张力为

$$F' = SE\frac{dx}{dy} \tag{10.2.2-3}$$

如果固体棒受切向形变，仍取一小质元 dy，则该质元两端受切向力 F_t 作用，如图 10.2.2-2 所示．实验发现，当切变很小时

$$\frac{F_t}{S} = G\tan\theta, \quad \tan\theta = \frac{dx}{dy} \tag{10.2.2-4}$$

其中 $\tan\theta = \frac{dx}{dy}$称为切应变，$\frac{F_t}{S}$称为切应力，$G$ 称为切变模量．所以棒中任一切面的切向力可以表示为

$$F_t = SG\frac{dx}{dy} \tag{10.2.2-5}$$

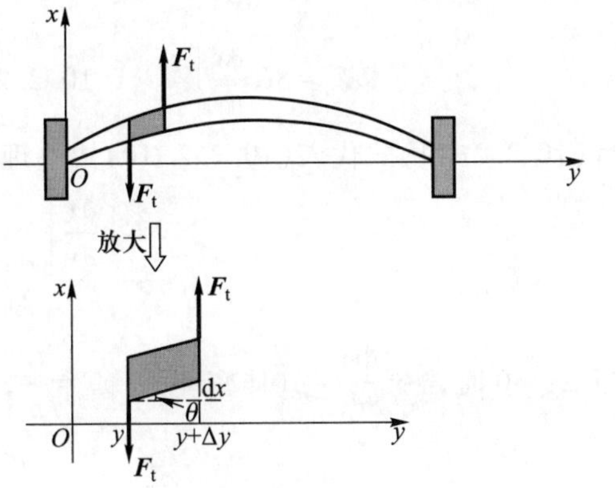

图 10.2.2-2

2. 固体内的弹性波

(1) 纵波

如图 10.2.2-3 所示，取质量为 Δm 的一质元 Δy，针对该小质元应用牛顿第二定律：

$$F_2 - F_1 = \Delta m\frac{\partial^2 x}{\partial t^2} \tag{10.2.2-6}$$

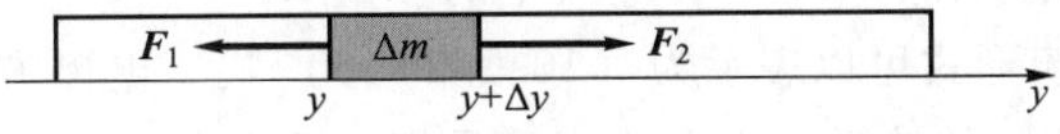

图 10.2.2-3

由(10.2.2-3)式可知

$$F_2 = SE\left.\frac{\partial x}{\partial y}\right|_{y+\Delta y} \tag{10.2.2-7a}$$

$$F_1 = SE\left.\frac{\partial x}{\partial y}\right|_{y} \tag{10.2.2-7b}$$

将(10.2.2-7)式代入(10.2.2-6)式整理得

$$\frac{SE\left[\left.\frac{\partial x}{\partial y}\right|_{y+\Delta y} - \left.\frac{\partial x}{\partial y}\right|_{y}\right]}{\Delta y} = \frac{\Delta m}{\Delta y}\frac{\partial^2 x}{\partial t^2} \tag{10.2.2-8}$$

当 $\Delta y \to 0$ 时，令$\frac{dm}{Sdy} = \rho$(体密度)，$v_{\parallel}^2 = \frac{E}{\rho}$，整理(10.2.2-8)式得

$$\frac{\partial^2 x}{\partial t^2} = v_{\parallel}^2\frac{\partial^2 x}{\partial y^2} \tag{10.2.2-9}$$

（2）横波

如图 10. 2. 2-4 所示，取质量为 Δm 的一质元 Δy，应用牛顿第二定律：

$$F_2-F_1=\Delta m\frac{\partial^2 x}{\partial t^2} \tag{10. 2. 2-10}$$

由(10. 2. 2-5)式得

$$F_2=SG\frac{\partial x}{\partial y}\bigg|_{y+\Delta y} \tag{10. 2. 2-11a}$$

$$F_1=SG\frac{\partial x}{\partial y}\bigg|_{y} \tag{10. 2. 2-11b}$$

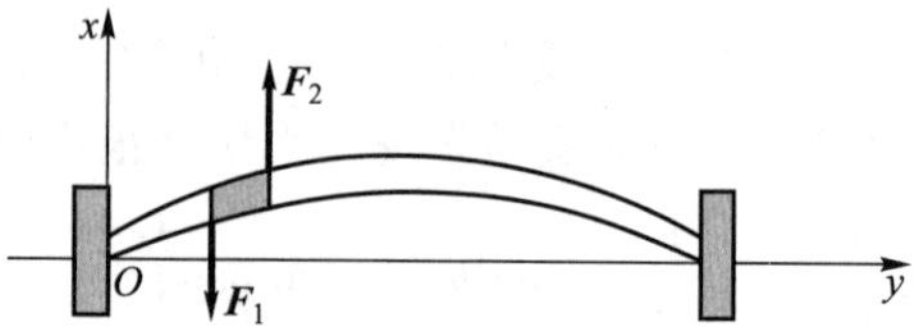

图 10. 2. 2-4

将(10. 2. 2-11)式代入(10. 2. 2-10)式整理得

$$\frac{SG\left[\frac{\partial x}{\partial y}\Big|_{y+\Delta y}-\frac{\partial x}{\partial y}\Big|_{y}\right]}{\Delta y}=\frac{\Delta m}{\Delta y}\frac{\partial^2 x}{\partial t^2} \tag{10. 2. 2-12}$$

当 $\Delta y\to 0$ 时，令$\frac{\mathrm{d}m}{S\mathrm{d}y}=\rho$(体密度)，$v_{\perp}^2=\frac{G}{\rho}$，整理(10. 2. 2-12)式得

$$\frac{\partial^2 x}{\partial t^2}=v_{\perp}^2\frac{\partial^2 x}{\partial y^2} \tag{10. 2. 2-13}$$

综合上述，张紧的弦线、固体棒中的弹性波均满足如下方程：

$$\frac{\partial^2 x}{\partial t^2}=v^2\frac{\partial^2 x}{\partial y^2} \tag{10. 2. 2-14}$$

可以推广证明：任何一维介质内线性机械波的波动方程均可以表示为(10. 2. 2-14)式的形式，不同类型的介质体现在(10. 2. 2-14)式中的参量 v.

三维波动方程的普遍形式可以表示为（10. 2. 2-15）式．电磁波也具有与(10. 2. 2-14)式或（10. 2. 2-15）式相同的波动方程形式，只是把 v 换成光速 c 而已．

$$\frac{\partial^2 u}{\partial t^2}=v^2\nabla^2 u \tag{10. 2. 2-15}$$

其中$\nabla^2=\frac{\partial^2}{\partial x^2}+\frac{\partial^2}{\partial y^2}+\frac{\partial^2}{\partial z^2}$为拉普拉斯算符．

§10. 3　机械波的运动学方程

(10. 2. 2-14)式只是得出了一维介质中任意质元(用坐标 y 来表示)的位移(用坐标 x 来表示)与时间 t 的关系方程，即机械波的动力学方程．要想清楚了解介质中任意质元的位移随时间的变化关系，还需要对(10. 2. 2-14)式的波动方程进行求解，其解即为波的运动学方程．本节针对(10. 2. 2-14)式进行求解，分析其解的运动学特点，并进一步讨论(10. 2. 2-14)式中 v 的物理意义．

授课录像：机械波波动方程的解

10.3.1 机械波波动方程的解

可以验证，(10.2.2-14)式所示的波动方程的一般解为

$$x=x_1(y-vt) \tag{10.3.1-1a}$$

$$x=x_2(y+vt) \tag{10.3.1-1b}$$

$$x=x_1(y-vt)+x_2(y+vt) \tag{10.3.1-1c}$$

其中，x_1、x_2是分别以 $y-vt$ 和 $y+vt$ 为变量的任意函数．设 $\mu=y-vt$，$p=y+vt$，以(10.3.1-1c)式解为例验证如下．

(10.2.2-14)式左边

$$\frac{\partial x}{\partial t}=\frac{\partial x_1(y-vt)}{\partial t}+\frac{\partial x_2(y+vt)}{\partial t}=\frac{\partial x_1}{\partial \mu}(-v)+\frac{\partial x_2}{\partial p}v \tag{10.3.1-2a}$$

$$\frac{\partial^2 x}{\partial t^2}=\frac{\partial^2 x_1}{\partial \mu^2}(-v)(-v)+\frac{\partial^2 x_2}{\partial p^2}vv=v^2\left(\frac{\partial^2 x_1}{\partial \mu^2}+\frac{\partial^2 x_2}{\partial p^2}\right) \tag{10.3.1-2b}$$

(10.2.2-14)式右边

$$\frac{\partial x}{\partial y}=\frac{\partial x_1(y-vt)}{\partial y}+\frac{\partial x_2(y+vt)}{\partial y}=\frac{\partial x_1}{\partial \mu}+\frac{\partial x_2}{\partial p} \tag{10.3.1-2c}$$

$$\frac{\partial^2 x}{\partial y^2}=\frac{\partial^2 x_1}{\partial \mu^2}+\frac{\partial^2 x_2}{\partial p^2} \tag{10.3.1-2d}$$

比较(10.3.1-2b)式和(10.3.1-2d)式可以验证(10.3.1-1c)式是一维波动方程(10.2.2-14)式的一般解．

由(10.3.1-1)式可以看出，只要介质中某质元 y 的位移 x 与时间 t 以 $y-vt$ 或 $y+vt$ 或两者同时组合起来作为自变量的任何函数，都可以在介质中形成机械波，也正因为如此，才能有无限多种形式的机械波在介质中传播，如三角波、方波、简谐波、脉冲波等．

对（10.2.2-15）式的三维波动方程而言，其解一般比较复杂，但对于各向对称的系统来说存在简单的一般形式解，其在极坐标系下的表达式为

$$u=\frac{1}{r}u_1(r-vt) \tag{10.3.1-3a}$$

$$u=\frac{1}{r}u_2(r+vt) \tag{10.3.1-3b}$$

$$u=\frac{1}{r}u_1(r-vt)+\frac{1}{r}u_2(r+vt) \tag{10.3.1-3c}$$

10.3.2 波传播形式的分类

由(10.3.1-1)式所示波动方程的解可以看出，介质中可以存在 $x=x_1(y-vt)$，$x_2(y+vt)$，$x=x_1(y-vt)+x_2(y+vt)$ 三种形式的机械波．每种形式的波所代表的波的传播特点如何？

授课录像： 波传播形式的分类

当波具有 $x=x_1(y-vt)$ 形式的解时，其状态完全由 $\mu=y-vt$ 所决定，亦即，

相同的 μ 意味着波的运动状态相同．从数学角度，由 $\mu=y-vt$ 式可以看出，y 和 t 同时增加可以保证 μ 具有相同的值. 从物理的角度，设波在如图 10. 3. 2–1 所示的 y 点、t 时刻的状态由 $\mu_{y,t}$ 来表示，经过 Δt 后，由 $\mu=y-vt$ 的空间与时间的二元函数关系可知，势必可以在另外一位置，设在如图 10. 3. 2–1 所示的 $y+\Delta y$ 处，使得此处的 $\mu_{y+\Delta y,t+\Delta t}$ 与 $\mu_{y,t}$ 相等，即 $\mu_{y+\Delta y,t+\Delta t}=\mu_{y,t}$，具体表示为

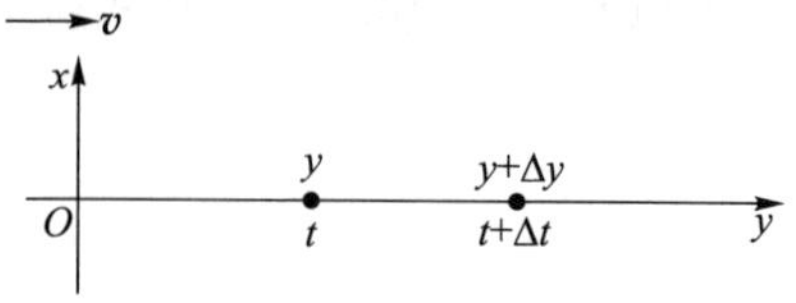

图 10. 3. 2–1

$$y-vt=(y+\Delta y)-v(t+\Delta t) \tag{10. 3. 2–1}$$

上述分析说明，具有 $x=x_1(y-vt)$ 形式的波具有传播的特点，状态的传播距离 Δy 与状态的传播时间的比值 Δt 称为波的传播速度，简称波速．由(10. 3. 2–1)式可得波速的表达式：

$$\frac{\Delta y}{\Delta t}=v \tag{10. 3. 2–2}$$

当 y 点与 $y+\Delta y$ 点无限靠近时，Δy 和 Δt 变成了微分，即 $\mathrm{d}y$ 和 $\mathrm{d}t$，此时，(10. 3. 2–2)式可以表示为

$$\frac{\mathrm{d}y}{\mathrm{d}t}=v \tag{10. 3. 2–3}$$

(10. 3. 2–3)式所示的波速也可以直接从相同的 μ 对时间的导数求得．状态相同意味着 $\mu=y-vt=$ 常量，对其求导同样可得(10. 3. 2–2)式．

当波具有 $x=x_1(y+vt)$ 形式的解时，与上述分析过程相同，可得波速表达式为

$$\frac{\mathrm{d}y}{\mathrm{d}t}=-v \tag{10. 3. 2–4}$$

由上述分析可知，具有 $x=x_1(y-vt)$ 形式的波，其波的状态是沿着 y 轴的正向传播的．具有 $x=x_2(y+vt)$ 形式的波，其波的状态是沿着 y 轴的负向传播的．为了更加形象地体现波的传播特点，我们以具有 $x=x_1(y-vt)$ 形式的平面简谐波为例，画出从 t 到 $t+\Delta t$ 时刻，该平面简谐波的波形图随时间的演化，如图 10. 3. 2–2 所示．由图 10. 3. 2–2 可以看出，波形随时间的变化向正方向运行，因此，称 $x=x_1(y-vt)$ 为正向传播的行波．同理，称 $x=x_2(y+vt)$ 为负方向传播的行波.

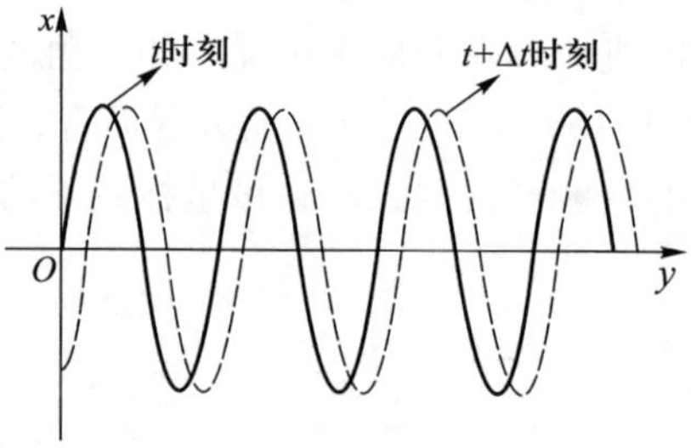

图 10. 3. 2–2

动画演示：简谐行波

对于正负方向同时传播的平面简谐波，即 $x=x_1(y-vt)+x_2(y+vt)$ 形式的波，与行波的特点不同，将在 10. 5. 5 节加以讨论．

授课录像：波的相速度与群速度

10. 3. 3　波的相速度与 * 群速度

1. 波的相速度

由 § 10. 2 的讨论可知，任何介质内机械波的波动方程均可以表示为 $\frac{\partial^2 x}{\partial t^2}=$

$v^2\frac{\partial^2 x}{\partial y^2}$，其中的参量 v 的表达式体现了不同类型的介质．由§10.3的讨论进一步得知，v 的物理意义是体现了波在介质中的传播速度(简称波速)，也称相速度．不同介质所体现的波速不同．通过推导各不同介质中的波动方程可得波速的表达式，如下是波在几种常见介质中波速的表达式．

AR 演示： 相速度与群速度

张紧的弦：$v=\sqrt{\frac{F_T}{\eta}}$，其中 F_T 是无扰动时弦中张力，η 是弦的线密度．

固体中的纵波：$v=\sqrt{\frac{E}{\rho}}$，其中 E 是固体的弹性模量，ρ 是体密度．

固体中的横波：$v=\sqrt{\frac{G}{\rho}}$，其中 G 是固体的切变模量，ρ 是体密度．

液体中的波：$v=\sqrt{\frac{K}{\rho}}$，其中 K 是液体的体积模量，ρ 是体密度(对于液体中的浅水波，$K=\rho gh$,所以浅水波的波速为 $v=\sqrt{gh}$)．

气柱中的纵波：$v=\sqrt{\frac{K}{\rho}}=\sqrt{\frac{\gamma RT}{M}}$，其中 K 是气体的体积模量，ρ 是体密度，$\gamma=\frac{c_p}{c_V}$ 是气体的比热容比，R 是摩尔气体常量，T 是热力学温度，M 是摩尔质量．由于气体中无切向相互作用，所以只存在纵波．

*2. 波的群速度

当介质中有多个频率相近的平面简谐波存在时，其介质中的合成波如何？通过进一步计算表明：其合成波形将是如图10.3.3-1所示振幅受到调制的“简谐波”，其振幅最大处的波形称为波包．“简谐波”的相位传播速度是前面介绍的**相速度**，波包的传播速度称为**群速度**．二者是否相等？下面以频率相当靠近的两列简谐波为例讨论．参考§10.4关于平面简谐波的介绍可得圆频率分别为 ω_1 和 ω_2 的两列平面简谐波的表达式可以表示为

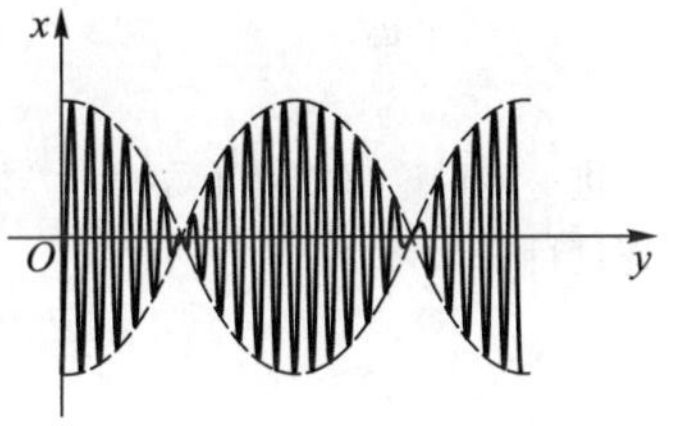

图 10.3.3-1

$$x_1=A\cos(\omega_1 t-k_1 y) \tag{10.3.3-1a}$$

$$x_2=A\cos(\omega_2 t-k_2 y) \tag{10.3.3-1b}$$

其中，$k_1=\frac{2\pi}{\lambda_1}$，$k_2=\frac{2\pi}{\lambda_2}$ 称为波数，λ_1、λ_2 分别代表两列波的波长，$\omega_1 t-k_1 y$、$\omega_2 t-k_2 y$ 称为相位．由§10.4讨论的频率、波长和波速之间的关系可知，(10.3.3-1)式可以化为 $x=x_1(y-vt)$ 的形式，属于余弦形式的正向传播的行波．由(10.3.3-1)式可得两列平面简谐波的合成表达式：

$$\begin{aligned} x &= x_1+x_2 \\ &= 2A\cos\left(\frac{\omega_1-\omega_2}{2}t-\frac{k_1-k_2}{2}y\right)\cos\left(\frac{\omega_1+\omega_2}{2}t-\frac{k_1+k_2}{2}y\right) \end{aligned} \tag{10.3.3-2}$$

(10.3.3-2)式所表达的已经不是简谐波．当两列波的频率靠得很近，即 $\omega_1\approx\omega_2$，亦即，$k_1\approx k_2$ 时，$|\omega_1-\omega_2|\ll|\omega_1+\omega_2|$，$|k_1-k_2|\ll|k_1+k_2|$，此时，(10.3.3-2)式中的 $2A\cos\left(\frac{\omega_1-\omega_2}{2}t-\frac{k_1-k_2}{2}y\right)$ 相位变化较

$\cos\left(\frac{\omega_1+\omega_2}{2}t-\frac{k_1+k_2}{2}y\right)$的相位变化缓慢得多．因此，(10.3.3-2)式中的$2A\cos\left(\frac{\omega_1-\omega_2}{2}t-\frac{k_1-k_2}{2}y\right)$称为振幅项，$\cos\left(\frac{\omega_1+\omega_2}{2}t-\frac{k_1+k_2}{2}y\right)$称为简谐项．(10.3.3-2)式可以看成是振幅受到了调制的"简谐波"，合成波最大振幅附近的波形称为"波包"．波包的峰值条件为

$$\frac{\omega_1-\omega_2}{2}t-\frac{k_1-k_2}{2}y=n\pi$$

所以，相邻波包之间的距离为

$$\Delta y=\frac{2\pi}{|k_1-k_2|}=\left|\frac{\lambda_1\lambda_2}{\lambda_1-\lambda_2}\right|$$

(10.3.3-2)式中的简谐项$\cos\left(\frac{\omega_1+\omega_2}{2}t-\frac{k_1+k_2}{2}y\right)$的相位传播速度称为相速度，其等相位条件是$\frac{\omega_1+\omega_2}{2}t-\frac{k_1+k_2}{2}y=$常量，由10.3.2节讨论的方法可知，其相位的传播速度可由$\frac{\mathrm{d}\left(\frac{\omega_1+\omega_2}{2}t-\frac{k_1+k_2}{2}y\right)}{\mathrm{d}t}=0$求得，即

$$v_{\mathrm{p}}=\frac{\mathrm{d}y}{\mathrm{d}t}=\frac{(\omega_1+\omega_2)/2}{(k_1+k_2)/2}\approx\frac{\omega_1}{k_1}\approx\frac{\omega_2}{k_2}$$

(10.3.3-2)式中振幅项$2A\cos\left(\frac{\omega_1-\omega_2}{2}t-\frac{k_1-k_2}{2}y\right)$的相位传播速度称为群速度("波包"的传播速度)，其等相位条件是$\frac{\omega_1-\omega_2}{2}t-\frac{k_1-k_2}{2}y=$常量，其相位的传播速度可由$\frac{\mathrm{d}\left(\frac{\omega_1-\omega_2}{2}t-\frac{k_1-k_2}{2}y\right)}{\mathrm{d}t}=0$求得，即

$$v_{\mathrm{g}}=\frac{\mathrm{d}y}{\mathrm{d}t}=\frac{\frac{\omega_1-\omega_2}{2}}{\frac{k_1-k_2}{2}}=\frac{\omega_1-\omega_2}{k_1-k_2}=\frac{\Delta\omega}{\Delta k}$$

进一步讨论可知（推导略），当多个频率相接近的简谐波同时在介质中出现时，其合成"简谐波"的相速度可表示为

$$v_{\mathrm{p}}\approx\frac{\omega_i}{k_i}\tag{10.3.3-3a}$$

群速度可表示为

$$v_{\mathrm{g}}=\frac{\mathrm{d}\omega}{\mathrm{d}k}=v_{\mathrm{p}}-\lambda\frac{\mathrm{d}v_{\mathrm{p}}}{\mathrm{d}\lambda}\tag{10.3.3-3b}$$

由(10.3.3-3)式可以看出，对于相速度不依赖于波长的介质，即$\frac{\mathrm{d}v_{\mathrm{p}}}{\mathrm{d}\lambda}=0$，其相速度与群速度是相等的，这类介质称为无色散介质．而对于相速度依赖于波长的介质，即$\frac{\mathrm{d}v_{\mathrm{p}}}{\mathrm{d}\lambda}\neq 0$，其相速度与群速度是不相等的，这类介质称为色散介质．色散现象在机械波中不常见，但在电磁波(光波)中却十分普遍．

(10.3.3-3)式中，把$\lambda\frac{\mathrm{d}v_{\mathrm{p}}}{\mathrm{d}\lambda}>0$的色散称为正常色散，此时$v_{\mathrm{g}}<v_{\mathrm{p}}$；把$\lambda\frac{\mathrm{d}v_{\mathrm{p}}}{\mathrm{d}\lambda}<0$的色散称为反常色散，此时$v_{\mathrm{g}}>v_{\mathrm{p}}$．有关群速度的详细内容将在光学中进一步讨论．

例 10.3.3-1 质量为m、长为l的绳的一端挂在天棚上，在绳的下端做一扰动，在绳中形成一横波，

试求波传播到绳的悬挂点处所用的时间．

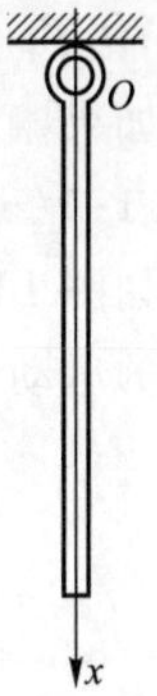

例 10.3.3-1 图

解： 以悬挂点为参考点，向下为正方向建立如例 10.3.3-1 图所示的坐标系．绳中 x 处的张力为

$$F_{\mathrm{T}}=\frac{m}{l}(l-x)g$$

由张紧弦线的波速公式得

$$v=\frac{\mathrm{d}x}{\mathrm{d}t}=-\sqrt{\frac{F_{\mathrm{T}}}{\eta}}=-\sqrt{(l-x)g}$$

积分得

$$t=2\sqrt{\frac{l}{g}}$$

例 10.3.3-2 如例 10.3.3-2 图所示，长为 l、质量为 m 的绳首尾相接成圆环，以圆心为中心匀角速 ω 转动，求波在绳中传播一圈所用的时间．

解： 如例 10.3.3-2 图所示，绳中取一小质元，小质元做圆周运动，对小质元的向心方向有

$$F_{\mathrm{T}}(\theta+\Delta\theta)\sin\left(\frac{1}{2}\Delta\theta\right)+F_{\mathrm{T}}(\theta)\sin\left(\frac{1}{2}\Delta\theta\right)=\Delta m\omega^{2}r$$

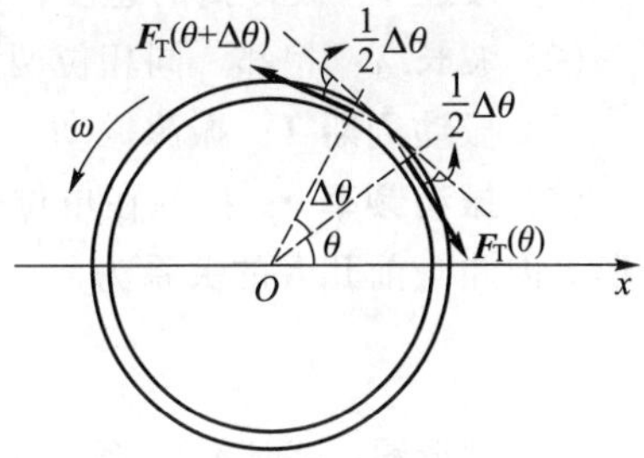

例 10.3.3-2 图

当 $\Delta\theta\to0$ 时有 $\sin(\Delta\theta)\to\Delta\theta$，则

$$\left[F_{\mathrm{T}}(\theta+\Delta\theta)+F_{\mathrm{T}}(\theta)\right]\frac{1}{2}\Delta\theta=\frac{m}{2\pi r}(r\Delta\theta)\omega^{2}r$$

由对称性知

$$F_{\mathrm{T}}(\theta+\Delta\theta)=F_{\mathrm{T}}(\theta)$$

整理得

$$F_{\mathrm{T}}(\theta)=\frac{ml}{4\pi^{2}}\omega^{2}$$

波的传播速度为

$$v=\sqrt{\frac{F_{\mathrm{T}}}{\rho}}=\frac{\omega l}{2\pi}$$

波传播一圈所用的时间为

$$t=\frac{l}{v}=\frac{2\pi}{\omega}$$

§10.4 简谐机械波的运动学方程

如 10.3.1 节所述，波动方程的解有无数多函数形式，这意味着介质中所能传播的机械波有无限多种，如三角波、方波、简谐波、脉冲波等．如果振源的振动位移随时间以正弦或余弦的方式振动，那么所形成的波为简谐波．如前面讨论振动时所述，简谐振动在解决复杂振动问题时起着重要的作用．同样，简谐波在处理复杂机械波问题中也起着重要的基础作用．本节将介绍简谐波的运动学特征．

动画演示： 简谐机械波的运动学方程

10.4.1 描述简谐波特征的物理量

如果振源的振动位移随时间以正弦或余弦的方式振动，设某时刻，在介质中形成如图 10.4.1-1(a)所示的正弦波形．由行波的传播特点可知，该波形随着时间的演化不断向前推进，如图 10.4.1-1(b)所示．针对图 10.4.1-1 所示的波形图，引入如下概念，用以描述简谐波的运动学特征．

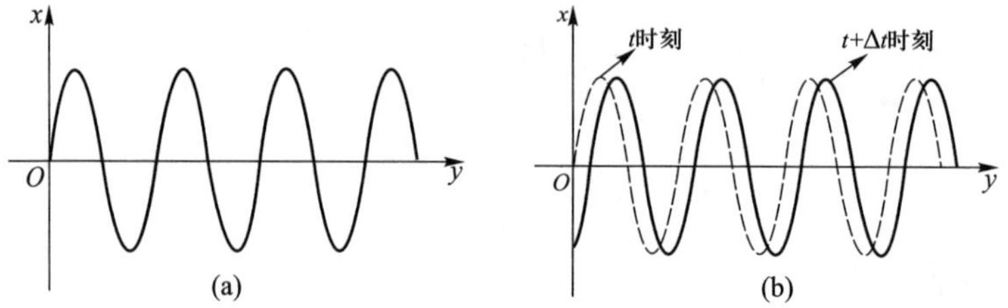

图 10.4.1-1

授课录像： 描述简谐波特征的物理量

（1）**波速 $\boldsymbol{v}$**：波传播的速度，指的是相位的传播速度．

（2）**波长 $\boldsymbol{\lambda}$**：相邻、同相位两点之间的距离．

（3）**振动周期 $\boldsymbol{T}$**：振源振动一次所用的时间．

（4）**振动频率 $\boldsymbol{\nu}$**：振源在单位时间内振动的次数．由于振源振动一次就传出一个完整的波形．因此，前几者的关系为

$$\nu=\frac{1}{T},\qquad v=\frac{\lambda}{T}=\lambda\nu \tag{10.4.1-1}$$

（5）**波形图**：某时刻 t，各质元位移分布曲线，称为该时刻的波形图，如图 10.4.1-1 所示．

10.4.2 相位传输法确定平面简谐波表达式

第九章是通过建立系统的动力学方程来确定简谐振动的运动方程的．而对于波动来说，其解并不是唯一的，具有多种多样的函数形式．具体的函数形式是由振源决定的，或者说，介质中所能传播波的一切函数形式都会满足波动方程的．如何通过振源或介质中某点的已知振动方程来确定介质中其他质点的运动学方程，亦即波的运动学方程呢？本节以一维平面简谐波为例，给出一维平面行波的确定方法．

授课录像： 相位传输法确定平面简谐波表达式

设平面简谐波沿图 10.4.2-1 所示的正方向传播，如果已知介质中某点 y_0 的振动为简谐振动，即该点的振动方程可以表示为

$$x=A\cos(\omega t+\varphi) \tag{10.4.2-1}$$

依据本章 10.3.2 的讨论结果可知，y 点的振动相位是 y_0 点的振动经过 $\frac{y-y_0}{v}$ 时间传播而来的，亦即 y 点在 t 时刻的状态(相位)与 y_0 点在 $t-\frac{y-y_0}{v}$ 的状态(相位)相同．对于平面波来说，振幅是不变的，因此，只要将 y_0 点的振动方程 $x=A\cos(\omega t+\varphi)$ 中 t 换成 $t-\frac{y-y_0}{v}$，就是 y 点在 t 时刻的振动表达式，即

$$x = A\cos\left[\omega\left(t - \frac{y - y_0}{v}\right) + \varphi\right] = A\cos\ [k(y - vt) - ky_0 - \varphi] \quad (10.4.2\text{-}2)$$

其中 $k = \frac{2\pi}{\lambda}$. 显然，(10.4.2-2)式是波动方程解中 $x = x_1(y - vt)$ 的形式解．由于 y 点是在介质中任意选取的点，所以(10.4.2-2)式也就代表了平面简谐波在介质中的运动学方程．

对于图 10.4.2-2 所示沿负向传播的平面简谐波，如果已知介质中 y_0 的振动为 $x = A\cos(\omega t + \varphi)$. 同理分析可得波的运动学方程为

$$x = A\cos\left[\omega\left(t + \frac{y - y_0}{v}\right) + \varphi\right] \quad (10.4.2\text{-}3)$$

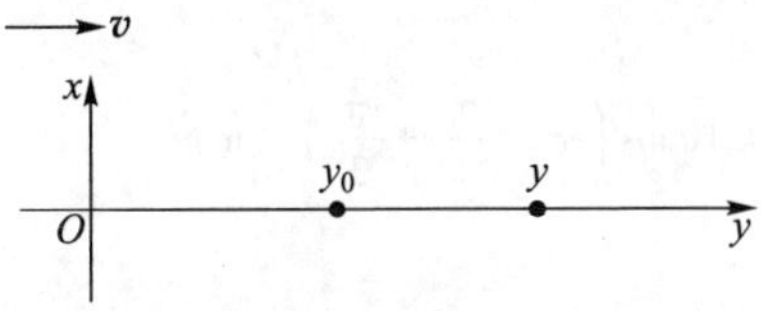

图 10.4.2-1

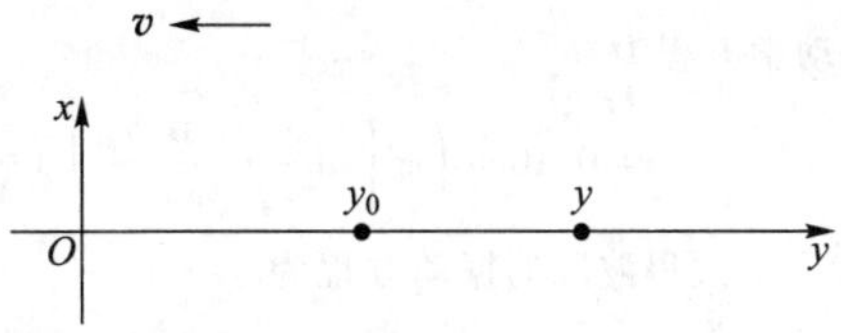

图 10.4.2-2

总结上述，得出结论，如果已知介质中 y_0 点的振动表达式为

$$x = A\cos(\omega t + \varphi) \quad (10.4.2\text{-}4)$$

对于无吸收的介质，介质中平面简谐波的运动学方程可以表示为

$$x = A\cos\left[\omega\left(t \mp \frac{y - y_0}{v}\right) + \varphi\right] \quad (10.4.2\text{-}5)$$

(10.4.2-5)式中的“∓”号分别代表简谐波传播的正向和负向．

由 10.3.2 节以及本节的讨论可知，如果已知 y_0 的振动方程，将其中的 t 时刻的相位，换成 $t \mp \frac{y - y_0}{v}$ 时刻的相位，即可得到波的运动学方程，这种方法，并不仅限于简谐波，对于其他行波也适用．对于平面行波，振幅不变．对于非平面行波，振幅会发生变化，参见本章 10.5.1 节对于球面简谐波的讨论．

10.4.3 平面简谐波几种常见的表达式

因为 $\lambda = vT$，$\omega = 2\pi\nu = \frac{2\pi}{T}$，定义 $k = \frac{2\pi}{\lambda}$ 为波数，如将该关系式标记为 $\boldsymbol{k} = \frac{2\pi}{\lambda}\boldsymbol{e}_k$（其中 $\boldsymbol{e}_k$ 代表波传播方向上的单位矢量），则称 $\boldsymbol{k}$ 为波矢．所以平面简谐波的几种常见表达式如下：

$$x = A\cos\left[\omega\left(t \mp \frac{y - y_0}{v}\right) + \varphi\right] \quad (10.4.3\text{-}1a)$$

$$x = A\cos\left[2\pi\left(\frac{t}{T} \mp \frac{y - y_0}{\lambda}\right) + \varphi\right] \quad (10.4.3\text{-}1b)$$

$$x = A\cos\ [\omega t \mp k(y - y_0) + \varphi] \quad (10.4.3\text{-}1c)$$

授课录像： 简谐波几种常见的表达式

其中，负号对应正向传播，正号对应负向传播，v 是波的传播速度．质元的振动速度为 $u=\left.\dfrac{\partial x}{\partial t}\right|_y$．

例 10.4.3－1 一平面简谐波以 2.0 m/s 的速度向 $-y$ 方向传播，若波源的位置在 $y=0$ 处，则在 $y=-0.5$ m 处质点的振动方程为

$$x=0.10\cos\left(\pi t+\frac{\pi}{12}\right)\ (\text{SI 单位})$$

试求：(1) 波长 λ；(2) 波源的振动方程；(3) 波的运动学方程．

解：因为 $T=\dfrac{2\pi}{\omega}=\dfrac{2\pi}{\pi}$ s＝2 s，所以 $\lambda=vT=2.0\times2$ m＝4.0 m. 已知 $y=-0.5$ m 点处质点的振动方程为

$$x=0.10\cos\left(\pi t+\frac{\pi}{12}\right)\ (\text{m})$$

则波的运动学方程为

$$x=0.10\cos\left(\pi\left[t+\frac{y-(-0.5)}{v}\right]+\frac{\pi}{12}\right)(\text{m})=0.10\cos\left(\pi t+\frac{\pi}{2}y+\frac{\pi}{3}\right)\ (\text{m})$$

令 $y=0$ 代入上式得波源的振动方程为

$$x=0.10\cos\left(\pi t+\frac{\pi}{3}\right)\ (\text{m})$$

§10.5 机械波的能量、传播以及反射与合成

由于机械波是振动在介质中的传播，是所有质元共同参与的一种集体运动. 因此，它在传播过程中势必遇到能量的传播，以及遇到不同介质时的反射与透射，波的合成等问题．本节介绍行波的能量，波的衍射、反射与合成等相关问题．

10.5.1 行波的能量

行波是振动在介质中的传播，是相位的传播，也是能量的传播．从能量传播的角度来看，波动就是通过介质将振动的能量传播下去，从而实现能量的转移，因此有必要对波的能量进行研究．下面以固体内的弹性波为例，讨论行波的能量问题．

授课录像：行波的能量

1. 介质中某质元的行波能量

设固体棒的截面积为 S，体密度为 ρ. 固体棒无扰动时，在其内取一长度为 Δy 的无穷小的小质元，则所选取质元的体积为 $\Delta V=S\Delta y$，质量为 $\Delta m=\Delta V\rho$. 设 x 为该小质元发生扰动时相对 Δy 产生的形变，那么所选取质元的势能和动能如下．

势能 可以设想固体棒是由无穷多个分立的小质点组成，而选取质元为无穷小可以理解为，所选取的质元只包括两个小质点，因此棒在扰动的过程中，所选取质元之间的相互作用力即为弹性内力．由第五章内容可知，该质元的弹性势能为弹性内力在拉伸过程中做功的负值，即

$$\Delta E_{\mathrm{p}}=-\int_0^{\Delta x}F\mathrm{d}x=-\int_0^{\Delta x}\left(-ES\frac{x}{\Delta y}\right)\mathrm{d}x=\frac{1}{2}E\Delta V\left(\frac{\Delta x}{\Delta y}\right)^2 \tag{10.5.1-1}$$

动能

$$\Delta E_{\mathrm{k}}=\frac{1}{2}\Delta m\left(\frac{\Delta x}{\Delta t}\right)^2=\frac{1}{2}\Delta V\rho\left(\frac{\Delta x}{\Delta t}\right)^2 \tag{10.5.1-2}$$

由固体棒中纵波波速的表达式 $v^2=\dfrac{E}{\rho}$ 可得 $\left(\right.$注意: v 代表波速，与质元的振动速度 $\left.\dfrac{\partial x}{\partial t}\right|_y$ 是不同的概念$\left.\right)$

$$\Delta E_k=\frac{1}{2}\Delta m\left(\frac{\Delta x}{\Delta t}\right)^2=\frac{1}{2}\frac{E\Delta V}{v^2}\left(\frac{\Delta x}{\Delta t}\right)^2$$

由波动方程 $\dfrac{\partial^2 x}{\partial t^2}=v^2\dfrac{\partial^2 x}{\partial y^2}$ 的行波解，即 $x=x_1(y-vt)$ 或 $x=x_2(y+vt)$，可得到关系：

$$\left(\frac{\partial x}{\partial t}\right)^2=\left(\frac{\partial x}{\partial y}\right)^2 v^2 \qquad (10.5.1-3)$$

因此，当 $\Delta y\to 0$ 时，$\dfrac{\Delta x}{\Delta t}\to\dfrac{\partial x}{\partial t},\dfrac{\Delta y}{\Delta t}\to\dfrac{\partial y}{\partial t}$，联合(10.5.1-1)式、(10.5.1-2)式以及(10.5.1-3)式可得

$$\Delta E_p=\Delta E_k=\frac{1}{2}E\Delta V\left(\frac{\partial x}{\partial y}\right)^2 \qquad (10.5.1-4)$$

即介质中某小质元的动能和势能相等．

值得注意的是，在得到(10.5.1-4)式时，用到了(10.5.1-3)式，此式只有对于行波才成立，因此介质中某小质元的动能和势能相等只针对行波才成立．

推广 对于任何介质中的行波，某小质元的动能和势能都相等，即

$$\Delta E_k=\Delta E_p=\frac{1}{2}\Delta m\left(\frac{\partial x}{\partial t}\right)^2=\frac{1}{2}\Delta m\left(\frac{\partial x}{\partial y}\right)^2 v^2 \qquad (10.5.1-5)$$

2. 波的能量密度

对于质元 Δm，波的总机械能为

$$E=E_k+E_p=\frac{1}{2}\Delta m\left(\frac{\partial x}{\partial t}\right)^2+\frac{1}{2}\Delta m v^2\left(\frac{\partial x}{\partial y}\right)^2 \qquad (10.5.1-6)$$

显然，如将介质的长度或体积参量包含在内，讨论波在介质中的能量问题就显得不合适．为了去掉长度或体积参量，需要定义介质中单位体积或单位长度内的能量密度，用 ε 表示，即

$$\varepsilon=\frac{E}{\Delta V}=\frac{1}{2}\rho\left(\frac{\partial x}{\partial t}\right)^2+\frac{1}{2}\rho v^2\left(\frac{\partial x}{\partial y}\right)^2 \qquad (10.5.1-7)$$

对于行波，动能与势能相等，即 $\dfrac{1}{2}\rho\left(\dfrac{\partial x}{\partial t}\right)^2=\dfrac{1}{2}\rho v^2\left(\dfrac{\partial x}{\partial y}\right)^2$，则(10.5.1-7)式化为

$$\varepsilon=\frac{E}{\Delta V}=\rho\left(\frac{\partial x}{\partial t}\right)^2=\rho v^2\left(\frac{\partial x}{\partial y}\right)^2 \qquad (10.5.1-8)$$

对于平面简谐波 $x=A\cos\left[\omega\left(t-\dfrac{y-y_0}{v}\right)+\varphi\right]$，依据(10.5.1-8)式，可求得其能量密度为

$$\varepsilon=\rho\omega^2A^2\sin^2\left[\omega\left(t-\frac{y-y_0}{v}\right)+\varphi\right] \qquad (10.5.1-9)$$

即各质元的能量密度是时间和空间的周期函数．

时间周期为

$$T'=\frac{2\pi}{\omega}\cdot\frac{1}{2}=\frac{\pi}{2\pi\nu}=\frac{1}{2}T$$

空间周期为

$$\lambda'=\frac{2\pi}{\omega/v}\cdot\frac{1}{2}=\frac{\pi}{2\pi/vT}=\frac{1}{2}\lambda$$

即能量的周期是波传播周期的一半，如图 10.5.1-1 所示．t 时刻和 $t+\Delta t$ 时刻各质元的能量密度 $\varepsilon-y$ 的关系如图 10.5.1-2 所示，图中的曲线表明，能量向前传输了．

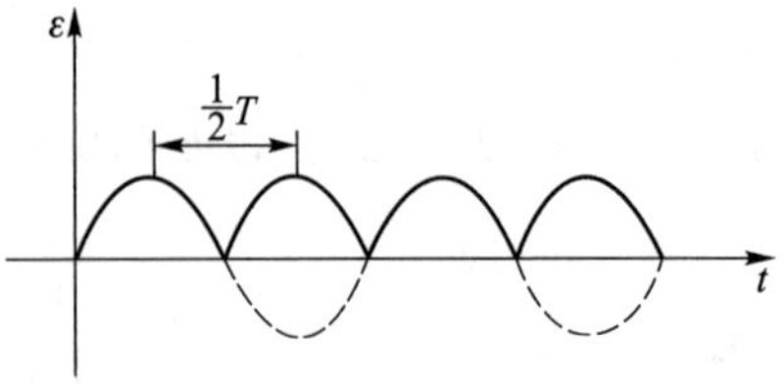

图 10.5.1-1

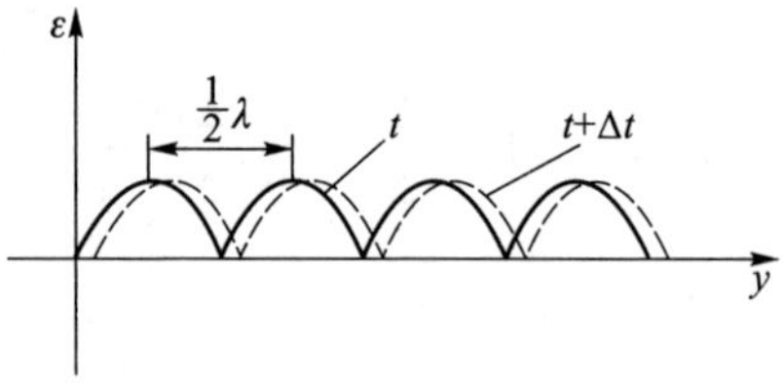

图 10.5.1-2

3. 行波的平均能量密度

能量密度给出了介质在某处单位体积内任意时刻的能量，显然它是一瞬态能量，是时间和空间的函数．如果波为周期性的行波，其能量密度周期为波的传播周期的一半，而对于波动来说，它是时空函数，其周期包括时间周期和空间周期．那么介质在一个周期内的平均能量如何？下面以简谐波为例，针对这两种周期讨论介质的平均能量问题．定义

$$\bar{\varepsilon}_T=\frac{E}{\frac{1}{2}T}=\frac{\int_0^{\frac{T}{2}}\varepsilon\,\mathrm{d}t}{\frac{1}{2}T} \tag{10.5.1-10a}$$

$$\bar{\varepsilon}_\lambda=\frac{E}{\frac{1}{2}\lambda}=\frac{\int_0^{\frac{\lambda}{2}}\varepsilon\,\mathrm{d}y}{\frac{1}{2}\lambda} \tag{10.5.1-10b}$$

(10.5.1-10a)式、(10.5.1-10b)式分别称为介质中某单位体积的质元在一个时间周期和一个空间周期内的平均能量，简称为介质的时间和空间平均能量密度．

对于平面简谐波有

$$\varepsilon=\rho\omega^2A^2\sin^2\left[\omega\left(t-\frac{y-y_0}{v}\right)+\varphi\right] \tag{10.5.1-11a}$$

$$\bar{\varepsilon}_T=\frac{E}{\frac{1}{2}T}=\frac{\int_0^{\frac{T}{2}}\varepsilon\,\mathrm{d}t}{\frac{1}{2}T}=\frac{1}{2}\rho A^2\omega^2 \tag{10.5.1-11b}$$

$$\bar{\varepsilon}_\lambda=\frac{E}{\frac{1}{2}\lambda}=\frac{\int_0^{\frac{\lambda}{2}}\varepsilon\,\mathrm{d}y}{\frac{1}{2}\lambda}=\frac{1}{2}\rho A^2\omega^2 \tag{10.5.1-11c}$$

由(10.5.1-11)式可以看出：介质中平面简谐波的时间平均能量密度与空间单位质元的选取无关，空间平均能量密度与所选取的时间无关，即无论从空间的角度还是时间的角度，其平均能量密度都是相同的，二者统称为平均能量密度，即

$$\bar{\varepsilon}=\bar{\varepsilon}_T=\bar{\varepsilon}_\lambda=\frac{1}{2}\rho A^2\omega^2 \tag{10.5.1-12}$$

4. 行波的能流密度

定义：单位时间内流过与波传播方向垂直的单位面上的平均能量 I 称为能流密度或波强.

如图 10.5.1-3 所示，单位时间内流过 S 面的平均能量为多少？设波的能量在 Δt 时间内流过的长度为 l，则在 Δt 时间内 $\Delta V=lS$（其中 $l=v\Delta t$）的能量将全部穿过 S 面，ΔV 体积内的能量为

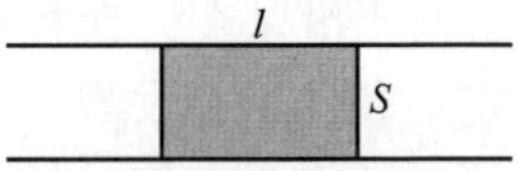

图 10.5.1-3

$$\bar{E}=\bar{\varepsilon}lS=\bar{\varepsilon}v\Delta tS \tag{10.5.1-13}$$

则 $I=\frac{\bar{E}}{\Delta tS}=\bar{\varepsilon}v$. 能量是一标量，但如考虑波的传播方向，可以将 I 用矢量的方式标定，即

$$\boldsymbol{I}=\bar{\varepsilon}\boldsymbol{v} \tag{10.5.1-14}$$

(10.5.1-14)式称为坡印廷矢量. 对于平面简谐波，有

$$\boldsymbol{I}=\frac{1}{2}\rho A^2\omega^2\boldsymbol{v} \tag{10.5.1-15}$$

5. 波的功率、球面波的表达式

波源在单位时间内输出的能量称为波的功率. 如果波不被介质吸收的话，那么波穿过任意波阵面的功率与波源的输出的功率是相等的，即

$$I_1S_1=I_2S_2 \tag{10.5.1-16}$$

对于简谐波

$$I_1=\frac{1}{2}\rho A_1^2\omega^2v,\qquad I_2=\frac{1}{2}\rho A_2^2\omega^2v \tag{10.5.1-17}$$

其中，A_1、A_2分别为 S_1、S_2处质元的振幅，代入(10.5.1-16)式得

$$A_1^2S_1=A_2^2S_2 \tag{10.5.1-18}$$

对于平面简谐波 $S_1=S_2$，则 $A_1=A_2$. 对于球面简谐波，如图 10.5.1-4 所示，有

$$\left(\frac{A_1}{A_2}\right)^2=\frac{S_2}{S_1}=\frac{4\pi r_2^2}{4\pi r_1^2}=\left(\frac{r_2}{r_1}\right)^2 \tag{10.5.1-19}$$

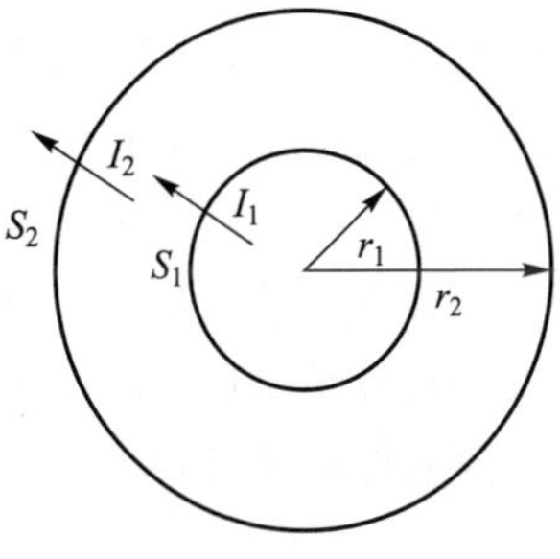

图 10.5.1-4

所以$\dfrac{A_1}{A_2}=\dfrac{r_2}{r_1}$，即球面波的振幅与质元到波源的距离成反比．设距离振源长度为 r_0处的介质质元的振动方程为 $x=A\cos(\omega t+\varphi)$，依据 10.4.2 节的处理方法，距离振源长度为 r 处的球面简谐波的运动学方程为

$$x=\frac{r_0 A}{r}\cos\left[\omega\left(t-\frac{r-r_0}{v}\right)+\varphi\right] \tag{10.5.1-20a}$$

设 r_0为单位长度，在远离振源处，即 $r \gg r_0$处，(10.5.1-20a)式可以近似表示为

$$x=\frac{A}{r}\cos\left[\omega\left(t-\frac{r}{v}\right)+\varphi\right] \tag{10.5.1-20b}$$

注意：当 r 较小，即在振源附近时，(10.5.1-20)式不适用．此时需考虑振源的大小和形状，振源也不能再看成点源．

10.5.2 波的衍射——惠更斯原理

对于沿某个方向传播的行波，若前方有一障碍屏，在屏上有一小缝．在一定的条件下会发现，波前透过孔后并不是按照如图 10.5.2-1(a)所示的小孔孔径的大小继续传播，而是变成如图 10.5.2-1(b)所示如同小孔处有一点源发出的球面波那样传播，这一现象称为波的衍射现象．如何解释这一现象呢?

授课录像： 波的衍射、惠更斯原理

从历史的角度，意大利物理学家格里马尔迪于 1655 年首次实验上观测到了波的衍射现象. 为了解释光的衍射现象，荷兰物理学家惠更斯于 1687 年基于光在“以太”中传播和光是纵波的假设提出个原理，称为惠更斯原理．法国物理学家菲涅耳于 1818 年基于光是横波的假设修正了惠更斯原理，称为惠更斯-菲涅尔原理．1865 年麦克斯韦方程组建立之后发现，利用麦克斯韦方程组可以导出惠更斯原理-菲涅尔原理，或者说，惠更斯-菲涅原理是麦克斯韦方程理论的自然推论．本节利用惠更斯的唯象原理定性地解释机械波的传播与衍射现象．

动画演示： 惠更斯原理

原理表述： 波所达到的每一点都可看成新的波源，新的波前是这些新的波源点发出球面次波的包迹．

用该原理画出的波的衍射、平面波、球面波的波前分别如图 10.5.2-1(b)、图 10.5.2-2(a)、图 10.5.2-2(b)所示．

利用惠更斯原理解释波的衍射现象如下：按照惠更斯原理，当波通过小孔后，孔中间部分仍按原方向直线传播，两侧波线则指向两侧而绕到障碍物后面去．后继光学课程的定量计算结果表明：当孔的尺寸远远大于波的波长时，衍射效应不明显，如图 10.5.2-1(a)所示．当孔的尺寸接近波的波长时，衍射效应明显，如图10.5.2-1(b)所示．声波的波长是米的量级，与日常生活中的障碍物(与小孔的衍射效应等效)尺寸相当，衍射效应明显，而光波的波长为几百纳米($1\ \text{nm}=10^{-9}\ \text{m}$)，远远小于日常生活中的障碍物，所以衍射效应不明显. 常见的隔墙能够闻其声而不见其人就是这个原理导致的现象．

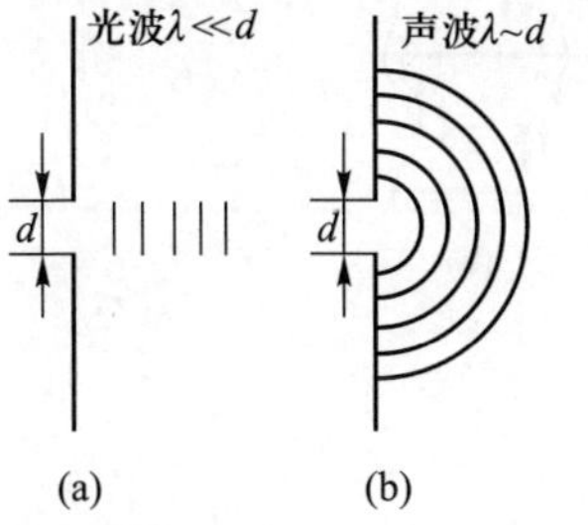

图 10.5.2-1

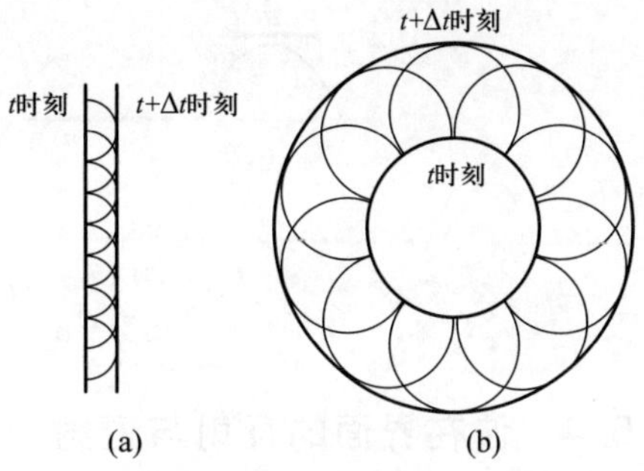

图 10.5.2-2

上述的惠更斯原理对前进波的解释还有不妥之处．按惠更斯原理的解释，波不仅有前进波，还会存在另外一种形式，就是倒退波．后来，菲涅耳弥补了惠更斯原理的不妥之处，对波的强度进行了修正，使沿波前正向的子波波强最大，反向为零，其中间位置的强度在最大与零之间，具体的强度可由麦克斯韦方程组导出的基尔霍夫公式来计算，进一步将在光学课程中加以讨论．

10.5.3 波的叠加原理

无论是对于机械波还是光波，日常生活中经常会遇到两列波相互交叠的情况．例如，将两石子投入水中，会激起两个机械波，在相互交叠的作用区域，放一纸片，纸片振动的情况也就表征了两列机械波在交叠区域内的叠加情况．实验发现，两波所引起纸片的振动幅度与单个独立的波引起的振动幅度是不同的，而一旦离开交叠区，两波将各自独立传播，互不干扰．对于光波也有同样的现象，例如，两束光同时交叠在某个区域，在交叠区域，两光产生的亮度与单个光产生的亮度是不同的，而两束光一旦离开交叠区，依然各自独立地传播，互不干扰．

授课录像：波的叠加原理

类似的例子说明：各振源所激起的波可在同一介质中独立传播，而当波在交叠区时，各质元的振动是各波在该点激起的振动的叠加．这一原理，称为波的叠加原理，或波的独立传播原理．

动画演示：波的叠加原理

值得注意的是：在波的叠加区域，振动的叠加在一般情况下并不能表示为每个波的强度（正比于振幅的平方）的简单叠加，而是振动位移（含有振幅和相位参量）的矢量叠加，其叠加后的强度可能增强或减弱，这种叠加被称为波的干涉现象．由于是振动位移的叠加，使得两列波在空间某点叠加后的强度同单一波的强度相比，有的可能加强（两波相位相同），有的可能减弱（两波相位相反）．例如，如图 10.5.3-1(a)所示，两个相同的脉冲波以相反方向传播，两波无相遇时，各自独立传播．当两波相遇时，两波叠加的结果在特殊时刻无位移，好像没有波．这正是由于两列波在交叠区域的相位相反合成的结果．原来的动能和势能，叠加后全部转化成了动能，如图 10.5.3-1(b)所示．关于波的干涉效应将在后继的光学课程中有详细讨论．

实物演示：水波的干涉与衍射

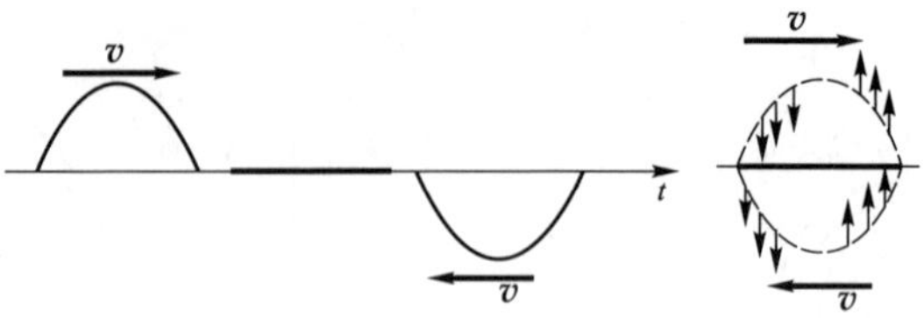

(a) (b)

图 10.5.3-1

10.5.4 波在界面的反射与透射

对于有限的介质，单一的入射行波在介质的边界会有反射和透射．一般来讲，反射波和透射波的频率不会发生变化，但反射波和透射波的振幅会发生变化．变化大小的分析要以介质中的入射波、反射波与透射波能量守恒为依据．如下的“1”和“2”为入射波被全反射，而无透射波情况(反射波与入射波的振幅相等)，“3”为既有反射波又有透射波的情形(入射波、反射波、透射波的振幅不等)．

授课录像： 波在界面的反射与透射

1. 介质一端固定

设一列平面简谐波沿正向在弦中传播，如图 10.5.4-1 所示．设 O 点的振动为

$$x=A\cos(\omega t+\varphi) \tag{10.5.4-1}$$

则入射波为

$$x_{入}=A\cos\left[\omega\left(t-\frac{y}{v}\right)+\varphi\right] \tag{10.5.4-2}$$

入射波在 B 点（OB 长度为 l）引起的振动方程为

$$x_{入B}=A\cos\left[\omega\left(t-\frac{l}{v}\right)+\varphi\right] \tag{10.5.4-3}$$

设反射波在 B 点引起的振动为 $x_{反B}$，则 B 点总的振动为

$$x_B=x_{入B}+x_{反B} \tag{10.5.4-4}$$

由于 B 点是固定点，总的振动位移应为零，则有

$$x_B=x_{入B}+x_{反B}=A\cos\left[\omega\left(t-\frac{l}{v}\right)+\varphi\right]+x_{反B}=0 \tag{10.5.4-5}$$

所以

$$x_{反B}=-A\cos\left[\omega\left(t-\frac{l}{v}\right)+\varphi\right]=A\cos\left[\omega\left(t-\frac{l}{v}\right)+\varphi+\pi\right] \tag{10.5.4-6}$$

即 B 点处的反射波与入射波相比相位差 π. 而在波形图中，相位差 π 的两点间相距为$\frac{\lambda}{2}$. 因此，也就相当于“丢掉”半个波长后再反射，称为半波损失(简称半波损)，如图 10.5.4-1 所示.

2. 介质一端为自由端

将弦线一端固定形式改造成一端自由的形式，如图 10.5.4-2 所示，即，弦线一端系一小环，小环与竖直的固定轴光滑相套，这样既保证了小环的弦线一端受到水平张力的作用，

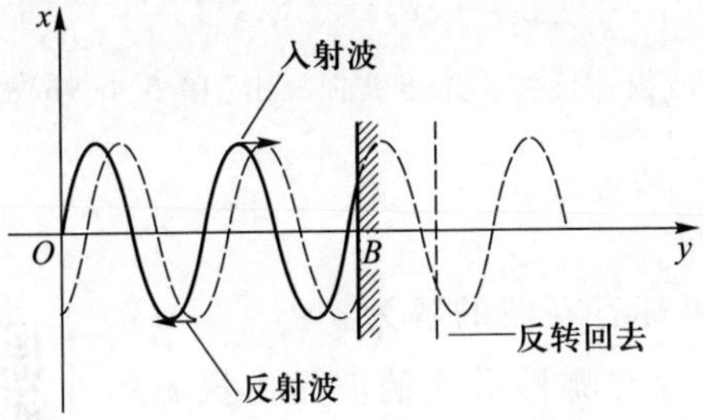

图 10.5.4-1

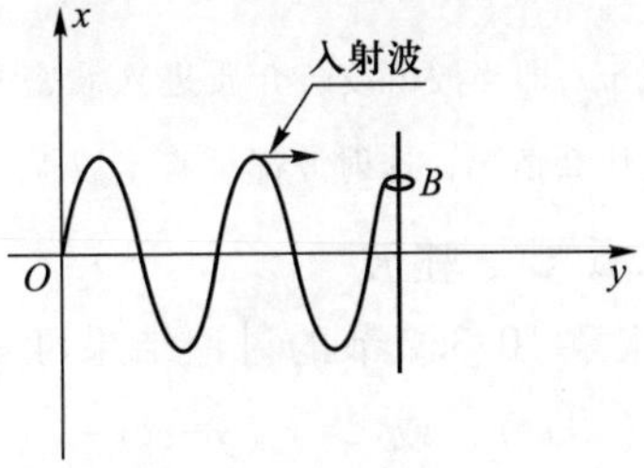

图 10.5.4-2

又可在竖直方向自由运动．设入射波为 $x_{入}=A\cos\left[\omega\left(t-\dfrac{y}{v}\right)+\varphi\right]$．入射波在 B 点的振动方程为 $x_{入B}=A\cos\left[\omega\left(t-\dfrac{l}{v}\right)+\varphi\right]$．理论上可以证明，自由端 B 点的振动振幅为 $2A$，说明 B 点有反射波存在，振幅为 $2A$ 说明此处的反射波一定与入射波同相位，没有半波损，即

$$x_{反B}=x_{入B}=A\cos\left[\omega\left(t-\frac{l}{v}\right)+\varphi\right] \qquad (10.5.4-7)$$

*3. 波在任意两介质交界处的反射和透射

设一入射波在介质 1 中向前传播，当它遇到介质 2 时，在两介质的交界处，将一部分反射，一部分透射．介质 1 中各质元(包括交界面处)的振动将是入射波和反射波的叠加．那么入射波、反射波、透射波的几何传输关系如何？它们之间的振动振幅以及能量之间有什么联系？在光学中，可以进行进一步的理论分析(本书略去证明过程)，此处给出结论如下．

当入射波的传播方向与两介质交界面的法线方向成 θ 角时，设透射波的传播方向与两介质交界面的法线方向成 γ 角，则

$$\frac{\sin\gamma}{\sin\theta}=\frac{v_2}{v_1} \qquad (10.5.4-8)$$

其中，v_2、v_1 分别为波在介质 2、1 中的传播速度，这一关系式称为波的折射定律，此时的透射波又称为折射波．

设入射波、反射波、透射波在反射(透射)点处的复振幅分别为 A、B、C. 定义介质的密度 ρ 与波速 v 的乘积为介质的波阻，即 $Z=\rho v$. 如果 $Z_1<Z_2$，则前者称为波疏介质，后者为波密介质．可以证明(略去证明过程)，反射波和透射波的振幅反射系数和透射系数分别满足关系式

$$\frac{B}{A}=\frac{Z_1-Z_2}{Z_1+Z_2} \qquad (10.5.4-9a)$$

$$\frac{C}{A}=\frac{2Z_1}{Z_1+Z_2} \qquad (10.5.4-9b)$$

能量反射系数和透射系数分别满足关系式

$$\frac{Z_1B^2}{Z_1A^2}=\left(\frac{Z_1-Z_2}{Z_1+Z_2}\right)^2 \qquad (10.5.4-9c)$$

$$\frac{Z_2C^2}{Z_1A^2}=\frac{4Z_1Z_2}{(Z_1+Z_2)^2} \qquad (10.5.4-9d)$$

动画演示：波密到波疏

由(10.5.4-9a)式可以看出，如果 $Z_1<Z_2$，即 $\rho_1 v_1<\rho_2 v_2$ 时，$\dfrac{B}{A}<0$. $\dfrac{B}{A}<0$ 说明，反射波与入射波相比，有相位差 π，即当波由波疏介质进入波密介质时，有半波损，反之，无半波损．由(10.5.4-9b)式可以看出，无论什么情况，透射波都没有半波损．

10.5.5 驻波

由本章 10.3.2 节的讨论结果可知，介质中可能存在波的解为 $x=x_1(y-vt)$，或 $x=x_2(y+vt)$，或 $x=x_1(y-vt)+x_2(y+vt)$．到底存在哪种形式的波是由振源和介质的边界条件所决定的．对于无限长的介质，单一的 x_1 或 x_2 的行波将在介质中无限地传播下去．如果 x_1 和 x_2 同时存在，则按照波的叠加原理将合成 $x=x_1(y-vt)+x_2(y+vt)$ 的波．对于有限长的介质，即使只激发 x_1 或 x_2 中的一种行波，由于介质的有限性，波在界面上将会发生反射和透射，反射波与入射波会在介质中形成 $x=x_1(y-vt)+x_2(y+vt)$ 形式的波．下面讨论这种同频率合成波的特点．

授课录像：
驻波

1. 驻波的表达式和驻波的特点

设张紧的无限长弦线中有正向平面简谐波 $x_1=A\cos\left[\omega\left(t-\dfrac{y}{v}\right)\right]$ 和负向平面简谐波 $x_2=A\cos\left[\omega\left(t+\dfrac{y}{v}\right)\right]$，则合成波为

$$x=x_1+x_2=2A\cos(\omega t)\cos\left(\frac{\omega y}{v}\right)=2A\cos\left(2\pi\frac{y}{\lambda}\right)\cos(\omega t) \qquad (10.5.5-1)$$

动画演示：
一维驻波

(1) 驻波的波形

(10.5.5-1)式所示的合成波中的空间项 $2A\cos\left(2\pi\dfrac{y}{\lambda}\right)$ 和时间项 $\cos(\omega t)$ 是分离的，因此也就不具有行波的特点．(10.5.5-1)式所示的合成波在空间的波形完全是由空间项 $2A\cos\left(2\pi\dfrac{y}{\lambda}\right)$ 所决定的，而时间项 $\cos(\omega t)$ 只是起着在不同的时刻调节空间波形的幅度作用而已．时间调整波形幅度的过程如图 10.5.5-1 所示．

AR 演示：
二维驻波

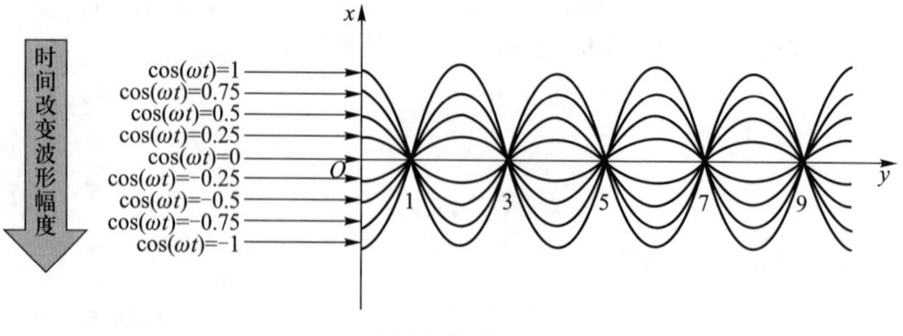

实物演示：
悬线驻波

图 10.5.5-1

由图 10.5.5-1 可以看出，合成波并不像行波 $x=x(y-vt)$ 那样向前运行，而是波形只在上、下方向振动，好像波驻立不动，因而称为驻波．

（2）驻波的波节与波腹

波在不同点(y)处的振幅是不一样的，由振幅项 $\left|2A\cos\left(2\pi\dfrac{y}{\lambda}\right)\right|$ 决定．有些点的振幅为零,称为波节;有些点振幅最大,称为波腹．那么波节和波腹的位置如何呢?

实物演示：圆环驻波

波节：令 $2\pi\dfrac{y}{\lambda}=(n-1)\pi+\dfrac{\pi}{2}(n=0,\pm1,\pm2,\pm3,\cdots)$，解得 $y=\dfrac{2n-1}{4}\lambda=(2n-1)\dfrac{\lambda}{4}$，即波节在 $\dfrac{1}{4}$ 波长的奇数倍处．

波腹：令 $2\pi\dfrac{y}{\lambda}=(n-1)\pi(n=0,\pm1,\pm2,\pm3,\cdots)$，解得 $y=\dfrac{(n-1)}{2}\lambda$，即波腹在 $\dfrac{1}{2}$ 波长的整数倍处．

值得注意的是：上述波节和波腹的位置只是针对 $x_1=A\cos\left[\omega\left(t-\dfrac{y}{v}\right)\right]$ 和 $x_2=A\cos\left[\omega\left(t+\dfrac{y}{v}\right)\right]$ 合成的驻波而言的，对于其他形式的正向行波和逆向行波所合成的驻波，其波节和波腹位置并不一定不符合上面的表达式，但其求法与上述相同．

*（3）波节间及波节两侧的相位

由(10.5.5-1)式，设相邻三个波节的位置分别为 y_1、y_2 和 y_3，依据波节的特点有

$$2\pi\frac{y_n}{\lambda}=\frac{\pi}{2}+(n-1)\pi \tag{10.5.5-2}$$

设 $n=1$ 对应 y_1 波节点，依据 y_1、y_2 和 y_3 是相邻波节点的假设，则 $n=2$，3 将分别对应 y_2 和 y_3 波节点．由此，对 $y_1<y<y_2$ 之间的点，有 $\cos\left(2\pi\dfrac{y}{\lambda}\right)<0$，此时 x 可以写成

$$x=\left|2A\cos\left(2\pi\frac{y}{\lambda}\right)\right|\cos(\omega t+\pi) \tag{10.5.5-3a}$$

对 $y_2<y<y_3$ 之间的点，有 $\cos\left(2\pi\dfrac{y}{\lambda}\right)>0$，此时 x 可以写成

$$x=\left|2A\cos\left(2\pi\frac{y}{\lambda}\right)\right|\cos(\omega t) \tag{10.5.5-3b}$$

由此可以看出：对于波节 y_1 和 y_2 之间的点，相位相同，均为 $\omega t+\pi$；对于波节 y_2 和 y_3 之间的点，相位也相同，但为 ωt，亦即 y_2 波节点两侧点反相位．由此得出结论：在两波节点之间，各点振动同相位，如图 10.5.5-1 中，1 到 3、3 到 5 或 5 到 7 等之间各点同时达到极大或极小．在波节两侧的点，振动相位相反，如图 10.5.5-1 中，当 1 到 3 之间的点达到正的最大时，3 到 5 之间的点则达到负的最大，以此类推.

*2. 驻波的能量

驻波是由同频率两个方向相反的简谐波合成得到的，其某一质元的动能和势能并不相等．由(10.5.1-7)式可知，驻波的能量密度可以表示为

$$\varepsilon=\varepsilon_k+\varepsilon_p=\frac{1}{2}\rho\left(\frac{\partial x}{\partial t}\right)^2+\frac{1}{2}\rho\left(\frac{\partial x}{\partial y}\right)^2v^2 \tag{10.5.5-4}$$

设形成驻波的两个平面简谐波的表达式为

$$x_1=A\cos(\omega t-ky),\qquad x_2=A\cos(\omega t+ky) \tag{10.5.5-5}$$

合成驻波为

$$x=x_1+x_2=2A\cos(ky)\cos(\omega t) \tag{10.5.5-6}$$

可以求得能量密度为

$$\varepsilon=2\rho A^2\omega^2\ [\sin^2(\omega t)\cos^2(ky)+\cos^2(\omega t)\sin^2(ky)] \tag{10.5.5-7}$$

相邻两个波节之间的能量密度积分为

$$E=\int_{(2n-1)\frac{\lambda}{4}}^{(2n+1)\frac{\lambda}{4}}\varepsilon\mathrm{d}y=\frac{1}{2}\rho A^2\omega^2\lambda \tag{10.5.5-8}$$

(10.5.5-7)式、(10.5.5-8)式结果说明：介质中某质元的能量密度是随时间变化的，但相邻两个波节之间的能量密度总和是不随时间变化的，是守恒的．其物理过程为：当各质元的位移同时达到各自的最大时，波节处的形变为最大，能量以势能的形式集中于波节处．当各质元处于平衡位置时，波节势能为零，而波腹动能最大，能量以动能的形式集中于波腹处．因此，驻波的能量不是定向流动，而是在波节与波腹之间转化．

例 10.5.5-1　一沿 y 方向传播的波，在固定端 B 点处反射，如例 10.5.5-1 图所示．A 点处的质点由入射波引起的振动方程为 $x_A=A\cos(\omega t+0.2\pi)$．已知入射波的波长为 λ，$OA=0.9\lambda$，$AB=0.2\lambda$．设振幅不衰减，试求 OB 间有多少个波腹和波节．若题中介质是线密度为 1.0 g/cm 的弦线，振幅 $A=2.0$ cm，$\omega=40\pi\ \mathrm{s}^{-1}$，$\lambda=20$ cm，求相邻两波节间的总能量．

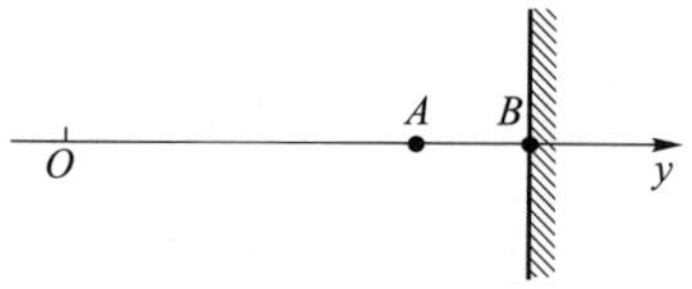

例 10.5.5-1 图

解：已知 A 点处的振动方程 $x_A=A\cos(\omega t+0.2\pi)$，则入射波方程为

$$x_{入}=A\cos\left[\omega\left(t-\frac{y-OA}{v}\right)+0.2\pi\right]$$

入射波引起 B 点的振动为

$$x_{入B}=A\cos\left[\omega\left(t-\frac{OB-OA}{v}\right)+0.2\pi\right]$$

反射波在 B 点的振动为

$$x_{反B}=A\cos\left[\omega\left(t-\frac{OB-OA}{v}\right)+0.2\pi+\pi\right]$$

反射波为

$$x_{反}=A\cos\left[\omega\left(t+\frac{y-OB}{v}\right)-\omega\frac{OB-OA}{v}+0.2\pi+\pi\right]$$

合成驻波为

$$x_{驻}=x_{入}+x_{反}$$

整理得

$$x_{驻}=2A\cos\left(\frac{2\pi}{\lambda}y+0.3\pi\right)\cos(\omega t+0.3\pi)$$

波节条件为

$$\frac{2\pi}{\lambda}y+0.3\pi=\frac{\pi}{2}+n\pi$$

波腹条件为

$$\frac{2\pi}{\lambda}y+0.3\pi=n\pi$$

求得 x 在 $[O, B]$ 之间的波节个数为 3 个，波腹 2 个．

由波节条件得相邻两波节距离为

$$y_2-y_1=\frac{\lambda}{2}$$

驻波的一般能量密度公式为

$$\varepsilon=\varepsilon_{\mathrm{k}}+\varepsilon_{\mathrm{p}}=\frac{1}{2}\rho\left(\frac{\partial x}{\partial t}\right)^2+\frac{1}{2}\rho\left(\frac{\partial x}{\partial y}\right)^2 v^2$$

$$\left(\frac{\partial x}{\partial t}\right)^2=4A^2\omega^2\cos^2\left(\frac{2\pi}{\lambda}y+0.3\pi\right)\sin^2(\omega t+0.3\pi)$$

$$\left(\frac{\partial x}{\partial y}\right)^2=4A^2\frac{4\pi^2}{\lambda^2}\sin^2\left(\frac{2\pi}{\lambda}y+0.3\pi\right)\cos^2(\omega t+0.3\pi)$$

$$\varepsilon=\varepsilon_{\mathrm{k}}+\varepsilon_{\mathrm{p}}=\frac{1}{2}\rho\times 4A^2\omega^2\left[\cos^2\left(\frac{2\pi}{\lambda}y+0.3\pi\right)\sin^2(\omega t+0.3\pi)+\right.$$

$$\left.\sin^2\left(\frac{2\pi}{\lambda}y+0.3\pi\right)\cos^2(\omega t+0.3\pi)\right]$$

相邻两波节间的总能量为

$$E=\int_{y_1}^{y_1+\frac{\lambda}{2}}\varepsilon\mathrm{d}y=\frac{1}{2}\rho A^2\omega^2\lambda=6.3\times10^{-2}\ \mathrm{J/m^2}$$

10.5.6 简正频率

如 10.5.5 节所述，如果介质同时存在 x_1 和 x_2 两个同频率的行波，那么介质将合成为 $x=x_1(y-vt)+x_2(y+vt)$ 的驻波．这种驻波的形成可以有两种方式．方式一是在无限长的介质中，同时激发 x_1 和 x_2，由于合成的驻波不受任何边界条件的限制，因此任何同频率的 x_1 和 x_2 的行波都可以在无限长的介质中形成驻波．方式二是在有限的介质中激发 x_1 或 x_2 中的一种行波，利用边界的反射，产生另外一种同频率的行波，然后合成驻波．对于该种方法形成的驻波，由于有了边界条件的限制，就使得能够产生驻波的频率也受到了限制．把能够产生驻波的那些频率称为系统的**简正频率**．显然，对于无限长的介质，其简正频率是连续的、无限多的．而对于有限的介质，其简正频率将依据边界条件的类型而定．本节讨论几种特殊边界条件下的系统简正频率．

授课录像：
简正频率

1. 两端固定一维介质的简正频率

设介质的长度为 L，介质两端固定．在这样的介质中，如果能够形成驻波，介质两端处一定对应波节点，如图 10.5.6-1 所示．因此，在该介质中只能形成波长(λ)与介质长度(L)为如下关系的驻波：

$$L=\frac{1}{2}\lambda,\quad L=\frac{2}{2}\lambda,\quad L=\frac{3}{2}\lambda,\quad \cdots$$

$$L=\frac{n}{2}\lambda\quad (n=1,2,3,\cdots)\tag{10.5.6-1}$$

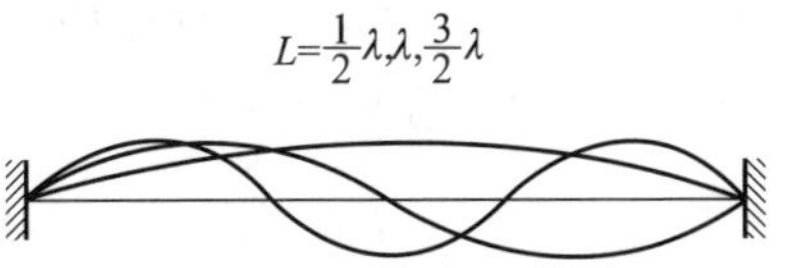

图 10.5.6-1

动画演示：
简正频率

由 $\nu=\dfrac{v_0}{\lambda}$(其中 v_0 代表波速)关系式可将上式对应的简正频率概括为

$$\nu=\frac{nv_0}{2L} \tag{10.5.6-2}$$

对于 $n=1$，$\nu=\dfrac{v_0}{2L}$，称为基频；$n=2$ 对应的简正频率称为二次谐频(或第一泛音)；以此类推.

上述以几何方式给出的简正频率，我们也可以通过波传播边界条件的限制推导来得到 .

设由 $y=0$ 点振动引起的入射波的方程为

$$x_{入}=A\cos\left[\omega\left(t-\frac{y}{v_0}\right)\right]$$

则波在固定一端 B 点的振动方程为

$$x_{入B}=A\cos\left[\omega\left(t-\frac{L}{v_0}\right)\right]$$

那么反射波在 B 点（坐标为 L）振动方程为

$$x_{反B}=A\cos\left(\omega t-\frac{\omega L}{v_0}+\pi\right) \tag{10.5.6-3}$$

则反射波为

$$x_{反}=A\cos\left[\omega\left(t+\frac{y-L}{v_0}\right)-\frac{\omega L}{v_0}+\pi\right]=A\cos\left(\omega t+\frac{\omega y}{v_0}-\frac{2\omega L}{v_0}+\pi\right) \tag{10.5.6-4}$$

合成的驻波的方程为

$$\begin{aligned}x&=x_{入}+x_{反}=A\cos\left(\omega t-\frac{\omega y}{v_0}\right)+A\cos\left(\omega t+\frac{\omega y}{v_0}-\frac{2\omega L}{v_0}+\pi\right)\\&=2A\cos\left(\frac{\omega y}{v_0}-\frac{\omega L}{v_0}+\frac{\pi}{2}\right)\cos\left(\omega t-\frac{\omega L}{v_0}+\frac{\pi}{2}\right)\\&=2A\sin\left[\frac{\omega}{v_0}(y-L)\right]\sin\left[\omega\left(t-\frac{L}{v_0}\right)\right]\end{aligned} \tag{10.5.6-5}$$

如果 $y=0$ 也为固定点，则该点振幅为 0，即 $2A\sin\left[\dfrac{\omega}{v_0}(0-L)\right]=0$，则$\dfrac{\omega L}{v_0}=n\pi$，所以 $\nu=\dfrac{nv_0}{2L}$，与上面几何方法给出的结果一致 .

2. 一端固定、一端自由一维介质的简正频率

设介质的长度为 L，介质一端固定，一端自由 . 在这样的介质中，所能够形成的驻波在固定端是波节，自由端是波腹(其原因参见 § 10. 5. 4 中图 10. 5. 4-2 所示的分析). 所形成的驻波如图 10. 5. 6-2 所示 . 因此，在该介质中只能形成波长(λ)与介质长度(L)为如下关系的驻波：

$$\begin{gathered}L=\frac{1}{4}\lambda,\quad L=\frac{3}{4}\lambda,\quad L=\frac{5}{4}\lambda,\ \cdots\\L=\frac{2n-1}{4}\lambda\quad(n=1,2,3,\cdots)\end{gathered} \tag{10.5.6-6}$$

由 $\nu=\dfrac{v_0}{\lambda}$（其中 v_0 代表波速）关系式可将上式对应的简正频率概括为

$$\nu=\frac{(2n-1)v_0}{4L} \tag{10.5.6-7}$$

如在往空暖瓶中注水的过程中，我们能够听到空气柱发出的声音在逐渐升高，这是(10.5.6-7)式所表明的简正频率的高低与介质的长度成反比的体现．

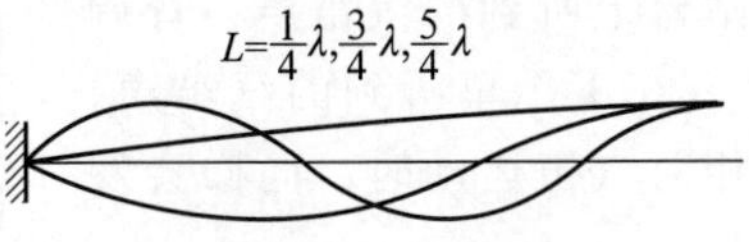

图 10.5.6-2

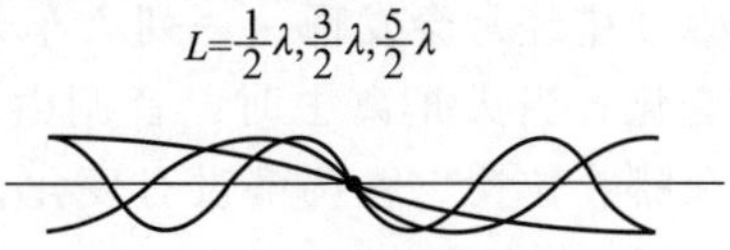

图 10.5.6-3

3. 中间固定、两端自由一维介质的简正频率

对中间固定，两端自由的系统，同理有

$$L=\frac{1}{2}\lambda,\quad L=\frac{3}{2}\lambda,\quad L=\frac{5}{2}\lambda,\ \cdots$$

$$L=\frac{2n-1}{2}\lambda\quad (n=1,2,3,\cdots) \tag{10.5.6-8}$$

如图 10.5.6-3 所示．该系统的简正频率为

$$\nu=\frac{(2n-1)v_0}{2L} \tag{10.5.6-9}$$

上述简正频率的求法适合张紧的弦线、杆、空气柱等系统．对于二维、三维的系统同样有系统的简正频率（或固有频率），但较复杂．

对于一个系统，所存在的简正频率是固定的．实际上到底哪个或哪些频率振动，是由外界的激发条件所决定的．如果外界激发的频率是简正频率当中的一个，那么介质中就存在该频率驻波的振动，且振动幅度较大．如果外界激发的频率是简正频率中的多个，那么介质中就会激发多个简正频率的同时振动，合成较复杂的波．如果外界激发的频率不是简正频率，那么介质中形成的波动可以看成是不同简正频率驻波的线性叠加．一般来说，此时介质振动的幅度很小．可见，激发的形式不同，每个驻波的强弱是不同的．当外界激发频率与系统简正频率相等时，会引起系统较大幅度振动，这种现象称为共振．与受迫振动的共振具有相同的物理意义．

显然，简正频率只与系统的性质和边界条件有关，如长度、张力、线密度等，改变其中的某一量，就可改变其简正频率．如吉他、二胡等乐器，通过按住弦的不同位置，也就是改变弦的长度和波节点的位置，从而可改变弦的简正频率，以不同的方式激发，可改变各简正频率的强度，通过各简正频率的有效组合，可以听到悦耳动听的音乐．

例 10.5.6-1 某乐器为一根一端封闭，一端开放的细管，为使此乐器的基音频率为 256 Hz（即中音 C），求管的长度．设空气中的声速为 334 m/s.

解： 对于一端开放一端封闭的管，其内形成驻波，必须满足管长 $L=(2n-1)\dfrac{\lambda}{4}$，其简正频率为

$$\nu_n=\frac{2n-1}{4L}v_0$$

此题要求为基波，即 $n=1$，$v_0=334\ \mathrm{m/s}$，$\nu_1=256\ \mathrm{Hz}$，代入求得

$$L=\frac{1}{4\nu_1}v_0=\frac{1}{4\times256}\times334\ \mathrm{m}=32.6\ \mathrm{cm}$$

§10.6 多普勒效应

日常生活中经常会发现，一列火车开来，人在站台上听到的汽笛声，音调由低到高变化；当火车离去时，音调由高到低变化．在工厂里听到的汽笛声，无论人站在哪个位置，音调都没有变化，但当我们相对汽笛运动时，同样会发现声调发生了变化．

授课录像：多普勒效应

1842 年，奥地利物理学家多普勒在一篇文章中提到，当发声体或发光体与观察者相对运动时，发声体的声音或发光体的颜色会发生变化，这一效应称为多普勒效应．1845 年，巴洛特在荷兰进行了一个试验，一乐队在敞开的火车车厢里演奏，站台上邀请了一些音乐家，当火车行驶经站台时，让音乐家们来辨别音调的变化，结果证实确实存在多普勒所提出的效应．

AR 演示：机械波多普勒效应

振源所发出的振动频率是固定的，但上述观察者所听到的音调却是变化的，这意味观察者所接收到的振动频率与振源本身的振动频率是不同的．这一差别显然是由于观察者或者波源的运动造成的．为什么会出现这样的现象？从定性的角度，振源的振动频率可以理解为振源单位时间内发出的波振面个数，而观察者单位时间内所接收的波振面个数不一定就是振源单位时间内所发出的波振面个数，它取决于观察者所测量的波长和波速．如何从定量的角度获得振源的振动频率与观察者所接收到的振动频率间的关系？

设波源所发出波的频率为 ν_0，当观察者和波源均相对介质静止时，观察者所接收到的频率可用波相对介质的波长 λ_0 和波速 v_0 来表示，即

$$\nu_0=\frac{v_0}{\lambda_0} \tag{10.6-1}$$

当观察者或者波源介质运动时，观察者所测量的波速 v 或者波长 λ 会发生变化，由（10.6-1）式可知，观察者所接收的频率就不一定是 ν_0，我们用 ν 来表示，其与波速 v 和波长 λ 的关系满足（10.6-2）式：

$$\nu=\frac{v}{\lambda} \tag{10.6-2}$$

所以，比较 ν 与 ν_0 的关系，就可判断观察者所接收到的频率与振源振动频率的关系．本节讨论机械波的频率的变化．

1. 波源固定、观察者相对于介质运动

设观察者以速度 $u_{观}$ 向着波源运动，波相对介质的速度为 v_0，所以波相对观察者来说，波速应为，$v=v_0+u_{观}$，而波长并没有变化，即 $\lambda=\lambda_0$，所以观察者接收到的频率为

$$\nu=\frac{v}{\lambda}=\frac{v_0+u_{观}}{\lambda_0}=\frac{v_0+u_{观}}{v_0T_0}=\left(\frac{v_0+u_{观}}{v_0}\right)\nu_0 \tag{10.6-3a}$$

可知观察者接收到的频率比波源发出的频率高了．同理，当人远离波源运动时，观察者接收的频率为

$$\nu' = \left(\frac{v_0 - u_{观}}{v_0}\right)\nu_0 \qquad (10.6-3b)$$

可知频率变低了．

2. 观察者固定、波源相对于介质运动

跟踪波源所发出波的波幅情况．如图 10.6-1 所示，波源静止时所发出的波幅用实线表示，波源运动时所发出的波幅用虚线表示．

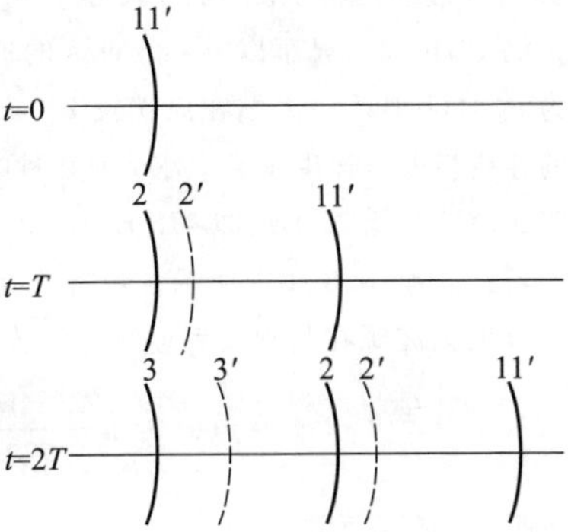

图 10.6-1

如果波源静止，$t=0$ 时发出波幅 1，经过一个周期 T_0 后，波幅 1 传播了一个波长 λ_0 的距离，同时波源又发出了波幅 2，再经过周期 T_0 后，波幅 1 和 2 都又向前传播一个波长 λ_0，同时波源又发出了波幅 3，以此方式继续下去．

如果波源以速度 $u_{源}$ 向观察者运动．在 $t=0$ 时刻，发出波幅 1′，由于波速是相对介质而言的，不依赖于波源是否运动而改变．因此，经过时间 T_0 后，波幅 1′也向前传播一个波长 λ_0，同时发出波幅 2′，但由于波源运动，所以发出的波幅 2′的位置离原位置距离为 $u_{源}T_0$，又经过时间 T_0，波幅 1′、2′又将向前传播一个波长 λ_0，同时发出波幅 3′，但此时波源距离原位置为 $2u_{源}T_0$，以此方式继续下去．

这样，经过多个周期后，运动的波源发出的相邻波幅之间的距离，即波长 λ 与波源不运动时发出波的波长相比，距离减小了，二者之间的关系为 $\lambda=\lambda_0-u_{源}T_0$. 因为波速是相对介质来说的，而观察者相对介质也是静止的，所以相对观察者来说，波速不变，即 $v=v_0$. 于是，观察者接收的频率为

$$\nu = \frac{v}{\lambda} = \frac{v_0}{\lambda_0 - u_{源}T_0} = \frac{v_0}{v_0T_0 - u_{源}T_0} = \left(\frac{v_0}{v_0 - u_{源}}\right)\nu_0 \qquad (10.6-4a)$$

同理，如果波源远离观察者运动，观察者接收到的频率为

$$\nu = \left(\frac{v_0}{v_0 + u_{源}}\right)\nu_0 \qquad (10.6-4b)$$

前者频率变高，后者频率变低．

3. 波源与观察者同时运动

当波源和观察者同时运动时，对观察者来说，波长、波速都将发生变化．即 $v=v_0\pm u_{观}$，其中“+”表示观察者向波源运动，“-”表示观察者远离波源运动．$\lambda=\lambda_0\mp u_{源}T_0$，其中，“-”表示波源向观察者运动，“+”表示波源远离观察者运动，这样

$$\nu = \frac{v}{\lambda} = \frac{v_0 \pm u_{观}}{\lambda_0 \mp u_{源}T_0} = \frac{v_0 \pm u_{观}}{v_0 \mp u_{源}}\nu_0 \qquad (10.6-5)$$

对于光波来说，也同样存在着多普勒效应，但是它与机械波有些不同．不论是观察者运

动，还是波源运动，多普勒效应只取决于观察者与波源的相对速度，其具体表达式参考第十一章 11.4.5 节给出的结果．

以上各多普勒效应公式是针对波源与观察者在连线方向的相对运动讨论的．参见 11.4.5 节内容可以看出，当波源和观察者不在连线方向上运动时，上述形式的多普勒效应公式依然成立，但是公式中的 $u_{观}$ 和 $u_{源}$ 是在观察者和波源的连线上的分速度，参见例 10.6-1 的解法．

由于多普勒效应中含有波源或者观察者的运动速度，因此在测量速度方面具有广泛的应用．例如，用光、声、微波等作为波源发射的波，经过物体反射后再被接收，比较波源发出的频率和接收频率之间的关系，利用多普勒公式即可确定物体的运动速度．

例 10.6-1 火车以 $u=25$ m/s 的速率行驶，其汽笛声的频率为 $\nu_0=500$ Hz．一人站在离铁轨 100 m 处，当 $t=0$ 时，人与汽笛的连线与火车速度垂直．求 t 为几秒时，人所听到的汽笛声的频率比原频率低 25 Hz（即 475 Hz）．设声速为 $v_0=340$ m/s.

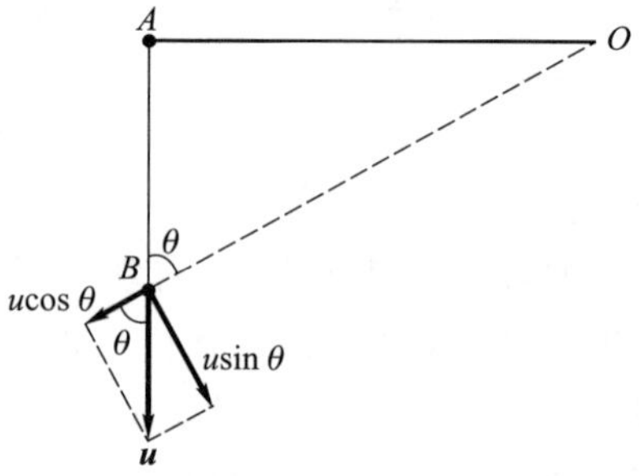

例 10.6-1 图

解：如例 10.6-1 图所示，观察者在 O 点，火车从 A 点开往 B 点．t 时刻波源在与观察者连线上的分速度为

$$u_{源}=u\cos\theta=u\frac{AB}{\sqrt{AB^2+OA^2}}$$

人所听到的频率为

$$\nu=\frac{v_0}{v_0+u_{源}}\nu_0$$

其中，$OA=100$ m，$AB=ut$，$\nu=475$ Hz，联立求得

$$t=4.1\text{ s}$$

例 10.6-2 某人手里拿有一音叉，当他敲击音叉产生频率 ν_0 的同时，以 $u_{观}$ 的速度向可以反射声频的墙运动，试问，人听到的拍频为多少？设声速为 v_0.

解：人在向墙运动时，波源在运动，墙接收的频率为

$$\nu_{墙}=\frac{v_0}{v_0-u_{观}}\nu_0$$

墙的反射波传到人的耳朵过程中，观察者在运动，人接收墙反射的频率为

$$\nu_{墙反}=\frac{v_0+u_{观}}{v_0}\nu_{墙}$$

人所听到的拍频为

$$\Delta\nu=|\nu_0-\nu_{墙反}|=\frac{2u_{观}}{v_0-u_{观}}\nu_0$$

*§10.7 声波与超波速运动简介

授课录像：声波与超波速运动简介

1. 声波、超声波、次声波

声波是与人类生活密切接触的一类特殊的机械波．振动频率在 20～20 000 Hz 之间的机械波，能够触发人类的听觉（即听到声音），称为声波．低于声波频率范围至10^{-4} Hz 频率范围

的波称为次声波．高于声波频率范围至 5×10^8 Hz 频率范围的波称为超声波．一般情况下，声波、次声波、超声波都在流体中传播，通常都是纵波．

2. 声强、声强级

声强是指声波的强度．在声学中，**声强**定义为声波的平均能流密度，即单位面积上的平均能流．人的听觉不仅与声波频率有关，还与声波的强度有关．能引起听觉的最低声强称为**闻阈**．声强超过某一上限，不但不能产生听觉，而且还会引起疼痛，这一声强的上限称为**痛阈**．闻阈和痛阈依赖于声波的频率．定义声强的对数为**声强级**．实验表明，人耳对声音的感觉并不与声强成正比，而更接近于与声强级成正比．声强级的具体定义为：选频率接近 1 000 Hz 的闻阈的声强 I_0 为基准值，可以算出 I_0 的具体值为 $I_0=10^{-12}\ \mathrm{W/m^2}$，则声强为 I 的声强级则可表示为

AR 演示： 超波速运动

$$L=\lg\frac{I}{I_0}\ (\mathrm{B})$$

其单位称为 B(贝尔)．更常用的声强级单位是分贝，它是 B 的十分之一，记为 dB，于是

$$L=10\lg\frac{I}{I_0}\ (\mathrm{dB})$$

声强级反应的是声波的强度，不能反映声波的频率信息．由于人耳对声音的感觉不仅与声强有关，还与频率有关，因此，声强级尚不能完全反映人耳对声音的响应程度．

日常生活中常见的声波的声强级数值大致如下：在听觉范围内，声强级的数值是从 0~130 dB，微风吹拂树叶的声音约为 14 dB，房间里相距约 1m 处的正常谈话声音约 70 dB，交响乐队在相距 5m 处的演奏声约 84 dB，飞机发动机在相距 5m 处的发动声音约 130 dB.

3. 超波速运动

当振源的运动速度小于波的传播速度时，波源会在波前的后面，如图 10.7-1（a）所示；当振源的运动速度等于波的传播速度时，所有波阵面会被积压在一起，和波源一起运动，如图 10.7-1（b）所示；当振源的运动速度大于波的传播速度时，波源会在所有波阵面的前面，如图 10.7-1（c）所示．第一种情形是人们日常生活中常见的．对于第二种情形，以飞机在空气中发出的声音为例，声波在空气的波速约为 340 m/s，因此，当飞机的速度等于这一数值时，就会出现这一种状况，称为音障．当飞机的速度大于声速时，就是第三种情形，即超音速飞机，也就是人在地面上看到飞机掠过空中后片刻，才听到它发出的声音．显然，超音速飞机必须经过音障的过程．音障的存在会使周围的阻力增加，聚集热量形成爆炸，称为音爆，因此，超音速飞机的机头要设计成很窄的流线型，尽可能避免音爆的发生．第三种形式的波动也称为 bow wave(有多种译法，如击波、艏波、头波、舷波等)，其波面的包络面成圆锥状，称为马赫锥(Mach cone)．日常生活中 bow wave 的例子很多，例如，子弹掠空而过发出的呼啸声；水上的快艇掠过水面后留下的尾迹等．第三种情形的超波速运动有的会产生强烈的压缩气流，锥面处介质的物理性质，例如压强、温度、密度等发生跃变，造成强烈的破坏作用．这种波称为冲击波．

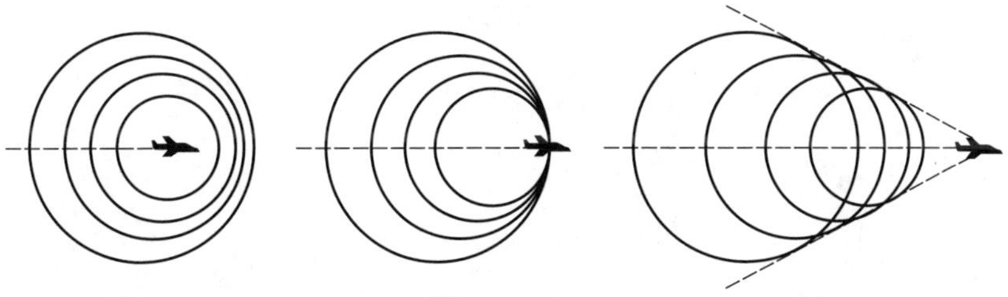

(a)　　(b)　　(c)

图 10.7-1

本章知识单元和知识点小结

授课录像： 第十章知识单元小结

<table>
<tr><th>知识单元</th><th colspan="4">知 识 点</th></tr>
<tr><td rowspan="2">机械波的定性描述</td><td>机械波产生的条件与特点</td><td colspan="2">波的几何描述</td><td>波的分类</td></tr>
<tr><td>条件：振源与弹性介质
特点：相位或能量的传播</td><td colspan="2">波振面、波前、波线</td><td>从不同的角度区分</td></tr>
<tr><td>机械波的波动方程</td><td colspan="4">波动方程：$\frac{\partial^2 x}{\partial t^2}=v^2\frac{\partial^2 x}{\partial y^2}$，其中 v 为波的相位传播速度</td></tr>
<tr><td rowspan="2">机械波的运动学方程</td><td>波动方程的通解</td><td colspan="2">传播形式分类</td><td>波速表达式</td></tr>
<tr><td>$x=x_1(y-vt)$
$x=x_2(y+vt)$
$x=x_1(y-vt)+x_2(y+vt)$</td><td colspan="2">$x_1(y-vt)$正向行波
$x_2(y+vt)$负向行波
x_1+x_2驻波</td><td>张紧的弦：
$v=(F_T/\eta)^{1/2}$
固体纵波：
$v=(E/\rho)^{1/2}$
……</td></tr>
<tr><td rowspan="2">平面简谐机械波的运动学方程</td><td>描述简谐波特征量</td><td colspan="2">已知介质在 y_0 点振动，确定简谐波的表达式</td><td>简谐波几种常见的表达式</td></tr>
<tr><td>波速、波长、振动周期、振动频率
$\lambda=vT$
$k=2\pi/\lambda$
$\omega=2\pi\nu=2\pi/T$</td><td colspan="2">如已知 y_0 点振动方程：
$x=A\cos(\omega t+\varphi)$
将 t 换成 $t\mp(y-y_0)/v$，即为波的运动学方程</td><td>$x=A\cos\left[\omega\left(t\mp\frac{y-y_0}{v}\right)+\varphi\right]$
$x=A\cos\left[2\pi\left(\frac{t}{T}\mp\frac{y-y_0}{\lambda}\right)+\varphi\right]$
$x=A\cos\left[\omega t\mp k(y-y_0)+\varphi\right]$</td></tr>
<tr><td rowspan="2">机械波的能量、传播以及反射与合成等相关问题</td><td>波的能量密度</td><td>波的反射</td><td>驻波</td><td>简正频率</td></tr>
<tr><td>$\varepsilon=\frac{1}{2}\rho\left(\frac{\partial x}{\partial t}\right)^2+\frac{1}{2}\rho v^2\left(\frac{\partial x}{\partial y}\right)^2$
对行波：
$\frac{1}{2}\rho\left(\frac{\partial x}{\partial t}\right)^2=\frac{1}{2}\rho v^2\cdot\left(\frac{\partial x}{\partial y}\right)^2$</td><td>波由波疏到波密介质有半波损失</td><td>频率相同、相反方向传播的两简谐波合成驻波，形成波腹与波节，能量在波腹与波节之间转化</td><td>依据介质的边界条件确定系统的波长与介质长度的关系，从而确定简正频率</td></tr>
<tr><td rowspan="3">多普勒效应</td><td colspan="4">波源发出的频率 $\nu=\frac{u}{\lambda}$；观察者接收的频率 $\nu'=\frac{u'}{\lambda'}$</td></tr>
<tr><td>观察者以 $u_{观}$ 运动</td><td colspan="2">波源以 $u_{源}$ 运动</td><td>波源与观察者同时运动</td></tr>
<tr><td>$u'=v_0+u_{观}$，$\lambda'=\lambda$
$\nu'=\left(\frac{v_0\pm u_{观}}{v_0}\right)\nu$</td><td colspan="2">$u'=v_0$，$\lambda'=\lambda-u_{源}t$
$\nu'=\left(\frac{v_0}{v_0\pm u_{源}}\right)\nu$</td><td>$\nu'=\frac{v_0\pm u_{观}}{v_0\mp u_{源}}\nu$</td></tr>
</table>

习　题

课后作业题

第十章参考答案

10-1. 人耳能听到的声音频率范围一般为 20~20 000 Hz. 试计算在 25 ℃的海水中人耳能听到的声音的波长范围．已知声音在 25 ℃海水中的传播速度为 1 531 m/s.

10-2. 由海底的地震所激发的潮汐波，称为海啸．由于大洋的平均深度大约是 5 km，而潮汐波的水平长度大于5 km，故可认为是一种浅水波．若海底地震的震中距海岸的距离为 100 km，试估算潮汐波传到海岸所需的时间．

10-3. 设有一简谐横波 $x=5.0\cos\left[2\pi\left(\frac{t}{0.05}-\frac{y}{10}\right)\right]$，其中，$x$、$y$ 的单位为 cm，t 的单位为 s. 试求：(1) 振幅 A、频率 ν、波长 λ 以及波速 v；(2) 若某处振动的初相位为$\frac{3}{5}\pi$，求该处的位置 y.

10-4. 一根质量线密度为 4×10^{-3} kg/m 的均匀钢丝，被 10 N 的力所拉紧．钢丝的一端有一正弦式的横向波扰动，经过 0.1 s，此波扰动即传到钢丝的另一端，而扰动源正好经历 100 个周期．求波长．

10-5. 一正弦横波沿一弦线自左向右传播，传播速度为 80 cm/s. 观察弦上某点的运动，发现该点在做振幅为 2 cm、频率为 10 Hz 的简谐振动．若取该点为坐标 x 的原点，当 $t=0$ 时，该点正好位于原点，且具有向 y 正方向运动的速度．试求：(1) 此波的波长 λ；(2) 弦上该点的振动方程；(3) 此波的运动学方程；(4) 弦上 $x=4$ cm 处质点振动的初相位 φ'.

10-6. 设入射波的方程为 $x=0.2\cos(\pi t-1.5\pi y+0.4\pi)$，其中，$x$、$y$ 的单位是 m，t 的单位是 s. 波在 $y=0$ 处反射．试就以下两种情况，求在振幅不衰减情况下合成驻波的方程，并指出$y=0$ 处是波节还是波腹. (1) $y=0$ 处是自由端；(2) $y=0$ 处是固定端．

10-7. 两根完全相同的琴弦，它们的基频都是 357 Hz. 其中一根琴弦的弦轴略有松动，以致该弦的张力以恒定的速率减小，其每秒减小量 ΔF_T与原张力 F_{T0}之比为 0.001. 问经过多少时间，此两琴弦同时发声时会产生 1 Hz 的拍频？

10-8. 一装置于海底的超声波探测器，发出一束频率为 30 000 Hz 的超声波，被向着探测器驶来的潜艇反射回来，反射波与原来的波合成后，得到频率为 241 Hz 的拍．求潜艇的速率．设超声波在海水中的波速为 1 500 m/s.

10-9. 一平面简谐波沿 y 方向传播，其表示式为

$$x=A\cos(\omega t-ky+\varphi_0)$$

在 $y=y_0$固定端处反射．求反射波的表示式，振幅不衰减．

10-10. 在绳索上传播的波，其表示式为 $x=3\cos\left[2\pi\left(\frac{t}{0.1}-\frac{y}{10}\right)-\frac{\pi}{3}\right]$，式中 x、y 的单位为 cm，t 的单位为 s. 为在绳索上形成驻波(在 $y=0$ 处为波节)，则应叠加一个什么样的波？写出此波的表示式，并写出驻波的表示式．

自检练习题

10-11. 一波沿 y 轴传播，观察到 y 轴上两点 y_1和 y_2处介质的质点均做频率为 2.0 Hz 的简谐振动，y_1处振动相位比 y_2处落后$\frac{\pi}{4}$. 已知 $y_2-y_1=3.0$ cm，(1) 试问此波是沿正 y 方向传播，还是沿负 y 方向传播(设 $\lambda>6$ cm)？(2) 试求波长 λ 和波速 v.

10-12. 在拉紧的弦上传播的一个波脉冲，可表示为

$$x(y,\ t)=\frac{b^3}{b^2+(2y-ut)^2}$$

式中，b、u 均为常量.(1) 画出 $t=0$ 时的波形图；(2) 波脉冲传播的速率及方向如何？(3) 试求 $t=0$ 时刻弦上任一点 y 的横向速度.

10-13. 入射波在固定端全反射，某一瞬时的波形如习题 10-13 图所示. 试画出此瞬时反射波的波形图.

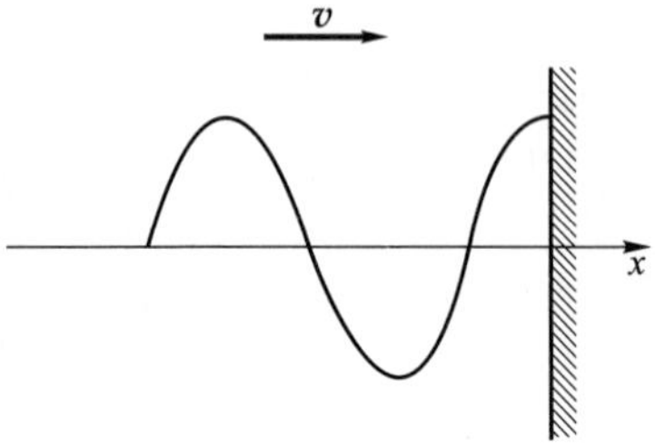

习题 10-13 图

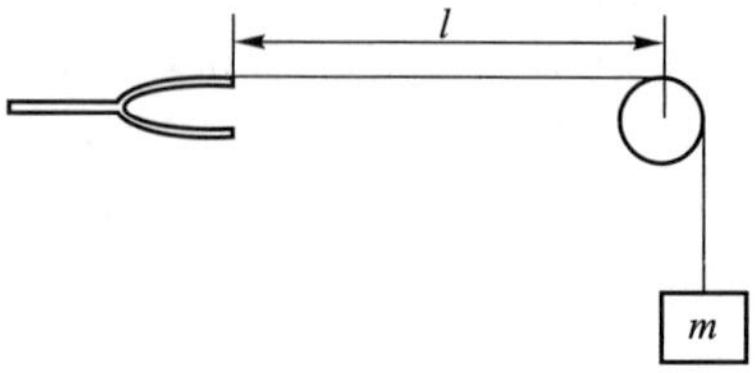

习题 10-14 图

10-14. 如习题 10-14 图所示，一根线密度为 0.15 g/cm 的弦线，其一端与一频率为 50 Hz 的音叉相连，另一端跨过一定滑轮后悬一重物给弦线提供张力，重物质量为 m，音叉到滑轮间的距离为 1 m. 当音叉振动时，为使弦上形成一个、两个、三个波腹，则重物的质量 m 应各为多大？

***10-15.** 在一半径为 10 cm 的圆柱形管子里，一平面简谐空气波沿轴向传播，波长和频率分别为 $\lambda=80$ cm, $\nu=425$ Hz，波的能流密度为 1.7×10^{-2} J/(s · m^2). 试求：(1) 管中波的平均能量密度和最大能量密度；(2) 每两个相邻同相位面间的总能量.

***10-16.** 一波源以 35 000 W 的功率发射球面电磁波，在某处测得该波的平均能量密度为 7.8×10^{-15} J/m^3. 求该处离波源的距离. 电磁波的传播速度为 3.0×10^8 m/s.

***10-17.** 以下两列波在介质中叠加：

$$x_1=A\cos(6t-5y),\qquad x_2=A\cos(5t-4y)$$

式中，x_1、x_2、y 的单位是 m，t 的单位是 s.(1) 求此两列波的相速度 v_{p1}、v_{p2}；(2) 写出合成波的方程，并求出振幅为零的相邻两点之间的距离；(3) 求群速度 v_g.

***10-18.** 水上短波长($\lambda\leqslant1$ cm)的涟波运动，是受表面张力控制的. 这种涟波的相速度为$v_p=\left(\dfrac{2\pi\sigma}{\rho\lambda}\right)^{\frac{1}{2}}$，式中 σ 为表面张力系数，ρ 为水的密度.(1) 证明：由接近某给定波长 λ 的诸波长所构成的扰动，群速度等于$\dfrac{3}{2}v_p$；(2) 若波群只由两个波组成，此两波的波长分别为 0.99 cm 和 1.01 cm，则波群两相邻峰值间的距离为多大?

***10-19.** 对于深水波，考虑到表面张力，其色散关系为 $\omega^2=gk+\dfrac{\sigma k^3}{\rho}$，式中水的密度 $\rho=1.0\times10^3$ kg/m^3，表面张力系数 $\sigma=7.2\times10^{-2}$ N/m.(1) 求出相速度和群速度与 k 的函数关系；(2) 证明对于波长接近 1.7×10^{-2} m 的诸波所构成的水波，其相速度与群速度相等，并求出速度值.

***10-20.** 把两根连在一起的弦线拉紧，设想有一行波入射到相接处，为使反射波的振幅 B 与入射波的振幅 A 之比$\dfrac{B}{A}=\dfrac{1}{3}$. 试求：(1) 两根弦线的线密度之比 $\eta_1:\eta_2$，设入射波从弦线 1 向弦线 2 方向传播；(2) 透射波的振幅 C 与入射波振幅 A 之比$\dfrac{C}{A}$.

***10-21.** 一列纵波在两种介质的界面上发生反射. 设入射波与反射波的振动方向不变，在入射波所在的介质中纵波的波速是横波波速的$\sqrt{3}$倍. 试问为使反射波是一横波，则入射角应为多大？

第四篇 时空结构

时空结构是时间和空间结构的简称.

在19世纪以前，人们能够观察的物体运动只涉及速率范围很小的一部分，并且所研究的对象都是宏观的，在此条件下，形成了力学、热学、电磁学和光学等经典物理体系. 经典物理体系所蕴含的时空观是时间与空间彼此独立，时间的流逝和空间的距离与观测者所处的状态无关. 这样一种时空观与人们的日常经验相一致，因此，也被人们长期地接受和认可.

相对论分为狭义相对论和广义相对论，由德国物理学家爱因斯坦分别于1905年和1915年创立. 狭义相对论给出的是两个相互运动的惯性参考系之间的时空以及物理定律的变换规律. 广义相对论给出的是物质如何影响时空结构，以及其他物质如何在该时空结构中运动的规律.

宇宙的起源与演化问题也是与时空结构密切相关的课题. 近代宇宙学的观点是在爱因斯坦广义相对论的基础上建立的.

本篇将分别对狭义相对论(第十一章)、广义相对论和宇宙学与天体物理(第十二章)中的基本概念和时空现象作一初步介绍.

时空结构知识体系导图

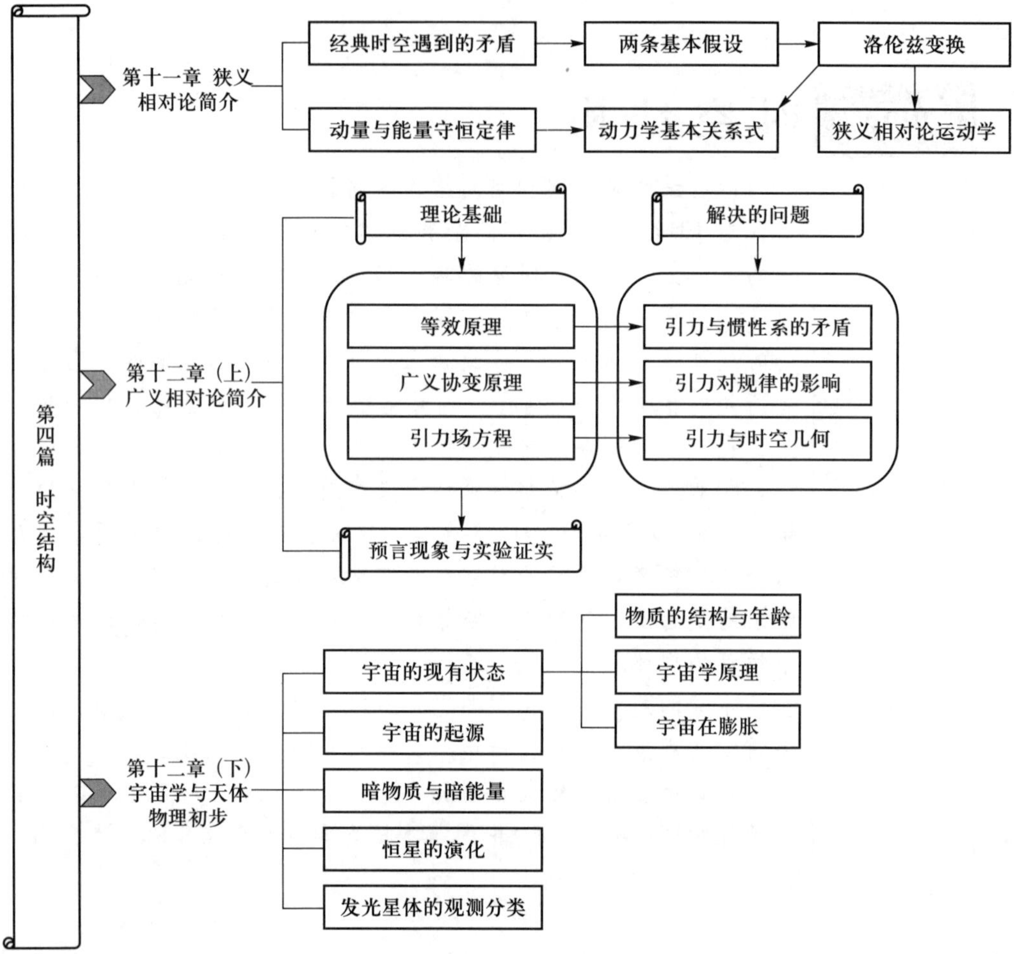
第四篇 时空结构
第十一章 狭义相对论简介
经典时空遇到的矛盾
两条基本假设
洛伦兹变换
动量与能量守恒定律
动力学基本关系式
狭义相对论运动学
第十二章（上）广义相对论简介
理论基础
解决的问题
等效原理
广义协变原理
引力场方程
引力与惯性系的矛盾
引力对规律的影响
引力与时空几何
预言现象与实验证实
第十二章（下）宇宙学与天体物理初步
宇宙的现有状态
物质的结构与年龄
宇宙学原理
宇宙在膨胀
宇宙的起源
暗物质与暗能量
恒星的演化
发光星体的观测分类

第十一章

狭义相对论简介

狭义相对论的产生主要源于人们对电磁和光现象的理解. 1865 年麦克斯韦方程组建立后的一段时间内，其存在的主要问题是方程组在伽利略变换下不具有协变性. 众多科学家试图从承认麦克斯韦方程组和经典时空变换角度去解决这一问题，但最终还是困难重重. 德国物理学家爱因斯坦通过将电磁感应现象应用到动体上的研究，最终解决了这一问题，于 1905 年建立了狭义相对论. 狭义相对论的基础是两条重要的假设，即相对性原理和光速不变原理. 以此为基础，可以得到反应新时空观的变换——洛伦兹变换. 洛伦兹变换的物理思想是从根本上否定了伽利略变换所蕴含的时间和空间彼此独立的观念，而是将二者作为相互关联的整体，体现了近代的时空观. 原有经典物理规律的修正以满足洛伦兹变换为依据，使物理规律的表述更为普适.

授课录像： 狭义相对论概述

本章介绍狭义相对论，内容包括经典时空观与实验的矛盾、狭义相对论的基本假设、洛伦兹变换与洛伦兹速度和加速度变换、狭义相对论的基本运动学现象和动力学的基本关系式.

§11.1　经典时空观与实验的矛盾

17 世纪，牛顿总结了前人的成果并建立了牛顿运动定律；18 世纪，人们通过实验寻求物理规律，验证了牛顿运动定律；19 世纪，科学家以牛顿运动定律为基础，建立了热学、电磁学等经典物理体系. 19 世纪后半期，随着对电磁现象的深入研究，发现了光的传播、光速以及麦克斯韦方程组协变性等理论与实验结果的矛盾，这迫使人们开始回过头来重新认真地考察牛顿力学、电磁学等经典物理体系建立的基础，放弃已有的时空观，建立了具有新时空意义的狭义相对论. 本节以代表牛顿时空观的伽利略变换为出发点，介绍迈克耳孙和莫雷否定以太的实验，以表明经典时空观与实验的矛盾.

授课录像： 伽利略变换蕴含的经典时空观

11.1.1　伽利略变换蕴含的经典时空观

若描述某一事件，可选取一惯性坐标系 S，用 4 个参量 x、y、z、t 来描述，当然也可在相对 S 系做匀速直线运动的另一惯性坐标系 S′中来描述该事件，即用 x'、y'、z'、t'来描述.如图 11.1.1-1 所示，设坐标系 S′相对坐标系 S 以匀速度 $\boldsymbol{v}$ 做直线运动. 为简便讨论，令 x 轴和 x'轴重合，y 轴和 y'轴平行，z 轴和 z'轴平行，$t=0$ 时，两坐标系原点重合，并设 $\boldsymbol{v}$ 沿 x 轴正方向. 两个坐标系都有各自固定的系列时钟用于测量事件发生的时间，用各自的坐标标记事件发生的空间位置.

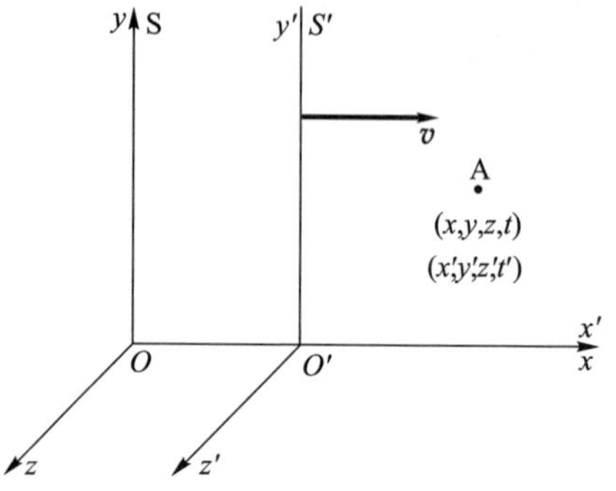

图 11.1.1-1

假如某时刻空间某处发生一物理现象 A(如开灯、爆炸等). S 系中的观察者用(x,y,z)坐标测量事件 A 发生的空间位置，用静止于 S 系中且位于事件发生处的时钟读出 A 发生的时间为 t. S′系的观察者同样用自己的坐标和静止于 S′系的时钟，测量空间和时间为(x',y',z')和 t'. 由图 11.1.1-1 所示可知，$t=0$ 时，两坐标系原点重合时，设定 $t=t'=0$，同时，两个参考系观察者可以用光脉冲法校订好各自参考系的时钟，t 时 S′系在 x 轴正方向运动的距离为 vt. 因而，事件 A 在两坐标系(x,y,z,t)，(x',y',z',t')之间的关系为

$$x'=x-vt,\quad y'=y,\quad z'=z,\quad t'=t \tag{11.1.1-1a}$$

或

$$x=x'+vt,\quad y=y',\quad z=z',\quad t=t' \tag{11.1.1-1b}$$

(11.1.1-1)式称为伽利略变换，其中的 $t'=t$ 是人为设定的，这个假设在低速下理论与实验结果相符合，但却是没有理论和实验依据的. 由伽利略变换很容易得到两坐标系中的速度和加速度关系为

$$v_x=v'_{x相}+v_{牵},\quad v_y=v'_y,\quad v_z=v'_z \tag{11.1.1-2a}$$

$$a_x=a'_x,\quad a_y=a'_y,\quad a_z=a'_z \tag{11.1.1-2b}$$

由(11.1.1-1)式和(11.1.1-2)式，可以总结伽利略变换所包含的时空观和相对性原理.

时间观念：从 $t=0$ 时刻开始，到 A 事件发生，在两个参考系中所经历的时间是相同的，即$t=t'$，或者说测量同一事件的时间间隔是相同的，即时间与参考系选取无关.

空间观念：对于同一物体，如一根棒，S 系中的两端坐标为 x_1、x_2，S′系中为 x'_1、x'_2，在 S 系中测量棒长为 $x_2-x_1=l$，S′系中测量为 $x'_2-x'_1$，由伽利略变换得：$x_2-x_1=x'_2-x'_1=l$. 即空间是绝对的，与观察者的相对运动状态无关.

力学相对性原理：加速度在伽利略变换下不变，由于在经典范围内，力和质量不依赖于参考系而选取，所以牛顿运动定律在两个参考系下成立，亦即，牛顿第二定律在伽利略变换下具有协变性，或者说，力学规律在伽利略变换下在任何惯性系下具有相同的形式.

授课录像：
迈克耳孙-莫雷实验

11.1.2 迈克耳孙-莫雷实验

AR 演示：
迈克耳孙-莫雷实验

1865 年，麦克斯韦成功地建立了麦克斯韦方程组，这组方程预言了电磁波的存在，并为 1888 年的赫兹实验所证实. 由麦克斯韦方程组可求得电磁波在真空中的传播速度是 $c=299\ 792\ 458\ \text{m/s}$，并认为光是一种特定频率范围的机械波. 而且，进一步研究发现，在力学相对性原理的基础上，麦克斯韦方程组在伽利略变换下会导出异于 c 的理论结果. 从经典理论角度，此种情况说明，在承认伽利略变换和麦克斯韦方程组是电磁学领域内普适规律的前提下，应该能够找到一个特殊惯性系，电磁波相对该惯性系的传播速度是 c. 科学家们设想这种特殊参考系就是早期人们设想的、曾经深刻影响科学家们物理思想的“以太”. 19 世纪末以前的科学家们将“以太”作为宇宙中广泛存在的一种假想的介质，以此理解万有引力、光以及电磁波等的传播. 当发现麦克斯韦方程组在伽利略变换下光速不是一个常量后，“以太”更加凸显了它的重要作用，验证“以太”的存在成了一段时期内科学家们研究的重要内容. 本节简介迈克耳孙-莫雷测量“以太”的实验思想和原理.

如果在处于以太包围的地球上做实验，由于地球是运动的，那么通过测量光相对地球的运动，就可以测出地球相对以太的运动速度. 设想在地球上安装一台仪器，A 代表地球上的一发光点，B 代表地球上的一反射镜. 如果将该仪器按如图 11.1.2-1(a)所示安装，A 板发出的光，经 B 板反射后，再回到 A 板. 由于光相对以太的速度为 c，由伽利略速度变化可知，光在图 11.1.2-1(a)所示的装置中，沿 A→B 方向相对地球的速度则是$\sqrt{c^2-v^2}$. 设 l 为 A、B 之间的距离，Δt 为地球上 A 板发光到 B 板，再返回 A 板时光所用的时间，则

$$\Delta t=\frac{2l}{\sqrt{c^2-v^2}} \qquad (11.1.2-1a)$$

如果将该仪器按如图 11.1.2-1(b)所示安装，由于光相对以太的速度为 c，由伽利略速度变化可知，光在 A→B 的传播过程中，光相对地球的速度为 $c-v$；光在 B→A 的传播过程中，光相对地球的速度为 $c+v$. 这样，A 板发出的光经 B 反射返回后，所用的时间为

$$\Delta t'=\frac{l}{c-v}+\frac{l}{c+v} \qquad (11.1.2-1b)$$

由(11.1.2-1a)式和(11.1.2-1b)式可求得在这两种情况下测量光发射和光接收的时间差 δt，即

$$\delta t=\Delta t'-\Delta t=\frac{2l\ (c-\sqrt{c^2-v^2})}{c^2-v^2} \qquad (11.1.2-2)$$

按照以上方法，若 $l=1$ m，由(11.1.2-2)式可算得 $\delta t\to10^{-16}$ s 量级. 这个时间间隔太小，无法直接测量. 为此，人们想办法间接地测量 δt 引起的效应.

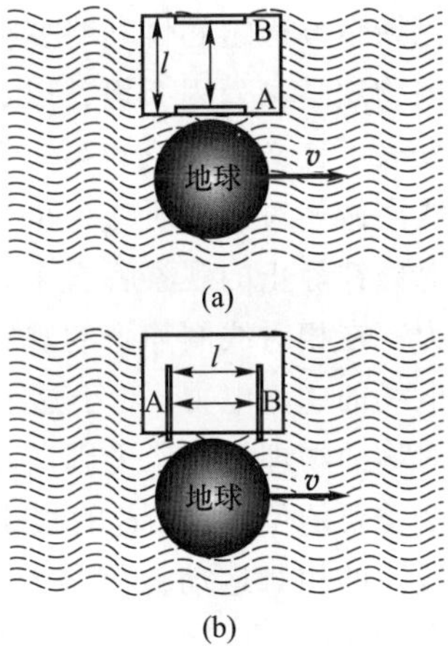

图 11.1.2-1

1881 年，美国物理学家迈克耳孙用光的干涉法测量这个时间差. 1887 年，迈克耳孙和莫雷又改进实验，使得实验更加精密. 其实验原理如下.

如图 11.1.2-2 所示，设地球相对以太的速度为 S→O→A 方向，则由 S 发出的光，在 S→O→A 和 A→O→S 方向相对地球的速度分别为 $v'=c-v$ 和 $v'=c+v$，在 O→B 方向的相对地球速度为 $v''=\sqrt{c^2-v^2}$. 由光学内容结果可知，由于 B→O→P 和A→O→P 方向上的光的光程不同，在 P 处可看到干涉条纹. 如果将整个系统绕 O 旋转，在旋转过程中，光在 B→O→P

与 A→O→P 方向的光程差将发生变化，因而可观察到干涉条纹的变化. 但是实验结果根本看不到干涉条纹的变化. 其后，他们在不同的地方、不同的季节又做了精度更高的实验，都支持了迈克耳孙和莫雷的“零”实验结果. 这就是迈克耳孙和莫雷否定以太存在的著名实验.

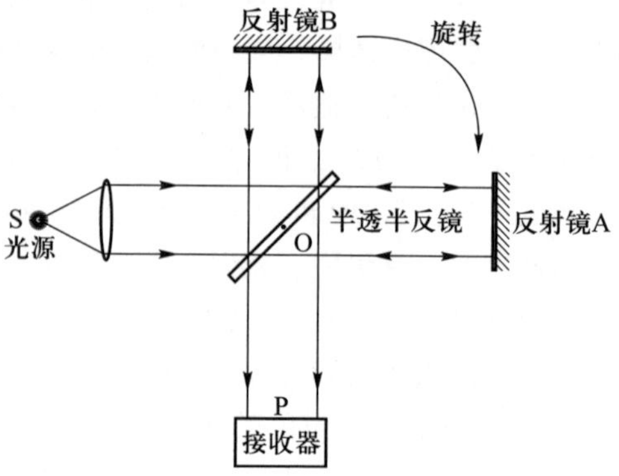

图 11. 1. 2-2

既然以太不存在，如何理解光波传播需要介质的问题？19 世纪末以来，人们逐渐理解和接受电磁波通过电场与磁场交替转化传播，而不需要介质的物理图像，即，机械波需要介质，而电磁波是由交变的电场产生磁场，交变的磁场产生电场，如此循环往复而实现电磁波的传播(详见电磁学).

§11.2　狭义相对论的两条基本假设

授课录像：狭义相对论的两条基本假设

动画演示：两条基本假设

随着迈克耳孙和莫雷验证相对以太光速实验的失败，试图从经典角度去理解和解决麦克斯韦方程组所面临的协变性问题陷入困境. 其根本原因是在承认麦克斯韦方程组和伽利略变换的前提下，把寻找绝对惯性系当成了问题的根本. 德国物理学家爱因斯坦，以放弃绝对的参考系为解决问题的出发点. 他于 1905 年发表了狭义相对论的第一篇论文《论动体的电动力学》. 该文以一永久磁铁和一线圈做相对运动所产生的电磁感应现象为例，分析了感应电动势的来源. 在相对磁铁静止的观察者看来，感应电动势为动生电动势，它来源于磁场的洛伦兹力；在相对线圈静止的观察者看来，感应电动势为感生电动势，它来源于涡旋电场的非静电力. 对于这种同一客观事物，为什么会出现在不同的参考系下不对称的物理解释？爱因斯坦认为，出现这种现象的根源在于把参考系放在了一个重要的位置. 二者的根本是感应电动势所产生的电流，他仅取决于永磁铁和线圈的相对运动，而参考系并不重要. 由此，他认为，自然界并不存在什么绝对的空间，反倒应该把引起客观事物发生的规律提升为一种公设(相对性原理). 由此再推知同一规律导致不同参考系下所发生的现象. 例如，将电磁场作为一个整体，承认麦克斯韦方程组是任何参考系下都满足的普适规律. 由此可以推知电场和磁场在不同的参考系下具有不同的分量. 如此一来，自然解决了前述的动生电动势和感生电动势在不同参考系下的不对称性解释问题. 同时，爱因斯坦将光速不变作为另外一条假设，即光速不变原理. 总结狭义相对论的两个基本假设如下：

第一个基本假设：相对性原理，即在所有惯性系中，物理定律的形式都相同，即力学、电磁学等物理规律在各个惯性系中都是等价的.

第二个基本假设：光速不变原理，即在所有惯性系中，无论光源或观察者是否运动，真空中的光速恒为 c.

§11.3 洛伦兹变换与速度和加速度变换

在承认麦克斯韦方程组是普适的自然规律，以及相对性原理和光速不变原理的前提下，就要放弃以往的伽利略变换，而寻找新的变换. 从历史上看，为了让电磁学的基本定律——麦克斯韦方程组在所有惯性系下具有相同的形式，早在爱因斯坦提出狭义相对论之前，荷兰物理学家洛伦兹就找到了这一变换公式，这也是“洛伦兹变换”这一名称的由来. 然而，由于当时洛伦兹是基于以太的观点，附加了多种假设给出的这个变换，使得人们无法理解和接受这组变换公式. 爱因斯坦在他的《论动体的电动力学》一文中，重新审视时间和同时性的定义，依据光速不变原理，分析了同时的相对性道理，从根本上否定了伽利略变换所蕴含的经典时空结论. 并依据两条基本假设给出了具体的时空变换关系——洛伦兹变换. 洛伦兹变换有多种推导方式，本节以一光脉冲为例导出这一变换.

11.3.1 洛伦兹变换

设有两个坐标系 S 和 S′，相应的坐标轴都互相平行，S′系相对惯性系 S 以恒定速度 v、沿 x 轴正方向运动，当然 S′也是惯性系. 在 S 系中，空间位置用 x，y，z 坐标来表示，时间用 t 表示；在 S′系中，空间位置用 x'，y'，z'坐标来表示，时间用 t'来表示. 假如初始时，两坐标系的原点重合，并以此作为计时零点，同时校正各自参考系下的固定时钟. 设在 O'点，有一与 S′系固连的脉冲波源，$t=t'=0$ 时刻，脉冲源开始发出球面脉冲信号，下面在两个参考系下分析一下该脉冲波源所发出的波阵面轨迹情况.

授课录像： 洛伦兹变换

设脉冲源是一机械波声波源，并设 S 系是相对介质静止的参考系，S′系是相对介质运动的参考系. 同时需要注意的是，声波的传播速度是相对介质而言的，与波源和观察者是否运动无关. 从 S 系角度，波源相对 S 系运动，导致波源逐渐偏离 S 系坐标原点 O，而且 S 系观察者所观测的波阵面间距（对应波长）沿波源运动方向被压缩，沿运动的反方向被拉长，如图 11.3.1-1（a）所示，也就是 10.6 节讨论的波源运动时的多普勒效应情况.

动画演示： 洛伦兹变换

从 S′系角度，由于波源与 O'点固连，导致波源始终位于 S′系坐标原点 O'点处. 因此，S′系观察者所观测到的现象是波源不动，而介质在运动. 由运动学的伽利略变换关系可知，S′系观察者所测量的声波的传播速度沿介质运动方向增大，而沿运动的反方向减小，同时也导致所对应的波振面间距(对应波长)分别增大和减小，如图 11.3.1-1（b）所示. 虽然在此种情况下 S′系观察者所观测的波振面与图 11.3.1-1（a）具有相似的类型，但由于 S′系观察者所测量的波速和波长也发生了相应的变化，由多普勒效应公式计算可知，此种情况下 S′系观察者所测量的声波频率是不变的，并没有多普勒效应现象的发生.

如果将上述的声波源换成光波源，其 S 系下所观测的波阵面轨迹仍然如图 11.3.1-1（a）所示，差别只是将声波的波速换成了光速. 但从 S′系角度，由于光速与参考系选取无关，而且各个方向的光速相同，其对应的观测波阵面如图 11.3-1（c）所示.

对S 和 S′系观察者来说，波源在不同时刻所发出的波阵面在空间的传播行为是同一研究

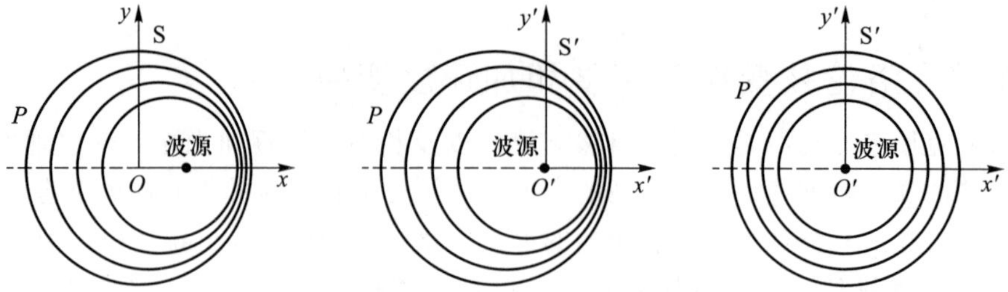

(a) (b) (c)

图 11.3.1-1

对象，其运动轨迹在各自参考系下有各自的描述，分别如图 13.1.1-1（a）和 13.1.1-1（c）所示. 为了寻求两个参考系间的坐标和时间的变换关系，原则上可以选取图 11.3.1-1（a）和图 13.1-1（c）中所示的任意一个波阵面为研究对象进行讨论. 但为了保证 t 时刻的波阵面在两个参考系具有相同的计时零点，只能选取 $t=t'=0$ 时刻光源所发出的波前 P 为研究对象，寻找两个参考系间的坐标与时间的变换关系. 一旦找到了这样的变换，我们可以反过来在两个参考系下验证其他波阵面的协变性，即，利用洛伦兹变换可以从一个参考系的任意波阵面方程出发导出另外一参考系下对应的波阵面方程.

以 $t=t'=0$ 时刻光源所发出的波前 P 为研究对象，从S 和 S′系观察者角度，分别是以 O 点和 O'点各自为中心的球面，如图 13.1.1-1（a）和图 13.1.1-1（c）所示，其轨迹方程可分别表示为（11.3.1-1a）式和（11.3.1-1b）式的形式.

$$x^2+y^2+z^2-c^2t^2=0 \tag{11.3.1-1a}$$

$$x'^2+y'^2+z'^2-c'^2t'^2=0 \tag{11.3.1-1b}$$

按照光速不变原理假设，（11.3.1-1a）和（11.3.1-1b）式中的 $c=c'$. 是否可以通过伽利略变换实现（11.3.1-1a）和（11.3.1-1b）两式之间的变换呢?

由伽利略变换 $x=x'+vt$，$y=y'$，$z=z'$，$t=t'$，将其代入（11.3.1-1a）式中得：

$$(x'+vt)^2+y'^2+z'^2-c^2t'^2=0 \tag{11.3.1-1c}$$

显然（11.3.1-1c）式与在 S′系中得到的结果（11.3.1-1b）式并不相同，即，伽利略变换不能保证在各等价参考系下物理规律的正确描述，需要寻求新的变换，以满足各等价参考系下物理规律的正确描述，也称为协变性.

所寻求的坐标变换需要是线性的，这个要求来源于空间的均匀性，即空间各点的性质都是一样的，没有任何具有特别性质的点. 设新的变换具有如下的一般形式：

$$x'=Ax+Bt,\quad y'=y,\quad z'=z,\quad t'=Cx+Dt \tag{11.3.1-2}$$

将(11.3.1-2)式代入到(11.3.1-1b)式中，并与(11.3.1-1a)式比较，并注意$\left.\dfrac{\mathrm{d}x}{\mathrm{d}t}\right|_{x'=0}=v$，整理得

$$A=\frac{1}{\sqrt{1-\frac{v^2}{c^2}}},\quad B=\frac{-v}{\sqrt{1-\frac{v^2}{c^2}}},\quad C=\frac{-\frac{v}{c^2}}{\sqrt{1-\frac{v^2}{c^2}}},\quad D=\frac{1}{\sqrt{1-\frac{v^2}{c^2}}} \tag{11.3.1-3}$$

因此，新的变换形式为

$$x'=\frac{x-vt}{\sqrt{1-\frac{v^2}{c^2}}},\quad y'=y,\quad z'=z,\quad t'=\frac{t-\frac{v}{c^2}x}{\sqrt{1-\frac{v^2}{c^2}}}\tag{11.3.1-4a}$$

因为 S′系相对 S 系以速度 v 运动，那么 S 系将以 $-v$ 相对 S′系运动，所以利用同样的方法，只要将 v 换成 $-v$ 即可得出逆变换为

$$x=\frac{x'+vt'}{\sqrt{1-\frac{v^2}{c^2}}},\quad y=y',\quad z=z',\quad t=\frac{t'+\frac{v}{c^2}x'}{\sqrt{1-\frac{v^2}{c^2}}}\tag{11.3.1-4b}$$

(11.3.1-4)式就是洛伦兹变换. 显然它满足光速不变及相对性原理，因为它是由这两条原理出发而得出的.

当 $v\ll c$，即参考系的运动速度远小于光速时，(11.3.1-4)式简化为(11.1.1-1)式，即过渡到了伽利略变换. 因而，牛顿力学是相对论力学的一个极限情况. 在低速运动下，牛顿运动定律可以近似成立.

由(11.3.1-4)式的洛伦兹变换可知，c 出现在分母的根号中，当 $v\geqslant c$ 时，(11.3.1-4)式的分母变成零或者虚数，此时的空间坐标和时间失去了物理意义. 这意味着自然界中任何客体在真空中的质心运动速度都不能大于 c，所以 c 是自然界真实物体的极限速度. 至今为止的实验都支持了这一结论.

值得注意的是，$c=3\times10^8$ m/s 是光在任何惯性参考系下的真空中的传播速度. 由于单一频率的光在折射率为 n 的介质中的光速为 c/n，所以在折射率为 n 的介质中，(11.3.1-4)式所示的两个惯性参考系下洛伦兹变换公式中的 c 需要用 c/n 来替换，相应的 v 是动系相对介质的运动速度. 由于自然界环境中的最小折射率是真空环境，其折射率 $n=1$，因此，在自然环境中，任何物体的真实速度不能大于光速. 但是，如果在人工控制的特殊环境下，能够实现小于 1（甚至是负）的折射率，则在这个特殊的环境中，其速度是可以超过真空中光速的. 同样的道理，如果人工操控系统内可以实现更高的折射率，则可以使光速减慢. 这些也是近代光学领域的重要研究课题之一.

11.3.2 相对论中的速度和*加速度变换

伽利略变换下，同一质点在两个惯性参考系之间的速度变换如(11.1.1-2a)式所示，加速度在任何惯性系下都是相同的，这体现了物理规律在伽利略变换下的等价性. 而在洛伦兹变化下，其加速度在不同惯性参考系下的变换将发生根本性的变化. 本节给出速度和加速度在洛伦兹变换下的变换关系.

授课录像： 相对论中的速度和加速度变换

1. 速度变换

设一质点在 S 中的速度为(u_x,u_y,u_z)，在 S′中的速度为(u'_x,u'_y,u'_z)，S′系相对 S 系沿 x 轴方向运动，运动速度为 v，由洛伦兹变换可得两参考系下的速度变换.

由(11.3.1-4a)式的洛伦兹变换可得

$$u'_x=\frac{\mathrm{d}x'}{\mathrm{d}t'}=\frac{\mathrm{d}x-v\mathrm{d}t}{\mathrm{d}t-\frac{v}{c^2}\mathrm{d}x}=\frac{\frac{\mathrm{d}x}{\mathrm{d}t}-v}{1-\frac{v}{c^2}\frac{\mathrm{d}x}{\mathrm{d}t}}=\frac{u_x-v}{1-\frac{v}{c^2}u_x} \tag{11.3.2-1a}$$

$$u'_y=\frac{\mathrm{d}y'}{\mathrm{d}t'}=\frac{\mathrm{d}y\sqrt{1-\frac{v^2}{c^2}}}{\mathrm{d}t-\frac{v}{c^2}\mathrm{d}x}=\frac{u_y\sqrt{1-\frac{v^2}{c^2}}}{1-\frac{v}{c^2}u_x} \tag{11.3.2-1b}$$

$$u'_z=\frac{\mathrm{d}z'}{\mathrm{d}t'}=\frac{\mathrm{d}z\sqrt{1-\frac{v^2}{c^2}}}{\mathrm{d}t-\frac{v}{c^2}\mathrm{d}x}=\frac{u_z\sqrt{1-\frac{v^2}{c^2}}}{1-\frac{v}{c^2}u_x} \tag{11.3.2-1c}$$

当 $v\ll c$ 时，由(11.3.2-1)式可得 $u'_x=u_x-v$，$u'_y=u_y$，$u'_z=u_z$，即为伽利略速度变换公式. 将(11.3.2-1)式中的 v 换成 $-v$ 得速度的逆变换，即

$$u_x=\frac{u'_x+v}{1+\frac{v}{c^2}u'_x},\quad u_y=\frac{u'_y\sqrt{1-\frac{v^2}{c^2}}}{1+\frac{v}{c^2}u'_x},\quad u_z=\frac{u'_z\sqrt{1-\frac{v^2}{c^2}}}{1+\frac{v}{c^2}u'_x} \tag{11.3.2-2}$$

由（11.3.2-2）式可以推知，光速在任何参考系下的速度大小是不变的，但方向却是与参考系有关的.

例 11.3.2-1 设飞船 A 以 $0.9c$ 的速度向东运动，飞船 B 以 $0.9c$ 的速度向西运动. 求飞船 B 相对 A 的速度.

解：以地面为 S 系，飞船 A 为 S′系，飞船 B 为研究对象. 这样，$u_x=-0.9c$，$v=0.9c$，于是

$$u'_x=\frac{u_x-v}{1-\frac{v}{c^2}u_x}=\frac{-0.9c-0.9c}{1-\frac{0.9c}{c^2}(-0.9c)}=-0.99c$$

*2. 加速度变换

设一质点在 S 中的加速度为(a_x,a_y,a_z)，在 S′中的加速度为(a'_x,a'_y,a'_z)，S′系相对 S 系沿 x 轴方向运动，运动速度为 v，参照上述速度变换的导出过程，可得两参考系下的加速度变换，结果如下：

$$a_x=\frac{\left(1-\frac{v^2}{c^2}\right)^{3/2}}{\left(1+\frac{vu'_x}{c^2}\right)^3}a'_x \tag{11.3.2-3a}$$

$$a_y=\frac{1-\frac{v^2}{c^2}}{\left(1+\frac{vu'_x}{c^2}\right)^2}a'_y-\frac{\left(\frac{vu'_y}{c^2}\right)\left(1-\frac{v^2}{c^2}\right)}{\left(1+\frac{vu'_x}{c^2}\right)^3}a'_x \tag{11.3.2-3b}$$

$$a_z=\frac{1-\dfrac{v^2}{c^2}}{\left(1+\dfrac{vu'_x}{c^2}\right)^2}a'_z-\frac{\left(\dfrac{vu'_z}{c^2}\right)\left(1-\dfrac{v^2}{c^2}\right)}{\left(1+\dfrac{vu'_x}{c^2}\right)^3}a'_x \tag{11.3.2-3c}$$

将(11.3.2-3)式中的 v 换成 $-v$ 得加速度的逆变换.

在相对论中，加速度在不同的惯性系下不是不变量，如(11.3.2-3)式所示，其变换冗长而复杂，各个分量的变换形式亦不相同，所以加速度在牛顿力学中所具有的那种优越地位，在相对论中不复存在. 因此，读者也不需要对加速度变换给予更多的关注.

11.3.3 伽利略变换与洛伦兹变换的分析比较

从时间、空间、力学相对性原理角度比较一下伽利略变换与洛伦兹变换的区别.

授课录像： 伽利略变换与洛伦兹变换的分析比较

时间观念： 伽利略变换中，$t=t'$，即，时间与空间各自彼此无关，这只是一种经验性的假设. 由此导致的结果是，测量同一事件的时间间隔是与参考系选取无关的. 而在洛伦兹变换中，$t'=\dfrac{t-\dfrac{v}{c^2}x}{\sqrt{1-\dfrac{v^2}{c^2}}}$，即，时间与空间是有关联的，这是依据相对性原理和光速不变原理导出的. 由此导出的结果是，测量同一事件的时间间隔是与参考系选取有关的，进一步可以导出同时的相对性、运动时钟变慢、时钟的不同步等与经典时空观完全不同的观测效应.

空间观念： 按照伽利略变换，测量一把尺子时，无论这把尺子相对测量者是否运动，其测量的长度都是相同的，即，即空间是绝对的，与观察者的相对运动状态无关. 而按照洛伦兹变换，这把尺子的测量长度是与测量者的相对运动状态有关的，即，运动尺子变短. 从测量的角度，运动尺子变短也是运动时钟变慢的一个自然推论.

力学相对性原理： 加速度在伽利略变换下不变，所以，$\boldsymbol{F}=m\boldsymbol{a}$ 的牛顿第二定律表述形式在两个参考系下具有伽利略变换的协变性. 而加速度在洛伦兹变换下是变化的，说明 $\boldsymbol{F}=m\boldsymbol{a}$ 的表述形式不具备洛伦兹变换的协变性，在相对论范畴是需要修改的.

为了从根本上理解上述两种变换的区别，我们首先需要区分绝对性与相对性两个层面的认识问题. 对于一个物理事件的发生或发生过程本身及其所对应的普适规律，与其所发生的现象描述是不同的概念，前者是与参考系无关的，是绝对性的，后者是与参考系有关的，是相对性的. 以爱因斯坦在1905年发表的《论动体的电动力学》一文中所列举的永磁铁和线圈做相对运动所产生的电磁感应现象为例，永磁铁和线圈的相对运动产生电流是一个物理事件的发生过程，以及所对应这个过程的电磁感应现象是与参考系无关的，是绝对性的问题. 但对于这个物理事件过程的现象描述却是与参考系有关的，是相对性的问题，亦即，在相对磁铁静止的观察者看来，感应电动势为动生电动势，来源于磁场的洛伦兹力；在相对线圈静止的观察者看来，感应电动势为感生电动势，来源于涡旋电场的非静电力.

既然一个物理事件的发生过程本身及其所对应的普适规律是与参考系无关的绝对性问题，如何寻找一种变换，使其在不同参考系间保持物理规律的形式不变，可以说是为了保证普适规律的真实性与绝对性的手段，也可以说是衔接绝对性与相对性问题的纽带. 随着研究的不断深入，也就有了伽利略变换、洛伦兹变换、广义协变性原理等的变换. 在早期的伽利略变换中，是经验性地把时间和空间割裂开来，导致了这种变换只能在一定的条件下成立. 而在洛伦兹变换中，空间坐标的变换式里包含着时间坐标，而时间的坐标变换式里也包含着空间坐标，体现了时空结构的真实属性. 从数学的角度理解洛伦兹变换，法国物理学家庞加莱在 1905 年发表的文章中指出，三维空间的两个惯性参考系间的变换相当于两个具有共同原点的四维时空坐标轴（时间作为第四个维度）的转动，这也意味着四维时空矢量的大小或者四维时空间隔的不变性. 在广义相对论的协变性原理中，利用黎曼几何的数学手段，使其参考系之间的变换不需要任何的形式，上升了新的高度.

在（11. 3. 1-4）式所示的洛伦兹变换公式中，空间坐标和时间坐标是交织在一起的，这也意味着，在洛伦兹变换中，一对事件在某个坐标系中的空间距离，在另一个坐标系中会转化为时间上的差异，反过来也一样. 空间和时间的相互转化，清楚地表明了时间和空间的内在联系. 由此说明：时间和空间是统一的. 不是一个犹如三维大容器那样的不变的空间加上一个独来独往、处处一样的一维时间，而是时间和空间"融合"成一个统一的四维连续体. 通常叫做"时间—空间"，简称"时空".

洛伦兹变换公式中的空间坐标是观察者在各自坐标系下测量同一物理事件发生的空间位置，是容易理解的. 对时间测量的进一步解释：可以认为不同观察者在各自的参考系中放置了一系列相对各自观察者静止的时钟，某个事件发生时，(x,y,z,t)中的时间 t 是在 S 参考系的观察者用固定在(x,y,z)处的时钟测量的事件所发生的时间，(x',y',z',t')中的时间 t'是在 S′参考系观察者用固定在(x',y',z')处的时钟测量的同一事件所发生的时间，两个时钟给出的时间不同，其关系满足洛伦兹变换. 这种方法也是实际测量事件发生时间的方法.

同一物理事件却给出两个不同的时间，让人感觉有悖于日常生活的常理. 其原因在于：**事件发生的过程与观察者的相对运动状态有关，而空间与时间又是交织在一起的，导致两个事件发生的过程对不同参考系观察者来说，是不等价的物理过程. 既然是不等价过程，对不同参考系的观察者而言就会有时间上的差异，**也就是说，为了保证物理事件的发生或发生过程，以及所对应的物理规律的绝对性属性，就没有一个绝对的、真实的彼此独立的空间和时间概念，一切都是相对的. 我们在日常生活中并没有感觉到空间和时间的相对性是因为自然界中所能遇到的参考系的运动速度大都远远小于光速，其相对性表现并不明显，因此，空间和时间的不变性就在人们的记忆中打下了深深的烙印. 当参考系的运动速度与光速相比不能忽略时，其空间和时间的相对性效应就凸显出来了. 显然，由洛伦兹变换得出的狭义相对论的结果是对这些根深蒂固的经验和烙印的挑战.

下面介绍这种空间和时间相对性效应的基本知识和部分结论，详细的内容将在后继的电动力学中讨论. 需要强调，**用观察者在各自参考系下的坐标和事件发生地的固定时钟测量同一物理事件是讨论如下问题的前提**.

§11.4 狭义相对论运动学的基本现象

在洛伦兹变换下，事件发生的同时性，时间和空间的绝对性的传统概念都将发生变化，即所有与时间和空间相关的事件的发生都变成是相对的. 本节介绍这些相关运动学现象.

11.4.1 同时的相对性

如图 11.4.1-1 所示，假设在一个运动的宇宙飞船上(S′系)的两端 A'、B'各放一只钟，从飞船的中点发出一个光信号，A'和 B'各自接收到光信号作为两个发生的物理事件，并设 A'、B'到光源的距离相等. 从飞船的 S′系观察者角度，由于两个路径的光速均是 c，因此光信号将同时到达 A'、B'接收器，即两个事件是同时发生的. 从地面的 S 系的观察者角度，A'、B'到光源的距离仍然是相等的，但从经典的角度和相对论的角度分析两路光信号的速度是不同的. 从经典的角度，按照伽利略变换，沿着 B'方向的光速将变快，沿着 A'方向的光速将变慢，而飞船是沿着 B'方向运动，综合的结果使得光信号会同时到达 A'、B'接收器，亦即，按照经典的时空观，S 系的观察者也认为事件是同时发生的. 但从相对论的角度，光速不依赖于参考系的选取，所以相对 S 系观察者来说，两路光信号的速度仍然为 c，但由于飞船沿着 B'方向运动，因此，A'接收器先接收到信号，而 B'接收器后接收到信号，亦即，两个事件是不同时发生的. 由于光速不变是个事实，因此，由此推知的同时的相对性亦是时空的真实属性. 下面由洛伦兹变换定量讨论同时性问题.

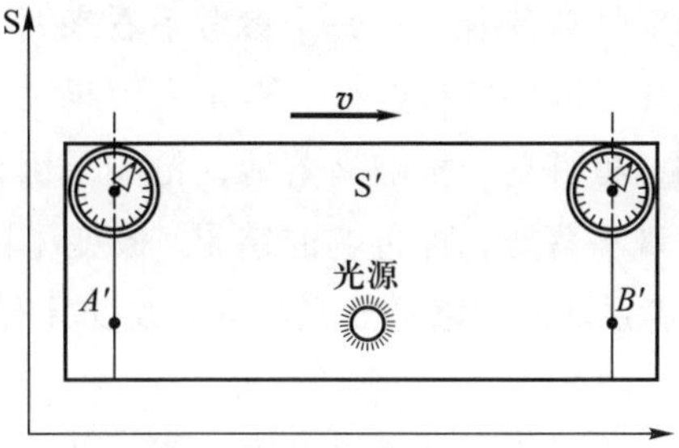

图 11.4.1-1

授课录像：同时的相对性

AR 演示：同时的相对性

设在 S 系中发生两事件 $A(x_1,y_1,z_1)$ 和 $B(x_2,y_2,z_2)$，发生的时间为 t_1 和 t_2，若 $\Delta t=t_2-t_1=0$，称两件事是同时发生的.

在 S′系中(相对 S 系速度为 v)，测得两件事的时间为 t_2'和 t_1'.

根据伽利略变换有，$\Delta t'=t_2'-t_1'=t_2-t_1=\Delta t=0$，即在伽利略变换下，两件事也是同时发生的.

根据洛伦兹变换有

$$t_2'=\left(t_2-\frac{v}{c^2}x_2\right)\bigg/\sqrt{1-\frac{v^2}{c^2}} \tag{11.4.1-1a}$$

$$t_1'=\left(t_1-\frac{v}{c^2}x_1\right)\bigg/\sqrt{1-\frac{v^2}{c^2}} \tag{11.4.1-1b}$$

由(11.4.1-1)式得

$$\Delta t' = t_2' - t_1' = \left(\Delta t - \frac{v}{c^2}\Delta x\right) \Big/ \sqrt{1 - \frac{v^2}{c^2}} \quad (11.4.1-2)$$

由(11.4.1-2)式可以看出：在洛伦兹变换下，若 $\Delta x \neq 0$，$\Delta t = 0$，则 $\Delta t' \neq 0$，即在 S 系观察者看来，在不同地点同时发生的两事件，在 S′系中的观察者看来两事件不再是同时发生. 若 $\Delta x = 0$，$\Delta t = 0$，则 $\Delta t' = 0$，即在 S 系中同一地点同时发生的两事件，在 S′系中的观察者看来也是同时发生的. 反之亦然.

同时相对性的结论：**在一个惯性参考系下同一地点、同时发生的两个事件，在其他惯性系看来都是同时的；在一个惯性参考系下不同地点同时发生的两个事件，在其他惯性系看来是非同时的.**

同时的相对性意味着，在一个参考系看来两个事件发生的先后顺序，在另一个参考系看来，其发生的先后顺序或许改变. 对于有因果关系的两个事件，顺序的改变意味着因果关系的改变，例如，枪打鸟，枪响鸟落地，枪响是因，鸟落地是果. 如果参考系变换改变了因果关系，就会出现鸟落地，枪再响的结果. 改变了因果关系的变换一定不是正确的变换. 可以证明，两个参考系之间的洛伦兹变换不会改变具有因果关系的两个事件的先后顺序. 具体分析如下.

设在 S 系看来，事件 A 先于事件 B 发生，即 $\Delta t = t_2 - t_1 > 0$，若使在 S′系看来同样两个事件的先后顺序发生改变，即需要 $\Delta t' = t_2' - t_1' < 0$，由(11.4.1-2)式可得

$$\Delta t = t_2 - t_1 < \frac{v}{c^2}\Delta x \quad (11.4.1-3a)$$

令$\frac{\Delta x}{\Delta t} = v_{AB}$，则由(11.4.1-3a)式可得

$$\frac{\Delta x}{\Delta t}v = v_{AB}v > c^2 \quad (11.4.1-3b)$$

由(11.4.1-3b)式可以看出，对于没有任何联系的两个事件，只要在 S 系下两个事件发生的距离 Δx 足够远，发生的时间 Δt 足够小，(11.4.1-3b)式是可以满足的，即在 S 系先后发生的两个事件，在 S′系看来，其先后顺序是可以改变的. 但是对于有因果联系的两个事件，二者之间一定有某种信号与之联系，此时$v_{AB} = \frac{\Delta x}{\Delta t}$就对应信号的传播速度(如枪响鸟落地对应的信号传播速度就是子弹的传播速度). 由狭义相对论的推论得知，自然界任何物体的运动速度不能大于光速，即 $v_{AB} = \frac{\Delta x}{\Delta t} < c$，$v < c$，此时(11.4.1-3b)式是不能成立的，也就意味着，不会因洛伦兹变换而导致两个事件因果关系的改变.

例 11.4.1-1 设北京到上海相距 1 000 km，地面上观察两地同时开出的两列列车. 现有一飞船沿北京至上海方向直线飞行，速度为 v. 试求 $v = 94$ m/s 和 $v = 0.999c$ 这两种情况下，飞船中观察者测量所得两列列

车开出的时间间隔.

解：在地面 S 系中，$\Delta x = x_{上} - x_{北} = 10^6$ m，$\Delta t = t_{上} - t_{北} = 0$ s.

在飞船 S′系中，$\Delta t' = t'_{上} - t'_{北} = \left(-\dfrac{v}{c^2}\Delta x\right) \Big/ \sqrt{1-\dfrac{v^2}{c^2}}$.

当 $v = 94$ m/s 时，$\Delta t' = -10^{-9}$ s $= -1$ ns，即上海开出的列车比北京开出的早 1 ns.

当 $v = 0.999c$ 时，$\Delta t' = -7.4\times10^{-2}$ s $= -74$ ms，即上海开出的列车比北京开出的早74 ms.

由此可以看出，对于参考系远小于光速的运动来说，相对论效应是很小的.

11.4.2 时间延缓

如图 11.4.2-1 所示，一列车(S′系)以速度 $\boldsymbol{v}$ 相对地面(S 系)匀速行驶，列车 A'处同时放置能够发光的信号源和接收光信号的接收器. 某一时刻，信号源发出一光脉冲，经过 M 处的反射镜反射后被 A'处的接收器接收. 光源发光和接收器接收光是发生的两个物理事件，二者发生的时间间隔可用时钟来测量. 下面考察用 S 和 S′系的时钟测量这两个物理事件所发生的时间间隔.

授课录像：
时间延缓

如图 11.4.2-1 所示，S′系的观察者观测 A'处的光源发光与接收器接收信号对应的是沿着竖直方向的 $A'MA'$光路. 从 S 系的观察者角度，由洛伦兹速度变换可以推知，虽然发射时的 $A'M$ 方向，以及返回时的 MA'方向的光速大小仍然是 c，但它们方向却分别变成了斜上方与斜下方（亦即，光速与参考系无关，但传播方向是与参考系有关的）. 显然，S′系和 S 系各自测量的 $A'MA'$光程的长度是不同的，S 系观察者测量的长度会更长些（值得说明一点，在图 11.4.2-1 中，把三角形 $A'MA'$的底边 $A'A'$夸大了. 通常 $v \ll c$，因此，三角形 $A'MA'$的底边 $A'A'$是非常小的，以至于无法画出）. 因此，从物理的角度，S 系测量两个事件发生的时间间隔要比 S′系测量的大些. 如果从 S 系的观察者角度去比较这两个时间间隔，给出的结论就是运动的时钟变慢. 下面给出两个时间间隔关系的推导过程.

相对 S 系的观察者，发光事件位于 S 系的 A 点，而接收光事件位于 S 系的 B 点，如图 11.4.2-1 过程的 $A'MA'$光线所示. 这是发生在异地的两个事件，因此两个事件发生的时间间隔可用固定于 S 系中 A 点和 B 点的时钟来测量. 由图11.4.2-1的几何关系可得

$$\left(\frac{1}{2}c\Delta t\right)^2 = L^2 + \left(\frac{1}{2}v\Delta t\right)^2 \tag{11.4.2-1}$$

整理得

$$\Delta t = \frac{2L}{c} \Big/ \sqrt{1-\frac{v^2}{c^2}} \tag{11.4.2-2}$$

S 系观察者看到的 $A'MA'$光折线，在 S′系观察者看来，变成了 $A'MA'$的光直线，如图 11.4.2-1 的最右图所示(这一点可由洛伦兹速度变换给出证明). 因此，在 S′系观察者看来，两个物理事件发生在同一地点，用同一个时钟来测量，两个事件所经历的事件间隔为

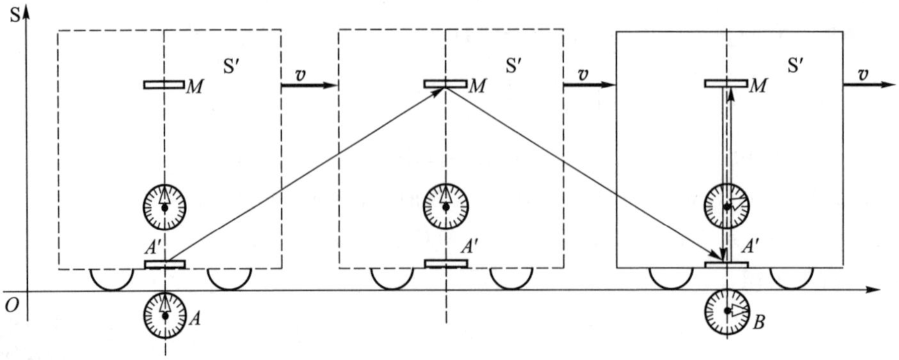

图 11.4.2-1

AR 演示:
时间延缓

$$\Delta t' = \frac{2L}{c} \tag{11.4.2-3}$$

比较(11.4.2-2)式和(11.4.2-3)式的 Δt、$\Delta t'$的关系式，可得

$$\Delta t = \Delta t' \Big/ \sqrt{1-\frac{v^2}{c^2}} \tag{11.4.2-4}$$

从物理上看(11.4.2-4)式所示的意义. 位于 A'处的发射器和接收器分别发出光波和接收光波，对于这两个物理事件的发生，设发射器发出光波时伴随“滴”的声音，接收器接收光波时伴随“答”的声音. 从地面的观察者看来，他所听到的“滴答”时间间隔，比车厢内的观察者听到的“滴答”时间间隔要长.

(11.4.2-4)式还可以通过如下例子的洛伦兹变换关系给出. 如图 11.4.2-2 所示，设在 S′系的坐标原点放置了相对 S′系固定的时钟 A′. S′系相对 S 系沿 x 正方向以速度 v 运动. 设 S 系中放置了相对于 S 系静止的一系列的钟，如 A、B 是调节好的钟，其中每个钟都可以帮助我们确定出它所在位置事件发生的时间. 当 A′与 A 相遇，称为第一事件，当 A′与 B 相遇，称为第二事件.

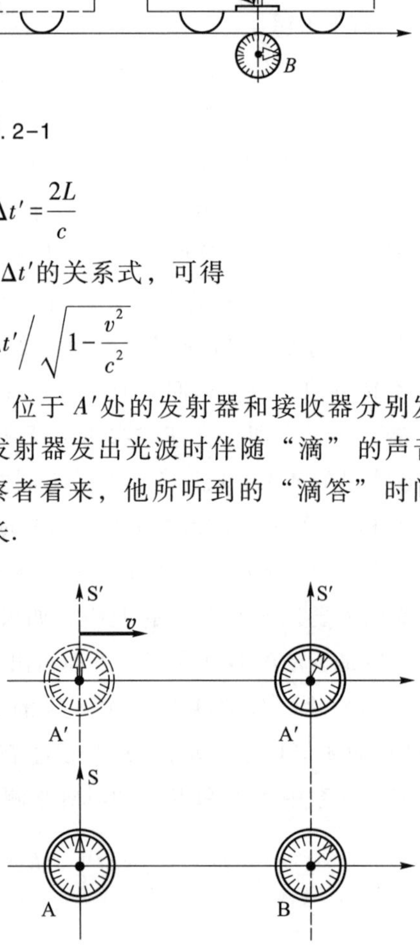

图 11.4.2-2

AR 演示:
时间延缓原理

在 S′系看来，两件事发生在同一地点，即 $x_1'=x_2'=0$，时间间隔为

$$\Delta t' = t_2' - t_1' \tag{11.4.2-5}$$

在 S 系看来，两件事发生在不同地点，即 $x_1 \neq x_2$，由洛伦兹变换有

$$t_2 = \left(t_2' + \frac{v}{c^2}x_2' \right) \Big/ \sqrt{1-\frac{v^2}{c^2}} \tag{11.4.2-6a}$$

$$t_1=\left(t_1'+\frac{v}{c^2}x_1'\right)\Bigg/\sqrt{1-\frac{v^2}{c^2}} \tag{11.4.2-6b}$$

由于 $x_1'=x_2'=0$，所以

$$\Delta t=t_2-t_1=(t_2'-t_1')\Bigg/\sqrt{1-\frac{v^2}{c^2}}=\Delta t'\Bigg/\sqrt{1-\frac{v^2}{c^2}}>\Delta t' \tag{11.4.2-7}$$

上面两例是从两个观察者各自的角度讨论了两个事件发生的时间间隔. 如果只从 S 系观察者的角度考虑，可以等效地认为，S 系观察者是用事件发生所在地点的两个不同的固定时钟和事件发生所在地点的同一个运动的时钟(运动的时钟相对 S′系观察者是静止的)来测量两个事件发生的时间间隔的. 其中，两个静止时钟和一个运动的时钟给出的时间间隔分别为

$$\Delta t_{运动}=\Delta t', \qquad \Delta t_{静止}=\Delta t=\Delta t'\Bigg/\sqrt{1-\frac{v^2}{c^2}} \tag{11.4.2-8}$$

所以，在 S 系的观察者看来，运动的时钟变慢了. 同理，如从 S′系观察者的角度，A′是静止的时钟，A、B 是运动的时钟，当 A′与 A、B 分别重合这两个事件发生时，在 S′系观察者看来，是用了事件发生所在地点的一个静止的时钟 A′的读数和事件发生所在地点的两个不同运动的时钟 B、A 的读数差测量了两个事件的发生时间，结果仍然是时钟 A′的读数小于两个运动时钟 B、A 的读数差. 当 A′与 A、B 分别重合时，如果 S′系观察者用发生两个事件时位于异处的 A 钟或 B 钟的前后读数差给出两个事件发生的时间，发现其时间差小于 A′的读数，说明在 S′系观察者看来，一只运动的时钟同样变慢. 其具体的定量计算参考例 11.4.4-1.

运动着的钟变慢，意味着一切类型的钟，包括机械钟、原子钟、脉冲发生器、节拍器等一切物理、化学，甚至生命过程都按同一因子变慢，也就是说，**相对某个观察者运动的时钟同相对该观察者静止的时钟相比，运动的时钟流逝变慢了，此即时间延缓**.

两个参考系的观察者都认为对方时钟变慢似乎是一个矛盾的结果. 这个问题在于观察者对参考系和发生事件的理解. 对参考系而言，两个相互运动的参考系是完全等价的. 但对于发生的事件来说，在两个参考系的观察者看来并不等价. 从上面的例子可以看出，在一个参考系同一地点发生的两个事件，在另外一个参考系的观察者看来却是发生在异地的两个事件，哪个观察者认为是同地，哪个观察者认为是异地是确定的. 按照用事件发生时所在地的时钟读数差来测量事件发生的时间间隔原则，用单一时钟测量的两个事件发生的时间间隔称为本征时间或固有时间，用两个时钟测量同样的两个事件发生的时间间隔称为非本征时间. 时间延缓的结论可总结为：**两个时钟给出的两个事件发生的时间间隔(非本征时间)大于单一时钟给出的时间间隔(本征时间)**.

针对上述时间延缓的结论，历史上人们曾以双生子佯谬问题，对相对论结果进行了一场挑战性的争论.

设想有一对孪生兄弟，其中的哥哥乘上了宇宙飞船以极高的速度去遨游太空，弟弟留在地球上. 从地球上弟弟的角度考察两人所经历的时间. 假如地球上的弟弟已生活了 10 年，

由于运动的时钟变慢，他推算飞船上的哥哥生活的时间将不足 10 年．因此，地球上的弟弟得出结论：当飞船返回地球时，飞船上的哥哥要比自己年轻！

从飞船上的哥哥的观点来考察两人的年龄．假如飞船上的哥哥按飞船上的时钟计算生活了 6 年，由于地球相对飞船运动，运动的时钟变慢，哥哥推算地球上的弟弟将生活不足 6 年，因此，飞船上的哥哥推断说，当飞船再回到地球上时，地面上的弟弟将比自己年轻！

当两个兄弟再次相遇时，哪个年轻虽然是个事实，但从哥哥和弟弟的角度观察，得出截然相反的结论，此谓孪生子佯谬．如何解释？

狭义相对论成立的条件是两个参考系必须都是惯性参考系．如果把飞船看成惯性系的话，飞船一旦飞离地球，就不会再回到地球上了，就谈不上相遇的问题了．如果它要返回地球，那么飞船由于飞行方向要改变，因而它就是一个加速参考系，狭义相对论对它来说就不成立了．由第十二章广义相对论内容可知，一个加速的参考系等效一个引力场作用，广义相对论的推论之一是，引力场使时钟变慢，这意味着，飞船在转向的过程中，飞船上的时钟已经被延缓了．

即使忽略转向过程中广义相对论的影响，如前所述，对两个参考系的观察者来说，飞船离开地球和再返回到地球是一不等价的事件过程．从地球上的观察者角度，只是飞船离开地球到达星体，转向后再返回地球的过程．从飞船的宇航员角度，飞船飞向其他星体，是地球远离飞船的过程．飞船到达某个星体后突然转向，在返回的过程中，S′系不变，而飞船并非是 S′系了，相对 S′系来说，是飞船追赶地球的过程．既然是不等价过程，就一定有时间间隔的区别．通过例 11.4.4-1 的定量计算可以得出结论，飞船离开地球和再返回到地球时，无论从哪个参考系的角度，地球上的时间间隔都大于飞船上的时间间隔．

实验已经验证了时间延缓的正确性．如 μ 子形成在 10 000 m 的高空中，它的寿命是 2.2×10^{-6} s，运动速度为 $v=0.996\ 6c$．如果不考虑相对论效应，它的运行高度为 $0.996\ 6c\times 2.2\times10^{-6}\text{s}=660$ m，在距离地面 9 340 m 处它将消失，在这个高度上地面是无法测量到的．如果考虑相对论效应，由时间延缓，可得 μ 子相对地球的寿命变为 26.7×10^{-6} s，于是它相对地球的运行高度为 8 000 m，这样在离地面 2 000 m 的地方将观测到它．而实验上确实如此，在我国云南的观测站就观测到了 μ 子的存在．

11.4.3 长度收缩

如图 11.4.3-1 所示，设有一车(S′系)以速度 v 沿地面(S 系)匀速行驶，车内有一固定于车上的尺子，尺子相对于车内观察者测量的长度为 L．地面测量尺子的长度如何？

授课录像：
长度收缩

设车内对应尺子两端有相对车固定的校准的时钟 A′、B′，地面上有固定时钟 A．设当 A、A′重合时为第一事件发生，当 A、B′重合时为第二事件发生．从地面观察者的角度，设两事件发生的事件间隔为 Δt，则地面测量尺子的长度为 $\Delta x=v\Delta t$，其中 Δt 是相对观察者静止的同一时钟给出的时间间隔．对车内的观察者来说，其测量的长度与测量的时间关系为 $L=v\Delta t'$．其中 $\Delta t'$是用两个时钟 A′、

AR 演示：
长度收缩

B′给出的读数差．由前面讨论的时间延缓可知，两个时钟给出的时间间隔与一个时钟给出的时间间隔的关系为 $\Delta t=\Delta t'\sqrt{1-\frac{v^2}{c^2}}$，由此得

$$\Delta x=L\sqrt{1-\frac{v^2}{c^2}} \tag{11.4.3-1}$$

即地面测量运动尺子的长度同尺子静止时相比缩短了．这个例子的推导过程可以看出，运动尺子变短是运动时钟变慢的一个自然推论．这一关系也可以由下面例子的洛伦兹变换给出．

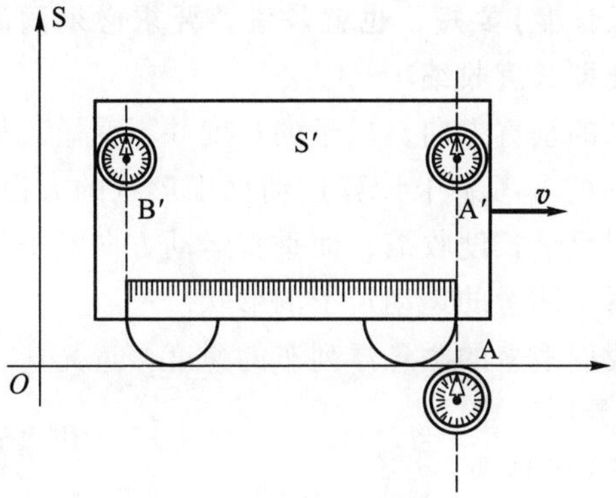

图 11.4.3-1

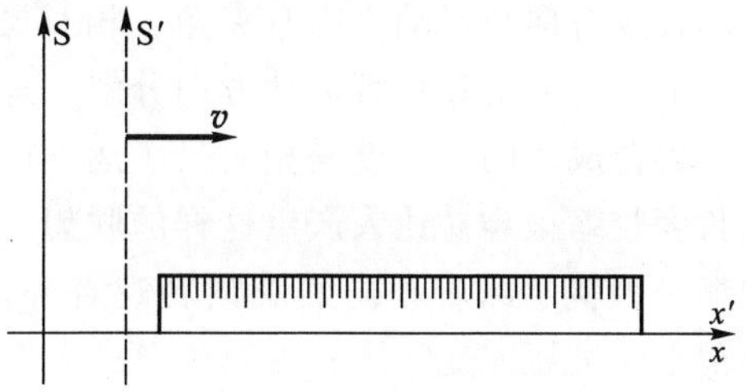

图 11.4.3-2

如图 11.4.3-2 所示，一个尺子的长度可以由端点的坐标表示，在伽利略变换下，在任何参考系下测量该尺子的长度都是相同的，但在洛伦兹变换下就不同了．设尺子静止于 S′系中．在 S、S′系中只要分别量出尺子两端的坐标，就可得到尺子长度．在 S′系中测量该尺子长度为 $\Delta x'=l=x_2'-x_1'$，在 S 系中测量该尺子长度为 $\Delta x=x_2-x_1$．由洛伦兹变换有

$$x_2=\frac{x_2'+vt_2'}{\sqrt{1-\frac{v^2}{c^2}}},\quad x_1=\frac{x_1'+vt_1'}{\sqrt{1-\frac{v^2}{c^2}}} \tag{11.4.3-2a}$$

$$t_2'=\frac{t_2-\frac{v}{c^2}x_2}{\sqrt{1-\frac{v^2}{c^2}}},\quad t_1'=\frac{t_1-\frac{v}{c^2}x_1}{\sqrt{1-\frac{v^2}{c^2}}} \tag{11.4.3-2b}$$

由于尺子相对 S 系是运动的，所以在 S 系下必须对 x_2、x_1 同时测量，即 $t_2=t_1$．联立(11.4.3-2)式得

$$\Delta x=x_2-x_1=\Delta x'\sqrt{1-\frac{v^2}{c^2}}=l\sqrt{1-\frac{v^2}{c^2}}<l \tag{11.4.3-3}$$

由于尺子相对 S′系静止，在 S′系任何时刻测量都是相同的，上述变换公式也可以由逆变换进行更为简洁的运算，即

$$x_2' = \frac{x_2 - vt_2}{\sqrt{1-\frac{v^2}{c^2}}}, \qquad x_1' = \frac{x_1 - vt_1}{\sqrt{1-\frac{v^2}{c^2}}}, \qquad t_2 = t_1 \tag{11.4.3-4}$$

运算整理得

$$\Delta x = x_2 - x_1 = \Delta x' \sqrt{1-\frac{v^2}{c^2}} = l\sqrt{1-\frac{v^2}{c^2}} < l \tag{11.4.3-5}$$

上述两例的(11.4.3-1)式和(11.4.3-5)式结果表明：**尺子在相对观察者运动时测量的长度比在尺子相对观察者静止时测量的长度（本征长度）要短，也就是说，要求必须同时测量的尺子长度，比不要求同时测量的尺子要短，此即长度收缩.**

长度收缩是指沿尺子的运动方向变短，在运动的垂直方向，尺子的长度并不变短．如果尺子的长度方向与运动方向有夹角，相对尺子运动的参考系中计算运动尺子形状的方法是：将尺子沿运动方向和垂直运动方向分解，运动方向尺子长度收缩，而垂直运动方向尺子尺寸不变，再合成后的尺子就是相对尺子运动的参考系下测量的运动尺子的形状.

长度收缩很容易让人产生这样的联想，假如我们乘坐的磁悬浮列车的速度接近光速，长度收缩是否就意味着车内的观察者观看外部的世界时，整个外部空间被压缩变窄了？伽莫夫著的著名科普读物《物理世界奇遇记》就有该问题的描述：主人公汤普金斯先生来到一座光速异常小的奇异城市，当他骑着自行车以接近光速的速度行驶时，发现周围的一切都变成了如图 11.4.3-3 所示的狭窄的世界．之后的几十年物理学家们一直认为汤普金斯先生的见闻是正确的．直到 1955 年，有学者发表了一篇文章进一步澄清了这个认识．其实，长度收缩是人们对运动尺子同时测量的效应，所有的空间位置都同时测量所得到的空间形象称为“测量形象”；而观察者观察运动空间在视网膜所形成的形象称为“视觉形象”，它是空间物体不同点在不同时刻发出的光波同时到达人的视网膜所形成的形象．二者的差别在于同时与非同时性测量，“测量形象”变窄是对的，但是“视觉形象”是非同时测量，因此空间变窄就不一定正确了．有人通过分析和计算证明，高速运动的立方体或球体看起来形状不变，只不过转过了一个角度而已.

图 11.4.3-3　汤普金斯先生的奇遇

*11.4.4　时钟的不同步

如图 11.4.4-1 所示，设 S′系相对 S 系以速度 v 匀速运动，两个参考系有相对各自参考系固定的系列时钟．两个参考系的观察者对各自参考系下的固定时钟进行同步校正．固定时钟同步的校正方法可以采用发射和接收光脉冲的方式，例如，在某个参考系的坐标原点发射一光脉冲信号，根据光的速度以及其他固定点时钟接收信号的距离，可以使其相对某个参考系下的所有的固定时钟进行校准同步.

授课录像：时钟的不同步

以位于两个坐标系原点的时钟重合时，作为两个参考系的 $t=t'=0$ 的公共计时零点，按照如上的时钟同步校正的方法，设想 S′系和 S 系的观察者均对各自参考系下的固定时钟进行了零点同步校正．具体来说，对于 S 系观察者，任何 x 处的固定时钟均为 $t=0$；对于 S′系观察者，任何 x'处的固定时钟均为 $t'=0$.

AR 演示：时钟不同步

从 S 系下观察者角度，设 S 系位于 x 处的固定时钟，在 $t=0$ 时刻与 S′系下的某个运动时钟重合为一物理事件的发生．依据洛伦兹变换可以推知 S′系下观察者所测量的该事件发生的时间 t'和地点 x'分别为：

$$t'=\frac{t-\frac{v}{c^2}x}{\sqrt{1-\frac{v^2}{c^2}}}=\frac{0-\frac{v}{c^2}x}{\sqrt{1-\frac{v^2}{c^2}}} \tag{11.4.4-1a}$$

$$x'=\frac{x-vt}{\sqrt{1-\frac{v^2}{c^2}}}=\frac{x-0}{\sqrt{1-\frac{v^2}{c^2}}} \tag{11.4.4-1b}$$

联合（11.4.4-1a）式和（11.4.4-1b）式，可得：

$$t'=\frac{t-\frac{v}{c^2}x}{\sqrt{1-\frac{v^2}{c^2}}}=\frac{0-\frac{v}{c^2}x}{\sqrt{1-\frac{v^2}{c^2}}}=-\frac{v}{c^2}x' \tag{11.4.4-2}$$

（11.4.4-2）式表明，在 S 系下观察者看来，在 $t=0$ 时刻所发生的事件，在 S′系下的观察者看来，并非是在 $t'=0$ 时刻发生的，具体的时间间隔差与事件所发生的地点有关．同理，在 S′系下观察者看来，在 $t'=0$ 时刻所发生的事件，在 S 系下的观察者看来，并非是在 $t=0$ 时刻发生的．这个结果意味着，**对于两个匀速运动的参考系，虽然相对各自参考系下的固定时钟是校准同步的，但对于某个参考系观察者而言，固定的时钟是校准同步的，而运动的时钟却是没有校准同步的，沿时钟运动的方向，越在前的时钟给出的读数越早些，而越在后的时钟给出的时钟读数越晚些**，如图 11.4.4-1 所示，其定量的差值如（11.4.4-2）式所示．

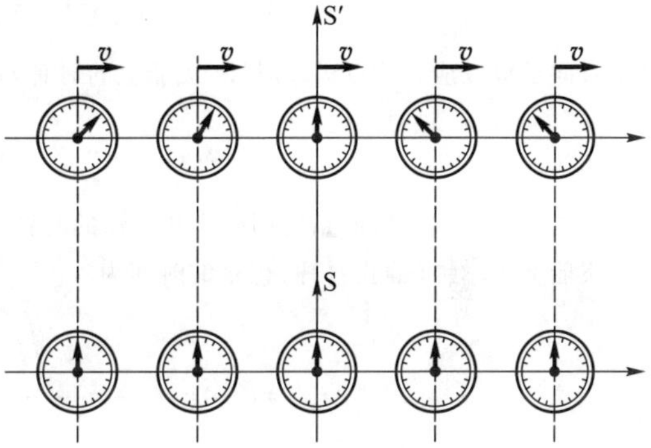

图 11.4.4-1

***例 11.4.4-1**　宇航员乘一宇宙飞船从地球飞向离地球 $L_0=8$ l. y.（l. y.称为光年，表示光在一年所经过的路程）的某星体．飞船相对地球的速度 $v=0.8c$，问宇航员何时到达该星体？如果飞船到达该星体后突然转向仍以 $v=0.8c$ 返回地球，飞船从离开地球到返回地球所用的总时间是多少，时间以年(a)为单位？

解：如例 11.4.4-1 图所示，以地球处为坐标原点，以地球指向星体的连线为 x 轴的正方向（S 系），飞船为 S′系.

Ⅰ　飞船到达该星体的时间计算

（1）从两个参考系观察者的角度计算时间

以 S 系观察者计算飞船到达星体的时间为

$$\Delta t=t_2-t_1=t_2-0=\frac{x_2-x_1}{v}=\frac{L_0}{0.8c}=\frac{8\ \text{l. y.}}{0.8c}=10\ \text{a}$$

以 S′系的宇航员计算飞船到达星体的时间为（星体向着飞船运动）

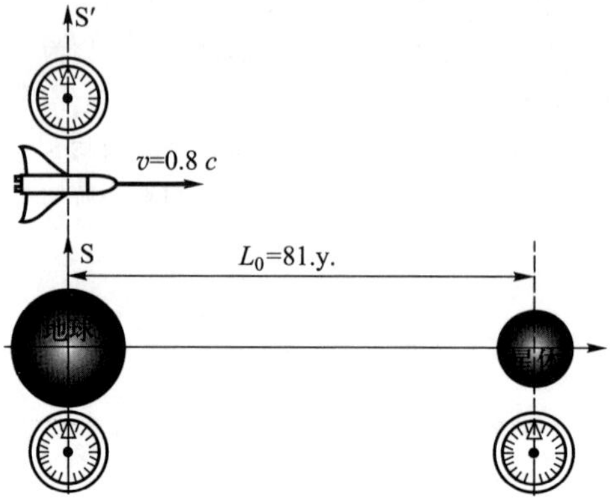

例 11.4.4-1 图

$$\Delta t'=t_2'-t_1'=t_2'-0=\frac{x_2'-x_1'}{v}=\frac{L_0\sqrt{1-\frac{v^2}{c^2}}}{v}=\frac{8\ \text{l. y.}\ \sqrt{1-\frac{(0.8c)^2}{c^2}}}{0.8c}=6\ \text{a}$$

(2) 从 S 系观察者的角度用静止和运动的时钟计算飞船到达星体的时间

静止时钟(星体上的时钟)记录的时间为

$$\Delta t_{静止}=t_2-t_1=t_2-0=\frac{x_2-x_1}{v}=\frac{L_0}{0.8\ \text{l. y.}}=\frac{8\ \text{l. y.}}{0.8c}=10\ \text{a}$$

由于时间延缓效应，所以运动时钟(飞船上的时钟)记录的时间为

$$\Delta t_{运动}=t_2'-t_1'=t_2'-0=\Delta t_{静止}\sqrt{1-\frac{v^2}{c^2}}=6\ \text{a}$$

(3) 从 S′系观察者的角度用静止和运动的时钟计算飞船到达星体的时间

飞船上的时钟(静止时钟)记录的时间为

$$\Delta t'_{静止}=t_2'-0=\frac{x_2'-x_1'}{v}=\frac{L_0\sqrt{1-\frac{v^2}{c^2}}}{v}=\frac{8\ \text{l. y.}\ \sqrt{1-\frac{(0.8c)^2}{c^2}}}{0.8c}=6\ \text{a}$$

由于时间延缓效应，所以地球和星体上的时钟(运动时钟)记录的时间间隔为

$$\Delta t'_{运动}=\Delta t'_{静止}\sqrt{1-\frac{v^2}{c^2}}=3.6\ \text{a}$$

这个时间也可以从 S′系宇航员(飞船)从地球和星体上运动的时钟指示数差给出. 计算方法：当星体与飞船重合时，飞船上的时钟指示数为

$$t_2'=\frac{x_2'-x_1'}{v}=\frac{L_0\sqrt{1-\frac{v^2}{c^2}}}{v}=6\ \text{a}$$

由洛伦兹变换，地球和星体上的时钟指示数为

$$t_{2地}=\left(t_2'+\frac{v}{c^2}x_2'\right)\Big/\sqrt{1-\frac{v^2}{c^2}}=\left(t_2'-\frac{v}{c^2}L_0\sqrt{1-\frac{v^2}{c^2}}\right)\Big/\sqrt{1-\frac{v^2}{c^2}}=3.6\ \text{a}$$

$$t_{2星}=\left(t_2'+\frac{v}{c^2}x_2'\right)\Big/\sqrt{1-\frac{v^2}{c^2}}=(t_2'+0)\Big/\sqrt{1-\frac{v^2}{c^2}}=10\ \text{a}$$

这两个时间相对飞船来说是运动的时钟给出的时钟读数，即

$$t'_{2运动地}=t_{2地}=3.6\ \mathrm{a},\quad t'_{2运动星}=t_{2星}=10\ \mathrm{a}$$

但是，当飞船开始离开地球时，由于运动时钟的不同步，飞船上的宇航员认为地球和星体上的时钟指示数是

$$t'_{1运动地}=\frac{v}{c^2}x'\Big/\sqrt{1-\frac{v^2}{c^2}}=0\Big/\sqrt{1-\frac{v^2}{c^2}}=0$$

$$t'_{1运动星}=\frac{v}{c^2}x'\Big/\sqrt{1-\frac{v^2}{c^2}}=\frac{v}{c^2}L_0\sqrt{1-\frac{v^2}{c^2}}\Big/\sqrt{1-\frac{v^2}{c^2}}=6.4\ \mathrm{a}$$

所以，飞船上的宇航员用地球和星体上的运动时钟的指示数测量的时间间隔为

$$\Delta t'_{运动地}=t'_{2运动地}-t'_{1运动地}=3.6\ \mathrm{a}-0=3.6\ \mathrm{a}$$

$$\Delta t'_{运动星}=t'_{2运动星}-t'_{1运动星}=10\ \mathrm{a}-6.4\ \mathrm{a}=3.6\ \mathrm{a}$$

结论：宇航员到达该星体时，地球上的观察者认为，地球和星体上的时钟运行了 10 a，飞船上的时钟运行了 6 a. 飞船上的宇航员认为：飞船上的时钟运行了 6 a，地球和星体上的时钟运行了 3.6 a. 这种差别在于两个参考系下观察者认为事件发生的不等价性. 在飞船到达星体时，地面观察者认为飞船运行了 8 l. y.，而飞船上的宇航员认为地球和星体只运行了 $8\ \mathrm{l.y.}\sqrt{1-\frac{(0.8c)^2}{c^2}}=4.8\ \mathrm{l.y.}$，二者是不等价的.

Ⅱ　飞船到从星体返回地球的时间计算

如果飞船到达该星体后突然转向仍以 $v=0.8c$ 返回地球，可以从两个参考系各自的角度计算返回时间.

(1) 以地球上的观察者计算宇航员返回地球的时间

地球上时钟记录的时间为

$$\Delta t_{静止}=\frac{x_2-x_1}{v}=\frac{L_0}{0.8\ \mathrm{l.y.}}=\frac{8\ \mathrm{l.y.}}{0.8c}=10\ \mathrm{a}$$

飞船上运动的时钟记录的时间为（时间延缓）

$$\Delta t_{运动}=\Delta t_{静止}\sqrt{1-\frac{v^2}{c^2}}=6\ \mathrm{a}$$

(2) 以飞船上的宇航员计算宇宙飞船返回地球的时间

在飞船离开和返回地球的过程中，S、S′两个坐标系的方向是不变的. 所以，飞船在转向后，飞船并非 S′系了（S′系仍然是相对地球和星体以速度 0.8c 远离地球运动），且飞船相对 S 系的速度变为 $u=-0.8c$，由狭义相对论速度变换公式，飞船相对 S′系的速度为

$$u'=\frac{u-v}{1-\frac{uv}{c^2}}=\frac{-0.8c-0.8c}{1+\frac{0.8c\times0.8c}{c^2}}=-\frac{40}{41}c$$

而地球相对 S′系的速度为 $v=-0.8c$，因此飞船在返回地球的过程中，相对 S′系来说，是飞船追赶地球的过程，且飞船赶上地球时所用的时间为

$$\Delta t'=\left(L_0\sqrt{1-\frac{v^2}{c^2}}\right)\Big/\left(\frac{40}{41}c-0.8c\right)=\frac{82}{3}\ \mathrm{a}$$

注意，这个时间是相对 S′系来说，飞船赶上地球的时间，而非飞船上时钟的时间. 地球和飞船相对 S′系分别以 $v=-0.8c$，$u'=-\frac{40}{41}c$ 的速度运动，由于时间延缓效应，对应地球和飞船上的时间间隔分别为

$$\Delta t_{运动地球}=\Delta t'\sqrt{1-\frac{v^2}{c^2}}=\frac{82}{3}\ \mathrm{a}\sqrt{1-\frac{(0.8c)^2}{c^2}}=16.4\ \mathrm{a}$$

$$\Delta t_{静止飞船}=\Delta t'\sqrt{1-\frac{u'^2}{c^2}}=\frac{82}{3}\mathrm{a}\sqrt{1-\frac{\left(\frac{40c}{41}\right)^2}{c^2}}=6\ \mathrm{a}$$

Ⅲ 飞船从地球出发到星体后再返回地球的总时间计算

（1）从地球上的观察者角度计算总时间

地球上时钟记录的时间（静止时钟）

$$\Delta t_{静止}=\Delta t_{静去}+\Delta t_{静回}=10\ \mathrm{a}+10\ \mathrm{a}=20\ \mathrm{a}$$

飞船上的时钟记录的时间（运动时钟）

$$\Delta t_{运动}=\Delta t_{动去}+\Delta t_{动回}=6\ \mathrm{a}+6\ \mathrm{a}=12\ \mathrm{a}$$

（2）从飞船上的宇航员角度计算总时间

地球上时钟记录的时间（运动时钟）

$$\Delta t_{运动}=\Delta t_{动去}+\Delta t_{动回}=3.6\ \mathrm{a}+16.4\ \mathrm{a}=20\ \mathrm{a}$$

飞船上的时钟记录的时间（静止时钟）

$$\Delta t_{静止}=\Delta t_{静去}+\Delta t_{静回}=6\ \mathrm{a}+6\ \mathrm{a}=12\ \mathrm{a}$$

从两个观察者角度计算时间相同.

*11.4.5 多普勒效应

振动的传播即为波动，可以分为机械波和电磁波（包括光波），前者是振动在介质中的传播，需要介质的存在，而后者是电场和磁场的交替耦合传播，不需要介质的存在．两者虽然振动传播的机制不同，但在数学处理上有许多的共同之处．本节首先推导出无相对论效应的机械波和电磁波的多普勒效应表达式，然后引入相对论效应修正，给出机械波和电磁波多普勒效应的普适性表达式，最后给出特殊条件下的纵向和横向多普勒效应的表达式，以及横向光波多普勒效应的实验验证．

授课录像： 多普勒效应

1. 机械波多普效应

设机械波源以周期 T_0 或者频率 $\nu_0=\frac{1}{T_0}$（称为本征频率）发出系列波阵面，该振动将以相对介质的波速 v_0 在介质中传播，对应的波长为 $\lambda_0=v_0T_0=\frac{v_0}{\nu_0}$，由此可得振源的本征频率与波速和波长的关系为 $\nu_0=\frac{v_0}{\lambda_0}$，其中 v_0、λ_0 分别是波相对介质的波速和波长，与波源是否运动无关，分别称为本征波速和本征波长．同样的道理，观察者所接收的频率是由 $\nu=\frac{v}{\lambda}$ 所决定的，其中的中 v、λ 分别是观察者所测量的波速和波长．显然，观察者所测量的波速和波长不一定是波相对介质的本征波速和本征波长，由此导致观察者所测量的频率与振源的本征频率间产生差异，也就是观察者单位时间内所接收的的波振面个数与振源所发出的波振面个数不一定相等，这就是多普勒效应产生的物理根源．对于机械波来说，其差异或者来源于观察者的观测波速变化，或者观测波长变化，或者二者兼而有之．

AR 演示： 机械波多普勒效应

（1）观察者相对介质静止，波源相对介质运动

如图 11.4.5-1（a）所示，S′系（动系）相对 S 系（静系）以速度 $u_{源}$ 沿 S 系 x 轴正向运动，以 S 系和 S′系的坐标原点相重合为计时零点．设波源位于 S′系 y' 轴上的 P' 处（相对 S′系静止），接收器位于 S 系 P 处（相对 S 系静止）．

从 S 系角度，图 11.4.5-1（b）所示，设当 t 时刻（对应 S′系 t' 时刻），S′系运动速度方向与 PP' 连线夹

角为 θ 时（从 S′系来看，这个角度会发生变化，导致 S 系和 S′系所观测光线的传播方向是不同的，称为光行差），振源 P' 发出一波阵面 a（设为平面波），经过一个周期 T（S′系的周期为 T_0）时间间隔后发出下个波阵面 b，此时前一个波阵面 a 以波速 v 传播至 a'，则 S 系下观察者接收的频率为：

$$\nu=\frac{v_{\parallel}}{\lambda_{\parallel}} \tag{11.4.5-1}$$

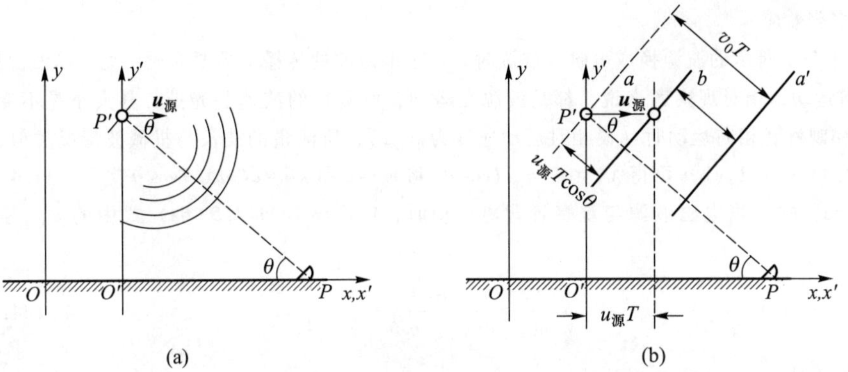

图 11.4.5-1

其中，(11.4.5-1) 式中的 $v_{\parallel}$ 和 $\lambda_{\parallel}$ 分别是 S 系下观察者沿着 PP' 连线方向所测量的波速和波长．当观察者相对介质静止而波源相对介质运动时，$v_{\parallel}=v_0$ 即是波相对介质的本征波速（各个方向相同的），参考图 11.4.5-1（b），$\lambda_{\parallel}$ 的表达式可表示为：

$$\lambda_{\parallel}=v_0T-u_{源}\cos\theta T \tag{11.4.5-2}$$

将 $v_{\parallel}=v_0$ 以及 (11.4.5-2) 式代入 (11.4.5-1) 式可得：

$$\nu=\frac{v_0}{v_0-u_{源}\cos\theta}\cdot\frac{1}{T} \tag{11.4.5-3}$$

（2）波源相对介质静止，观察者相对介质运动

当波源静止，观察者向着波源运动时，由图 11.4.5-1（b）可以看出，a 与 b 波阵面是重合的，亦即，观察者的运动并不影响波长的改变，即 $\lambda_{\parallel}=v_0T$．由运动学的速度变换关系可得，观测者沿着 PP' 连线方向所观测的波速应是 $v_{\parallel}=v_0+u_{观}\cos\theta$．将 $\lambda_{\parallel}=v_0T$ 和 $v_{\parallel}=v_0+u_{观}\cos\theta$ 代入 (11.4.5-1) 式可得：

$$\nu=\frac{v_0+u_{观}\cos\theta}{v_0}\cdot\frac{1}{T} \tag{11.4.5-4}$$

（3）波源和观察者同时相对介质运动

当波源和观察者同时相向运动时，可以将 (11.4.5-3) 式和 (11.4.5-4) 式合并表示为 (11.4.5-5) 式．当波源和观察者同时相对背离运动时，仅需将 (11.4.5-5) 式中的 $u_{观}$、$u_{源}$ 换成 $-u_{观}$、$-u_{源}$ 即可．

$$\nu=\frac{v_{\parallel}}{\lambda_{\parallel}}=\frac{v_0+u_{观}\cos\theta}{v_0-u_{源}\cos\theta}\cdot\frac{1}{T} \tag{11.4.5-5a}$$

(11.4.5-5a) 式中的 T 是观察者测量振源发出两个相邻波阵面所用的时间．当不考虑相对论效应时，其与本征周期 T_0 是相等的，即，$T=T_0=\frac{1}{\nu_0}$．将其代入 (11.4.5-5a) 式可得经典机械波的多普勒效应公式 (11.4.5-5b) 式；

$$\nu=\frac{v_{\parallel}}{\lambda_{\parallel}}=\frac{v_0+u_{观}\cos\theta}{v_0-u_{源}\cos\theta}\cdot\nu_0 \qquad (11.4.5\text{-}5b)$$

第十章的（10.6-5）式是针对波源或者观察者的运动方向沿着两者的连线方向，亦即径向方向推导出的机械波的多普勒效应公式．到目前为止，上述的分析只是取消了径向条件限制而重新做了一般性的推导．所得结果表明：机械波多普勒效应的大小是与波源或者观察者运动方向与波源和观察者连线方向的夹角 θ 有关的．

2. 电磁波多普效应

当将图 11.4.5-1 所示的波源换成电磁波波源时，由于电磁波的传播不需要介质，无论是波源还是观察者相对 S 系如何运动，相对观察者来说，都是波源在运动，所测得的波速是光速，其大小是不变的，即，$v_{\parallel}=c$；当波源和观察者相向运动时（设相对运动速度为 $u_{相对}$），所测量的波长与机械波情况类似，同样会被压缩，参考图 11.4.5-1（b）可得 $\lambda_{\parallel}=cT-u_{源}T\cos\theta$. 将 $v_{\parallel}=c$ 和 $\lambda_{\parallel}=cT-u_{源}T\cos\theta$ 代入（11.4.5-1）式可得（11.4.5-6a）式．当电磁波源与观察者背离运动时，仅需将（11.4.5-6a）式中的 $u_{相对}$ 换成 $-u_{相对}$ 即可.

$$\nu=\frac{v_{\parallel}}{\lambda_{\parallel}}=\frac{c}{c-u_{相对}\cos\theta}\cdot\frac{1}{T} \qquad (11.4.5\text{-}6a)$$

同机械波的道理一样，当不考虑相对论效应时，（11.4.5-6a）中的 $T=T_0=\frac{1}{\nu_0}$. 将其代入（11.4.5-6a）式可得电磁波的多普勒效应公式［（11.4.5-6b）式］

$$\nu=\frac{v_{\parallel}}{\lambda_{\parallel}}=\frac{c}{c-u_{相对}\cos\theta}\cdot\nu_0 \qquad (11.4.5\text{-}6b)$$

3. 相对论效应对多普效应的修正

在（11.4.5-5a）式和（11.4.5-6a）式所表达的机械波和电磁波的多普勒效应的表达式中，涉及相对观察者的波速 $v_{\parallel}$ 测量和时间 T 的测量，因此，相对论效应对多普勒效应的影响也就来源于这两个方面的测量修正．

（1）关于波速测量引起的相对论效应

分析上述的推导过程发现，（11.4.5-5a）式所示的机械波存在由于观察者的波速测量而引起的相对论效应修正的，而（11.4.5-6a）式所示的电磁波不存在波速测量（始终为光速）引起的相对论效应修正的. 推导发现，由于波速测量而引起的机械波的相对论效应修正公式是十分复杂的，而且其影响十分微小，此处将其忽略．

（2）关于时间测量引起的相对论效应

从上述的推导过程可以看出，在（11.4.5-5a）式和（11.4.5-6a）式中的 T 是观察者测量振源发出两个相邻波阵面所用的时间间隔．从振源的角度，振源发出两个相邻波阵面所用的本征时间是 $T_0=\frac{1}{\nu_0}$. 而从观察者角度，无论是机械波还是电磁波，波源相对观察者都是以相对速度 $u_{相对}$ 运动的．由相对论的运动时钟变慢可得：

$$T=\frac{T_0}{\sqrt{1-\frac{u_{相对}^2}{c^2}}}=\frac{1}{\nu_0\sqrt{1-\frac{u_{相对}^2}{c^2}}} \qquad (11.4.5\text{-}7)$$

将（11.4.5-7）分别代入（11.4.5-5a）式和（11.4.5-6a）式可得观察者和波源相向运动时机械波和电磁波由于时间延缓而引起的多普勒效应修正公式，如（11.4.5-8）式所示．当观察者和波源背离运动时，仅需将（11.4.5-8）式中的 $u_{观}\to -u_{观}$，$u_{源}\to -u_{源}$，$u_{相对}\to -u_{相对}$ 即可．

$$\nu_{机械}=\frac{1+\dfrac{u_{观}\cos\theta}{v_0}}{1-\dfrac{u_{源}\cos\theta}{v_0}}\sqrt{1-\frac{u_{相对}^2}{c^2}}\cdot\nu_0 \tag{11.4.5-8a}$$

$$\nu_{电磁}=\frac{1}{1-\dfrac{u_{相对}\cos\theta}{c}}\sqrt{1-\frac{u_{相对}^2}{c^2}}\cdot\nu_0 \tag{11.4.5-8b}$$

最后比较一下机械波与电磁波多普勒效应公式的区别与联系．在（11.4.5-8a）所示的机械波中，$u_{观}$、$u_{源}$ 分别表示的是观察者和波源相对介质的运动速度．而电磁波不需要介质的存在，也就不存在波观察者或波源相对介质的运动问题，而只存在波源相对观察者的相对运动问题，因此，只要将（11.4.5-8a）公式中的 $u_{观}=0$、$v_0\to c$、$u_{源}\to u_{相对}$ 进行替换，即可过渡到（11.4.5-8b）式所示的电磁波多普勒效应公式．

4. 纵向与横向多普效应

（1）纵向多普勒效应

当 $\theta=0$ 时，（11.4.5-8a，b）式将分别变为（11.4.5-9a，b）式：

$$\nu_{机械纵}(\theta=0)=\frac{1+\dfrac{u_{观}}{v_0}}{1-\dfrac{u_{源}}{v_0}}\cdot\sqrt{1-\frac{u_{相对}^2}{c^2}}\cdot\nu_0 \tag{11.4.5-9a}$$

$$\nu_{电磁纵}(\theta=0)=\sqrt{\frac{c+u_{相对}}{c-u_{相对}}}\cdot\nu_0 \tag{11.4.5-9b}$$

（2）横向多普勒效应

当 $\theta=\dfrac{\pi}{2}$ 时，（11.4.5-8a，b）式将分别变为（11.4.5-10a，b）式：

$$\nu_{机械横}\left(\theta=\frac{\pi}{2}\right)=\sqrt{1-\frac{u_{相对}^2}{c^2}}\cdot\nu_0 \tag{11.4.5-10a}$$

$$\nu_{电磁横}\left(\theta=\frac{\pi}{2}\right)=\sqrt{1-\frac{u_{相对}^2}{c^2}}\cdot\nu_0 \tag{11.4.5-10b}$$

（11.4.5-9）式和（11.5.10）分别表示的是机械波和电磁波的纵向多普勒效应和横向多普勒效应．（11.4.5-10a）和（11.4.5-10b）表明，机械波和电磁具有相同的横向多普勒效应，完全是由于相对论的时间延缓效应引起的，其效果取决于波源与观察者相对运动速度与光速比值的大小．对于机械波而言，这个比值太小了，很难测到，所以经常将其忽略．但对于电磁波而言，当涉及微观粒子的辐射运动时，这个效应还是可以显现出来的．1960 年，科学家们通过穆斯堡尔效应首次观察到了光波的横向多普勒效应，他们让光源和探测器二者之间相对做匀角速转动，探测器确实探测到了由于横向多普勒效应引起的频率变化．

授课录像： 狭义相对论动力学基本关系式

*§11.5 狭义相对论动力学基本关系式

在相对论范畴内，在洛伦兹变换下，牛顿第二定律不具有协变性，而体现电磁规律的麦克斯韦方程组具有协变性，说明麦克斯韦方程组较牛顿第二定律更具普适性．因此，在相对论范畴，麦克斯韦方程的表述形式是不需要修改的，而牛顿第二定律是需要修改的．如何修改牛顿运动定律的形式使其具有洛伦兹变换协变性？虽然经典范畴内的动量守恒定律和能量守恒定律是从牛顿运动定律导出的，但事实证明，动量守恒定律和能量守恒定律却比牛顿运动定律更具一般性．因此，修改牛顿运动定律的前提是要承认在相对论范畴内动量和能量守恒定律依然成立，寻找动量和能量的具体定义和表示形式，从而给出具有洛伦兹变换协变性的牛顿运动定律形式．与此相关的物体的质量、动量、力、能量等物理量和经典中的概念相比都发生了本质的变化．本节将依次简介这些相关内容．

动画演示：狭义相对论动力学基本关系式

11.5.1 质量与动量

设有一质量为 m 的物体静止于 S 系中，某一时刻该物体分裂成质量相等的两个物体 A、B，其中的 A 以较高的速率 u 沿着 S 系中 x 轴正方向运动，由动量守恒可知，B 则以 $-u$ 的速率向相反方向运动．现建立一个相对 A 静止的参考系 S′，则 S′系相对 S 系的运动速度即为 u．在 S′系下讨论质量为 m 物体分裂前后的变化规律．由上述 S 系和 S′系的建立关系可知，分裂前，物体 m 相对 S′系的运动速度为 $-u$；分裂后，A 的运动速度则为零，设 B 相对 S′系的运动速度是 $-v$．由动量守恒定律可得：

$$-(m_A+m_B)u=m_A\cdot 0+m_B(-v) \tag{11.5.1-1a}$$

由上述可知，B 在 S 系和 S′系的速度分别为 $-u$ 和 $-v$，由洛伦兹速度变换可得：

$$-v=\frac{-u-u}{1+\dfrac{u^2}{c^2}} \tag{11.5.1-1b}$$

联合（11.5.1-1a）式、（11.5.1-1b）式整理可得：

$$m_B=\frac{m_A}{\sqrt{1-\dfrac{v^2}{c^2}}} \tag{11.5.1-1c}$$

分析（11.5.1-1c）式，从 S′系观察者角度，m_A 是静止的，称为静止质量，改用 m_0 表示．由于 m_A 与 m_B 是完全等价的，可以视为 m_A 的运动质量，改用 m 表示，用新的符号重新改写一下（11.5.1-1c）式有：

$$m=\frac{m_0}{\sqrt{1-\dfrac{v^2}{c^2}}} \tag{11.5.1-2}$$

在上述的推导过程中仅用了动量守恒和洛伦兹速度变换．对于非平动的物体（各点速度可能会不同），质心动量守恒依然有效，因此（11.5.1-2）式依然成立，只不过是把其中的 v 理解成质心速度即可．为了方便，本书后面把研究对象均定位在质点上．

（11.5.1-2）式是一个质点的质量与速度的一般关系表达式．该式表明，如果将动量守恒定律作为更为普适的规律，则质点的质量势必是与速度有关的．设质点的动量表示形式不变，则动量的表达式相应地表示为：

$$\boldsymbol{P}=m\boldsymbol{v}=\frac{m_0}{\sqrt{1-\frac{v^2}{c^2}}}\boldsymbol{v} \qquad (11.5.1\text{-}3)$$

(11.5.1-2) 式中的 v，以及 (11.5.1-3) 式中的 $\boldsymbol{v}$ 分别是质点相对某个参考系的速率和速度. 由于速度是依赖于参考系选取的，因此，质量的大小和动量的大小与方向均与参考系的选取有关. 利用洛伦兹速度变换可以分别获得质点在两个相互运动惯性参考系间的质量与动量的关系（从略）.

11.5.2 牛顿第二定律与力

在经典范畴内，由于质点的质量是与速度无关的量，牛顿第二定律可以表示为 $\boldsymbol{F}=\frac{\mathrm{d}\boldsymbol{p}}{\mathrm{d}t}=\frac{\mathrm{d}(m\boldsymbol{v})}{\mathrm{d}t}=m\frac{\mathrm{d}\boldsymbol{v}}{\mathrm{d}t}=m\boldsymbol{a}$，其中的 $\boldsymbol{F}=\frac{\mathrm{d}\boldsymbol{p}}{\mathrm{d}t}$，即力等于质点的动量对时间的变化率也是牛顿第二定律的最初表达式.

在相对论范畴内，作用在质点上的合外力等于质点动量随时间的变化率，即 $\boldsymbol{F}=\frac{\mathrm{d}\boldsymbol{p}}{\mathrm{d}t}=\frac{\mathrm{d}(m\boldsymbol{v})}{\mathrm{d}t}$ 这一表达式依然成立. 由于质点的质量是速度的函数，因此，$\boldsymbol{F}=m\boldsymbol{a}$ 表达式就不再成立，也就无法向第二章那样，通过测量物体的加速度来确定力了，而只能依靠动量来确定作用力，即：

$$\boldsymbol{F}=\frac{\mathrm{d}\boldsymbol{p}}{\mathrm{d}t}=\frac{\mathrm{d}(m\boldsymbol{v})}{\mathrm{d}t} \qquad (11.5.2\text{-}1)$$

在经典力学范畴，由于质点的质量和加速度均不依赖于惯性参考系的选取，所以作用在质点上的力是与参考系选取无关的. 但在相对论范畴，力的定义只能由 (11.5.2-1) 式规律给出. 由于质量与速度有关，速度与参考系有关，导致作用在质点上的力并不是绝对的，在不同的参考系下就会有不同的表达式. 两个惯性参考系下力的关系同样可以依靠洛伦兹速度变换给出（从略）

11.5.3 质能关系

在相对论范畴内，质点的动能定理形式仍然可以表示为如下 (11.5.3-1) 式的形式.

$$A=\int\boldsymbol{F}\cdot\mathrm{d}\boldsymbol{r}=\Delta E_{\mathrm{k}} \qquad (11.5.3\text{-}1)$$

将 $\boldsymbol{F}=\frac{\mathrm{d}\boldsymbol{p}}{\mathrm{d}t}$，$\boldsymbol{p}=m\boldsymbol{v}=\frac{m_0}{\sqrt{1-\frac{v^2}{c^2}}}\boldsymbol{v}$ 代入 (11.5.3-1) 式中，经过整理可得质点动能增量的表达式为：

$$\Delta E_{\mathrm{k}}=mc^2-m_0c^2=\frac{m_0}{\sqrt{1-\frac{v^2}{c^2}}}c^2-m_0c^2 \qquad (11.5.3\text{-}2)$$

当 $u \ll c$ 时，由泰勒展开，(11.5.3-2) 式可化为 $\Delta E_{\mathrm{k}}=\frac{1}{2}m_0v^2$（设质点的初速度为零），即为经典范畴内的动能增量表达式. 爱因斯坦将 (11.5.3-2) 式中的 mc^2 称为质点的总能量，用 E 表示，即，

$$E=mc^2 \qquad (11.5.3\text{-}3)$$

将 (11.5.3-3) 式改写一下：

$$E=mc^2=m_0c^2+\Delta E_{\mathrm{k}} \qquad (11.5.3\text{-}4)$$

$E=mc^2$ 的关系是爱因斯坦关于物质与总能量关系的一个重要假设，也称质能关系. (11.5.3-4) 式启示我们，可以将物体增加的动能折算成物体的质量，这个质量当然是与速度有关的变质量. 如此一来，我们只需要关注这个质量，由质能方程即可知道物体的能量变化了多少，而不需要再关注其运动的状态. 将对这一关系的理解进一步拓展，任何一个物质的质量改变就意味着能量的改变，质量与能量的改变关系为：

$$\Delta E=\Delta mc^2 \tag{11.5.3-5}$$

（11.5.3-5）式大大拓宽了人们关于质量和能量这两个概念的认识. 即便质量的变化是微小的，但对应能量的变化却是巨大的. 一个重核元素裂变轻核时质量会减少（质量亏损），对应着巨大的能量释放，这就是原子弹爆炸的原理；两个轻核元素聚集时，也会产生能量亏损，同样对应着巨大能量的释放，这是氢弹的爆炸原理. 自然界有着及其丰富的物质，就对应着及其丰富的能量. 但实际上如何实现物质质量的改变，并有效控制能量的释却不是一件容易的事，这也是科学家们对能量转化和利用所追求的崇高目标.

11.5.4 能量与动量的关系

设质量为 m 质点的运动速率为 v，则该质点的能量、动量大小表达式为：

$$E=mc^2 \tag{11.5.4-1}$$

$$p=mv \tag{11.5.4-2}$$

联合（11.5.4-1）式、（11.5.4-2）式可得：

$$v=\frac{p}{E}c^2 \tag{11.5.4-3}$$

由（11.5.4-1）式进一步展开，并联合（11.5.4-2）式、（11.5.4-3）式可得：

$$E=mc^2=\frac{m_0c^2}{\sqrt{1-\frac{v^2}{c^2}}}=\frac{m_0c^2}{\sqrt{1-\frac{\left(\frac{p}{E}c^2\right)^2}{c^2}}}=\frac{m_0c^2}{\sqrt{1-\frac{p^2}{E^2}c^2}} \tag{11.5.4-4}$$

（11.5.4-4）式两边平方整理可得：

$$E^2=(pc)^2+(m_0c^2)^2 \tag{11.5.4-5}$$

这一关系式构成了如图 11.5.4-1 所示的直角三角形关系. 其物理意义在于：质点的总能量一方面来源于静止的质量能量，另一方面来源于运动的能量.

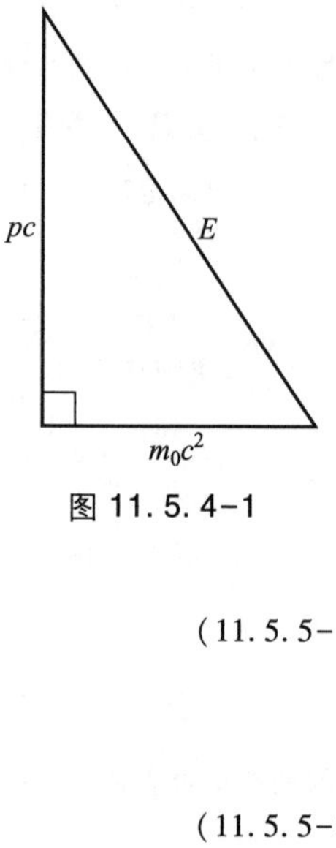

图 11.5.4-1

11.5.5 静质量为零的粒子

在牛顿力学中，一个没有质量的粒子既无动量，也无能量，也无其他任何可测量的性质. 实际上，按经典力学的观点，无质量的粒子什么都不是. 但在相对论中则不然，没有静质量，但具有可测的动量和能量的物理实体能够存在. 如光子就是人们熟知的没有静质量的粒子. 由前述可知，粒子的能量和动量可以表达为：

$$E=mc^2=\frac{m_0}{\sqrt{1-\frac{v^2}{c^2}}}c^2 \tag{11.5.5-1}$$

$$\boldsymbol{p}=m\boldsymbol{v}=\frac{m_0}{\sqrt{1-\frac{v^2}{c^2}}}\boldsymbol{v} \tag{11.5.5-2}$$

分析（11.5.5-1）式、（11.5.5-2）式可知，当 m_0 趋向零，同时粒子的运动速度小于光速时，粒子的能量和动量都趋向零. 但当粒子的静质量趋向零，同时粒子的运动速度趋向光速时，则粒子的能量和动量的表达式中，分子和分母同时趋向零，因此，这种情况下，粒子是有能量和动量的. 这表明，具有确定能量的静止质量为零的粒子，其速度必为光速. 由（11.5.5-1）式、（11.5.5-2）式可知，在 $m_0=0$，$v=c$ 的情况下，

虽然粒子的能量 E 和动量 p 的表达式为不定式，但两者的比值 $\frac{E}{p}=c$，却是确定的，或者改写为：

$$E=pc \tag{11.5.5-3}$$

光子的能量和动量就满足这一关系．像光子这类零静止质量的粒子，其运动速度必为光速 c，因而，能量和动量不再是速度的函数．近代物理学表明，一个光子对应的最基本能量单元仅与其频率有关，即，$E=h\nu$．不同的光子频率对应着不同的能量，每个能量对应着（11.5.5-3）式所示的动量．

例 11.5.5-1　一质量为 42 u(u 为原子质量单位,$1\ \text{u}\approx1.660\ 539\times10^{-27}$ kg)的静止粒子衰变为两个碎片，其一静质量为 12 u，速率为 $3c/4$，求另一碎片的动量、能量和静质量．

解：以衰变之前静止的粒子为研究对象，衰变前后，由动量、能量守恒有

$$0=\left(m_{10}\frac{3c}{4}\right)\Big/\sqrt{1-\left(\frac{3c/4}{c}\right)^2}+p_2$$

$$m_0c^2=(m_{10}c^2)\Big/\sqrt{1-\left(\frac{3c/4}{c}\right)^2}+E_2$$

其中，$m_0=42$ u，$m_{10}=12$ u，p_2、E_2 分别第二个碎片的动量和能量．由此解得

$$p_2=-\frac{36\sqrt{7}c}{7},\quad E_2=\left(42-\frac{48\sqrt{7}}{7}\right)c^2$$

由能量、动量、静能量三角关系式 $E_2^2=(p_2c)^2+(m_0c^2)^2$ 得第二个碎片的静质量为

$$m_{20}=\frac{\sqrt{E_2^2-(p_2c)^2}}{c^2}\approx19.6\ \text{u}$$

本章知识单元和知识点小结

知识单元	知识点
经典时空观遇到的困难	从经典时空观角度理解电磁感应现象，引入“以太”的绝对空间；由伽利略变换，设想测量光相对地球的速度，最终迈克耳孙-莫雷实验否定了“以太”的存在
狭义相对论的基本假设	爱因斯坦从电磁感应现象角度出发，引入相对性原理；由迈克耳孙-莫雷实验引入光速不变原理
洛伦兹变换与速度变换	$x'=\frac{x-vt}{\sqrt{1-\frac{v^2}{c^2}}}$，　$y'=y$，　$z'=z$，　$t'=\frac{t-\frac{v}{c^2}x}{\sqrt{1-\frac{v^2}{c^2}}}$
	$u_x'=\frac{u_x-v}{1-\frac{v}{c^2}u_x}$，　$u_y'=\frac{u_y\sqrt{1-\frac{v^2}{c^2}}}{1-\frac{v}{c^2}u_x}$，　$u_z'=\frac{u_z\sqrt{1-\frac{v^2}{c^2}}}{1-\frac{v}{c^2}u_x}$

授课录像：
第十一章知识单元小结

续表

知识单元	知识点				
狭义相对论运动学的基本现象	同时的相对性	时间延缓（孪生子佯谬）	长度收缩	时钟的不同步	多普勒效应
狭义相对论动力学的基本关系式	动量	质能关系	动能	能量与动量关系	静质量为零的粒子
	$\boldsymbol{p}=m\boldsymbol{u}=\dfrac{m_0\boldsymbol{u}}{\sqrt{1-\dfrac{u^2}{c^2}}}$	$E=mc^2=\dfrac{m_0c^2}{\sqrt{1-\dfrac{u^2}{c^2}}}$	$E_k=mc^2-m_0c^2$	$E^2=(pc)^2+(m_0c^2)^2$	$E=pc$

习　　题

课后作业题

11-1. S′系相对S系以速度 $v=0.8c$ 沿 x 轴运动．S′系和S系的原点在 $t=t'=0$ 时重合．一事件在S′系中发生在 $x'=300\ \mathrm{m}(y'=z'=0)$，$t'=2\times10^{-7}\ \mathrm{s}$．求该事件在S系中发生的空间位置 x 和时间 t．

第十一章参考答案

11-2. 在一惯性系的同一地点，先后发生两个事件，其事件间隔为 0.2 s，而在另一惯性系中测得此两事件的时间间隔为 0.3 s，求两惯性系之间的相对运动速率．

11-3. S′系相对S系以恒定速度沿 x 轴运动．在S系中两事件发生在同一时刻，并沿 x 轴相距 2×10^4 m．而在S′系中，测得两事件的空间间隔为 3×10^4 m，试问在S′系中测得的两事件的时间间隔是多少？

11-4. 一宇宙飞船经地球飞往某空间站，该空间站相对地球静止，与地球之间的距离为 9.0×10^9 m．地球上的钟和空间站上的钟是同步校准的．当飞船飞经地球时，宇航员将飞船上的钟拨到与地球上的钟相同的示数．当飞船飞经空间站时，宇航员发现飞船上的钟比空间站上的钟慢了3 s．求飞船的飞行速率．

11-5. 一飞船以 $v=0.6c$ 的速率沿平行于地面的轨道飞行．飞船上沿运动方向放置一根杆子，在地面上的人测得此杆子的长度为 l，求此杆子的本征长度 l_0．

11-6. 一道闪光从 O 点发出，在 P 点被吸收．在S系中，OP 具有长度 l 且同 x 轴成 θ 角，如习题 11-6 图所示．在相对于S系以恒速 v 沿 x 轴运动的S′系中：(1) 从光的发出到吸收相隔多长时间 $\Delta t'$？(2) 光的发出点 O 到吸收点 P 的空间间隔 l' 是多大？

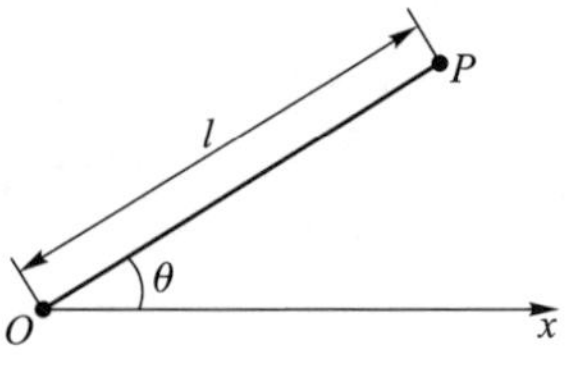

习题 11-6 图

11-7. 一静长为 l_0 的飞船以恒速 v 相对地面飞行．飞船的头部 A' 点在 $t=t'=0$ 时通过地面上的 A 点，如习题 11-7 图所示．此时有一光信号从 A'

点发向 B' 点.（1）按飞船的时间(t')，该信号何时到达船尾 B' 点？（2）按地面上的测量，该信号何时(t_1)到达船尾 B' 点？（3）按地面上的测量，船尾何时（t_2）通过 A 点？

11-8. 在 S′系中，一光束在与 x' 轴成 θ_0 角的方向射出. 求在 S 系中光束与 x 轴所成的角 θ. S′系以速度 v 沿 x 轴相对 S 系运动.

11-9. 如习题 11-9 图所示，一块厚玻璃以速率 v 向右运动. 在 A 点有一闪光灯，它发出的光通过玻璃后到达 B 点. A、B 之间的距离为 L，玻璃在其静止的坐标中的厚度为 d，玻璃的折射率为 n. 问光由 A 点传播到 B 点需多少时间？

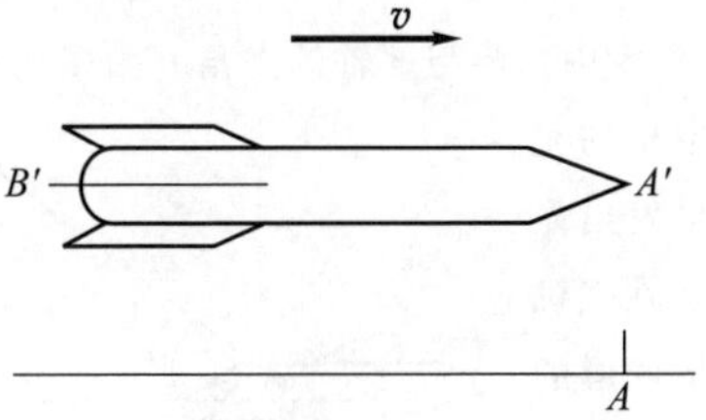

习题 11-7 图

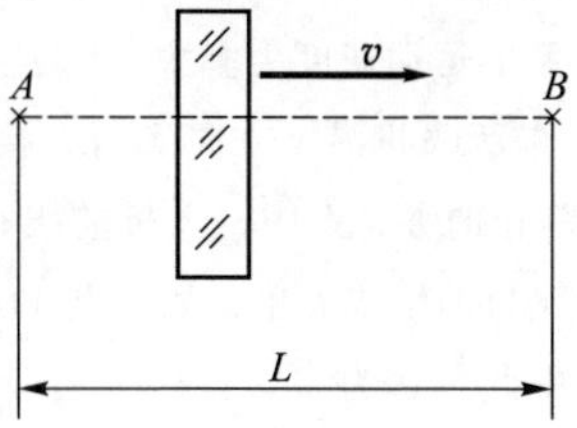

习题 11-9 图

11-10. 地面上的人观测到两艘飞船以相同的速率 $v=0.5c$ 沿同一直线相向飞行. 若其中一艘飞船发出一束波长 $\lambda_0=632.8$ nm 的激光，求另一艘飞船收到该激光的波长.

11-11. 设有一宇宙飞船完全通过发射光子而获得加速. 当该宇宙飞船从静止开始加速至 $v=0.6c$ 时，其静质量为初始值的几分之几？

11-12. 静止的电子偶(即一个电子和一个正电子)湮没时产生两个光子，如果其中一个光子再与另一个静止电子碰撞，求它能给予该电子的最大速度.

*自检练习题

11-13. Farley 等人在 1968 年对 μ^- 子所做的实验测得 μ^- 子的速度 $v=0.9966c$，其平均寿命 $t=26.15\times10^{-6}$ s. 已知 μ^- 子在静止的参考系中的平均寿命为 $t_0=2.2\times10^{-6}$ s. 试问此实验在多大精度上与相对论的预言相符？

11-14. π 介子的本征寿命为 2.5×10^{-6} s. 在实验室里测得一 π 介子在它一生中行进的距离为 375 m. 求此 π 介子相对实验室的运动速度.

11-15. 两根静长均为 l_0 的棒 A、B，相向沿棒做匀速运动. A 棒上的观测者发现两棒的左端先重合，相隔时间 Δt 后，两棒的右端再重合. 试问：（1）B 棒上的观测者看到两棒的端点以怎样的次序重合？（2）两棒的相对速度是多大？（3）对于看到两棒以大小相等，而方向相反的速度运动的观测者来说，两棒端点以怎样的次序重合？

11-16. 两根相互平行的米尺，各以 $v=\dfrac{2}{5}c$ 的速率相向运动，运动方向平行于尺子. 求任一尺子上的观察者测量另一尺子的长度.

11-17. 静长为 L 的车厢，以恒定速率 v 沿地面向右运动. 自车厢的左端 A 点发出一光信号，经右端 B 的镜面反射后回到 A 端.（1）在车厢里的人看来，光信号经多少时间 $\Delta t_1'$ 到达 B 端？从 A 发出经 B 反射后回至 A，共需多少时间 $\Delta t'$？（2）在地面上的人看来，光信号经多少时间 Δt_1 到达 B 端？从 A 发出经 B 反射后回至 A，共需多少时间 Δt？

11-18. 一艘静长为 90 m 的飞船以速度 $v=0.8c$ 飞行. 当飞船的尾部经过地面上某信号站时，该信号站发出一光信号.（1）当光信号到达飞船头部时，飞船头部离地面信号站的距离为多远？（2）按地面上的时间，信号从信号站发出共需多少时间 Δt 才到达飞船头部？

11-19. 三艘飞船 A、B、C 沿同一直线飞行. B 船上的观察者发现，A、C 两船以 $v=0.7c$ 的相同速率远离 B 船.（1）求 A 船上的观察者观测到的 B、C 两船的速率.（2）若 B 船相对地面的飞行速率为 $v_B=0.9c$，求 A、C 两船相对地面的飞行速率.

11-20. 在实验室里测得一根沿 x 方向运动的棒与 x 轴的夹角 $\theta_1=45°$. 在相对实验室参考系以 $v=0.6c$ 的速度沿 x 方向运动的另一参考系 S′系中，测得此夹角 $\theta'=35°$.（1）求棒相对实验室参考系的运动速度.（2）棒相对 S′系的运动速度为多大？（3）在棒静止的参考系 S″中，棒与 x''轴的夹角 θ''为多大？

11-21. 一航天飞机沿 x 方向飞行，接收到一颗恒星发出的光信号. 在恒星静止的参考系中，飞机的飞行速度为 v，恒星发出光信号的方向与飞机的轴成 θ 角，如习题 11-21 图所示.（1）在飞机静止的参考系中此角 θ'为多大？（2）若飞机的前端有一半球形的观察室，飞机上的人能看到所有 $\theta'<\frac{\pi}{2}$的恒星. 试证明：若 $v\to c$，则飞机上的人几乎能看到所有的恒星.

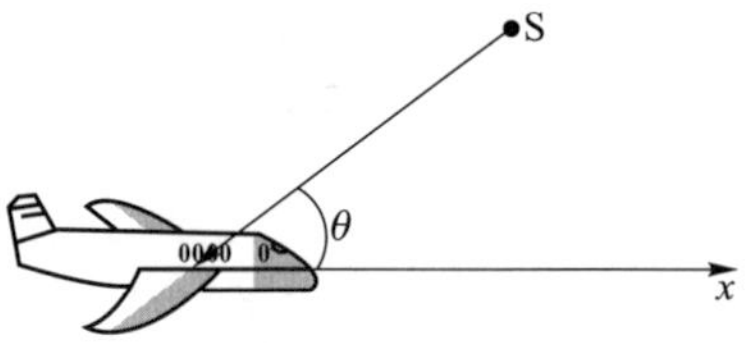

习题 11-21 图

11-22. 光在介质中的传播速率 $c_n=\frac{c}{n}$，这里 n 是介质的折射率. 设光在流动的水中传播，水的流速为 v，折射率为 n_0，在水静止的参考系中，光沿水流方向的传播速度为 $c_n'=\frac{c}{n_0}$. 求在实验室参考系中测得的该光速 c_n.

11-23. 一艘宇宙飞船以 $v=0.8c$ 的速度飞经地球，飞船和地球上的观察者一致同意这事件发生在中午 12∶00.（1）按照飞船上的时钟读数，该飞船于 12∶30 飞经一个行星际宇航站，该站相对地球固定，其时钟指示地球时间. 试问这一事件在该站什么时间发生？（2）在地球坐标上该站离地球多远？（3）在飞船时间 12：30(即飞船飞经该宇航站时)，飞船用无线电向地球发回报告. 试问按地球时间，地球何时收到信号？（4）如果地面站立即回答，试问按飞船时间，飞船何时接到回答？

11-24. 一宇航员乘坐宇宙飞船去星际航行. 如果他从静止开始离开地球，在他的瞬间静止参考系(即与某一瞬间该飞船相对地球运动速度相同的惯性系,不同的时刻对应不同的惯性系)中持续以 $g=9.8\ m/s^2$ 的加速度做加速运动.（1）在地球时间 t 时，他已经飞过了多长的距离？（2）在他的速率达到$\frac{1}{2}c$ 时之前，他已经飞行了多长时间？

11-25. 氢原子发出的一条光谱线 H_δ 的波长 $\lambda=0.410\ 1\times10^{-6}$ m. 在极隧射线管中，氢原子的速率可达 $v=5\times10^5$ m/s. 当氢原子以此速率向着观察者飞行时，此谱线的波长将增大还是减小？波长将改变多少？已知光速 $c=3\times10^8$ m/s.

11-26. 对遥远星系发来的光所作的光谱分析表明，光的谱线非常明显地移向可见光谱的红端，这可解释作为光源的这些星系正向远离地球的方向退行而引起的多普勒效应，故称退行红移. 比如钾光谱中有一对容易辨认的吸收线(K 线和 H 线)，其谱线的波长为 395.0 nm 附近. 而来自牧夫星座一个星云的光中，我们在波长为 447.0 nm 处发现了这两条谱线. 试求该星云的退行速度.

11-27. 当一光源以速率 v_1 向地球靠近时，在地球静止系 S 中的人 A 看到光源发出的是绿光(λ_1 = 500.00 nm)，而在相对地球以速率 v_2 运动(与光源的运动沿同一直线)的参考系 S′中的人 B 看到的却是红光(λ_2 = 600.00 nm). 当该光源以相同的速率 v_1 远离地球时，A 看到的是红光(λ_2 = 600.00 nm). (1) 求 v_1、v_2 的值；(2) 当光源以 v_1 远离地球时，B 看到光的波长为多大？

11-28. 半人马座 α 星与地球相距 4.3 l.y(光年)，两个孪生兄弟中的一个 A 乘坐速度为0.8c的宇宙飞船去该星旅行. 他在往程和返程途中每隔 0.01 a 的时间(飞船静止参考系的时间)发出一个无线电信号. 另一个留在地球上的孪生兄弟 B 也在相应过程中每隔 0.01 a 的时间(地球静止参考系的时间)发出一个无线电信号. (1) 在 A 到达该星以前，B 收到多少个 A 发出的信号？(2) 在 A 到达该星以前，A 收到多少个 B 发出的信号？(3) A 和 B 各自共收到多少个从对方发出的信号？(4) 当 A 返回地球时，A 比 B 年轻了几岁？试证明两孪生兄弟都同意此观点.

11-29. 一粒子的动能等于静能的一半，试求其运动速度.

11-30. 一沿 x 轴正方向运动的光子具有 400 MeV 的能量，另一沿 y 轴正方向运动的光子具有 300 MeV 的能量，若有一粒子的总能量和动量与此两光子的总能量和总动量相同. 试求：(1) 该粒子的静质量 m_0；(2) 该粒子的运动速度 v.

11-31. 在 S 参考系中观测得一粒子的总能量为 500 MeV，动量为 400 MeV/c. 而在 S′参考系中观测得该粒子的总能量为 583 MeV. 试求：(1) 该粒子的静能；(2) 在 S′系中观测到的该粒子的动量；(3) S′系相对 S 系的运动速度.

11-32. 两静质量相同的粒子，一个处于静止状态，另一个的总能量为其静能的 4 倍. 两粒子发生碰撞后黏合在一起，成为一复合粒子. 求此复合粒子的静质量与碰撞前单个粒子的静质量之比.

11-33. 如习题 11-33 图所示，一个以 0.8c 的速率沿 x 轴正方向运动的粒子衰变成两个静质量均为 m_0 的粒子，其中一个粒子以 0.6c 的速率沿-y 方向运动. 设衰变前粒子的静质量为 m_0'. 试求：(1) 另一个粒子的运动速率 u 和方向(用图中的 θ 表示)；(2) m_0/m_0'的值.

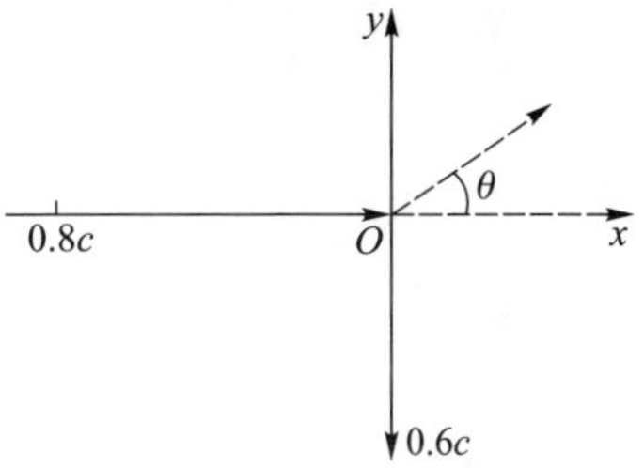

习题 11-33 图

11-34. 动能为 6×10^3 MeV 的质子与静止质子碰撞时，能形成质子-反质子对. 若用动能相同的两质子对撞来实现此反应，试求动能的最小值. 已知质子的静能为 938 MeV.

11-35. 设有一处于激发态的原子以速率 v 运动. 当其发射一能量为 E' 的光子后衰变至其基态，并使原子处于静止状态，此时原子的静质量为 m_0. 若激发态比基态能量高 E_0，试证明：

$$E' = E_0\left(1+\frac{E_0}{2m_0c^2}\right)$$

11-36. 太空火箭(包括燃料)的初始质量为 m_0'，从静止起飞，向后喷出的气体相对火箭的速度 u 为常量. 当火箭相对地球速度为 v 时，其静止质量为 m_0，试求 m_0/m_0'的值与速度 v 之间的关系. 设此过程中忽略其他天体的引力影响.

11-37. 光子火箭从地球起飞时初始静质量(包括燃料)为 m_0'，向相距为 $d=1.8\times10^6$ l.y. 的仙女座星云飞行. 要求火箭在火箭时间 25 a 后到达目的地. 设不计其他星球的引力影响. (1) 忽略火箭加速和减速所需的时间，求火箭所需的速度；(2) 设到达目的地时火箭的静质量为 m_0，求 m_0'/m_0的最小值.

11-38. 一个 α 粒子以速率 $v_1=\dfrac{4}{5}c$ 进入厚度 $d=0.35$ m 的水泥防护墙，当此粒子从墙的另一面出来时，

速率减少为 $v_2=\frac{5}{13}c$. 已知 α 粒子的静质量 $m_0=\frac{2}{3}\times10^{-26}$ kg. 设墙对粒子的作用力是常量.（1）在墙静止的参考系 S 中作用力 F_0的值为多大？（2）在以速率 v_1沿粒子运动方向相对墙运动的参考系 S′中作用力 F_0'的值为多大？（3）在 S 与 S′系中粒子穿过墙各需多长时间？

*第十二章

广义相对论简介、宇宙学与天体物理初步

19 世纪末以前的物理学规律仅限于经典时空观的框架内，即在伽利略变换下，物理规律在任何惯性参考系下等价. 20 世纪初，随着狭义相对论的建立，人们对时空及物理规律的理解上升到了一个新的高度，即，时空是一整体，物理规律在洛伦兹变换下在任何惯性参考系中等价. 1907 年，爱因斯坦提出，有必要把狭义相对性理论从匀速运动推广到加速运动. 爱因斯坦经过 8 年的探索，于 1915 年 11 月份连续发表了 4 篇相关论文，最终解决了引力如何影响物理体系，以及引力所满足的微分方程(引力场方程)这两个根本性问题，标志着广义相对论的诞生. 广义相对论理论上所预言的现象与观测事实相符合，从而验证了其正确性.

宇宙这一词，宇的原意是指空间，宙的原意是指时间. 但从近代的广义相对论可知，时空和物质是互相依存、不可分离的，因此宇宙的现代概念也可以说是时空和一切物质的总和. 宇宙是如何起源的、它的现在和将来的状态如何、发光星体的自然规律如何等问题都是人们渴望了解的. 由于人们生活的宇宙浩瀚无际，所以需要靠长时间的观测和可利用的理论模型，而不断推论出宇宙的运行规律.

本章只重点介绍广义相对论的物理思想和所预言的时空现象与实验证实，然后就宇宙学和天体物理的部分推论和观测现象作简要介绍，有关广义相对论和宇宙学详细内容的探讨请读者参考其他相关资料.

广义相对论简介

1907 年，爱因斯坦提出，有必要把狭义相对性理论从匀速运动推广到加速运动. 广义相对论所解决的两个根本问题，一是引力如何影响物理体系(引力效应)，二是引力所满足的微分方程(引力场方程). 可以说，后者告知我们物质如何影响时空结构，前者告知我们物质如何在时空结构中运动.

授课录像： 广义相对论概述

在解决这两个问题之前，首先要解决狭义相对论的一个遗留问题，即真正的惯性参考系在哪？爱因斯坦提出的等效原理不但解决了这一问题，而且也起到了扩展物理规律的作用.

广义相对论的正确性被其所预言的实验现象所证实．这些所预言的现象，都可以由广义协变性原理和引力场方程得到．但等效原理本身也可以定性解释部分预言现象．

本部分依次简介上述内容．

§12.1 狭义相对论的两个遗留问题

在解决广义相对论的两个问题之前，我们首先分析一下狭义相对论所遗留的两个问题．一是引力与惯性参考系的矛盾问题，二是万有引力定律本身与狭义相对论不相容问题．

授课录像： 狭义相对论的两个遗留问题

1. 寻找与万有引力无关的绝对惯性系(绝对空间)的困惑

牛顿第二定律建立的前提是依靠惯性参考系．如何寻找惯性系？牛顿认为，自然界中存在一个绝对静止的空间，这个空间就是真正的惯性系．由力学的相对性原理可知，相对这个真正惯性系做匀速直线运动的一切参考系均是惯性系．牛顿曾以著名的水桶实验来证明这个绝对空间的存在．设想有一装水的水桶，当水桶不转动时，水面是一平面．当使水桶绕其竖直对称轴做匀角速转动一段时间稳定后，水跟随桶一起转动，水面呈现的是凹面．两种情况下，水相对桶均无相对运动，那么为什么会呈现平面和凹面不同的现象呢？牛顿认为，水桶中液面之所以呈现平面，是因为水没有转动，而液面之所以呈现凹面是因为水有转动．问题是，这个不转动和转动是相对哪个参考系而言的？牛顿给出的解释是，因为两种情况下水相对桶均无相对运动，所以，一定是以水和桶之外的第三物体或物体系为参考系的，该物体系就是绝对静止的空间，即绝对惯性系．

动画演示： 狭义相对论的两个遗留问题

但一百多年后的奥地利物理学家马赫却对牛顿的解释提出了质疑．他指出，设想桶变得很大，大得和地球一样大，那么，地球就不可能作为牛顿所说的第三物体了．如果说遥远的恒星系是第三物体，可以设想桶变得更大，大到与恒星系有相同的限度和质量，则遥远的星体也不能作为第三物体了．绝对空间到底在哪？因此，绝对空间与惯性系的存在成为无法自圆其说的矛盾．马赫认为，水桶实验并不能证明绝对静止空间的存在．在他看来，自然界中并不存在独立的绝对静止空间，任一物体保持原来状态不变的惯性属性是受宇宙中所有其他物体作用的结果，这一思想也称马赫原理．按照马赫思想解释旋转水桶实验：以水桶的水为研究对象，在宇宙中所有其他物体对其作用的过程中，水桶是改变水惯性属性的直接因素．水桶静止时，意味着水桶对水没有旋转作用，水保持原来平面状态的惯性属性不变；水桶旋转时，由于水桶的旋转加速作用，通过水的黏性力改变了水的平面惯性属性，最终使水和桶一起旋转而呈现凹面，处于另外一种惯性状态；水桶停止旋转时，由于水桶的旋转减速作用，通过水的黏性力又改变了水的凹面惯性属性，最终使水桶静止，水面呈现平面，回到原来的平面惯性属性．因此，在马赫看来，自然界中根本就不存在牛顿所说的“绝对静止的空间”，一切物体状态的改变均是由于宇宙中所有其他物体作用的结果．

按照马赫的思想，如果绝对空间或者绝对惯性系不存在，如何从宇宙的实体中找到一个真正的惯性系？由于宇宙中广泛存在着万有引力，有万有引力就不会存在着真正的惯性系，这就是在不存在绝对空间的前提下，万有引力与惯性系之间的现实矛盾问题．直至爱因斯坦在广义相对论中提出了等效原理，才解决了这一矛盾问题．

2. 万有引力与狭义相对论不相容的问题

在经典的力学体系中，万有引力的正确性被广泛地应用在各个领域中，万有引力的经典表述似乎是自然界的一种普适规律．但是，仔细分析发现，万有引力的表述与狭义相对论是不相容的，具体表现为：

(1) 引力的超距作用与光速极限不相容

对于质量分别为 m_1，m_2，距离为 r 的两个质点之间的万有引力的大小可表示为：

$$F=G\frac{m_1m_2}{r^2} \tag{12.1-1}$$

设想 m_1 相对 m_2 做往复的振动，(12.1-1)式并没有体现出这种时间上的延迟作用. 也就是说，按照(12.1-1)式所表述的相互作用力形式，m_1 的运动即时影响 m_2 的受力，m_2 的运动即时影响 m_1 的受力. 这也就意味着万有引力的传播是超距的，这显然与狭义相对论的讯号传递速度以光速为极限相矛盾.

(2) 引力在洛伦兹变换下非协变性与相对性原理不相容

仔细研究表明(12.1-1)式是不具有协变性的，即在洛伦兹变换下，从一个惯性系变到另外一惯性系，其数学表达式发生了变化. 显然，它不满足狭义相对论的相对性原理，即，万有引力定律的表达式并不是普适的表示形式. 直至广义相对论给出的引力场方程，才赋予了人们万有引力定律新的认识，解决了万有引力与狭义相对论不相容的问题.

§12.2 广义相对论的理论基础

如何解决上述万有引力与惯性系之间的现实矛盾问题？爱因斯坦于 1905 年 6 月发表了论文《论运动物体的电动力学》，建立了狭义相对论. 1907 年，爱因斯坦提出的等效原理解决了万有引力与惯性系之间的矛盾问题.

授课录像：
等效原理

如何解决万有引力与狭义相对论不相容问题？解决这个问题涉及广义相对论所要探索的两个核心内容：一是引力如何影响时空与物理规律，亦即引力效应问题；二是如何寻找万有引力定律更为普适的表达形式，亦即引力场方程.

爱因斯坦在 1907 年提出的等效原理，一方面解决了万有引力与惯性系之间的矛盾问题，另一重要方面是他希望借助等效原理和狭义相对论的思想方法，通过洛伦兹变换的手段解决引力效应问题，亦即“物理方案”的广义相对论研究. 1912 年初，爱因斯坦意识到在引力场中欧几里得几何并不严格有效，同时还发现洛伦兹变换不是普适的，需要寻求更普遍的变换关系.

AR 演示：
等效原理

为了解决“物理方案”所遇到的问题，爱因斯坦与他的大学同学格罗斯曼于 1912 年末开启了黎曼几何“数学方案”的广义相对论研究，发现黎曼几何是解决引力场问题的最为有效手段，并于 1913 年共同发表了重要论文《广义相对论纲要和引力理论》，提出了引力的度规场理论，亦即通过广义协变性原理解决引力效应问题 . 1915 年 10 月至 11 月间，爱因斯坦集中精力探索万有引力的普适形式，亦即新的引力场方程. 1915 年 11 月，爱因斯坦接连向普鲁士科学院提交了四篇论文，其中的第四篇论文中，建立了真正普遍协变的引力场方程，宣告“广义相对论作为一种逻辑结构终于完成了”.

综合上述广义相对论的发展历程不难发现，广义相对论的最终理论是广义协变性原理和引力场方程，分别解决了引力对时空和物理规律的影响（引力效应），以及引力的普适表达式（引力场方程）两个根本性的物理问题 . 而等效原理只是试图从“物理方案”角度，将狭义相对性原理推广至加速运动系统中的一个过渡性原理，相对广义相对论的最终理论来讲，它相当于是个“脚手架”而已，但它的作用和清晰的物理图像描述也是理解广义相对论不可或缺的内容 . 本节依次介绍等效原理、广义协变性原理、引力场方程等相关内容 .

12.2.1 等效原理

1. 等效原理的描述

在本书 §3.4.1 中已经阐明，为了定量描述一个物体惯性的大小可引入物体质量 m 来度量，用 $m_{惯}$ 标记此处的 m，称为惯性质量. 除此之外，任何物体都有被其他物体吸引的属性，用另外物理量 $m_{引}$ 定量描述其被吸引的大小，称为引力质量. 而本书第三章图 3.4.1-1 所示的厄特沃什实验证明：惯性质量与引力质量是相等的. 这一结果虽然早已被人们作为一个事实来接受，但长期以来，对它的深刻含义却“习而不察”.

爱因斯坦首先改变了这种情况. 他指出，如果将它作为一个基本出发点，那么通过一个巧妙的“思想实验”可以得出一些非常新颖而重要的推论，即等效原理.

在本书第三章的§3.4中，已对引力场和等效原理的思想实验做了描述，结论是：**就质点动力学而言，一个加速参考系内的惯性力同一个均匀的引力等效**.

爱因斯坦将上述只限于力学范围内的等效原理进一步推广到一切自然现象，认为惯性力场与均匀引力场的任何物理效应都是等效的. 任何物理实验都无法确定在一定的空间范围内是存在引力场，还是参考系在做加速运动，这是爱因斯坦的一个大胆假设，由于无法从原有的理论加以证明，因此判断它的正确性只能看由此假设得到的推论是否与实验相一致.

我们首先利用等效原理证明引力的消除. 设相对地面加速下降的电梯，电梯质心相对地面的加速度为 a_C. 以电梯为参考系，以电梯内漂浮的物体(质量为 m)为研究对象，并设 a_1'，g_1 分别表示物体相对电梯的加速度和物体所在处的引力场场强，对物体应用非惯性系下的质点动力学方程有：

$$mg_1 - ma_C = ma_1' \tag{12.2.1-1}$$

由(12.2.1-1)式可以看出，如果引力场均匀(设引力场场强为 g_0)，即，对电梯内任意一点处都有 $g_1 = a_C = g_0$，则 $a_1' = 0$，即，此时电梯内各处的惯性力完全抵消了引力. 如果引力场不均匀，即 $g_1 \neq a_C$，则 $a_1' \neq 0$，即，此时电梯内并非所有位置的惯性力都能完全抵消引力. 由此得出结论：

(1) 沿着均匀引力场方向加速运动的参考系内，惯性力场完全抵消引力场，此参考系是严格的惯性系.

(2) 沿着非均匀引力场方向加速运动的参考系内，惯性力场不能完全抵消引力场，此参考系不是惯性系. 但在引力场变化不大的范围内，总可以找到引力场均匀的局部区域，那么，沿着引力场方向加速运动的参考系在此局部区域内惯性力场能够完全抵消引力场，此参考系称为局部惯性系. 例如，从地球表面上遥远的高度来看，地球的引力场并非均匀，随着离地球表面距离的加大，引力场的大小和方向都在逐步变化. 所以，整体来说，从遥远的高度下落的电梯不是惯性系. 但是，从离地球某一段高度来说，如，地球表面，引力场的变化不大，此段就可以看成是均匀场，在此段自由下落的电梯就可看成是局部惯性系. 各个局部惯性系的联系反映了地球引力场的总体变化.

综合上述分析得出结论：在引力场均匀的区域，用变换到一个加速参考系的方法可使引力场“变换掉”. 也就是说，等效原理保证了在任何一个局部范围内，一定存在着引力被消除的参考系. 在这种参考系中，一切不受外力(不包括引力)作用的质点都保持静止或匀速直线运动状态不变. 所以按照惯性系的定义，这种“加速参考系”倒是真正的惯性参考系. 例如，上面所述的电梯例子.

2. 等效原理的意义

等效原理的表述为：就质点动力学而言，一个加速参考系内的惯性力同一个均匀的引力等效. 对于沿着引力场自由下落的加速参考系，所加的惯性力恰恰与引力抵消，可以等效为没有任何力作用的真正惯性系. 这是等效原理所体现的一种特殊情况. 而等效原理的另一作用是可以将惯性系的物理规律扩展至非惯性系，起到了普适化物理规律的作用.

12.2.2 广义协变性原理

伽利略最早提出，在伽利略变换下，普适的力学规律任何惯性参考系下的表示形式不变，称为力学相对性原理. 后来爱因斯推广了力学相对性原理，即，任何领域普适的物理规律，在洛伦兹变换下，在任何惯性参考系下的表示形式不变，称为狭义相对性原理，有时也表述为，普适的物理规律具有洛伦兹变换的协变性. 当进一步研究引力效应问题时，爱因斯坦将狭义相对论的相对性原理进一步提升为广义协变性原理，即，普适的自然规律方程，在任何坐标变换下，任何坐标系下的表述形式不变. 由此可见，对物理规律的普适性认识是随着研究程度的深入而不断提高的.

授课录像： 广义协变性原理与引力场方程

我们可以通过伽利略变换或洛伦兹变换检验已有物理规律的普适程度．但如何检验已建立的自然规律方程是否满足更宽泛要求的广义协变性原理呢？黎曼几何的研究结果表明，对于一个同阶张量的等式方程，在任何坐标变换下，方程两端则以相同形式的规律变换，其结果是方程本身在任何坐标下保持形式不变．黎曼几何的这一结果为验证已有自然规律是否满足广义协变性原理提供了途径．具体的方法是，将已建立的物理规律方程以体现时空几何的“度规”张量为基础，按照一定的协变法则进行张量形式改造，如果方程能够表达成以“度规”及其派生量为基础的同阶张量等式形式，则该物理规律就具备广义协变性，否则不具备．

在对已有方程进行张量改造过程中所引入的“度规”张量有着深刻的物理内涵，即，它一方面表征的是时空几何结构，另一方面对应着引力效应的引入．“度规”张量是常量时，体现的是平直的时空结构，对应的是无引力情况；非常量时，体现的是弯曲的时空几何，对应着有引力情况．因此，引力对应的就是时空几何结构，分析体现时空几何的“度规”张量对方程的影响也就解决了引力效应问题．

12.2.3 引力场方程

上述对已有方程进行张量改造过程中所引入的“度规”张量可以解决引力对规律的影响问题，但“度规”张量本身与物质的关系表达式是未知的，如何获得这一关系式是广义相对论需要解决的另外一个问题，即引力场方程的获得．

这个方程并非是通过逻辑推导所能获得的，而是爱因斯坦通过猜想和尝试获得的．爱因斯坦认为：物质的能量与动量张量(简称能动张量)应该与时空曲率张量相对应．依据物质的能动张量是二阶的，以及能量守恒与动量守恒的约束条件，爱因斯坦利用黎曼几何的研究结果，经过尝试，最终构造出了这个时空曲率张量的表达式，称为爱因斯坦张量．为了能够获得物质能动张量的系数，爱因斯坦依据泊松符号所表示的万有引力定律形式，给出了这个系数的表达式，最终给出了如(12.2.3-1)式所示的引力场方程(进一步的推导过程说明参见本章阅读资料)．

$$R_{ik}-\frac{1}{2}g_{ik}R=-\frac{8\pi G}{c^4}T_{ik} \tag{12.2.3-1}$$

可进一步证明，在弱场和低速的情况下，(12.2.3-1)式可转化为万有引力定律泊松符号的表示形式．

(12.2.3-1)式左侧体现的是时空结构的几何参量(其中，g_{ik} 为二阶时空度规张量，R_{ik} 是以度规张量 g_{ik} 为基础而构造的二阶黎曼曲率张量，$R=g^{ik}R_{ik}$ 为空间标量曲率)，右侧体现的是物质的量(其中，G 为引力常量，c 为真空中的光速，T_{ik} 为物质能动张量)．因此，传统意义上的物质对应着引力仅是在弱场和低速的情况下的近似而已，而更具普适性的理解则应该是物质对应着时空几何结构．由于推导引力场方程涉及极为复杂的张量运算等数学手段，本书不予详述，而是侧重如下对引力场方程所蕴含物理机制的理解上．

1. 由经典的引力场到近代时空结构的理解

(1) 万有引力与时空几何结构的对应

(12.2.3-1) 式所示的引力场方程改变了人们对万有引力的经典理解，即，物质从经典意义上产生的引力场，实际上对应的是物质所决定的时间和空间的几何结构．进一步讲，物理学是研究物理客体运动和演化规律的科学．物理客体好比演员，而演员的表演需要一种舞台．如果我们将物质所决定的时空几何比喻成物理客体所对应的“表演舞台”的话．广义相对论结果告诉我们，没有任何物质分布的自由空间是一个平直的时空“舞台”，而对于有物质分布的周围是一弯曲的时空“舞台”．举例来讲，一行星为什么可以围绕某个恒星做圆周或椭圆轨道运动？从经典的角度，是因为行星受到了恒星的万有引力作用并按照牛顿第二定律而做如此运动．但是，从广义相对论角度，行星的如此运动并非是由于什么万有引力作用，而是由于恒星引起了时空弯曲，行星在恒星所决定的弯曲时空“舞台”中自由运动．由此可以理解，从经典角度引入的“引力质量”在广义相对论中已不复存在，取而代之的是时空几何.

(2) 测地线方程

不受外力作用的粒子在平直的时空结构中静止或做匀速直线运动，那么，自由粒子在弯曲的时空中应当走一条什么样的曲线呢？由分析力学结果可知，粒子由一点到另一点的一切可能运动路径中，真实的运动路径是两点间的最短距离. 物体在平直的时空中由于惯性做匀速直线运动，是因为在平直的时空内由一点到另一点的直线距离最短. 但是，如果时空本身是弯曲的，在这一时空结构中，物体由于惯性而运动就不一定是直线，其最短的路径由时空结构来决定. 这种弯曲时空结构中的最短路径称为测地线，又称短程线. 描述测地线的数学表达式称为测地线方程. 推导测地线方程有多种途径，由等效原理和广义协变原理导出测地线方程是其中的途径之一(本书从略). 在平直的时空结构条件下测地线方程可以过渡到静止或匀速直线运动方程，即牛顿的惯性定律.

2. “引力”对时间间隔和空间距离的影响

从广义相对论角度，引力场方程建立起来后，“引力”“引力质量”“等效原理”等概念已不复存在. 但为了能够使读者便于理解，本书以下介绍还是从“物理方案”的角度，沿袭“引力”的概念，讨论引力对时间和空间的影响.

(1) 时间和空间测量基准的理解

物理上的时间间隔和空间距离是通过标准钟和标准尺的测量而获得的. 为了比较，显然各个参考系不能随意建立自己的标准钟和标准尺，而需要依据相同的基准来建立. 在自然界可以找到这些实际的基准，例如，可以将某事物的周期作为时间的基准，将某个波的波长作为长度基准. 利用这样的基准可以制作无引力作用的标准钟和标准尺. 当把如此制作的标准钟和标准尺放在引力场空间各处时，就构成了本地的标准钟和标准尺，用于测量本地事件发生的时间间隔和空间距离. 显然它们的走时间隔和尺子的长度由于受到引力的作用而各异. 但是，由于引力对本地标准钟和自然过程的影响是相同的，引力对本地标准尺和空间距离的影响也是相同的（例如，He-Ne 激光器在引力场任何地方发光，当地观测者测到的激光频率、波长、颜色等都是相同的)，因此，也就无法从引力区域内的观察者通过观测或测量的方法衡量引力对时间间隔和空间距离的影响，而只能从无引力作用区域的观察者角度去衡量时间和空间受引力作用的影响. 如何做到这一点？我们可以用无引力场作用的标准钟和标准尺分别去测量本地标准钟的走时基准和本地标准尺的长度基准受引力场作用的影响规律，从而给出引力对时间和空间影响的普遍规律.

(2) 引力对时间和空间测量基准的影响关系式

由(12.2.3-1)式可以看出，引力场方程把引力场源与时空的几何结构联系了起来. 原则上讲，进一步求解引力场方程即可得出引力场所决定“度规”(g_{ik}，体现时空结构的性质)的具体形式. 可惜，这个方程求解相当困难，迄今为止，只有特殊条件下的少数准确解，其中最著名的是史瓦西外部解. 1916 年史瓦西针对球对称分布的相对静止的物质球产生的球外部场进行了求解，获得此种特殊情况下的“度规”(g_{ik})表达式. 由此度规表达式可以给出引力对时间测量基准和空间测量基准影响规律的表达式，如(12.2.3-2)式所示(具体推导过程参见本章阅读资料).

$$\mathrm{d}t_{\infty}=\frac{1}{\sqrt{1-\frac{r_s}{r}}}\mathrm{d}t \qquad (12.2.3-2a)$$

$$\mathrm{d}r_{\infty}=\sqrt{1-\frac{r_s}{r}}\,\mathrm{d}r \qquad (12.2.3-2b)$$

$$r_s=\frac{2Gm}{c^2} \qquad (12.2.3-2c)$$

(3) 引力对时间和空间影响规律的理解

进一步理解(12.2.3-2)式所蕴含的物理意义：将无引力作用的标准钟和标准尺分别放在距离星体 r 处，就构成了有引力场作用的本地标准钟和本地标准尺，用以测量 r 处事件发生的时间间隔和空间距离．从距离星体 r 处有引力作用的观察者角度，本地的标准钟其走时基准和长度基准并没有受到引力的影响，例如，依然分别对应着一个振荡周期 $\mathrm{d}t$ 和一个波长 $\mathrm{d}r$．但从距离星体无限远的观察者角度，当用无引力作用的标准钟和标准尺分别去测量这个时间基准和长度基准时，所测量的结果 $\mathrm{d}t_\infty$ 和 $\mathrm{d}r_\infty$ 将分别大于一个振荡周期和小于一个波长，说明引力使标准钟的走时基准变慢了，引力使标准尺的长度基准变短了．由于引力对本地标准钟基准和事件发生时间间隔的影响是相同的，引力对本地的标准尺基准和空间距离的影响也是相同的，由此得出结论：引力使时间延缓，引力使空间距离压缩．

(4) 坐标钟和坐标尺的构造

前述所讨论的无引力作用的标准钟和标准尺是指距离星体无限远处观察者所使用的标准钟和标准尺．设想把这个标准钟和标准尺移至距离星体 r 处，分别与 r 处的本地标准钟和标准尺处于同一位置，同时保持该标准钟和标准尺的测量基准不受引力的影响，这样的标准钟和标准尺分别称为坐标钟和坐标尺．如此一来，r 处的观察者就拥有了相对自身静止的两套标准钟和标准尺，一套是不受引力作用的坐标钟和坐标尺，另一套是受引力作用的本地标准钟和本地标准尺，以此使得处于 r 处的同一观察者更加方便地比较本地标准钟和本地坐标尺的基准受引力作用的影响．如何构造这样的坐标钟和坐标尺？可以利用等效原理来实现，具体构造方法如下：

设想一电梯携带着无引力场作用的标准钟和标准尺自距离星体无穷远处由静止沿着引力场方向自由下落．由等效原理可知，电梯是一局部惯性系，其中的标准钟和标准尺始终不受引力的影响．当电梯经过 r 处附近时，设想引力场 r 处观察者按照电梯观察者的要求，调节另外一时钟的走时间隔和另外一尺子的长度，使其分别和电梯中的标准钟走时间隔以及标准尺的长度相同，如此就完成了坐标钟和坐标尺的构造．

值得注意的是，(12.2.3-2)式所示的引力引起的时间间隔和空间距离的变化是一种真实的物理效应，而狭义相对论的时间间隔和空间距离的变化是一种相对论效应，是由于在不同的参考系下所发生事件的过程不等价造成的．(12.2.3-2)式是我们在 § 12.3 中分析广义相对论所预言现象的理论基础．

3. 等效原理、广义协变性原理与引力场方程的联合理解

等效原理是基于惯性质量与引力质量相等而引入的，它也解决了引力与惯性系的矛盾问题．广义协变性原理是为了解决引力效应，并验证已有方程是否具备普适性而引入的一个物理标准．如何实现这个标准是黎曼几何的问题，即，将惯性系的物理的规律方程按照一定的协变法则进行张量形式的改造，如果方程能够改造成同阶张量的等式形式，则满足广义协变性原理，否则，不满足广义协变性原理，同时说明已有规律不具备普适性．以张量形式表述的规律方程会引入度规张量．分析度规张量对方程规律的影响就解决了引力效应的问题．借助黎曼几何的研究结果和万有引力定律的泊松表述形式，最终所给出的度规与物质关系的表达式，即为引力场方程．引力场方程是比万有引力定律更为普适的表述形式．引力场方程将物质与时空几何联系了起来，也可以说以前的引力根本“不是力”，对应的是时空几何，刷新了人们对引力的认识．

综合上述可以看出，广义相对论的最终理论基础就是引力场方程和广义协变性原理．因此，从广义相对论的角度，引力质量以及与其相关的等效原理就已失去了任何的意义，可以说，他们只是为了建立广义相对论的最终理论而提供的“脚手架”而已．

§12.3　广义相对论预言现象与实验证实

概括上述，引力场方程决定了物质如何影响时空结构，广义协变原理告诉我们其他物质如何在该时空结构中运动. 广义相对论的正确性被其所预言的现象所证实. 所预言的现象及其验证包括：光线偏折（被星体表观位置的观测与引力透镜现象所验证）、引力时间延缓（被引力红移现象所验证）、弯曲时空（被水星轨道进动现象所验证）、引力光速变慢（被雷达引力回波延迟现象所验证）、黑洞、引力波（被引力波探测实验所证实）等预言现象.

原则上讲，广义相对论所预言的现象的定量分析需要从引力效应（如，水星轨道的进动现象）和引力场方程（如，光线偏折、引力时间延缓、弯曲时空、引力光速变慢、黑洞等）所给出. 有些现象也可以从等效原理定性给出（如，光线偏折）. 本节结合等效原理和由引力场方程所导出的（12.2.3-2）式给出这些预言现象的推论过程与相应实验验证的分析. 在本章的阅读资料 B 中，将从引力场方程的角度给出（12.2.3-2）式的导出过程.

授课录像： 光线偏折与星体位置观测和引力透镜

12.3.1　光线偏折与星体位置观测变化

1. 光线偏折

从日常生活角度来看，光线的直线传播早已是被人们接受的事实. 但从本质上来讲，光线是否真的是直线传播呢？等效原理的一个推论是光线通过引力场时将发生偏折. 爱因斯坦在 1915 年 11 月份向普鲁士科学院提交的第三篇论文《用广义相对论解释水星近日点运动》中，除了上述解释水星的轨道进动外，还推算出光线经太阳表面所发生的偏折角度（1.75″）.

AR 演示： 光线偏折

考虑如图 12.3.1-1（a）所示的系统，设想一处在无引力场作用区域中的封闭电梯，该电梯以恒定的加速度 $-\boldsymbol{g}$ 相对某一固定的恒星"向上"运动. 在电梯的侧壁开一竖直的小狭缝，一束光从狭缝透入电梯. 图 12.3.1-1（a）给出了四个不同时刻电梯在空间的位置. 由于电梯在加速，每一段相等的时间间隔内移动的距离随时间而增加，设图 12.3.1-1（b）所示的黑点代表光在传播过程中的波前位置，其连线即为电梯内的观察者测得的光束，相对电梯的路径是一条抛物线. 根据等效原理，电梯内的观察者无法区分电梯是无引力场、以 $-\boldsymbol{g}$ 加速上升的参考系，还是受 $\boldsymbol{g}$ 的引力场、无加速的参考系. 将这一电梯视为受引力场作用的静止参考系，则电梯内的观察者断言，光束在引力场中被引力场拉弯曲了，其加速的方式与质量较大的物体在引力场作用下加速的方式相同.

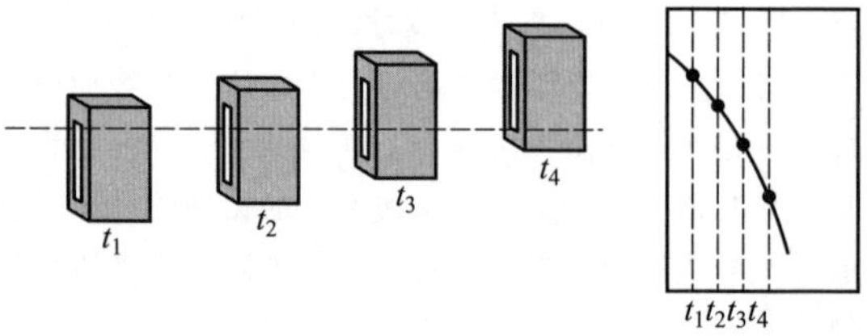

(a)　　(b)

图 12.3.1-1

由上述分析可知，在接近地面的区域中，光束会以重力加速度 $\boldsymbol{g}$ 向地面一侧偏转，而实际上我们并没有看到偏转，其原因是光速太大，对于 3 000 km 的距离，光行进只需 0.01 s 的时间，在这段时间内，光束向下偏转的距离只有 0.5 mm.

2. 星体位置观测变化

基于上述光线在引力场中被弯曲的分析，爱因斯坦指出，来自遥远星体的光靠近太阳时，光束在太阳引力的作用下将被拉弯，导致在地球上观测发光星体的位置（表观位置）与实际位置不一致. 如何才能实现这一现象的观测？如图 12.3.1-2 所示，设星体的实际位置处于 P 点，当地球处于 A 位置时，由于光束在引力场中的弯曲，观测的星体位置将在 P' 点. 当地球处于 B 位置时，由于光束不受引力场的作用，观测的星体将在它的实际位置 P 点，这样就可以验证光束的偏折现象. 由于太阳光太强，在地球上无法轻易观测到太空中位于太阳附近星体的表观位置与实际位置的差别. 因此只有在日全食时，才可能进行短时间的测量. 1919 年，英国天文学家、物理学家爱丁顿带领观测远征队，对日全食时太阳附近的星体位置进行拍摄. 由于光线偏折，会导致星体观测位置发生改变，通过多地拍摄照片进行比较，爱丁顿等人得到了和爱因斯坦预言相一致的结果. 爱丁顿等人的观测结果首次验证了光线偏折现象.

光线在引力场中偏折的另一个必然推论是引力成像. 1920 年爱丁顿在介绍广义相对论的文章中提出，引力场会会聚光线成像可以作为检验广义相对论正确与否的一个标准. 由于引力透镜成像问题一直没有观测结果的支持，因此，虽然提出很久，但一直受到冷遇. 直至 20 世纪 60 年代初，由于天体物理学的进展和天文学上的发现，才使引力透镜现象的观测成为有可能实现的课题，引力透镜的研究又为人们所重视. 1979 年瓦尔什等人对一对孪生类星体进行测量，后经多方面观测、分析认证，多数天体物理学家都同意瓦尔什的观测结果是引力成像的一个实例. 在那以后，又陆续发现了其他一些引力成像的例子.

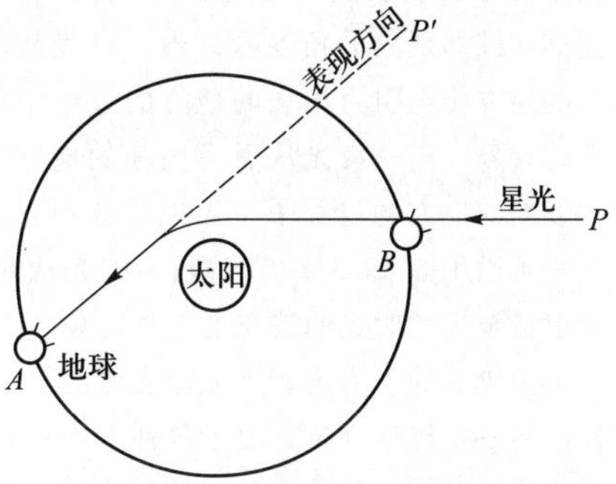

图 12.3.1-2

12.3.2 引力时间延缓与引力红移

1. 引力时间延缓

广义相对论的另一个重要预言是引力场中的时间间隔和光的频率的改变. 先从狭义相对论和等效原理的角度定性解释这一现象. 设想有一半径为 R 的转台相对某惯性系以匀角速 ω 转动，从转台中心开始沿着半径方向放置一系列相对转台静止的时钟. 设地面为 S 系(惯性系)，转台为 S′系(匀角速转动的非惯性系). 我们从 S 惯性系角度推测 S′系各位置的时钟变化. 从 S 系角度，中心的时钟是静止的，沿着半径向外的时钟则是以 $v_r=\omega r$ 沿垂直半径方向运动的时钟，离转台中心越远的时钟的速度越大. 因此，按照狭义相对论的时间延缓结论，沿着半径方向的时钟将依次变慢，转台边缘的时钟最慢. 按照相对论等效原理，转台相当于受到引力场场强大小为 $g=\omega^2 r$、方向沿径向向外的惯性系，沿着半径方向的时钟将依次变慢也就意味着**引力使时钟走时变慢**，也称为**引力时间延缓**.

授课录像： 引力时间延缓与引力红移

以上只是通过转台例子从狭义相对论和等效原理角度给出时钟受引力场作用变慢的定性解释. 对于真实引力场作用下时间延缓的定量关系可以从(12.2.3-2)式的结果中给出. (12.2.3-2)式表明，引力使时间延缓，使空间距离压缩.

AR 演示： 引力时间延缓

2. 引力红移

光波是电磁波的一种，是电场和磁场的振动在空间的传播. 振动是一种周期性行为，即与时间的流逝相联系. 由于振动频率与振动周期成反比 $\left(\nu=\dfrac{1}{T}\right)$，因此由(12.2.3-2a)式可得在 S 系 r 处一振动频率为 $\nu_0=\dfrac{1}{\mathrm{d}t_r}$ 的一束光与无引力场区域观察者所观测的频率 $\nu=\dfrac{1}{\mathrm{d}t_\infty}$ 之间的关系，即

$$\nu=\left(1-\frac{r_s}{r}\right)^{\frac{1}{2}}\nu_0 \qquad (12.3.2\text{-}1a)$$

$$r_s=\frac{2Gm}{c^2} \qquad (12.3.2\text{-}1b)$$

(12.3.2-1)式表明，在引力场中产生的光波，对无引力场区域的观测者来说，其频率变低了．由真空中光频率 ν 与波长 λ 的关系 $\lambda=\frac{c}{\nu}$ 可知，频率变低，意味着波长变长．频率变高，意味着波长变短．在光学中，波长变短称为蓝移现象，波长变长称为红移现象．所以，从蓝移和红移现象的角度看，当一束光从引力场弱的地方传至引力场强的地方的过程中将出现蓝移现象，当一束光从引力场强的地方传至引力场弱的地方的过程中将出现红移现象．这一过程可以用图 12.3.2-1(a)所示的光从远处传至地球表面接收，以及图 12.3.2-1(b)所示的光从星体表面发射传至远处时光的波长变化来形象地表示.

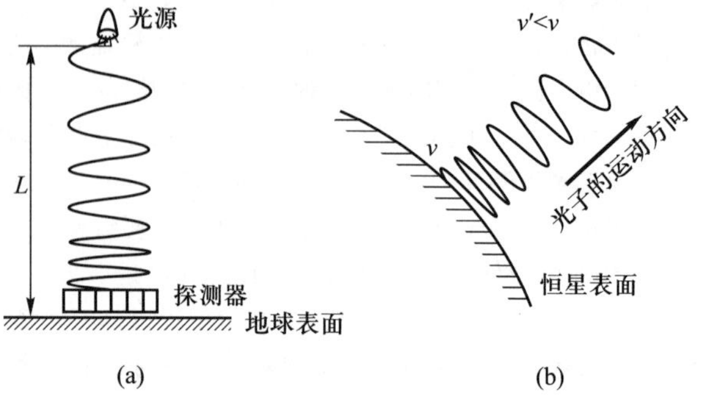

图 12.3.2-1

太阳表面的引力场要比地球表面的引力场强得多，因此，从太阳发射的光波传至地球表面时，所测量的光波将发生红移现象．由于各种干扰对测量的影响，自爱因斯坦 1907 年提出引力红移的预言以来，都没有实现这一预言现象的准确测量．直到 1959 年，美国科学家庞德和雷布卡设计了一个被后人命名为庞德-雷布卡的实验，通过从探测高塔上发射 γ 射线的频率变化首次观察到了引力红移现象.

12.3.3 时空弯曲与水星轨道进动

1. 引力使空间弯曲

广义相对论另一预言是引力导致空间弯曲．12.2.2 节的分析结果表明，球对称球体产生的引力场不改变垂直引力场方向的尺度，而使沿引力场方向的空间距离变短．对于 12.3.2 节所列举的转台上的观察者来讲，沿着转台半径方向相当于是受到引力场的作用，使转台上某个圆的半径变短，而圆周周长垂直于引力场方向，其长度不受引力场的影响，因此，圆周周长与半径之比大于 2π．设想只有像如图 12.3.3-1 所示的、以引力中心为原点的、像球冠一样的弯曲空间才能满足圆周周长与半径之比大于 2π 的几何(黎曼几何)要求．这样的空间结构已非欧几里得几何所描述的平直的空间结构，而是由黎曼几何所描述的弯曲空间结构.

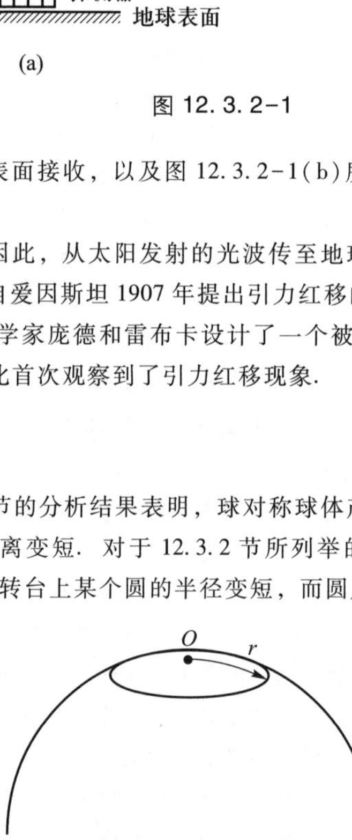

图 12.3.3-1

授课录像：时空弯曲与水星轨道进动

由本章 12.3.2 节的讨论可以看出：如果引力场处处均匀，那么它对所有的时钟和长度的影响都是相同的，此时的时空依然是平直的．如果引力场是非均匀的，则引力场的差异将使平直的时空发生变化，称为弯曲的时空．从总体来说，自然界的引力场是非均匀的，所以自然界是一个弯曲的时空．但是，从局部角度看，引力场的变化很小，又可以看成是均匀的，因此，这个局部区域的时空又是近似平直的．数学家们把这类“局部平直，整体弯曲”的空间(或流线)叫做黎曼空间(或黎曼流形)，它的性质首先是由数学家黎曼加以系统研究和总结的．所以，要想定量处理引力场对时空的影响，就要用黎曼空间几何来处理，而非用人们熟知的欧几里得几何处理.

AR 演示：弯曲时空与水星的进动

2. 水星轨道进动

时空弯曲的可观测效果之一是水星近日点的进动．水星是太阳系的八大行星中最靠近太阳的行星．实际上的天文观测表明，行星的轨道并非严格封闭的，它的近日点有进动，如图

12.3.3-2 所示．1859 年，法国天文学家勒维耶分析了 150 余年的水星运行数据，发现水星在近日点的进动数值与牛顿力学预测结果每 100 年相差38″，之后精确测定为 43″. 爱因斯坦在 1915 年 11 月份向普鲁士科学院提交的第三篇论文，即《用广义相对论解释水星近日点运动》中，根据新的引力场方程，推算出水星近日点每 100 年的剩余进动值是 43″，同观测结果完全一致，圆满地解决了 50 多年来天文学中一大难题.

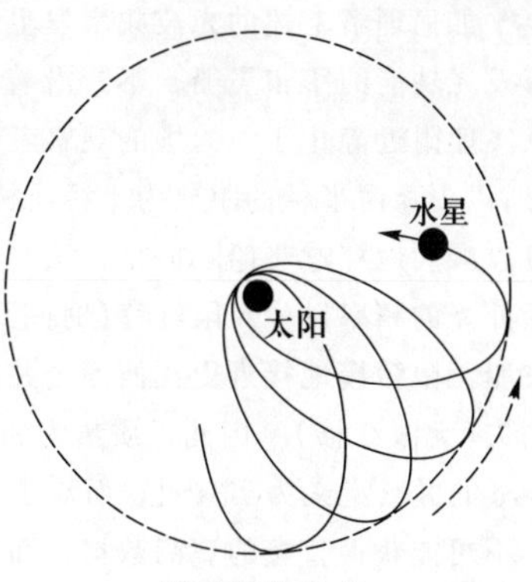

图 12.3.3-2

12.3.4 引力场中光速减慢与雷达回波延迟

1. 引力场中光速减慢

狭义相对论的基本原理之一是真空中的光速在任何惯性参考系均约为 $c=3.0\times10^{8}$ m/s. 存在引力场时，这一原理是否还成立呢？等效原理指出，弯曲时空中任何一点及其邻域都存在一个局部惯性系，在这局部惯性系中，狭义相对论的所有结论都成立，光速不变原理自然也成立. 如引力场中的观测者测量自己所在处的光速仍为 $c=3.0\times10^{8}$ m/s. 但当处于无引力场的观察者测量引力场中的光速时，所测量的光速就不为 c.

以距离星体无限远处的观察者为例. 由(12.2.3-2)式可以看出，光在引力场中 A 点的光速用引力场作用下的标准钟 $\mathrm{d}t$ 和标准尺 $\mathrm{d}r$ 测量，测量光速仍为 c，即 $c=\dfrac{\mathrm{d}r}{\mathrm{d}t}$. 这是引力场中的观测者测量自己所在处的光速. 如果以距引力中心无穷远(无引力场区域)处观察者测量，即用坐标钟 $\mathrm{d}t_\infty$ 和坐标尺 $\mathrm{d}r_\infty$ 测量，由(12.2.3-2)式的变换关系可得

$$c'_\infty=\frac{\mathrm{d}r_\infty}{\mathrm{d}t_\infty}=\frac{\left(1-\dfrac{r_s}{r}\right)^{\frac{1}{2}}\mathrm{d}r}{\left(1-\dfrac{r_s}{r}\right)^{-\frac{1}{2}}\mathrm{d}t}=\left(1-\frac{r_s}{r}\right)\frac{\mathrm{d}r}{\mathrm{d}t}=\left(1-\frac{r_s}{r}\right)c \qquad (12.3.4-1a)$$

$$r_s=\frac{2Gm}{c^2} \qquad (12.3.4-1b)$$

(12.3.4-1)式表明，从无引力场区域的观察者看来，引力场使光速减慢，引力场越强，光速减慢得越多.

授课录像：引力场中光速减慢与雷达回波延迟

AR 演示：引力光速变慢

2. 雷达回波延迟

光速减慢的典型实验验证是雷达回波延迟. 1964 年美国天体物理学家夏皮罗先后以水星、金星和火星为反射靶进行了雷达回波实验，观测到了雷达信号途经太阳附近时候的延迟，首次验证了引力导致的光速减慢效应.

12.3.5 黑洞

设想在引力场中 r 点处发射一束光，相对 r 点静止的观察者来说，该光束的发射频率和光速分别为 ν_0 和 c. 但对距离星体无限远处(无引力场区域)的观察者说，由(12.2.2-2)式和(12.3.4-1)式可知，所观测的光波的频率将发生红移，光速将变慢. 当 $r\to r_S=\dfrac{2Gm}{c^2}$时，其红移变为无限大，光速趋向于零. 因此，$r_S=\dfrac{2Gm}{c^2}$(称为**史瓦西半径**)这一物理量具有特殊的物理意义.

授课录像：黑洞

如何理解上述的光波频率发生无限红移、光速趋向零这一物理过程. 设想 K 系是一具有发光功能的宇宙飞船，不断沿着引力场方向向着星体运动. 当飞船接近史瓦西半径时，从飞船附近静止于引力场的观察者角度来看，飞船可以顺利地进入史瓦西面(以星体为圆心,以史瓦西半径的距离为半径所构成的球面). 从飞船观察者角度来看，也就是史瓦西面可以顺利地穿过飞船. 但是，从距离星体无限远处的观察者角度来看，由于接近史瓦西半径处光的频率发生无限红移(时间几乎停止)，因此，距离星体无限远处的观察者将观测到飞船无限缓慢地接近史瓦西面，并且发光颜色将变红、变暗(红移)，最后从观察者的视野消失(无限红移). 因此，质量为 m 的物质可被观测的最小限度是 r_S. 所以把 r_S 称为最小观测半径，把 $r>r_S$ 的区域定义为实空间；而对于 $r<r_S$ 的区域，由于物质所发出的光相对于远处的观察者趋向于零，所以不可能获得直接的观测数据，而只能靠物质的巨大引力场使人们感知它的存在，故定义该区域为虚空间，也就是人们通常所说的 **“黑洞”**.

AR 演示：
黑洞

黑洞的思想远在相对论创立之前就已经出现. 按照牛顿理论，一个质点的动能若能够超过它的引力势能的绝对值，就能够挣脱中心体的引力而逃逸. 对于质量为 m、半径为 R 的球体来说，球体表面质量为 m_1 的小物体的逃逸速度可由机械能守恒求得，即

$$\frac{1}{2}m_1v^2-G\frac{mm_1}{R}=0 \tag{12.3.5-1}$$

由(12.3.5-1)式解得

$$v_{逃}=\sqrt{2Gm/R} \tag{12.3.5-2}$$

这个速度称为逃逸速度. 如果 m、R 分别为地球的质量和半径，(12.3.5-2)式即是物体逃离地球的逃逸速度.

(12.3.5-2)式表明，如果球体的 m/R(亦即球体的密度)足够大，总可使

$$v_{逃}=\sqrt{2Gm/R}\geqslant c \tag{12.3.5-3}$$

其中，c 为真空中的光速. (12.3.5-3)意味着：假如光也能像一般物体那样受万有引力作用，那么，在(12.3.5-3)的条件下，光线也不能克服引力场而逃逸. 换句话说，球体表面的引力是如此之强，以至一个远方的观测者甚至无法接收到由该球体表面发出的光线，因而球体是绝对“黑”的. 这个概念最早见于 1783 年英国一名业余天文爱好者迈克尔写给著名物理学家卡文迪什的信. 15 年后，著名数学家、物理学家和天文学家拉普拉斯也讨论了这一问题. 今天，人们通常称由牛顿运动定律讨论的黑洞为拉普拉斯黑洞.

将(12.3.5-3)式逃逸速度方程中的 $v_{逃}$ 换成光速 c，即可从经典力学的角度得到史瓦西半径：

$$r_S=\frac{2Gm}{c^2} \tag{12.3.5-4}$$

把由 r_S 的各点组成的曲面称为无限红移面，原因在于此面上发射的光波在远离星体的观察者看来，其红移达到无限大.

总结上述，概括起来讲，黑洞是一个引力场极强的区域，强到光线也不能克服引力场而逃逸，以至一个远方的观测者甚至无法接收到由该球体表面发出的光线，而只能靠物质的巨大引力场使人们感知它的存在. 按照相对论的概念，它就是一片“高度弯曲的时空”. 对这样一个区域的深入研究表明，它可能有不少惊世骇俗的奇特性质.

12.3.6 引力子与引力波

1. 引力子与引力波

从经典的角度，爱因斯坦认为引力场是通过引力子传播的，并预言引力场也会像电磁场那样辐射出去，即引力波，以光速传播. 爱因斯坦认为引力波与电磁波既有相似之处，又有不同之处. 相似之处是二者均为横波. 不同之处是，电磁场是矢量波，引力波是张量波. 从时空几

授课录像：
引力子与引力波

何角度，引力波对应的是一种时空结构的扰动传播，形象地比喻为时空结构中的“涟漪”.

2. 引力波探测

至今人们还没有发现引力子的实验证据．而引力波的探测取得了重要的进展.

泰勒在慕尼黑 1978 年的一次国际会议中首次指出，从 1974 年到 1978 年历时 4 年的对射电脉冲星 PSR1913+16 的监测结果发现，其周期变化率与理论计算辐射引力波所损失的能量导致的结果在 20%的精度范围内一致．这个结论目前还有争议.

据 PRL 116，061102（2016）B. P. Abbott，et al. 报道，美国激光干涉引力波观测站（LIGO）于 2015 年 9 月 14 日 9 点 50 分 45 秒首次探测到了引力波．文章报道，两个分别为 29 倍和 36 倍太阳质量的黑洞旋转运动合并成了一个 62 倍太阳质量的 Kerr 黑洞．在两个黑洞合成一个黑洞的过程中，有 3 个太阳质量的亏损．这 3 个太阳质量的亏损以引力波的形式辐射，并以光速传播，13 亿年后传到了地球，即是该文章报道所探测到的引力波.

AR 演示： 引力子与引力波

该文的引力波探测是利用迈克耳孙干涉仪原理进行的．干涉仪的两个互相垂直臂的臂长达 4 km．100 kW 的激光作为干涉源．无论是从经典角度理解的引力波，还是从相对论角度理解的时空结构中的“涟漪”，他会引起空间距离的拉伸或压缩的扰动．从而引起干涉仪两个垂直臂距离的扰动，进而引起干涉条纹的变化．该文报道的引力波引起了不超过 1 s 的十几次空间距离的微振动，微振动幅度仅是原子核尺寸千分之一的大小．这样一个由引力波引起的极其微小的空间距离扰动被激光干涉条纹所记录.

12.3.7 卫星导航系统时钟校正

狭义相对论的运动时钟变慢，以及广义相对论的引力时钟延缓有着现实生活的例证，即卫星导航系统时钟校正问题.

1. 人造地球卫星

从地球上发射一物体，使其达到分别绕地球、太阳、银河系运行所需的最低发射速度，分别称为第一、第二、第三宇宙速度．目前人类的发射技术尚不能达到超过第二宇宙速度，但可借助其他星体与航天器之间的万有引力作用，即“引力助推”效应实现围绕太阳运动，或者脱离太阳系的吸引，即星际航天器．以第一宇宙速度发射后物体（绕地球做近似圆周运动）也称人造地球卫星（以下简称卫星）．随着技术的进步，人类发射的卫星数量也在逐年增多．据 UCS（美国忧思科学联盟）的数据记载，至 2021 年 4 月末，大约有 7300 余颗卫星，其中有 4800 余颗卫星处于在轨运行状态．其他卫星处于非活动状态，成为了太空垃圾.

授课录像： 卫星导航系统时钟校正

AR 演示： 卫星导航系统时钟校正

如此数量的卫星围绕着地球运转为什么不相撞？其主要原因有两个，其一，卫星最大尺寸几十米，在离地球几百千米到几万千米之间半径球面上运行，相当于 7000 余个质点运行，间隔空隙大，相撞概率小；其二，联合国有《外层空间宣言》《外层空间条约》等国际法规，需要经过相关申报流程，经过大数据分析和严密的审核后，才可以发射实施．条约管理减少相撞概率.

2. 卫星导航系统时钟校正

卫星导航系统是人造地球卫星的一种，称为全球定位系统，是通过卫星所传送的时钟信号来确定地球上某个物体的精确位置．目前，联合国卫星导航委员会认定的卫星导航系统有四家：美国的全球定位系统（GPS），开始于 1978 年，目前有 31 颗人造地球卫星在轨；俄罗斯的格洛纳斯卫星导航系统，始于 1982 年，目前有 24 颗在轨；中国的北斗卫星导航系统，始于 2000 年，目前已建设完成北斗三号系统，共有 30 颗卫星服役，计划 2020 年至 2035 年建设完成北斗四号系统；欧盟的伽利略卫星导航系统，始于 2011 年，目前有 24 颗在轨.

卫星导航系统是如何定位的呢？每一颗人造地球卫星都会发出一个时钟信号，每个信号的运动轨迹是以光速传播的一个球面．地球上的某个接收装置如果同时接收到四个卫星发射的时钟信号的话，通过数学程序计算就可以确定接收装置所在的经度和纬度．如果接收装置在车里边的话，配以车里面的电子地图，就可以实现车的导航．

综上所述，从原理上，地球上卫星导航系统的定位就是接收并计算卫星发出的时钟脉冲信号．由于卫星在距地面一定高度的轨道上高速运动，即使卫星和地面接收器使用的是相同精度、已经过校准的时钟(实际为精密的原子钟)，由于相对论效应，两者的时钟仍然不会同步，会产生不可忽略的系统误差．研究表明，由于相对论效应所导致的误差包含两项，一是由于卫星和地面接收器相对地心坐标系运动速度不同而引起的狭义相对论效应误差，即运动的时钟延缓效应，每 24 h 慢约 7 μs；二是由于卫星和地面接收器所处的地球引力场不同而引起的广义相对论效应误差，这一效应使卫星上的时钟比地面的快，每 24 h 快约 45 μs．两项合计结果，地面接收到的星载时钟信号每 24 h 要比地球的时钟快 38 μs．这 38 μs 的时钟差将导致每 24 h 产生大约 10 km 的定位误差，这会大大影响人们的正常使用．因此，在设置 GPS 定位程序时，要对包含相对论效应的各项误差进行修正，称为精密定位技术．

宇宙学与天体物理初步

§12.4　宇宙的物质结构与年龄

宇宙是由星体和星际物质(星际气体、尘埃、星云、星际磁场、暗物质、暗能量等)组成的．星体包括(按质量大小排序)：黑洞、中子星、恒星、白矮星、行星、卫星等，其中恒星是能够主动发光的，行星和卫星是不能够主动发光的．行星围绕恒星运动，卫星围绕行星运动．围绕太阳运动的行星和围绕行星各自运动的卫星与太阳一起所构成的系统称为太阳系．由相邻的多个类似于太阳系的系统以及星际物质所构成的体系称为星系．太阳系所在的星系称为银河系，银河系之外的称为河外星系，上千亿个这样的星系就构成了宇宙．

授课录像： 宇宙的结构与年龄

当前人类在空间的观测范围已达 100 多亿光年(1 光年是光在真空中传播一年所走的距离)，在时间观测方面也约达 100 亿年．在这个范围内，可观测的对象包含着上百亿像我们银河系这样的星系．目前的理论估计和观测表明：宇宙的空间距离上限约 900 亿光年，宇宙的年龄在 100 亿至 200 亿年之间，太阳系的年龄大约在 45 亿至 50 亿年之间．

AR 演示： 宇宙结构与年龄

我们所生存的地球是太阳系(如图 12.4-1 所示)中的一员，而太阳系又是银河系(从几百万光年以外观察,它的外形很像如图 12.4-2 所示的,从地球上观察到的星系 M31 的图像)中极为普通的一员．按照传统说法，太阳系由太阳、“九大行星”(包括各自的卫星)和彗星组成．如图 12.4-1 所示，“九大行星”分别是水星、金星、地球、火星、木星、土星、天王星、海王星和冥王星(图 12.4-1 中的土星因其周围草帽状的光环而与其他行星外貌差异较大,构成光环的物质是碎冰块、岩石块、尘埃、颗粒等,它们排列成一系列的圆圈,绕着土星旋转)．在 2006 年 8 月 24 日于布拉格举行的第 26 届国际天文学联合会通过的第 5 号决议中，冥王星被划为矮行星，并命名为小行星 134340 号，从太阳系大行星中除名．之所以将冥王星除名，是由于新的天文发现不断使“九大行星”的传统观念受到质疑．天文学家先后发现冥王星与太阳系其他行星的一些不同之处．冥王星所处的轨道在海王星之外，属于太阳系外围的柯伊伯带，这个区域一直是太阳系小行星和彗星诞生的地方．20 世纪 90 年代以来，天文学家发现柯伊伯带有更多围绕太阳运行的大天体，比如，美国天文学家布朗发现的“2003UB313”就是一个直径和质量都超过冥王星的天体．因此，将“九大行星”改为“八大行星”就不难理解了．

AR 演示： 太阳系

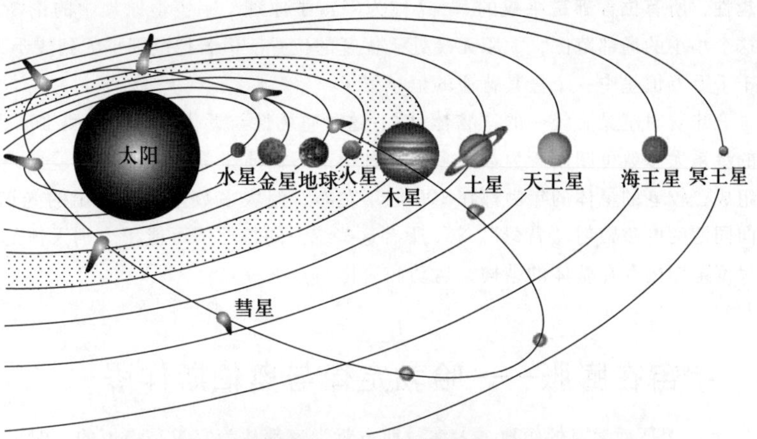

图 12.4-1 “九大行星图”

图 12.4-2 M31 星系

§12.5 宇宙的统一整体性——宇宙学原理

宇宙有没有中心？中心在哪？这些历来是哲学家所关心的问题．所有的宗教宇宙模型都是有中心的，而且多半把它设想在地球的“天上”某处，即上帝的住所．

公元 140 年前后，古希腊学者托勒密总结了人类长期观测天象的结果和他自己的研究，写成了一部共 13 卷的巨著《天文学大成》，将宇宙的地心说赋予完善的形式，说明了行星的表观运动，并且能够计算行星未来的位置，还给出了计算月食和日食的方法，因此，托勒密的观点成为“地心说”的学术支柱，统治世界 1 300 多年，也成了西方中世纪宗教世界观的重要组成部分．直到 16 世纪初，波兰天文学家哥白尼经过 30 多年的研究，写成了伟大的著作《天体运行论》，指出地球和其他行星都是同样围绕太阳公转的，以“日心说”代替了“地心说”．

授课录像： 宇宙的统一整体性——宇宙学原理

哥白尼的“日心说”是划时代的伟大理论，它冲破了陈旧、保守、腐朽的宗教思想的束缚，向着真理迈进了一大步．然而，太阳果真是宇宙的中心吗？后来的天文观测发现，太阳其实也是银河系中极其普通的一员，它也环绕着银河系的中心旋转．那么，银河系中心是宇宙的中心吗？随着天文学观测进入宇宙的更深层次，发现整个银河系也是相对于其他星系运动的．因此说银河系中心是宇宙的中心也是不对的．我们不禁要问，宇宙到底有没有中心？

AR 演示： 宇宙的统一整体性

现代宇宙学的一个基本出发点认为宇宙没有中心．这个论断可以表述为：“**宇宙中没有**

任何一点具有优越性，所有位置都是平权的”. 这称为宇宙学原理. 宇宙学原理中的论断是对宇观尺度而言的，在太阳系这个小小的局部范围，太阳无疑处于优越的位置. 但若把范围扩大到成千万甚至上亿光年，那太阳只不过是千千万万恒星中一个极其普通的恒星罢了.

宇宙学原理也意味着时空具有统一的“整体性”，这种整体性与近代的天文观测推断大体上是一致的. 如，数以百亿计的星系大多数可归属于为数不多的几种形态，而质量等内在的性质差异并不大；已知天体都有相近的化学组成；较老的星体的年龄都在 100 亿年左右；绝大多数星系所发出的光谱线都有“红移”现象；存在着各向同性的电磁辐射“背景”等. 所有这些统一的特性不可能用个别天体的运动来解释，它反映了宇宙在大尺度范围内存在整体的结构、运动和演化.

§12.6 宇宙在膨胀——哈勃定律与奥伯斯佯谬

20 世纪以前，宇宙学是哲学家的领地. 大多数西方哲学家都认为宇宙是稳恒的，即宇宙作为一个整体是不变的，没有创生，也没有消亡. 20 世纪以来，自爱因斯坦创立广义相对论（即引力理论）之后，情况发生了变化. 迄今为止，在人们所知道的各种力中，引力是唯一不可屏蔽的长程作用力. 对于分布于大范围时空中的物质和时空本身，引力应该是起决定作用的力. 因此引力决定宇宙动力学，从而决定宇宙的演化. 爱因斯坦广义相对论的诞生，为人们研究宇宙提供了一种可能的基础理论.

授课录像： 宇宙在膨胀——哈勃定律与奥伯斯佯谬

爱因斯坦 1917 年用引力场方程去研究宇宙整体状态时，提出了“有限无界的静态宇宙”模型. 但他已经感觉到了“宇宙有引力收缩的趋势”，为了不让这个趋势破坏静态宇宙模型，他特别引入了一个反引力的“宇宙常量”以抵消这种引力收缩的趋势. 1929 年哈勃通过观测发现星系证明了宇宙正在膨胀，从而否定了静态宇宙模型. 因此，爱因斯坦认为他所引入的宇宙常量项是不合适的，从而去掉了这个常量项. 但目前的研究表明，真空能量可能会对引力产生影响，而宇宙常量可以反映真空能的贡献，这些也是天文学家们正在努力研究的课题之一.

1.. 哈勃定律——宇宙膨胀的直接证明

AR 演示： 宇宙的膨胀

1929 年，美国天文学家哈勃研究了 24 个星系，这些星系的距离都是已知的. 哈勃测量了这些星系的谱线后发现，谱线中都出现了红移现象. 根据多普勒效应的红移规律知道，这些星系都是远离我们而去的，也说明宇宙在膨胀. 哈勃发现，谱线的红移量与星系的距离成正比，于是哈勃得出退行速率 v 与距离 r 成正比的结论，即

$$v=Hr \tag{12.6-1}$$

(12.6-1)式称为哈勃定律，其中 H 称为哈勃常量. 根据观测，H 的估计值为

$$H=50\sim100\ \mathrm{km/(s\cdot Mpc)} \tag{12.6-2}$$

也就是说，离我们百万秒差距（1 Mpc = 3.26 l. y.）的星系，其退行速率是 $50\sim100\ \mathrm{km\cdot s^{-1}}$.

由(12.6-1)式可以看出，如果 H 与时间无关，则随着星系退行距离的加大而使速度无限加大超过光速，这是不符合实际观测情况的. 所以 H 是与时间有关的. 作为近似估算，设退行速度不随时间改变，那么哈勃常量 H 的倒数表示星系从 $r=0$ 退行到现在的 r 所需要的时间，此时间与 r 值无关. 目前的资料显示，H 的取值应在 $75\ \mathrm{km\cdot s^{-1}\cdot Mpc^{-1}}$ 附近，由(12.6-2)式，取 $H=75\ \mathrm{km\cdot s^{-1}\cdot Mpc^{-1}}$ 可得

$$t_H=\frac{1}{H}\approx4\times10^{17}\ \mathrm{s}\approx1.3\times10^{10}\ \mathrm{a} \tag{12.6-3}$$

(12.6-3)式称为哈勃时间，它是假定退行速度是常量情况下宇宙年龄的估计值. 而实际上由于万有引力等因素的作用，退行速度并非常量，所以宇宙年龄的实际时间应该与(12.6-3)式的值有一些误差.

如果认为最远的星系以光速退行，那么该星系离我们的距离就是

$$r_H=\frac{c}{H}=ct_H\approx 1.3\times 10^{10}\ \text{l. y.} \tag{12.6-4}$$

r_H 就是宇宙空间大小的估计值.

2. 奥伯斯佯谬——宇宙膨胀的间接证明

“夜晚的天空为什么是黑的?”这个问题似乎很容易回答.“因为夜晚没有阳光照亮天空，所以夜晚是黑的.”“但是夜晚也有许许多多像太阳，甚至比太阳光还要强的恒星照亮地球呀!”“是如此，但这些恒星都离地球太遥远了，因而照射到地球上的光强就十分微弱了，所以夜空还是黑的.”

上述对“夜晚的天空为什么是黑的”解释似乎很有道理. 但是，如果仔细计算，就会发现上述的“这些恒星都离地球太遥远了，因而照射到地球上的光强就十分微弱了，所以夜空还是黑的”这一解释会出现问题. 假定宇宙空间是无限的，计算宇宙的所有恒星发射到地球上的光子数总和就会发现，这些光子数的总和远远大于太阳发射到地球上的光子数，按此推断，地球上夜晚的上空也应该是光辉灿烂的. 这个黑夜之谜首先被奥伯斯系统地研究过，因此，又被称为奥伯斯佯谬，这是一个长期困扰人们的问题. 奥伯斯佯谬是在假定宇宙空间是无限而且稳恒态的条件下，来计算宇宙的所有恒星发射到地球上的光子总和. 因此，可以从两个方面解释奥伯斯佯谬：其一，宇宙在膨胀，按照哈勃定律，距离越远的天体其退行速度越大，对应的红移也越大，这样遥远星系所发的光到达地球时，大多在红外，能量也变得很小，所以看不见了. 其二，宇宙的寿命有限，或者是宇宙的有限性.

§12.7 宇宙的起源——大爆炸理论模型

前面介绍了宇宙的现有结构与状态. 宇宙又是如何起源的呢？目前有不同的宇宙模型试图回答这一问题，如稳恒态宇宙模型、振荡宇宙模型、阶梯宇宙模型、引力常量可变的宇宙模型、大爆炸宇宙模型等. 到目前为止，科学界公认的还是大爆炸宇宙理论模型.

授课录像： 宇宙的起源——大爆炸理论模型

宇宙大爆炸(Big Bang)仅仅是一种学说，是根据天文观测研究后得到的一种设想. 大约在 150 亿年前，宇宙所有的物质都高度密集在一点，有着极高的温度，因而发生了巨大的爆炸. 大爆炸以后，物质开始向外快速膨胀，后来就形成了今天我们看到的宇宙. 大爆炸的整个过程是复杂的，现在只能在理论研究的基础上，描绘远古的宇宙发展史. 在这 150 亿年中诞生了星系团、星系、恒星、行星、卫星等，以及现在我们看不见的一切天体和宇宙物质，形成了当今的宇宙形态，人类就是在这一宇宙演变中诞生的.

AR 演示： 宇宙大爆炸

人们是怎样推测出曾经可能有过宇宙大爆炸呢？这就要依赖天文学的观测和研究. 我们的太阳只是银河系中的一两千亿个恒星中的一个. 而与我们银河系同类的星系，即河外星系，还有千千万万. 从观测中发现了那些遥远的星系都在远离我们而去，离我们越远的星系，远离的速度越快，因而形成了膨胀的宇宙. 对此，人们开始反思，如果把这些向四面八方远离中的星系运动倒过来看，它们可能当初是从同一源头发射出去的，是不是在宇宙之初发生过一次难以想象的宇宙大爆炸呢？后来又观测到了充满宇宙的微波背景辐射，就是说大约在 137 亿年前宇宙大爆炸所产生的余波虽然是微弱的，但确实存在. 这一发现对宇宙大爆炸理论是个有力的支持.

宇宙大爆炸理论是现代宇宙学的一个主要流派，它能较合理地解释宇宙中的一些根本问题. 宇宙大爆炸理论虽然在 20 世纪 40 年代才提出，但 20 年代以来就有了萌芽. 20 年代时，若干天文学者均观测到，许多河外星系的光谱线与地球上同种元素的谱线相比，都有波长变化，即红移现象.

到了 1929 年，美国天文学家哈勃总结出星系谱线红移大小与星系同地球之间的距离成正比的规律. 他在理论中指出：如果认为谱线红移是多普勒效应的结果，则意味着河外星系都在离开我们向远方退行，而且距离越远的星系远离我们的速度越快，这正是一幅宇宙膨胀的图像.

1932 年勒梅特首次提出了现代宇宙大爆炸理论：整个宇宙最初聚集在一个“原始原子”中，后来发生了大爆炸，碎片向四面八方散开，形成了我们的宇宙.

20 世纪 40 年代美国天体物理学家伽莫夫等人正式提出了宇宙大爆炸理论. 该理论认为，宇宙在遥远的过去曾处于一种极度高温和极大密度的状态，这种状态被形象地称为“原始火球”. 所谓原始火球也就是一个无限小的点，火球爆炸，宇宙就开始膨胀，物质密度逐渐变稀，温度也逐渐降低，直到今天的状态. 这个理论能自然地解释河外天体的谱线红移现象，也能圆满地解释许多天体物理学问题，然而直到 50 年代，人们才开始广泛注意这个理论.

20 世纪 60 年代，彭齐亚斯和威耳孙发现了宇宙大爆炸理论的新的有力证据，他们发现了宇宙背景辐射，后来他们证实宇宙背景辐射是宇宙大爆炸时留下的遗迹，从而为宇宙大爆炸理论提供了重要的依据. 他们在测定射电强度时，在 7. 35 cm 波长上，意外探测到一种微波噪声，无论天线转向何方，无论白天黑夜，春夏秋冬，这种神秘的噪声都持续和稳定，相当于约为 3 K 的黑体发出的辐射. 这一发现使天文学家们异常兴奋，他们早就估计到当年大爆炸后，总会留下痕迹，每一个阶段的平衡状态，都应该有一个对应的等效温度. 彭齐亚斯和威耳孙也因此获 1978 年诺贝尔物理学奖.

20 世纪科学的智慧和毅力在霍金的身上得到了集中的体现，他对于宇宙起源后 10^{-43} s 以来的宇宙演化图景作了清晰的阐释. 宇宙最初是比原子还要小的奇点，然后是大爆炸，通过大爆炸的能量形成了一些基本粒子，这些粒子在能量的作用下，逐渐形成了宇宙中的各种物质. 至此，大爆炸宇宙模型成为最有说服力的宇宙起源理论. 在宇宙的大爆炸理论模型中，爆炸初期涉及微观粒子的形成，后期变为天体结构的演化. 这样，物理学中研究最大对象和最小对象的两个分支——宇宙学和粒子物理学，竟奇妙地衔接在了一起，结成密不可分的姊妹学科，赵凯华教授的《新概念物理教程》的扉页有精彩的图片展示，犹如一条怪蟒咬住了自己的尾巴，如图 12. 7-1 所示.

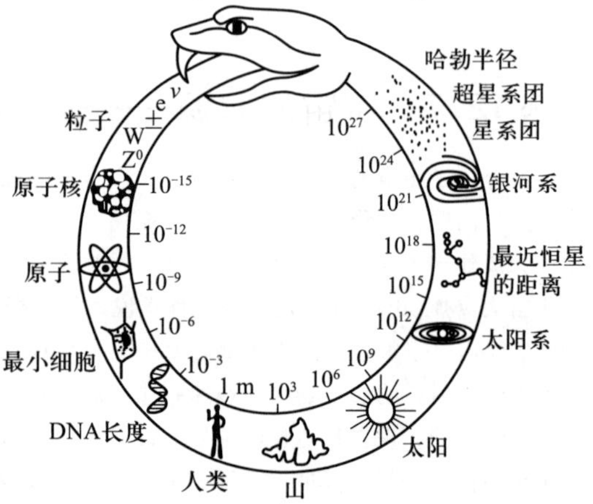

图 12. 7-1

大爆炸理论虽然并不成熟，但是仍然是主流的宇宙形成理论，其关键就在于目前有一些证据支持大爆炸理论，比较传统的证据如下所示.

1. 红移现象

从任何方向传到地球的光谱线都有红移现象，说明遥远的星系都在离开我们而去，故可以推出宇宙在膨胀，且有证据显示离我们越远的星系，远离的速度越快.

2. 哈勃定律

哈勃定律就是一个关于星系之间相互远离速度和距离的确定的关系式，仍然是说明宇宙的运动和膨胀.

3. 氢与氦以及微量元素的丰度(相对含量)

由模型预测出氢占 75%，氦占 25%，与观测相符合. 对微量元素，模型中所推测的丰度与实测的相同.

4. 3 K 的宇宙背景辐射

根据大爆炸学说，宇宙因膨胀而冷却，现今的宇宙中还应该存在当时产生的辐射余烬，1965 年，3 K

的背景辐射被测得.

5. 背景辐射的微量不均匀

证明宇宙最初的状态并不均匀，所以才有现在的宇宙和现在星系和星系团的产生.

6. 宇宙大爆炸理论的新证据

在 2000 年 12 月份的英国《自然》杂志上，科学家们称他们又发现了新的证据，可以用来证实宇宙大爆炸理论. 长期以来，一直有一种理论认为宇宙最初是一个质量极大、体积极小、温度极高的点，然后这个点发生了爆炸，随着体积的膨胀，温度不断降低. 至今，宇宙中还有大爆炸初期残留的称为“宇宙背景辐射”的宇宙射线. 科学家们在分析了宇宙中一个遥远的气体云在数十亿年前从一个类星体中吸收的光线后发现，其温度确实比现在的宇宙温度要高.

根据大爆炸理论，星系连同其他所有的恒星和行星都产生于一个所谓的奇异点. 这个奇异点中集中了所有宇宙最原始的物质. 虽然目前科学界公认大爆炸宇宙理论模型，但是“大爆炸”理论最大的缺陷就是无法回答大爆炸之前这一奇异点来源于何方，也就是说我们尚不清楚宇宙开始爆炸和爆炸前的图景，这也是宇宙学中需要继续深入研究的课题.

§12.8 暗物质与暗能量

21 世纪初科学中最大的谜之一是暗物质和暗能量. 它们的存在，向全世界科学家提出了挑战. 暗物质和暗能量存在于人类已知的物质之外，虽然人们目前知道它们的存在，但不知道它们是什么，它们的构成也和人类已知的物质不同.

授课录像： 暗物质与暗能量

AR 演示： 暗物质与暗能量

1. 暗物质

目前，无论是从理论的推断，还是从天文的观测中，都说明了暗物质的存在.

理论推断：1933 年，瑞士天文学家兹威基发表了一个惊人结果：在星系团中，看得见的星系只占总质量的 1/300 以下，而 99%以上的质量是看不见的. 不过，兹威基的结果许多人并不相信. 直到 1978 年才出现第一个令人信服的证据，这就是测量物体围绕星系转动的速度. 我们知道，根据人造地球卫星运行的速度和高度，就可以测出地球的总质量. 根据地球绕太阳运行的速度和地球与太阳的距离，就可以测出太阳的总质量. 同理，根据物体(星体或气团)围绕星系运行的速度和该物体距星系中心的距离，就可以估算出星系范围内的总质量. 这样计算的结果发现，星系的总质量远大于星系中可见星体的质量总和. 结论似乎只能是：星系里必然有看不见的暗物质.

天文观测：宇宙中有大量的暗物质，特别是存在大量的非重子物质(静止质量为零或者质量很小的物质,如光子、电子、中微子等)的暗物质.

据天文学家估算，未知的暗物质约为已知物质的 5 倍. 也就是说，如果将已知物质和未知的暗物质的总质量作为宇宙的总质量的话，宇宙中可观测到的各种星际物质、星体、恒星、星团、星云、类星体、星系等的总和只占宇宙总质量的 17%，83%的物质还没有被直接观测到.

2. 暗能量

支持暗能量的主要证据有两个. 一是对遥远的超新星所进行的大量观测表明，宇宙在加速膨胀. 按照爱因斯坦引力场方程，加速膨胀的现象推论出宇宙中存在着压强为负的“能量”. 另一个证据来自近年对微波背景辐射的研究，该研究精确地测量出了宇宙中物质的总密度，总密度对应的能量也出现短缺的未知能量. 这些未知的能量称为“暗能量”.

根据天文学家的估算，从质量与能量对应关系的角度，已知物质对应的能量约占总能量的 5%，暗物质对应的能量约占总能量的 25%，暗能量约占总能量的 70%. 目前的物理学基本理论还无法解释暗物质和暗能量. 暗物质与暗能量是 21 世纪物理面临的最大的挑战. 物理学对暗物质与暗能量的探索才刚刚开始. 虽然众说纷纭，但仅仅是一些猜测和设想，远没有形成一个基本合理的解释. 科学家正在计划发射新的探测卫星，对宇宙大尺度空间进行更多更精确更系统的观测，进一步研究宇宙加速膨胀的规律，确定暗物质与暗能量的形式和物理特征. 解决这一问题需要新的理论，这样的理论一旦被找到，很可能是人们长期追求的包括引力在内的各种相互作用统一的理论. 这将是一场重大的物理学革命. 为探索暗物质和暗能量的秘密，世界各国的粒子物理学家正在这个领域努力工作，旨在揭开暗物质和暗能量的神秘面纱.

§12.9 恒星的演化与发光星体的观测分类

§12.4 至 §12.8 介绍的是关于宇宙的总体认识. 对于地球上生存的人类来讲，日常能够看到的是发光的星体. 作为一种常识性的了解，本节从观测发光星体的角度简要介绍一下恒星的演化和发光星体的观测分类等基础知识.

授课录像： 恒星的演化——白矮星、中子星、黑洞

12.9.1 恒星的演化——白矮星、中子星、黑洞

恒星是宇宙中至关重要的天体，肉眼看到的天上的星星，几乎都是恒星. 恒星区别于行星的一个重要性质是恒星通过核反应而发光. 古人认为它们是“固定不动的”，所以称之“恒星”，但是随着天文学的发展，人们知道了恒星不仅是运动着的，而且自身还在不断地演化. 恒星也经历诞生、演化和死亡，现在的宇宙每时每刻都在进行着这样的活动.

1. 恒星的形成

恒星是由星际物质凝聚而形成的. 宇宙空间中存在分子云，其中的物质会在万有引力的作用下相互吸引并向内收缩，形成原恒星. 当温度超过 7×10^6 K 时，氢核聚变形成氦核的反应开始，当该反应形成的热压力与万有引力达到流体静力学平衡时，星体停止收缩，形成了恒星. 同时，氢核聚变反应提供给恒星足够的辐射发光的能量.

AR 演示： 恒星的演化

2. 恒星的演化

恒星一生的主要过程之一是进行氢变氦的热核反应，产生的热压力抗衡自身的万有引力，使恒星长期维持平衡状态. 决定恒星演化的重要因素之一是恒星的初始质量. 小质量恒星的核反应速度较慢，寿命较长；大质量恒星的核反应速度较快，生命期较短. 小质量恒星在核心供应的氢耗尽之后，将形成红巨星，并继续燃烧碳和氧. 经过质量损失，小质量恒星最终会演化成白矮星. 大质量恒星燃烧较快，在氢、碳和氧燃尽之后，核心周围的温度和压力增长到能将元素燃烧为铁. 然后，不能维持热压力和引力的平衡而以超新星爆发结束一生. 爆发会有三种结果，物质可能被弥散到宇宙空间中，也可能形成中子星或者形成黑洞.

3. 恒星的终态——白矮星、中子星、黑洞

研究资料显示，定性来看，质量较小的恒星(约几倍太阳质量)最终会演化成白矮星，以电子简并压来支持其自身引力. 质量较大的恒星(约 10 倍左右太阳质量)最终会演化成中子星，它是超新星爆发产生的剧烈压缩使电子并入质子转化成中子，靠中子简并压支持自身的引力而形成的. 质量更大的恒星(约几十倍以上的太阳质量)经超新星爆发后最终坍缩成黑洞，它没有任何的力支持自身的引力.

白矮星的密度较大. 1 个太阳质量大小的白矮星体积一般与地球体积相当. 质量较大的白矮星半径反而更小. 白矮星的质量不能大过 1.4 倍太阳质量(称为钱德拉塞卡极限)，否则电子简并压不能够支持自身引力. 白矮星靠过去储存的热能发出微弱的光，在宇宙中平静的存在下去. 目前已经观测到的白矮星有 1 000 颗以上.

中子星密度比白矮星大. 一颗典型的中子星质量为 1.35~3.2 倍太阳质量，半径则在10~20 km 之间(质

量越大半径越小)．同白矮星一样，中子星也是靠过去储存的热能发出微弱的光．中子星转速极快，磁场很强，脉冲星可认为是快速旋转的中子星．目前已发现的几百颗脉冲星基本都是中子星．

黑洞的密度极大．黑洞的质量一般大于 4 倍太阳质量，超大黑洞的质量可能有太阳质量的数百万至数十亿倍．它没有通常概念上的大小，只能由视界来衡量．它的引力强到不允许任何光线离开它，因此黑洞本身不会发光．根据相对论，黑洞周围空间被严重扭曲，有很多奇异的性质．黑洞是否稳定，如何蒸发等问题都是当今研究的热点．

12.9.2　发光星体的观测分类——星座

在晴朗的夜晚，人们看到的满天星星，其中绝大部分都是由炽热气体组成的能自己发光的恒星，以及由气体和尘埃组成的云雾状的星云．天上的星星很多，并且绝大多数是恒星，用人的肉眼能看到大约 6 000 颗．从地球上观察者如何区分这些眼花缭乱的星体呢？

授课录像： 发光星体的观测分类——星座

为了便于记忆和研究星空，古代的巴比伦人将地球上所看到的天空分成了许多区域，称之为“星座”，每一个星座由其中的亮星的特殊分布来辨认．古希腊人在公元前 270 年前后把他们所能见到的部分天空划分成 48 个星座，用假想的线条将星座内的主要亮星连起来，把它们想象为人物或动物的形象，并结合神话故事给他们取了合适的名字，这就是星座名称的由来．由于古希腊神话故事中的四十几个星座都居于北方天空和赤道南北，刚好是我们常见的星座，因此只要一个个记住这些星座的位置、名字和与周围其他星座的关系，并记住把主要亮星连起来的想象图，你就可以很容易辨认整个星空了．

AR 演示： 发光星体的观测分类

1928 年，国际天文学联合会公布了全天 88 个星座的方案．由于地球绕太阳公转，从地球看去，太阳像是在星座之间移动，于是就把太阳的运行路线称为天赤道，也是人们所称的黄道．而月球和行星的轨迹基本不离黄道上下 9°的狭窄区域，人们又将这个区域叫做黄道带．88 个星座中，分布在天赤道以北的有 29 个星座，天赤道附近(黄道带)内的有 12 个星座，分布在天赤道以南的有 46 个星座．

人们常常提到的十二星座位于黄道带内，又叫黄道十二宫，是 88 个星座里面比较特殊的一个群体．自古以来，黄道带有着特殊的天文和占星学上的意义．古时黄道带上有十二个星座(宝瓶座、双鱼座、白羊座、金牛座、双子座、巨蟹座、狮子座、处女座、天秤座、天蝎座、射手座、摩羯座)，而太阳基本上是每个月经过一个黄道星座，所以称为黄道十二宫．太阳所在某个星座位置时出生的人，被人们对应为所属该星座．今天，由于岁差的缘故，太阳经过黄道星座的日期已经和古代大不相同，而且黄道也多经过了一个星座，即蛇夫座．因此，也就有了现在的黄道带内有 13 个星座之说．

本章知识单元和知识点小结

知识单元		知识点
狭义相对论的两个遗留问题		引力与惯性参考系的矛盾；万有引力定律与狭义相对论不相容
广义相对论理论基础	等效原理	等效原理解决了万有引力定律与惯性参考系的矛盾问题，并起到扩展物理规律的作用
	广义协变性原理	广义协变性原理解决了引力效应问题
	引力场方程	黎曼曲率张量分量为零的方程

续表

知识单元		知识点					
广义相对论所预言的现象与实验证实	预言的现象	光线偏折	引力时间延缓	时空弯曲	光速减慢	黑洞	引力子与引力波
	实验证实	星体观测位置与引力透镜	引力红移	水星轨道进动	雷达回波延迟	有待检验	有待检验
宇宙的结构与年龄		目前的理论估计和观测表明：宇宙的空间距离上限约 9×10^{10} l. y.；宇宙的年龄上限在 $10^{10}\sim2\times10^{10}$ a 之间，太阳系的年龄大约在 $4.5\times10^{9}\sim5\times10^{9}$ a 之间.					
宇宙的统一整体性		宇宙中没有任何一点具有优越性，所有位置都是平权的.					
宇宙在膨胀		哈勃定律、奥伯斯佯谬.					
宇宙大爆炸理论		宇宙大爆炸理论是现代宇宙学的一个主要流派，它能较满意地解释宇宙中的一些根本问题.					
暗物质暗能量		暗物质和暗能量存在于人类已知的物质之外，虽然人们目前知道它的存在，但不知道它是什么，它的构成也和人类已知的物质不同.					
星体的演化		白矮星、中子星、黑洞					
发光星体的观测分类		人们常常提到的十二星座位于黄道带内，又叫黄道十二宫，是 88 个星座里面比较特殊的一个群体.					

* 阅读资料

关于引力场方程所决定的时空度规的简要介绍

虽然广义相对论所预言的部分现象可以从等效原理定性予以解释，但定量分析需要从引力场方程所导出. 在本部分阅读资料中，首先介绍描述时空结构的方法，然后简介相对论引力场方程的建立过程和所得出的推论，由此推论给出引力场所决定的时空结构的度规表示. 在此基础上，进一步导出正文中用于分析广义相对论预言现象的理论公式，即(12.2.3-2)式.

1. 空间的几何性质描述——度规

在本章的正文讨论中，多次提出引力使平直的时空变为弯曲的时空. 如何从几何上描述平直时空和弯曲时空呢？为了回答这一问题，首先简单介绍一下欧几里得空间几何性质的描述——度规.

欧几里得几何学告诉我们，三维空间中的线、面、体等空间量的几何形状可以看成是由无限多个点连接组成的. 如果在空间选定一固定点，由该固定点到线、面、体的表面可以作无数多个矢量，也可以说，空间量的每一点对应一个矢量. 空间量的测量需要用空间量上无限接近两点的连线(简称**线元** dl)来度量. 从矢量的角度，线元 dl 也可以看成是无限接近的两个矢量端点的连线. 欧几里得几何学进一步证明，线元的平方 dl^2 在给定坐标系下的表示反映了空间量的几何形状(属性)信息，因此 dl^2 是判断空间结构的重要物理量.

在三维欧几里得空间可以建立直角坐标系、球坐标系等. 选取不同的坐标系，其 dl^2 的坐标表示不同. 如对于一平面的 dl^2，其在直角和球坐标系下的表示分别为

$$dl^2=dx^2+dy^2+dz^2 \tag{B-1a}$$

$$dl^2=dr^2+r^2d\theta^2+r^2\sin^2\theta d\varphi^2 \tag{B-1b}$$

可以把(B-1) 式写成矩阵的形式，即

$$dl^2=(dx \quad dy \quad dz)\ g_{ik}\begin{pmatrix} dx \\ dy \\ dz \end{pmatrix}, \quad g_{ik}=\begin{bmatrix} 1 & 0 & 0 \\ 0 & 1 & 0 \\ 0 & 0 & 1 \end{bmatrix} \tag{B-2a}$$

$$dl^2=(dr \quad d\theta \quad d\varphi)\ g_{ik}\begin{pmatrix} dr \\ d\theta \\ d\varphi \end{pmatrix}, \quad g_{ik}=\begin{bmatrix} 1 & 0 & 0 \\ 0 & r^2 & 0 \\ 0 & 0 & r^2\sin^2\theta \end{bmatrix} \tag{B-2b}$$

dl^2是表征空间量属性的，可以看成是无限接近的两个矢量端点的连线的平方. 显然，它不应因坐标系的变化而变化，但它在不同坐标系下坐标表示的差异体现在(B-2)式的 g_{ik} 的矩阵表达式上. g_{ik} 把空间量相邻两点的距离的平方同它们在坐标系中的坐标差联系了起来，称为某个空间量的“度规”张量，简称度规. 显然，选择不同的坐标系，同一空间量有不同的度规. (B-2)式表明，空间平面在三维直角坐标系和球坐标系下的度规分别对应

$$g_{ik直}=\begin{bmatrix} 1 & 0 & 0 \\ 0 & 1 & 0 \\ 0 & 0 & 1 \end{bmatrix} \tag{B-3a}$$

$$g_{ik球}=\begin{bmatrix} 1 & 0 & 0 \\ 0 & r^2 & 0 \\ 0 & 0 & r^2\sin^2\theta \end{bmatrix} \tag{B-3b}$$

反过来，如果事先不清楚空间某量的几何性质，但如果能够确定它在直角坐标系或球坐标系下的度规表示，并且它们的度规是(B-3)式所示的表达式，那么即可断定该空间量一定是一平直的，否则就不是平直的. 因此，度规是判断空间量属性的一种方法.

2. 闵可夫斯基空间——时空四维矢量

在欧几里得空间，空间某点可用三维直角坐标系下的坐标(x,y,z)来表示，也可以用矢量来表示. 因此可以说，一组三维空间坐标对应一个三维矢量. 物理上，对于一个发生的事件来说，需要指明事件的发生地点和发生时间. 在经典时空观中，事件发生的地点用欧几里得的三维空间(x,y,z)来描述，而时间则单独来描述，这是一个三维空间加上一个独立的一维时间的描述方法. 俄裔德国数学家闵可夫斯基提出，如果在三维空间基础上，再加上 ict 作为第四个时间轴(其中 c 为真空中的光速)，就可构成四维空间，也就是相对论中经常提到的四维时空坐标. 但由于时间轴 ict 是个虚数轴，所以它与欧几里得推广的 n 维空间有所不同，把以(x,y,z,ict)作为四个互相独立、垂直坐标轴为框架所构成的空间称为**闵可夫斯基空间**. 爱因斯坦一开始不认为闵可夫斯基的表述有何重要性，但当他 1907 年开始转往广义相对论研究时，发现闵可夫斯基时空表述可以作为其所要发展的理论架构的基础. 与欧几里得空间中点的坐标与矢量等效说法相对应，在用坐标轴(x,y,z,ict)为框架所表示的闵可夫斯基空间，一个事件的发生，对应一组坐标(x,y,z,ict)，同样也可以说是对应一个矢量(我们无法像三维真实矢量那样,画出它的形状,这只是一个等效的说法而已)，这个矢量是以(x,y,z,ict)四个轴为分量构成的，所以称为**时空四维矢量**，无数多个事件对应无数多个四维时空矢量，这些四维时空矢量的连线就构成了空间和时间的几何形状，简称**时空结构**. 欧几里得空间量的几

何形状是由无限接近两点之间的线元平方 dl^2 在坐标系下的表示来表征的. 与此对应，设 ds 是空间和时间都无限接近的两个事件的连线，称为**时空间隔**，因此，四维时空结构的几何形状就可以用时空间隔的平方 ds^2 在四维 (x,y,z,ict) 坐标系下的表示来表征.

综上所述，时空间隔的平方 ds^2 是描述时空结构几何形状的重要物理量，是时间和空间都无限接近的两个事件的关联量. 其物理意义在于：在不同的四维时空坐标系下有不同的表示，但是，针对相同的两个事件，ds^2 的值不会因坐标系的变化而变化.

3. 无引力场作用的时空度规

对于质点的运动，在上述所描述的四维时空结构中对应一曲线，这条曲线叫做质点的时迹，或者叫做世界线. 无引力场作用时，对于无限接近的两点，由于空间和时间构成的是平直时空，所以，其时空间隔的平方，即 ds^2 在直角坐标系和球坐标系下的表示与(B-1)式相同，即可以表示为

$$ds^2=dx^2+dy^2+dz^2-c^2dt^2 \tag{B-4a}$$

$$ds^2=dr^2+r^2d\theta^2+r^2\sin^2\theta d\varphi^2-c^2dt^2 \tag{B-4b}$$

其在直角坐标系和球坐标系下对应的度规张量分别为

$$g_{ik直}=\begin{bmatrix}1&0&0&0\\0&1&0&0\\0&0&1&0\\0&0&0&-1\end{bmatrix} \tag{B-5a}$$

$$g_{ik球}=\begin{bmatrix}1&0&0&0\\0&r^2&0&0\\0&0&r^2\sin^2\theta&0\\0&0&0&-1\end{bmatrix} \tag{B-5b}$$

分析(B-4a)式可以定性得出如下结论：

(1) 任何两个有因果联系的事件之间都要满足 $ds^2<0$

设 $dl^2=dx^2+dy^2+dz^2$，设想一质点以速度 v 在 (x,y,z,t) 系中运动，则 $v=\dfrac{dl}{dt}$. 对于光子 $v=\dfrac{dl}{dt}=c$，对于质点 $v=\dfrac{dl}{dt}<c$，由(B-4a)式可得

$$ds^2\leqslant 0 \tag{B-6}$$

(B-4a)式描述的是质点(包括光子)在世界线上运动时的时空间隔表示，也就是有联系的事件在世界线上的间隔表示. (B-6)式说明，任何两个有因果联系的事件之间都要满足 $ds^2\leqslant 0$. $ds^2>0$ 的两个事件是不可能有因果关系的，任何信号都不可能将这两个事件联系起来.

(2) 时间与空间的统一

选取相互做直线运动的 S 和 S′两个惯性系，分别用 (x,y,z,t) 和 (x',y',z',t') 表示两个参考系的时空坐标，由于在不同的参考系下，ds^2 是不变量，因此由(B-4a)式可得

$$\begin{aligned}ds^2&=dx^2+dy^2+dz^2-c^2dt^2\\&=dx'^2+dy'^2+dz'^2-c^2dt'^2\end{aligned} \tag{B-7}$$

设想在相对 S 系运动的 S′系某固定点处的时钟走时为 dt'，由于该时钟相对 S′系静止，所以 $dx'=dy'=dz'=0$. 由(B-7)式可得

$$ds^2=-c^2dt'^2=dx^2+dy^2+dz^2-c^2dt^2 \tag{B-8}$$

在 S 系看来，该时钟一定是运动的，即 $dx^2+dy^2+dz^2>0$. 这说明，S 参考系下时间间隔 dt 必须变大(亦即相

对 S 系来说,运动的时钟变慢了)，才能保证(B-8)式的成立，其 c^2dt^2 的增加量与空间距离 $dl^2=dx^2+dy^2+dz^2$ 的增加同步，这正是相对论中时间与空间统一的表现.

4. 引力场方程与引力场作用的时空度规

如前所述，要知道有引力场作用时的时空结构如何，就是要找出引力场作用下的 ds^2 在直角或球坐标系下的度规张量在直角和球坐标系下的表示，由此可判断其时空结构是平直的还是弯曲的.

引力场作用下的度规所满足的方程(引力场方程)并非是逻辑推导所能获得的，而是爱因斯坦的猜想和尝试. 爱因斯坦认为：物质的能量与动量张量(简称能动张量)应该与时空曲率张量相对应，即应该如(B-9a)式所示的形式，其中 G_{ik} 时空曲率张量，T_{ik} 为物质能动张量，k 为对应的系数. 依据物质的能动张量是二阶的，以及能量守恒与动量守恒的约束条件，爱因斯坦利用黎曼几何的研究结果，经过尝试，最终给出了如(B-9b)式所示的时空曲率张量 G_{ik} 的表达式，称为爱因斯坦张量，其中 g_{ik} 为二阶时空度规张量，R_{ik} 是以度规张量 g_{ik} 为基础所构造的二阶黎曼曲率张量，$R=g^{ik}R_{ik}$ 为空间标量曲率(广义相对论中约定上角标表示逆变张量，下角标表示协变张量，相关定义这里不再赘述). 为了能够获得(B-9a)式中所示的能动张量的系数 k，爱因斯坦依据(B-9c)式所示的万有引力定律泊松符号表述形式，给出了(B-9d)式所示的表达式，其中，G 为引力常量，c 为真空中的光速. 联合(B-9a)、(B-9b)、(B-9d)各式，最终给出的引力场方程表达式如(B-10)式所示.

$$G_{ik}=kT_{ik} \tag{B-9a}$$

$$G_{ik}=R_{ik}-\frac{1}{2}g_{ik}R \tag{B-9b}$$

$$\nabla^2\varphi=4\pi G\rho \tag{B-9c}$$

$$k=-\frac{8\pi G}{c^4} \tag{B-9d}$$

$$R_{ik}-\frac{1}{2}g_{ik}R=-\frac{8\pi G}{c^4}T_{ik} \tag{B-10}$$

可进一步证明，在弱场和低速的情况下，(12.2.3-1d)式可转化为万有引力定律泊松符号的表示形式.

方程(B-10)式右侧体现的是物质的分布和运动(万有引力场源)，而方程的左侧反映的是时空的几何信息，因此引力场方程就把引力场源与时空的几何结构联系了起来. 原则上讲，进一步求解引力场方程即可得出引力场所决定的时空结构的具体形式. 可惜，这个方程求解相当困难，迄今为止，只有特殊条件下的少数准确解，其中最著名的是史瓦西外部解.

1916 年史瓦西针对球对称分布的相对静止的物质球产生的球外部场进行了求解，获得第一个引力场方程严格的外部场解析解，称为**史瓦西场**. 实际上，即使球体内部有径向运动，但总能保持球对称分布的话，球的外部仍然是史瓦西场.

如前所述，场所决定的时空结构由度规表示，即

$$g_{ik}=\begin{bmatrix} g_{11} & g_{12} & g_{13} & g_{14} \\ g_{21} & g_{22} & g_{23} & g_{24} \\ g_{31} & g_{32} & g_{33} & g_{34} \\ g_{41} & g_{42} & g_{43} & g_{44} \end{bmatrix} \tag{B-11}$$

在球坐标系下，史瓦西场对应时空结构的度规张量最终可总结为

$$g_{ik}=\begin{bmatrix} \left(1-\frac{r_s}{r}\right)^{-1} & 0 & 0 & 0 \\ 0 & r^2 & 0 & 0 \\ 0 & 0 & r^2\sin^2\theta & 0 \\ 0 & 0 & 0 & -\left(1-\frac{r_s}{r}\right) \end{bmatrix} \tag{B-12}$$

其中 m 为对称球体引力源的质量，r 为考察点与引力中心的坐标距离，$r_s=\frac{2Gm}{c^2}$.

值得注意的是：(B-13)式中 dr_∞ 和 dt_∞ 表示的是距离星体无限远处的标准钟和标准尺，测量 r 处所发生事件的时间间隔和空间距离.

从上述引力场方程的引入可以看出，在爱因斯坦理论中，将引力几何化后，已经没有了从牛顿力学角度引入的“引力”“引力场”等概念，而只是时空结构. 例如，牛顿引力为零的区域，在爱因斯坦理论中是平直的时空；牛顿力学中的地球引力场，在爱因斯坦理论中是指弯曲时空的史瓦西场. 所以，在爱因斯坦理论中提到“引力”“引力场”时，只是为了便于与牛顿力学概念相比较.

5. 广义相对论预言现象的理论基础

综合 § 12.3 的论述过程可以看出，广义相对论预言现象的基础是等效原理和(12.2.3-2)式所示的引力场引起时间间隔和物体尺寸的变化关系. 等效原理在 12.2.1 节已给出解释. 本节将从引力场方程角度导出(12.2.3-2)式.

(1) 时空弯曲

如前所述，度规张量反映了时空的几何性质. 对于无引力场和史瓦西场来说，(B-11)式中的非对角元均为零. 黎曼几何告诉我们对角元的几何意义，即，(B-11)式中 g_{11}、g_{22}、g_{33} 分别反映了空间在引力的径向和横向方向的空间变化，g_{44} 反映了时间的变化. 对于平直的时空结构，由(B-5b)式可知 $g_{11}=1$，$g_{22}=r^2$，$g_{33}=r^2\sin^2\theta$，$g_{44}=-1$；而对于引力场存在的空间，其表达如(B-12)式所示. 此式表明，史瓦西场改变了引力场方向的空间结构和时间结构，而不改变垂直引力场方向的空间结构，使平直的时空结构变得弯曲. 弯曲程度取决于引力场的强度（体现在由质量所决定的 r_s 上）. 引力场越大，影响越大；引力场越小，影响越小，当 $r\to\infty$ 时，(B-12)式就转化为了(B-5b)式的、无引力场作用时的平直时空结构.

(2) 引力场对时间和空间的影响

设想把无引力作用时的标准钟和标准尺放在距离星体 r 处，就构成了本地的标准钟和标准尺，用以测量本地事件发生时间间隔和空间距离. 由于引力对本地标准钟和事件发生的时间间隔的影响是相同的，引力对本地标准尺和空间距离的影响也是相同的，因此，用本地标准钟和标准尺测量本地事件发生的时间间隔和空间距离，将与无引力场作用时所测量的结果无异. 这也意味无法用本地的标准钟和标准尺通过测量的手段来衡量引力对时间和空间的影响，而只能从无引力区域的观察者角度来衡量引力对时间和空间的影响. 如何做到这一点？我们可以用无引力场作用的标准钟和标准尺分别去测量本地标准钟的走时基准和本地标准尺的长度基准受引力场作用的影响规律，从而给出引力对时间和空间影响的普遍规律. 利用四维时空间隔平方不依赖于参考系选取的基本原则可实现上述目的，具体方法如下：

从距离星体 r 处的观察者角度，分别以 r 处本地标准钟的走时基准 dt(例如一个振荡周期)和本地标准尺的长度基准 dr(例如一个波长)为研究对象. 由于引力对本地标准钟和事件发生时间间隔的影响是相同的，引力对本地标准尺和空间距离的影响也是相同的，因此，r 处观察者所观测的是相当于无引力作用的时空，球坐标系下所对应的度规应是(B-5b)式所示的平直的时空结构. 因此，对于本地标准钟走时基准为 dt、发生在同一地点($dr=0$)的事件过程，以及本地标准尺长度基准为 dr，同时发生的($dt=0$)的事件过程，其所对应的时空间隔的平方在球坐标下可以分别表示为(B-13a)式和(B-13b)式：

$$ds_1^2=-c^2dt^2 \tag{B-13a}$$

$$ds_2^2=dr^2 \tag{B-13a}$$

从距离星体无限远观察者角度，设上述两个事件发生过程所测量的时间间隔和长度分别为 dt_∞ 和 dr_∞，该观察者所观测 r 处的时空结构是非平直的，球坐标系下所对应的度规应是(B-12)式所示的弯曲时空结构. 因此，从距离星体无限远观察者角度，上述两个事件发生过程所对应的时空间隔的平方 ds'^2 在球坐标下可以分别表示为(B-14a)和(B-14b)式：

$$ds_1'^2=-\left(1-\frac{r_s}{r}\right)c^2dt_\infty^2 \tag{B-14a}$$

$$ds_2'^2=\frac{dr_\infty^2}{1-\frac{r_s}{r}} \tag{B-14b}$$

对于同一事件的发生过程，不同参考系观察者虽然给出的描述不同，但时空间隔的平方是相同的，因此，从 r 处观察者和无限远处观察者所描述的上述两个事件发生过程的时空间隔的平方将分别相等，即

$$ds_1^2=ds_1'^2 \tag{B-15a}$$

$$ds_2^2=ds_2'^2 \tag{B-15b}$$

联立(B-13a)式、(B-14a)式、(B-15a)式以及(B-13b)式、(B-14b)式、(B-15b)式分别可得

$$dt_\infty=\frac{dt}{\sqrt{1-\frac{r_s}{r}}} \tag{B-16a}$$

$$dr_\infty=\sqrt{1-\frac{r_s}{r}}\,dr \tag{B-16b}$$

分析(B-16)式所蕴含的物理意义：设距离星体 r 处本地标准钟走时基准 dt 对应的是一个振荡周期，当用无引力作用的标准钟去测量这个时间基准时，所测量的结果 dt_∞ 将大于一个振荡周期，说明引力使标准钟的走时基准变慢了；设距离星体 r 处本地标准尺长度基准 dr 对应的是一个波长，当用无引力作用的标准尺去测量这个长度基准时，所测量的结果 dt_∞ 将小于于一个波长，说明引力使标准尺的长度基准变短了. 由于引力对本地标准钟基准和事件发生时间间隔的影响是相同的，引力对本地的标准尺基准和空间距离的影响也是相同的，由此得出结论：引力使时间延缓，引力使空间距离压缩.

(3) 坐标钟和坐标尺的构造

前述所讨论的无引力作用的标准钟和标准尺是指距离星体无限远处观察者所使用的标准钟和标准尺. 设想把这个标准钟和标准尺移至距离星体 r 处，分别与 r 处的本地标准钟和标准尺处于同一位置，同时保持该标准钟和标准尺的测量基准不受引力的影响，这样的标准钟和标准尺分别称为坐标钟和坐标尺. 如此一来，r 处的观察者就拥有了相对自身静止的两套标准钟和标准尺，一套是不受引力作用的坐标钟和坐标尺，另一套是引力作用的本地标准钟和本地标准尺，以此使得处于 r 处的同一观察者更加方便地比较本地标准钟和本地坐标尺的基准，以及时间和空间受引力作用的影响规律. 如何构造这样的坐标钟和坐标尺？可以利用等效原理来实现，具体构造方法如下：

设想一电梯携带着无引力场作用的标准钟和标准尺自距离星体无穷远处由静止沿着引力场方向自由下落. 由等效原理可知，电梯是一局部惯性系，其中的标准钟和标准尺始终不受引力的影响. 当电梯经过 r 处附近时，设想引力场 r 处观察者按照电梯观察者的要求，调节另外一时钟的走时间隔和另外一尺子的长度，使其分别和电梯中的标准钟走时间隔以及标准尺的长度相同. 如此就完成了坐标钟和坐标尺的构造.

矢量运算基本知识

微积分和矢量运算是学习力学所需的数学基础. 微积分是大学第一学期就已学习和掌握的. 为了方便读者对本书有关矢量运算的理解，在此对矢量的基本性质与运算法则作一简要总结.

授课录像：
矢量运算基本知识

物理学中有许多的物理量，其中，有些物理量只要用一个正负数和相应的单位(量纲)就可完全表明他的物理性质，如质量、长度、时间、密度、能量、温度等，这样的量称为标量. 标量的计算遵从代数运算法则. 而有些物理量，只用数值大小是无法确定其物理性质的，如位移、速度、加速度、力、冲量、动量、力矩、角动量等，因此，对这些物理量的描述还需要有方向的描述，这样的量称为矢量. 矢量的运算并不遵从代数运算法则，它有相应的规定，并按一定的法则进行运算. 作为学习力学的基础，总结矢量的基本性质与运算法则如下：

1. 矢量的标记

手写形式为 $\boldsymbol{A}$，书中用黑体 $\boldsymbol{A}$ 标记.

2. 单位矢量

规定长度为 1 的矢量为单位矢量. 如果矢量 $\boldsymbol{A}$ 的单位矢量用 $\boldsymbol{e}_A$ 表示，则矢量 $\boldsymbol{A}$ 可标记为 $\boldsymbol{A}=A\boldsymbol{e}_A$.

3. 矢量相等

两矢量方向相同，大小相等，称为两矢量相等，记为 $\boldsymbol{A}=\boldsymbol{B}$. 显然，矢量具有空间平移不变性.

4. 矢量相加

$\boldsymbol{C}=\boldsymbol{A}+\boldsymbol{B}$，可用图 1 所示的平行四边形法则，或图 2 所示的三角形法则进行两个矢量的相加. 平行四边形法则是把两个需要相加的矢量 $\boldsymbol{A}$、$\boldsymbol{B}$ 的首端移至重合位置，以两个矢量的大小作为平行四边形的邻边，对角线矢量就是两个矢量之和. 三角形法则是把一个矢量 $\boldsymbol{B}$ 的首端移至另外一个矢量 $\boldsymbol{A}$ 的尾端，由矢量 $\boldsymbol{A}$ 的首端至矢量 $\boldsymbol{B}$ 的尾端随对应的矢量为两个矢量之和.

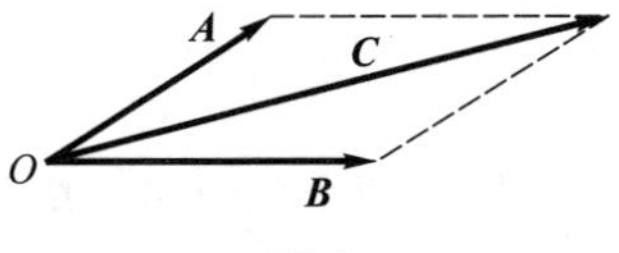

图 1

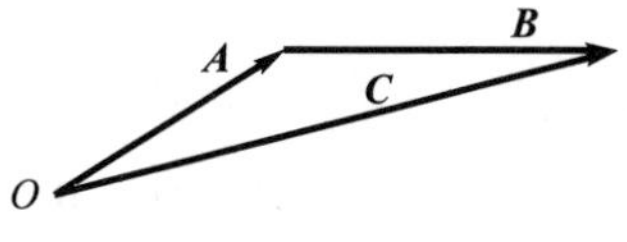

图 2

5. 矢量相减

把两个需要相减的矢量 $\boldsymbol{A}$、$\boldsymbol{B}$ 的首端移至重合位置，由矢量 $\boldsymbol{B}$ 的尾端至矢量 $\boldsymbol{A}$ 的尾端的矢量 $\boldsymbol{C}$ 为两矢量相减，即 $\boldsymbol{C}=\boldsymbol{A}-\boldsymbol{B}$，如图 3 所示. 同理可得如图 4 所示的 $\boldsymbol{C}'=\boldsymbol{B}-\boldsymbol{A}$. 显然，$\boldsymbol{A}-\boldsymbol{B}=-(\boldsymbol{B}-\boldsymbol{A})$

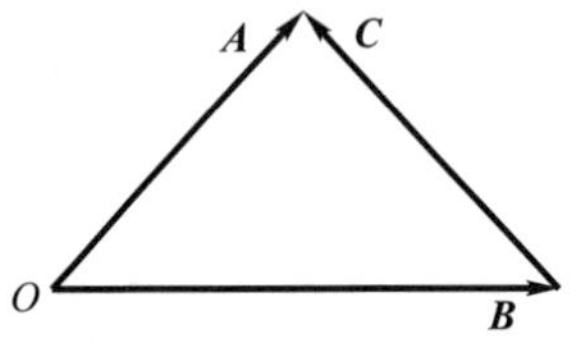

图 3

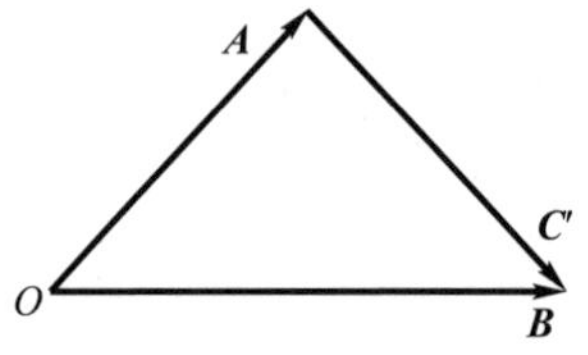

图 4

6. 矢量分解

图 1 所示的两个矢量 $\boldsymbol{A}$、$\boldsymbol{B}$ 的相加 $\boldsymbol{C}$，也称为两个矢量的合成. 依此类推，多个矢量的相加称为多个矢量的合成. 反过来，一个矢量也可以用两个或两个以上的矢量来表示，称为矢量的分解. 在一直角坐标系下，可以将一矢量沿着三个垂直轴方向的分矢量来表示，而每个分矢量又可以用三个轴方向的单位矢量来表示. 这种表示称为矢量在直角坐标系下的分解，如图 5 所示.

$$\boldsymbol{A}=\boldsymbol{A}_x+\boldsymbol{A}_y+\boldsymbol{A}_z=A_x\boldsymbol{i}+A_y\boldsymbol{j}+A_z\boldsymbol{k}$$

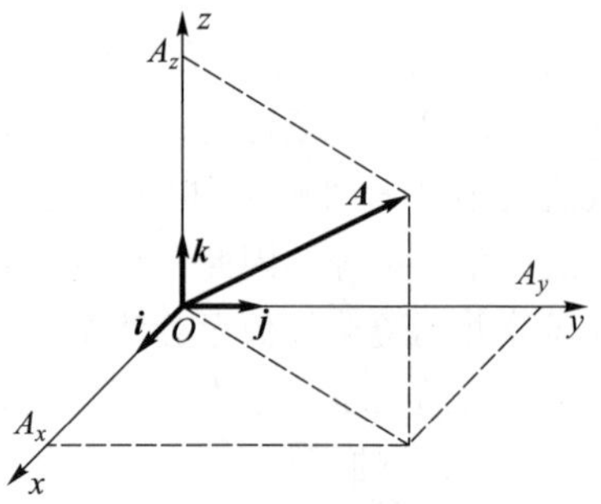

图 5

7. 矢量相乘

点乘(标量积)：

如图 6 所示，将两个矢量 $\boldsymbol{A}$、$\boldsymbol{B}$ 的首端移至重合位置，两矢量之间有两个夹角，分别为小角度夹角和大角度夹角. 规定两个矢量 $\boldsymbol{A}$、$\boldsymbol{B}$ 相乘的结果是一标量，大小为两个矢量的大小以及它们之间小角度夹角余弦的乘积，即 $C=AB\cos\theta$，称为两个矢量的点乘或标量积，用 $\boldsymbol{A}\cdot\boldsymbol{B}=\boldsymbol{C}$ 来表示. 由其定义可得在直角坐标系的表示为

$$\boldsymbol{C}=\boldsymbol{A}\cdot\boldsymbol{B}=A_xB_x+A_yB_y+A_zB_z$$

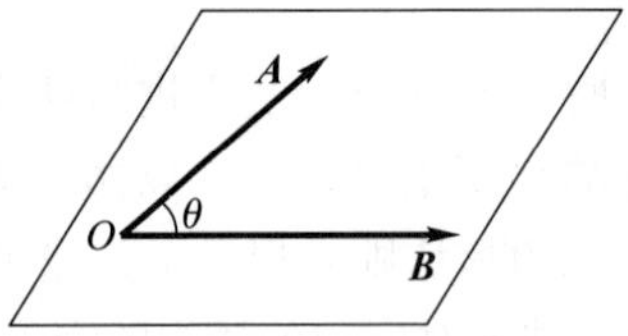

图 6

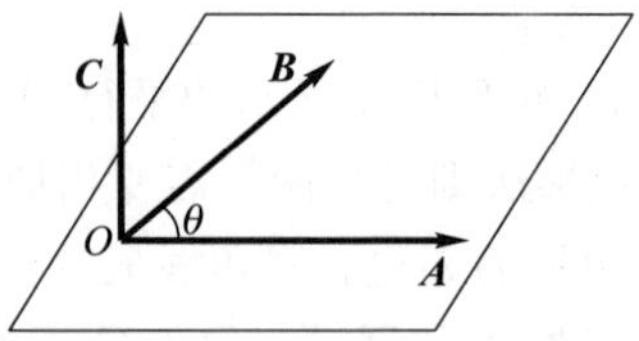

图 7

叉乘(矢量积)：

如图 7 所示，将两个矢量 $\boldsymbol{A}$、$\boldsymbol{B}$ 的首端移至重合位置. 规定两个矢量 $\boldsymbol{A}$、$\boldsymbol{B}$ 相乘的结果是一矢量，称为两个矢量的叉乘或矢量积. 其大小为两个矢量的大小以及它们之间小角度夹

角正弦的乘积，即 $C=AB\sin\theta$，方向由右手螺旋定则确定，即右手四指由矢量 $\boldsymbol{A}$ 沿小角度夹角转向 $\boldsymbol{B}$，拇指所指方向为两个矢量叉乘的方向，用 $\boldsymbol{A}\times\boldsymbol{B}=\boldsymbol{C}$ 来表示. 由其定义可得在直角坐标系的表示为

$$\boldsymbol{C}=\boldsymbol{A}\times\boldsymbol{B}=\begin{vmatrix}\boldsymbol{i} & \boldsymbol{j} & \boldsymbol{k}\\ A_x & A_y & A_z\\ B_x & B_y & B_z\end{vmatrix}$$

8. 矢量的导数

如图 8 所示，设矢量 $\boldsymbol{A}$ 是随着时间 t 变化的，将 t 看成自变量，$\boldsymbol{A}$ 看成是因变量，同一般函数的导数的定义相同，定义矢量 $\boldsymbol{A}$ 的导数为

$$\dot{\boldsymbol{A}}=\frac{\mathrm{d}\boldsymbol{A}}{\mathrm{d}t}=\lim_{\Delta t\to 0}\frac{\boldsymbol{A}(t+\Delta t)-\boldsymbol{A}(t)}{\Delta t}=\lim_{\Delta t\to 0}\frac{\Delta\boldsymbol{A}}{\Delta t}$$

由其定义可得在直角坐标系的表示为

$$\dot{\boldsymbol{A}}=\frac{\mathrm{d}\boldsymbol{A}}{\mathrm{d}t}=\frac{\mathrm{d}A_x}{\mathrm{d}t}\boldsymbol{i}+\frac{\mathrm{d}A_y}{\mathrm{d}t}\boldsymbol{j}+\frac{\mathrm{d}A_z}{\mathrm{d}t}\boldsymbol{k}$$

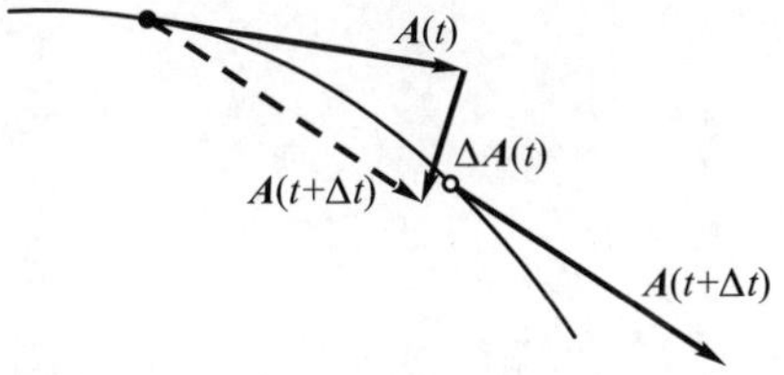

图 8

9. 矢量其他公式

$$\boldsymbol{A}\cdot(\boldsymbol{B}\times\boldsymbol{C})=\boldsymbol{B}\cdot(\boldsymbol{C}\times\boldsymbol{A})=\boldsymbol{C}\cdot(\boldsymbol{A}\times\boldsymbol{B})$$

$$\boldsymbol{A}\times(\boldsymbol{B}\times\boldsymbol{C})=(\boldsymbol{A}\cdot\boldsymbol{C})\boldsymbol{B}-(\boldsymbol{A}\cdot\boldsymbol{B})\boldsymbol{C}$$

$$\boldsymbol{A}\cdot(\boldsymbol{B}\times\boldsymbol{C})=\begin{vmatrix}A_x & A_y & A_z\\ B_x & B_y & B_z\\ C_x & C_y & C_z\end{vmatrix}$$

$$\frac{\mathrm{d}(\boldsymbol{A}+\boldsymbol{B})}{\mathrm{d}t}=\frac{\mathrm{d}\boldsymbol{A}}{\mathrm{d}t}+\frac{\mathrm{d}\boldsymbol{B}}{\mathrm{d}t}$$

$$\frac{\mathrm{d}(\alpha\boldsymbol{A})}{\mathrm{d}t}=\frac{\mathrm{d}\alpha}{\mathrm{d}t}\boldsymbol{A}+\alpha\frac{\mathrm{d}\boldsymbol{A}}{\mathrm{d}t}$$

$$\frac{\mathrm{d}(\boldsymbol{A}\cdot\boldsymbol{B})}{\mathrm{d}t}=\frac{\mathrm{d}\boldsymbol{A}}{\mathrm{d}t}\cdot\boldsymbol{B}+\boldsymbol{A}\cdot\frac{\mathrm{d}\boldsymbol{B}}{\mathrm{d}t}$$

$$\frac{\mathrm{d}(\boldsymbol{A}\times\boldsymbol{B})}{\mathrm{d}t}=\frac{\mathrm{d}\boldsymbol{A}}{\mathrm{d}t}\times\boldsymbol{B}+\boldsymbol{A}\times\frac{\mathrm{d}\boldsymbol{B}}{\mathrm{d}t}$$

常用数据

常用基本物理常量

物理量	符号	数值	单位	相对标准不确定度
引力常量	G	$6.674\ 30\ (15)\ \times10^{-11}$	$m^3\cdot kg^{-1}\cdot s^{-2}$	2.2×10^{-5}
普朗克常量	h	$6.626\ 070\ 15\times10^{-34}$	$J\cdot s$	精确
阿伏伽德罗常量	N_A	$6.022\ 140\ 76\times10^{23}$	mol^{-1}	精确
玻耳兹曼常量	k	$1.380\ 649\times10^{-23}$	$J\cdot K^{-1}$	精确
电子质量	m_e	$9.109\ 383\ 701\ 5\ (28)\ \times10^{-31}$	kg	3.0×10^{-10}
质子质量	m_p	$1.672\ 621\ 923\ 69\ (51)\ \times10^{-27}$	kg	3.1×10^{-10}
中子质量	m_n	$1.674\ 927\ 498\ 04\ (95)\ \times10^{-27}$	kg	5.7×10^{-10}
元电荷	e	$1.602\ 176\ 634\times10^{-19}$	C	精确
真空磁导率	μ_0	$1.256\ 637\ 062\ 12\ (19)\ \times10^{-6}$	$N\cdot A^{-2}$	1.5×10^{-10}
真空电容率	ε_0	$8.854\ 187\ 812\ 8\ (13)\ \times10^{-12}$	$F\cdot m^{-1}$	1.5×10^{-10}
真空中的光速	c	299 792 458	$m\cdot s^{-1}$	精确
里德伯常量	R_∞	$1.097\ 373\ 156\ 816\ 0\ (21)\ \times10^{7}$	m^{-1}	1.9×10^{-12}

注：表中数据为国际科学联合会理事会科学技术数据委员会（CODATA）2018 年的国际推荐值.

常用天文数据

太阳质量	$1.989\ 1\times10^{30}$ kg
太阳平均密度	1.41×10^{3} kg/m^3
太阳半径	6.96×10^{5} km
太阳中心温度	1.5×10^{7} K
地球表面重力加速度	9.780 m/s^2(赤道)
	9.832 m/s^2(两极)
地球质量	5.976×10^{24} kg
地球半径	6 370 km(平均值)
	6 378.2 km(赤道)

	6 356. 8 km(两极)
地球平均密度	5.52×10^{3} kg/m^{3}
地球公转平均速度	29. 79 km/s
地球自转周期	23 h 56 min 4 s
月球质量	7.348×10^{22} kg
月球半径	1 737 km
月球赤道表面重力加速度	1. 62 m/s^{2}
日地平均距离	1.496×10^{8} km
月地平均距离	(384 401±1) km

机械运动领域物理学家简历一览表

国籍	中译名	英文名	生卒年	终年	人物关系与代表性成就	传记录音
古希腊	亚里士多德	Aristotle	前 384—前 322	62 岁	主要著作《物理学》被称为古代世界学术的百科全书,对其后近千年的历史都有很大影响.	
古希腊	阿基米德	Archimedes	约前 287—前 212	75 岁	建立静力学平衡定律;提出浮力定律、滑轮原理和杠杆原理.	
古罗马帝国	托勒密	Ptolemy	约 90—168	78 岁	创立"地心说"宇宙观,著作《天文学大成》是西方当时天文学和宇宙思想的顶峰,天文学的百科全书,统治天文学长达 13 个世纪.	
波兰	哥白尼	Nicolaus Copernicus	1473—1543	70 岁	40 岁时提出"日心地动说"宇宙观,出版著作《天体运行论》,被恩格斯评价为"自然科学的独立宣言".	
丹麦	第谷	Tycho Brahe	1546—1601	55 岁	积累了大量的对恒星、行星、彗星的观测资料,为开普勒创立行星运动定律提供基础.	

续表

国籍	中译名	英文名	生卒年	终年	人物关系与代表性成就	传记录音
荷兰	斯蒂文	Simon Stevin	1548—1620	72 岁	38 岁时出版《静力学原理》，发展了阿基米德静力学；首次通过实验表明不同重量的落体按相同规律下落.	
意大利	伽利略	Galileo Galilei	1564—1642	78 岁	46 岁时用自制的望远镜观测到的金星“相位”现象，为“日心说”提供了决定性的证据；68 岁时出版《关于托勒密和哥白尼两大世界体系的对话》，系统介绍日心说宇宙体系；74 岁时出版《关于力学和位置运动的两门新科学的对话》，首个通过人工设计实验及思想推理获得自由落体定律和惯性定律.	
德国	开普勒	Johannes Kepler	1571—1630	59 岁	第谷的助手，38—47 岁期间提出太阳系行星运动的“开普勒三定律”，确立了行星围绕太阳运行的轨道体系规律.	
德国	居里克	Otto von Guericke	1602—1686	84 岁	48 岁时发明真空泵，通过马德堡半球实验使真空的概念深入人心.	
意大利	托里拆利	Evangelista Torricelli	1608—1647	39 岁	伽利略的学生，35 岁时进行“托里拆利实验”，发明气压计.	

续表

国籍	中译名	英文名	生卒年	终年	人物关系与代表性成就	传记录音
法国	帕斯卡	Blaise Pascal	1623—1662	39 岁	30 岁时发现流体静力学基本原理之一，即帕斯卡原理.	
英国	玻意耳	Robert Boyle	1627—1691	64 岁	32 岁时提出“玻意耳-马略特定律”，即一定质量的气体在温度不变时，压强和体积成反比.	
荷兰	惠更斯	Christiaan Huygens	1629—1695	66 岁	39 岁时发现碰撞过程动量守恒原理；58 岁时创立光的波动说理论.	
英国	胡克	Robert Hooke	1635—1703	68 岁	玻意耳的助手，43 岁时提出弹性定律，即弹性体的形变与加在弹性体上的力成正比.	
英国	牛顿	Isaac Newton	1643—1727	84 岁	23 岁时通过三棱镜实验解释了颜色的起源；44 岁时出版《自然哲学的数学原理》，提出牛顿第一、二和三定律及万有引力定律，奠定了经典力学的基础，使力学成为系统完整的科学.	
德国	莱布尼茨	Gottfried Wilhelm Leibniz	1646—1716	70 岁	38 岁时独立于牛顿发明微积分的数学方法.	
英国	哈雷	Edmond Halley	1656—1742	86 岁	49 岁时用牛顿力学方法计算并正确预言了彗星轨道运动周期.	

续表

国籍	中译名	英文名	生卒年	终年	人物关系与代表性成就	传记录音
瑞士	伯努利	Daniel Bernoulli	1700—1782	82 岁	38 岁时出版《流体动力学》，提出著名的“伯努利方程”.	
法国	达朗贝尔	Jean le Rond d'Alembert	1717—1783	66 岁	26 岁时出版《动力学论》，提出达朗贝尔原理.	
英国	卡文迪什	Henry Cavendish	1731—1810	79 岁	67 岁时通过扭秤实验验证了牛顿的万有引力定律，从而确定了引力常量、地球的质量以及地球的平均密度，成为“第一个称量地球的人”.	
意大利	拉格朗日	Joseph-Louis Lagrange	1736—1813	77 岁	52 岁时出版《分析力学》，创立拉格朗日表述的分析力学.	
德国	马格纳斯	Heinrich Gustav Magnus	1802—1870	68 岁	亥姆霍兹的老师，50 岁时发现“马格纳斯效应”.	
德国	雅可比	Carl Gustav Jacob Jacobi	1804—1851	47 岁	31 岁时在哈密顿正则方程组基础上推导出哈密顿-雅可比方程.	
英国	哈密顿	William Rowan Hamilton	1805—1865	60 岁	29 岁至 30 岁期间发表《论动力学的一种普遍方法》和《再论动力学中的普遍方法》，创立哈密顿表述的分析力学	
法国	傅科	Jean Bernard Leon Foucault	1819—1868	49 岁	32 岁时通过傅科摆实验首次直接演示地球自转效应.	

续表

国籍	中译名	英文名	生卒年	终年	人物关系与代表性成就	传记录音
美国	莫雷	Edward Williams Morley	1838—1923	85 岁	迈克尔孙合作进行了著名的测量“以太的”的迈克尔孙-莫雷实验.	
匈牙利	厄特沃什	Loránd Eötvös	1848—1919	75 岁	提出厄特沃什实验,精确验证引力质量与惯性质量相等.	
美国	迈克尔孙	Albert Abraham Michelson	1852—1931	79 岁	因发明光学干涉仪而获 1907 年诺贝尔物理学奖.	
荷兰	洛伦兹	Hendrik Antoon Lorentz	1853—1928	75 岁	因塞曼效应的发现和解释而获 1902 年诺贝尔物理学奖,给出电磁力的统一表述公式以及狭义相对论中的洛伦兹变换公式.	
法国	庞加莱	Jules Henri Poincaré	1854—1912	58 岁	独立于爱因斯坦提出了物理规律的相对性原理和光速不变原理,从数学角度建立了狭义相对论基本理论.	
德国	闵可夫斯基	Hermann Minkowski	1864—1909	45 岁	提出四维时空结构,为相对论提供了数学方法.	
美国	爱因斯坦	Albert Einstein	1879—1955	76 岁	创立狭义相对论和广义相对论.在热力学统计物理和光的量子理论等领域也都做出了开创性的工作.由于在光电效应方面的研究而获 1921 年诺贝尔物理学奖.	

续表

国籍	中译名	英文名	生卒年	终年	人物关系与代表性成就	传记录音
英国	爱丁顿	Arthur Stanley Eddington	1882—1944	62 岁	通过观测日全食验证了广义相对论的光线在引力场中偏折效应.	

参考文献